日本軍事史年表
昭和・平成
吉川弘文館編集部 編

吉川弘文館

はしがき

　『日本軍事史年表―昭和・平成―』と題した本書は，昭和20年の陸・海軍廃止以後の歴史についても「軍事」という言葉で年表化しています．このことは現行の日本国憲法がその前文で「戦争の惨禍が起ることのないやうにすることを決意し」として，第九条で「国権の発動たる戦争と，武力による威嚇又は武力の行使は，国際紛争を解決する手段としては，永久にこれを放棄する．／前項の目的を達するため，陸海空軍その他の戦力は，これを保持しない」と規定することと相容れないと，読者には感じられるかもしれません．

　しかし，平和を実現するには一国の政治・経済だけでは達成できず，世界中の国と国，あるいは地域同士の関係のなかでこそ実現できるものと考えられます．太平洋戦争での日本の敗戦後を見ても，中華人民共和国成立時の内乱，朝鮮戦争，ベトナム戦争，中東紛争，最近では，イラク侵攻やアフリカの独裁政権の崩壊まで，軍事的緊張が多くの国や地域で起こっているのが現状です．国内でも，沖縄の基地問題は解決が急がれる今日的課題でもあります．平和憲法を持つとされる日本は自国だけで平和を保つことは当然のことながら難しく，紛争地を任務地とする国連平和維持軍への参加や後方支援という名の哨戒艦の派遣など軍事に関わることは今に絶えていません．

　戦争の時代にはどんな政治や外交が行われ，軍事行動に転換していくのか，ある意味でどんなことが紛争や戦争に結びついていくのかはわかりやすかもしれません．反対に平和な時代には，軍事力行使へと進んでしまうきっかけが思いもよらないところに潜んでいるとも考えられます．

　気がついた時に，引き返すことのできない，「いつか来た道」にならないために，歴史の事実として戦争を回避できなかった軌跡を，時系列に記事をたどりながら検証していくことが，今の私たちには必要ではないでしょうか．

年表は，研究書などとは違い，事実を正確に，かつ簡潔に表現することが求められます．その事実のなかからはさまざまな歴史の過程を読み取ることができるかと思います．

　本書が，歴史の過ちを許さない，また繰り返さないために役立てる資料として，読者の皆様の座右に置かれることを願ってやみません．

　2012年2月

吉川弘文館編集部

凡　　例

1　本書は1926年(大正15年／昭和元年)から2008年(平成20年)までの日本の軍事関連の事項に関する年表である．

2　同じ日付の記事の掲出順と同一日内でのそれらの事象の生起した時間的先後とは必ずしも一致しない．

3　各年の冒頭に当該年内の以下の官職の任免表を掲げ，年表参照の便を図った．
　　①昭和20年以前
　　　内閣総理大臣・陸軍大臣・参謀総長・海軍大臣・軍令部総長(前身を含む)
　　②昭和25年以降
　　　内閣総理大臣・防衛大臣(前身を含む)・統合幕僚長(同前)・陸上幕僚長・海上幕僚長・航空幕僚長

4　関連する図や表を適宜掲載した．ただし昭和23年「極東国際軍事裁判判決」の表を下限とした．

5　巻末に典拠文献一覧・索引を付した．

6　本書の作成に際しては既刊の史料集・著書・論文・辞典・年表等を参照した．なかでも防衛庁防衛研修所戦史室『戦史叢書102　陸海軍年表』(本書では「陸海軍年表」として引用)に多くを負っている．おおむね各記事の末尾には典拠としてこれらの文献名を注記した．

7　本書の編集にあたり一ノ瀬俊也(埼玉大学教養学部准教授)・坂口太助(日本大学文理学部非常勤講師)両氏のご助力にあずかった．特に記して謝意を表する．

＊外函(表)＝九七式中戦車(日中戦争時)　毎日新聞社提供
　　(裏)＝戦艦　長門　大和ミュージアム提供

日本軍事史年表—昭和・平成—

1926(大正15・昭和元)

西暦	和暦	記　事
1926	大正15 昭和元 (12.25)	内閣総理大臣：加藤高明・(臨時兼任)若槻礼次郎(1.28～)・若槻礼次郎(1.30～) 陸　軍　大　臣：宇垣一成 参　謀　総　長：河合　操・鈴木荘六(3.2～) 海　軍　大　臣：財部　彪 海軍軍令部長：鈴木貫太郎 　1.28　首相加藤高明,没.内務大臣若槻礼次郎,首相を臨時兼任(内閣制度百年史上). 　1.30　第1次若槻礼次郎内閣,成立.陸軍大臣宇垣一成(留任).海軍大臣財部彪(たからべたけし)(留任)(官報). 　3.10　伊号第1潜水艦,川崎造船所で竣工.第1次大戦のドイツ潜水艦をほぼコピーしたもの.大型で大航続力を持つ巡潜型の1番艦(日本の軍艦). 　3.25　駆逐艦睦月,竣工(ほか同型艦11).61センチ魚雷を搭載(日本の軍艦). 　3.31　重巡洋艦古鷹,三菱長崎造船所で竣工(同型艦加古・青葉・衣笠).20センチ(のち20.3センチに改める)砲6門(日本の軍艦). 　4.10　大島義昌,没(退役陸軍大将)(官報4.13〔彙報(官庁事項)〕). 　4.20　青年訓練所令(勅令第70号),公布(7月1日,施行).おおむね16歳より20歳までの男子に4年間,修身公民科・普通学科・職業科・教練を課す(官報). 　4.28　川村景明,没(陸軍大将)(官報5.3〔彙報(官庁事項)〕). 　6. 7　北樺太石油株式会社,設立.12日,登記.11月,ソ連,認可(日本外交年表並主要文書下). 　7. 1　広東国民政府,北伐を宣言(日本外交年表並主要文書下). 　7. 9　蔣介石,国民革命軍総司令に就任.北伐を開始(日本外交年表並主要文書下). 　8.12　閣議で「国家総動員準備機関ノ設置ニ関スル件」を決定(内閣制度百年史下). 　9. 6　国民革命軍,漢陽を占領.9月7日,漢口,10月10日,武昌,11月9日,九江,12月7日,南昌を占領(近代日本総合年表). 　10. 1　陸軍省官制中改正ノ件(勅令第312号),公布・施行.整備局を新設して軍需工業の指導補助などを行い,軍備の近代化を図る(官報／日本海軍史8). 　10.23　霞ケ浦神社(海軍航空殉職者を合祀),第1回大祭.故海軍大尉西岡三郎合祀祭を挙行(日本海軍史8／東京朝日新聞夕刊7.11). 　11.12　三笠を永久保存記念艦として横須賀海岸に固定,記念式を挙行(日本海軍史8). 　11.29　海軍大学校令中改正ノ件(勅令第344号),公布(12月1日,施行).航海学生を廃止.甲種学生・機関学生・選科学生のみ残置(官報). 　12.25　天皇,死去.摂政裕仁親王,践祚し,昭和と改元.1927年1月19日,追号を大正天皇と勅定(官報大正15.12.25・昭和2.1.20). 　この年　海軍,N三式飛行船を購入.1927年4月,組立完了.第6号飛行船と命名(日本航空機辞典).

詔書

朕皇祖皇宗ノ威靈ニ賴リ大統ヲ承ケ萬機ヲ總フ茲ニ定制ニ遵ヒ元號ヲ建テ大正十五年十二月二十五日以後ヲ改メテ昭和元年ト爲ス

御名　御璽

大正十五年十二月二十五日

内閣總理大臣　若槻禮次郎
陸軍大臣　宇垣一成
海軍大臣　財部彪
外務大臣　男爵　幣原喜重郎
文部大臣　岡田良平
内務大臣臨時代理　濱口雄幸 逓信大臣　安達謙蔵
司法大臣　江木翼
大蔵大臣　片岡直温
鐵道大臣　井上匡四郎
農林大臣　町田忠治
商工大臣　藤澤幾之輔

1927(昭和 2)

西暦	和暦	記　　　　　事
1927	昭和2	内閣総理大臣：若槻礼次郎・田中義一(4.20〜) 陸 軍 大 臣：宇垣一成・白川義則(4.20〜) 参 謀 総 長：鈴木荘六 海 軍 大 臣：財部　彪・岡田啓介(4.20〜) 海軍軍令部長：鈴木貫太郎 2. 5　神尾光臣,没(退役陸軍大将)(官報2.12〔彙報(官庁事項)〕/東京朝日新聞2.7). 2.10　米国,日英伊仏4ヵ国に海軍制限に関して新提案.第2次海軍軍縮会議開催を提議(日本外交年表並主要文書下). 2.19　日本政府,米国にジュネーブ軍縮会議参加を回答(仏伊,拒絶)(日本外交文書ジュネーヴ海軍軍備制限会議). 2.21　航空母艦鳳翔及び横須賀海軍航空隊において,約5週間の予定で一〇年式艦上戦闘機(4B型)による母艦発着操縦法の臨時講習を実施(日本海軍史8) 2.21　武漢国民政府(汪兆銘),樹立(近代日本総合年表). 2.—　陸軍,国産第1号戦車を完成(日本の大砲). 3. 8　米大統領クーリッジ,5ヵ国海軍会議不調により日英米3国海軍軍縮会議を唱提.3月11日,日本政府,応諾を回答(日本外交文書ジュネーヴ海軍軍備制限会議). 3.14　大蔵大臣片岡直温,衆議院予算委員会で東京渡辺銀行が破綻したと失言.金融恐慌の発端となる(帝国議会衆議院委員会会議録昭和篇1). 3.24　北伐軍,南京入城に際し列国領事館を襲撃(南京事件)(日本外交年表並主要文書下). 3.25　航空母艦赤城,呉工廠で竣工(当初巡洋戦艦として建造)(日本の軍艦). 3.30　伊号第53潜水艦,呉海軍工廠で竣工.艦隊に随伴して艦隊決戦に参加する海大型潜水艦のうち,海大3型aの1番艦.巡潜型より小型で数が揃えやすいので海軍軍縮条約下の主力潜水艦となる(日本の軍艦). 3.—　陸軍,陸軍幼年学校(熊本)を廃止(陸軍人事制度概説付録). 4. 1　兵役法(法律第47号),公布(12月1日,施行).明治22年法律第1号徴兵令を全部改正・改題.①服役を現役(陸軍2年〈青年訓練の受講者は1年半〉・海軍3年),予備役(陸軍5年4月・海軍4年),後備役(陸軍10年・海軍5年),第一補充兵役(陸軍12年4月・海軍1年)・第二補充兵役(陸軍12年4月・海軍11年4月.陸軍は第一か第二どちらか.海軍は第一の後第二へ,双方合計すれば12年4月になる)に区分.②師範学校卒業者の一年現役兵制をやめて短期現役兵制(服役年限5月,教練未修了は7月)へ.③一年志願兵制を兵役法から削除.④徴兵検査の甲乙合格で現役・第一補充兵にならない者はすべて第二補充兵とする(簡閲点呼など,軍事訓練と関わらせる).⑤中等学校以上者の入営延期をやめて,学校ごとの猶予年限つきの徴集猶予に変える.⑥戸籍の欄外に略符号をつけ,召集手続きを迅速化,在郷軍人の身元を明らかにする.⑦海外在留者の徴兵猶予の範囲を拡張.⑧貧困者の徴集延期と免除の範囲を拡大(官報／徴兵制と近代日本). 4. 3　中国漢口に排日暴動,起こる.日本の陸戦隊,上陸し衝突(日本外交年表並主要文書下). 4. 4　海軍航空本部令(勅令第61号),公布(4月5日,施行).海軍航空本部を新

西暦	和暦	記事
1927	昭和2	設(官報).

    4.8　海軍航空本部,開庁(日本海軍史8).
    4.12　蔣介石,上海で反共クーデターを起こす(日本外交年表並主要文書下).
    4.17　若槻礼次郎内閣,総辞職(内閣制度百年史上).
    4.18　蔣介石,武漢政府に対抗し南京に国民政府を樹立,共産党排撃(清党)を宣言(近代日本総合年表).
    4.20　田中義一内閣,成立.陸軍大臣白川義則.海軍大臣岡田啓介(官報).
    4.27　浅田信興,没(退役陸軍大将)(官報5.3〔彙報(官庁事項)〕).
    5.27　資源局官制(勅令第139号),公布・施行.資源局を内閣に設置.国家総動員のため人的・物的資源の統制・運用計画を統轄(官報).
    5.28　日本政府,山東派兵を声明.陸軍約2000人を青島に派遣.6月1日,上陸(第1次山東出兵)(日本外交年表並主要文書下／日本外交文書昭和期Ⅰ第1部第1巻)
    6.8　帝国在郷軍人会,最初の国庫補助金25万円を受領(帝国在郷軍人会三十年史).
    6.18　張作霖,北京に軍政府を組織,大元帥に就任(日本外交年表並主要文書下).
    6.20　日英米3ヶ国,ジュネーブで海軍補助艦艇制限について会議を開催(～8月4日).失敗に終わる(日本外交文書ジュネーヴ海軍軍備制限会議).
    6.27　内閣,満洲・中国・朝鮮の現地出先官憲の代表者を東京に召集して連絡会議を開催(～7月7日).大陸政策の統一をはかる.のちに中国侵略のための「東方会議」と呼ばれる.満洲東三省切り離し政策をうたう(日本外交年表並主要文書下／日本歴史大系5).
    7.1　陸軍教導学校令(勅令第212号),公布・施行.陸軍教導学校を仙台・豊橋・熊本に設置.現役歩兵科下士となすべき学生を教育(官報／日本海軍史8).
    7.13　中国共産党中央委員会,対時局宣言を発して国民政府を退出.第1次国共合作,終わる(近代日本総合年表).
    7.19　資源審議会官制(勅令第233号),公布・施行.内閣に資源審議会を設置.資源局の立案した諸計画のうち,閣議決定レベルのものは同審議会への諮問をへて閣議に提出(官報／昭和戦中期の総合国策機関).
    7.23　川崎造船所,金融恐慌による経営難で工員3037人の解雇を発表.海軍艦船の建造不能となり,建造中の艦船を海軍で引き継ぐ(近代日本総合年表／日本海軍史8).
    8.1　中国共産党軍,南昌で武装蜂起,革命委員会を組織.のち8月1日は人民解放軍の建軍記念日となる(近代日本総合年表).
    8.13　蔣介石,武漢国民政府との対立を回避するためとして下野(日本歴史大系5).
    8.22　菊池慎之助,没(現役陸軍大将)(官報9.13〔彙報(官庁事項)〕).
    8.24　聯合艦隊が日本海美保ヶ関沖で夜間演習中,巡洋艦神通と駆逐艦蕨,巡洋艦那珂と駆逐艦葦が衝突,船体が大破,蕨,沈没,多数の死者を出す(美保ヶ関事件)(日本海軍史8).
    8.30　日本政府,山東派遣軍の撤退を声明.9月8日,撤退を完了(日本外交年表並主要文書下／日本外交文書昭和期Ⅰ第1部第1巻).

汪 兆銘

蔣 介石

赤城(1927.3.25)

若槻礼次郎

田中義一内閣

西暦	和暦	記　事
1927	昭和2	9.1　海軍省達第104号,公布.海軍で使用する度量衡その他計量の単位を制定.「名称」とその「略字」は,ミリメートル→mm・粍,センチメートル→cm・糎,メートル→m・米,キロメートル→km・粁など(官報). 9.1　帝国在郷軍人会,雑誌『訓練』第1号を発刊(帝国在郷軍人会三十年史). 9.5　加藤定吉,没(後備役海軍大将)(官報9.9〔彙報(官庁事項)〕). 9.6　武漢政府,南京政府に合流(日本外交年表並主要文書下). 9.12　陸海聯合演習令(内令第292号),制定.聯合の演習は陸海両軍各種演習の一部もしくは全部を聯合し陸海軍協同作戦を演練する(日本海軍史8). 9.20　重巡洋艦青葉,三菱長崎造船所で竣工(日本の軍艦). 9.20　大迫尚敏,没(退役陸軍大将)(官報9.23〔彙報(官庁事項)〕). 10.16　帝国在郷軍人会,5日間にわたり軍事・社会・思想問題などに関する講習会を開催(帝国在郷軍人会三十年史). 11.15　村上格一,没(予備役海軍大将)(官報11.24〔彙報(官庁事項)〕). 11.30　陸軍補充令(勅令第331号),公布(12月1日,施行).明治44年勅令第270号陸軍補充令を全部改正.一年志願兵に代わり幹部候補生制度を導入.中等学校以上の卒業者で軍事教練に合格した者の志願者を入営させて教育,試験・銓衡を経て予備役将校または下士に任ずる(官報). 11.30　海軍武官服役令(勅令第333号),公布(12月1日,施行).武官の服役を分かち,現役・予備役及び後備役とすることなどを規定(官報). 11.30　海軍志願兵令(勅令第334号),公布(12月1日,施行).明治32年3月28日勅令第71号海軍志願兵条例を全部改正・改題.兵籍などについて規定(官報). 11.30　海軍下士兵服役令廃止ノ件(勅令第335号),公布(12月1日,施行).明治43年5月30日勅令第250号海軍下士官兵服役令(大正9年3月31日海軍下士官卒服役条例を改正・改題)を廃止(官報). 12.22　陸軍,軍隊教育令を公布(軍令陸第5号).大正11年11月9日軍令陸第12号軍隊教育令を全部改正.戦時の要求に合わせた教育を行い,時勢に鑑み精神教育を重視(官報〔条文省略〕). この年　陸軍,川崎八七式重爆撃機を採用(日本航空機辞典).
1928	昭和3	内閣総理大臣：田中義一 陸　軍　大　臣：白川義則 参　謀　総　長：鈴木荘六 海　軍　大　臣：岡田啓介 海軍軍令部長：鈴木貫太郎 1.12　名和又八郎,没(予備役海軍大将)(官報1.26〔彙報(官庁事項)〕). 1.26　陸軍,歩兵操典(軍令陸第1号)を公布.明治42年11月11日軍令陸第7号歩兵操典を全部改正.「必勝の信念」が綱領に加えられ,精神主義を強調する一方,第1次大戦の戦訓にもとづき,「疎開戦法」(小隊単位で運動,兵と兵との間隔4歩)を導入(官報〔条文省略〕). 2.11　陸軍,ドイツ人技師フォークト設計の川崎八八式偵察機を採用(のち,一部改造のうえ八八式軽爆撃機としても採用)(日本航空機辞典). 2.24　学校教練及青年訓練修了者検定規程(陸軍省令第2号),公布・施行(官報).

西暦	和暦	記　　　　　　　　　事
1928	昭和3	2.—　海軍中尉藤井斉ら青年将校，国家改造を目指し，王師会を結成（五・一五事件の芽生え）（近代日本総合年表／陸軍人事制度概説付録）． 3. 7　松川敏胤，没（後備役陸軍大将）（官報4.14〔彙報（官庁事項）〕）． 3.30　海軍，艦隊令を一部改正（軍令海第1号），公布．艦隊は必要に応じ戦隊に区分し，戦隊は軍艦2隻以上，または軍艦及び駆逐隊もしくは潜水隊をもって編成する（官報）． 3.31　航空母艦加賀，横須賀工廠で竣工（当初戦艦として建造）（日本の軍艦）． 3.—　参謀総長，統帥綱領を改訂発布．軍以上の大部隊の運用や統帥を解説．攻勢による敵軍の殲滅を高唱．取り扱いが「軍事機密」であったため，全軍の汎用な運用教範とならず（日本陸軍用兵思想史／日本海軍史8）． 3.—　陸軍，陸軍幼年学校（広島）を廃止（陸軍人事制度概説付録）． 4. 1　赤城・鳳翔をもって第1航空戦隊を編成．聯合艦隊に付属（日本海軍史8）． 4. 7　蒋介石，第2次北伐を開始（近代日本総合年表）． 4.17　鮫島重雄，没（退役陸軍大将）（官報4.20〔彙報（官庁事項）〕）． 4.19　閣議，第2次山東出兵を決定．第6師団に動員下命（日本外交年表並主要文書下／日本外交文書昭和期Ⅰ第1部第2巻）． 5. 3　日中両軍，済南で衝突．日本居留民十数人が殺害される（済南事件）（日本外交文書昭和期Ⅰ第1部第2巻／世界戦争犯罪事典）． 5. 8　山東派遣軍増援のため，第3師団を動員．5月17日～6月7日，青島に上陸（派遣軍総数約1万5000人）（日本外交年表並主要文書下）． 5.11　財団法人大日本相撲協会，東京本場所相撲において制服着用下士官兵に限り観覧料を半額とする（日本海軍史8）． 5.30　張作霖，北京総退去を命令（日本外交文書昭和期Ⅰ第1部第2巻／日本海軍史8）． 6. 4　張作霖，奉天に引き揚げる途中，搭乗した列車が関東軍一部の謀略で爆破され死亡（日本外交年表並主要文書下／日本外交文書昭和期Ⅰ第1部第2巻）． 6.25　海軍工機学校令（勅令第126号），公布・施行．工機学校を再設置（官報）． 6.25　海軍兵学校・海軍機関学校・海軍経理学校の修業年限をそれぞれ8ヵ月延長（3年8ヵ月となる）（官報／日本海軍史8）． 6.—　海軍，『第三改正　海戦要務令』を発布．海軍の兵術思想の中核となるもので，第1次大戦の教訓を大幅に採用した改正（戦史叢書31）． 7. 3　張学良，東三省保安司令に就任（日本外交文書昭和期Ⅰ第1部第2巻／日本外交年表並主要文書下）． 7.14　台湾の台北に建功神社（招魂社）を創建し，台湾鎮撫のために戦没した1609人の霊を祀る．1942年5月23日，台湾護国神社と改称（靖国神社略年表）． 7.19　国民政府，日華通商条約廃棄を通告（日本外交年表並主要文書下）． 8.10　駆逐艦吹雪，舞鶴工作部で竣工（ほか同型艦23隻）．特型と呼ばれ，ワシントン条約の影響で兵装を強化．ロンドン条約での補助艦制限のきっかけとなる（日本の軍艦）． 8.27　パリで不戦条約（ケロッグ・ブリアン条約）に15ヵ国が調印し成立（調印国＝ドイツ・アメリカ・ベルギー・フランス・イギリス・カナダ・オーストラリア・ニュージーランド・南アフリカ連邦・アイルランド・インド・イタリア・日本・ポーラ

張　作霖

東京朝日新聞号外昭和三年六月五日

加賀(1928.3.31)

吹雪(1928.8.10)

1928〜1929（昭和 3〜昭和 4）

西暦	和暦	記　　　　　事
1928	昭和3	ンド・チェコスロバキア）．国際紛争解決の手段としての戦争を放棄（日本については1929年7月25日，公布．同年7月24日，発効）（官報1929.7.25〔昭和4年条約第1号〕／日本外交年表並主要文書下／日本外交文書昭和期Ⅰ第2部第1巻）〔→1929.7.25〕．
9.　4　藤倉工業製落下傘，完成．霞ヶ浦での実験，成功（日本航空機辞典）．
9.27　大島久直，没（退役陸軍大将）（官報10.2〔彙報（官庁事項）〕）．
10.　1　ソ連，第1次5ヵ年計画案を発表（日本外交文書並主要文書下）．
10.　8　蒋介石，国民政府主席に就任（日本外交文書並主要文書下）．
10.10　陸軍中佐石原莞爾，関東軍参謀となる．板垣征四郎とのコンビで満洲事変を推進（陸海軍将官人事総覧陸軍篇）．
11.　3　陸軍佐官連，無名会を結成（一夕会の前身）（陸軍人事制度概説付録）．
11.　3　陸軍中堅将校らの結成した国策研究会「木曜会」，第1回会合．関東軍参謀の陸軍中佐石原莞爾が研究成果を講じる（近代日本戦争史3）．
12.　4　大礼特別観艦式，横浜沖で挙行，御召艦榛名．日本海軍未曾有の大観艦式，参加艦艇186隻，飛行機130機，飛行船2隻（官報12.1・12.6〔宮廷録事〕／日本海軍史8）．
12.24　首相田中義一，天皇への上奏で張作霖爆殺事件の犯人を厳罰に処することを約束（昭和天皇の軍事思想と戦略）．
12.29　張学良，東三省に青天白日旗を一斉に掲揚（易幟）．国民政府による中国統一が実現（日本外交文書昭和期Ⅰ第1部第2巻／日本外交年表並主要文書下）．
この年　陸軍，八八式無線機を採用．
1929	昭和4	┌内閣総理大臣：田中義一・浜口雄幸(7.2〜)
│陸　軍　大　臣：白川義則・宇垣一成(7.2〜)
│参　謀　総　長：鈴木荘六
│海　軍　大　臣：岡田啓介・財部　彪(7.2〜)
└海軍軍令部長：鈴木貫太郎・加藤寛治(1.22〜)
1.27　邦彦王，没（元帥陸軍大将）（官報）．
2.　2　海軍における思想の善導及び取り締まりに関する一般的調査研究のため思想調査委員会を設置．委員長海軍中将山梨勝之進（日本海軍史8）．
2.　6　陸軍，「戦闘綱要」を制定．第1次大戦の教訓を踏まえ，師団以下の歩兵・砲兵・騎兵など諸兵種共同の戦闘原則を定める．速戦即決・包囲殲滅を高唱するが，精神的威力の物質的威力に対する優越を説くなど，戦術の硬直化がはじまる（陸軍人事制度概説付録／日本陸軍用兵思想史）．
2.15　立花小一郎，没（陸軍大将）（東京朝日新聞2.16）．
3.　5　衆議院，治安維持法改正緊急勅令を事後承諾．3月19日，貴族院，承諾（帝国議会衆議院議事速記録／帝国議会貴族院議事速記録）．
3.22　井上良馨，没（元帥海軍大将）（官報3.26〔彙報（官庁事項）〕）．
3.28　済南事件協定，調印（日本外交年表並主要文書下／日本外交文書昭和期Ⅰ第1部第3巻）．
3.―　大学卒業者の就職難，深刻化．東京大学卒業生の就職率約30％（近代日本総合年表）．

1929(昭和 4)

西暦	和暦	記事
1929	昭和4	4.12　資源調査法(法律第53号),公布(12月1日,施行〔11月20日勅令第326号〕)(官報). 4.24　靖国神社,日清戦争戦没者21人,済南事件戦没者131人,維新前後の殉難者15人の招魂式を行う.25・26日,臨時大祭(靖国神社略年表). 4.—　陸軍,軍縮の過程で毒ガス開発を進め,ホスゲン(あを1号)・フランス式製造法イペリット(きい1号)・クロロアセトフェノン(みどり1号)・臭化ベンジル(みどり2号)・三塩化砒素(しろ1号)を制定(毒ガス戦と日本軍). 4.—　海軍,三式艦上戦闘機を採用(日本航空機辞典). 5. 2　南京・漢口両事件協定,調印(南京)(日本外交文書昭和期Ⅰ第1部第3巻／日本外交年表並主要文書下). 5.14　陸軍大佐板垣征四郎,関東軍高級参謀となる(陸海軍人事総覧陸軍篇). 5.19　陸軍中堅将校ら,一夕会を結成.「満蒙問題」の武力解決をうたい,人事配置をこれに適合させることをめざす.陸軍の下克上が進む(近代日本戦争史3). 5.19　帝国在郷軍人会,満鮮弔魂旅行団を編成し,6月4日まで主要戦場を巡回.旅順・大連・遼陽・奉天・安東で弔魂祭を行う(帝国在郷軍人会三十年史). 5.19　陸軍の毒ガス製造工場忠海兵器製造所,広島県大久野島に竣工(毒ガス戦と日本軍). 6. 3　日本政府,蔣介石の国民政府を正式承認(日本外交年表並主要文書下). 6.18　閣議で総動員計画設定処務要綱を決定(日本海軍史8). 6.27　首相田中義一,天皇への上奏で張作霖爆殺事件の犯人の厳罰を撤回したため,天皇の叱責を受ける(昭和天皇の軍事思想と戦略／昭和天皇独白録). 7. 2　田中義一内閣,総辞職.浜口雄幸内閣,成立.陸軍大臣宇垣一成.海軍大臣財部彪(たからべたけし)・安保清種(1930.10.3～)(官報). 7. 3　関東軍の陸軍中佐石原莞爾ら,満洲での作戦計画の研究を目的とする北満参謀旅行を実施(～15日).旅行中,武力による満洲占領を主張(近代日本戦争史3). 7.25　不戦条約(ケロッグ・ブリアン条約)(条約第1号),公布(1928年8月27日,調印.1929年7月24日,発効)(官報〔条約第1号／外務省告示第64号〕／日本外交文書昭和期Ⅰ第2部第1巻)〔→1928.8.27〕. 7.27　俘虜ノ待遇ニ関スル千九百二十九年七月二十七日ジュネーヴ条約(俘虜条約),調印.日本は署名したが批准せず(条約彙纂／戦争裁判余録). 7.27　戦地傷病者に関する赤十字条約(戦地軍隊ニ於ケル傷者及病者ノ状態改善ニ関スル千九百二十七年七月二十七日ジュネーヴ条約),調印(官報1935.3.8)〔→1935.3.8〕. 7.31　重巡洋艦妙高,横須賀工廠で竣工(同型艦那智・足柄・羽黒).20センチ(のち20.3センチに改める)砲10門(日本の軍艦). 9.29　田中義一,没(後備役陸軍大将)(官報10.3〔彙報(官庁事項)〕). 10.24　ニューヨーク株式市場大暴落(暗黒の木曜日).世界恐慌,始まる(日本外交年表並主要文書下). 10.—　陸軍,八九式軽戦車(のち中戦車)を制式兵器として制定(帝国陸軍機甲部隊). 11.15　兵役義務者及癈兵待遇審議会官制(勅令第323号),公布・施行.陸軍の主

11

浜口雄幸内閣

田中義一

石原莞爾

妙高(1929.7.31)

1929～1930(昭和 4～昭和 5)

西暦	和暦	記　　　　事
1929	昭和 4	導による．兵士遺家族・傷痍軍人などの待遇改善を審議(1930年12月17日，答申)(官報／近代日本の徴兵制と社会)． 11.21　臨時閣議で1930年1月11日より金輸出解禁を実施することを決定(東京朝日新聞)． 11.21　大蔵省令第27号，公布(1930年1月11日，施行)．以下の各大蔵省令を廃止し金輸出を解禁する．大正6年9月6日大蔵省令第26号銀貨幣又ハ銀地金輸出取締ニ関スル件・同9月12日同令第28号金貨幣又ハ金地金輸出取締ニ関スル件・大正7年8月26日同令第38号金若ハ銀ヲ主タル材料トスル製品又ハ金若ハ銀ノ合金輸出取締方(官報)〔→1930.1.11〕． 11.26　首相浜口雄幸，海軍大臣財部彪のロンドン軍縮会議出席により，臨時海軍大臣事務管理となる(官報／内閣制度百年史下)． 11.26　閣議でロンドン会議全権に対米7割を主張する訓令を決定．30日，全権一行，米国経由でロンドンに向け出張(日本外交文書一九三〇年ロンドン海軍会議上・ロンドン海軍会議経過概要／日本海軍史8)． 12.26　憲兵司令部，思想研究班を編成(近代日本総合年表)． 12.27　海軍武官官階ノ件中改正(勅令第386号)，公布(1930年1月10日，施行)．航空科を新設．航空要員の特務士官以下を航空科に転科(官報)． 12.28　海軍将校分限令中改正(勅令第390号)，公布・施行．「用語の意義」の「海軍将校」に機関大佐～機関少尉を入れ，将校相当官から機関将校を除く(官報)． この年　陸軍，八九式15センチ加農砲・八九式擲弾筒をそれぞれ採用． この年　海軍軍令部第2班(情報)に4課別室を新設．多摩川畔橘村の通信傍受所で海軍の組織的暗号解読活動が始まる(日本軍のインテリジェンス)．
1930	昭和 5	内閣総理大臣：浜口雄幸 陸　軍　大　臣：宇垣一成・阿部信行(臨時代理6.16～)・宇垣一成(12.10～) 参　謀　総　長：鈴木荘六・金谷範三(2.19～) 海　軍　大　臣：財部　彪・安保清種(10.3～) 海軍軍令部長：加藤寛治・谷口尚真(6.11～) 1.21　ロンドン海軍軍縮会議，開会．日英米仏伊の5ヵ国が参加(日本外交文書ロンドン海軍会議経過概要)． 1.27　出羽重遠，没(退役海軍大将)(官報2.7〔彙報(官庁事項)〕)． 4.1　政府，暫定総動員期間計画設定に関する方針を決定．初めて設定する，関係各庁を総動員する国家総動員計画(戦史叢書99)． 4.1　閣議でロンドン海軍会議米国案の承認を決定，上奏裁可ののち全権に回訓(日本外交年表並主要文書下／日本外交文書一九三〇年ロンドン海軍会議下)． 4.8　閣議で総動員基本計画綱領規定を決定(日本海軍史8)． 4.22　海軍軍備の制限及縮少〈ママ〉に関する条約(ロンドン海軍軍縮条約)，署名(1931年1月1日，公布)(官報1931.1.1／日本外交文書海軍軍備制限条約・枢密院審査記録)． 4.—　山中峯太郎「敵中横断三百里」『少年倶楽部』に連載開始(～9月)(近代日本総合年表)． 4.25　衆議院で立憲政友会犬養毅・鳩山一郎，ロンドン海軍軍縮条約締結に関

1930(昭和 5)

西暦	和暦	記事
1930	昭和5	し,国防上の欠陥と統帥権干犯につき政府を攻撃.統帥権干犯問題,起こる(帝国議会衆議院議事速記録54).
5.30 海軍練習航空隊令(勅令第102号),公布(6月1日,施行).大正10年4月29日勅令第179号海軍航空隊練習令を全部改正・改題.予科練習生制度の創設(15~17歳,航空機搭乗員養成)(官報).
5.30 海軍通信学校令(勅令第104号),公布(6月1日,施行).6月1日,海軍通信学校,神奈川県三浦郡田浦町に開校(官報/日本海軍史8).
5.31 畑英太郎,没(現役陸軍大将)(官報7.4〔彙報(官庁事項)〕).
6.1 館山海軍航空隊,開隊.横須賀・霞ヶ浦各海軍航空隊を練習航空隊に指定(日本海軍史8).
6.10 海軍軍令部長加藤寛治,ロンドン海軍軍縮条約に関連する統帥権問題に関して上奏,辞任.6月11日,後任に谷口尚真,就任(官報6.12/日本海軍史8).
6.30 八代六郎,没(後備役海軍大将)(官報7.3〔彙報(官庁事項)〕).
7.19 奥保鞏,没(元帥陸軍大将)(官報7.25〔彙報(官庁事項)〕).
7.— 参謀本部第2部第5課に暗号の解読,軍使用暗号の立案任務が与えられ,陸軍の組織的暗号解読が開始される.第5課は1934年に第8班,1936年には135人の人員を抱える第18班となる(日本軍のインテリジェンス).
9.9 海軍技術研究所,東京市目黒町三田に移転(日本海軍史8).
9.— 陸軍中佐橋本欣五郎,一夕会の会員よりも若い将校を勧誘して桜会を結成.国家改造を目標に,武力行使も辞さないとする(近代日本戦争史3).
10.1 枢密院本会議,ロンドン海軍軍縮条約諮詢案を可決.翌2日,批准.12月31日,発効,1931年1月1日,公布(官報1931.1.1/日本外交文書海軍軍備制限条約・枢密院審査記録).
10.1 海軍練習航空隊たる霞ヶ浦及び横須賀各海軍航空隊の所掌事項を制定(霞ヶ浦は主として基本操縦,横須賀は主として応用操縦)(日本海軍史8).
10.3 海軍大臣海軍大将財部彪,辞任.後任に海軍大将安保清種,就任(官報/日本海軍史8).
10.7 海軍,「第一次補充計画」(通称①(まるいち)計画)を首相浜口雄幸に請議.11月11日,閣議決定(日本海軍史8).
10.27 台湾先住民族のタイヤル族,霧社で蜂起,日本人を殺害(霧社事件).日本軍,飛行機・毒ガスなどを用いて50日余にわたる抵抗を鎮圧(世界戦争犯罪事典).
10.31 閣議で「支那国」という呼称について,国内または第三国との間で用いられる邦語文書では「中華民国」の呼称を常用することを決定(大正2年6月の閣議決定で「支那国」に決定していた)(日本外交文書大正2年第2巻〔60号〕・昭和期Ⅰ第1部第4巻〔836-840号〕).
11.4 秋山好古,没(退役陸軍大将)(官報11.26〔彙報(官庁事項)〕).
11.8 台湾軍,霧社事件の鎮圧にあたり飛行機よりガス弾6発を投下.効果,不明(毒ガス戦と日本軍).
11.14 首相浜口雄幸,遭難.15日,外務大臣幣原喜重郎を内閣総理大臣臨時代理に任命(内閣制度百年史/官報11.17).
11.18 台湾軍,霧社事件の鎮圧で総攻撃を開始.通常の榴弾とともに催涙弾100発を使用(毒ガス戦と日本軍).

ロンドン軍縮会議調印式

東京朝日新聞夕刊昭和5年4月23日

加藤寛治

財部　彪

1931（昭和 6）

西暦	和　暦	記　　　　　　事
1931	昭和 6	内閣総理大臣：浜口雄幸・若槻礼次郎(4.14～)・犬養　毅(12.13～) 陸　軍　大　臣：宇垣一成・南　次郎(4.14～)・荒木貞夫(12.13～) 参　謀　総　長：金谷範三・載仁親王(12.23～) 海　軍　大　臣：安保清種・大角岑生(12.13～) 海軍軍令部長：谷口尚真 　1. 1　海軍軍備の制限及縮少〈ママ〉に関する条約(ロンドン海軍軍縮条約)(条約第1号)，公布(1930年4月22日，署名．1930年12月31日，発効)(官報／日本外交文書海軍軍備制限条約／枢密院審査記録)． 　2.18　山下源太郎，没(後備役海軍大将)(官報2.21〔彙報(官庁事項)〕)． 　3. 2　帝国在郷軍人会，この日より3日間評議会を開く．雑誌『昭和公論』を4月号限りで廃刊することを決定(帝国在郷軍人会三十年史)． 　3.14　海軍少佐藤吉直四郎ほか8人，海軍三式8号飛行船に搭乗し60時間1分の滞空を記録(～17日)(日本航空機辞典)． 　3.20　桜会将校及び大川周明ら，軍部クーデターによる宇垣一成内閣樹立を企図し，未遂におわる(三月事件)．この日をクーデター実行の日としていた(陸軍人事制度概説付録)． 　3.20　本郷房太郎，没(退役陸軍大将)(官報5.5〔彙報(官庁事項)〕)． 　3.28　海軍の「第一次補充計画」(①(まるいち)計画)予算，帝国議会の議決を経て公布される．ロンドン海軍軍縮条約締結に対応した建艦計画の第1次で，昭和6年度より同11年度までの6ヵ年計画(航空隊整備計画は同13年度まで)．艦艇39隻(巡洋艦最上型4隻ほか)建造，航空隊14隊航空機176機整備．予算総額は艦艇建造予算2億4708万円，航空隊整備予算4495万6000円．軍縮条約の制限を受けない航空に注力(官報／戦史叢書31)． 　3.30　軍事救護法中改正法(法律第27号)，公布(1932年1月1日，施行〔12月8日勅令第283号〕)．傷病兵の範囲拡張，救護種類の追加など(官報)． 　4. 1　重要産業ノ統制ニ関スル法(法律第40号)，公布(8月11日，施行〔8月10日勅令第208号〕)．重要産業部門におけるカルテル結成を強力に推進(官報)． 　4. 2　入営者職業保障法(法律第57号)，公布(11月1日，施行)．入営者の求職・復職時における不利な取り扱いを事業者に禁止(官報)． 　4. 6　海軍省，ロンドン海軍軍縮条約実施で海軍工廠工員ら8200人整理を発表(近代日本総合年表)． 　4.13　浜口雄幸内閣，総辞職．首相浜口の病状の悪化による(内閣制度百年史上)． 　4.14　第2次若槻礼次郎内閣，成立．陸軍大臣南次郎．海軍大臣安保清種(留任)(官報)． 　4.28　海軍，横須賀航空隊で空中給油実験に成功(日本海軍史8)． 　5.27　高等官官等俸給令中改正ノ件(勅令第99号)・判任官俸給中改正ノ件(勅令第100号)，公布(各6月1日，施行)．官吏の減俸(官報)． 　5.29　関東軍司令官菱刈隆，満蒙問題の解決こそが日本の生きる道であり，軍部は深く期するところがあるとの訓示を行う(現代史資料7)． 　5.—　関東軍，部隊長の会同，錦州攻撃演習を行う(近代日本戦争史3)． 　5.—　陸軍中佐石原莞爾，文書「満蒙問題私見」で国内の改造よりも満蒙問題の解決を先にするよう主張(近代日本戦争史3)．

西暦	和暦	記　事
1931	昭和6	6.11　陸軍大臣南次郎,陸軍省・参謀本部課長級による極秘の「国策研究会議」を設け,省部一体となって「満洲問題」の解決を研究(近代日本戦争史3). 6.13　ジュネーブ軍縮会議に招請される．9月3日,参加を回答(日本外交年表並主要文書下). 6.19　陸軍中央部,「満洲問題解決方策大綱」を成案．1年間は隠忍自重して,外交による解決を図るが,軍事行動の必要性を予期(近代日本戦争史3). 6.27　陸軍大尉中村震太郎ほか1人,北満地方視察中,洮南地方民安鎮で中国軍に銃殺される(日本外交年表並主要文書下). 6.—　関東軍,参謀本部に対して南北満洲の軍事的管理の決意をもってする懸案解決の態度をとるよう,公式に具申(近代日本戦争史3). 7.1　満洲長春ちかくの万宝山で,入植していた朝鮮人と中国人の間に紛争が起こり,日本人警察官が中国人に発砲(万宝山事件)(世界戦争犯罪事典／日本外交年表並主要文書下／日本外交文書昭和期Ⅰ第1部第5巻). 7.29　陸軍,「天保銭(陸軍大学校)制度への将校の不平」の調査書を極秘に配布(現代史資料23). 8.4　軍人遺族記章令(勅令第204号),公布・施行(官報). 8.4　陸軍大臣南次郎,軍司令官・師団長会議で満蒙問題の積極的解決を訓示．軍の外交関与として問題化(現代史資料7). 9.15　陸軍中央部,関東軍の満洲事変計画を入手し,引き留めようと参謀本部第1部長建川美次の現地派遣を決める．18日,建川,奉天に到着するが,関東軍の行動を黙認(近代日本戦争史3). 9.2　一戸兵衛,没(退役陸軍大将)(官報9.23〔彙報(官庁事項)〕). 9.18　関東軍,南満洲鉄道沿線柳条湖で鉄道爆破事件を起こす．満洲事変,起こる(柳条湖は日本陸軍の正式文書では「柳条湖」であったが,外務省・報道機関には「柳条溝」と伝えられたため,戦時下は両者が混用され,敗戦後,極東国際軍事裁判の結果,「柳条溝」の誤称が定着した．1981年,中国の研究で「柳条湖」が正しいことが確認された)(日本外交文書満州事変第1巻第1冊／国史大辞典「柳条湖事件」). 9.19　閣議で満洲事変の不拡大方針を決定．24日,これを声明(戦史叢書8／内閣制度百年史下). 9.20　朝鮮軍の参謀神田正種,独断で混成第39旅団に満洲への越境前進を命令．司令官林銑十郎,これを追認(戦史叢書8／近代日本戦争史3). 9.21　関東軍司令官本庄繁,独断で第2師団に吉林への出兵を命令．同日,占領．翌22日,城外の中国兵の武装を解除(近代日本戦争史3／日本海軍史8). 9.21　国際連盟中国代表,満洲事変を連盟に正式提訴(日本外交年表並主要文書下／日本外交文書日中戦争第3冊). 9.22　関東軍,「満蒙問題解決策案」を策定して宣統帝を領首とする新政権の樹立をめざす(近代日本戦争史3). 9.22　閣議で朝鮮軍の独断越境を事実上追認して経費の支出を決定(近代日本戦争史3). 9.23　閣議で関東軍の満鉄付属地への撤退方針を決める(近代日本戦争史3). 9.—　伊号第51潜水艦,呉軍港で九一式小型水偵の発着試験(カタパルトなし)に好成績を収める．1932年1月,九一式水上偵察機として制式機に採用(日本海軍

第2次若槻礼次郎内閣

大川周明

浜口雄幸

南　次郎

安保清種

西暦	和暦	記　　　　　　　　事
1931	昭和6	史8）． 10.8　関東軍，張学良の本拠地錦州を爆撃．国際連盟における日本の立場悪化（日本外交文書満州事変第1巻第2冊／陸海軍年表／戦史叢書8）． 10.17　陸軍中佐橋本欣五郎，軍部内閣を樹立するクーデターを企図し，未然に発覚．橋本ら首謀者，拘禁される（十月事件・錦旗革命事件）（近代日本総合年表）． 10.20　一家ヨリ多数ノ兵役服務者ヲ出シタル場合ニ於ケル表彰ニ関スル件（勅令第255号），公布．「一家ヨリ多数ノ兵役服務者ヲ出シタル場合ニ於テハ金銀木杯又ハ表彰状ヲ現戸主ニ賜ヒ之ヲ表彰スルコトアルベシ」と規定（官報）． 10.—　陸軍，九二式戦闘機を採用（日本航空機辞典）． 11.1　入営者職業保障法，施行（官報4.2）〔→4.2〕． 11.9　陸軍兵等級ニ関スル件（勅令第271号），公布（11月10日，施行）．10日，陸軍兵ノ名称改定（軍令陸第3号），公布・施行，陸軍，下士・兵卒の等級を廃止（下士を下士官と，一等卒・二等卒を一等兵・二等兵と呼称），輜重輸卒の名称を輜重特務兵に変更（官報）． 11.18　関東軍の第2師団，斉斉哈爾（チチハル）攻撃を開始．19日，占領（陸海軍年表／戦史叢書8）． 12.11　若槻礼次郎内閣，総辞職（閣内不統一）（内閣制度百年史上）． 12.13　犬養毅内閣，成立．陸軍大臣荒木貞夫．海軍大臣大角岑生（官報）． 12.13　犬養内閣による初閣議で金輸出再禁止を決定（金本位制，停止．管理通貨制への移行）（読売新聞12.14／内閣制度百年史下）． 12.13　荒木貞夫の陸軍大臣就任により，陸軍をいわゆる皇道派が支配（陸軍人事制度概説付録）． 12.17　天皇，関東軍に対する混成旅団1・戦車隊・重砲隊などの増加を裁可（昭和天皇の軍事思想と戦略）． 12.21　金ヲ主タル材料トスル製品又ハ金ノ合金輸出許可方（大蔵省令第38号）・金ヲ主タル材料トスル製品又ハ金ノ合金輸出許可方（大蔵省告示第310号），公布・施行（官報）． 12.23　閑院宮載仁親王，参謀総長に就任．皇族の参謀総長就任は34年ぶり（官報12.24）． 12.—　海軍艦政本部第1部第2課長海軍大佐岸本鹿子治，魚雷状の小型高速艇で敵に近接し魚雷を発射する新兵器の構想を着想，研究を特命．1932年8月，設計開始，1933年8月，無人航走試験，1934年末，外洋試験終了，特殊潜航艇（第1次試作艇），完成（特別攻撃隊）． この年　陸軍省整備局，「陸軍軍需工業動員計画要領」にかわる「陸軍軍需動員計画令」の検討立案に着手（戦史叢書99）． この年　陸軍，九一式戦闘機を採用（日本航空機辞典）．

1932（昭和 7）

西暦	和 暦	記　　　　　　　　　　　事
1932	昭和 7	〔内閣総理大臣：犬養　毅・斎藤　実(5.26～) 　陸　軍　大　臣：荒木貞夫 　参　謀　総　長：載仁親王 　海　軍　大　臣：大角岑生・岡田啓介(5.26～) 〔海軍軍令部長：谷口尚真・伏見宮博恭王(2.2～) 　1. 1　中国で南京・広東両政府，合流し統一政府が成立する(日本外交年表並主要文書下／戦史叢書18)． 　1. 3　関東軍の第20師団，錦州を占領(日本外交文書満州事変第1巻第2冊／陸海軍年表／戦史叢書8)． 　1. 7　米国務長官スチムソン，満洲の新事態に対する米国の不承認政策を日中両国に通達(8日付．いわゆるスチムソン＝ドクトリン)(日本外交文書満州事変第1巻第3冊／日本外交年表並主要文書下)． 　1. 8　天皇，満洲事変における関東軍の行動を「自衛」「東洋平和」のための戦いとして嘉賞する勅語を下す(昭和天皇の軍事思想と戦略)． 　1.10　国防献金による献納機(愛国第1・第2号)の命名式，代々木練兵場で挙行(東京朝日新聞1.11)． 　1.28　海軍陸戦隊，上海で中国第19路軍と交戦．第1次上海事変，起こる(日本外交文書昭和期II第1部第1巻／日本海軍史8)． 　2. 2　国際連盟主催のジュネーブ一般軍縮会議，開催(～1934年9月．参加64ヵ国)(日本外交文書昭和期II第2部第1巻)． 　2. 2　海軍，第1次上海事変に対処するため出雲を旗艦とし，第1遣外艦隊・第3船隊・第1水雷戦隊・第1航空戦隊で第3艦隊を新編(司令長官海軍中将野村吉三郎)(近代日本総合年表)． 　2. 5　第9師団・混成旅団などの上海派遣の大命，発令(陸海軍年表／戦史叢書8)． 　2. 5　第2師団，哈爾浜(ハルピン)に入城．全満洲の武力制圧，ほぼ終了(近代日本戦争史3)． 　2.15　軍歌「満洲行進曲」(大江素天作詞・堀内敬三作曲)のレコード，発売．レコードによって普及した最初の軍歌(定本日本の軍歌)． 　2.22　上海で日本軍の工兵3人，中国軍の鉄条網を爆破しようとして戦死．「爆弾三勇士」などと称えられる(日本人捕虜)． 　2.23　満洲の新国家の国号を満洲国と決定．首都は長春(新京)(東京朝日新聞夕刊2.25)． 　2.24　上海派遣軍の編成と第11・第14師団などの上海増強の大命，発令(陸海軍年表／戦史叢書8)． 　2.29　リットンら国際連盟調査委員会一行，来京，調査を開始(日本外交文書満州事変第2巻第1冊)． 　3. 1　満洲で新国家建国宣言書を発表(現代史資料11)． 　3. 9　満洲国建国式，挙行．清朝最後の皇帝宣統帝溥儀，満洲国執政に就く(現代史資料11)． 　3.10　陸軍省，軍歌「日本陸軍の歌」(土井晩翠作詞・陸軍戸山学校軍楽隊作曲)を発表(定本日本の軍歌)．

犬養毅内閣

第1次上海事変　閘北地区における海軍陸戦隊の戦闘

1932(昭和 7)

西暦	和　　暦	記　　　　　　　　　事
1932	昭和 7	3.12　閣議で「満蒙問題処理方針要綱」を決定(満蒙独立政権の誘導方針)(日本外交年表並主要文書下). 3.18　大阪在住の婦人安田せいにより大阪国防婦人会,発会(大日本国防婦人会の前身)(大日本国防婦人会十年史). 3.23　海軍航空廠令(勅令第28号),公布(4月1日,施行).海軍航空廠が横須賀軍港に置かれ,航空兵器の設計・実験などを掌る(官報). 3.28　歩兵第7聯隊大隊長陸軍少佐空閑昇,中国軍に捕えられたことを恥じて自殺(日本人捕虜). 3.—　「忠魂肉弾三勇士」(河合映画)・「肉弾三勇士」(新興)など肉弾三勇士の映画が続々と作られる.同じころ陸軍少佐空閑昇の映画も作られる(日本映画史4). 4.1　陸軍軍医学校に防疫研究室を設置,生物兵器開発の機関となる(世界戦争犯罪事典). 4.1　上海派遣軍軍医部長,「花柳病予防策」にて各師団軍医部長などに「接客婦の公認集娼制」をとることなどを指示.「軍娯楽場取締規則」を制定.慰安所の利用規程を定める.5月28日,軍娯楽場から接客婦を全部退去させる(慰安婦と戦場の性). 4.5　陸軍中央部,第10師団・第14師団などの満洲派遣を命令(近代日本戦争史3). 4.15　陸海軍省,軍人勅諭下賜50年を記念して記念歌「皇軍の歌」(徳富蘇峰・佐佐木信綱作詞,東京音楽学校作曲)を制定.この日,陸軍省,歌詞・楽譜を発表.24日,一般に公開(東京朝日新聞4.13・4.16／定本日本の軍歌). 4.20　国際連盟のリットン調査団,大連に到着し調査開始.6月5日,離満(日本外交文書満州事変第2巻第1冊／中央公論第47巻第12号附録リットン報告書). 4.24　海軍兵学校(校長海軍少将松下元)で「五省」を始める(日本海軍史8). 4.25　靖国神社,台湾霧社事件の死没者28人,済南事件の戦没者26人,満洲事変の戦没者477人のため招魂式を行う.26・27日,臨時大祭(靖国神社略年表). 4.29　朝鮮人尹奉吉,上海の天長節祝賀式典会場で爆弾を投げ,上海派遣軍司令官陸軍大将白川義則,重傷を負い,5月26日,死亡.駐華公使重光葵・第3艦隊司令長官野村吉三郎ら,負傷(近代日本総合年表). 4.—　海軍,九〇式艦上戦闘機を採用(日本航空機辞典). 5.5　日中停戦協定(上海停戦協定),上海で正式調印,発効.日中両軍,上海戦線から撤退(日本外交年表並主要文書下). 5.11　上海派遣軍の内地帰還を発令(陸海軍年表／戦史叢書99). 5.15　五・一五事件,発生.海軍将校ら,首相犬養毅を殺害(近代日本総合年表／戦史叢書8). 5.17　福岡日日新聞,社説「敢て国民の覚悟を促す」(菊竹六鼓(淳))で五・一五事件を批判.軍部から威嚇される(近代日本総合年表). 5.26　斎藤実内閣,成立.陸軍大臣荒木貞夫(留任).海軍大臣岡田啓介・大角岑生(1933.1.9〜)(官報). 5.26　白川義則,没(現役陸軍大将)(官報6.22〔彙報(官庁事項)〕)〔→4.29〕. 5.28　陸軍,九一式10センチ榴弾砲・九〇式野砲を制定(日本の大砲). 5.31　重巡洋艦高雄,横須賀工廠で竣工(同型艦愛宕・摩耶・鳥海).妙高型を拡

西暦	和暦	記　　　　　　事
1932	昭和 7	大,旗艦設備を施す(日本の軍艦).
		6. 1　福田雅太郎,没(後備役陸軍大将)(官報6.3〔彙報(官庁事項)〕).
		6. 5　帝国在郷軍人会,奉天で招魂祭および全国(満洲)大会を挙行.ついで満蒙見学旅行をする(帝国在郷軍人会三十年史).
		6. 6　鉄道省告示第79号により,戦死者遺族が靖国神社大祭,地方での招魂祭,遺骨受け取りなどのため乗車する場合は運賃を5割引とする(官報／戦力増強と軍人援護).
		6.16　関東軍司令官本庄繁に満洲防衛任務付与の大命,発令(陸海軍年表／戦史叢書8・27・99).
		6.28　関東憲兵隊司令部,設立(陸軍人事制度概説付録).
		7.12　栃内曾次郎,没(後備役海軍大将)(官報8.4〔彙報(官庁事項)〕).
		7.24　日高壮之丞,没(退役海軍大将)(官報7.28〔彙報(官庁事項)〕).
		7.26　閣議で在満機関統一要綱を決定.8月8日,陸軍大将武藤信義を関東軍司令官兼関東庁長官兼特命全権大使に任命.外務・拓務両省,陸軍省の強腰に押しきられる(内閣制度百年史下／陸海軍年表／戦史叢書9・27).
		8.27　海軍大学校,品川区上大崎長者丸に移転(日本海軍史8).
		8.29　安東貞美,没(退役陸軍大将)(官報9.2〔彙報(官庁事項)〕).
		9.15　日満議定書,調印・発効.同日,公布(条約第9号).日本,満洲国を承認.満洲国,日本の既存権益を確認.日満共同防衛と日本軍の駐兵を認める.17日,中国,抗議(官報／日本外交年表並主要文書下／日本外交文書満洲事変第2巻第1冊).
		9.16　平頂山事件,起こる.撫順炭坑の日本軍守備隊,抗日ゲリラに襲撃され,近隣の平頂山集落の中国人住民を大量殺害(世界戦争犯罪事典).
		9.20　海軍経理学校,京橋区小田原町に移転(日本海軍史8).
		9.25　海軍の献納機「報国号」1号(九〇式3号水偵)の命名式を羽田飛行場で挙行(日本航空機辞典).
		10. 1　海軍特別陸戦隊令(内令第299号),制定.海軍特別陸戦隊を上海または揚子江方面海軍大臣指定の地に置く(日本海軍史8).
		10. 1　リットン調査団報告書,日中両国及び国際連盟加盟諸国に通達される.満洲における日本の特殊権益を認めつつも,満洲国は否認(日本外交文書満洲事変別巻／中央公論第47巻第12号附録リットン報告書).
		10.24　東京の国防婦人会,発会式(大日本国防婦人会十年史).
		10.24　軍指導下に大日本国防婦人会,結成.会長武藤能婦子(元帥武藤信義妻)(大日本国防婦人会十年史).
		10.30　関東軍司令部,新京に移転(陸軍人事制度概説付録).
		12.13　大阪国防婦人会,大日本国防婦人会関西本部を結成し中之島公会堂で発会式(大日本国防婦人会十年史).

リットン調査団

白川義則

犬養　毅

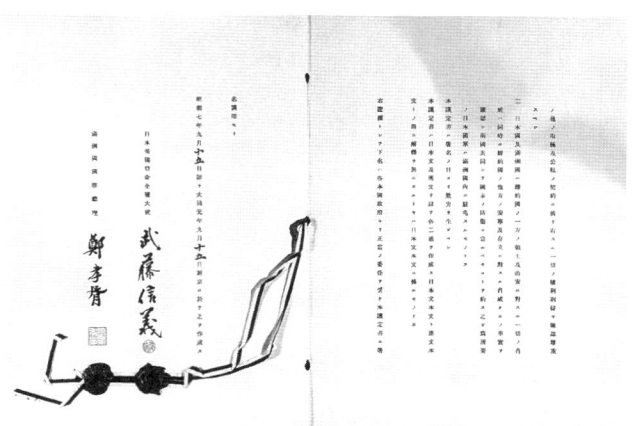

日満議定書

西暦	和暦	記　　　　　事
1933	昭和 8	内閣総理大臣：斎藤　実 陸　軍　大　臣：荒木貞夫 参　謀　総　長：載仁親王 海　軍　大　臣：岡田啓介・大角岑生(1.9〜) 海軍軍令部長：伏見宮博恭王(〜10.1)〔10.1軍令部総長と改称〕 軍　令　部　総　長：伏見宮博恭王(10.1〜) 1. 1　日満軍,山海関で中国軍と衝突.2日,関東軍,出動(山海関事件)(近代日本総合年表). 1. 9　海軍大臣岡田啓介,辞任.後任に大角岑生,就任(官報). 1.15　米国,満洲国不承認を列国に通告(日本外交年表並主要文書下). 1.23　海軍大臣大角岑生・軍令部長伏見宮博恭王・陸軍大臣荒木貞夫・参謀総長閑院宮載仁親王,「兵力量の決定について」と題する覚書に署名.兵力量の決定は参謀総長と軍令部長が立案,その決定は参謀本部・軍令部を通じて行うこととする(近代日本戦争史2). 1.28　関東軍司令官武藤信義,北満・南満の粛正が概成したので熱河省平定作戦を行うとし,作戦準備を下達(近代日本戦争史3). 1.30　ドイツにヒトラー内閣,成立(日本外交年表並主要文書下). 1.—　島田啓三「冒険ダン吉」『少年倶楽部』に連載開始(別冊一億人の昭和史昭和マンガ史). 2.17　補充上ノ必要ニ依リ陸軍ノ軍隊,官衙又ハ学校ニ於ケル各兵科部士官ニ予備役又ハ後備役ノ士官充用ノ件(勅令第12号),公布・施行.特別志願士官(のち将校と改称)制を創設,幹部候補生・一年志願兵出身の予・後備役将校の現役志願を認める(将校の不足を予・後備役の志願者で補う)(官報/全陸軍甲種幹部候補生制度史)〔→3.6〕. 2.24　国際連盟総会でリットン報告書を42対1(棄権1)で採択.日本代表団,不満を示し退席(日本外交年表並主要文書下). 2.—　軍歌「討匪行」(八木沼丈夫作詞・藤原義江作曲)のレコード,発売(定本日本の軍歌). 3. 6　昭和八年勅令第十二号ニ依ル予備役,後備役士官充用ノ件ニ関スル件(陸軍省令第6号),公布・施行(官報)〔→2.17〕. 3.10　映画「三月十日」(朝日新聞社).陸軍記念日にあわせ,陸軍省の支援によって作られた宣伝映画.このころから軍の指導による宣伝映画が作られる(日本映画史4/日本映画発達史2). 3.27　政府,国際連盟脱退を連盟に通告(日本外交年表並主要文書下). 3.27　国際連盟脱退に関し大詔渙発(官報/日本外交年表並主要文書下). 3.29　駐満海軍部令(軍令海第1号),公布(4月1日,施行).満洲国沿海及び河川の防御を担任(官報). 3.—　陸軍,毒ガスのルイサイト(きい2号)・ジフェニールシアンアルシン(あか1号)を制定(毒ガス戦と日本軍). 4. 6　日本製鉄株式会社法(法律第47号),公布(9月25日,施行〔9月22日勅令第243号〕).官民製鉄所の大合同を行い,政府が監督命令認可権を有するとしたもの.1934年1月29日,設立(官報/戦史叢書99).

1933（昭和 8）

西暦	和暦	記　　　　　　　　　事
1933	昭和8	4.11　関東軍の一部，華北関内に進出．19日，撤退（陸海軍年表／戦史叢書8）． 4.11　陸軍，八九式15センチ加農砲を制定．1929年10月25日，一旦制定．大改修の後，この月，改めて制定（日本の大砲）． 4.13　陸軍特命検閲令（軍令陸第2号），公布（官報）． 4.20　旅順要港部令（軍令海第2号），公布．旅順要港部を復活（官報）． 4.22　陸軍習志野学校令（軍令陸第6号），公布（8月1日，施行）（官報）〔→8.1〕． 4.25　靖国神社，満洲事変の戦没者1698人，維新前後の殉難者13人のため招魂式を行う．26・27日，臨時大祭（靖国神社略年表）． 4.28　陸軍補充令中改正ノ件（勅令第71号），公布（5月1日，施行）．幹部候補生の経費自弁（納金制）を廃止．従来は入営時から別枠で採用していたのを改め，現役兵として入営後3ヵ月経過した者の中から選抜する．また当初より甲種と乙種に区分，前者を予備役初級尉官，後者を同下士官とする（官報／全陸軍甲種幹部候補生制度史）． 4.28　陸軍飛行学校ニ於ケル生徒教育ニ関スル件（勅令第68号），公布（8月1日，施行．但し第3条〔生徒の召募・試験その他〕は5月1日，施行）．少年航空兵制度，始まる（官報／陸軍人事制度概説付録）． 5.7　関東軍，ふたたび関内作戦を開始（陸海軍年表／戦史叢書8）． 5.9　航空母艦龍驤，横須賀工廠で竣工（日本の軍艦）． 5.16　在郷将校を中心に明倫会，結成．総裁陸軍大将田中国重（近代日本総合年表）． 5.17　五・一五事件の記事，解禁．司法・陸軍・海軍3省より事件の概要を公表（東京朝日新聞）． 5.20　艦隊平時編制標準，改定．聯合艦隊常置制を採用（陸海軍年表／戦史叢書91）． 5.24　陸軍軍需動員計画令，制定．陸軍が必要とする軍需品に関する組織業務を平時から戦時状態に移す際の計画（陸海軍年表／戦史叢書9・99）． 5.25　「此一戦」（朝日新聞社）．海軍記念日にあわせ海軍省の支援によって作られた宣伝映画（日本映画史4／日本映画発達史2）． 5.31　塘沽（タンクー）停戦協定，成立．華北での停戦協定（日本外交年表並主要文書下／日本外交文書満洲事変第3巻第2冊）． 6.6　金谷範三，没（現役陸軍大将）（官報10.2〔彙報（官庁事項）〕）． 7.7　陸軍省，満洲事変で死んだ軍用犬那智号・金剛号に初の軍用犬功労章甲号を授与（近代日本総合年表）． 7.19　横須賀鎮守府軍法会議庁舎内で五・一五事件海軍側被告に対する東京軍法会議公判廷を開く．11月9日，判決宣告（日本海軍史8）． 7.20　陸軍省，満洲事変勃発以来の戦死者2530人，負傷者6896人と発表（近代日本総合年表）． 7.21　閣議で「暫定総動員期間計画綱領設定ノ件」を決定（国家総動員史資料編1）． 7.27　武藤信義，没（陸軍大将）（東京朝日新聞夕刊7.28）． 8.1　浜松陸軍飛行学校，設立．初の爆撃隊実施学校（陸軍航空の鎮魂続）． 8.1　陸軍習志野学校，設立．毒ガス戦の教育・研究を行う（毒ガス戦と日本軍）．

日本全権団，国際連盟総会より退場

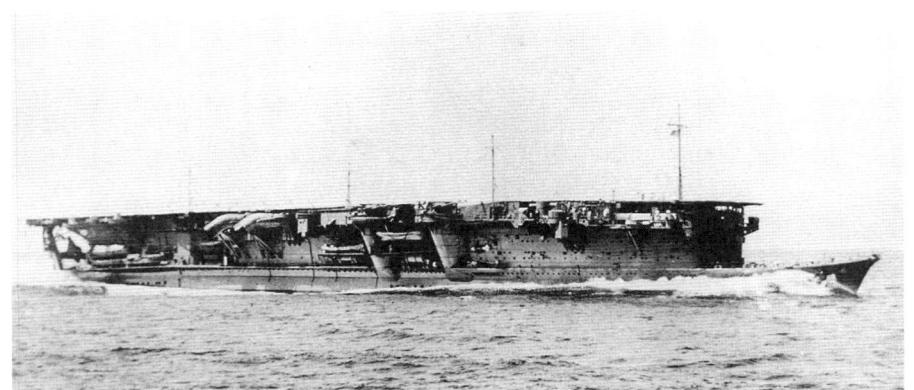

龍驤(1933.5.9)

武藤信義

藤原義江

1933（昭和 8）

西暦	和　暦	記　　　　　事
1933	昭和 8	8. 9　第1回関東地方防空大演習．3夜4日間にわたり灯火管制を行うなど軍指導の本格的初演習．これより各地方で続々挙行（陸軍人事制度概説付録）． 8.11　信濃毎日新聞，桐生悠々「関東防空大演習を嗤ふ」を掲載．東京が空襲されるときは日本が敗北するときと軍部を批判．軍部，激怒し，桐生は退社に追いこまれる（近代日本総合年表／桐生悠々）． 8.—　陸軍，内地に戦車第1・第2聯隊（それぞれ第1戦車隊・歩兵学校教導隊戦車隊を格上げ），戦車第3大隊を設立（帝国陸軍機甲部隊）． 9.11　五・一五事件陸軍側，判決（全員禁錮4年）（近代日本総合年表）． 9.27　軍令部令（軍令海第5号），公布（10月1日，施行）．大正3年8月25日軍令海第7号海軍軍令部条例を全部改正・改題．海軍軍令部を軍令部に，海軍軍令部長を軍令部総長にそれぞれ改称．軍令部総長は天皇に直隷し帷幄の機務に参画する（官報）． 9.27　艦隊令中改正（軍令海第6号），公布（10月1日，施行）．聯合艦隊司令長官は天皇に直隷，聯合艦隊を統率し，これに関する隊務を統督．軍政に関しては海軍大臣の指揮を承け，作戦計画に関しては軍令部総長の指示を承ける（作戦計画に関しては軍令部総長の指示を承ける，との規定が加わる）（官報）． 9.28　防空啓発映画「護れ大空」（朝日新聞社）（日本映画発達史2）． 9.30　駆逐艦初春，竣工（ほか同型艦5隻）．兵装過大のため大規模な改善工事が行われる（日本の軍艦）． この秋　哈爾浜（ハルピン）南方背陰河の「東郷部隊」（731部隊の前身），小規模な人体実験を開始（世界戦争犯罪事典）． 10. 1　海軍軍令部を軍令部，海軍軍令部長を軍令部総長と改称（官報9.27）〔→9.27〕． 10. 1　海軍省軍令部業務互渉規程を改定（内令第294号）．従来の業務互渉規程を廃止．軍令部の権限が増大（日本海軍史8）． 10. 2　科学協議会を国防科学協議会と改名．軍の依託研究を開始（近代日本総合年表）． 10. 3　国防・外交・財政調整のため五相会議（内閣総理大臣・大蔵大臣・陸軍大臣・海軍大臣・外務大臣の五相）を開催．10月21日，満洲国の育成と日満支3国の提携などを方針とする国策大綱を決定（日本外交年表並主要文書下）． 10.14　ドイツ，国際連盟を脱退（日本外交年表並主要文書下）． 10.25　五相会議で陸軍省軍務局起案の「皇国国策基本要綱」が却下される．陸軍大臣荒木貞夫を支持する若手将校の望む農村救済策は大蔵大臣高橋是清の自力更生策の前に歯が立たず（昭和の軍閥）． 10.—　陸軍航空本部器材研究方針，制定．国産機の開発を目指す（陸軍航空の鎮魂）． 11. 8　上原勇作，没（元帥陸軍大将）（官報11.25〔彙報（官庁事項）〕）． 11. 9　五・一五事件海軍側，判決（最高禁錮15年）（近代日本総合年表）． 11.20　水雷艇千鳥，舞鶴工作部で竣工（ほか同型艦3隻）．名称は水雷艇だが，実際は軍縮条約で600トン以下の艦艇に制限がないため作られた小型の駆逐艦．兵装過大のため，1934年3月12日，同型艦友鶴，転覆事故を起こす（日本の軍艦）． 12. 9　陸軍・海軍両省，最近の軍部批判は軍民離間の行動で黙視できないと声

五・一五事件受刑者

被告名	地　位	年齢	罪　名	求　刑	判　決
古賀清志	海軍中尉	26	反乱罪	死　刑	禁錮15年
三上　卓	同	28	同	同	同
黒岩　勇	海軍少尉	27	同	同	禁錮13年
中村義雄	海軍中尉	26	同	無期禁錮	禁錮10年
山岸　宏	同	26	同	同	同
村山格之	海軍少尉	26	同	同	同
伊東亀城	同	26	反乱予備罪	禁錮6年	禁錮2年（執行猶予5年）
大庭春雄	同	25	同	同	同
林　正義	海軍中尉	28	同	同	同
塚野道雄	海軍大尉	35	同	禁錮3年	禁錮1年（執行猶予2年）
後藤映範	陸軍士官候補生	25	反乱罪	禁錮8年	禁錮4年
中島忠秋	同	25	同	同	同
篠原市之助	同	24	同	同	同
八木春雄	同	24	同	同	同
石関　栄	同	24	同	同	同
金清　豊	同	24	同	同	同
野村三郎	同	23	同	同	同
西川武敏	同	23	同	同	同
菅　　勤	同	23	同	同	同
吉原政巳	同	23	同	同	同
坂元兼一	同	23	同	同	同
橘孝三郎	愛郷塾頭	41	爆発物取締罰則違反・殺人・殺人未遂	無期懲役	無期懲役
後藤圀彦	愛郷塾副塾頭	32	同	懲役15年	懲役15年
林　正三	愛郷塾教師	41	同	懲役12年	懲役12年
矢吹正吾	愛郷塾生	22	同	懲役10年	懲役7年
横須賀喜久雄	同	22	同	同	同
塙　五百枝	同	22	同	懲役8年	同
大貫明幹	同	24	同	懲役10年	同
小室力也	同	22	同	懲役7年	懲役5年
春田信義	同	27	同	同	懲役3年6月
奥田秀夫	明治大学学生	24	同	懲役15年	懲役12年
池松武志	陸軍士官学校中退	24	同	同	懲役15年
高根沢与一	無職	23	爆発物取締罰則違反・殺人	懲役7年	懲役3年6月
杉浦　孝	愛郷塾生	25	爆発物取締罰則違反・殺人幇助	同	同
堀川秀雄	本米崎小学校訓導	28	爆発物取締罰則違反・殺人未遂教唆	懲役12年	懲役8年
照沼　操	同	24	同	懲役10年	懲役5年
黒沢金吉	農業	26	同	同	同
川崎長光	同	23	爆発物取締罰則違反・殺人未遂	無期懲役	懲役12年
大川周明	神武会長・法学博士	48	爆発物取締罰則違反・殺人幇助	懲役15年	懲役15年
頭山秀三	天行会長	27	同	懲役10年	懲役8年
本間憲一郎	紫山塾頭	44	同	同	懲役10年

1933〜1934(昭和 8〜昭和 9)

西暦	和暦	記事
1933	昭和 8	明(東京朝日新聞). 12. 9　山本権兵衛,没(退役海軍大将)(官報昭和9.1.9〔彙報(官庁事項)〕).
1934	昭和 9	⎛内閣総理大臣：斎藤　実・岡田啓介(7.8〜) 　陸 軍 大 臣：荒木貞夫・林銑十郎(1.23〜) 　参 謀 総 長：載仁親王 　海 軍 大 臣：大角岑生 ⎝軍 令 部 総 長：伏見宮博恭王 　1.23　病気で辞任した陸軍大臣荒木貞夫の後任に陸軍大将林銑十郎を任命(官報). 　1.—　海軍,九三式中間練習機を採用(陸上機型と水上機型あり)(日本航空機辞典). 　2.15　陸軍服制中改正(勅令第26号),公布(3月10日,施行).軍刀を改正しサーベルから陣太刀型とする(官報／日本近代軍史). 　2.16　軍隊教育令(軍令陸第2号),公布.昭和2年12月22日軍令陸第5号軍隊教育令を全部改正(官報). 　2.20　民間の主要10軍事援護団体が協定を結んで中央に軍事扶助中央委員会を,地方に軍事扶助地方委員会を設ける(軍事援護の理論と実際). 　2.22　鉄道省告示第62号により,靖国神社に新たに合祀される陸海軍軍人・軍属その他の遺族で靖国神社臨時大祭のため乗車する遺族に対しては,2人に限り国有鉄道無賃乗車証を交付することとする(官報／戦力増強と軍人援護). 　3. 1　満洲国,帝政を実施.執政溥儀,皇帝となり,康徳と改元(日本外交文書昭和期II第1部第3巻／日本外交年表並主要文書下). 　3.10　護国共済組合法案,衆議院議員助川啓四郎らにより第65議会衆議院へ初提出される.全国市区町村に組合を設置して兵役義務者の所得補償をはかろうとするもの.23日,衆議院で修正可決.貴族院で審議未了.その後第67・70・73議会に提出されるが実現せず.1939年,銃後奉公会として趣旨の一部が実現(議会制度七十年史帝国議会議案件名録／近代日本の徴兵制と社会). 　3.10　帝国在郷軍人会,本部を牛込区原町から麹町区九段の軍人会館に移転(25日,同館落成式)(帝国在郷軍人会三十年史). 　3.12　水雷艇友鶴,荒天下の佐世保港外で演習中に転覆(友鶴事件)(日本の軍艦). 　3.17　陸軍,独立混成第1旅団を満洲公主嶺に編成.日本初の機械化兵団(帝国陸軍機甲部隊／日本の戦車). 　3.20　海軍の「第二次補充計画」(通称②(まるに)計画)の予算,帝国議会の議決を経て公布される.昭和9年度より同12年度までの4ヵ年計画(航空隊整備計画は同11年度まで).艦艇48隻(空母蒼龍型2隻・巡洋艦利根型2隻ほか)を建造,航空隊8隊航空機111機を整備.予算総額は艦艇建造予算4億3168万8000円,航空隊整備予算3300万円(官報／戦史叢書31). 　3.26　廃兵院法中改正法律(法律第12号),公布(6月20日,施行〔6月19日勅令第168号〕).廃兵院法を全部改正,傷兵院法と改題.傷痍軍人救済の適用範囲を拡大する(官報).

友鶴事件（東京朝日新聞）

溥儀

桐生悠々

荒木貞夫

1934(昭和 9)

西暦	和暦	記　　　　　　　　事
1934	昭和9	3.27　アメリカ議会で第1次ヴィンソン法(海軍拡張法),成立.艦艇を軍縮の上限まで整備(戦史叢書31／日本外交文書一九三五年ロンドン海軍会議). 3.28　石油業法(法律第26号),公布(7月1日,施行〔6月27日勅令第195号〕).精製・輸入業の許可制,貯油の義務づけなど(官報). 3.29　海軍武官任用令中改正(勅令第42号),公布(4月1日,施行).特務大尉及び航空特務大尉から少佐に,機関特務大尉及び整備特務大尉から機関少佐に,主計特務大尉から主計少佐に特選により任用する(官報). 3.29　軍用電気通信法(法律第39号),公布(11月1日,施行〔10月19日勅令第309号〕)(官報). 3.31　海軍航海学校令(勅令第64号),公布(4月1日,施行).大正2年勅令第28号運用術練習艦令,廃止.4月1日,海軍航海学校を横須賀市田浦町に開校(官報／日本海軍史8). 4.1　海軍の昭和9年度軍備拡充計画(②計画),発足(陸海軍年表／戦史叢書31)〔→3.20〕. 4.10　大日本国防婦人会,日比谷公会堂で総本部結成式(大日本国防婦人会十年史). 4.17　外務省情報部長天羽(あもう)英二,談話で日本は東亜の秩序維持に責任があり,日中関係を悪化させる各国の対中軍事援助・政治借款には反対と表明(天羽声明)(日本外交年表並主要文書下／現代史資料8／日本外交文書昭和期II第1部第3巻). 4.18　航空兵操典(軍令陸第7号),公布.陸軍,同操典を初めて制定.地上作戦協力を第一義とする(官報〔条文省略〕／陸軍航空の鎮魂). 4.22　靖国神社に国防館,竣工.開館奉告祭,執行(靖国神社略年表). 4.25　靖国神社,満洲事変の戦没者1668人のため招魂式を行う.26・27日,臨時大祭(靖国神社略年表). 4.29　米国,天羽声明に反駁通告.条約の一方的破棄を許容せずと声明(日本外交年表並主要文書下／日本外交文書昭和期II第1部第3巻) 4.—　海軍の科学研究部第2科,化学研究部に発展(毒ガス戦と日本軍). 5.1　応急総動員計画設定を完了(日本海軍史8). 5.17　英外相サイモンズからワシントン軍縮条約参加5ヵ国に対し,ロンドンでの予備交渉開催を提議.5月30日,駐英大使松平恒雄,日本は応諾する旨を英国側に伝える(日本外交文書一九三五年ロンドン海軍会議・一九三五年ロンドン海軍会議経過報告書). 5.30　元帥海軍大将東郷平八郎,没.6月5日,国葬(官報5.30号外・6.6). 6.18　第2次ロンドン海軍軍縮会議の予備交渉,開始(日本外交文書一九三五年ロンドン海軍会議・一九三五年ロンドン海軍会議経過報告書). 6.19　癈兵院官制中改正ノ件(勅令第169号),公布(6月20日,施行).癈兵官制を傷兵院官制と改題(官報). 6.30　海軍兵学校令中改正(勅令第199号),公布・施行.海軍生徒の修業年限を4ヵ月延長して4年とする(官報). 6.30　海軍機関学校令中改正(勅令第200号),公布・施行.補修・選科・選修学生に整備科の准士官及び一等下士官を追加(官報).

西暦	和暦	記　事
1934	昭和 9	6.30　海軍経理学校令中改正(勅令第201号),公布・施行.経理学校の学生を甲種・乙種・選修学生に区分(官報).
		6.—　陸軍,八八式7センチ野戦高射砲を制定(日本の大砲).
		7. 3　斎藤実内閣,総辞職(内閣制度百年史上).
		7. 8　岡田啓介内閣,成立.陸軍大臣林銑十郎(留任)・川島義之(1935.9.5～).海軍大臣大角岑生(留任)(官報).
		7.17　第2次ロンドン海軍軍縮会議の予備交渉,一時,交渉を中止.中止の声明を発表(日本外交文書一九三五年ロンドン海軍会議・一九三五年ロンドン海軍会議経過報告書).
		8.17　海軍練習航空隊である霞ヶ浦及び横須賀海軍航空隊の所掌事項を制定(9月1日,施行)(海軍省達第153号).霞ヶ浦航空隊＝主として飛行機の操縦及び整備(初歩)等.横須賀航空隊＝主として飛行機の空戦・偵察・攻撃及び整備(高等)等(日本海軍史8).
		9. 9　大日本国防婦人会新京支部,発会(大日本国防婦人会十年史).
		9.12　大迫尚道,没(陸軍大将)(官報10.15〔彙報(官庁事項)〕).
		9.18　ソ連,国際連盟に加入(日本外交年表並主要文書下).
		9.20　ロンドンにおける軍縮予備交渉再開にともない,全権海軍少将山本五十六ほか,東京発,10月16日,ロンドン着.23日から交渉を開始.12月20日,予備交渉,休止し,休止の声明を発表(日本外交文書一九三五年ロンドン海軍会議・一九三五年ロンドン海軍会議経過報告書／日本海軍史8).
		9.28　軍隊内務書(軍令陸第9号),公布.大正10年3月11日軍令陸第2号軍隊内務書を全部改正(官報〔条文省略〕).
		10. 1　陸軍省,『国防の本義と其強化の提唱』(いわゆる「陸軍パンフレット」)を頒布.3日,立憲政友会,「陸軍パンフレット」について非難声明(現代史資料5／近代日本総合年表).
		10.19　海軍航空予備学生規則(海軍省令第11号),公布(11月1日,施行).以下の①・②に該当する志願者より選ぶ.①大学令による大学の学部卒業者で採用の年の4月1日において年齢26年未満の者.②大学令による大学の予科,高等学校高等科,専門学校又はこれと同等以上の学校卒業者にして採用の年の4月1日において年齢24年未満の者(官報).
		10.19　海軍予備練習生規則中改正(海軍省令第13号),公布(11月1日,施行).海軍予備練習生は,航海科・機関科・航空科の3種を置き,航空予備練習生は甲種及び乙種に区別(官報).
		11.19　内務省,「招魂社創立内規ニ関スル件」により,北海道や特別の場合をのぞき一府県一招魂社を原則とすることを決定(忠魂碑の研究).
		11.20　村中孝次・磯部浅一ら青年将校・士官学校生徒参加のクーデター企図,発覚し,関係者,検挙される(十一月事件・士官学校事件).統制派・皇道派対立激化の契機となる(近代日本総合年表).
		12.26　対満事務局官制(勅令第347号),公布・施行.対満事務局は内閣総理大臣の管理に属し,関東局に関する事務,各庁対満行政事務の統一保持に関する事務などを掌る(官報／現代史資料7).
		12.29　駐米大使斎藤博,米国国務長官ハルにワシントン海軍軍縮条約の廃棄を

東郷平八郎

岡田啓介内閣

国防の本義と其強化の提唱

東京朝日新聞夕刊昭和9年10月6日

1934～1935(昭和 9～昭和10)

西暦	和暦	記　　事
1934	昭和 9	通告(日本外交年表並主要文書下). 　この年 関東軍参謀部第2課(情報)に関東軍特種情報機関を設置.1935年ごろまでには対ソ連暗号解読に成功(日本軍のインテリジェンス). 　この年 海軍,『第四改正 海戦要務令』を発布.夜戦に関する準則の改正,巡洋戦艦型主力艦を大幅に夜戦に採用(戦史叢書31). 　この年 海軍,九四式40糎砲の極秘名称で46センチ砲の製造に着手(戦史叢書31).
1935	昭和10	⎰内閣総理大臣：岡田啓介 　陸 軍 大 臣：林銑十郎・川島義之(9.5～) 　参 謀 総 長：載仁親王 　海 軍 大 臣：大角岑生 ⎱軍 令 部 総 長：伏見宮博恭王 　1. 2 吉松茂太郎,没(海軍大将)(官報). 　1.30 海軍技術会議令(勅令第7号),公布(2月1日,施行).海軍技術会議は,海軍高等技術会議・海軍艦政本部技術会議及び海軍航空本部技術会議で構成(官報). 　2.11 大庭二郎,没(退役陸軍大将)(官報3.18〔彙報(官庁事項)〕). 　2.18 菊池武夫,貴族院で美濃部達吉の天皇機関説を攻撃.天皇機関説,政治問題化する.25日,美濃部,反駁演説を行う(帝国議会貴族院議事速記録61／現代史資料45). 　3. 8 戦地軍隊ニ於ケル傷者及病者ノ状態改善ニ関スル千九百二十七年七月二十七日ジュネーヴ条約,公布(1927年7月27日,条約の一部について留保して署名.1934年10月26日,批准.12月28日,批准書寄託.1935年6月18日,発効)(官報〔条約第1号／外務省告示第13号〕). 　3.16 帝国在郷軍人会,評議会で「天皇機関説に対する決意」を天下に表明することを決議(帝国在郷軍人会三十年史). 　3.16 ドイツ,ベルサイユ条約を破棄,再軍備を宣言(近代日本総合年表). 　3.23 衆議院,「国体ニ関スル決議」(国体明徴決議)を全会一致で可決.決議文「国体ノ本義ヲ明澂〈ママ〉ニシ人心ノ帰趨ヲ一ニスルハ刻下最大ノ要務ナリ政府ハ崇高無比ナル我カ国体ト相容レサル言説ニ対シ直ニ断乎タル措置ヲ取ルヘシ／右決議スル」(帝国議会衆議院議事速記録). 　3.23 北満鉄道譲渡協定最終議定書(北満鉄道(北支鉄道)譲渡ニ関スル議定書),成立.日本・満洲国・ソ連,正式調印(即日発効.3月25日,公布)(官報3.25／日本外交年表並主要文書下). 　3.27 日本の国際連盟脱退の効力,発生(日本海軍史8). 　3.― 陸軍,第1～第3飛行団司令部を設置.各飛行部隊を統一指揮する上級司令部の設置をはじめる(陸軍航空の鎮魂続). 　4. 1 青年学校令(勅令第41号),公布・施行.実業補習学校と青年訓練所を統合(官報). 　4. 6 満洲国皇帝溥儀,来日.4月15日,退京(官報4.9・4.10・4.16〔宮廷録事〕). 　4. 6 教育総監真崎甚三郎,国体明徴の訓示を陸軍に通達(天皇機関説を強く否定)(近代日本総合年表).

西暦	和暦	記事
1935	昭和10	4.26　靖国神社,満洲事変の戦没者813人,維新前後の殉難者1人のため招魂式を行う.27日,臨時大祭(靖国神社略年表). 4.—　陸軍戸山学校軍楽隊員松下哲,「関東軍軍歌」を作曲(作詞関東軍参謀米田俊)(定本日本の軍歌). 5.10　大日本国防婦人会満洲本部,関東軍兵事部内に設立(大日本国防婦人会十年史). 5.11　内閣審議会官制(勅令第118号),公布・施行(官報). 5.11　内閣調査局官制(勅令第119号),公布・施行.内閣調査局は「重要政策」についての調査・審査を行う,首相のブレーン機関(官報／昭和戦中期の総合国策機関). 6.10　梅津・何応欽協定,成立.中国側,国民党部の撤去,藍衣社の解散など,河北省に関する日本軍の要求を全部承認(日本外交年表並主要文書下). 6.11　国民政府,友邦務敦睦誼令(排日取締令)を出す(日本近代日本戦争史3). 6.18　英独海軍協定,成立(日本外交年表並主要文書下). 6.27　土肥原・秦徳純協定成立.中国側,察哈爾(チャハル)省中北部からの宋哲元軍の撤退などを承認(日本外交年表並主要文書下). 6.—　陸軍,「特殊技術研究要領」を技術関係部隊に通牒.指導・準備・実施・秘密保持などについて詳しく規定.8月15日,陸軍科学研究所長に21件の研究事項を指定(戦史叢書99). 7.11　士官学校事件で休職中の村中孝次・磯部浅一,「粛軍に関する意見書」を頒布.8月2日,両名,免官となる(現代史資料4／陸軍人事制度概説付録). 7.15　陸軍大臣林銑十郎,陸軍三長官会議において教育総監真崎甚三郎を罷免.後任渡辺錠太郎.この人事を上奏,裁可.16日,発令.統制・皇道両派の対立深刻化(昭和の軍閥). 7.18　軍事参議官会議,教育総監真崎甚三郎罷免問題をめぐり激論(陸軍人事制度概説付録). 7.28　軽巡洋艦最上,呉工廠で竣工(同型艦三隈・鈴谷・熊野).当初15.5センチ砲搭載の軽巡洋艦として完成したが,のち20.3センチ主砲に換装して重巡洋艦となる(日本の軍艦). 7.30　陸軍航空技術研究所令(勅令第222号),公布(8月1日,施行).陸軍航空技術研究所を設立(官報). 7.30　陸軍航空廠令(勅令第223号),公布(8月1日,施行).陸軍航空廠を設立(官報). 7.30　陸軍航空技術学校令(勅令第225号),公布(8月1日,施行).陸軍航空技術学校を所沢に設立(官報／陸軍航空の鎮魂続). 8.9　陸軍,機動九〇式野砲を制定.九〇式野砲にゴムタイヤを付け,牽引車で牽引(日本の大砲). 8.12　陸軍省軍務局長陸軍少将永田鉄山,省内で皇道派の陸軍中佐相沢三郎に刺殺される(陸海軍年表／戦史叢書8)〔→1936.1.28〕. 8.14　陸軍三長官(陸軍大臣林銑十郎・参謀総長載仁親王・教育総監渡辺錠太郎),粛軍を申し合わせる(陸軍人事制度概説付録). 8.27　帝国在郷軍人会,対時局全国大会を軍人会館で開催.国体明徴・国防完備

菊池武夫 　　　　　美濃部達吉

真崎甚三郎 　　　　永田鉄山

最上(1935.7.28)

1935(昭和10)

西暦	和暦	記事
1935	昭和10	に関する会員の決意を宣明する(帝国在郷軍人会三十年史).

 8.31 米議会で中立法,成立.交戦国への武器・弾薬の禁輸を規定(近代日本総合年表).

 9.12 陸軍補充令中改正ノ件(勅令第264号),公布・施行(一部は12月1日,施行).操縦候補生制度を採用.派遣将校の行う飛行機操縦検定に合格した者,飛行機操縦免状所持者で配属将校の行う学校教練検定合格者を,採用1年で予備役航空兵少尉とする(官報／全陸軍甲種幹部候補生制度史).

 9.20 靖国神社,『靖国神社忠魂史』全5巻の刊行を終わる(靖国神社略年表).

 9.26 第4艦隊,北海道南東海上で演習中,異常な荒天に遭遇し,多数の艦艇が船体を損傷(第4艦隊事件)(戦史叢書31／日本の軍艦).

 9.— 陸軍,九五式戦闘機を採用(日本航空機辞典).

 10.4 日本政府,「広田三原則」(「対支政策に関する外・陸・海三相間諒解」)を決定(排日取締,満洲国の事実上の承認,共同防共)(日本外交文書昭和期II第1部第4巻上巻／日本外交年表並主要文書下).

 10.6 綏芬河北方でソ・満日軍間に衝突事件,起こる(日本外交年表並主要文書下).

 10.24 英国,海軍軍縮会議に日米仏伊を招請.10月29日,参加を回答(日本外交年表並主要文書下／日本海軍史8).

 10.26 陸軍,九二式一〇センチ加農砲を制定(日本の大砲).

 10.31 靖国神社附属遊就館令(勅令第300号),公布.明治43年4月2日勅令192号靖国神社附属遊就館ニ関スル件を全部改正・改題(官報).

 11.4 永野修身・永井松三をロンドン海軍軍縮会議全権委員に任命.9日,訓令を交付.11月16日,出発(日本外交年表並主要文書下).

 11.4 国民政府,英人リース=ロスの支援を受け幣制改革を断行.中国の政府銀行の発行する銀行券だけを法幣とし,銀貨・銀塊を回収.価値を外国為替相場により安定させる.英はポンドをリンクさせ,米もドルにより法幣を操縦.国民政府の米英に対する経済的依存が強まる(近代日本戦争史3).

 11.8 陸軍,九四式山砲を制定(日本の大砲).

 11.25 殷汝耕(親日官吏),冀東防共自治委員会を通州に設置.陸軍が華北の非武装地帯に作らせた自治政権(陸海軍年表／戦史叢書86).

 11.30 学校教練検定規程(陸軍省令第22号),公布・施行(官報).

 12.1 熊谷陸軍飛行学校,設立(基本操縦教育)(陸軍航空の鎮魂続).

 12.9 第2次ロンドン海軍軍縮会議,開始(日本外交年表並主要文書下／日本外交文書一九三五年ロンドン海軍会議・一九三三年ロンドン海軍会議経過報告書).

 12.16 陸軍,軍需審議会で九五式軽戦車を仮制式制定.35ミリ砲装備,装甲12ミリ(帝国陸軍機甲部隊).

 12.18 国民政府,宋哲元を委員長とする冀察政務委員会委員を任命.国民政府側の華北政権で,河北・察哈爾(チャハル)2省と北平・天津両市の政務を処理(陸海軍年表／戦史叢書86).

 12.25 殷汝耕,冀東防共自治委員会を冀東防共自治政府に改組(陸海軍年表／戦史叢書86).

 この年 陸軍,航空防空緊急充備計画に着手.昭和10～13年度の間に飛行兵団司

1935～1936(昭和10～昭和11)

西暦	和暦	記事
1935	昭和10	令部1,飛行団司令部3,飛行聯隊4などを新設,防空兵力を強化し,陸軍飛行兵力を飛行兵団司令部1,飛行団司令部3,飛行聯隊15などとすることを目指す.第1年度＝昭和10年度の改編で高射砲第2～第4聯隊,第1～第3飛行団司令部,飛行第9聯隊,陸軍航空技術研究所,熊谷陸軍飛行学校,東部・中部・西部防衛司令部などを新設(戦史叢書99). この年　陸軍,九五式聴音機を採用. この年　陸軍,九五式1型練習機を採用(いわゆる赤トンボ)(日本航空機辞典). この年　海軍,九五式潜水艦用酸素魚雷登場.
1936	昭和11	内閣総理大臣：岡田啓介・広田弘毅(3.9～) 陸　軍　大　臣：川島義之・寺内寿一(3.9～) 参　謀　総　長：載仁親王 海　軍　大　臣：大角岑生・永野修身(3.9～) 軍 令 部 総 長：伏見宮博恭王 　1.11　帝国在郷軍人会,本部通牒により,海軍軍縮会議に対する決意宣明のため,この日以降各地で連合支部大会を開催(帝国在郷軍人会三十年史). 　1.13　政府,「北支処理要綱」(第一次)にて華北5省の分治を漸進的に行うことを決定(現代史資料8／陸海軍年表／戦史叢書8・86). 　1.14　陸軍,九五式野砲の制式制定を上申(日本の大砲). 　1.15　日本,第2次ロンドン海軍軍縮会議を脱退.新条約の不成立,確定(陸海軍年表／戦史叢書31・91). 　1.21　外務大臣広田弘毅,帝国議会の国務大臣演説において対華3原則(日中提携・満洲国承認・共同防共)について述べる(日本外交年表並主要文書下). 　1.28　第1師団軍法会議で相沢事件(陸軍省軍務局長永田鉄山外殺害)の公判,開廷(近代日本総合年表)〔→5.7〕. 　1.—　陸軍,毒ガスのドイツ式製造法イペリット(きい1号甲)制定.従来の「きい1号」は「きい1号乙」と改定(毒ガス戦と日本軍). 　2.2　日本傷痍軍人会,結成(厚生省五十年史資料編). 　2.26　二・二六事件,起る.皇道派青年将校,1400人の部隊を率い挙兵,政府要人(大蔵大臣高橋是清・内大臣斎藤実・教育総監渡辺錠太郎)を殺害し国家改造を要求.2月28日,岡田啓介内閣,総辞職(近代日本総合年表／内閣制度百年史上). 　2.27　一定ノ地域ニ戒厳令中必要ノ規定ヲ適用スルノ件(勅令第18号)・昭和十一年勅令第十八号ノ施行ニ関スル件(勅令第19号)・戒厳司令部令(勅令第20号),公布・施行.東京市に戒厳令を適用(官報)〔→7.17〕. 　2.27　海軍艦艇,品川沖及び大阪湾で警備(日本海軍史8). 　2.27　天皇,反乱軍は原隊に復帰せよとの「奉勅命令」(従わない場合は攻撃)を裁可,鎮圧が既定方針となる(昭和天皇の軍事思想と戦略). 　2.29　二・二六事件,鎮圧(陸海軍年表／戦史叢書86). 　3.9　広田弘毅内閣,成立.陸軍大臣寺内寿一・海軍大臣永野修身(官報). 　3.9　大蔵大臣馬場鍈一,閣議で公債漸減主義などの放棄を発表(馬場財政)(東京朝日新聞3.10). 　3.10　真崎甚三郎・荒木貞夫・林銑十郎,二・二六事件後のいわゆる粛軍人事で

下士官兵ニ告グ

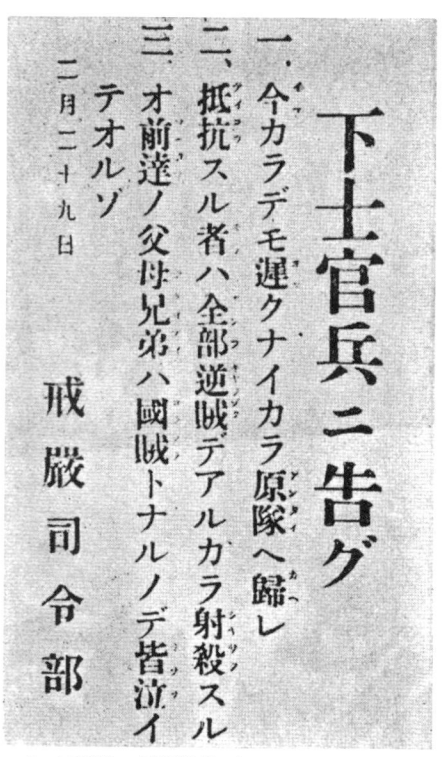

一、今カラデモ遲クナイカラ原隊ヘ歸レ
二、抵抗スル者ハ全部逆賊デアルカラ射殺スル
三、オ前達ノ父母兄弟ハ國賊トナルノデ皆泣イテオルゾ

二月二十九日　戒嚴司令部

2・26事件　帰順勧告ビラ

高橋是清

斎藤　実

2・26事件　叛乱軍の占拠した赤坂の山王ホテル前

渡辺錠太郎

西暦	和暦	記　　　　　　　　　事
1936	昭和11	予備役編入となる.このころ多くの皇道派軍人,現役を追われる(官報3.11〔叙位及辞令〕/昭和の軍閥). 　3.25　米英仏3国,第2次ロンドン海軍軍縮条約,調印.軍艦の質的制限並びに建艦の予告及び情報交換を基調とする(日本外交年表並主要文書下/日本海軍史8). 　3.—　陸軍経理学校第1期生,予科入校(陸軍人事制度概説付録/官報3.27〔彙報(陸海軍)〕). 　4. 1　広島陸軍幼年学校を広島に設置し,事務を開始.広島陸軍幼年学校の復活(官報4.9〔彙報(陸海軍)〕). 　4. 1　海軍木更津航空隊・鹿屋航空隊,開隊(日本海軍史8). 　4.17　閣議で支那駐屯軍の増強を決定.華北問題を健健な支那駐屯軍に任せ,急進的な関東軍を対ソ戦に専念させる(陸海軍年表/戦史叢書86). 　4.26　靖国神社,満洲事変の戦没者974人のため招魂式を行う.27日,臨時大祭(靖国神社略年表). 　5. 1　陸軍,天保銭徽章(陸軍大学校卒の象徴)を廃止(陸軍人事制度概説付録). 　5. 7　第1師団軍法会議,相沢三郎に死刑判決(近代日本総合年表)〔→1935.8.12〕. 　5.11　参謀総長載仁親王・軍令部総長博恭王,帝国国防方針・国防所要兵力並びに用兵綱領(第3次改訂案)を上奏.6月3日,裁可(陸海軍年表/戦史叢書8・31・91・99)〔→6.8〕. 　5.18　陸軍省官制中改正ノ件(勅令第63号)・海軍省官制中改正ノ件(勅令第64号),公布・施行.陸海軍大臣及び次官の現役武官制,復活.皇道派予備役将官の陸軍大臣就任を防ぐ(官報). 　5.28　昭和六年法律第四十号中改正法律(法律第25号),公布(7月5日,施行〔7月3日勅令第148号〕).重要産業ノ統制ニ関スル法を一部改正(官報). 　5.29　自動車製造事業法(法律第33号),公布(7月11日,施行〔7月10日勅令第169号〕).自動車国産推進のため自動車製造事業を許可制とし,保護助成を行う(官報). 　5.—　陸軍,航空兵力緊急充備のため操縦要員・整備要員各280人の急速養成に着手(戦史叢書99). 　6. 8　陸海軍,「帝国国防方針」「帝国国防ニ要スル兵力」「帝国軍ノ用兵綱領」を改定.陸軍は戦時の所要兵力を50個師団,航空140中隊,海軍は主力艦12隻・航空母艦10隻・巡洋艦28隻・水雷戦隊6隊・潜水戦隊7隊・基地航空力65隊とする.仮想敵国を米・露・中国・英とする.「速戦即決」をうたい,対米作戦ではルソン・グアム島の占領と来航する米艦隊の撃破,対露作戦では作戦地域をバイカル湖以東とする.これにもとづき陸軍は「陸軍軍備充実六カ年計画」を,海軍は「第三次海軍軍備補充計画」(「③(まるさん)計画」と略称された)を策定.ともに昭和12年度を初年度として発足(現代史資料8/戦史叢書99). 　6.19　陸軍大臣寺内寿一,閣議で壮丁・兵士の健康状態を憂え,保健国策樹立の必要性を提唱(東京朝日新聞). 　6.27　海軍工廠令(勅令第131号),公布(7月1日,施行).大正12年3月26日勅令第51号海軍工廠令を全部改正.舞鶴海軍工廠の再設置ほか(官報). 　6.—　海軍,九六式陸上攻撃機を採用.対米決戦のため洋上大航続力と雷撃能

西暦	和暦	記　　　　　　　　事
1936	昭和11	力を持つ(日本航空機辞典). 　　7. 1　情報委員会官制(勅令第138号),公布・施行.情報委員会を内閣に設置(官報). 　　7. 5　東京陸軍軍法会議,二・二六事件判決(17人に死刑を宣告)(近代日本総合年表). 　　7.12　村中孝次・磯部浅一を除く二・二六事件の元将校らの死刑,執行(近代日本総合年表). 　　7.17　昭和十年勅令第十八号一定ノ地域ニ戒厳令中必要ノ規定ヲ適用スルノ件廃止ノ件(勅令第63号)・昭和十年勅令第十九号昭和十一年勅令第十八号ノ施行ニ関スル件廃止ノ件(勅令第64号)・昭和十年勅令第二十号戒厳司令部令廃止ノ件(勅令第65号),公布(7月18日,勅令第18-20号を廃止).東京市の戒厳令を解除(官報). 　　7.17　スペイン軍部,西領メリリヤで反乱,開始,翌18日,本土に拡大,スペイン内乱,起こる(～1939年3月28日)(近代日本総合年表). 　　7.22　陸軍,軍需審議会で八九式中戦車の後継戦車の開発方針を審議.重量14tと10tの2案で意見まとまらず.のちに両方を試作して15tを採用,九七式中戦車として制定(帝国陸軍機甲部隊). 　　7.25　陸軍省官制中改正ノ件(勅令第211号),公布(8月1日,施行).陸軍省に兵務局を新設,軍紀・風紀に関する事項などを所管.軍務局に軍事課が置かれ国防政策,議会との交渉,国防思想の普及などを所管(官報). 　　7.27　陸軍戦車学校令(軍令陸第6号),公布(8月1日,施行).陸軍戦車学校を設置(官報). 　　7.27　航空兵団司令部令(軍令陸第12号),公布.航空兵団長は天皇直属,航空部隊はすべて軍司令官・師団長の隷下を離れる(官報／戦史叢書99／陸軍航空の鎮魂続). 　　7.29　陸軍工科学校令(勅令第231号),公布(8月1日,施行).大正9年8月9日勅令第239号陸軍工科学校令を全部改正(官報). 　　8. 5　朝鮮総督宇垣一成,辞任.後任に陸軍大将南次郎を任命(官報8.6〔叙任及叙位〕). 　　8. 7　四相(内閣総理大臣・外務大臣・陸軍大臣・海軍大臣)会議で「帝国外交方針」を,五相(四相・大蔵大臣)会議で「国策の基準」を決定(大陸・南方への進出と軍備充実を定める)(現代史資料8). 　　8.11　政府,「第二次北支処理要綱」を決定.華北5省の分治,防共・資源開発の特殊地域の早急な実現をめざす(日本外交文書昭和期II第1部第5巻上巻／日本外交年表並主要文書下／現代史資料8). 　　8.11　哈爾浜(ハルピン)市内に関東軍防疫部(のちの関東軍防疫給水部,いわゆる731部隊),設立(世界戦争犯罪事典). 　　8.20　駆逐艦白露,竣工(ほか同型艦9隻).初春型の設計を改め復元性を改善(日本の軍艦). 　　8.24　四川省成都で反日集会後の示威行進参加者,日本人4名が宿泊する旅館を襲撃し,大阪毎日新聞記者渡辺洸三郎・上海毎日新聞記者深川経二を殺害(成都事件)(日本外交文書昭和期II第1部第5巻上巻).

二・二六事件主要受刑者

被告名	地　位	生年月	罪　名	求　刑	判　決	刑執行
香田清貞	歩兵大尉(歩一第1旅団副官)	1903. 9	叛乱罪・首魁	1936. 6. 4 死　刑	36. 7. 5 死　刑	36. 7.12
安藤輝三	歩兵大尉(歩三第6中隊長)	1905. 2	同	同	同	同
栗原安秀	歩兵中尉(歩一機関銃中隊)	1908.11	同	同	同	同
村中孝次	元陸軍大尉(常人)	1903.10	同	同	同	37. 8.19
磯部浅一	元一等主計(常人)	1905. 4	同	同	同	同
竹島継夫	歩兵中尉(豊橋陸軍教導学校)	1907. 5	叛乱罪・謀議参与	同	同	36. 7.12
対馬勝雄	同	1908.11	同	同	同	同
中橋基明	歩兵中尉(近歩三第7中隊)	1907. 9	叛乱罪・群衆指揮	同	同	同
丹生誠忠	歩兵中尉(歩一第11中隊)	1908.10	同	同	同	同
坂井　直	歩兵中尉(歩三第1中隊)	1910. 8	同	同	同	同
田中　勝	砲兵中尉(野重砲七第4中隊)	1911. 1	同	同	同	同
中島莞爾	砲兵少尉(陸軍砲工学校学生)	1912.10	同	同	同	同
安田　優	同	1912. 2	同	同	同	同
高橋太郎	歩兵少尉(歩三第1中隊)	1913. 1	同	同	同	同
林　八郎	歩兵少尉(歩一機関銃中隊)	1914. 9	同	同	同	同
渋川善助	元陸士生徒(常人・直心道場)	1905.12	叛乱罪・謀議参与	同	同	同
水上源一	常人・弁理士	1908. 9	叛乱罪・謀議参与・群衆指揮	1936. 5.10 禁錮15年	同	同
池田俊彦	歩兵少尉(歩一第1中隊)	1914.12	叛乱・謀議参与又は群衆指揮	1936. 6. 4 死　刑	36. 7. 5 無期禁錮	
麦屋清済	歩兵少尉(歩三第1中隊)	1910. 6	同	同	同	
常盤　稔	歩兵少尉(歩三第7中隊)	1914. 6	同	同	同	
鈴木金次郎	歩兵少尉(歩三第10中隊)	1914. 5	同	同	同	
清原康平	歩兵少尉(歩三第3中隊)	1914. 1	同	同	同	
今泉義道	歩兵少尉(近歩三第7中隊)	1914. 5	叛乱,その他の職務に従事	1936. 6. 4 禁錮7年	36. 7. 5 禁錮4年	
山本　又	予備役陸軍少尉	1895. 9	同	1936. 6. 4 禁錮15年	36. 7. 5 禁錮10年	
宇治野時参	歩兵軍曹(歩一第6中隊)	1911. 4	同	1936. 5.10 禁錮15年	36. 7. 5 禁錮15年	
黒沢鶴一	歩兵一等兵(歩一歩兵砲中隊)	1915. 8	同	1936. 5.10 禁錮10年	同	
宮田　晃	予備役歩兵曹長(会社員)	1908.10	同	1936. 5.10 禁錮15年	同	
中島清治	同	1908. 2	同	1936. 5.10 禁錮13年	同	
黒田　昶	予備役歩兵上等兵	1910. 4	同	1936. 5.10 禁錮15年	同	
綿引正三	常人	1914. 2	同	1936. 5.10 禁錮13年	同	

被告名	地位	生年月	罪名	求刑	判決	刑執行
山口一太郎	歩兵大尉(歩一第7中隊長)	1900.9	叛乱者を利す	1936.7.16 無期禁錮	36.7.29 無期禁錮	
新井　勲	歩兵中尉(歩三第10中隊)	1911.2	司令官軍隊を率い，故なく配置を離れる	1936.7.16 禁錮15年	36.7.29 禁錮6年	
柳下良二	歩兵中尉(歩三機関銃中隊)	1911.6	叛乱者を利す	1936.7.16 禁錮5年	36.7.29 禁錮4年	
斎藤　瀏	予備役陸軍少将	1879.4	同	1936.11.11 禁錮15年	37.1.18 禁錮5年	
満井佐吉	歩兵中佐(陸大教官)	1893.5	同	1936.11.21 禁錮10年	37.1.18 禁錮3年	
田中　弥	歩兵大尉(陸大教官)	1900.10	同	(1936.10.18 自宅にて自殺)		
真崎甚三郎	陸軍大将・軍事参議官	1876.11	同	(1937.9.26 無罪判決)		
柴　有時	歩兵大尉(戸山学校教官)	1900.10	同	1936.11.27 禁錮5年	37.1.18 無罪	
菅波三郎	歩兵大尉(歩四五(鹿児島)中隊長)	1904.11	同	1936.12.13 禁錮8年	37.1.18 禁錮5年	
大蔵栄一	歩兵大尉(歩七三(羅南)第2中隊長)	1903.9	同	1936.11.17 禁錮8年	同	
末松太平	歩兵大尉(歩五(青森)歩兵砲中隊長)	1905.9	同	1936.10.19 禁錮7年	37.1.18 禁錮4年	
北　一輝	常人	1883.4	叛乱罪・首魁	1936.10.22 死刑	37.8.14 死刑	37.8.19
西田　税	同	1901.10	同	同	同	同
亀川哲也	同	1891.12	叛乱幇助	1936.10.22 禁錮15年	37.8.14 無期禁錮	

(1) 1937年9月現在，捜査当局が軍法会議に送付した者の審理状況および判決(有罪には死刑も含む)．

	有罪	無罪	不起訴	罰金	取調中	自殺
将　　校	31	9	10	1	―	1
元 将 校	2	―	―	―	―	―
予備役将校	2	1	5	―	―	―
在 郷 将 官	―	―	1	―	―	―
医官・見習士官	―	―	3	―	―	―
下 士 官	44	31	15	―	―	―
兵	3	8	―	―	―	―
常人(民間人)	14	9	32	1	16	―

予備役将校には将官を含む．下士官の有罪には執行猶予を含む．
(2) 主に林茂他編『二・二六事件秘録』1によるが，同書における下士官の量刑は不正確であるので，他の資料にもよった．

西暦	和暦	記　　　　　　　　　事
1936	昭和11	8.—　参謀本部第2部にロシア課新設(対ソ情報収集強化)(日本軍のインテリジェンス). 8.—　気球隊を気球聯隊と改称し,航空兵科から砲兵科に移管(陸軍航空の鎮魂続). 9. 3　広東省北海で同地在住日本人商人中野順三,殺害される(北海事件)(日本外交文書昭和期II第1部第5巻上巻). 9.11　陸海軍航空本部協調委員会,設置.航空軍事行政円滑化の連絡機関.1943年8月9日,廃止(日本海軍史8). 9.11　陸海軍両大臣,首相広田弘毅に行政機関改革共同意見書を進言(厚生省設置の意向を含む)(厚生省五十年史資料編). 9.19　漢口の日本租界近傍で日本警官吉岡庭二郎,中国人に射殺される(日本外交文書昭和期II第1部第5巻上巻／東京朝日新聞9.20). 9.23　上海の路上で日本陸戦隊員(出雲乗組の水兵),狙撃される.田港朝光,即死,2名,負傷(日本外交文書昭和期II第1部第5巻上巻). 9.24　帝国在郷軍人会令(勅令第365号)・帝国在郷軍人会規程(陸軍省海軍省令第1号),公布(各10月11日,施行).帝国在郷軍人会は公的機関となる.同規程により,指導統制の強化,選挙制の廃止などがうたわれる(官報／帝国在郷軍人会三十年史). 10.25　イタリア外相チアノ,ベルリンを訪問(〜27日),「ベルリン・ローマ枢軸」,結成(近代日本総合年表). 11. 3　帝国在郷軍人会,帝国在郷軍人会令による勅令団体として新たに発足する(帝国在郷軍人会三十年史). 11. 6　日・米・英・仏・伊5ヵ国,ロンドン海軍条約潜水艦使用制限条項に調印(日本外交年表並主要文書下). 11.14　方面委員令(勅令398号),公布(1937年1月15日,施行).方面委員は現在の民生委員.軍事援護事業にも参画(官報／軍事援護の理論と実際). 11.14　内蒙軍,謀略を主用して綏遠方面で軍事行動を開始(綏遠事件).12月10日,傅作義軍に完敗(陸海軍年表／戦史叢書8／現代史資料8). 11.18　ドイツ・イタリア,スペインのフランコ政権を承認(日本外交年表並主要文書下). 11.25　日独防共協定(共産「インターナショナル」ニ対スル協定),ベルリンで調印,発効(28日,公布)(官報11.28〔条約第8号〕／日本外交年表並主要文書下). 11.26　陸軍省,「軍備充実計画の大綱」を作成.昭和17年度までに戦時兵力40個師団・航空140個中隊,平時兵力在満10個師団・内地朝鮮17個師団・航空140個中隊の整備を目標とする(12月3日,次官通牒として軍・師団・航空兵団参謀長などに通牒)(陸海軍年表／戦史叢書8). 11.—　海軍,九六式艦上戦闘機を採用(日本航空機辞典). 12. 2　大日本傷痍軍人会,発会(日本海軍史8). 12. 5　海軍練習航空隊令中改正ノ件(勅令第422号),公布・施行.航空に関する実験の任務が加わり,予科練習生を飛行予科練習生に改める(官報). 12.12　蒋介石,張学良に監禁される(西安事件).中共の調停で釈放.26日,南京に帰還(日本外交年表並主要文書下／現代史資料12／戦史叢書8・86).

1936〜1937(昭和11〜昭和12)

西暦	和　暦	記　　　　　　　　事
1936	昭和11	12.26　閣議で第2次総動員期間計画綱領等設定ノ件,総動警備計画暫定を決定(国家総動員史資料編1／日本海軍8). 12.31　ワシントン条約・ロンドン条約の有効期間,満了,失効(陸海軍年表／戦史叢書31). この年　陸軍,陸軍平時編制を全面改定.戦車第5・第6聯隊,野戦重砲兵第10聯隊,航空兵団司令部,飛行第13聯隊などを新設(戦史叢書99). この年　陸軍,九六式一五センチ加農砲・同高射砲索引車(いすゞ)・同中迫撃砲・同無線機・同大操舟機(工兵の渡河用エンジン)をそれぞれ採用.
1937	昭和12	⎧内閣総理大臣：広田弘毅・林銑十郎(2.2〜)・近衛文麿(6.4〜) 　陸 軍 大 臣：寺内寿一・中村孝太郎(2.2〜)・杉山　元(2.9〜) 　参 謀 総 長：載仁親王 　海 軍 大 臣：永野修身・米内光政(2.2〜) ⎩軍 令 部 総 長：伏見宮博恭王 1. 1　ロンドン海軍軍縮条約失効により,無条約時代に入る(陸海軍年表／戦史叢書31). 1.21　衆議院で陸軍大臣寺内寿一と浜田国松(立憲政友会)の腹切り問答(政党と軍部の対立が激化).22日・23日の2日間,停会(帝国議会衆議院議事速記録／官報1.22). 1.23　陸軍大臣寺内寿一,解散を主張し政党出身閣僚と対立.広田弘毅内閣,総辞職(内閣制度百年史上／近代日本総合年表). 1.29　陸軍大将宇垣一成に大命が降下するが,陸軍の反対により陸軍大臣の推薦を得られず,拝辞(近代日本総合年表／宇垣一成日記2). 2. 2　林銑十郎内閣,成立(立憲政友・民政両党員からの入閣なし).陸軍大臣中村孝太郎・杉山元(2.9〜).海軍大臣米内光政(官報). 2. 4　日独合作映画「新しき土」,公開.のちドイツでも公開(日本映画史4／日本映画発達史2). 2. 9　陸軍大臣中村孝太郎,病気により辞任し,後任に杉山元が就任(官報). 2.12　明治三十五年勅令第十一号陸軍武官官等表ノ改正ノ件(勅令第12号)・昭和六年勅令第二百七十一号陸軍兵ノ科部,兵種及等級表ニ関スル件中改正ノ件(勅令第13号),公布(各2月15日,施行).陸軍各部の監・正等の官等呼称を改定.陸軍主計(軍医・薬剤・獣医)中将〜同少尉等とし,将校相当官を「各部将校」と呼称.衛生部は看護と磨工を合併して衛生と呼称.軍楽部楽手補は軍楽上等兵に改称(官報). 2.20　外務省,「第三次北支処理要項」案を作成.華北を親日満の地帯たらしめ,あわせて国防資源の獲得を期す(日本外交年表並主要文書下). 3. 1　陸軍少将石原莞爾,参謀本部第1部長となる.陸軍部内の実権を握り,日中戦争の早期解決を図る(陸海軍将官人事総覧陸軍篇). 3. 5　大審院第4刑事部,1930年から上海で日本海軍軍人を顧客とする売春業に従事していた村上某が1932年の上海事変に際し,「海軍指定慰安所」の名称のもとに従来の営業の拡張を図り,同営業所で売春に従事させるべく長崎地方の15名の婦女を「女給又は女中」としてだまして上海へ移送した件を,長崎控訴院

広田弘毅 　　広田弘毅内閣

林銑十郎 　　林銑十郎内閣

1937（昭和12）

西暦	和　暦	記　　　　　　　　　事
1937	昭和12	が国外誘拐・国外移送の罪としたことについて,これを不服とする村上の上告を棄却(大審院判例集第16巻第4号／慰安婦と戦場の性). 　3.20　海軍の「昭和十二年度海軍補充計画」(通称③(まるさん)計画),帝国議会で予算成立.軍縮条約失効後における初の建艦計画.昭和12年度より同17年度までの6ヵ年計画(航空隊整備計画は同15年度まで),後に完成予定が1ヵ年繰り上げられ,昭和16年度までの5ヵ年計画に修正.艦艇66隻(戦艦大和型2,空母翔鶴型2ほか)建造,航空隊14隊航空機556機整備.予算総額は艦艇建造予算8億0654万9000円(昭和16年度の追加要求により8億6421万8000円),航空隊整備予算7526万7000円(戦史叢書31). 　3.22　陸軍軍人軍属著作規則(陸達第11号),公布(4月1日,施行).明治38年12月1日陸達第55号陸軍軍人軍属著作規則を廃止.陸軍省,部内の言論統制を強化(官報). 　3.31　軍事救護法中改正法律(法律第20号),公布(7月1日,施行〔6月23日勅令第275号〕).軍事扶助法と改題し,扶助範囲を拡大(官報). 　3.—　海軍,のちの大和型となる戦艦の基本計画を最終決定.基準排水量65000t,速力27ノット,46センチ主砲9門(戦史叢書31)〔→8.21〕. 　4.1　陸軍仙台幼年学校を設置し事務を開始.陸軍仙台幼年学校の復活(官報4.8〔彙報(陸海軍)〕). 　4.5　防空法(法令第47号),公布(10月1日,施行〔9月29日勅令第548号〕).陸海軍以外の者の行う灯火管制・消防・防毒・避難及び救護等について規定(官報／戦史叢書99). 　4.8　陸軍予科士官学校令(勅令第111号),公布(8月2日,施行).陸軍予科士官学校を設立(官報). 　4.16　外務大臣佐藤尚武・大蔵大臣結城豊太郎・陸軍大臣杉山元・海軍大臣米内光政の四相,「対支実行策」「北支指導方策」を決定(日本外交年表並主要文書下). 　4.25　靖国神社,北清事変の戦没者1人,満洲事変の戦没者1147人のため招魂式を行う.26・27日,臨時大祭(靖国神社略年表). 　4.29　黒井悌次郎,没(退役海軍大将)(官報5.5〔彙報(官庁事項)〕). 　5.1　米国,中立法を改正.軍需品輸出の「現金支払・自国船」政策を採用(近代日本総合年表). 　5.3　海軍航空隊令中改正(軍令海第3号),公布.海軍航空隊は海上部隊との協同任務に関すること並びに主として航空機をもってする空中防禦及び海面防禦に関することを掌るという文言が加わる(官報). 　5.5　陸軍,「改正歩兵操典草案」を配賦.各分隊に軽機関銃を配備し,分隊単位で運動(兵と兵との間隔6歩)する「戦闘群戦法」を導入. 　5.14　企画庁官制(勅令第192号),公布・施行.内閣調査局官制を廃止(内閣調査局,廃止).企画庁は内閣総理大臣の管理に属し,重要政策及びその統合調整に関し案を起草し上申する(官報). 　5.14　陸軍省医務局,国民体力向上のための強力な衛生行政の主務官庁構想として,衛生省(もしくは社会省)設置案を提出(厚生省五十年史資料編). 　5.18　海軍志願兵令施行規則中改正(海軍省令第9号),公布・施行.志願兵の応募年齢を甲種飛行予科練習生16年以上20年未満,乙種飛行予科練習生15年以上18

西暦	和暦	記　事
1937	昭和12	年未満とする(官報).
		5.29　陸軍,「重要産業五年計画要綱」を策定. 1941年までに対ソ戦のため国防重要産業の振興, 日満支における重要資源の自給などを目指す(現代史資料8／陸海軍年表／戦史叢書8・33・99).
		5.31　林銑十郎内閣, 総辞職(内閣制度百年史上).
		5.—　陸軍, 九七式司令部偵察機を採用(日本航空機辞典).
		6. 4　第1次近衛文麿内閣, 成立. 陸軍大臣杉山元(留任)・板垣征四郎(1938.6.3～). 海軍大臣米内光政(留任)(官報).
		6.10　燃料局官制(勅令第250号), 公布・施行(官報).
		6.14　陸軍, 昭和十二年軍備改編要領を制定・施行. 陸軍平時編制を改定. 本格的軍備充実第1年度のもので航空部隊中心, 飛行聯隊を戦隊に改称. 飛行第65戦隊, 第1～第5航空教育隊, 東京陸軍航空学校, 陸軍士官学校分校などを新設(陸海軍年表／戦史叢書8・99).
		6.15　陸軍省医務局, 再び衛生省案の代案として「保健社会省」構想を政府に提出(厚生省五十年史資料編).
		6.19　ソ連兵, ソ満国境アムール河の乾岔子(カンチャーズ)島などに上陸(乾岔子事件). 30日, 第1師団が速射砲でソ連軍砲艇1隻を撃沈. 7月2日, モスクワにおける駐ソ大使重光葵・ソ連外相リトヴィノフの外交交渉, 成立. 4日までにソ連軍, 撤収(太平洋戦争への道4).
		6.23　陸軍, 軍需品製造工業五年計画要綱を策定. 29日, 陸軍大臣杉山元, 決裁. 軍需品製造工業の拡充などを計画(陸海軍年表／戦史叢書33・99).
		6.29　閣議で昭和13年度予算編成に際して各省が物資需要調書を提出することなどを決定. いわゆる「物の予算」編成に着手(昭和財政史3).
		7. 5　愛国婦人会の2府5県支部, 大日本国防婦人会との対立問題について対応を本部に照会. 9月15日, 同会の遺家族生活扶助事業などの独自性を一般に認識させよなどと回答(愛国婦人会四十年史).
		7. 7　日中両軍, 華北の北京郊外盧溝橋付近で衝突(盧溝橋事件). 日中戦争, 勃発(日本外交文書日中戦争第1冊／陸海軍年表／戦史叢書8・13・72・86).
		7. 8　閣議で「事件不拡大と局地解決方針」を決定し各出先機関へ訓令(日本外交文書日中戦争第1冊／陸海軍年表／戦史叢書86).
		7. 8　参謀総長載仁親王, 支那駐屯軍司令官香月清司に事件不拡大のための兵力行使方針を指示(現代史資料9／陸海軍年表／戦史叢書8・33・86).
		7. 8　支那駐屯軍, 冀察政府と停戦会談を開始. 9日未明, 撤兵交渉, 成立(陸海軍年表／戦史叢書86).
		7. 8　中国共産党, 第29軍擁護と即時開戦をうながす声明を発表(陸海軍年表／戦史叢書86).
		7. 9　閣議で5局1院からなる「保健社会省」の設置を決定(国家総動員史資料編4／昭和社会経済史料集成3).
		7. 9　臨時閣議で陸軍大臣杉山元提案の3個師団派遣を見送る(陸海軍年表／戦史叢書72・86).
		7. 9　五相会議で事件不拡大方針堅持を申しあわせる(陸海軍年表／戦史叢書33・86).

第1次近衛文麿内閣

盧溝橋事件(東京朝日新聞夕刊昭和12年7月9日)

1937(昭和12)

西暦	和暦	記事
1937	昭和12	7. 9 参謀次長今井清,支那駐屯軍参謀長橋本群に対中4条件を示し,冀察政府に短期間で承認させるよう指示(陸海軍年表／戦史叢書8・86). 7.10 陸軍省部,華北への兵力増派を決定(陸海軍年表／戦史叢書8・86). 7.10 支那駐屯軍,冀察政府に4条件を示して交渉(陸海軍年表／戦史叢書86). 7.11 政府,今次事件を「北支事変」と呼称することとする(陸海軍年表／戦史叢書9・33・72・86). 7.11 五相会議で事件不拡大現地解決方針と満鮮部隊の一部華北派遣を決定.これを閣議で決定して上奏(日本外交年表並主要文書下／陸海軍年表／戦史叢書8・72・86). 7.11 関東軍の一部と朝鮮軍の第20師団の華北派遣の大命を発令(現代史資料9／陸海軍年表／戦史叢書8・72・86). 7.11 支那駐屯軍と冀察政府間に停戦協定,成立(日本外交文書日中戦争第1冊／陸海軍年表／戦史叢書8・72・86). 7.13 陸軍省部,北支事変処理方針を決定(不拡大現地解決)し,上奏,裁可(陸海軍年表／戦史叢書8・72・86). 7.13 日中両軍,北京郊外の豊台付近で衝突(陸海軍年表／戦史叢書72). 7.16 陸軍大臣杉山元,五相会議で華北現地交渉期限を19日としたいと主張(陸海軍年表／戦史叢書8). 7.17 五相会議で華北現地交渉期限を19日と決定し,出先各機関に訓令(陸海軍年表／戦史叢書17). 7.17 蔣介石,各界指導者会議で「最期の関頭」を声明.19日,公表(陸海軍年表／戦史叢書8・72・86). 7.18 参謀本部第1部長石原莞爾,陸軍大臣杉山元に対中全面戦争回避のため,華北兵力の長城線までの後退など思い切った措置をとるよう進言(陸海軍年表／戦史叢書8・86). 7.18 冀察政府,日本の要求を受諾(陸海軍年表／戦史叢書8・86). 7.19 支那駐屯軍,交渉促進のため中国側に強硬態度を表明(陸海軍年表／戦史叢書86). 7.19 冀察政府,停戦協定実施条項に調印(陸海軍年表／戦史叢書86). 7.19 中国国民政府外交部,日本政府に覚書を提示(日中両国軍即時撤退,外交交渉による解決,現地解決は南京政府の許可を要す)(日本外交文書日中戦争第1冊／陸海軍年表／戦史叢書72・86). 7.20 午前の閣議で派兵決定に至らず.午後,日中両軍,衝突.夜の閣議で条件付きで内地3個師団の動員華北派遣を決定,上奏(陸海軍年表／戦史叢書72・86). 7.21 支那駐屯軍参謀長橋本群,事態刺激を避けるため内地動員師団を華北へ入れないよう意見を具申(陸海軍年表／戦史叢書86). 7.22 陸軍中央部,内地師団の派遣を見合わせ(陸海軍年表／戦史叢書72・86). 7.23 宮崎龍介(宮崎滔天の長男),和平工作のため中国へ渡ろうと東京を出発.24日,神戸で憲兵に拘束される(日本外交年表並主要文書下／近代日本戦争史3). 7.24 民間の主要軍事援護団体,軍事援護の連絡統制をはかる(軍事援護の理論と実際). 7.24 上海で水兵宮崎貞夫失踪事件,発生.日中両軍,警戒配備につく.27日,宮

1937(昭和12)

西暦	和　暦	記　　　　　　　　　　事
1937	昭和12	崎,発見される(陸海軍年表／戦史叢書72).

7.25　北平東方の廊坊駅付近で日本軍小部隊,中国軍の攻撃を受ける(日本外交文書日中戦争第1冊／陸海軍年表／戦史叢書72・86).
7.26　北平広安門事件,起こる.日本軍,中国軍の攻撃を受け小戦闘(日本外交文書日中戦争第1冊／陸海軍年表／戦史叢書72・86).
7.26　支那駐屯軍,平津一帯の中国軍掃滅を決意(陸海軍年表／戦史叢書8・86).
7.26　参謀総長載仁親王,支那駐屯軍に「所要に応じ武力行使をなすことを得」と指示(現代史資料9／陸海軍年表／戦史叢書8・33・52・86).
7.27　緊急閣議で内地3個師団の動員派兵を決定.陸軍大臣杉山元,上奏,裁可.第5・第6・第10師団の動員下令と華北派遣の大命を発令(陸海軍年表／戦史叢書8・9・33・86).
7.27　支那駐屯軍に「平津地方中国軍を膺懲する」新任務を付与する大命を発令(現代史資料9／陸海軍年表／戦史叢書8・86).
7.28　閣議で総動員計画の一部実施を決定(陸海軍年表／戦史叢書9・33).
7.28　支那駐屯軍,作戦行動を開始.30日までに平津地方を平定(陸海軍年表／戦史叢書8・72・86).
7.29　参謀本部,対支作戦計画大綱を策定(現代史資料9／陸海軍年表／戦史叢書86).
7.29　通州事件,起こる.冀東防共自治政府の保安隊,北京近郊の通州で反乱,日本人居留民など200余人を殺害(陸海軍年表／戦史叢書8・72・86／世界戦争犯罪事典).
7.31　新聞紙法第二十七条ニ依リ当分軍隊ノ行動其ノ他軍機軍略ニ関スル事項ヲ新聞紙ニ掲載禁止ノ件(陸軍省令第24号),公布・施行.軍機・軍略にかかわる記事の新聞掲載を禁止.8月16日,新聞紙法ニ依リ当分艦隊等ノ行動其ノ他軍機軍略ニ関スル事項ヲ新聞紙ニ掲載禁止ノ件(海軍省令第22号),公布・施行(官報／現代史資料41).
7.—　西園寺公一(公望の孫),上海に渡って中国政府要人に和平工作を行うが失敗(近代日本戦史3).
8.1　北支事変総動員業務委員会,設置.北支事変総動員業務委員会は内閣総理大臣の管理下で資源局長を委員長とし北支事変に対する各庁総動員業務に関する連絡を図り,その適正円滑な業務の運行を図る.9月2日,支那事変総動員業務委員会となる(国家総動員史資料編9／日本海軍史8).
8.2　陸軍予科士官学校を市ケ谷の陸軍士官学校内に併置(官報8.5〔彙報(陸海軍)〕)〔→4.8〕.
8.7　陸軍大臣杉山元・海軍大臣米内光政・外務大臣広田弘毅,日華停戦条件を決定(日本外交年表並主要文書下／陸海軍年表／戦史叢書86).
8.9　四相会議と臨時閣議で事件不拡大方針を確認(陸海軍年表／戦史叢書86).
8.9　上海で上海海軍特別陸戦隊西部派遣隊長海軍中尉大山勇夫・一等水兵斎藤与蔵,中国保安隊に殺害される(大山事件).上海方面の情勢,緊迫(陸海軍年表／戦史叢書8・72・86／現代史資料9).
8.10　閣議で上海居留民現地保護方針を決定(陸海軍年表／戦史叢書86).
8.10　人造石油製造事業法(法律第52号),公布(1938年1月25日,施行〔昭和13

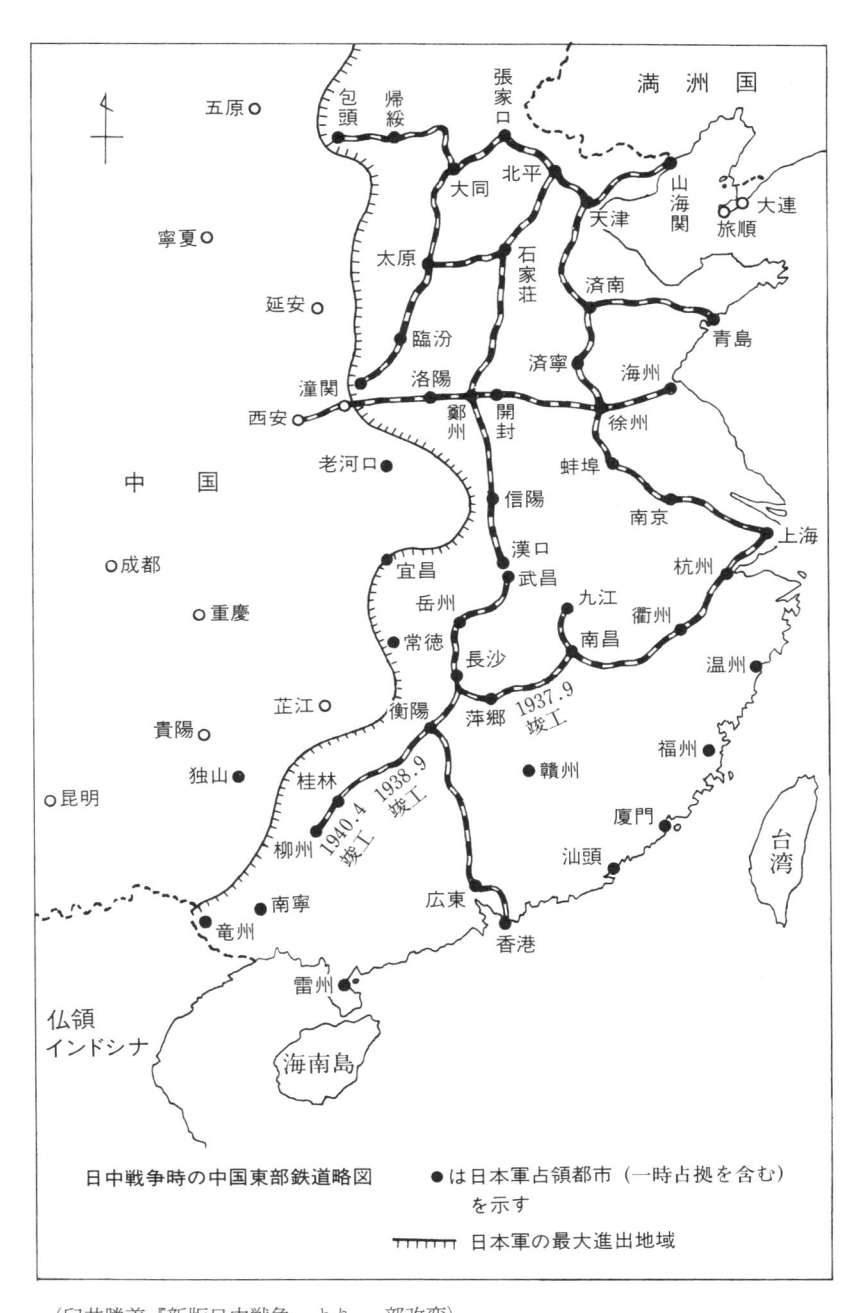

日中戦争時の中国東部鉄道略図　●は日本軍占領都市（一時占拠を含む）を示す
　　　　　　　　　　　　　　　　　ｍｍｍ　日本軍の最大進出地域

（臼井勝美『新版日中戦争』より．一部改変）

1937(昭和12)

西暦	和暦	記事
1937	昭和12	年1月24日勅令第40号〕)(官報). 8.12 軍令部総長伏見宮博恭王,第3艦隊司令長官長谷川清に上海確保の大命を伝達(現代史資料9／陸海軍年表／戦史叢書72). 8.13 閣議で上海方面居留民保護のため適宜の時機に陸軍部隊の動員派遣を決定(陸海軍年表／戦史叢書72・86). 8.13 上海の中国軍,日本の海軍陸戦隊を攻撃し交戦状態となる(第2次上海事変に発展)(陸海軍年表／戦史叢書72・86). 8.14 東京陸軍軍法会議,二・二六事件民間関係者に判決.北一輝・西田税に死刑を宣告(近代日本総合年表)〔→8.19〕. 8.14 軍機保護法(法律第72号),公布(10月10日,施行〔10月6日勅令第578号〕).明治32年7月15日法律第104号軍機保護法を全部改正.軍事上の秘密の種類範囲を明確にし,間諜団を発見した場合の処罰規定などを設ける(官報). 8.14 中国軍機,上海在泊の軍艦出雲ほか艦船と陸上の要点を爆撃.海軍航空部隊,作戦を開始(広徳・杭州を爆撃)(陸海軍年表／戦史叢書72・86・95). 8.15 政府,盧溝橋事件以来の情勢により今や南京政府に断乎たる措置をとるとの声明を発表.「帝国トシテハ最早隠忍其ノ限度ニ達シ,支那軍ノ暴戻ヲ膺懲シ以テ南京政府ノ反省ヲ促ス為今ヤ断乎タル措置ヲトルノ已(や)ムナキニ至レリ」と述べる(日本外交年表並主要文書下). 8.15 上海派遣軍編組(軍司令官陸軍大将松井石根)と任務を付与の大命,発令(陸海軍年表／戦史叢書8・86). 8.15 海軍の中攻隊,南京・南昌を渡洋爆撃し,中国航空兵力撃滅戦を続行(陸海軍年表／戦史叢書72). 8.15 蒋介石,全国総動員を下令し大本営を設置.全面戦争体制を採択(陸海軍年表／戦史叢書8・86). 8.17 閣議で従来の事件不拡大方針を放棄し,戦時態勢上必要な準備対策の実施を決定(現代史資料9／陸海軍年表／戦史叢書72・86). 8.19 北一輝・西田税・村中孝次・磯部浅一,死刑を執行(近代日本総合年表). 8.21 陸軍,北支事変陸軍軍需動員実施要綱を策定.対中作戦・対ソ戦のため軍需動員の実行を決意(戦史叢書99). 8.21 海軍大臣米内光政,呉鎮守府司令長官加藤隆義に第1号艦(のちの戦艦大和)の製造を訓令(戦史叢書31). 8.21 中ソ不侵略条約,南京で締結調印(陸海軍年表／戦史叢書86). 8.21 満洲映画協会(満映),設立(近代日本総合年表). 8.22 中国国民政府軍事委員会,華北の中共軍を国民革命軍第8路軍として中国軍に編入(陸海軍年表／戦史叢書18・90). 8.24 閣議で4個師団動員と4個師団の動員準備を決定(陸海軍年表／戦史叢書86). 8.24 閣議で国民精神総動員実施要綱を決定(国家総動員史資料編4／戦史叢書9・33・99). 8.26 陸軍,第108・109師団の編成を下令.常設師団の一部を母体として作られたいわゆる特設師団で,以後1938年6月までに第101・13・15・104・106・17・18・114・116・110の特設師団が編成される(戦史叢書99／太平洋戦争師団戦史).

大山事件現場検視

出雲(1937.8.14)

北　一輝

西田　税

1937（昭和12）

西暦	和暦	記　事
1937	昭和12	8.30　昭和八年陸軍省令第六号中改正（陸軍省令第35号），公布・施行．特別志願士官の採用範囲を広く予・後備役尉官・佐官に拡大．学校配属の現役将校は当分特別志願将校をもって代えうるとし，これによって現役将校は逐次動員部隊へ転用（官報／陸海軍事典）． 8.31　北支那方面軍（軍司令官陸軍大将寺内寿一）と第１軍・第２軍の戦闘序列，北支那方面軍の任務の大命発令（陸海軍年表／戦史叢書 8・18・33・74・86・99）． 8.31　駆逐艦朝潮，竣工（ほか同型艦９隻）．軍縮条約失効を見越して武装，航続力，航洋性を重視（日本の軍艦）． 8.—　陸軍の九六式15センチ榴弾砲，制式制定を上申（日本の大砲）． 8.—　映画のはじめに「銃後を守れ」や「挙国一致」などの愛国的スローガンが１枚タイトルで入るようになり，終戦まで続く（日本映画史 4）． 9.1　海軍，甲種飛行予科練習生第１期練習生，入隊（日本海軍史 8）． 9.2　閣議で北支事変を支那事変と改称することを決定（内閣制度百年史下）． 9.2　陸軍ノ諸学校令ノ特例ニ関スル件（勅令第470号）・陸軍諸学校生徒ノ修学期間短縮ニ関スル件（陸軍省令第37号），各公布・施行．陸軍諸学校の生徒の修学期間を短縮．士官学校生徒―約２月ないし３月，予科士官学校生徒―約４月ないし１年，幼年学校生徒―約４月（官報）． 9.3　第72回帝国議会，召集．４日，開院式（～９日）．開院式の勅語が宣戦の詔勅に代わるものとされる．本議会で臨時軍事費特別会計法の制定，臨時軍事費の支出を認め準戦時体制を整える諸法案を可決．開院式の勅語「朕茲ニ帝国議会開院ノ式ヲ行ヒ貴族院及衆議院ノ各員ニ告ク／帝国ト中華民国トノ提携協力ニ依リ東亜ノ安定ヲ確保シ以テ共栄ノ実ヲ挙クルハ是レ朕カ夙夜軫念措カサル所ナリ中華民国深ク帝国ノ真意ヲ解セス濫ニ事ヲ構ヘ遂ニ今次ノ事変ヲ見ルニ至ル朕之ヲ憾トス今ヤ朕カ軍人ハ百難ヲ排シテ其ノ忠勇ヲ致シツツアリ是レ一ニ中華民国ノ反省ヲ促シ速ニ東亜ノ平和ヲ確立セムトスルニ外ナラス／朕ハ帝国臣民カ今日ノ時局ニ鑑ミ忠誠公ニ奉シ和協心ヲ一ニシ賛襄以テ所期ノ目的ヲ達セムコトヲ望ム／朕ハ国務大臣ニ命シテ特ニ時局ニ関シ緊急ナル追加予算案及法律案ヲ帝国議会ニ提出セシム卿等克ク朕カ意ヲ体シ和衷協賛ノ任ヲ竭サムコトヲ務メヨ」（官報9.4／陸海軍年表／戦史叢書86）． 9.5　首相近衛文麿，帝国議会の国務大臣の演説で積極的・全面的に中国軍に打撃を与えて中国政府の反省を促し，また長期戦も辞せずと表明（陸海軍年表／戦史叢書 8・18・86）． 9.9　陽高事件，起こる．関東軍の察哈爾（チャハル）兵団が内モンゴルの陽高で中国人を殺害（世界戦争犯罪事典）． 9.10　臨時軍事費予算（第１回），公布（1946年２月終結）（官報）． 9.10　臨時資金調整法（法律第86号），公布（第11条は９月15日，施行〔９月14日勅令第492号〕．第11条以外は９月27日，施行〔９月25日勅令第526号〕）．戦時金融統制の基本法（官報）． 9.10　軍需工業動員法ノ適用ニ関スル法律（法律第88号），公布・施行．同法中の戦時に関する規定を支那事変に適用（官報）． 9.10　米穀ノ応急措置ニ関スル法（法律第90号），公布（12月１日，施行〔11月27日勅令第672号〕）（官報）．

西暦	和暦	記　　　　　　　　　事
1937	昭和12	9.10　輸出入品等ニ関スル臨時措置ニ関スル法律(法律第92号),公布・施行.戦時における貿易・物資統制の基本法(官報). 9.10　臨時船舶管理法(法律第93号),公布(10月1日,施行〔9月29日勅令第551号〕)(官報). 9.11　大本営,上海派遣軍の戦闘序列,第9・第13・第101師団の上海派遣などを発令(陸海軍年表／戦史叢書8・86・99). 9.12　中国,日華間の事変を国際連盟に提訴(陸海軍年表／戦史叢書86). 9.13　支那事変ノ為従軍シタル軍人及軍属ニ対スル租税ノ減免,徴収猶予等ニ関スル法律(法律第94号),公布・施行.出征者の税金を減免(官報／軍事援護の理論と実際). 9.19　第3艦隊司令長官長谷川清,在上海各国総領事に南京爆撃を予告.20日,非戦闘員の避退勧告を宣言(陸海軍年表／戦史叢書72). 9.19　海軍の第2聯合航空隊,南京空襲作戦を開始(25日までに11回実施)(陸海軍年表／戦史叢書72). 9.21　皇后,軍人援護のため内帑金を下賜し,和歌を詠む.「なくさめむことの葉もかなたゝかひのにはをしのひてすくすやからを」(軍事援護の理論と実際). 9.23　蔣介石,中国共産党の合法的地位承認の談話を発表.第2次国共合作,成立(近代日本総合年表). 9.25　内閣情報部官制(勅令第519号),公布・施行.昭和11年7月1日勅令第138号情報委員会官制を改正・改題.内閣情報委員会を廃止し,内閣情報部を設置.内閣情報部は内閣総理大臣の管理に属し,情報に関する各庁事務の連絡調整等を掌る(官報). 9.25　工場事業場管理令(勅令第528号),公布・施行.陸海軍による重要工場の管理が開始される(官報). 9.25　第5師団,平型関で第8路軍に苦戦(陸海軍年表／戦史叢書18). 9.25　内閣情報部,「愛国行進曲」の歌詞公募規定を発表.10月20日の締め切りまでに5万7578首の応募がある.11月2日,当選歌詞を発表(定本日本の軍歌／東京朝日新聞11.3)〔→11.3〕. 9.27　陸軍少将石原莞爾,関東軍参謀副長となる.陸軍部内での実権を失う(陸海軍将官人事総覧陸軍篇). 9.28　国際連盟総会,日本の中国都市爆撃非難決議を全会一致で採択(陸海軍年表／戦史叢書86). 9.30　陸軍,第26師団の編成を下令.初の3単位制師団(従来の1師団歩兵聯隊4を3に減らし,指揮の軽快化をはかる)となる.騎兵隊を置かず捜索隊(乗馬・装甲車編制)を置く(陸海軍年表／戦史叢書86・99／日本騎兵史下). 9.―　陸軍第1野戦化学実験部,中国国民党軍のガスマスクは「あか剤」(嘔吐性ガス)に対する防止能力不十分と報告(毒ガス戦と日本軍). 9.―　愛国婦人会朝鮮本部,管内各支部・京城分会に対し,政務総監・第20留守師団参謀長の声明にもとづき大日本国防婦人会との対立競争を中止し,両会分会以下の役員はなるべく共通ならしめることなどを指導(愛国婦人会四十年史). 9.―　軍歌「進軍の歌」(本多信寿作詞・陸軍戸山学校軍楽隊長辻順治作曲)のレコード,発売.歌詞は東京日日新聞・大阪毎日新聞の一般公募による当選作.裏面

1937(昭和12)

西暦	和暦	記　　　　　事
1937	昭和12	は「露営の歌」(藪内喜一郎作詞・古関裕而作曲)(定本日本の軍歌). 　9.—　洋画家等々力巳吉が華北へ,同小早川篤四郎らが海軍従軍画家として上海へ赴く.以後従軍美術家は増え続け,1939年春には200人を超える(戦争と美術). 　10. 1　閣議で「企画院組織要綱」を決定(陸海軍年表／戦史叢書99). 　10. 1　四相会議(首相・外務・陸軍・海軍大臣)で「支那事変対処要綱」を決定.事変の早期終結を本旨としながらも,「総動員の実施」など長期にわたる場合の準備も講ずる(日本外交文書日中戦争第1冊／日本外交年表並主要文書下／陸海軍年表／戦史叢書8・18・86). 　10. 1　陸軍大臣杉山元,陸軍軍需動員実施訓令を令達.各軍動員部隊は軍需品の戦時生産体制に移行.アメリカへの機械購買団の派遣,陸軍造兵廠への臨時製造所の設置,民間工場の管理などを行う(戦史叢書9・33・99). 　10. 1　陸軍士官学校,移転.陸軍士官学校(地上)は座間に,陸軍士官学校分校(航空)は所沢に設置し事務を開始(官報10.11〔彙報(陸海軍)〕). 　10. 1　防空法(法律第47号),施行(官報4.5)〔→4.5〕. 　10. 5　北支那方面軍司令官寺内寿一,「北支那方面軍軍律」「北支那方面軍罰令」を定め,日本帝国臣民以外の日本軍に対する反逆行為を軍律会議の審判により処罰(日中開戦). 　10. 5　米国大統領ルーズベルト,侵略国は伝染病と同じく隔離されねばならないという「隔離演説」を行い,ドイツと並べてはじめて日本を非難(陸海軍年表／戦史叢書86／日本海軍史4). 　10. 6　参謀総長載仁親王,上海方面の戦局を打開するため同方面に兵力を増派する必要があることを上奏(陸海軍年表／戦史叢書86). 　10. 6　国際連盟総会,日中紛争に関し日本の行動は九箇国条約・不戦条約違反との委員会報告を採択(日本外交年表並主要文書下). 　10. 8　司法省民事局長,飛行機の搭乗等について死体や機体の一部も発見できなくとも,海軍人事部長から死亡報告があればこれを受理し,戸籍を変更するよう通牒を出す(日本軍の捕虜政策). 　10.12　参謀本部,主作戦を華北方面から上海方面に転移することを決定(陸海軍年表／戦史叢書86). 　10.12　国民精神総動員中央聯盟結成式,日比谷公会堂で挙行(陸海軍年表／戦史叢書9・33). 　10.12　関東軍の一部,綏遠省作戦を開始.14日,綏遠を占領(陸海軍年表／戦史叢書86). 　10.12　北平治安維持会,北平を北京と改称.1938年2月11日,日本外務省,北京と呼称することを決定.同年3月7日,陸軍省,同様に決定(陸海軍年表／戦史叢書18). 　10.12　国民政府軍事委員会,華中・華南残存共産党員を「国民革命軍新編第4軍」として編成(陸海軍年表／戦史叢書18・90). 　10.15　臨時内閣参議官制(勅令第593号),公布・施行.臨時内閣参議は支那事変に関する重要国務について,内閣の籌画に参する(官報). 　10.15　司法省,「戦死,戦死傷者ノ戸籍記載方ニ関スル件」(民事甲第1477号)を通牒.戦死者の戸籍に従来「死亡」と書かれたのを「戦死」と記載する(日本軍の捕

西暦	和暦	記　事
1937	昭和12	虜政策).
		10.15　上海派遣軍,大場鎮総攻撃を開始.26日,陥落(陸海軍年表／戦史叢書72).
		10.15　関東軍,山西省北部に晋北自治政府を樹立(陸海軍年表／戦史叢書86).
		10.16　第1回新文展,開会.朝井閑右衛門の絵画「通州の救援」,出品される.日中・太平洋戦争期における「最初」の戦争記録画とされる(戦争と美術).
		10.22　首相・陸軍大臣・海軍大臣・外務大臣四相間で日支事変に対する第三国の斡旋・干渉に対し,日本の採るべき方針を決定(陸海軍年表／戦史叢書86).
		10.23　防空委員会令(勅令第598号),公布・施行.防空委員会を設置.防空委員会は中央防空委員会,道府県防空委員会及び市町村防空委員会とする(官報).
		10.23　東京陸軍航空学校令(勅令第599号),公布(12月1日,施行).埼玉県大里郡三尻村(熊谷市)熊谷陸軍航空学校内に設置,1938年,村山に移転.航空大拡充の初動.教育期間は1年.毎年2期に分かれて入校(官報10.23〔勅令〕・12.16〔彙報(陸海軍)〕／陸軍航空の鎮魂続).
		10.25　企画院官制(勅令第605号),公布・施行.企画庁と資源局を統合して企画院とする.内閣総理大臣の管理に属し,総合国力の拡充運用に関し案を起草する(官報).
		10.27　閣議で九箇国条約会議への招請を拒否することを決定し,不参加の政府声明を発表(日本外交年表並主要文書下).
		10.27　海軍陸戦隊,上海閘北一帯を占領(陸海軍年表／戦史叢書72・86).
		10.27　関東軍,綏遠に蒙古聯盟自治政府を樹立.主席雲王・副主席徳王(日本外交年表並主要文書下／陸海軍年表／戦史叢書86).
		10.30　駐華独大使トラウトマン,日中和平斡旋のため中国国民政府外交部次長陳介と会談(トラウトマン工作)(陸海軍年表／戦史叢書86).
		10.30　臨時社会局ニ臨時軍事援護部ヲ置クノ件(勅令第624号),公布(11月1日,施行)(官報).
		10.30　昭和六年勅令第二百七十一号陸軍兵ノ兵科部,兵種及等級表ニ関スル件(勅令第627号),公布・施行.輜重特務兵を輜重特務一・二等兵に,補助衛生兵を補助衛生一・二等兵に改称区分(官報).
		10.30　海軍,南洋方面の地名呼称について通牒.内南洋―南洋海軍区に同じ.外南洋―仏領インドシナ・英領マレー・フィリピン・英領ボルネオ・蘭領インド(日本海軍史8).
		10.―　陸軍,毒ガスの不凍性イペリット(きい1号丙)を制定(毒ガス戦と日本軍).
		10.―　北支那方面軍・上海派遣軍隷下の部隊で催涙弾を使用(毒ガス戦と日本軍).
		10.―　海軍大佐水野広徳,日米仮想戦記『打開か破滅か　興亡の此の一戦』を刊行,即日発売禁止となる.満洲事変が日米戦争につながり,東京が空襲をうけて焼け野原になるとする.
		10.―　信時潔(前東京音楽学校教授),「海ゆかば」を作曲,放送によって普及.1943年春より文部省・大政翼賛会で儀式用に使われる.大日本青少年団でも儀式用に,陸海軍・日本放送協会では祈念用に使われる(定本日本の軍歌).
		11.2　外務大臣広田弘毅,駐日独大使ディルクセンと会談し,日中和平交渉の

蒙古聯盟自治政府

日独伊三国防共協定調印式　中央ムッソリーニ、右堀田正昭、左リッベントロップ

西暦	和暦	記　事
1937	昭和12	日本側条件を説明(日本外交年表並主要文書下／陸海軍年表／戦史叢書86).
		11. 3　内閣情報部,「愛国行進曲」の楽曲公募規定を発表. 11月30日の締め切りまでに9555曲の応募がある. 当選者は退役海軍軍楽長瀬戸口藤吉(定本日本の軍歌／東京朝日新聞11.3・12.20).
		11. 4　戦艦大和, 呉海軍工廠で起工. 1940年8月8日, 進水. 41年12月16日, 竣工(日本の軍艦／日本海軍史8).
		11. 5　陸軍第10軍, 海軍護衛の下に杭州湾に上陸(陸海軍年表／戦史叢書8・72・86).
		11. 6　日本国独逸国間ニ締結セラレタル共産「インターナショナル」ニ対スル協定ヘノ伊太利国ノ参加ニ関スル議定書, 調印(即日発効. 11月10日, 公布). イタリア, 日独防共協定に加入(官報11.10〔条約第16号〕／日本外交年表並主要文書下).
		11. 6　駐華独大使トラウトマン, 日本の日中和平条件を蔣介石へ伝達(陸海軍年表／戦史叢書8・86).
		11. 7　中支那方面軍の編合(上海派遣軍・第10軍基幹, 司令官陸軍大将松井石根)・任務・作戦地域(蘇州―嘉興の線以東)の大命と指示を発令(陸海軍年表／戦史叢書8・86).
		11. 8　北支那方面軍の第5師団, 山西省太原を占領(陸海軍年表／戦史叢書86).
		11.11　海軍, 九七式1号艦上攻撃機を採用(日本航空機辞典).
		11.11　瓜生外吉, 没(退役海軍大将)(官報11.19〔彙報(官庁事項)〕).
		11.16　閣議で, 勅令で制定した「戦時大本営条例」を廃止し, 軍令による「大本営令」制定の方針を決定(陸海軍年表／戦史叢書86).
		11.16　中国国民政府, 重慶遷都を宣言(陸海軍年表／戦史叢書18).
		11.18　大本営令(軍令第1号), 公布. 明治36年12月28日勅令第293号戦時大本営令を廃止(勅令第658号, 公布・施行). 事変でも大本営が設置できるようにする. 首相, 参画できず(官報／現代史資料37).
		11.19　閣議で, 国務と統帥とを調整するため, 政府と大本営との間に協議機関を設けることを決定. 後日, 大本営政府連絡会議または懇談会に移行(陸海軍年表／戦史叢書91).
		11.19　中支那方面軍, 独断で作戦制限線を越え無錫・湖州攻撃を準備. 20日, 実施を発令(陸海軍年表／戦史叢書86).
		11.20　大本営を宮中に開設(官報〔陸軍省・海軍省告示第11号〕／陸海軍年表／戦史叢書8・31・86・88・91).
		11.20　大本営陸・海軍部に報道部を設置(1938年9月, 陸軍省新聞班, 情報部と改称). 大本営陸軍部第2部に宣伝謀略担当の第8課を新設(近代日本総合年表／近代日本戦争史4).
		11.21　海軍航空部隊, 蘭州を攻撃(陸海軍年表／戦史叢書52).
		11.21　参謀本部作戦課戦争指導班,「対支中央政権方策」を策定. 南京陥落前に蔣介石政権との講和を主張(現代史資料9).
		11.22　中支那方面軍, 南京攻略の必要を意見具申(陸海軍年表／戦史叢書8).
		11.24　第1回大本営御前会議, 開催(陸海軍作戦計画の上聞等)(陸海軍年表／戦史叢書52・86・91／現代史資料37).
		11.24　参謀総長載仁親王, 中支那方面軍の戦場追撃のため先に指示した作戦地

西暦	和暦	記　　　　　　　事
1937	昭和12	域制限を解除(陸海軍年表／戦史叢書86).
11.24　軍需評議会規程(勅令第665号),公布・施行.軍需評議会は内閣に属し,軍需動員にともなう補償関係のみの諮問機関となる(官報).
11.27　閣議で国家総動員法要綱に関する件を決定(日本海軍史8).
11.27　防衛司令部令(軍令陸第8号),公布(12月1日,施行).本土防衛機構整備のため昭和10年5月29日軍令陸第8号防衛司令部令を改定.防衛司令部(陸軍の官衙)を軍隊に改編.東京に東部防衛司令部を,大阪に中部防衛司令部を,小倉に西部防衛司令部を置く(官報／戦史叢書19・51・99).
11.30　皇后,日中戦争で戦死した軍人などに菓子を下賜(軍事援護の理論と実際).
11.30　南京攻略途上の陸軍少尉2人が,どちらが先に中国人を100人斬るか競争を行っていると東京日日新聞で報道される(いわゆる百人斬り競争).報道はこの日を含め以後4回.敗戦後に両人は処刑(世界戦争犯罪事典)[→2005.8.5].
11.—　陸軍航空本部,「航空部隊用法」を編集頒布.航空作戦の目的は敵航空戦力の撃滅にありと説き,空軍的用法を主張(戦史叢書52).
12.1　大本営,中支那方面軍戦闘序列と同方面軍に南京攻略を下令.中支那方面軍,南京攻略作戦の実施を発令(陸海軍年表／戦史叢書8・86・99).
12.1　大本営,支那方面艦隊に南京攻略を下令.同艦隊,南京攻略遡江作戦を開始(陸海軍年表／戦史叢書72).
12.1　日本政府,スペインのフランコ政権を承認(官報12.4〔彙報(官庁事項)〕).
12.2　蔣介石,駐華独大使トラウトマンと会談.日本の和平条件を質問.7日,駐日独大使ディルクセン,これを外務大臣広田弘毅に伝達(陸海軍年表／戦史叢書86).
12.9　中支那方面軍,南京の中国軍に開城を勧告.10日,南京城攻撃続行を下令(陸海軍年表／戦史叢書86).
12.9　司法省,出征軍人の死後に出された婚姻届も一定の条件で有効とすることを通牒(「内縁の妻」の立場を保護).12月28日,同省,陸軍省の照会に対し,婚姻の効力は夫死亡の当時までさかのぼって発生することを回答(日中開戦).
12.12　米砲艦パネー号,南京上流揚子江上で日本海軍航空部隊の誤爆により沈没.英砲艦レディバード号,蕪湖付近航行中,日本陸軍砲兵部隊の砲撃により損傷を受ける.14日,政府,米英に陳謝(陸海軍年表／戦史叢書52・72・86／日本外交年表並主要文書下).
12.13　日本軍,南京を占領.海軍遡行部隊も南京に突入.捕虜・民間人に対する殺害・暴行事件起こる(南京事件)(陸海軍年表／戦史叢書8・33・72・86／南京事件).
12.14　大本営政府連絡会議で日中和平斡旋につき駐日独大使ディルクセンに対する回答案を検討(17日まで)(陸海軍年表／戦史叢書86).
12.14　中華民国臨時政府,日本軍の華北占領地域内に成立.首都北京.主席は空席とし,王克敏,行政委員長に就任(日本外交文書日中戦争第1冊／陸海軍年表／戦史叢書8・18・86).
12.17　日本軍,南京入城式を挙行(戦史叢書52・72・86).
12.22　外務大臣広田弘毅,駐日独大使ディルクセンへ対中和平条件を提示(日本外交文書日中戦争第1冊／陸海軍年表／戦史叢書8・86).

南京に入城する中支那方面軍司令官松井石根(1937.12.13)

愛国行進曲　1937年12月吹込み

大本営陸軍部
参謀本部内(1938年1月)

1937～1938（昭和12～昭和13）

西暦	和　暦	記　　　　　　　　事
1937	昭和12	12.22　昭和十二年勅令第七百二十六号ニ依ル陸軍ノ退役ノ将校又ハ准士官等ノ陸軍部隊編入ニ関スル件（陸軍省令第66号），公布・施行．退役将校・准士官，第一国民兵役にある下士官のうち希望者を部隊に編入し，在営間召集中の者と同様の取り扱いとする（官報）． 　12.24　閣議で「支那事変対処要綱」を決定．和平不成立の場合，国民政府のみを相手にするのではなく新政権を樹立して第2の満洲国化をはかる（日本外交年表並主要文書下／陸海軍年表／戦史叢書18・86）． 　12.24　第10軍，杭州を占領（陸海軍年表／戦史叢書86）． 　12.24　北京で中華民国新民会（反共親日の民衆教化団体），発足（陸海軍年表／戦史叢書18）． 　12.26　駐華独大使トラウトマン，日本の対中和平条件を中国側に伝達（陸海軍年表／戦史叢書86）． 　12.29　航空母艦蒼龍，呉工廠で竣工（同型艦飛龍）（日本の軍艦）． 　12.—　陸軍省兵務局内に後方勤務要員養成所設立準備事務所を設置（のちの陸軍中野学校）（陸軍中野学校）． 　12.—　陸軍，九七式戦闘機を採用（日本航空機辞典）． 　この年　陸軍，従来の飛行聯隊を飛行戦隊（空中勤務部隊），飛行場大隊・航空分廠（地上勤務部隊）として空地分離制を採用する（戦史叢書52）． 　この年　陸軍，九七式自動砲・同曲射歩兵砲・同五センチ七戦車砲・同手榴弾・同五号火焰放射機・同狙撃銃・同鉄道牽引車・同植柱車および延線車（電信隊用）をそれぞれ採用．
1938	昭和13	⎛内閣総理大臣：近衛文麿 　陸　軍　大　臣：杉山　元・板垣征四郎（6.3～） 　参　謀　総　長：載仁親王 　海　軍　大　臣：米内光政 ⎝軍　令　部　総　長：伏見宮博恭王 　1.1　軍事扶助法による生活扶助を，6大都市においては現行限度額の2割増しとするなど増額（戦力増強と軍人援護）． 　1.7　参謀総長，出征軍隊の軍紀風紀緊粛の訓示を示達（陸海軍年表／戦史叢書86）． 　1.10頃　上海郊外の楊家宅に軍兵站司令部の直営とみられる慰安所，開設．前後して，上海—南京各地でも軍による慰安所開設が続く（慰安婦と戦場の性）． 　1.11　御前会議で「支那事変処理根本方針」（和戦両様の施策）を決定（日本外交年表並主要文書下）． 　1.11　厚生省官制（勅令第7号），公布・施行．厚生省，設置（官報）． 　1.14　駐日独大使ディルクセン，中国側回答（日本提案の具体的性質と内容を知りたい）を外務大臣広田弘毅に手交．閣議で対策を協議し，中国側の引き延ばしであるとして和平交渉打ち切りを決定（陸海軍年表／戦史叢書86）． 　1.15　大本営政府連絡会議で統帥部（参謀次長多田駿）が和平を説き，政府（首相近衛文麿・外務大臣広田弘毅・陸軍大臣杉山元・海軍大臣米内光政）が戦争継続を主張．結局トラウトマン工作の打ち切りを決定し上奏（陸海軍年表／戦史叢

西暦	和暦	記　　　　　　　事
1938	昭和13	1・86／昭和天皇の戦争指導).
		1.15　傷痍軍人保護対策審議会官制(勅令第36号),公布・施行.傷痍軍人保護対策審議会(会長厚生大臣)を設置.1月27日,厚生大臣に医療体制の拡充などを答申(官報／軍事援護の理論と実際).
		1.16　閣議で昭和13年度物資動員計画を決定.物資動員計画,発足(近代日本総合年表).
		1.16　政府,「爾後国民政府ヲ対手トセス」の対中声明を発表.18日,補足的声明(爾後国民政府ヲ対手トセスト云フノハ同政府ノ否認ヨリモ強イモノテアル)により強硬態度を表明(日本外交年表並主要文書下).
		1.16　外務大臣広田弘毅,駐日独大使ディルクセンに日中交渉打切りの通告を依頼(近代日本総合年表).
		1.27　傷痍軍人保護対策審議会,答申(傷痍軍人保護対策について)(厚生省五十年史資料編).
		1.28　防空通信規則(通信省令第9号),公布(2月10日,施行).防空通信とは,戦時または事変に際し防空の実施に直接必要な電信・電話・無線電信または無線電話による防空実施従事者相互間に発受するもの(官報).
		2.1　航空局官制(勅令第56号),公布・施行.航空局は通信大臣の管理に属し,航空に関する事務を掌る(官報).
		2.10　海軍と三菱重工,戦艦武蔵建造の契約を締結(戦史叢書31).
		2.14　大本営,「陸海軍航空中央協定」を改訂.長期持久を策し作戦充当兵力を縮小,任務分担を明確化し華北は陸軍,華南は海軍とし華中は陸海軍協同とする(陸海軍年表／戦史叢書52・78・79・95).
		2.14　中支那方面軍・上海派遣軍を廃し中支那派遣軍を編成(陸海軍年表／戦史叢書8・74・86・89・99).
		2.15　国民政府外交部亜州司日本科長董道寧,満洲国外交部の伊藤芳男の案内で長崎に上陸.ついで上京し参謀本部支那課長影佐禎昭らと和平問題会談を行う(陸海軍年表／戦史叢書89・90).
		2.16　大本営御前会議で「自昭和十三年至同年夏季・支那事変帝国陸軍作戦指導要綱」を決定.当面の戦面不拡大と蔣政権に代わる新政権育成方針を確認(昭和天皇の軍事思想と戦略).
		2.17　陸軍,九七式車載重機関銃を制定(小銃拳銃機関銃入門).
		2.18　内務省警保局長富田健治,「支那渡航婦女の取り扱いに関する件」で慰安婦の海外渡航を黙認(慰安婦と戦場の性).
		2.18　海軍の中攻隊,重慶を初爆撃(陸海軍年表／戦史叢書72).
		2.19　企画審議会官制(勅令第85号),公布・施行.企画審議会は内閣総理大臣の監督に属し,平戦時における総合国力の拡充運用に関する重要事項を調査審議する.資源審議会と中央経済会議を合併(官報).
		2.21　中国軍爆撃機十数機,日本軍杭州飛行場に来襲.事変勃発以来,飛行場に対する初攻撃(陸海軍年表／戦史叢書74).
		2.23　中国軍機,台北付近を爆撃.日本領土に対する初攻撃(陸海軍年表／戦史叢書19).
		2.23　陸軍特別志願兵令(勅令第95号),公布(4月3日,施行)(官報)〔→4.3〕.

1938(昭和13)

西暦	和　暦	記　　　　　　　　事
1938	昭和13	2.25　兵役法中改正法律(法律第1号),公布(12月1日,施行).青年学校課程を修了した者(歩兵)の半年間の在営短縮制を廃止,2年制に復活(官報). 2.—　米国,新オレンジ計画(対日作戦計画)を策定(陸海軍年表／戦史叢書2). 3.3　陸軍省事務課員陸軍中佐藤賢了,衆議院国家総動員法案委員会審議の最中,委員に黙れと怒鳴り問題となる.4日,陸軍大臣杉山元,遺憾の意を表明(帝国議会衆議院委員会議録). 3.4　陸軍省兵務課,北支那方面軍と中支那派遣軍に対し,慰安婦業者の選定を周到適切にするよう指示(慰安婦と戦場の性). 3.12　ドイツ国防軍,オーストリアに進駐.13日,オーストリア新首相ザイス=インクヴァルト,ドイツとの合邦を宣言(近代日本総合年表). 3.16　国家総動員法案,衆議院で可決.24日,貴族院で可決(帝国議会衆議院議事速記録／帝国議会貴族院議事速記録)〔→4.1〕. 3.24　政府,「北支及び中支政権関係調整要領」(中支新政権を地方政権とし中華民国臨時政府を中央政権としてこれに合併統一させる趣旨)を作成(陸海軍年表／戦史叢書86). 3.25　山口県徳山ヲ要港ト為シ其ノ境域ヲ定ムルノ件(勅令第133号),公布(4月1日,施行).海軍,山口県徳山を要港と定め境域を定める(官報). 3.26　陸軍補充令中改正ノ件(勅令第137号),公布(4月10日,施行).陸軍の幹部候補生の教育を軍隊(原隊)ではなく学校で行うことで資質の向上をはかる.教育期間を入営後2年間とする(官報). 3.26　陸軍予備士官学校令(勅令第139号),公布,(4月10日,施行).陸軍予備士官学校を新設して甲種幹部候補生の集合教育を実施することとする(仙台・豊橋・熊本の各教導学校でも実施)(官報／全陸軍甲種幹部候補生制度史). 3.28　石油資源開発法(法律第31号),公布(8月1日,施行〔7月30日勅令第542号〕)(官報). 3.28　陸軍防空学校令(軍令陸第3号),公布(8月1日,施行)(官報). 3.29　海軍整備科予備学生制度を創設.4月,第1期学生40名を採用(日本海軍史8). 3.29　重要鉱物増産法(法律第35号),公布(6月10日,施行〔6月9日勅令第409号〕)(官報). 3.29　戦艦武蔵,起工(長崎三菱造船所).1940年11月1日,進水,42年8月5日,竣工(陸海軍年表／戦史叢書31). 3.29　中国国民政府,漢口で国民党臨時全国大会を開催.蔣介石に非常大権を授権.国民参政会と三民主義青年団の設置を決定.抗戦建国綱領を制定(陸海軍年表／戦史叢書90). 3.30　工作機械製造事業法(法律第40条),公布(8月30日,施行〔8月27日勅令第605号〕)(官報). 3.30　航空機製造事業法(法律第41号),公布(8月30日,施行〔7月9日勅令第499号〕)(官報). 3.31　陸軍大臣杉山元,支那事変陸軍軍需動員第二次実施訓令を令達.昭和13年度の軍需動員実施の準拠とする(戦史叢書33・99). 3.—　陸軍気象部,高円寺の陸軍通信学校跡に設立.体系的な気象教育を行う

民ノ忠誠心ヲ一ツモ無駄ニナク、政府ガ公然ト公認ヲシ、公然ト之ニ任務ヲ與ヘテ、サウシテ此全國民ノ精神力、物質力、等ヲ一途ニ向ッテ邁進セシムルト云フ所ノ組織ガ必要デナンデハナイカ、ソレガ卽チ此總動員法ト云フモノニ依ッテ、其大綱ヲ決メルノダト私ハ信ズルノデアリマス、更ニ是ハ……

（委員長アレハナンデスカ政府委員デスカ」ト呼フ者アリ）

○小川委員長　説明員デス

○佐藤陸軍航空兵中佐　私ハ許可ヲ得テ居リマス、尚ホ私ハ茲ニ……（發言スル者アリ）此コトニ對シテ是モ實情ニ付テ申上ゲタイト思フノデアリマス、ソレハ先般ドナタカモ仰セラレタト思ヒマスルガ、法律ダケデラ縛ルモノデナイ、是ハ政府ニ於テ此總動員法ノ整備ヲ致サナケレバナラヌ、而シテ此總動員法ノ整備ニ依リマシテ、完全ナル總動員ノ整備ヲ致シテ負フノデアリマス、ソレデ此フ云フモノヲ決メテ置カヌデモ宜イデハナイカ、此ノ云フモノヲ決メテ置カヌデモ宜シカ、ト斯ウ云フモノヲ決メテ置カヌデモ宜シカ、ト斯ウ云フコトニ對シテ申上ゲマス

○佐藤陸軍航空兵中佐　私ハ説明ヲ申上ゲルノデアリマス

「討論ハイカン」「討論ヲ許サレマセヌ」ト呼ビ其他發言スル者アリ

○佐藤陸軍航空兵中佐　私ハ説明ヲ申上ゲルノデアリマス

○板野委員　委員長、議事進行ニ付テ發言ヲ求メマス、今議論中デアリマスガ、議事ノ進行上今申ス必要ニ迫ラレタカラ、アナタノ説明中ダガ一寸一言シマス、トハ何デス、説明ヲ承リマス、ト云フ意味ハドウ云フ意味デスカ、ト云フコトハ、貴公等ニハ出來ナイコトデアル

○小川委員長　今申シタコトヲ御取消ニナリマセヌカ

○板野委員　——トカ彌次ヲ封ズルト云フコトハ、貴公等ニハ出來ナイコトデアル

○小川委員長　アナタハ——ト云フコトヲ御取消ニナクラサナイカ

「無禮ナコトヲ言フナ」ト呼ビ其他發言スル者アリ

ナラズ其説明カ討論カ其中ニ於テ如何デアルカ、如何ニモ本議員ガ刺戟ヲ使ッテ居リ、吾々ガ本法案ニ於テ憲法論モアリマセウガ、又一面ニ於キマシテ議員ガ深憂ヘテ居ルノハ、勤モスレバ此法案ガ通リテ曉ニ於テ、現内閣デハサウ云フ無茶ハシマスマイガ、現ノ風潮デハ或ハ「ファッショ」的ノ無茶ヲシナイ者ガナイトモ保シ難イ

○佐藤陸軍航空兵中佐　私ハ説明ヲ申上ゲルノデアリマス

績ケロト仰シャレバ續ケマス、斯様ニ申シタ所ガ、大體ノ御意向ガ續ケロト云フ風ニ思ッタノデ繼續ショウト云フノデアリマス、ショウシタ所ガ私ニ對シテ彌次ヲ飛バンダト私ハ考ヘルデアリマスカラ、是ハ存ジマス、委員長モ此點ニ對シテ御處置ヲ願ヒマス

○板野委員　取消シマシテモサウ云フ風ナ人ノ説明ニハ、議事ノ進行上忍ブベカラザルコトノ威信ノ爲ニ御免ヲ蒙リタウ御ジザイマス

○宮脇委員　議事進行ニ付テ——此重要法案ノ審議ニ當ッテ、委員トシマシテハ熱誠以テ質問ヲ致シテ居ル、之ニ關シマシテハ政府當局モ、總理ガ言ハレタヤウニ熱誠以テ懇切ニ之ヲ答ヘ明言スルト、斯ウ申シテ居ル、政府ニ於キマシテモ、今ノ板野君ノ要求ハドナタデモ宜イト言ヒマシタケレドモ、要スルニ國務大臣モ居ラレル、斯ウ云フ説明員モ場合ニ依ッテハ説明シテモ宜シト言フコトヲヲ超越シマシテ、全ク議論討論デアル、ノミナラズ其説明カ討論カ其中ニ於テ如何デアルカ、如何ニモ本議員ガ刺戟ヲ使ッテ居リ、吾々ガ本法案ニ於テ憲法論モアリセウガ、又一面ニ於キマシテ議員ガ深憂ヘテ居ルノハ、勤モスレバ此法案ガ通リテ曉ニ於テ、現内閣デハサウ云フ無茶ハシマスマイガ、現ノ風潮デハ或ハ「ファッショ」的ノ無茶ヲシナイ者ガナイトモ保シ難イ

西暦	和　暦	記　　　　　　　事
1938	昭和13	(陸軍航空の鎮魂続). 　3.—　石川達三「生きてゐる兵隊」(『中央公論』).のち発禁(日本近代文学年表). 　4.1　国家総動員法(法律第55号),公布(5月5日,施行〔5月4日勅令第315号〕).軍需工業動員法を廃止(官報). 　4.1　恩給金庫法(法律第57号),公布(5月2日,施行〔4月30日勅令第305号〕).7月1日,恩給金庫を創設.軍人遺族などの恩給を担保に国が金融の方途を講ずる(高利貸に苦しめられる者が多かったため)(官報／軍事援護の理論と実際). 　4.2　臨時農村負債処理法(法律第69号),公布(6月20日,施行〔6月18日勅令第421号〕).戦死者遺族,戦傷病者およびその家族の経済更生をはかる(官報／軍事援護の理論と実際). 　4.3　陸軍,朝鮮に志願兵制度を適用(官報2.23). 　4.3　大日本国防婦人会満洲地方本部・満洲帝国国防婦女会,ともに解散して満洲国防婦人会を創立(両者の対立解消のため)(大日本国防婦人会十年史). 　4.4　陸軍,第21〜23師団の編成を下令.以後1941年までに「20番台師団」を逐次新設(戦史叢書99／太平洋戦争師団戦史). 　4.4　灯火管制規則(内務・陸軍・海軍・逓信・鉄道省令第1号),公布(4月10日,施行)(官報). 　4.5　陸軍制式化学兵器表が定められる.開発された毒ガスはすべて実戦のため制式採用されたことになる(毒ガス戦と日本軍). 　4.6　電力管理法(法律第76号),公布(第5条は5月25日,施行〔5月24日勅令第364号〕.第1・2条は8月10日,施行〔8月9日勅令第574号〕.第3・4・6・7条は1939年3月18日,施行〔昭和14年3月17日勅令第65号〕).日本発送電株式会社法(法律第77号),公布(8月10日,施行〔8月9日勅令第576号〕).電力の国家管理,実現(官報). 　4.7　大本営,徐州作戦実施を下令(現代史資料9／陸海軍年表／戦史叢書8・78・89). 　4.7　第5師団の坂本支隊,台児庄付近を撤退し北西方へ転進(陸海軍年表／戦史叢書89). 　4.18　傷兵保護院官制(勅令第258号),公布・施行.傷兵保護院は厚生省の外局.傷痍軍人の療養・更生対策を所管(官報). 　4.19　支那事変中,海軍兵学校・海軍機関学校・海軍経理学校の生徒は修業期間を3年8ヵ月とする(日本海軍史8). 　4.23　陸軍軍人軍属帰郷療養者給与令(勅令第281号),公布・施行(官報). 　4.24　靖国神社,満洲事変の戦没者324名,日中戦争の戦没者4208名のため招魂式を行う.25〜27日,臨時大祭(靖国神社略年表). 　4.30　北支那開発株式会社法(法律第81号),公布・施行(官報)〔→11.7〕. 　5.3　徐州会戦で毒ガスの使用許可命令が各部隊に伝達される.各部隊であか筒を使用(毒ガス戦と日本軍). 　5.4　工場事業場管理令(勅令第318号),公布(5月5日,施行).国家総動員法発動の最初.昭和12年勅令第528号工場事業管理令を廃止(官報). 　5.4　国家総動員審議会官制(勅令第319号),公布(5月5日,施行)(官報). 　5.7　陸軍士官学校分校,所沢より豊岡に移転し事務を開始(官報5.16〔彙報

西暦	和暦	記事
1938	昭和13	(陸海軍)〕). 5. 8　傷痍軍人療養所を全国18ヵ所に設置することを決定(厚生省五十年史資料編). 5. 8　中支那派遣軍報道部,中村研一・小磯良平ら画家10名に記録画を描かせる.作品10点が1939年7月6日開会した第1回聖戦美術展で一般公開される(戦争と美術). 5.12　満洲国ドイツ修好条約,調印(7月15日,発効).ドイツ,満洲国を承認(日本外交年表並主要文書下). 5.14　国際連盟理事会,中国国民政府の提訴により日本軍の化学兵器使用に対する非難決議案を採択(日本外交年表並主要文書下／世界戦争犯罪事典). 5.17　アメリカ,第2次ヴィンソン法が成立.日本の③計画に対応して,海軍軍縮の規定よりも20％の増勢を企図.海軍航空は950機を整備し,累計3000機への増強を計画(戦史叢書31). 5.18　朝日新聞社,戦争美術展覧会を開催.6月5日までの19日間で観客6万8000人(戦争と美術). 5.20　国籍不明機1機,熊本・宮崎両県上空に侵入し反戦ビラを撒布(陸海軍年表／戦史叢書19). 5.26　内閣改造.予備役陸軍大将宇垣一成,外務大臣に就任.6月25日,拓務相を兼任(官報). 5.26　毛沢東,延安で講演,「持久戦論」を発表(三一書房毛沢東選集3). 5.28　海軍,広東爆撃を開始.アメリカの対日経済制裁の契機となる(日本海軍史4). 5.30　国籍不明機2機,九州に侵入(陸海軍年表／戦史叢書19). 6. 1　陸軍服制(勅令第392号),公布・施行.明治45年2月26日勅令第10号陸軍服制を全部改正.立襟を折襟,階級章を小型に,肩章から襟章に(官報). 6. 2　司法省,戦傷死者の戸籍について「何々付近ノ戦闘ニ於テ受傷何年何月何々ニ於テ死亡」と記載してもよいと通牒(日本軍の捕虜政策). 6. 3　板垣征四郎,陸軍大臣となる(官報). 6. 5　田中弘太郎,没(退役陸軍大将)(日本陸海軍総合事典). 6. 9　中国国民政府,在漢口の主要機関の重慶・昆明移転を下令.6月23日,中止を発令(陸海軍年表／戦史叢書89). 6.12　中国軍,鄭州(河南省)北方で黄河堤防を破壊.下流,大氾濫地帯となる(陸海軍年表／戦史叢書8・78・89). 6.13　大日本国防婦人会・愛国婦人会,それぞれ「本会と愛国婦人会との関係に就て」「大日本国防婦人会と親和提携に関する件」を発表.従来の対立の解消をはかるとともに,両者の設立趣旨の独自性を主張(大日本国防婦人会十年史). 6.15　御前会議で漢口攻略作戦実施を決定(現代史資料9／陸海軍年表／戦史叢書89). 6.17　五相会議で今後の支那事変指導方針(年内処理)を決定(陸海軍年表／戦史叢書79). 6.22　海軍兵学校,海軍機関学校及海軍経理学校生徒採用年齢ノ特例ニ関スル件(勅令第429号),公布・施行.兵学校及び機関学校生徒は15年以上19年以下,経理

ソビエト軍機による張鼓峰付近の爆撃

毛沢東(左)と朱徳

西暦	和暦	記　事
1938	昭和13	学校生徒は15年以上21年以下とする(官報). 　6.22　国民政府外交部亜州司長高宗武,渡日のため香港を発す.7月5日,汪兆銘政権樹立会談のため横浜に上陸し陸軍大臣板垣征四郎・参謀次長多田駿等と会談.7月9日,東京を発し,香港へ帰還(陸海軍年表／戦史叢書89・90). 　6.23　政府,長期持久戦時体制確立を期し国民の覚悟を促す(陸海軍年表／戦史叢書8). 　6.27　朝日新聞社,大日本陸軍従軍画家協会を発足させる.1939年4月,陸軍美術協会に発展解消(日本美術年鑑／戦争と美術). 　6.30　赤軍特別極東軍政治部首脳大将リュシコフ,琿春正面から満洲に亡命(陸海軍年表／戦史叢書27). 　6.—　陸軍,九六式軽機関銃を制定(小銃拳銃機関銃入門). 　6.—　陸軍,九七式重爆撃機を採用(日本航空機辞典). 　6.—　北支那方面軍参謀長岡部直三郎,日本軍兵士による強姦の多発に際して「速に性的慰安の施設を整え」るよう指示(慰安婦と戦場の性). 　7.1　海軍の2年現役の主計科士官(第1期補修学生),経理学校に入校(日本海軍史8). 　7.1　水戸陸軍飛行学校令(勅令第469号),公布・施行.水戸陸軍飛行学校を千葉市若松町下志津陸軍飛行学校構内に設立.通信の少年飛行兵教育などを行う(官報7.1〔勅令〕・7.8〔彙報(陸海軍)〕). 　7.1　陸軍航空整備学校令(勅令第470号),公布・施行.陸軍航空整備学校を設立.学生に航空兵器の整備に関する学術を修得させるなど.水戸陸軍飛行学校とあわせ少年飛行兵の教育体系が整う(官報7.1〔勅令〕・7.8〔彙報(陸海軍)〕／陸軍航空の鎮魂続). 　7.1　米国務長官ハル,航空機・同部品の製造・輸出業者に対し,民間人を爆撃する国家には生産物を送らないよう要請.以後,これら,日本へ送られず.いわゆる「道義的禁輸」の始まり(日本海軍史4). 　7.6　北支那方面軍の第20師団,晋南粛正戦(山西省南部の戦闘)で嘔吐性ガスを使用(毒ガス戦と日本軍). 　7.9　転免役賜金令(勅令第493号),公布(昭和13年4月1日以後転役または免役となった者,または死亡した者に本令を適用).兵が在営期間(応召期間を含む)中,故意又は重大なる過失に因るに非ずして服務に関聯し傷痍を受け又は疾病に罹り,之が為在営期間中又は在営期間より引続き陸海軍に於て官費治療中一種以上の兵役を免ぜられ又は死亡したときは賜金を給する(官報). 　7.9　張鼓峰事件,発生.張鼓峰(満洲南東部国境付近)にソ連兵が進出し陣地構築を開始していることを確認(現代史資料10／陸海軍年表／戦史叢書8・27・33・53・78・89). 　7.上旬　駐独陸軍武官大島浩,独外相リッベントロップと防共協定の強化(相互援助条約とする)に関し非公式交渉を開始(陸海運年表／戦史叢書8). 　7.12　五相会議で対中謀略(蒋政権の倒壊または蒋介石の失脚)を決定(日本外交年表並主要文書下). 　7.14　陸軍省部,張鼓峰事件処理要領を朝鮮軍・関東軍へ通達し,外務省にソ連へ抗議方を要請(陸海軍年表／戦史叢書27).

1938(昭和13)

西暦	和　暦	記　　　　　　　　事
1938	昭和13	7.14　中支那派遣軍,漢口攻略作戦準備を下令(陸海軍年表／戦史叢書89). 7.15　五相会議で漢口攻略を転機とする中国新中央政府樹立指導方策を決定(陸海軍年表／戦史叢書89). 7.20　天皇,張鼓峰事件における陸軍の独走について陸軍大臣板垣征四郎を叱責,今後は自分の命令なくして一兵たりとも動かしてはならないと述べる(昭和天皇の軍事思想と戦略). 7.21　参謀総長載仁親王,朝鮮軍に対し張鼓峰事件の拡大防止を指示(陸海軍年表／戦史叢書27／昭和天皇の軍事思想と戦略). 7.25　水上機母艦千歳,呉工廠で竣工(同型艦千代田)(日本の軍艦). 7.26　五相会議で対支特別委員会(重要対中謀略・新支那中央政権樹立の実行機関)設置を決定(陸海軍年表／戦史叢書89). 7.26　参謀総長載仁親王,朝鮮軍に張鼓峰正面出動部隊の撤収を指示(陸海軍年表／戦史叢書27). 7.30　第19師団長尾高(すえたか)亀蔵,独断で張鼓峰付近の越境ソ連兵の駆逐を下令し,事件,拡大.31日未明,張鼓峰を奪回(陸海軍年表／戦史叢書8・27・53). 7.30　産業報国聯盟,創立.産業報国運動の中央指導機関(資料日本現代史7). 8.1　大本営,朝鮮軍に張鼓峰付近の現進出線の占拠と警戒を命じ不拡大方針を指示(陸海軍年表／戦史叢書8・27). 8.1　予備士官学校を仙台教導学校に併設(全国初).1939年3月9日,盛岡に移転(全陸軍甲種幹部候補生制度史). 8.1　陸軍防空学校を千葉に設置し事務を開始(官報8.5〔彙報(陸海軍)〕)〔→3.28〕. 8.1　張鼓峰方面のソ連軍,砲爆撃を開始(陸海軍年表／戦史叢書27). 8.2　張鼓峰付近のソ連地上軍,反撃を開始(陸海軍年表／戦史叢書27). 8.3　軍人傷痍記章令(勅令第553号),公布(9月1日,施行).大正13年8月27日勅令第199号軍人傷痍記章令を全部改正(官報). 8.4　次官会議で「銃後後援強化週間実施要綱」を決定し,10月5日〜11日の1週間,慰霊・祈願,隣保相扶などの徹底,少国民の教化などの実施を発表(大日本国防婦人会十年史). 8.6　参謀総長載仁親王,漢口攻略にあたって嘔吐性ガス・催涙ガスによる全面的な毒ガス戦を認可する指示を発令.中支方面軍,8月21日〜11月21日までの間に375回以上毒ガスを使用(毒ガス戦と日本軍). 8.6　第19師団,優勢なソ連軍の第2次張鼓峰奪回攻撃の防禦に苦戦(10日まで)(陸海軍年表／戦史叢書27). 8.10　張鼓峰事件につき日ソ停戦協定,モスクワで成立(11日零時)(陸海軍年表／戦史叢書8・27・33). 8.11　大本営,張鼓峰方面の戦闘行動停止を発令(陸海軍年表／戦史叢書27). 8.12　陸軍,独立混成第1旅団を解隊,新たに第1戦車団などを編成(帝国陸軍機甲部隊). 8.15　参謀総長載仁親王,天皇に張鼓峰事件の終結を報告.天皇「満足」の意を表し,朝鮮軍にも電報で伝えられる(昭和天皇の軍事思想と戦略). 8.22　大本営,漢口攻略を発令(現代史資料9／陸海軍年表／戦史叢書8・79・

西暦	和暦	記事
1938	昭和13	89).

　　　　8.22　中支那派遣軍,漢口作戦関係部隊に準備作戦を下令(陸海軍年表／戦史叢書89).
　　　　8.22　中支那派遣軍・第3艦隊,漢口攻略作戦を開始(陸海軍年表／戦史叢書79).
　　　　8.23　兵役法施行規則中改正(陸軍省令第30号),公布(9月1日,施行).第二補充兵役の者も第一補充兵役者に準じて住居その他身上の届け出をさせ,名実ともに在郷軍人とする(官報).
　　　　8.24　陸軍,富士山頂に航空医学研究所を設置(陸軍人事制度概説付録).
　　　　8.26　陸軍,制式化学兵器表に青酸(ちゃ1号)を追加(毒ガス戦と日本軍).
　　　　8.27　傷痍軍人台帳規則(厚生省令第24号),公布(9月1日,施行)(官報).
　　　　8.30　航空機製造事業委員会官制(勅令第609号)・航空機技術委員会官制(勅令第610号),公布・施行(官報).
　　　　8.―　陸軍,第1・第2航空情報隊を編成.1939年から満ソ国境方面に配置.目視によって敵機を発見し,無線で飛行部隊などに急報する(陸軍航空の鎮魂続).
　　　　8.―　海軍,特殊潜航艇の第2次試作艇の本格的設計を開始.1939年7月,試作艇の製造訓令,発出(特別攻撃隊).
　　　　8.―　内閣情報部,菊池寛・久米正雄らを招いて「ペンの戦士」を漢口の前線に送る計画を発表,22名を決定(日本近代文学年表).
　　　　8.―　火野葦平「麦と兵隊」『改造』に掲載(日本近代文学年表).
　　　　9.5　昭和13年度帝国陸軍作戦計画及び昭和13年度帝国海軍作戦計画を上奏.6日,裁可.対中作戦期間における対米・対ソ・対英・対米英ソ作戦に区分.従前の対一国作戦主義の伝統を改正(陸海軍年表／戦史叢書27・78・91).
　　　　9.7　大本営御前会議で広東攻略作戦実施を決定(陸海軍年表／戦史叢書78・89).
　　　　9.19　大本営,広東攻略の大命を発令(陸海軍年表／戦史叢書8・79・89).
　　　　9.19　石炭配給統制規則(商工省令第80号),公布(10月1日,施行).10月1日から切符制を実施(官報).
　　　　9.22　昭和14年度海軍軍備充実計画(④計画)を閣議に請議.翌年3月,第74回帝国議会で予算,成立(陸海軍年表／戦史叢書31).
　　　　9.26　大日本傷痍軍人会,設立.厚生・陸海軍大臣監督のもと,傷痍軍人相互の修養および親睦をはかる(軍事援護の理論と実際).
　　　　9.27　陸軍省新聞班を情報部に昇格(日本陸海軍総合事典).
　　　　9.27　海軍省軍事普及部,藤田嗣治ら洋画家6人の華中・華南への派遣を決定(戦争と美術).
　　　　9.29　外務大臣兼拓務大臣宇垣一成,対華処理機関設置問題で辞表を提出.30日,辞任.首相近衛文麿,外務大臣・拓務大臣を兼任(官報9.30).
　　　　9.30　英仏独伊,ミュンヘン協定に調印してチェコのズデーテン地方のドイツへの割譲を決定(近代日本総合年表).
　　　　9.―　陸軍航空通信聯隊,新京で編成される(陸軍航空の鎮魂続).
　　　　10.1　「作戦要務令」(第一・第二部)(軍令陸第19号),公布.計画・命令など参謀としての要務を記載した「陣中要務令」(1924年8月)と「戦闘綱要」(1929年)とを合体させ,将校の戦術の修学・研鑽に用いた.「包囲殲滅」の教義をいよいよ強調

麦と兵隊　　　　　　火野葦平

菊池　寛　　　　　　久米正雄

西暦	和暦	記　　　　　　　　　　　事
1938	昭和13	(官報〔条文省略〕／日本陸軍用兵思想史). 　10. 3　天皇,軍人援護に関する勅語を下し,内帑金300万円を下賜.5日,発表(軍事援護の理論と実際／厚生省五十年史資料編). 　10. 3　財団法人海仁会の設立を許可.現役及び応召中の海軍軍人の援護扶助を主として活動(日本海軍史8). 　10.12　陸軍の広東攻略部隊,第5艦隊の護衛下にバイアス湾に上陸(陸海軍年表／戦史叢書8・79・89). 　10.13　中国共産党,六中全会を開催(16日まで).蔣介石擁護と国共合作による長期戦を決議(陸海軍年表／戦史叢書89). 　10.17　靖国神社,満洲事変の戦没者184人,日中戦争の戦没者1万150人のため招魂式を行う.18〜21日,臨時大祭(靖国神社略年表). 　10.21　陸軍部隊,広東を占領(陸海軍年表／戦史叢書8・33・79・89). 　10.26　陸軍部隊,漢口・武昌を占領(陸海軍年表／戦史叢書8・89). 　11. 3　政府,東亜新秩序に関する声明を発表.中で「固ヨリ国民政府ト雖モ従来ノ指導政策ヲ一擲シ,ソノ人的構成ヲ改替シテ更生ノ実ヲ挙ゲ,新秩序ノ建設ニ来リ参スルニ於テハ敢テ之ヲ拒否スルモノニアラス」と述べる(日本外交年表並主要文書下). 　11. 4　内務省警保局長,南支派遣軍参謀・陸軍省徴募課長よりの慰安婦400人の渡航依頼をうけ,各地方庁に対し適当な引率者を選定し現地に向かわせるよう指示(慰安婦と戦場の性). 　11. 5　恩賜財団軍人援護会,設立.軍人援護の資として内帑金の下賜を契機に,帝国軍人後援会・大日本軍人援護会・振武育英会を統合(厚生省五十年史資料編). 　11. 7　北支那開発株式会社,設立総会(本社東京)(閉鎖機関とその特殊清算／中国人強制連行). 　11.14　駐満海軍部,廃止(陸海軍年表／戦史叢書27). 　11.20　重巡洋艦利根,三菱長崎造船所で竣工(同型艦筑摩).航空機6機を搭載して偵察能力を強化(日本の軍艦). 　11.29　帝国在郷軍人会規程中改正(陸軍海軍省令第2号),公布(12月1日,施行).第二補充兵役の者も,帝国在郷軍人会の会員として入会させる(官報). 　11.30　御前会議で日支新関係調整方針と同要項を決定.東亜新秩序建設をうたい,和平条件として日本軍の駐兵,第三国の排除などを掲げる(日本外交年表並主要文書下／現代史資料9). 　11.30　大本営,武漢攻略作戦終了により中国機の本土来襲の懸念減少にともない朝鮮軍と西部防衛司令官に防空戦備の緩和を発令(陸海軍年表／戦史叢書19). 　11.—　第11軍兵站司令部,漢口に慰安婦300人を収容できる軍専用慰安所を開設(慰安婦と戦場の性). 　11.—　火野葦平「土と兵隊」(『文芸春秋』)(日本近代文学年表). 　12. 2　大本営陸海軍部間で「航空ニ関スル陸海軍中央協定」を締結.戦政略爆撃を主眼とする(現代史資料9). 　12. 2　参謀総長載仁親王,占領地域の安定・確保のため毒ガスの使用を許可.以後嘔吐性ガス・催涙ガスが日常的に使用される(毒ガス戦と日本軍). 　12. 5　米国務次官補セイヤー,日本の東亜新秩序に対する報復措置として日米

1938（昭和13）

西暦	和暦	記　　　　　　　事
1938	昭和13	通商航海条約の廃棄などを考慮する必要を米政府に提案（陸海軍年表／戦史叢書90）． 　12．6　陸軍中央部，進攻作戦の中止，戦略持久への転移方針を決定（現代史資料9）． 　12．9　陸軍航空総監部令（軍令陸第21号），公布（12月10日，施行）．陸軍航空総監部は天皇直隷の機関として航空の進歩をはかる．航空兵科軍隊の教育を掌り，航空諸学校を統括（1945年4月18日，閉鎖，航空総軍を新設）．初代総監陸軍中将東条英機．ただし航空総監部の人員はほとんど航空本部部員を兼務（航空本部は陸軍大臣に属し，陸軍航空技術研究所・陸軍航空廠を管轄）（官報／陸軍航空の鎮魂正・続）． 　12．10　陸軍航空士官学校令（勅令第745号），公布・施行．陸軍航空士官学校を新設．陸軍士官学校分校（豊岡）が独立（官報／戦史叢書87）． 　12．10　海軍聯合航空隊令（軍令海第17号），公布（12月15日，施行）．航空隊2隊以上をもって編成し，第1聯合航空隊・第2聯合航空隊等と称する，等を規定（官報／日本海軍史8）． 　12．13　南京で大日本国防婦人会南京本部，発会式（大日本国防婦人会十年史）． 　12．16　興亜院官制（勅令第758号），公布・施行．中国占領統治の中央機関として興亜院を設置．総務長官陸軍中将柳川平助（官報／中国人強制連行）． 　12．16　興亜院連絡部官制（勅令第759号），公布・施行．興亜院連絡部は中国における興亜院の事務を掌る（官報）． 　12．18　中国国民党副総裁汪兆銘，重慶を脱出．19日，ハノイ（北部仏印）に到着（陸海軍年表／戦史叢書79・89・90）． 　12．22　政府，東亜新秩序建設の近衛声明を発表（日本外交年表並主要文書下）． 　12．23　閣議で南シナ海の新南群島（現在の南沙群島）の日本領土への編入を決定．28日，台湾総督府の管轄下に入れる（官報昭和14．4．18〔台湾総督府令第31号／台湾総督府告示第122号〕／近代日本総合年表）． 　12．26　航空兵団，重慶進攻爆撃を開始（～1939年1月15日）（陸海軍年表／戦史叢書84・89）． 　12．28　汪兆銘，ハノイから中国国民政府へ和平を提議．1939年1月8日，一般に発表（陸海軍年表／戦史叢書84・89）． 　12．下旬　航空兵団，第1次中国奥地攻撃を開始（1939年3月まで重慶4回，蘭州3回）（陸海軍年表／戦史叢書74）． 　12．—　火野葦平「花と兵隊」（『東京・大阪朝日新聞』）（～1939年6月）（日本近代文学年表）． 　12．—　軍歌「麦と兵隊」（藤田まさと作詞・大村能章作曲）のレコード，発売（定本日本の軍歌）．

西暦	和暦	記　　　　　　　　　事
1939	昭和14	内閣総理大臣：近衛文麿・平沼騏一郎(1.5〜)・阿部信行(8.30〜) 陸　軍　大　臣：板垣征四郎・畑　俊六(8.30〜) 参　謀　総　長：載仁親王 海　軍　大　臣：米内光政・吉田善吾(8.30〜) 軍　令　部　総　長：伏見宮博恭王 　1. 1　中国国民党中央常務委員会臨時会議，汪兆銘の党籍を剥奪し一切の職務の罷免を決定(陸海軍年表／戦史叢書90)． 　1. 4　第1次近衛文麿内閣，総辞職(内閣制度百年史上)． 　1. 6　平沼騏一郎内閣，成立．陸軍大臣板垣征四郎(留任)．海軍大臣米内光政(留任)(官報)． 　1. 6　独外相リッベントロップ，日独伊三国同盟案を正式に提案(日本外交年表並主要文書下)． 　1. 7　国民職業能力申告令(勅令第5号)，公布(1月20日，施行．朝鮮・台湾・南洋群島・樺太における申告・検査に関する規定は6月1日，施行)．一定の要件に該当する者にその能力を申告させ，労働力動員の際の基礎資料とする(官報)． 　1.10　町田敬宇，没(退役陸軍大将)(日本陸海軍総合事典)． 　1.13　大本営御前会議で海南島攻略を決定．華南沿岸の封鎖徹底が目的(陸海軍年表／戦史叢書89)． 　1.14　陸軍，独立混成第6〜14旅団の編成を下令．中国占領地の治安維持回復が目的．華北・華中へ派遣(戦史叢書99)． 　1.14　内務・陸軍・海軍・厚生4省次官，各地方長官に「銃後奉公会」の設立を指示．日中戦争勃発とともに全国市区町村に設立された軍事援護団体を同会に一律改組して会員(区域内全世帯主)より会費を徴収，援護の強化・内容の均質化をはかる(本年4月より設置が進む)(厚生省五十年史資料編／近代日本の徴兵制と社会)． 　1.17　閣議で生産力拡充計画要綱を決定．昭和16年度までの日満支を通じた生産力の総合的拡充計画(内閣制度百年史下／陸海軍年表／戦史叢書33・99)． 　1.19　大本営，海南島攻略を発令(陸海軍年表／戦史叢書8・78・89)． 　1.25　警防団令(勅令第20号)，公布(4月1日，施行)．全国の消防組と防護団(陸軍が1931，32年ごろから設立を進めた防空実施機関)を統合して警防団とする(官報)． 　1.29　海軍兵学校68期生徒，海軍機関学校49期生徒，海軍経理学校29期生徒の修業期間を3年4ヵ月と定める(日本海軍史8)． 　1.—　軍歌「愛馬進軍歌」(久保井信夫作詞・新城正一作曲)のレコード，6社よりいっせいに発売．歌詞・曲は陸軍省による一般公募作品(定本日本の軍歌)． 　2. 2　北支那方面軍，河北省中部の共産軍掃討作戦(冀中作戦)を開始(2月20日まで)(陸海軍年表／戦史叢書18・89)． 　2. 2　内務省，「支那事変ニ関スル碑表建設ノ件」を通達．忠魂碑などの記念碑・忠霊塔の建設はいずれか一方にとどめ1市町村に1基とするよう各地方長官に指示(忠魂碑の研究)． 　2. 7　陸軍，第32〜37師団の編成を下令．中国占領地の治安維持回復が目的のいわゆる治安師団で装備は劣り，華北・華中へ派遣．一方で1939年中に国際情勢の

1939(昭和14)

西暦	和　暦	記　　　　　　　事
1939	昭和14	変化に備えるとして常設師団・特設師団各5が復員(戦史叢書99). 2. 9　閣議で「国民精神総動員強化方策」を決定(国家総動員史資料編4). 2. 9　加藤寛治,没(後備役海軍大将)(官報3.4〔彙報(官庁事項)〕). 2.10　陸軍部隊,海南島北部に上陸,海口付近を占領(陸海軍年表／戦史叢書79・89). 2.13　駐日仏大使アンリ,外務大臣有田八郎に対し海南島攻略の目的等を質問.有田,華南沿岸封鎖強化のためと回答.14日,駐日英大使クレーギーからも同様質問,同様に回答(陸海軍年表／戦史叢書79・89). 2.14　海軍部隊,海南島三亜方面に上陸し占領(陸海軍年表／戦史叢書79). 2.16　商工省,鉄製不急品の回収を開始,ポスト・ベンチ・広告塔など15品目を指定(近代日本総合年表). 2.22　厚生省,戦歿者遺族取扱要綱を定め各地方長官に通牒.道府県・市町村に対し,戦歿者遺族台帳を作成してその援護に遺漏がないよう指示(戦力増強と軍人援護). 2.24　陸軍参謀総長載仁親王・軍令部総長伏見宮博恭王,「昭和14年度帝国陸海軍作戦計画」を奏上.天皇,シンガポール攻略計画でタイ領を上陸地点に選んでいることについて中立侵犯と指摘,計画を修正させる(陸海軍年表／戦史叢書91／昭和天皇の戦争指導). 2.27　「昭和14年度帝国陸海軍作戦計画」を裁可.作戦計画区分は昭和13年度と同様.同陸軍作戦計画中の対英作戦計画でシンガポール・英領ボルネオ等の攻略を具体化(陸海軍年表／戦史叢書20・27・34・78). 2.27　陸軍省,「支那事変ニ関スル碑表建設ノ件」を通牒.各市町村の忠霊塔建設に支援を与える旨を部内に指示(忠魂碑の研究). 2.中・下旬　陸軍,金丸ケ原の試験で飛行機からの反射電波の捕捉に初めて成功(陸海軍年表／戦史叢書87). 3. 9　兵役法中改正法律(法律第1号),公布(3月31日,施行.一部は12月1日,施行).①服役を現役(変更なし)・予備役(海軍を変更し4年から5年へ)・後備役(海軍を変更し5年から7年へ)・第二補充兵役(陸軍17年4月・海軍16年4月にそれぞれ変更)に区分.②中等学校以上の者への徴集猶予について,戦時・事変に必要ある場合は猶予しないとする.③短期現役兵制廃止(官報／徴兵制と近代日本). 3. 9　陸軍予備士官学校,岩手県岩手郡厨川村に移転し事務を開始(官報3.31〔彙報(陸海軍)〕). 3.11　内閣に生産力拡充委員会を設置.生産力拡充計画の適正な実施を促進し関係各庁事務の調整統一を図る(官報3.13〔彙報(官庁事項)〕). 3.15　閣議で科学研究費交付金を含む追加予算案を決定.24日,両院で可決(近代日本総合年表). 3.15　内務省令第12号,公布(4月1日,施行).「招魂社ハ之ヲ護国神社ト改称ス」(官報). 3.17　人事調停法(法律11号),公布(7月1日,施行〔6月7日勅令第361号〕).戦死者遺族間の紛議を裁判によらず調停で解決させるのが主眼(官報／軍事援護の理論と実際). 3.25　軍用資源秘密保護法(法律第25号),公布(6月26日,施行〔6月24日勅令

1939(昭和14)

西暦	和暦	記　　　　事
1939	昭和14	第412号〕).軍需物資に関するスパイ防止法(官報). 　3.25　昭和六年勅令第二百七十一号陸軍兵ノ兵科部,兵種及等級表ニ関スル件中改正ノ件(勅令第74号),公布・施行.陸軍の輜重特務兵を輜重兵に吸収(官報). 　3.27　昭和十四年度歳入歳出総予算追加,公布.海軍の「昭和十四年度海軍充実計画」(通称④計画)は昭和14年度より同19年度までの6ヵ年計画(航空隊整備計画は同18年度まで).アメリカの第二次ヴィンソン案(1938年5月成立)に対抗するもの.艦艇80隻(戦艦大和型2く1隻はのちの航空母艦信濃,1隻は建造取りやめ>,空母大鳳型1,軽巡洋艦阿賀野型4,大淀型2く1隻は建造取りやめ>など)建造,航空隊75隊航空機1511機整備.予算総額・艦艇建造予算12億578万円,航空隊整備予算3億7294万1000円(官報／戦史叢書31). 　3.28　国民精神総動員委員会官制(勅令第80号),公布・施行(官報). 　3.30　文部省,各大学に大学における軍事教練を必修科目とすることを通達(学制百年史). 　3.31　飛行予科練習生教育を横須賀航空隊から霞ケ浦航空隊に移す(日本海軍史8). 　4.1　海軍航空廠令中改正ノ件(勅令第147号),公布・施行.題名を海軍航空技術廠令と改める.海軍航空廠を海軍航空技術廠と改称(官報). 　4.1　海軍第4次軍備充実計画(④計画),発足(官報3.27). 　4.1　陸軍熊本幼年学校を熊本市城内に設置し事務を開始.陸軍熊本幼年学校の復活(官報4.10〔彙報(陸海軍)〕). 　4.1　海軍通信学校を横須賀市久里浜に移転(日本海軍史8). 　4.5　映画法(法律第66号),公布(10月1日,施行〔9月27日勅令第667号〕).脚本の事前検閲,ニュース映画の強制上映などを規定(官報). 　4.5　海運組合法(法律第69号),公布(12月21日施行〔12月20日勅令第844号〕)(官報). 　4.5　造船事業法(法律第70号),公布(12月1日,施行〔11月29日勅令第799号〕)(官報). 　4.5　船舶建造融資補給及損失補償法(法律第71号),公布(1940年1月1日,施行〔12月28日勅令第894号〕)(官報). 　4.6　船員保険法(法律第73号),公布(保険給付及び費用の負担に関する規定以外は1940年3月1日,施行〔昭和15年2月23日勅令第64号〕.保険給付及び費用の負担に関する規定は1940年6月1日,施行〔昭和15年5月31日勅令第64号〕)(官報). 　4.11　閣議で国民精神総動員新展開の基本方針を決定(資料日本現代史10). 　4.12　国民精神総動員強化講演会,日比谷公会堂で開催(陸海軍年表／戦史叢書33). 　4.20　独外相リッベントロップ,駐独日本大使大島浩・駐伊日本大使白鳥敏夫に独ソ接近を通告(現代史資料11). 　4.20　米国務省極東局,対日経済圧迫制裁を研究し,米英蘭3国協同を不可欠とする意見書を提出(陸海軍年表／戦史叢書90・91). 　4.23　靖国神社,満州事変の戦没者110人,日中戦争の戦没者1万279人のため招魂式を行う.24～28日,臨時大祭(靖国神社略年表).

1939(昭和14)

西暦	和暦	記　　　　　　事
1939	昭和14	4.25　関東軍,「満ソ国境紛争処理要領」を示達.国境紛争に対する強硬姿勢を示す(陸海軍年表／戦史叢書8・27・53). 4.25　汪兆銘,仏印ハノイを脱出.5月6日,上海に到着(陸海軍年表／戦史叢書89). 4.26　青年学校令(勅令第254号),公布・施行.昭和10年4月1日勅令第41号青年学校令を全部改正.青年学校を義務制とする(満12歳以上19歳以下の男子)(官報). 4.—　警視庁検閲課,出版統制強化の方針を決定(日本近代文学年表). 4.—　米陸海統合会議でレインボー計画の基礎案(対日作戦計画を含む)を完成(陸海軍年表／戦史叢書2・20・90). 5.3　陸軍,戦傷奉公杖授与規程を制定.傷痍軍人に杖を授与.歩行動作の不自由を軽減するとともに優遇に併せて名誉を表彰.1943年4月26日,海軍,同規程を制定(戦力増強と軍人援護). 5.11　日ソ両軍,ノモンハンで衝突(ノモンハン事件の発端)(現代史資料10／陸海軍年表／戦史叢書8・27). 5.12　国境守備隊,外蒙軍約700名がノモンハン付近で越境したことを報告(陸海軍年表／戦史叢書27・53). 5.13　参謀総長載仁親王,北支那方面軍にきい剤(糜爛性ガス)の使用を指示(1939年7月以降飛行機の投下弾,砲弾などにより使用)(毒ガス戦と日本軍). 5.13　第23師団,ノモンハン付近越境外蒙軍撃退のため捜索隊を派遣(外蒙軍を駆逐して,17日,帰還)(陸海軍年表／戦史叢書27). 5.13　関東軍,第23師団に航空部隊配属を発令(陸海軍年表／戦史叢書27・53). 5.21　第23師団,越境の外蒙軍撃退のため山県支隊を派遣(陸海軍年表／戦史叢書27・53). 5.26　陸軍航空部隊,ソ蒙空軍を邀撃(陸海軍年表／戦史叢書53). 5.28　ノモンハン派遣の山県支隊,苦戦(29日まで)(現代史資料10／陸海軍年表／戦史叢書53). 5.30　関東軍,ノモンハン方面へ航空兵力を増派(陸海軍年表／戦史叢書27・53). 5.31　汪兆銘一行,海軍機で上海から横須賀に着き上京(陸海軍年表／戦史叢書89・90). 5.—　東京師範学校・京都師範学校内に傷痍軍人小学校教員養成所を設置(以後全国に設置される).傷痍軍人を対象として国民学校教員を養成する(戦力増強と軍人援護). 6.6　ソ連,中将ジューコフを東部外蒙方面の特別兵団長に任命(陸海軍年表／戦史叢書53). 6.10　汪兆銘,東京で日本政府要人と会談.18日,離日(現代史資料9／陸海軍年表／戦史叢書89・90). 6.10　北支那方面軍,晋東作戦(山西省南東部の中国軍と共産軍撃滅)を開始(～8月25日)(陸海軍年表／戦史叢書18・89). 6.10　関東軍,飛行部隊主力のノモンハン地区からの撤退を下令(陸海軍年表／戦史叢書53). 6.13　北支那方面軍,天津租界の隔絶を宣言(14日から実施)(陸海軍年表／戦

1939（昭和14）

西暦	和暦	記　事
1939	昭和14	史叢書18・89・90）〔→7.24〕． 　6.14　海軍兵学校令中改正ノ件（勅令第378号）・海軍機関学校令中改正ノ件（勅令第379号）・海軍経理学校令中改正ノ件（勅令第380号），各公布・施行．海軍兵学校・海軍機関学校・海軍経理学校生徒の修業期間4年を3年6ヵ月に改正（官報）． 　6.17　ソ連軍機，ノモンハンの甘珠爾（カンジュル）廟付近を対地攻撃（陸海軍年表／戦史叢書53）． 　6.18　ソ連軍機，ノモンハンのオンセン付近対地攻撃（陸海軍年表／戦史叢書53）． 　6.19　関東軍，第2飛行集団主力にノモンハン方面展開を下令（陸海軍年表／戦史叢書27・53）． 　6.19　ソ連軍機，甘珠爾（カンジュル）廟付近を対地攻撃（陸海軍年表／戦史叢書53）． 　6.22　陸軍航空部隊，ノモンハン方面でソ連軍機と空中戦闘（陸海軍年表／戦史叢書53）． 　6.23　関東軍，第2飛行集団にタムスク付近の攻撃を下令（陸海軍年表／戦史叢書27）． 　6.27　関東軍，中央に計画を秘匿して独断で第2飛行集団の119機でタムスクを攻撃．このため参謀本部との対立が激化（陸海軍年表／戦史叢書8・27・33・53／現代史資料10）． 　6.29　大本営，関東軍に満洲・関東州の防衛任務を下令．参謀総長載仁親王，関東軍に越境空中攻撃禁止を指示（陸海軍年表／戦史叢書27・53／現代史資料10）． 　6.30　陸軍，第38～41師団の編成を下令．治安師団として華北・華中・華南へ派遣（戦史叢書99）． 　6.―　米国，レインボー計画（対数国作戦計画）を策定（陸海軍年表／戦史叢書2・20）． 　7.1　白城子陸軍飛行学校を所沢に新設．不振であった航法を向上させるため，教導飛行団を付す．1940年1月末までに満洲白城子に移動（陸軍航空の鎮魂続）． 　7.2　第23師団，ハルハ河両岸で夜間攻撃を行う．3日，左岸地区より撤退．以後右岸地区を力攻（～10日）（陸海軍年表／戦史叢書27）． 　7.3　第2飛行集団，ノモンハン地区で攻撃前進に呼応して地上作戦に協力（陸海軍年表／戦史叢書53）． 　7.3　北支那方面軍，魯西作戦（山東省西部共産軍掃討）を開始（～9日）（陸海軍年表／戦史叢書18・88）． 　7.4　閣議で「昭和十四年度労務動員実施計画綱領」を決定．労働力の強制的な動員・調達をはかる．内地への「移住朝鮮人」数を8万5000人と定める．29日，厚生・内務次官，各地方長官に「朝鮮人労務者内地移住に関する方針」「朝鮮人労働者募集要項」を伝達，企業主に朝鮮での労働者集団「募集」を許可（国家総動員史資料編1／朝鮮人戦時労働動員）． 　7.5　陸軍飛行実験部令（軍令陸第5号），公布（12月1日，施行）．陸軍飛行実験部を設立．試作機の実用試験を行うとともに新たな制式機の伝習教育を行う（官報／陸軍航空の鎮魂続）． 　7.5　航空母艦飛龍，横須賀工廠で竣工（日本の軍艦）．

ノモンハン付近図

現地停戦のため会見する日ソ両軍指揮官(1938年9月)

1939(昭和14)

西暦	和暦	記　　　　　事
1939	昭和14	7. 6　関東軍,砲兵団を編成してノモンハン戦場に投入(陸海軍年表／戦史叢書27). 7. 6　第1回聖戦美術展,朝日新聞社・陸軍美術協会共催で開催(～23日,東京府美術館).一般からも戦争関連作品を広く募集(戦争と美術). 7. 7　大日本忠霊顕彰会,発会式.陸軍の主導により,内外各地に忠霊塔を建設する目的をもって設立(会長陸軍大将菱刈隆).地方に支部を設置,各府県知事が支部長となる(忠魂碑の研究). 7. 7　大日本雄弁会講談社,陸軍省の後援で「出征兵士を送る歌」の公募を開始(11月3日,1等当選曲を発表)(講談社の歩んだ五十年昭和編). 7. 8　国民徴用令(勅令第451号),公布(7月15日施行.朝鮮・台湾・樺太・南洋群島は10月1日,施行).8月1日,初の出頭要求書(官報／厚生省五十年史資料編). 7. 9　関東軍,ハルハ河右岸地区の占領は一両日中に終る見込の下に,第23師団の後退と吉岡支隊の解隊を発令(支隊の解隊だけ実行)(陸海軍年表／戦史叢書27). 7.12　関東軍,砲兵戦を主とする攻撃要領に転換するため,ノモンハン戦線の整理を指導(陸海軍年表／戦史叢書27). 7.15　日英東京会談(有田・クレーギー会談＝外務大臣有田八郎・駐日英大使クレーギー),開始.天津租界封鎖問題その他を討議.7月22日,原則的取極,成立.英側,中国における日本軍の要求を妨害するような行為をしない旨を了解(日本外交文書日中戦争第4冊／日本外交年表並主要文書下)〔→7.24〕. 7.15　軍事保護院官制(勅令第479号),公布・施行.傷兵保護院・臨時軍事援護部,廃止.軍事援護体制を強化(官報／厚生省五十年史資料編). 7.15　陸軍の九九式小銃,仮制式を上申(三八式歩兵銃の口径6.5ミリを7.7ミリに拡大,威力の増大,機関銃との弾薬共通化のため)(小銃拳銃機関銃入門). 7.16　ソ連軍機,斉斉哈爾(チチハル)付近の鉄橋を爆撃.関東軍,ソ蒙軍の戦備強化と満洲領内爆撃にともない全軍に戦備強化を下令し,参謀本部に対し航空進撃の実施を意見具申(陸海軍年表／戦史叢書27・53). 7.20　大本営,ノモンハン事件処理要綱(事件の収拾)を関東軍参謀長磯谷廉介に手交(陸海軍年表／戦史叢書8・27). 7.22　陸軍,独立混成第1・15旅団の編成を下令.ともに華北へ派遣(戦史叢書99). 7.23　第23師団,砲兵戦を主体とするハルハ河右岸攻撃を再興.第2飛行集団,第23師団の攻撃再興に協力を開始(25日まで)(陸海軍年表／戦史叢書53). 7.24　天津租界問題に関し日英会談(有田・クレーギー会談)の声明を発表(日本外交文書日中戦争第4冊／陸海軍年表／戦史叢書89)〔→8.21〕. 7.24　関東軍,ノモンハン地区攻勢企図を断念し第23師団に築城命令を下達(陸海軍年表／戦史叢書27). 7.26　ノモンハンの第1戦車団,損害多発のため公主嶺に帰還(帝国陸軍機甲部隊). 7.28　米国,日米通商航海条約・同付属議定書の廃棄を通告(現地日付は7月27日.6ヵ月後に効力発生)(日本外交年表並主要文書下). 7.28　傷痍軍人医療委員会官制(勅令第498号),公布・施行(官報).

1939(昭和14)

西暦	和　暦	記　　　　　　　　事
1939	昭和14	7.28　厚生・内務次官,「朝鮮人労務者内地移入に関する件」を通達.朝鮮からの「募集」形式の進行を開始(中国人強制連行／労働力動員と強制連行). 7.—　北海道土木建築業聯合会内の外地労働者移入組合,労働力不足を補うため「支那労働者移入」の願書を厚生・内務大臣に提出(中国人強制連行). 8. 2　陸軍予備士官学校令中改正ノ件(勅令第517号),公布・施行.豊橋・久留米予備士官学校,開設.盛岡の予備士官学校,盛岡予備士官学校と改称(官報). 8. 3　関東軍,ソ連軍機の連続攻撃で被害が漸増.航空進攻作戦を上申(陸海軍年表／戦史叢書27・53). 8. 4　大本営,第6軍の編組を下令し関東軍編入を発令.ノモンハン方面に配備.軍司令官陸軍中将荻洲立兵(陸海軍年表／戦史叢書8・27・89). 8. 6　軍人援護会主催によりはじめて戦死者遺児の靖国神社参拝が行われる.尋常小学校6年在学の遺児1325人,参拝(靖国神社略年表). 8. 7　大本営,タムスク付近までのソ連空軍根拠地攻撃を認可(陸海軍年表／戦史叢書27・53). 8. 8　閣議で興亜奉公日の設定を決定.毎月1日を興亜奉公日とし,9月1日より実施,事変中続ける.11日,「毎月一日ヲ以テ興亜奉公日ト定メル内閣告諭」(官報／内閣制度百年史下). 8. 8　陸軍大臣板垣征四郎,五相会議で三国同盟締結を強硬に主張し意見不一致(陸海軍年表／戦史叢書8・89). 8.15　陸軍,神職の従軍・戦場における葬儀の司祭を認める(忠魂碑の研究). 8.20　ソ蒙軍,ノモンハン全正面で大攻勢を開始(陸海軍年表／戦史叢書8・27・53). 8.21　日英東京会談(有田・クレーギー会談)決裂に関し,両国,声明を発表(日本外交文書日中戦争第4冊／日本外交年表並主要文書下)〔→1940.6.12〕. 8.22　政府,汪兆銘中心の中央政権樹立準備援助のため上海に梅機関を設置(陸海軍年表／戦史叢書90). 8.23　独ソ不可侵条約,調印(日本外交年表並主要文書下). 8.24　ノモンハンの第6軍,攻勢移転を開始し苦戦に陥る(〜26日)(陸海軍年表／戦史叢書27・53). 8.25　閣議で三国同盟交渉打ち切りを決定(日本外交年表並主要文書下). 8.26　人造石油の生産力拡充及び利用に関する陸海軍軍需工業動員協定を策定(陸海軍年表／戦史叢書33). 8.26　陸軍省,召集猶予者逐次交代のため調査を指令(陸海軍年表／戦史叢書33). 8.28　平沼騏一郎内閣,総辞職.総辞職に際しての内閣総理大臣談で「今回締結せられたる独蘇不可侵条約に依り,欧洲の天地は複雑怪奇なる新情勢を生じたので,我が方は之に鑑み従来準備し来つた政策は之を打切り,更に別途の政策樹立を必要とするに至りました」とする(内閣制度百年史下). 8.28　陸軍,九二式重機関銃を制式とする(小銃拳銃機関銃入門). 8.30　阿部信行内閣,成立.陸軍大臣畑俊六.海軍大臣吉田善吾(官報). 8.30　大本営,関東軍にノモンハン方面の持久作戦を下令(陸海軍年表／戦史叢書27・89).

有田八郎 　　　　　　　クレーギー

阿部信行内閣

畑　俊六　　　　　　　興亜奉公日

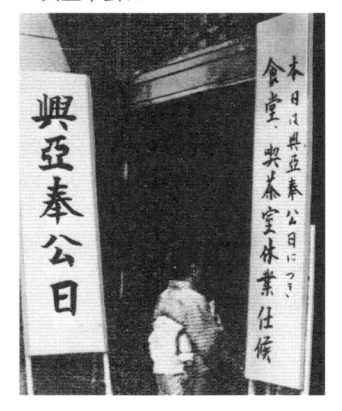

1939(昭和14)

西暦	和　暦	記　　　　　　　事
1939	昭和14	8.30　参謀次長中島鉄蔵,関東軍司令部を訪れ同軍の積極的攻勢準備を中止させることなく同軍の態度を是認(陸海軍年表／戦史叢書27). 8.30　聯合艦隊長官,交代(吉田善吾→山本五十六)(陸海軍年表／戦史叢書10). 9. 1　徳王を主席とする蒙古聯合自治政府,成立(張家口)(日本外交年表並主要文書下). 9. 1　独軍,ポーランドに進攻(日本外交年表並主要文書下). 9. 3　大本営,ノモンハン方面の攻撃中止と兵力の離隔を発令(陸海軍年表／戦史叢書 8・27・89). 9. 3　英仏,対独宣戦布告.第 2 次世界大戦,始まる(日本外交年表並主要文書下). 9. 4　政府,｢今次欧州戦争勃発に際しては帝国は之に介入せず専ら支那事変の解決に邁進せんとす｣と声明(東京朝日新聞9.5／内閣制度百年史下). 9. 4　陸軍,支那派遣軍総司令部,北支那方面軍司令部,第 1・第11・第21・第13軍司令部の編成を下令(陸海軍年表／戦史叢書99). 9. 4　参謀次長中島鉄蔵,関東軍司令部に赴き,ノモンハン事件の自主的終結命令を伝達(陸海軍年表／戦史叢書27). 9. 5　米国,欧州戦争に中立を宣言(近代日本総合年表). 9. 6　大本営,関東軍からのノモンハン戦場掃除に関する意見具申を拒否(現代史資料10／陸海軍年表／戦史叢書27). 9. 6　関東軍,ノモンハン方面における攻勢作戦の中止を下令(現代史資料10). 9. 7　関東軍司令官陸軍大将植田謙吉を解任,後任に陸軍中将梅津美治郎を任命(陸海軍年表／戦史叢書27・89). 9. 8　駐日英大使クレーギー,東京会談の再開を首相兼外務大臣阿部信行に申し入れ(日本外交年表並主要文書下). 9. 9　駐ソ大使東郷茂徳,ノモンハン停戦・通商条約締結等をソ連に申し入れる(陸海軍年表／戦史叢書 8・33). 9.12　陸軍大将西尾寿造を支那派遣軍総司令官に,陸軍中将板垣征四郎を支那派遣軍総参謀長に任命(陸海軍年表／戦史叢書90・99). 9.15　日ソ間ノモンハン事件停戦協定,モスクワで成立(陸海軍年表／戦史叢書 8・27・33・53). 9.16　大本営,ノモンハン方面戦闘行動停止と同方面作戦軍の原駐地帰還を発令(陸海軍年表／戦史叢書27・89). 9.17　ソ連軍,ポーランド進駐を開始(陸海軍年表／戦史叢書 8・89). 9.19　閣議で支那中央政権樹立準備対策に関する事務処理を了解(陸海軍年表／戦史叢書90). 9.19　汪兆銘・王克敏・梁鴻志,南京で会談(21日まで)(陸海軍年表／戦史叢書90). 9.23　ノモンハン事件の現地停戦協定,成立.9 月末までに4386遺体を収容,88人の捕虜交換を終る(陸海軍年表／戦史叢書27). 9.27　日ソ両軍,ノモンハン事件の第 1 次捕虜交換を行う.日本側から87人を返しソ蒙側から88人を受領(日本人捕虜)〔→1940.4.27〕. 9.27　ポーランド首都ワルシャワ,ドイツ軍の攻撃で陥落(近代日本総合年表).

西暦	和暦	記事
1939	昭和14	9.28 独ソ友好条約,モスクワで調印.ポーランド分割占領を決める(近代日本総合年表). 9.30 陸軍省,ノモンハン事件・日中戦争で捕虜となった者については一律に捜査を行い,有罪と認めた者については起訴し,不起訴・無罪の者も懲罰処分とするよう関東軍・支那派遣軍に通達(日本人捕虜). 9.— 関東軍司令官梅津美治郎,ノモンハン事件終了後,陸軍中央部の意図に基づき「国境警備要綱」を隷下全軍に示達(陸軍年表/戦史叢書73). 10.2 企画院,帝国必須資源の海外特に南方諸地域における確保方策を提案(陸海軍年表/戦史叢書90). 10.11 軍人援護対策審議会官制(勅令第697号),公布・施行.昭和13年1月15日勅令第36号傷痍軍人保護対策審議会官制,廃止.1940年1月16日,銃後奉公会の育成発達などを答申(官報/軍事援護の理論と実際/戦力増強と軍人援護). 10.17 靖国神社,満洲事変の戦没者321人,日中戦争の戦没者1万58人のため招魂式を行う.18~22日,臨時大祭(靖国神社略年表). 10.28 幹部候補生等ヨリ将校ト為リタル者ノ役種変更ニ関スル件(勅令第731号),公布・施行.陸軍特別志願将校制度を創設.予備役将校を現役にする制度で,実質的には昭和8年2月17日勅令第12号により特別志願士官として充用されていた(官報/陸軍人事制度概説付録). 10.— 欧州大戦勃発と米国の日米通商航海条約廃棄通告により,南方資源地域への経済進出論が関係各省内に擡頭(陸海軍年表/戦史叢書90). 10.— 陸軍中央部,ノモンハン事件戦訓研究委員会を設置(陸海軍年表/戦史叢書27・78). 11.1 海軍区令中改正ノ件(勅令第733号)・舞鶴軍港境域令(勅令第734号),公布(各12月1日,施行).海軍,舞鶴要港部を廃止し舞鶴鎮守府を設置(官報). 11.3 米大統領ルーズベルト,中立法修正案に署名.武器禁輸を撤廃し,交戦国への輸出を現金・自国船主義に変える(近代日本総合年表). 11.4 外務大臣野村吉三郎,駐日米大使グルーと日米国交調整につき会談,以後続行(日本外交年表並主要文書下/日本外交文書日中戦争第3冊). 11.5 大日本国防婦人会総本部,「婦人団体の統合問題に関する件」を各師管・地方本部に通達して愛国婦人会などとの統合問題を否定(大日本国防婦人会十年史). 11.6 駆逐艦陽炎(かげろう),竣工(ほか同型艦18隻).酸素魚雷を初めて搭載(日本の軍艦). 11.7 陸軍,独立混成第16~18旅団の編成を下令(戦史叢書99). 11.11 兵役法施行令中改正ノ件(勅令第768号),公布・施行(一部は12月1日,施行).徴兵合格に第3乙種を設定(官報). 11.11 北支那方面軍,太行山脈粛正作戦(河北省西部の共産軍掃討)を開始(~12月7日)(陸海軍年表/戦史叢書18・89). 11.14 ドイツ海軍長官レーダー,駐独日本海軍武官遠藤喜一(海軍少将)に対し日本の対独援助を要求(潜水艦の売却,太平洋方面に行動する独艦船の補給修理等のため日本港湾の便宜供与,連合国艦船の行動通報等).11月20日,日本海軍,中立義務違反の事項を除き好意を示す旨返電(陸海軍年表/戦史叢書91).

1939～1940（昭和14～昭和15）

西暦	和暦	記　事
1939	昭和14	11.30　外務大臣野村吉三郎,駐日仏大使アンリに対し援蔣路禁絶につき交渉を開始(陸海軍年表／戦史叢書90). 11.—　陸軍の百式司令部偵察機(新司偵)1号機,完成(日本航空機辞典). 11.—　中国共産党指導による初の日本人捕虜反戦組織日本人覚醒聯盟,成立.1940年5月,野坂参三を指導者として反戦同盟延安支部に改組.42年8月に反戦同盟華北連合会,44年2月に日本人民解放聯盟にそれぞれ発展(日本人捕虜). 11.—　軍歌「空の勇士」(大槻一郎作詞・蔵野今春作曲)のレコード,発売.読売新聞の公募(定本日本の軍歌). 12.12　軍機保護法施行規則中改正(陸軍省令第59号),公布.ビルや高台からの俯瞰撮影禁止(官報). 12.14　昭和15年度帝国陸軍作戦計画・同海軍作戦計画を裁可.露米英仏のうち数ヵ国に対する作戦も立案(陸海軍年表／戦史叢書20・78・91). 12.16　総動員物資使用収用令(勅令第838号),公布(12月20日,施行)(官報). 12.20　陸軍大臣畑俊六・陸軍参謀総長載仁親王,修正軍備充実計画案を上奏.昭和17年までに65個師団,航空164中隊の兵力を整備(戦史叢書99). 12.25　鹿地亘,桂林で反戦同盟西南支部を設立,日本軍に対する宣伝活動を行う(日本人捕虜). 12.27　香港機関の陸軍中佐鈴木卓爾,宋子良と名乗る人物と和平問題で会談(陸海軍年表／戦史叢書90). 12.29　工場事業場使用収用令(勅令第901号),公布(1940年2月1日,施行)(官報). 12.29　土地工作物管理使用収用令(勅令第902号),公布(1940年2月1日,施行)(官報). 12.—　海軍,九九式艦上爆撃機を採用(日本航空機辞典). この年　「上海陸戦隊」(5月)・「土と兵隊」(10月)など中国の現地ロケーションよる映画が作られる(日本映画史4).
1940	昭和15	⎛内閣総理大臣：阿部信行・米内光政(1.16～)・近衛文麿(7.22～) 　陸　軍　大　臣：畑　俊六・東条英機(7.22～) 　参　謀　総　長：載仁親王・杉山　元(10.3～) 　海　軍　大　臣：吉田善吾・及川古志郎(9.5～) ⎝軍　令　部　総　長：伏見宮博恭王 　1. 4　朝鮮総督府,朝鮮映画令(制令第1号)を公布(8月1日,施行〔7月25日朝鮮総督府令第180号〕).7月25日,朝鮮映画令施行規則(朝鮮総督府令第181号),公布(8月1日,施行.一部は1940年11月1日・1941年1月1日・10月1日,施行).朝鮮の民族的映画会社を1942年までに閉鎖,あとは官許の朝鮮映画製作株式会社1社だけとする(朝鮮総督府官報1.4・7.25／官報1.24〔制令〕・8.29〔府令〕／日本映画史4). 　1. 5　フランス,日本海軍機の雲南鉄道爆撃に関し日本に抗議.8日にも抗議(陸海軍年表／戦史叢書90). 　1. 8　閣議で「支那新中央政府樹立ニ関連スル処理方針」を決定(昭和社会経済史料集成9／陸海軍年表／戦史叢書8).

ルーズベルト 　　　　　　　グルー

野村吉三郎

米内光政 　　　　　米内光政内閣

1940（昭和15）

西暦	和暦	記　　事
1940	昭和15	1. 8　閣議で日支新国交調整方針要領（汪兆銘政府との関係）を決定（陸海軍年表／戦史叢書79）． 　1.14　阿部信行内閣，総辞職（内閣制度百年史上）． 　1.16　米内光政内閣，成立．陸軍大臣畑俊六（留任），海軍大臣吉田善吾（留任）（官報）． 　1.16　軍人援護対策審議会，軍人援護事業の方策に関して答申（厚生省五十年史資料編）． 　1.16　汪兆銘，蒋介石に和平勧告を通電（陸海軍年表／戦史叢書20）． 　1.21　英巡洋艦，千葉県野島崎沖の公海上で日本客船浅間丸を臨検し，独人船客21人を拉致（浅間丸事件）（日本外交年表並主要文書下）． 　1.22　陸軍諸学校生徒ノ修学期間短縮ニ関スル件中改正ノ件（陸軍省令第2号），公布・施行．陸軍諸学校の修学期間を短縮（官報）． 　1.22　汪兆銘派の高宗武・陶希聖（汪派から脱落），香港『大公報』に日中内約交渉の日本要求原案を暴露掲載（陸海軍年表／戦史叢書18・90）． 　1.23　蒋介石，全国民に告ぐる書を発表し汪兆銘の和平運動を非難（陸海軍年表／戦史叢書90）． 　1.26　日米通商航海条約，失効．日米間貿易無条約となる（陸海軍年表／戦史叢書65・87・90）． 　2. 1　陸運統制令（勅令第37号），公布（2月25日，施行）（官報）． 　2. 1　海運統制令（勅令第38号），公布・施行（朝鮮・台湾・樺太・南洋群島は2月15日，施行）（官報）． 　2. 2　政府，オランダ政府に互恵貿易・入国制限緩和・企業投資に便宜供与等を申し入れる．5月16日，オランダ政府，輸出制限意図のない旨を回答（陸海軍年表／戦史叢書3・65）． 　2. 2　民政党衆議院議員斎藤隆夫，第75帝国議会で政府の対中戦争目的が不明確なことを攻撃（帝国議会衆議院議事速記録74）． 　2. 6　日英両国，浅間丸事件（1月21日）で公文を発表．交戦国軍籍編入者乗船禁止を告示（日本外交年表並主要文書下）． 　2. 9　陸軍，南支那方面軍司令部，第22軍司令部の編成を下令（戦史叢書99）． 　2.20　歩兵操典（軍令陸第7号），公布．昭和3年1月26日軍令陸第1号歩兵操典を全部改正．兵と兵との間隔を10メートルとする「組戦法」を導入（官報〔条文省略〕）． 　2.20　鈴木荘六，没（枢密顧問官退役陸軍大将）（官報2.24〔彙報（官庁事項）〕）． 　2.21　参謀総長載仁親王，香港における対重慶和平工作（鈴木卓爾・今井武夫・宋子良会談）を「桐工作」と呼称し支那派遣軍に実行を指示（陸海軍年表／戦史叢書65・90）． 　2.26　「陸軍航空作戦綱要」を裁可．陸軍航空用兵思想の根本を規定（陸海軍年表／戦史叢書78・97）． 　3. 1　華北の民衆指導力一元化のため，軍宣撫班を新民会に統合．8日，新しい大新民会結成式，挙行（陸海軍年表／戦史叢書18）． 　3. 1　梅機関長影佐禎昭，桐工作の全貌を汪兆銘に伝え，協力を要請し同意を得る（陸海軍年表／戦史叢書65）．

演説する斎藤隆夫(1940.2.2)

1940（昭和15）

西暦	和　　暦	記　　　　　　事
1940	昭和15	3. 7　衆議院本会議秘密会で議員斎藤隆夫の除名を決定．2月2日の演説を理由とする（帝国議会衆議院議事速記録／官報3.8〔帝国議会〕／斎藤隆夫日記）． 3. 8　名古屋陸軍幼年学校・大阪陸軍幼年学校を東京市牛込区市谷本村町陸軍予科士官学校内に設置し事務を開始．3月19日，名古屋陸軍士官学校，愛知県東春日井郡篠岡村に移転し事務を開始．3月22日，大阪陸軍幼年学校，大阪府南河内郡千代田村に移転し事務を開始（官報3.20・4.6〔彙報（陸海軍）〕）． 3. 9　陸軍幼年学校令（勅令第89号），公布・施行．大正9年8月9日勅令第237号陸軍幼年学校令を全部改正．名古屋・大阪陸軍幼年学校，復活（官報）． 3.12　汪兆銘，中央政府樹立を宣言（陸海軍年表／戦史叢書65）． 3.17　参謀総長載仁親王，支那派遣軍総司令官西尾寿造に桐工作実施要領を正式に指示（陸海軍年表／戦史叢書20・65・90）． 3.20　海軍，『海戦要務令続編（航空戦の部）草案』を発布．航空戦について実施部隊の意見を求めるため草案を配布（戦史叢書31）． 3.25　各党各派有志帝国議会議員（約100人），聖戦貫徹議員聯盟を結成（東京朝日新聞夕刊3.26／陸海軍年表／戦史叢書65）． 3.28　陸軍，昭和十五年軍備改編要領（その一）を実施．1941年8月〜42年12月に戦時第一線航空兵力を規定計画に比し1.4倍に増加，陸軍航空士官学校の拡充，操縦学校の新設などを計画（戦史叢書99）． 3.28　内務省，芸能人の芸名のうち皇室や神社の尊厳を汚す惧れのあるもの，日本史上の偉人を茶化したもの，外国人崇拝の悪風を助長する惧れのあるもの等16人の改名を指示．ミス・コロムビア，サワ・サツカ，ディック・ミネ，ミス・ワカナ，平和ラッパ，藤原釜足，尼リリス，熱田みや子，南里コンパル，エミ石河，御剣敬子，園御幸，稚乃宮匂子，エデ・カンタ，吉野みゆき，星ヘルタ．ディック・ミネは峰耕一，藤原釜足は藤原鶏太と改める（東京朝日新聞3.29／昭和全記録／日本映画史4）． 3.29　鹿地亘，反戦同盟重慶総部を設立（日本人捕虜）． 3.30　伊号第16潜水艦，竣工．丙型潜水艦（航空機を持たず魚雷装備を強化）の1番艦（日本の軍艦）． 3.30　汪兆銘を首班とする新中華民国政府成立．中華民国政府南京還都式典を挙行（陸海軍年表／戦史叢書18・20・65・74）． 3.30　中華民国臨時政府及び維新政府を「解消」，王克敏を長とする華北政務委員会を組織（陸海軍年表／戦史叢書18・90）． 3.30　米国国務長官ハル，新中華民国政府を否認し重慶政府支持を声明（日本外交年表並主要文書下）． 4. 1　陸軍航空工廠令（勅令第207号），公布・施行．陸軍航空工廠を北多摩郡昭和村に設立．終戦まで飛行機を生産（官報／陸海軍年表／戦史叢書33・87）． 4. 1　昭和十二年勅令第十二号陸軍武官官等表ノ件中改正ノ件（勅令213号），公布・施行．陸軍衛生部に歯科医大佐〜同少尉，療工准尉〜同伍長を置く（官報）． 4. 1　汪兆銘の中華民国政府との条約交渉の特命全権大使に陸軍大将阿部信行を任命（陸海軍年表／戦史叢書18）． 4. 8　国民体力法（法律第105号），公布（9月26日，施行〔9月25日勅令第618号〕）．17〜19歳の男子の身体検査の義務化，体力手帳の交付，本格的集団検診の実施（官報）．

1940(昭和15)

西暦	和暦	記事
1940	昭和15	4. 9　独軍,北欧作戦を開始.ノルウェー・デンマークに急襲進入(日本外交年表並主要文書下). 4.10　大本営,中国軍主力を撃滅するため,支那派遣軍に宜昌(湖北省)の一時確保を許可(宜昌作戦)(陸海軍年表/戦史叢書74・90). 4.15　外務大臣有田八郎,欧州戦争の激化に伴う蘭印の現状変更には深甚の関心を有すると声明(日本外交年表並主要文書下/戦史叢書65・90). 4.15　日本ニュース映画,朝日世界ニュース・東日大毎国際ニュース・読売ニュース・同盟通信ニュース部が合併して発足.1941年5月1日,日本映画社となる(日本映画発達史3). 4.17　米国国務長官ハル,外務大臣有田八郎の蘭印の現状維持声明(4月15日)に対して警告を声明(陸海軍年表/戦史叢書65). 4.19　陸軍大臣畑俊六,中国駐留兵力縮減と現地からの増兵要求の結着として,新鋭2個師団の増派と約10〜15万の兵力整理方針を決定(陸海軍年表/戦史叢書90). 4.20　軍令部,北欧戦局の急変にともない,オランダ本国が中立を侵犯される場合の蘭印対策を検討(陸海軍年表/戦史叢書91). 4.20　練習巡洋艦香取,三菱重工業横浜船渠で竣工(同型艦鹿島・香椎)(日本の軍艦). 4.23　靖国神社,満洲事変の戦没者334人,日中戦争の戦没者1万2465人のため招魂式を行う.24〜28日,臨時大祭(靖国神社略年表). 4.24　陸軍志願兵令(勅令第291号),公布・施行.少年兵を制度化.「陸軍志願兵タル飛行兵ハ現役中之ヲ少年飛行兵ト称ス」などとする(官報/戦史叢書99). 4.26　汪兆銘政府,南京還都慶祝式典を挙行.在中華民国大使阿部信行・貴族院議長松平頼寿・衆議院議長小山松寿ほか多数,参列(戦史叢書65). 4.27　日ソ両軍,ノモンハン事件の第2次捕虜交換を行う.日本側から2人を返しソ蒙側から116人を受領(日本人捕虜/戦史叢書27)[→1939.9.27]. 4.―　海軍,特殊潜航艇の第2次試作艇1号艇を完成(特別攻撃隊). 5. 1　支那派遣軍隷下の第11軍,宜昌作戦を開始(陸海軍年表/戦史叢書20・65・90). 5. 2　参謀総長載仁親王,中国奥地への政戦略爆撃の認可を指示(陸海軍年表/戦史叢書78・90). 5. 5　日本出版配給株式会社(日配),設立.あらゆる出版物は同社を通して配給されることとなる(講談社の歩んだ五十年昭和編). 5. 7　米海軍省,太平洋艦隊の無期限ハワイ駐留決定を発表(陸海軍年表/戦史叢書20・65・90). 5.10　独軍,西方に大攻勢作戦を開始.ベルギー・オランダ・ルクセンブルグに侵入(陸海軍年表/戦史叢書20・65). 5.11　陸軍,九九式双発軽爆撃機を採用(日本航空機辞典). 5.15　大本営,中国方面航空作戦陸海軍中央協定を改正.陸海航空兵力の集中使用を明示(陸海軍年表/戦史叢書74・78). 5.18　陸軍省部,「昭和十五,六年を目標とする対支処理方策」を決定(現代史資料9/陸海軍年表/戦史叢書20・65・90).

1940(昭和15)

西暦	和暦	記　　　　　事
1940	昭和15	5.18　海軍航空部隊,重慶等奥地都市航空攻撃(第101号作戦)を開始(〜9月4日).6月6日から陸軍航空部隊,参加.8月19日,海軍の零式艦上戦闘機(零戦)初めて重慶を攻撃(陸海軍年表／戦史叢書74・79・90・95). 5.19　陸軍,科学者100余名を招請,兵器技術開発への協力を要請(陸軍人事制度概説付録). 5.22　陸軍幼年学校生徒ノ納金ニ関スル件(陸軍省令第15号),公布・施行.陸軍幼年学校の納金制改正にともなう免除区分を定める(官報). 5.22　駐日独大使オット,ドイツは蘭印に関与する意図はない旨を日本政府へ通告(陸海軍年表／戦史叢書2・65). 5.22　米国陸軍戦争計画部,太平洋優先主義を欧州第一主義に転換した新レインボー4計画を提唱(陸海軍年表／戦史叢書90). 5.22　松木直亮,没(予備役陸軍大将)(日本陸軍総合事典). 5.—　軍歌「暁に祈る」(野村俊夫作詞・古関裕而作曲)のレコード,発売(定本日本の軍歌). 6.4　北支那方面軍,冀南作戦(山東・河南・河北3省省境の中共軍掃討)を開始(7月31日まで)(陸海軍年表／戦史叢書18). 6.6　陸海軍航空協同の奥地攻撃(101号作戦)を開始(〜9月上旬)(陸海軍年表／戦史叢書74・78). 6.9　日ソ両国,ノモンハン方面国境を確定(陸海軍年表／戦史叢書27)〔→1939.6.13〕. 6.12　天津英租界問題に関し日英間仮協定,成立.19日,公文交換(日本外交年表並主要文書下). 6.12　友好関係ノ存続及相互ノ領土尊重ニ関スル日本国タイ国間条約,署名(官報12.28)〔→12.28〕. 6.12　支那派遣軍隷下の第11軍,宜昌を占領(陸海軍年表／戦史叢書20・90). 6.14　アメリカ議会で第3次ヴィンソン法案,成立.日本の④計画に対応して11%の海軍造成を計画(当初案25%).海軍航空は1500機を増強し,4500機の整備を計画,のち1万機に修正(陸海軍年表／戦史叢書20・31・65). 6.15　支那派遣軍隷下の第11軍,宜昌作戦部隊の撤退を下令(陸海軍年表／戦史叢書90). 6.16　大本営,ヨーロッパ状勢の変化と南進論・重慶撃滅論の高まりを受けて宜昌の確保を決定し支那派遣軍に電報(海軍が重慶爆撃の護衛戦闘機基地として宜昌の確保を主張).支那派遣軍,第11軍に宜昌再確保を命令(陸海軍年表／戦史叢書20・65・90／昭和天皇の軍事思想と戦略). 6.17　支那派遣軍隷下の第11軍,宜昌を再占領(陸海軍年表／戦史叢書90). 6.18　四相会議で対仏印施策の大綱(援蔣行為中止を申し入れ,不承知のときは武力を行使する)を決定(陸海軍年表／戦史叢書65・90). 6.18　参謀本部,仏印進駐を討議.大勢は慎重論(陸海軍年表／戦史叢書20・90). 6.19　外務次官谷正之,駐日仏大使アンリに援蔣物資禁絶を強硬に申し入れる(陸海軍年表／戦史叢書65・79). 6.19　ドイツのオリンピックベルリン大会記録映画「民族の祭典」(監督レニ=リーフェンシュタール),日本で公開(ドイツでは1938年4月,公開)(日本映画発

西暦	和暦	記　　　　　　　　　事
1940	昭和15	達史3）．

6.20　駐日仏大使アンリ，仏印援蒋ルートと国境閉鎖と監視員受入れ受諾を外務次官谷正之へ回答（陸海軍年表／戦史叢書24・65・79・90）．

6.20　参謀本部第2課，南進にともなう国力検討を企画院に諮問．企画院，8月に輸入が途絶すれば国力の維持は不可能と回答（陸海軍年表／戦史叢書90）．

6.22　独仏休戦条約，調印（日本外交年表並主要文書下）．

6.24　政府，英国に対しビルマ＝ルートと香港領域からの援蒋物資の輸送禁絶を申し入れる（陸海軍年表／戦史叢書65）．

6.26　仏印援蒋ルート禁絶を監視する大本営派遣の西原機関（機関長陸軍少将西原一策ほか約30人），羽田を発し，29日，ハノイに到着（陸海軍年表／戦史叢書65・79・90）．

6.30　海防艦占守（しむしゅ），竣工（甲型海防艦，ほか同型艦3隻）．北方警備用の小型艦艦（日本の軍艦）．

6.—　米陸軍，B-29（4機）の試作を発注（陸海軍年表／戦史叢書19）．

7.1　閣議で日蘭会商の件を決定（蘭印石油の大量輸入を企図）（陸海軍年表／戦史叢書78）．

7.2　駐ソ日本大使東郷茂徳，ソ連外相モロトフに日ソ中立条約を提議（陸海軍年表／戦史叢書65・90）．

7.2　米議会で政府提案の「国防強化促進法」，成立．大統領が必要と認めた場合，あらゆる兵器・原料などの輸出を禁止・削減できるようにしたもので，日本への「道義的禁輸」は法律的禁輸に転化（陸海軍年表／戦史叢書31・65・101／日本海軍史4）．

7.3　陸軍省部，「世界情勢ノ推移ニ伴フ時局処理要綱方針」陸軍案を決定．対南方武力行使を明記．4日，海軍へ提示（陸海軍年表／戦史叢書20・47・65・90）．

7.4　陸軍首脳部，米内内閣打倒のため，陸軍大臣畑俊六に単独辞職を勧告（戦史叢書65・90）．

7.6　奢侈品等製造販売制限規則（商工農林省令第2号），公布（7月7日，施行）．いわゆる七・七禁令．絹織物・指輪・ネクタイなどの製造を禁止（官報）．

7.9　西原機関長西原一策（仏印援蒋ルート禁絶監視団），仏印総督に日本軍駐兵と便宜の供与を申し入れる（陸海軍年表／戦史叢書65）．

7.10　陸軍，昭和十五年軍備改編要領（その二）を実施，あわせて平時編制も改定（8月以降実施）．東部・中部・西部・北部軍司令部を新設，師団長の天皇直隷から軍司令官隷下への変更，旅団司令部の廃止と歩兵団司令部・砲兵団司令部の新設（2個以上の砲兵聯隊をもつ師団はこれを砲兵団に編合）などを定める．多数の幹部保持・補充兵教育のため「五十番台師団」（第51～57師団）の編成を下令．既設師団の3単位化にともない浮いた歩兵聯隊による独立歩兵団を新設（第61～67，将来の師団への改編を予定）．内地衛戍師団を近衛・第2～第7師団とし，第1・第8～第12・14・16師団を満洲永駐師団とする（満洲派遣師団の数年交替をやめる）．陸軍管区を改定し，1府県1聯隊区制を導入（実施は1941年4月1日から）．師管の名称を番号から地名に変更（第三師管→名古屋師管）．第25・28師団を新設，これにともない第1・2・9・10・12師団を3単位化（戦史叢書99）．

7.12　駐日英大使クレーギー，外務大臣有田八郎にビルマ援蒋ルート閉鎖を原

1940(昭和15)

西暦	和暦	記　　事
1940	昭和15	則的に受諾すると回答(陸海軍年表／戦史叢書65・90). 　7.12　外務省事務当局,日独伊提携強化案を成案し陸海軍事務当局に提示.日独伊3国条約調印への最初の動き(日本外交年表並主要文書下／陸海軍年表／戦史叢書65・91). 　7.13　軍司令部令(軍令陸第12号),公布(8月1日,施行).国土防衛防空強化のため(東部・中部・西部各軍司令部を設置,北部は12月2日,設置).新たに軍管区制を採用(官報). 　7.15　満洲国,天照大神を祀る建国神廟を新京に創建,その摂廟として忠霊廟を建て,満洲事変以来の「殉国者」2万4141人(うち日本側1万9877人)を祀る(靖国神社略年表). 　7.16　陸軍大臣畑俊六,単独辞職.陸軍三長官会議の後任推薦拒否により,米内光政内閣,総辞職(陸海軍年表／戦史叢書20・3・65・90). 　7.18　英,日本の要求に応じて,向こう3ヵ月間のビルマ援蒋ルートの閉鎖を実施(陸海軍年表／戦史叢書20・65・90). 　7.19　米,海軍両洋艦隊法案(スターク=プラン70％増強案),成立(陸海軍年表／戦史叢書20・65・90). 　7.20　陸軍予備士官学校令中改正ノ件(勅令第483号),公布(8月1日,施行).奉天幹部候補生隊を奉天予備士官学校とする(予備士官学校は4校となる)(官報). 　7.21　古荘幹郎,没(現役陸軍大将)(日本陸海軍総合事典). 　7.22　第2次近衛文麿内閣,成立.陸軍大臣東条英機.海軍大臣吉田善吾(留任)(官報). 　7.22　陸海軍首脳,「世界情勢推移に伴ふ時局処理要綱陸海軍案」を決定(陸海軍年表／戦史叢書65). 　7.23　参謀総長載仁親王,支那派遣軍・南支那方面軍に糜爛性ガスの全面使用を許可(毒ガス戦と日本軍). 　7.24　海軍,零式戦闘機を兵器に採用(陸海軍年表／戦史叢書95). 　7.26　閣議で「基本国策要綱」を決定.大東亜新秩序・国防国家の建設方針(日本外交年表並主要文書下／内閣制度百年史下). 　7.26　大本営,華南方面の陸軍航空部隊増強を発令.南方作戦準備と仏印・香港威圧のため(陸海軍年表／戦史叢書34・68・74). 　7.26　米大統領ルーズベルト,石油・屑鉄を輸出許可制適用品目中に追加(日本外交年表並主要文書下／戦史叢書90). 　7.27　大本営政府連絡会議,開催.「世界情勢の推移に伴ふ時局処理要綱」を決定(武力行使を含む南進政策)(日本外交年表並主要文書下). 　7.30　第22軍,第5師団に仏印進攻準備を下令.援蒋ルート切断のため(下令日は30日または31日)(陸海軍年表／戦史叢書68). 　7.30　海軍中央部,仏印方面の現地海軍部隊に現地陸軍部隊の急進的行動を牽制するように指令(陸海軍年表／戦史叢書68). 　7.31　桐工作において重慶側代表,日本政府の蒋介石を対手とせずの声明取消しと日・汪条約「解消」に関する板垣征四郎の親書を要求(陸海軍年表／戦史叢書90). 　7.31　米国,航空揮発油(87オクタン以下は除く)の西半球以外への輸出を禁止.

西暦	和暦	記　　　　　　　　　　事
1940	昭和15	8月2日，駐米大使堀内謙介，抗議(日本外交年表並主要文書下／陸海軍年表／戦史叢書78・90)．
		8. 1　外務大臣松岡洋右，駐日仏大使アンリと仏印問題に関し中央交渉を開始．日本軍の仏印通過と仏印飛行場の使用を要求(日本外交年表並主要文書下／陸海軍年表／戦史叢書68)．
		8. 1　陸軍燃料廠令(勅令第493号)，公布・施行．陸軍燃料廠，初めて発足(官報)．
		8. 1　陸軍航空通信学校令(勅令第499号)，公布・施行．陸軍航空通信学校を水戸に新設．指揮通信，対空・空中通信，機上レーダー等の改善，開発も行う(官報)．
		8. 1　岐阜陸軍飛行学校令(勅令第500号)，公布・施行．岐阜陸軍飛行学校を各務原に開設，予備役操縦将校，同下士官の操縦教育を実施．1943年4月，廃止され，その教育を他校にゆずる(官報)．
		8. 6　駐日仏大使アンリ，日本側の要求を原則的に受諾すると回答(陸海軍年表／戦史叢書68)．
		8. 6　外務省主導により日独伊提携強化に関する陸・海・外事務当局案を成案．海軍大臣吉田善吾，容易に同意せず(陸海軍年表／戦史叢書68・91)．
		8.16　閣議で「南方経済施策要綱」を決定．米の資源禁輸をふまえ，蘭印などからの輸入による物資確保を最優先する方針を確認(国立公文書館所蔵公文別録87／陸海軍年表／戦史叢書68)．
		8.16　閣議で総力戦研究所の創設を決定．内閣直属，国家総力戦に関する研究・教育を行う(昭和社会経済史料集成10)．
		8.19　海軍零式艦上戦闘機(零戦)，初めて実戦に参加．漢口から重慶を攻撃(陸海軍年表／戦史叢書79・95)．
		8.20　軍隊教育令(軍令陸第22号)，公布．昭和9年2月16日軍隊教育令を全部改正．同令が平時の内地における教育のみを規定していたのを改め，平戦両時，内外地すべての軍隊での教育について規定(官報〔条文省略〕)．
		8.28　商工大臣小林一三を蘭印特派大使に任命．石油などの資源買い付け交渉のため(官報8.29〔叙任及辞令〕／日本外交年表並主要文書下／陸海軍年表／戦史叢書33)．
		8.30　松岡・アンリ協定，成立(外務大臣松岡洋右・駐日仏大使アンリ)．日本軍限定兵力の北部仏印通過駐屯，日本軍に対する便宜供与(日本外交年表並主要文書下／陸海軍年表／戦史叢書20・24・33・68・90・91)．
		8.—　後方勤務要員養成所を改称し陸軍中野学校を設置(陸軍人事制度概説付録)．
		8.—　陸軍の二式単座戦闘機鍾馗1号機完成(日本航空機辞典)．
		8.—　第八路軍，攻勢作戦「百団大戦」を実施．日本側の鉄道などの被害，甚大(世界戦争犯罪事典)．
		9. 1　北支那方面軍第1軍，第八路軍根拠地覆滅のため第1期晋中作戦を開始．徹底的な抗日根拠地の燼滅掃討が命じられ，中国側から「三光政策」と呼ばれる(世界戦争犯罪事典)．
		9. 2　仏印現地出張中の参謀本部第1部長富永恭次，越権独断で参謀総長名をもって北部仏印攻略準備の指示を通達(陸海軍年表／戦史叢書20・68)．
		9. 3　西原一策(仏印援蒋ルート禁絶監視団西原機関長)・マルタン(仏印陸軍

1940(昭和15)

西暦	和暦	記　　　　事
1940	昭和15	司令官),現地交渉を開始.4日,協定に調印(日本外交文書日中戦争第4冊／陸海軍年表／戦史叢書20・68). 　9.3　米英防衛協定,調印.米国,駆逐艦50隻を供与,英領諸島の海空軍基地を租借(近代日本総合年表). 　9.5　海軍大臣,交代(海軍中将吉田善吾→海軍大将及川古志郎)(官報). 　9.5　大本営,南支那方面軍に北部仏印進駐を発令(陸海軍年表／戦史叢書20・68・79・98). 　9.10　山屋他人,没(退役海軍大将)(官報10.2〔彙報(官庁事項)〕). 　9.12　蘭印特派大使小林一三,ジャワに到着.13日,蘭印と交渉を開始(日蘭会商)(陸海軍年表／戦史叢書3・26・68). 　9.13　四相会議で日独伊三国同盟を検討.海軍大臣及川古志郎,三国同盟条約案に対し,自動的参戦の回避を条件に四相会議案に同意(日本外交年表並主要文書下／陸海軍年表／戦史叢書68・91). 　9.14　陸軍中将建川美次を駐ソ大使に任命(官報9.16〔叙任及辞令〕). 　9.14　大本営,9月22日零時以降北部仏印進駐の大命を発令(陸海軍年表／戦史叢書20・79)〔→9.17〕. 　9.14　昭和十二年勅令第十二号陸軍武官官等表ノ件中改正ノ件(勅令第580号),公布(9月15日,施行).憲兵科以外の6兵科(歩兵・騎兵・砲兵・工兵・輜重兵・航空兵)の区分を撤廃,単一のものとする.「各部」(経理部・衛生部・獣医部・軍楽部)のなかに「技術部(兵技・航技)」を設ける(官報／戦史叢書99). 　9.14　昭和六年勅令第二百七十一号陸軍兵等級ニ関スル件改正ノ件(勅令第581号),公布(9月15日,施行).陸軍兵等級表を改め,上等兵の上に「兵長」の階級を設けて在営・応召の長期化に対応(官報／戦史叢書99). 　9.14　陸軍,陸軍兵の階級特進制を制定,戦死・戦傷死者のうち功績顕著な者に2ないし3階級の進級を認める(1941年3月,将校・下士官の2階級特進制も制度化)(戦史叢書99). 　9.14　ヒトラー,英本土上陸の無期限延期を指令(陸海軍年表／戦史叢書90). 　9.15　海軍首脳者会議,開催.三国同盟について討議,賛成を決定(陸海軍年表／戦史叢書91・68). 　9.16　米国,選抜徴兵法を公布(近代日本総合年表). 　9.17　大本営,仏印進駐日時を9月23日零時(東京時間)以降と訂正を発令(陸海軍年表／戦史叢書20). 　9.19　御前会議で日独伊三国同盟締結を決定(陸海軍年表／戦史叢書20・68・91). 　9.19　支那派遣軍総司令部,桐工作の打切りを決定(陸海軍年表／戦史叢書20・69・90). 　9.22　日・仏印間で北部仏印進駐についての現地交渉,妥結.協定,締結(日本外交年表並主要文書下). 　9.22　中共軍,河北省全域にわたり再度来攻(百団大戦第2次.10月上旬まで)(陸海軍年表／戦史叢書20・68・90). 　9.23　第5師団,陸路越境して北部仏印に進駐を開始,仏印軍と衝突.25日,戦闘,終息(陸海軍年表／戦史叢書20・68・79・90). 　9.25　大本営,南支那方面軍と支那方面艦隊に北部仏印への平和進駐の大命と

西暦	和暦	記　事
1940	昭和15	指示を発令(陸海軍年表／戦史叢書20・68・79).
9.25　仏印派遣の西原機関長西原一策,機関長の更迭を具申(陸海軍年表／戦史叢書68).
9.25　参謀本部第1部長富永恭次,仏印出張中の現地指導不適当のため召還,業務停止処分を受ける(陸海軍年表／戦史叢書20・68・90).
9.25　第5師団,北部仏印のランソンを攻略(陸海軍年表／戦史叢書68).
9.26　枢密院本会議で日独伊三国同盟条約案を可決(日本外交年表並主要文書下).
9.26　西村兵団,北部仏印海防(ハイフォン)地区に強行上陸.南支那方面軍参謀副長佐藤賢了,中央指示と現地海軍部隊の制止を無視して強行上陸を指導.海軍護衛部隊,陸軍との協同を中止して海南島へ引揚げる(陸海軍年表／戦史叢書20・68・79・90).
9.26　陸軍爆撃機,海防(ハイフォン)郊外を爆撃し重大問題を惹起(陸海軍年表／戦史叢書68・74・78・91).
9.26　陸軍省部首脳,北部仏印進駐の不適切と海防(ハイフォン)爆撃の事態重大化により南支那方面軍司令官の急速交代内命を伝達.10月5日,正式発令(陸軍中将安藤利吉→陸軍中将後宮淳)(陸海軍年表／戦史叢書68・74・90).
9.26　米国,10月16日以降,鉄鋼屑鉄の対日全面禁輸を発表(陸海軍年表／戦史叢書20・33・68・90).
9.26　パラマウント・RKOパテー両外国ニュース,最終号.10月3日,以後,日映海外ニュースが両ニュースをピックアップして同ニュースに含む(朝日新聞9.14).
9.27　日独伊三国同盟(日本国,独逸国及伊太利国間三国条約),ベルリンで調印,即日発効.10年間有効.10月21日,公布(官報10.21〔条約第9号〕／日本外交年表並主要文書下／日本外交文書日独伊三国同盟関係調書集).
9.27　大本営,南支那方面軍に別命あるまで爆撃禁止を発令(陸海軍年表／戦史叢書68・90).
9.27　閣議で国民精神総動員運動を大政翼賛運動とし大政翼賛会の設置を決定(陸海軍年表／戦史叢書33・68).
9.27　蘭印特派大使小林一三,対蘭印交渉の前途に失望と中央に打電(陸海軍年表／戦史叢書68).
9.30　伊号第15潜水艦,呉海軍工廠で竣工.乙型潜水艦(旗艦設備を持たず水上偵察機を搭載)の1番艦(日本の軍艦).
9.—　関東軍情報部,発足.哈爾浜(ハルピン)機関を情報本部とし,12支部を手足として主に人的情報によってソ連軍の動静を把握(日本軍のインテリジェンス).
9.—　米国,日本外務省使用の暗号機製作に成功(陸海軍年表／戦史叢書90).
10.1　陸軍,大刀洗と宇都宮に基本操縦教育のための飛行学校を開設.少年飛行兵の操縦教育を実施(官報10.25〔彙報(陸海軍)〕／陸軍航空の鎮魂続).
10.1　総力戦研究所官制(勅令第648号),公布・施行.総力戦研究所は内閣に直属し,国家総力戦に関する調査研究・教育訓練を行う(官報).
10.3　参謀総長,交代(閑院宮載仁親王→陸軍大将杉山元)(官報10.4〔叙任及辞令／宮廷録事〕).
10.4　米国,対日石油禁輸を不採択(陸海軍年表／戦史叢書68).

1940(昭和15)

西暦	和暦	記　事
1940	昭和15	10. 4　英国,ビルマ援蒋ルート再開を決定．8日,日本に通告(日本外交年表並主要文書下)． 10. 8　大本営,桐工作の中止を発令(陸海軍年表／戦史叢書20・69・90)． 10.11　紀元二千六百年特別観艦式を横浜沖で挙行(官報10.2・10.14〔宮廷録事〕)． 10.12　大政翼賛会,発会式を挙行(総裁首相近衛文麿)(朝日新聞)． 10.15　靖国神社,満洲事変の戦没者378人,日中戦争の戦没者1万4022人のため招魂式を行う．16～21日,臨時大祭(靖国神社略年表)． 10.17　政府,蘭印特派大使小林一三へ帰朝を発令．三国同盟締結によりオランダの態度が硬化したが,石油交渉が一段落したため．蘭印交渉,中断(陸海軍年表／戦史叢書26・68／戦前期日本と東南アジア)． 10.17　英国のビルマ援蒋ルート閉鎖約束期間,満了となる．18日,ビルマ援蒋ルートを再開(陸海軍年表／戦史叢書68)． 10.21　船員徴用令(勅令第687号),公布(10月25日,施行)(官報)． 10.22　閣議で「中小商工業者に対する対策」を決定．中小商工業者の転失業問題に本格的に取り組む(商工政策史12)． 10.23　米国,対中援助につき検討開始の覚書を蒋介石へ発送．覚書を受領した蒋介石は対日和平拒否の態度を決定(陸海軍年表／戦史叢書90)． 10.27　陸軍,寧波(ニンポー)に空中よりペスト菌攻撃を行う．死者106人(世界戦争犯罪事典)． 10.―　予科士官学校から学生隊(少尉候補者教育)を本校に移す(陸軍人事制度概説付録)． 10.―　陸軍航空整備学校に第2教育隊を編成して福生に移し,これを核心として,所沢陸軍航空整備学校と立川陸軍航空整備学校に分離(陸軍航空の鎮魂続)． 10.―　電波警戒機甲を漢口に設置し実用試験を開始．1941年7月,撤去(陸海軍年表／戦史叢書88・97)． 11. 2　国民服令(勅令725号),公布・施行．戦争末期の根こそぎ動員の際軍服代用として寄与(官報／戦史叢書99)． 11. 8　閣議で「勤労新体制確立要綱」を決定．「皇国民」の「勤労精神の確立」をうたう(決戦国策の展開／日本近代労働史)． 11. 9　船員使用等統制令(勅令749号),公布・施行(朝鮮・台湾・樺太・南洋群島は11月25日,施行)(官報)． 11.12　民間経済代表団向井忠晴と蘭印石油会社,買油覚書に調印．計130万6500 t (これにより日本の獲得石油量は200万5500 t に達する)(日本外交年表並主要文書下)． 11.13　御前会議で日華基本条約案及び支那事変処理要綱を決定(日本外交年表並主要文書下)． 11.15　海軍,特殊潜航艇を兵器に採用．甲標的と称する(特別攻撃隊)． 11.19　蒋介石の特使,香港に到り日本に完全撤兵と汪兆銘政府承認の延期を要求(桐工作)(陸海軍年表／戦史叢書69)． 11.22　四相会議,重慶側が要求した汪兆銘政権承認延期と条約駐兵などの受諾に傾く(陸海軍年表／戦史叢書69)． 11.23　大日本産業報国会,創立(近代日本総合年表)．

西暦	和暦	記事
1940	昭和15	11.24　西園寺公望,没.元老,皆無となる.12月5日,国葬(官報12.3・12.6〔故従一位大勲位公爵西園寺公望葬儀〕).
11.26　ソ連,独外相リッベントロップ提案の四国協定の条件付承認を回答.ヒトラー,ソ連の回答を拒否(陸海軍年表／戦史叢書68).
11.27　野村吉三郎を駐米大使に任命(日本外交年表並主要文書下).
11.29　映画「西住戦車長伝」(松竹大船.原作菊池寛.監督吉村公三郎).西住小次郎は1938年5月17日戦死.陸軍の公式に認めた最初の「軍神」(日本映画発達史3).
11.30　日本国中華民国間基本関係ニ関スル条約,附属議定書及び日満華共同宣言,南京で調印・発効(12月3日,公布).日本,汪兆銘の新国民政府を承認(官報12.3〔条約第10号・11号〕／日本外交年表並主要文書下).
11.30　元外務大臣芳沢謙吉を蘭印特派大使に決定(日本外交年表並主要文書下).
11.30　参謀本部第2課,昭和16年度在中兵力の72.8万を65万に縮小する計画を放棄し,現状維持とする(陸海軍年表／戦史叢書90).
12.1　鉾田陸軍飛行学校,開設.1939年に設置された浜松飛行学校の分校を格上げしたもの.この時から浜松は重爆の,鉾田は軽爆及び襲撃の実施学校となる(陸軍航空の鎮魂続).
12.5　外務大臣松岡洋右,米人神父ウォルシュ・同ドラウトと会談.日米国交調整側面工作の始まり(陸海軍年表／戦史叢書69).
12.6　情報局官制(勅令第846号),公布・施行.内閣情報部・陸軍省報道部・海軍省軍事普及部・外務省情報部・内務省警保局図書課を統合して,内閣総理大臣の管理下に情報局が発足(官報／現代史資料41).
12.11　蘭印特派大使芳沢謙吉一行,東京を発し,28日,バタビアに到着(陸海軍年表／戦史叢書70).
12.11　井川忠雄,米人神父ウォルシュ・同ドラウトと会談.日米国交調整につき協議(陸海軍年表／戦史叢書69).
12.18　独首相ヒトラー,「バルバロッサ作戦命令」(1941年5月15日までに対ソ攻撃準備完成)を発令(陸海軍年表／戦史叢書68・90).
12.19　日本出版文化協会,設立.出版物の用紙獲得には同会の認定が必要となり,言論統制が進む(講談社の歩んだ五十年昭和編).
12.27　政府,外交転換にともなう液体燃料供給対策の方針(取得貯蔵を強力に推進)を決定(陸海軍年表／戦史叢書31・78).
12.27　陸軍省軍務局長武藤章,米人神父ウォルシュ・同ドラウトと会談(陸海軍年表／戦史叢書69).
12.27　航空母艦瑞鳳,竣工(陸海軍年表／戦史叢書31).
12.28　友好関係ノ存続及相互ノ領土尊重ニ関スル日本国タイ国間条約,公布(6月12日,調印.12月16日,批准.12月23日,発効)(官報〔条約第12号／外務省告示第39号〕／日本外交年表並主要文書下).
12.28　米人神父ウォルシュ・同ドラウト,東京を発し帰国(陸海軍年表／戦史叢書69).
12.下旬　独伊派遣陸軍軍事視察団(団長陸軍航空総監陸軍中将山下奉文),東京を発す(陸海軍年表／戦史叢書78・87).
12.―　陸軍士官学校第1期将校学生,入校(陸軍人事制度概説付録).

大政翼賛会(東京朝日新聞夕刊昭和15年10月13日)

西園寺公望

小林一三

芳沢謙吉

西暦	和暦	記　　　　　　　　事
1940	昭和15	12.—　陸軍,台湾軍司令部内に台湾軍研究部を設置.南方作戦研究の中枢機関とする(日本軍のインテリジェンス). 12.—　軍令部第3部の下にあった通信情報組織,軍令部総長直属の特務班(名称は班だが部に準じる)として独立.対米英通信諜報を担当(日本軍のインテリジェンス).
1941	昭和16	⎛内閣総理大臣：近衛文麿・東条英機(10.18〜) 　陸　軍　大　臣：東条英機 　参　謀　総　長：杉山　元 　海　軍　大　臣：及川古志郎・嶋田繁太郎(10.18〜) ⎝軍　令　部　総　長：伏見宮博恭王・永野修身(4.9〜) 　1. 1　軍事扶助法による生活扶助を,6大都市で1人1日70銭とするなど増額(戦力増強と軍人援護). 　1. 1　全国の映画館でニュース映画の強制上映実施(日本近代文学年表). 　1. 2　蘭印特派大使芳沢謙吉一行,対蘭印交渉を再開(陸海軍年表／戦史叢書20・26・70). 　1. 5　重慶軍(中国国民党軍),揚子江南岸地域で新四軍(中国共産党軍)を包囲攻撃し軍長葉挺を逮捕(皖南事件).17日,蔣介石,新四軍の解散を下令.20日,中共軍中央,陳毅を軍長代理に任命.29日,蘇北で再発足(陸海軍年表／戦史叢書20・26・70). 　1. 8　陸軍大臣東条英機,「戦陣訓」を示達(陸海軍年表／戦史叢書33／近代日本思想大系36). 　1.10　陸海軍航空委員会,設置.委員長海軍少将岡敬純.1月16日,同委員会規約,制定(陸海軍年表／戦史叢書33・87・88). 　1.10　海軍遣独軍事視察団規程,制定.視察団員を任命.団長海軍中将野村直邦(陸海軍年表／戦史叢書88). 　1.10　独ソ間に友好協定,成立(日本外交年表並主要文書下). 　1.11　軍事保護院,各地方長官に「戦没者遺族指導要綱」を通牒.「遺族の親身の相談相手となるべき婦人」の設置などを求める.これにもとづき各銃後奉公会に婦人相談員の設置が進む(近代日本の徴兵制と社会). 　1.11　新聞紙等掲載制限令(勅令第37号),公布・施行(官報). 　1.15　大本営,海軍戦時編制を改定.第11航空艦隊を新編(第1・第2・第4聯合航空隊を廃止し第1・第22・第24航空戦隊に改め新編の艦隊に編入.海軍最初の基地航空部隊の艦隊)し聯合艦隊に編入(陸海軍年表／戦史叢書24・38・91・95). 　1.16　海軍遣独軍事視察団,横須賀を出発.2月22日,ベルリン着.レーダーなどの技術,用兵の状況を視察.6月下旬,帰国の途に就く(陸海軍年表／戦史叢書88／第二次世界大戦と日独伊三国同盟). 　1.16　大本営陸軍部の会議で「大東亜長期戦争指導要綱」(長期戦不可避を確認)と「対支長期作戦指導要綱」(夏秋ころまで武力的圧迫を加え事変解決を図り,その後在中兵力を逐次収縮し治安粛正を重視.航空進攻作戦を継続し長期持久態勢に転移)を決定(陸海軍年表／戦史叢書18・20・90). 　1.16　参謀総長,南支那方面軍に南方作戦に必要な事項の研究を指示(陸海軍

瑞鳳(1940.12.27)

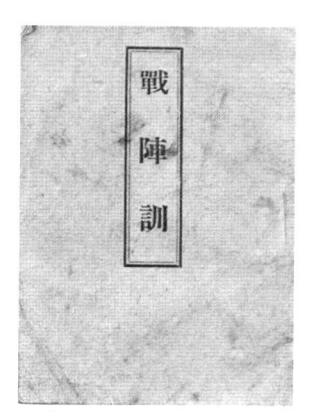

戦陣訓

松岡洋右

矢内原忠雄

田中耕太郎

西暦	和暦	記　　事
1941	昭和16	年表／戦史叢書20). 1.20　外務大臣松岡洋右,タイ・仏印国境紛争に関し正式に調停を申し入れ,両国,受諾.2月7日,調停会議,東京で開始.3月11日,公文に署名(陸海軍年表／戦史叢書20・69). 1.23　特命駐米大使野村吉三郎,東京を発し赴任.2月11日,ワシントン着(陸海軍年表／戦史叢書10・69). 1.23　米人神父ウォルシュ・同ドラウト,米大統領ルーズベルト・国務長官ハルと会談(陸海軍年表／戦史叢書69). 2.3　陸軍省,軍能率化促進施策と健兵対策を強調(陸海軍年表／戦史叢書33・99). 2.3　大本営政府連絡会議,外務大臣松岡洋右作成の「対独伊蘇交渉案要綱」を承認.日ソ中立条約締結をはかる.3月12日,松岡,訪独ソのため東京を出発(陸海軍年表／戦史叢書20・69). 2.5　海軍大将大角岑生,広東より海南島に向かう搭乗機が墜落して没(朝日新聞2.10／官報4.8〔彙報(官庁事項)〕). 2.13　井川忠雄,帰米した神父ウォルシュ・同ドラウトが米国首脳と接触した結果,日米国交調整は有望との報に接し,横浜を発し渡米(陸海軍年表／戦史叢書69). 2.13　蘭印特派大使芳沢謙吉,蘭印石油輸入交渉は実力的解決以外に方途なしと報告(陸海軍年表／戦史叢書70・78). 2.13　伊号第9潜水艦,呉海軍工廠で竣工.甲型潜水艦(通信設備を強化した旗艦潜水艦)の1番艦(日本の軍艦). 2.15　兵役法中改正法律(法律第2号),公布(4月1日,施行.一部は11月1日施行).①予備と後備の区分をなくし,後備兵役の名称を削除.②補充兵の教育召集期間を120日から180日にする.③現在地徴集主義をとる(満州移民など).④朝鮮・台湾・関東州・満洲国に在留の壮丁は本籍地によらず当該在留地の部隊に入営させる(官報／徴兵制と近代日本). 2.22　英国極東軍総司令官ブルーク-ポッパム,シンガポール会議を招集.英蘭豪の極東防衛協同作戦計画を作成(陸海軍年表／戦史叢書20). 2.23　独外相リッベントロップ,駐独日本大使大島浩に日本のシンガポール攻略を提唱(陸海軍年表／戦史叢書20). 2.26　情報局,各総合雑誌に執筆禁止者の名簿を内示(矢内原忠雄・馬場恒吾・清沢洌・田中耕太郎・横田喜三郎・水野広徳ら)(近代日本総合年表). 2.28　参謀本部,中国共産党軍の暗号第1号を解読(日本軍のインテリジェンス). 3.1　国民学校令(勅令第148号),公布(4月1日,施行).明治33年勅令第344号小学校令を全部改正,改題.小学校を国民学校と改称.昭和19年度から義務教育8年制を実施の予定(官報). 3.3　民法中改正法律(法律第21号)・非訟事件手続法中改正法律(法律第22号),各公布・施行.戸主による戦死者寡婦の一方的な離籍(および扶助料など各種恩典の独占)を防ぐ(官報／戦力増強と軍人援護). 3.3　電波物理研究会官制(勅令第161号),公布・施行(官報).

西暦	和　暦	記　　　　　　　　事
1941	昭和16	3. 7　国防保安法(法律第49号),公布(5月10日,施行〔5月7日勅令第541号〕)(官報).
3. 8　駐米大使野村吉三郎,米国務長官ハルと同人私宅で秘密会談(井川忠雄の工作による)(日本外交文書日米交渉―1941年―上巻／陸海軍年表／戦史叢書69).
3. 9　田中国重,没(後備役陸軍大将)(陸海軍将官人事総覧陸軍篇).
3.10　治安維持法(法律第54号),公布(5月15日,施行〔5月14日勅令第553号〕).大正14年4月22日法律第46号治安維持法を全部改正.予防拘禁制を追加(官報).
3.11　米大統領ルーズベルト,武器貸与法に署名(陸海軍年表／戦史叢書69・90).
3.15　帝国石油株式会社法(法律第35号),公布(7月15日,施行〔7月12日勅令第748号〕)(官報).
3.17　井川忠雄,米人神父ウォルシュ・同ドラウトと日米原則協定案を作成.三国同盟の実質的空文化,排日中止・共同防共などを条件とする全中国(満洲を除く)からの日本軍の完全撤退を米大統領の仲介で行う,など(陸海軍年表／戦史叢書69／日本歴史大系5).
3.17　船舶保護法(法律第74号),公布(4月20日,施行〔4月16日勅令第457号〕).海軍による船舶運航護衛などを規定(官報).
3.22　参謀本部第20班,好機南方武力行使企図を放棄(陸海軍年表／戦史叢書69).
3.22　井川忠雄,龍田丸に託し日米原則協定案を首相近衛文麿に送達(陸海軍年表／戦史叢書69).
3.22　海軍工作学校令(勅令第234号),公布(4月1日,施行).海軍工作学校を横須賀市久里浜に開校(官報／日本海軍史8).
3.22　海軍機密学校令(勅令第235号),公布(4月1日,施行).海軍機密学校を開校(官報).
3.27　陸軍省部,好機南方武力行使の企図を放棄(陸海軍年表／戦史叢書69).
3.―　軍令部第3部第5課(対米情報)の陸軍少尉吉川猛夫,ハワイで活動を開始(日本軍のインテリジェンス).
4. 1　蘭印特派大使芳沢謙吉,対蘭印交渉難渋打開のため一時帰国を請訓.外務省,吉沢の申し出を慰撫し交渉を続行するよう訓電(陸海軍年表／戦史叢書70).
4. 1　生活必需物資統制令(勅令第362号),公布・施行(官報).
4. 1　6大都市で米穀配給通帳制・外食券制を実施(1日2合3勺)(近代日本総合年表).
4. 2　陸軍大佐岩畔豪雄(いわくろひでお),ワシントンで米人神父ウォルシュ・同ドラウトらと「日米諒解案」の起草に着手(陸海軍年表／戦史叢書69).
4. 5　米人神父ウォルシュ・同ドラウトらの「日米諒解案」が概成し,駐米日本大使館当局者,その再検討に参加(陸海軍年表／戦史叢書69).
4. 5　海軍大臣官房,航空日決定(9月20日)に関する件につき通知(日本海軍史8／官房第1766号).
4. 9　陸軍機甲本部令(勅令第405号),公布(4月10日,施行).陸軍機甲本部を設立.機甲部隊に関する軍政・教育を所管,その進歩をはかる.騎兵と戦車兵を合一して機甲兵とする.騎兵監部,廃止(官報4.9〔勅令〕・4.16〔彙報(陸海軍)〕／戦史

西暦	和暦	記　事
1941	昭和16	叢書99). 4.9　軍令部総長,更迭(元帥海軍大将伏見宮博恭王→海軍大将永野修身)(陸海軍年表／戦史叢書91). 4.10　独外相リッベントロップ,駐独日本大使大島浩に独ソ関係の険悪化を語る(陸海軍年表／戦史叢書69). 4.10　大本営,海軍戦時編制改定(第1航空艦隊〔長官海軍中将南雲忠一,航空母艦部隊〕と第3艦隊〔長官海軍中将高橋伊望,戦時南方作戦担任予定〕を新設し,聯合艦隊に編入)を発令(陸海軍年表／戦史叢書20・24・69・91・95). 4.12　航空機乗員養成所官制(勅令第422号),公布・施行(官報). 4.13　日ソ中立条約(大日本帝国及ソヴィエト社会主義共和国聯邦間中立条約),モスクワで調印(4月25日,批准・発効.4月30日,公布).有効期間5年(官報4.30〔条約第4号／外務省告示第23号〕). 4.15　西義一,没(予備役陸軍大将)(官報7.3〔彙報(官庁事項)〕). 4.16　独ソ開戦を示唆する駐独大使大島浩の電信,到着(陸海軍年表／戦史叢書20・69・73). 4.16　駐米大使野村吉三郎,米国務長官ハルに「日米諒解案」を交渉の基礎として提示.ハル,「ハル4原則」(あらゆる国家の領土保全と主権尊重,内政不干渉,通商機会均等,平和的手段によらぬ限り太平洋の現状不変更)を日本が受諾すれば会談を始める基礎としてもよいと回答(日米交渉,正式に始まる)(日本外交文書日米交渉―1941年―上巻). 4.17　蘭印,物資問題を正式回答.日本の増産要求を拒否(陸海軍年表／戦史叢書70). 4.18　駐米大使野村吉三郎より「日米諒解案」の請訓電,到着.大本営政府連絡会議で受諾の方向に傾くが,近く帰国する外務大臣松岡洋右の意見を聞くことになる(日本外交文書日米交渉―1941年―上巻／陸海軍年表／戦史叢書20・69・70／日本歴史大系5). 4.18　駐独大使大島浩の意見具申電(北方で極力ソ連軍を拘束し,シンガポールを攻略する)と独ソ開戦情報電,到着(陸海軍年表／戦史叢書20・69・70). 4.19　陸海軍,駐米大使野村吉三郎の「日米諒解案」請訓に対し本格的検討を開始.21日,陸海軍,意見を一応取りまとめる(陸海軍年表／戦史叢書69). 4.19　蘭印特派大使芳沢謙吉,蘭印側と会談.蘭印側,ゴム2万t・錫3000t以上の輸出を拒否(陸海軍年表／戦史叢書69). 4.23　靖国神社,満洲事変の戦没者417人,日中戦争の戦没者1万4559人のため招魂式を行う.24〜28日,臨時大祭(靖国神社略年表). 4.26　米・英・蘭代表,極東防衛に関するADB協定を作成(陸海軍年表／戦史叢書20・80). 4.26　鉄鋼統制会,設立.11月20日,重要産業団体令による統制会となる(近代日本総合年表). 4.―　陸軍,一式戦闘機隼を採用(日本航空機辞典). 4.―　海軍,一式陸上攻撃機を採用(日本航空機辞典). 5.3　大本営政府連絡懇談会で「日米諒解案」の修正案を採択(陸海軍年表／戦史叢書69).

西暦	和　暦	記　　　　　　　事
1941	昭和16	5. 3　重要機械製造事業法(法律第86号),公布(1942年1月6日,施行〔昭和16年12月29日勅令第1252号〕)(官報).
5. 3　海軍航空部隊,重慶等中国奥地都市の航空攻撃を開始.8月2日より,陸軍航空部隊,攻撃に参加(9月12日まで)(陸海軍年表／戦史叢書90).
5. 7　蘭印特派大使芳沢謙吉,蘭印側と会談.蘭印側,ゴム・錫の確約問題で態度が強硬,交渉,決裂に瀕す(陸海軍年表／戦史叢書70).
5. 8　外務大臣松岡洋右,大本営政府連絡懇談会で米国の参戦阻止に強硬論を主張(陸海軍年表／戦史叢書69).
5.11　駐米大使野村吉三郎,「日米諒解案」の修正案を米国務長官ハルへ提示(現地時間11日夜).アメリカの三国同盟承認,中国の現状を承認し蒋介石政権に対日和平を勧告すること,日本の南方経済進出に協力することなどをうたう(日本外交文書日米交渉―1941年―上巻／日本外交年表並主要文書下／陸海軍年表／戦史叢書69).
5.22　大本営政府連絡懇談会で日蘭会商問題の議論,沸騰.外務大臣松岡洋右,武力南進も辞せず,特派大使芳沢謙吉の引揚げを主張(陸海軍年表／戦史叢書20・69).
5.―　陸軍,ドイツからメッサーシュミットBf109E-7戦闘機3機を購入(日本航空機辞典).
6. 1　館山海軍砲術学校,千葉県安房郡神戸村に開校.これにともない従前の砲術学校は横須賀海軍砲術学校と改称(日本海軍史8).
6. 3　独総統ヒトラー,駐独大使大島浩に独ソ開戦の不可避を通告(陸海軍年表／戦史叢書20・70).
6. 5　海軍省・軍令部の課長級,戦争3年間の石油需給を計算.9月開戦とした場合,南方資源地域を入手すれば作戦は可能(南方との海上交通維持が前提)との結論にいたり,早期開戦論につながる(戦史叢書91).
6. 6　外務大臣松岡洋右,独ソ関係見込み(協定成立六分,開戦四分)を上奏(陸海軍年表／戦史叢書70).
6. 6　大本営陸海軍部,対南方施策要綱(好機南進の気運)を決定(陸海軍年表／戦史叢書20・34・91).
6.10　参謀本部,時局処理方策の方針(独ソ開戦に際し好機を作為して南北両面に武力を行使する案)を討議(陸海軍年表／戦史叢書20・73).
6.10　閣議で「新婦人団体結成要綱」を決定.大日本国防婦人会・愛国婦人会・大日本聯合婦人会の3団体の統合を決定(1942年2月,大日本婦人会,発会).大日本国防婦人会,「婦人団体統合に関する声明」を発表して政府の統合方針に賛意を示す(大日本国防婦人会十年史).
6.上・中旬　陸軍省,石油需給見積りを算定(南方石油依存以外に方途はない)(陸海軍年表／戦史叢書78).
6.上・中旬　陸軍中央部,南方進攻作戦準備のため11月を目途に陸軍航空兵備(軍備計画の繰上げ実施,航空特殊部隊編成等)を促進(陸海軍年表／戦史叢書34).
6.11　大本営政府連絡懇談会で蘭印派遣中の特派大使芳沢謙吉の引揚げを決定.会商は不調とし再開の余地を残す(陸海軍年表／戦史叢書20・33・34・70).
6.11　大本営政府連絡懇談会に南方施策促進に関する件が提出されたが,不成

西暦	和暦	記　　　　　　事
1941	昭和16	立(陸海軍年表／戦史叢書70).

　　6.11　中国保定に保定幹部候補生隊を編成.歩・砲・輜重兵の甲種幹部候補生集合教育を実施(戦地派遣軍隷下となるため,予備士官学校の名称を用いず)(全陸軍甲種幹部候補生制度史).

　　6.12　大本営政府連絡懇談会で南方施策促進に関する件を一応了解(陸海軍年表／戦史叢書20・70).

　　6.14　外務大臣松岡洋右,蘭印特派大使芳沢謙吉に交渉打切りを回訓(陸海軍年表／戦史叢書3・26・33・70).

　　6.14　外務大臣松岡洋右,南方施策促進に関する件の上奏文に難色を示す(陸海軍年表／戦史叢書70).

　　6.14　陸軍省部,独ソ開戦にともなう「情勢推移に伴う国防国策の大綱」を成案.南北両方面作戦準備を決定(陸海軍年表／戦史叢書20・51・70・73).

　　6.17　蘭印特派大使芳沢謙吉,蘭印総督チャルダと会見し,代表団の引揚げと会商打切りを通告(陸海軍年表／戦史叢書3・70).

　　6.17　独伊派遣陸軍軍事視察団(団長陸軍中将山下奉文)一行,ベルリンを出発,帰国の途に就く(陸海軍年表／戦史叢書70).

　　6.20　台湾に志願兵制度を実施(陸軍人事制度概説付録).

　　6.21　陸海軍省部の部局長会議,開催.独ソ開戦にともなう国策案につき,互いにその意図を模索(陸海軍年表／戦史叢書70).

　　6.21　米国,日米交渉の米国案を提示.米国最初の提案.三国同盟および中国に関する日本の主張の全面否定(日本外交文書日米交渉―1941年―上巻／日本外交年表並主要文書下／陸海軍年表／戦史叢書20・69).

　　6.21　米国,石油全製品の対日輸出を許可制とする(実質的に禁止)(陸海軍年表／戦史叢書31・88).

　　6.22　独ソ,開戦.独軍300万,バルト海から黒海にわたる戦線で攻撃を開始(陸海軍年表／戦史叢書20・31・33・70・73).

　　6.24　陸海軍省部の部局長会議で「情勢の推移に伴う帝国国策要綱」陸海軍案(南北準備陣構想)を採択(陸海軍年表／戦史叢書20・70).

　　6.25　大本営政府連絡懇談会で「南方施策促進ニ関スル件」(対仏印・タイ施策促進,仏印との軍事的結合関係の設定,南部仏印進駐等)を決定(日本外交年表並主要文書下).

　　6.26　大本営政府連絡懇談会で「情勢の推移に伴う帝国国策要綱」陸海軍案を審議(陸海軍年表／戦史叢書20・70).

　　6.26　参謀本部作戦主務者,北方武力解決は極東ソ軍の戦力半減時に発動する方針を案画(陸海軍年表／戦史叢書70).

　　6.26　関東軍参謀長吉本貞一,関東軍の対ソ作戦準備を「関東軍特種演習(関特演と略称)」と呼称を決定し隷下一般に示達(陸海軍年表／戦史叢書20・70).

　　6.27　外務大臣松岡洋右,大本営政府連絡懇談会で即時対ソ参戦を主張(陸海軍年表／戦史叢書70).

　　6.27　蘭印特派大使芳沢謙吉一行の大部,蘭印を発し帰国の途に就く.日本,日蘭商談の失敗により,武力による資源獲得―南部仏印進駐に動き出す(陸海軍年表／戦史叢書70／戦争の日本史23).

1941(昭和16)

西暦	和 暦	記　　　　　　　　　　事
1941	昭和16	6.28　大本営政府連絡懇談会で,外務大臣松岡洋右の意見により「情勢の推移に伴う帝国国策要綱陸海軍案」を一部修正して決定(陸海軍年表／戦史叢書20・70・73). 6.28　金鵄勲章年金令廃止ノ件(勅令第725号),公布・施行.金鵄勲章年金令を廃止.昭和15年4月29日以後の日付に係る金鵄勲章叙賜者より適用する.それ以前の叙賜者は旧令に依る(官報). 6.30　大本営政府連絡懇談会で外務大臣松岡洋右,突如南部仏印進駐延期を提議.両統帥部長(参謀総長杉山元・軍令部総長永野修身),不同意(陸海軍年表／戦史叢書70). 6.30　独外相リッベントロップ,外務大臣松岡洋右に日本の対ソ参戦を督促(陸海軍年表／戦史叢書70). 6.30　大本営陸軍部,南部仏印に対する平和または武力進駐計画を成案(陸海軍年表／戦史叢書70). 7. 1　閣議で「情勢の推移に伴ふ帝国国策要綱」(統帥事項を除く)を決定(陸海軍年表／戦史叢書20・70). 7. 1　大本営政府連絡懇談会で対独通告文と対ソ回答文を決定(陸海軍年表／戦史叢書70). 7. 1　参謀本部第2課と陸軍省軍務局事務当事者間の対ソ動員下令打合せで,陸軍省側,徹底的熟柿主義をとり動員下令に難色を示す(陸海軍年表／戦史叢書70). 7. 1　華北政務委員会の管轄下に,華北労工協会が北京に成立.中国人の強制的「供出」の中心組織となる(中国人強制連行). 7. 2　御前会議(大本営・政府)で「情勢の推移に伴ふ帝国国策要綱」を決定.自存自衛のため所要の外交交渉継続,目的達成のためには「対英米戦を辞せず」,南方進出態勢の強化,ひそかに対ソ武力行使準備,国土防衛の強化等(日本外交文書日米交渉―1941年―上巻／日本外交年表並主要文書下). 7. 2　大本営陸軍部,関東軍特種演習(「関特演」)を決定発動.対ソ戦に備え満洲に70万の兵力を集中(近代日本総合年表). 7. 5　海軍,海軍志願兵中の水兵・機関兵・整備兵・工作兵・看護兵・主計兵にも15歳以上16歳未満の者から採用充当することを部内に通達(1942年11月1日,施行)(戦史叢書88). 7. 5　陸軍省,対ソ作戦に備え,16個師団基礎態勢の本格的動員を決定(陸海軍年表／戦史叢書20・70). 7. 5　防衛総司令部の臨時編成を発令.12日,編成,完結.司令官陸軍大将山田乙三)(陸海軍年表／戦史叢書20・51・57・70・78・99). 7. 7　陸軍大臣東条英機・参謀総長杉山元,対ソ戦準備85万人動員に関し上奏,裁可(陸海軍年表／戦史叢書20・70). 7. 7　第100号動員(関特演のための動員秘匿名)の第1動員(第101号)を下令(動員第1日は7月13日)(陸海軍年表／戦史叢書20・33・70・73・99). 7. 7　防衛総司令部令(軍令陸第13号),公布(官報〔条文省略〕). 7.10　大本営,支那方面艦隊に南部仏印進駐準備を発令(陸海軍年表／戦史叢書70・79・91).

1941（昭和16）

西暦	和暦	記　　　　　事
1941	昭和16	7.10　南部仏印進駐（「ふ」号作戦と呼称）の陸海軍指揮官間で現地協定，成立（陸海軍年表／戦史叢書24・70）． 7.10　支那方面艦隊，南部仏印進駐部隊（「ふ」号作戦部隊と呼称）の編成と作戦準備を下令（陸海軍年表／戦史叢書79）． 7.10　陸軍予備士官学校令中改正ノ件（勅令第746号），公布（8月1日，施行）．盛岡予備士官学校を前橋に移転，前橋予備士官学校とする．奉天予備士官学校を久留米に移転して久留米第一予備士官学校とし，従来の久留米予備士官学校は久留米第二予備士官学校とする（官報）． 7.14　駐仏大使加藤外松，南部仏印進駐に関し対仏交渉を開始（陸海軍年表／戦史叢書20・70）． 7.15　外務大臣松岡洋右，日米交渉第2次修正案とその説明電を発電（日本外交文書日米交渉―1941年―上巻）． 7.16　第2次近衛文麿内閣，総辞職（内閣制度百年史上）． 7.16　関特演第102号動員，下令（動員第1日7月28日）（陸海軍年表／戦史叢書20・70・73）． 7.17　傷痍軍人奉公財団，設立．政府より経費を支出し傷痍軍人（特に結核性疾患者）の職業教育を行う（戦力増強と軍人援護）． 7.18　第3次近衛文麿内閣，成立．陸軍大臣東条英機（留任）．海軍大臣及川古志郎（留任）．外務大臣，更迭（松岡洋右→海軍大将豊田貞次郎）（官報）． 7.21　仏国，日本軍の南部仏印進駐要求を条件付で受諾（陸海軍年表／戦史叢書20・24・70）． 7.23　大本営，第25軍と支那方面艦隊に南部仏印への進駐を発令（陸海軍年表／戦史叢書20・24・34・70・79）． 7.23　米大統領ルーズベルト，中国空軍の再建を援助することを承認（航空装備の増強，軍事顧問団の派遣等）（陸海軍年表／戦史叢書90）． 7.25　米国，在米日本資産凍結を公布．26日，発効（日本外交年表並主要文書下／陸海軍年表／戦史叢書20・31・33・34・70・88・91）． 7.26　英国，全版図内の日本資産凍結と日英間通商条約（明治44年4月3日調印）・日本国及印度間通商関係ニ関スル条約（昭和9年7月12日調印）・日本国及ビルマ間通商関係ニ関スル条約（昭和12年6月7日調印）の廃棄を通告．諸条約は各1年・6ヵ月・6ヵ月の期間満了後に失効（官報8.1〔外務省告示第35号〕／日本外交年表並主要文書下／陸海軍年表／戦史叢書20・33・70）． 7.26　フィリピン，日本資産を凍結（日本外交年表並主要文書下／陸海軍年表／戦史叢書20）． 7.26　米大統領ルーズベルト，退役陸軍中将マッカーサーを現役に復帰させ極東米陸軍総司令官に任命．フィリピン陸軍を米国軍務に召集する行政命令を発令（陸海軍年表／戦史叢書2・70・90）． 7.27　第11航空艦隊，第102号作戦を開始．重慶・成都方面を航空攻撃．一式陸上攻撃機30機初めて出撃．約3ヵ月の作戦予定を日米国交悪化のため，8月31日，中止（陸海軍年表／戦史叢書79）． 7.27　蘭印，日本人資産凍結令を布告（日本外交年表並主要文書下）． 7.28　蘭印，日本資産の凍結と輸出入制限を発表．この日より実施（陸海軍年表

1941（昭和16）

西暦	和　暦	記　　　　　事
1941	昭和16	／戦史叢書70・91）． 7.28　満洲の航空兵団諸部隊の臨時編成，完結．作戦即応態勢となる(陸海軍年表／戦史叢書53)． 7.28　陸海軍部隊，南部仏印地区(サイゴン・ナトラン等)に平和進駐を開始(陸海軍年表／戦史叢書20・24・33・70・79・90・91)． 7.28　陸軍諸学校幹部候補生教育令中改正ノ件(勅令788号)，公布(8月1日，施行)．陸軍輜重兵学校と陸軍機甲整備学校に幹部候補生隊を設置．甲種幹部候補生の集合教育を実施(官報)． 7.30　軍令部総長永野修身，仏印進駐の経過と対米英戦争の不可避を上奏．天皇，これを憂慮(陸海軍年表／戦史叢書70・91)． 7.30　海軍航空部隊，重慶爆撃で同地在泊の米砲艦ツツィラの至近に誤り投弾(ツツィラ事件)．米国の対日感情，悪化(陸海軍年表／戦史叢書70・79)． 8.1　米国，発動機燃料・航空機用潤滑油の対日輸出を禁止．対日石油輸出，全く停止される(日本外交年表並主要文書下／陸海軍年表／戦史叢書20・31・33・70・79・91)． 8.1　海軍省軍務局，石油の需給を計算．戦争第2年末を乗り切ればあとは南方からの還送油が増加して石油事情は緩和されるとの数字が示される(戦史叢書91)． 8.2　関東軍，参謀本部に極東ソ連軍の無線封止実施を緊急報告(デリンジャー現象による誤判断と判明)し，ソ連軍の大挙空襲がある場合独断進攻を予期する旨を緊急報告．参謀総長杉山元，国境内の反撃と慎重行動要望を返電(陸海軍年表／戦史叢書20・70・73)． 8.2　米国，対ソ経済援助協定成立(日本外交年表並主要文書下)． 8.4　首相近衛文麿，陸軍大臣東条英機・海軍大臣及川古志郎に日米首脳会談を提案．両者，同意(陸海軍年表／戦史叢書20・70)． 8.4　外務大臣豊田貞次郎，駐日ソ連大使スメタニンに日ソ中立条約義務履行を言明(陸海軍年表／戦史叢書70・73)． 8.6　大本営政府連絡会議で「日ソ間の現勢に対し帝国の採るべき措置に関する件」を決定(対ソ作戦を避ける方針)(陸海軍年表／戦史叢書20・21・53・70・73)． 8.6　大本営，関東軍にソ連の真面目な航空進攻をうけたときはソ連領内への航空進攻許可を発令(陸海軍年表／戦史叢書20・70・78)． 8.6　駐米大使野村吉三郎，米国務長官ハルに日米首脳会談を申し入れる．8日，米国の回答，冷淡(日本外交文書日米交渉一1941年一上巻)． 8.8　第25軍の南部仏印進駐，完了(陸海軍年表／戦史叢書70)． 8.8　文部省，各学校に全校組織の学校報国隊(団)の編成を訓令(近代日本総合年表)． 8.8　航空母艦翔鶴，横須賀工廠で竣工(同型艦瑞鶴)(日本の軍艦)． 8.9　参謀総長杉山元，年内の対ソ武力行使を断念し，11月末を目標に対米英作戦準備促進を決定(陸海軍年表／戦史叢書20・21・70・73・78・99)． 8.上旬　参謀本部第5課，陸軍省部首脳に独ソ戦短期決戦実現せずとの情勢判断を報告(陸海軍年表／戦史叢書20・73)． 8.13　大本営陸海軍部，協同の南方作戦図上研究を実施(陸海軍年表／戦史叢

西暦	和暦	記　　　　　　事
1941	昭和16	書20・78）．

　8.14　参謀本部，南方作戦兵棋演習を実施（15日まで）．作戦計画，概定（陸海軍年表／戦史叢書3・20・34・70・78）．

　8.14　軍令部第1課，陸軍に10月15日までに海軍の対米英戦備完結の方針を開示（陸海軍年表／戦史叢書20・70）．

　8.14　米国大統領ルーズベルト・英国首相チャーチル，英米共同宣言（大西洋憲章）を発表．9月24日，ソ連・自由フランスなど15ヵ国，同憲章に参加することを表明（日本外交年表並主要文書下／日本外交主要文書・年表1）．

　8.16　陸海軍局部長会議，開催．海軍側，陸軍に「10月中旬までの外交打開の途がない場合は対米英実力発動」の国策遂行方針を正式に提示（陸海軍年表／戦史叢書20・70）．

　8.17　米大統領ルーズベルト，駐米日本大使野村吉三郎に対日戦争警告文と日米首脳会談を考慮する旨の回答を手交（日本外交文書日米交渉―1941年―上巻／日本外交年表並主要文書下）．

　8.19　大本営海軍部，各艦隊航空幕僚を集め開戦時兵力急造の整備方針を討議．ハワイ空襲を含める（陸海軍年表／戦史叢書95）．

　8.19　駐日米大使グルー，本国政府に日米首脳会談実現を熱烈に進言（陸海軍年表／戦史叢書70）．

　8.19　米国参謀総長マーシャル，高射砲・戦車・航空機のフィリピン増強計画を承認（陸海軍年表／戦史叢書2）．

　8.20　参謀本部第1部長田中新一，関東軍司令部に到着し年内は北方武力行使を中止するとの方針を連絡（陸海軍年表／戦史叢書20・53・70）．

　8.25　陸軍省部，「帝国国策遂行要領」陸海軍案（9月下旬までに日本の要求を貫徹し得ないときは，ただちに対米英蘭開戦を決意）を概定（日付は25日から26日，不詳）（陸海軍年表／戦史叢書20・70）．

　8.25　鹿地亘の反戦同盟，親共とみなされて解散させられる（日本人捕虜）．

　8.26　大本営政府連絡会議で米国に対する首相近衛文麿のメッセージと政府回答声明を採択し，日米首脳会談の早期開催を要望．駐米大使野村吉三郎に米大統領ルーズベルトへの送達方訓電（日本外交文書日米交渉―1941年―上巻／日本外交年表並主要文書下／陸海軍年表／戦史叢書20・70）．

　8.27　総力戦研究所研究生，模擬内閣を作って日米戦争の展望につき討論．日本の必敗を予測（〜28日）（国力なき戦争指導）．

　8.28　駐米大使野村吉三郎，米大統領ルーズベルトと会談し首相近衛文麿のメッセージをルーズベルトに手交．ルーズベルト，日米首脳会談実施に乗り気を示す（日本外交文書日米交渉―1941年―上巻／日本外交年表並主要文書下）．

　8.30　陸海軍部局長会議で「帝国国策遂行要領」陸海軍案を決定．9月下旬までに日本の要求を貫徹しえない場合は直ちに対米英蘭開戦を決意するとする（陸海軍年表／戦史叢書20・70／日本歴史大系5）．

　8.30　駐米大使野村吉三郎より，日米首脳会談は大綱につき双方の意見が一致しない限り実現の見込みなしとの電報，到着（陸海軍年表／戦史叢書70）．

　8.30　重要産業団体令（勅令第831号），公布（9月1日，施行）．産業別に統制会を設立し，会長は会員たる各企業に広範な指令権を持ち，政府は統制会に広範な

西暦	和暦	記事
1941	昭和16	統制権限を持つことを定める(官報).
		8.30 配電統制令(勅令第832号),公布・施行(官報).
		8.30 株式価格統制令(勅令第834号),公布・施行(官報).
		8.30 金属類回収令(勅令第835号),公布(9月1日,施行.朝鮮・台湾・樺太・南洋群島は10月1日,施行)(官報).
		8.— 参謀本部第8課,東京神田淡路町ビルに伝単部を置き,南方作戦用伝単の製作を開始(宣伝謀略ビラで読む、日中・太平洋戦争).
		8.— 中島飛行機の発動機誉(海軍名.陸軍名はハ45.空冷二重星型18気筒)試作,完成(日本航空機辞典).
		8.— 華北石門に石門俘虜収容所を設置.別名は石門労工教習所,のちに石門労工訓練所.日本への被連行者の4分の1を送り出す(中国人強制連行).
		9.1 大本営,昭和十六年度帝国海軍戦時編制実施を発令(陸海軍年表/戦史叢書20・24・31・33・34・70・85・91・95).
		9.1 聯合艦隊,臨戦準備実施を下令(陸海軍年表/戦史叢書85).
		9.3 大本営政府連絡会議で「帝国国策遂行要領」(10月上旬に至っても日本の要求を貫徹し得る目途がないときは,直ちに対米英蘭戦争を決意する.貫徹できるか否かの判断を次の政策決定にゆだねる)を決定(陸海軍年表/戦史叢書20・70・101/日本歴史大系5).
		9.3 大本営政府連絡会議で新しい対米申し入れ案を決定.多少三国同盟から離脱する方向を示唆.米の反応なし(日本外交文書日米交渉—1941年—上巻/陸海軍年表/戦史叢書20・70・101/日本歴史大系5).
		9.3 米大統領ルーズベルト,駐米日本大使野村吉三郎に近衛メッセージに対する大統領メッセージと,米国政府の覚書(会談前の基本原則—ハル4原則への同意を要求)を手交(日本外交文書日米交渉—1941年—上巻/日本外交年表並主要文書下).
		9.5 特設航空母艦春日丸,佐世保工廠で同名の客船より改装完成.1942年8月,軍艦籍に編入され空母大鷹と改名(同型艦雲鷹・冲鷹)(日本の軍艦).
		9.5 首相近衛文麿,「帝国国策遂行要領」を天皇に内奏.天皇,参謀総長杉山元・軍令部総長永野修身を呼んで南方作戦成功の見込みを質問,短期間で成功させると答えた杉山を叱責しつつも,外交交渉と戦争準備の併進を承認(戦史叢書70/昭和天皇の軍事思想と戦略).
		9.6 御前会議で「帝国国策遂行要領」を決定.10月下旬を目途として対米(英・蘭)戦争準備を完整する.天皇,明治天皇の和歌「よもの海みなはらからと思ふ世に など波風のたちさわぐらむ」を朗読して外交優先を示唆(日本外交年表並主要文書下/現代史資料35/陸海軍年表/戦史叢書20・31・33・34・70・90・91・97・99/日本歴史大系5).
		9.6 首相近衛文麿,駐日米大使グルーと会談.ハル4原則について意見一致せず(陸海軍年表/戦史叢書76/日本歴史大系17).
		9.6 逓信省,配電統制令にもとづき9配電統制会社設立を命令(関東配電・関西配電・中部配電・四国配電・九州配電・中国配電・東北配電・北陸配電・北海道配電).電力国家管理,配電に及ぶ(近代日本総合年表).
		9.13 大本営政府連絡会議で日支和平基礎条件を決定(陸海軍年表/戦史叢書

西暦	和暦	記事
1941	昭和16	20・76・90）. 9.13　参謀総長杉山元,支那派遣軍に航空部隊の奥地進攻作戦の中止と南方作戦準備を指示(陸海軍年表／戦史叢書74・78). 9.18　第11軍,長沙作戦を開始.27日,湖南省長沙に突入.10月6日頃,原態勢に復帰(陸海軍年表／戦史叢書20・47・90). 9.20　大本営政府連絡会議で対米総合整理案を承認.アメリカが欧州戦に参戦した場合,日本は三国同盟を「自主的に」解釈履行する,アメリカが日中和平を調停し,日本は中国における第三国の経済活動を原則認める,日本は仏印から中国を除く近接地域に武力進出しない,など.25日,駐日米国大使グルーに提示(日本外交文書日米交渉―1941年―上巻／日本外交年表並主要文書下／陸海軍年表／戦史叢書76). 9.21　軍令部総長永野修身,海軍大臣及川古志郎に昭和十七年度艦船建造補充航空兵力増勢計画(⑤計画・⑥計画を同時)を正式商議.「⑤計画」は米の第3次ヴィンソン案に対抗するもので,昭和17年から25年までの9ヵ年間計画：艦艇159隻(戦艦3〈改大和型〈51センチ主砲〉2・大和型1,すべて起工せず〉・超巡洋艦2〈すべて起工せず〉・航空母艦3〈大鳳型1〈起工せず〉,飛龍型2隻〈起工せず〉など)の建造,航空隊160隊航空機3458機の整備を予定.1942年6月に航空母艦中心の「改⑤計画」に改められる.「⑥計画」は米のスターク案(両洋艦隊法案)に対抗するもので,昭和19年度より同25年度までの7ヵ年計画：艦艇197隻(戦艦4・超巡洋艦4・航空母艦3・巡洋艦12など),実用航空隊68隊(完成時の累計200隊)の整備を目指したが,未着手のまま消滅(陸海軍年表／戦史叢書31・95／日本の軍艦／日本戦艦物語2). 9.25　参謀総長杉山元・軍令部総長永野修身,大本営政府連絡会議の席上で,遅くとも10月15日までに政戦の転機を決するの要すと政府に要望(陸海軍年表／戦史叢書20・76・91). 9.25　航空母艦瑞鶴,川崎造船所で竣工(日本の軍艦). 9.27　首相近衛文麿,統帥部の期限付要望に心痛し鎌倉に引き籠る(～10月2日)(陸海軍年表／戦史叢書76). 9.27　外務大臣豊田貞次郎,駐米大使グルーに首脳会談の促進を申し入れる.29日,グルー,首脳会談の実現を国務長官ハルに意見具申(日本歴史大系5). 9.27　陸軍,南海支隊(グアム島攻略部隊)の動員を下令.10月4日,動員,完結(陸海軍年表／戦史叢書14). 9.28　中国国民党軍,日本軍の守備が手薄となった宜昌の奪回作戦を開始.10月6日,攻撃を開始(陸海軍年表／戦史叢書47／毒ガス戦と日本軍). 9.29　聯合艦隊司令長官山本五十六,軍令部総長永野修身に戦争は長期戦となり「困難」であるとして「避戦」を上申(陸海軍年表／戦史叢書91). 10. 1　石油開発要員の徴用を発令.陸軍関係員は国府台陸軍兵舎,海軍関係員は姫路郊外紡績工場宿舎に参集し諸準備を開始し待機(陸海軍年表／戦史叢書88). 10. 1　首相近衛文麿,静養先の鎌倉で海軍大臣及川古志郎と会談.及川は避戦論を述べ近衛を鞭撻したという(陸海軍年表／戦史叢書76・91). 10. 1　海軍,兵科一般予備学生採用を公布.1942年1月,第1期学生を採用(日本海軍史8).

1941(昭和16)

西暦	和　暦	記　　　　　事
1941	昭和16	10. 2　米国務長官ハル,駐米大使野村吉三郎に米国の正式覚書を手交.日本がハル4原則を種々限定していること,中国に無期限駐兵していることを非難.三国同盟について日本が立場を一層明確にすることを要求.9月25日に日本が提示した総合整理案を問題とせず,意見の食い違うまま首脳会談を行っても見込みはないとする(日本外交文書日米交渉—1941年—下巻／日本外交年表並主要文書下／陸海軍年表／戦史叢書20・76・90). 10. 2　独軍,モスクワ攻撃を開始(近代日本総合年表). 10. 4　大本営政府連絡会議で米政府覚書に対する回訓外務省案を不採択.軍令部総長杉山元,もはや議論する時機ではないと述べる(陸海軍年表／戦史叢書76・91). 10. 5　首相近衛文麿,陸軍大臣東条英機と会談.近衛,交渉継続を主張.東条,米の態度は同盟離脱,4原則無条件実行,駐兵拒否であるので日本は譲るべからずと反論(陸海軍年表／戦史叢書20・76). 10. 5　陸軍省事務当局,日米間懸案は外交妥結の目途なしと結論(陸海軍年表／戦史叢書76). 10. 5　海軍省部首脳者,日米交渉続行論で対陸軍折衝は首相近衛文麿に一任の方針を決定(陸海軍年表／戦史叢書76). 10. 6　陸海軍部局長会談.開催.日米交渉続行と外交目途につき意見が対立(陸海軍年表／戦史叢書76). 10. 6　海軍首脳者会議,原則的撤兵緩和を条件とする日米交渉続行論に一致(陸海軍年表／戦史叢書76). 10. 6　参謀総長杉山元と陸軍大臣東条英機,会談.杉山,日米交渉の目途はないと結論(陸海軍年表／戦史叢書76). 10. 7　首相近衛文麿と陸軍大臣東条英機間,陸軍大臣東条・海軍大臣及川古志郎間,参謀総長杉山元・軍令部総長永野修身間でそれぞれ日米交渉の目途の有無につき真剣な討議を実施.近衛と海軍側は交渉続行の意見,陸軍側は交渉の目途なしの意見.近衛と及川は対米妥協につき東条を説得,東条,拒否(陸海軍年表／戦史叢書20・76・91). 10. 7　宜昌の日本軍,毒ガスによる反撃を開始.この事実,米英に伝わる(毒ガス戦と日本軍). 10. 8　参謀総長杉山元・軍令部総長永野修身,会談.日米交渉に目途なしの意見ほぼ一致(陸海軍年表／戦史叢書76). 10. 8　陸軍大臣東条英機・海軍大臣及川古志郎,会談.日米交渉の問題について意見は不一致(陸海軍年表／戦史叢書97). 10. 9　聯合艦隊,旗艦長門で図上演習を実施(～13日).聯合艦隊司令長官山本五十六,聯合艦隊集合に際し各級指揮官に主将の決意を示し訓示(陸海軍年表／戦史叢書3・10・24). 10.11　河合操,没(退役陸軍大将)(陸海軍将官人事総覧陸軍篇). 10.12　五相(首相近衛文麿・外務大臣豊田貞次郎・陸軍大臣東条英機・海軍大臣及川古志郎・企画院総裁鈴木貞一),近衛の私邸荻外荘で会談し和戦につき討議.及川は近衛に一任論,東条は撤兵問題を譲歩せず,結論を得ず(陸海軍年表／戦史叢書20・76・91).

1941(昭和16)

西暦	和暦	記事
1941	昭和16	10.14　陸軍大臣東条英機,閣議で駐兵問題は譲歩不可能と主張し首相近衛文麿・外務大臣豊田貞次郎と意見が対立.午後,陸軍軍務局長武藤章,内閣書記官長富田健治に海軍が戦争はできないとはっきり表明すれば陸軍も納得すると話す.富田は海軍軍務局長岡敬純にそれを伝えたが,海軍としてはそれは言えない,首相の裁断に一任というのが精一杯と回答(陸海軍年表／戦史叢書20・76／日本歴史大系5). 10.15　靖国神社,満洲事変の戦没者497人,日中戦争の戦没者1万4516人のため招魂式を行う.16〜21日,臨時大祭(靖国神社略年表). 10.16　9月3日の大本営政府連絡会議で設定された日米交渉の期限を迎え,第3次近衛文麿内閣,総辞職(内閣制度百年史上). 10.16　昭和十四年法律第一号兵役法中改正法律ノ件(勅令第923号)・大学学部等ノ在学年限又ハ修業年限ノ臨時短縮ニ関スル件(勅令第924号)・大学学部等ノ在学年限又ハ修業年限ノ昭和十六年度臨時短縮ニ関スル件(文部省令第79号),各公布・施行.学生の徴集延期期間の短縮や停止を勅令で行えるとする大学・専門学校・実業学校などの修業年限を臨時短縮.文部省令で16年度は3ヵ月短縮と決定.1942年3月の卒業予定が41年12月卒業となる.12月1日〜20日に臨時徴兵検査を実施,42年2月には入隊させる.本来43年初めに入隊するはずであったので,約1年早くなった(官報). 10.17　後継内閣推挙の重臣会議,開催.内大臣木戸幸一の推挙により,陸軍中将東条英機へ組閣の大命が降下.木戸から既定国策の白紙還元再検討の聖旨を伝達(陸海軍年表／戦史叢書20・76). 10.18　東条英機内閣,成立.陸軍大臣東条(兼職).海軍大臣嶋田繁太郎(官報). 10.18　首相東条英機,国策再検討項目を決定し研究を開始(陸海軍年表／戦史叢書20・34・76). 10.19　軍令部総長永野修身,聯合艦隊司令長官山本五十六の強請した航空母艦6隻によるハワイ奇襲作戦の実施に同意(陸海軍年表／戦史叢書3・10・76・91). 10.21　海軍予備学生規則(海軍省令第37号),公布.予備学生を兵科・飛行科・整備科および機関科の4種に区別.10月11日より適用.海軍航空予備規則は廃止(官報). 10.23　大本営政府連絡会議で9月6日決定の国策遂行要領を白紙還元し,情勢再検討を開始(〜30日)(陸海軍年表／戦史叢書20・24・76・91). 10.23　参謀総長杉山元,対米英蘭帝国陸軍作戦計画概要を上奏(陸海軍年表／戦史叢書1・78). 10.30　海軍大臣嶋田繁太郎,海軍次官沢本頼雄と軍務局長岡敬純に開戦決意を表明(陸海軍年表／戦史叢書76・91). 10.30　谷口尚真,没(退役海軍大将)(官報12.3〔彙報(官庁事項)〕). 10.—　横浜・千歳の海軍両航空隊の主力,マーシャル方面進出を完了(陸海軍年表／戦史叢書38). 10.—　陸軍の電波警戒機乙の試作,成功(陸海軍年表／戦史叢書19・87). 11.1　大本営政府連絡会議で「帝国国策遂行要領」を決定.対米交渉不成立の場合,対米英蘭戦争を決意し武力発動時期を12月初頭と定め陸海軍は作戦準備を完整する.「対米交渉要領」甲案・乙案により対米交渉を行う.12月1日午前零時まで

1941(昭和16)

西暦	和暦	記　　　　　　事
1941	昭和16	に対米交渉が成功すれば武力発動を中止する．「対米交渉要領」甲案―日本の原則的要求，中国大陸の25年駐兵，など．乙案―中国撤兵や三国同盟問題を棚上げし，日本が仏印で南進を止めシンガポール，蘭印を攻撃しない代わりに米は石油を提供する，協定成立後に南部仏印進駐以前の状態に復帰する，など(日本外交文書日米交渉―1941年―下巻／日本外交年表並主要文書下／陸海軍年表／戦史叢書20・76・90)． 11. 1　大本営政府連絡会議で海軍大臣嶋田繁太郎，鉄鋼を中心とする物資の海軍への増配を要求し，承認される(陸海軍年表／戦史叢書91)． 11. 1　大学学部等ノ在学年限又ハ修業年限ノ昭和十七年度臨時短縮ニ関スル件(文部省令第81号)，公布・施行．昭和17年度卒業生の在学・修了年限を6ヵ月短縮(1943年3月卒業予定が1942年9月卒業となる．1942年4月に臨時徴兵検査を実施，同年10月に入隊)(官報)． 11. 1　陸軍予科士官学校，市ヶ谷から朝霞に移転．1943年12月9日，天皇行幸時，振武台の名を与えられる(陸軍人事制度概説付録)． 11. 2　首相東条英機と参謀総長杉山元・軍令部総長永野修身，列立し国策再検討の経緯・結論を上奏(陸海軍年表／戦史叢書76)． 11. 3　参謀総長杉山元・軍令部総長永野修身，列立し対米英蘭戦争陸海軍作戦計画を上奏(陸海軍年表／戦史叢書20)． 11. 3　北支那方面軍司令官岡村寧次，三戒標語(焼くな・殺すな・犯すなの将兵の心構え)を訓示(陸海軍年表／戦史叢書50)． 11. 4　天皇が親臨する軍事参議院会議，開催．帝国国策遂行要領中，国防用兵に関する件を可決，奉答．軍令部総長永野修身，開戦2ヵ年以後の作戦見通しの困難性を指摘し，ドイツの英国制覇により米国が脱落することによる戦争終結という他力本願的希望を述べる．陸軍，対英米開戦の場合の本土被空襲の判断を説明(陸海軍年表／戦史叢書1・19・20・43・76・80)． 11. 5　御前会議で「帝国国策遂行要領」を決定(現代史資料35)． 11. 5　参謀総長杉山元・軍令部総長永野修身，御前会議後改めて作戦計画を上奏．天皇，これを裁可(陸海軍年表／戦史叢書1・20・34・76・80・91)． 11. 5　政府，来栖三郎を大使として米国への急派を決定(陸海軍年表／戦史叢書76・80)． 11. 5　外務大臣東郷茂徳，駐米大使野村吉三郎に「帝国国策遂行要領」の「対米交渉要領」甲案による対米交渉の開始を訓電(日本外交文書日米交渉―1941年―下巻／現代史資料34)． 11. 5　大本営陸海軍部，南方作戦陸海軍中央協定・陸海軍航空中央協定を策定(陸海軍年表／戦史叢書78)． 11. 5　陸軍，南方各軍司令部等の臨時編成を発令．南方軍総司令部，第14・第15・第16軍司令部等(陸海軍年表／戦史叢書20・99)． 11. 5　大本営，大海令第1号・第2号・第3号・第4号(聯合艦隊・支那方面艦隊・各鎮守府・各警備府に作戦準備の実施)，大海指第1号・第2号・第3号(聯合艦隊・支那方面艦隊・各鎮守府・各警備府に防備計画による防備開始等)を令達(陸海軍年表／戦史叢書1・10・24・31・51・69・76・85・91／現代史資料35)． 11. 5　聯合艦隊，開戦準備開始を発令(現代史資料35／陸海軍年表／戦史叢書

西　暦	和　暦	記　　　　　　　　　　事
1941	昭和16	6）． 　11．6　陸軍，南方各軍司令官の補職を発令．南方軍総司令官大将寺内寿一・第14軍司令官中将本間雅晴・第15軍司令官中将飯田祥二郎・第16軍司令官中将今村均・第25軍司令官中将山下奉文(陸海軍年表／戦史叢書1・3・20・47)． 　11．7　駐米大使野村吉三郎，米国務長官ハルに「帝国国策遂行要領」の「対米交渉要領」甲案を提示し交渉を開始．これが日本の最後的譲歩であると付言(日本外交文書日米交渉―1941年―下巻／陸海軍年表／戦史叢書20・76)． 　11．8　マレー・ビルマ方面作戦担任の陸海軍実施部隊(第25軍・第15軍・第3飛行集団・南遣艦隊・第22航空戦隊)間に作戦協定(通称「西貢(サイゴン)協定」)が成立(陸海軍年表／戦史叢書1)． 　11．8　参謀総長杉山元，南海支に同隊の作戦要領とグアム・ビスマルク島作戦の陸海軍中央協定を指示(陸海軍年表／戦史叢書6・14)． 　11．10　大本営政府連絡会議で「戦争経済基本方策」を決定(日本外交年表並主要文書下)． 　11．10　陸軍大学校で南方軍と聯合艦隊第2艦隊最高指揮官間で作戦協定が成立し，関連の覚書を交換(略称「東京協定」)(陸海軍年表／戦史叢書1・3・20・34・76・78)． 　11．11　外務大臣東郷茂徳，駐日英大使クレーギーと会談．クレーギー，原則問題は米国に一任と述べる(陸海軍年表／戦史叢書76)． 　11．11　ハワイに進出する第3潜水部隊(先遣部隊作戦命令第1号案を受領)，佐伯湾を発しクェゼリン(マーシャル諸島)へ向かう(陸海軍年表／戦史叢書10・80)． 　11．11　大本営政府連絡会議で「対米英開戦名目骨子」を決定(日本外交年表並主要文書下)． 　11．12　要港令中改正(軍令海第19号)，公布(11月20日，施行)．大正12年軍令海第1号要港部令を改正，警備府令と改題．要港部を警備府と改称(官報)． 　11．12　商港警備府令(軍令海第21号)，公布．海軍大阪警備府を新設(官報〔条文省略〕／陸海軍年表／戦史叢書85)． 　11．13　南方軍総司令部の編成，完結(陸海軍年表／戦史叢書78)． 　11．13　第16軍司令部の編成，完結(陸海軍年表／戦史叢書3)． 　11．13　聯合艦隊の各艦隊長官と主要幕僚，岩国航空隊で最後の作戦打合せを実施．南方作戦関係陸海軍各部隊の主要幕僚で作戦協定実施(～16日)(陸海軍年表／戦史叢書24・26・34・78)． 　11．15　大本営政府連絡会議で「対米英蘭蔣戦争終末促進に関する腹案」を決定(上奏，裁可)．骨子は南方資源地帯を占領して長期不敗の体制を確立，蔣介石政権を倒し，独伊と連携してまずイギリスを屈服させ，アメリカの戦意を失わせて講和に持ち込むというもの(日本外交年表並主要文書下／陸海軍年表／戦史叢書20・38・55・76・80・91／近代日本戦争史4)． 　11．15　陸海軍両統帥部，宮中で御前兵棋演習を実施．天皇に真珠湾攻撃を含む全作戦計画を提示．持久戦になっても海上交通路の確保は可能と説明(陸海軍年表／戦史叢書3・20・76／昭和天皇の戦争指導)． 　11．15　米国特派大使来栖三郎，ワシントンに到着．17日，駐米大使野村吉三郎とともに米大統領ルーズベルトと会見(日本外交文書日米交渉―1941年―下巻／陸

1941（昭和16）

西暦	和暦	記　　　　　事
1941	昭和16	海軍年表／戦史叢書76）． 　11.15　兵役法施行令中改正ノ件（勅令第971号），公布・施行．丙種合格も召集と規定（官報）． 　11.16　南方作戦実施陸海軍の部隊間に作戦協定（通称「岩国協定」），成立（陸海軍年表／戦史叢書6・20）． 　11.17　聯合艦隊司令長官山本五十六，ハワイ攻撃に向かう機動部隊各級指揮官・幕僚・飛行科士官に激励の訓示（陸海軍年表／戦史叢書10）． 　11.18　衆議院で，各派共同提案の決議案「国策完遂ニ関スル件」を全会一致で可決（帝国議会衆議院議事速記録77）． 　11.18　駐米大使野村吉三郎，米国務長官ハルに独自の暫定案を提示（日本外交文書日米交渉―1941年―下巻／陸海軍年表／戦史叢書76）． 　11.18　機動部隊，瀬戸内海を出港し択捉（えとろふ）島単冠（ひとかっぷ）湾に向かう（陸海軍年表／戦史叢書80）． 　11.18　特別攻撃隊の潜水艦，呉を出港（日本海軍史8）． 　11.20　占領地軍政実施に関する陸海軍中央協定成立（陸海軍年表／戦史叢書80）． 　11.20　外務大臣東郷茂徳，駐米大使野村吉三郎の独断（18日の独自案提示）を叱責，乙案による交渉開始を訓電（日本外交文書日米交渉―1941年―下巻／陸海軍年表／戦史叢書76）． 　11.20　駐米大使野村吉三郎・米国特派大使来栖三郎，乙案を米国務長官ハルに提出（日本外交文書日米交渉―1941年―下巻／日本外交年表並主要文書下／陸海軍年表／戦史叢書20・76）． 　11.中旬　米国務省，日米暫定協定草案を作成．米財務長官モーゲンソー，日米原則協定案（後のハル＝ノートの原案）を提出（陸海軍年表／戦史叢書90）． 　11.22　外務大臣東郷茂徳，駐米大使野村吉三郎へ対米交渉期限の延長（25日を29日に）を訓電（日本外交文書日米交渉―1941年―下巻／陸海軍年表／戦史叢書76）． 　11.22　国民勤労報国協力令（勅令第995号），公布（12月1日，施行）．14歳以上40歳未満の男子，14歳以上25歳未満の未婚女子に年間30日以内の勤労奉仕を事実上義務づける（官報）． 　11.22　駐米大使野村吉三郎・米国特派大使来栖三郎，米国務長官ハルと会談（回答を要求．米国時間）（日本外交文書日米交渉―1941年―下巻／陸海軍年表／戦史叢書76）． 　11.24　機動部隊，旗艦赤城で飛行機隊の作戦打合せを行い飛行機搭乗員に訓示（陸海軍年表／戦史叢書10）． 　11.24　米国務長官ハル，暗号解読により日本の対米交渉最終期限が29日であることを知り，駐米の英・華・豪・蘭各国大公使を招いて対日暫定協議案を協議．日本は南部仏印から撤退して北部の兵力を2万5000に限定し，米は資産凍結を解除する，などの3ヵ月間の暫定案（陸海軍年表／戦史叢書90／戦争の日本史23）． 　11.25　米国首脳者戦争会議，開催．大統領ルーズベルト・国務長官ハル・陸軍長官スチムソン・海軍長官ノックス・参謀総長マーシャル・作戦部長スターク，参集（陸海軍年表／戦史叢書35）． 　11.25　米国務長官ハル，対日暫定協議案に対する蔣介石の激烈な抗議と英首相

西暦	和暦	記　　　　　　　　　事
1941	昭和16	チャーチルの意見により,同案を日本に提案しないことに決定(陸海軍年表／戦史叢書20・90／現代史資料34).
11.25　日独伊防共協定5ヵ年延長に関する議定書(共産インターナショナルニ対スル協定ノ効力延長ニ関スル議定書),ベルリンで日・独・伊・ハンガリー・満洲国・スペインが調印,発効(日本,12月3日,公布)(官報12.3〔条約第18号〕).
11.26　大本営陸海軍部,占領地軍政実施に関する陸海軍中央協定を締結(陸海軍年表／戦史叢書20・76・78・92).
11.26　機動部隊,ハワイ海域に向け単冠(ひとかっぷ)湾出港(陸海軍年表／戦史叢書10・20・76・80).
11.26　産業設備営団法(法律第92号),公布(12月5日,施行〔12月3日勅令第1045号〕).12月26日,同営団,設立(官報).
11.26　(米国時間)米国務長官ハル,駐米大使野村吉三郎にいわゆるハル=ノートを手交.日本の中国・仏印からの撤兵,三国同盟の否認,重慶政権のみを中国の正統政府と認めることなどを要求(日本外交文書日米交渉一1941年一下巻／日本外交年表並主要文書下／陸海軍年表／戦史叢書20・76・80・90).
11.27　大本営政府連絡会議で「宣戦の事務手続順序」と「戦争遂行に伴う国論指導要綱」を決定し,開戦の大義名分を基礎とする宣戦詔書案を審議締結(陸海軍年表／戦史叢書20・76).
11.27　駐米陸軍武官からのハル=ノートの骨子報告電,到着(陸海軍年表／戦史叢書76).
11.28　外務省,ハル=ノート全文翻訳を関係方面に配布(陸海軍年表／戦史叢書76).
11.28　海軍の陸上対空見張用電波探信儀1号1型の第1号機完成し千葉県勝浦に設備(陸海軍年表／戦史叢書46).
11.29　宮中で御前重臣会議,開催.政府より開戦のやむなき情勢を説明.天皇,重臣の意見を聴取.米内光政,「ヂリ貧を避けんとしてドカ貧とならない様に充分の御注意を願ひたいと思ひます」と述べる(木戸幸一日記／陸海軍年表／戦史叢書20・76・80).
11.29　大本営政府連絡会議で,12月1日開催の御前会議議案「帝国は米英蘭に対し開戦す」を決定(陸海軍年表／戦史叢書20・76・90).
11.29　陸軍少年戦車兵学校令(勅令第1015号),公布(12月1日,施行).陸軍少年戦車兵学校を創設(官報).
11.29　陸軍少年通信兵学校令(勅令第1016号),公布(1942年4月1日,施行)〔→1942.4.1〕
12.1　御前会議で開戦の「聖断」,下り,対米英蘭開戦を決定(日本外交年表並主要文書下／陸海軍年表／戦史叢書10・20・24・33・76・80・85・90／昭和天皇の軍事思想と戦略).
12.1　大本営,南方軍・南海支隊・支那派遣軍に作戦開始を発令(陸海軍年表／戦史叢書1・20・33・35).
12.1　南方軍情報所,長期気象判断により開戦日を7～8日を可とする判断を報告(陸海軍年表／戦史叢書78).
12.1　大本営,聯合艦隊・支那方面艦隊・各鎮守府・警備府に作戦方針と任務を

1941（昭和16）

西暦	和　暦	記　　　　　　　　事
1941	昭和16	指示（陸海軍年表／戦史叢書1・10・24・76・79・80・85）． 　12．1　陸軍少佐杉坂共之，開戦企図を含む重大命令を携行して中華航空機上海号に搭乗．同機，バイヤス湾北側山中に墜落（陸海軍年表／戦史叢書35・47）． 　12．2　参謀総長杉山元・軍令部総長永野修身，列立して武力発動時機につき上奏．12月8日午前零時以後，米英蘭に対する武力発動の裁可を得て，それぞれ関係指揮官へ伝達（陸海軍年表／戦史叢書1・10・20・24・34・35・69・76・78）． 　12．2　聯合艦隊，「新高山登れ1208」（開戦日12月8日午前零時の意）を電令（陸海軍年表／戦史叢書10・24・29）． 　12．2　英戦艦プリンス=オブ=ウェールズ・レパルスの2艦，シンガポールに到着（3日，発表）（陸海軍年表／戦史叢書1・24・35）． 　12．3　大本営，南方作戦にともなう関東軍の基本任務を発令．対ソ作戦準備の実施．対ソ作戦準備は1942年春を目途とし，爾後補備増強等（陸海軍年表／戦史叢書21・35・73）． 　12．4　マレー攻略陸軍先遣兵団輸送船団，海軍護衛のもと三亜港（海南島）を出発．海軍南方部隊本隊，馬公（澎湖）発支援行動を開始（陸海軍年表／戦史叢書1・24・35・76）． 　12．4　グアム島攻略部隊，母島を出発（陸海軍年表／戦史叢書6・35・38）． 　12．4　南方軍総司令官寺内寿一一行，台北を発しサイゴンに到着（陸海軍年表／戦史叢書1）． 　12．5　外務大臣東郷茂徳と陸海軍両統帥部との協議で，対米交渉打切り通告はハワイ空襲30分前の8日午前3時（ワシントン時刻7日午後1時）に米側に手交することに内定（陸海軍年表／戦史叢書10・35）． 　12．5　駆逐艦夕雲，竣工（ほか同型艦18隻）．陽炎（かげろう）型の艦尾を延長して最高速度35ノットを確実にした（日本の軍艦）． 　12．6　大本営政府連絡会議で，対米交渉打切り通告の米側手交時刻を5日の内定どおり決定（陸海軍年表／戦史叢書10・76・80）． 　12．6　英軍機，マレー攻略部隊輸送船団に触接．海軍馬来部隊，撃墜を下令（南方軍・南方部隊，奇襲上陸の前途を憂慮）．海軍機，攻撃に向かうが捕捉できず（陸海軍年表／戦史叢書1・24・34・78）． 　12．7　対米交渉打切り通告文の末文（第14節）と対米覚書手交時刻指令訓電，中央電信局から午後6時28分〜30分に発信を終了（陸海軍年表／戦史叢書76）． 　12．7　陸軍機，輸送船団に触接中の英軍機を撃墜（太平洋戦争最初の攻撃）（陸海軍年表／戦史叢書1・24・78）． 　12．7　真珠湾攻撃特殊潜航艇，親潜水艦から発進し同湾内へ向かう（陸海軍年表／戦史叢書10）． 　12．8　午前零時30分，米大統領ルーズベルトの天皇あて親書，外務大臣東郷茂徳に到達．東郷，参内してルーズベルトの親書を上奏（陸海軍年表／戦史叢書80）． 　12．8　第25軍先頭隊，マレー東岸に上陸（陸海軍年表／戦史叢書1・5・24・35・80）． 　12．8　午前3時19分（日本時刻），機動部隊，ハワイ真珠湾空襲を開始（陸海軍年表／戦史叢書10・35・80・95）． 　12．8　海軍少尉酒巻和男，搭乗した特殊潜航艇が真珠湾で座礁して「捕虜第1

加賀

飛龍

翔鶴　　＊真珠湾攻撃に参加した航空母艦．このほかに赤城・蒼龍・瑞鶴が参加．

1941（昭和16）

西暦	和　暦	記　　　　　　事
1941	昭和16	号」となる(1946年1月4日，復員)(日本人捕虜)〔→1942.3.6〕． 　12.8　陸海軍部隊，香港攻略作戦を開始(陸海軍年表／戦史叢書35・47・69・74・90)． 　12.8　陸海軍航空部隊，比島(フィリピン)を空襲し，陸海軍部隊，協同して北部比島要地を占領(陸海軍年表／戦史叢書2・24・26・34・35・80・95)． 　12.8　陸海軍基地航空部隊，マレー東岸要地とシンガポールを攻撃(陸海軍年表／戦史叢書24・26・34・35・95)． 　12.8　駐米大使野村吉三郎，米国務長官ハルに午前4時20分(ワシントン時刻7日午後2時20分，交付指令時刻より1時間20分遅延)対米覚書を手交(陸海軍年表／戦史叢書35・80)． 　12.8　南方軍，第15軍に即時タイ国へ進入通過することを下令(陸海軍年表／戦史叢書5・35)． 　12.8　南海支隊と第4艦隊の一部，グアム島攻略作戦を開始(陸海軍年表／戦史叢書6・35・38)． 　12.8　海軍基地航空部隊，ウェーク島空襲を開始(～10日)(陸海軍年表／戦史叢書35・38)． 　12.8　米砲艦ウェーク，上海で降伏．日本軍，英砲艦バトレルを撃沈し，上海特別陸戦隊は上海の米英共同租界を接収(陸海軍年表／戦史叢書26)． 　12.8　太平洋戦争，開戦．枢密院会議，宣戦布告を可決(陸海軍年表／戦史叢書35・76)． 　12.8　政府，午前11時ごろ宣戦布告書を在日の米・英・加・豪の各大使に手交(陸海軍年表／戦史叢書35)． 　12.8　対米英宣戦詔書，煥発．政府，帝国政府声明を発表(官報／内閣制度百年史下)． 　12.8　日・タイ間に日本軍のタイ国内通過承認協定成立し調印(陸海軍年表／戦史叢書1・5・80)． 　12.8　労務調整令(勅令第1063号)，公布(1942年1月10日，施行．一部は即日施行)(官報)． 　12.8　ヒトラー，モスクワ攻撃放棄を指令(近代日本総合年表)． 　12.9　中国国民政府，対日独伊宣戦布告(近代日本総合年表)． 　12.10　大本営政府連絡会議で今次戦争を大東亜戦争と呼称し，平時と戦時の法的分界時期を12月8日とすること等を決定．12日，閣議決定，実施(陸海軍年表／戦史叢書33・35・76・80)． 　12.10　日泰攻守同盟，合意．11日，仮調印(陸海軍年表／戦史叢書80)〔→12.21〕． 　12.10　オランダ，対日宣戦を通告(陸海軍年表／戦史叢書8・35・80)． 　12.10　ウェーク島攻略部隊，攻略作戦を開始(陸海軍年表／戦史叢書6・35・38)． 　12.10　グアム島攻略部隊，上陸に成功し同島を占領(陸海軍年表／戦史叢書6・14・35・38・80)． 　12.10　マレー沖海戦．南部仏印基地を発進した海軍航空部隊，英戦艦プリンス＝オブ＝ウェールズ・レパルスの2隻を撃沈(陸海軍年表／戦史叢書1・24・35・80・95)． 　12.10　比島(フィリピン)攻略先遣隊，アパリ・ビガンを占領(陸海軍年表／戦史叢書2・24・35)．

真珠湾攻撃

大本営発表(米英との開戦)(1941.12.8)

1941(昭和16)

西暦	和暦	記　　　　　　　　事
1941	昭和16	12.10　ギルバート方面攻略部隊，マキン・タラワを占領(陸海軍年表／戦史叢書6・35・38・80). 12.11　日独伊共同行動(単独不講和等)協定(日本国，ドイツ国及イタリア国間協定)，調印，発効(12月17日，公布．前文「アメリカ合衆国及英国ニ対スル共同ノ戦争ガ完遂セラルル迄ハ干戈ヲ収メザルノ確乎不動ノ決意ヲ以テ大日本帝国政府，ドイツ国政府及イタリア国政府ハ左ノ諸規定ヲ協定セリ」．独伊，対米宣戦布告(官報12.17〔条約第19号〕／陸海軍年表／戦史叢書35・76・80). 12.11　海軍のウェーク島攻略作戦，上陸不成功．駆逐艦2隻沈没・天候不良等のため作戦を中止(陸海軍年表／戦史叢書6・10・35・38・80). 12.11　グアム島攻略の陸海軍部隊，同島を占領し入城式を行う(陸海軍年表／戦史叢書38). 12.12　内閣情報局，今次対米英戦争を支那事変を含め大東亜戦争と呼称し，大東亜戦争と呼称するも戦争地域を大東亜だけに限定する意味ではないと発表(内閣制度百年史下／陸海軍年表／戦史叢書35・79). 12.12　比島(フィリピン)レガスピー攻略部隊，レガスピーを占領．14日，海軍戦闘機，同地へ進出(陸海軍年表／戦史叢書2・24・35). 12.12　第5飛行集団，上陸兵団の泊地掩護と北部ルソン航空撃滅戦実施を下令．海軍航空部隊，ルソン島中・南部地区航空撃滅戦を開始(陸海軍年表／戦史叢書34). 12.13　大本営政府連絡会議で戦争推移に伴う対蘭印戦争指導要領を決定．謀略により蘭印無血進駐を企図したが不成功に終る(陸海軍年表／戦史叢書3・35・80). 12.16　物資統制令(勅令第1130号)，公布・施行．生活必需物資統制令，廃止(官報). 12.16　戦艦大和，呉工廠で竣工(同型艦武蔵). 12.17　フィリピン攻略の第16師団主力乗船の船団，奄美大島古仁屋を発す(陸海軍年表／戦史叢書24・35). 12.17　第14軍主力船団，台湾を出発(陸海軍年表／戦史叢書35). 12.17　防空監視隊令(勅令第1136号)，公布(12月20日，施行〔12月17日勅令第1134号〕)(官報). 12.19　戦争保険臨時措置法(法律第96号)，公布(1942年1月26日，施行〔昭和17年1月21日勅令第24号〕)(官報). 12.19　言論，出版，集会，結社等臨時取締法(法律第97号)，公布(12月21日，施行〔12月20日勅令第1177号〕)(官報). 12.21　日泰同盟条約(日本国タイ国間同盟条約)，調印，発効(12月29日，公布．日泰両軍協同作戦協定を締結(官報12.29〔条約第20号〕／陸海軍年表／戦史叢書1・5・34・35). 12.22　第14軍主力，リンガエン湾に上陸(陸海軍年表／戦史叢書2・24・35・80). 12.22　米陸軍大将マッカーサー，米・フィリピン軍をルソン島バターン半島に撤退させるのを可とする意見を参謀総長マーシャルに報告．マーシャル，即時，これを承認(陸海軍年表／戦史叢書2). 12.22　米国大統領ルーズベルト・英国首相チャーチル，第1次戦争指導会議を開催(ワシントン．～1942年1月14日)．英米の統合参謀委員会設置を決定．欧州戦争優先を再確認(日本外交主要文書・年表1). 12.23　南方軍，第25軍にシンガポール攻略命令を下達(陸海軍年表／戦史叢書

マレー沖海戦　沈没するプリンス=オブ=ウェールズ号(上)とレパルス号

西暦	和暦	記事
1941	昭和16	1・35).
		12.23　陸海軍航空部隊,比島(フィリピン)全域の制空権を確保(陸海軍年表／戦史叢書34).
		12.23　第14軍,戦闘司令所をリンガエン湾岸バウアンに開設(陸海軍年表／戦史叢書2).
		12.23　ウェーク攻略部隊,同島に上陸し占領(陸海軍年表／戦史叢書10・35・38・80).
		12.23　ハワイ攻撃に向かった機動部隊本隊,瀬戸内海に帰着(陸海軍年表／戦史叢書10・35).
		12.23　米・フィリピン軍,バターン半島コレヒドールに後退し持久作戦に移行(陸海軍年表／戦史叢書35・80).
		12.23　敵産管理法(法律第99号),公布・施行(官報).
		12.24　俘虜収容所令(勅令第1182号),公布・施行.明治38年勅令第28号俘虜収容所条例を全部改正,改題.俘虜収容所は陸軍が管轄する俘虜の収容所であること,設置位置・開閉は陸軍大臣が定め,管理は軍司令官・衛成司令官が行うことなどを定める(官報).
		12.24　第16師団主力,ラモン湾上陸に成功し進撃を開始.29日までに荷揚を完了(陸海軍年表／戦史叢書2・24・35・80).
		12.24　フィリピンのマッカーサー司令部,マニラからコレヒドール要塞へ移転(陸海軍年表／戦史叢書35).
		12.25　第23軍,香港を占領.香港守備英軍,降伏(陸海軍年表／戦史叢書35・47・69・90).
		12.26　英華軍事同盟,重慶で締結(近代日本総合年表).
		12.27　米極東軍司令部,マニラ市の非武装都市を宣言(陸海軍年表／戦史叢書2・35).
		12.27　米国政府,在京スイス公使ゴルジュを通じて日本がジュネーブ条約を批准していないことは承知してはいるが日本政府もジュネーブ条約を相互的に適用する事を希望すると伝える(日本軍の捕虜政策)〔→1942.1.29〕.
		12.29　海軍蘭印部隊,蘭印攻略作戦命令第1号を発令(陸海軍年表／戦史叢書26).
		12.29　俘虜情報局官制(勅令第1246号),公布・施行.29日,初代長官陸軍中将上村幹男以下職員が任命され,俘虜情報局,業務を開始(官報／日本軍の捕虜政策).
		12.31　日本軍の支援によりタイピンでインド国民軍(I・N・A＝Indian National Army),創設(陸海軍年表／戦史叢書1).
		12.31　米国太平洋艦隊長官,更迭(海軍大将キンメル→同ニミッツ)(陸海軍年表／戦史叢書36).
		12.31　米合衆国艦隊司令長官キング,太平洋艦隊司令長官にミッドウェー・サモア・フィジー・ブリスベーンを結ぶ線の死守を下令(陸海軍年表／戦史叢書38).
		この年　陸軍,一式三七ミリ高射機関砲,同四輪・六輪トラック(いすゞ),同四輪乗用車,同照空灯,同多電話機をそれぞれ採用.

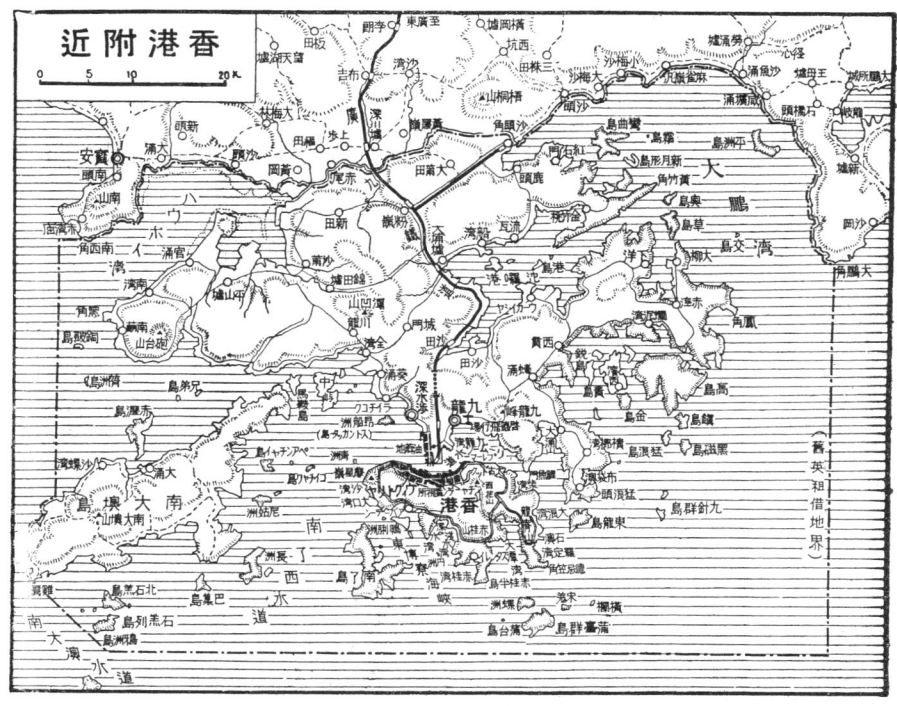

香港附近（写真週報201）

1942(昭和17)

西暦	和暦	記　事
1942	昭和17	⎛内閣総理大臣：東条英機 　陸　軍　大　臣：東条英機 　参　謀　総　長：杉山　元 　海　軍　大　臣：嶋田繁太郎 ⎝軍　令　部　総　長：永野修身 1. 1　米英ソ中4ヵ国,反枢軸同盟条約に調印.反枢軸連合国26ヵ国(アメリカ合衆国・イギリス・ソビエト連邦・中国・オーストラリア・ベルギー・カナダ・コスタリカ・キューバ・チェコスロバキア・ドミニカ・エルサルバドル・ギリシャ・グアテマラ・ハイチ・ホンジュラス・インド・ルクセンブルク・オランダ・ニュージーランド・ニカラグア・ノルウェー・パナマ・ポーランド・南アフリカ・ユーゴスラビア),単独不講和共同戦争強行を宣言(陸海軍年表／戦史叢書35). 1. 1　極東地域連合軍統合司令部(ABDA司令部)を設立.総司令官に英軍司令官陸軍中将ウェーベルを任命(陸海軍年表／戦史叢書34・35). 1. 2　閣議で「大詔奉戴日設定ニ関スル件」を決定.毎月8日を大詔奉戴日とし,昭和17年1月より大東亜戦争継続中実施する.興亜奉公日は廃止し大詔奉戴日に発展帰一させる(内閣制度百年史下). 1. 2　第14軍,マニラ市を占領(陸海軍年表／戦史叢書2・24・34・35・80). 1. 2　第14軍,ルソン島バターン半島攻撃準備を下令(陸海軍年表／戦史叢書2). 1. 3　南方軍,主要比島(フィリピン)作戦終了と判断し,第14軍に比島内要域の安定確保を下令(陸海軍年表／戦史叢書2・35). 1. 3　南方軍,比島(フィリピン)から第48師団と第5飛行集団の次期作戦転用を第14軍に通達(陸海軍年表／戦史叢書2). 1. 4　海軍大臣嶋田繁太郎,聯合艦隊と第3南遣艦隊に南方占領地行政実施要領と占領地方策実施に関する陸海軍中央協定に基づく比島(フィリピン)軍政実施を命令(陸海軍年表／戦史叢書80). 1. 4　参謀総長杉山元,ジャワ作戦繰り上げとビルマ作戦につき上奏(陸海軍年表／戦史叢書3). 1. 4　大本営,南海支隊にビスマルク諸島攻略を下令(1月中旬以後,なるべく速やかに実施)(陸海軍年表／戦史叢書14・35・78). 1. 4　南洋部隊航空部隊,ラバウル攻撃を開始(陸海軍年表／戦史叢書35・38). 1. 7　第25軍,スリム付近で英印軍に大打撃を与える(陸海軍年表／戦史叢書35). 1. 7　香港臨時俘虜収容所,編成.1月31日の軍令により正式開設(日本軍の捕虜政策). 1. 9　第65旅団,ルソン島バターン半島攻撃を開始(陸海軍年表／戦史叢書35). 1.10　大本営政府連絡会議で情勢の進展に伴う当面の施策に関する件(インド及びオーストラリアと英米との交通遮断,海軍を主担任としてオーストラリアを英米から離脱させるに努める等)を決定(陸海軍年表／戦史叢書35・38・40・49). 1.10　労務調整令,施行(官報1941.12.8)〔→1941.12.8〕. 1.10　台湾総督政府外事部長,外務大臣東郷茂徳にあて軍慰安所の開設のため南洋各地へ渡航する者の取締を照会.この頃より南方各地に軍慰安所が開設される

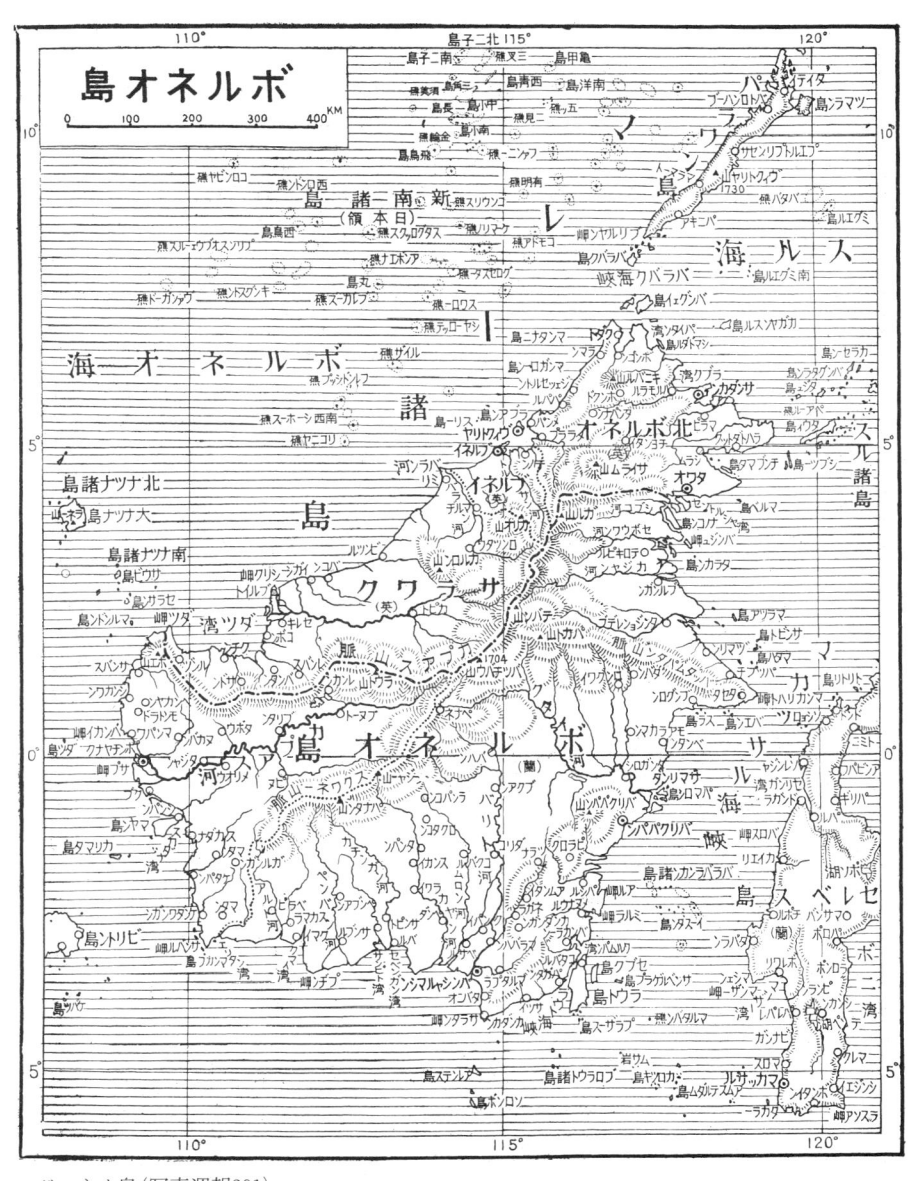

ボルネオ島（写真週報201）

1942(昭和17)

西暦	和　暦	記　　　　　　　　事
1942	昭和17	(慰安婦と戦場の性). 　　1.11　第5師団, クアラルンプールを占領(陸海軍年表／戦史叢書1・26・34・35). 　　1.11　横須賀鎮守府第1特別陸戦隊, セレベス島メナドに落下傘降下し同地飛行場を占領(日本軍最初の落下傘降下作戦)(陸海軍年表／戦史叢書35・80). 　　1.11　坂口支隊と海軍陸戦隊, タラカン島を攻略(陸海軍年表／戦史叢書3・26・35・61・80). 　　1.11　第1軍, 冬季山西粛正作戦(山西省全域の共産軍掃討)を開始(～1ヵ月)(陸海軍年表／戦史叢書50). 　　1.12　政府, 対蘭印戦闘開始の声明を発表(陸海軍年表／戦史叢書3). 　　1.12　大本営, 航空母艦部隊の主力を南方要域攻略作戦の支援に充てることを決定(陸海軍年表／戦史叢書34). 　　1.12　陸軍第3飛行集団と海軍第22航空戦隊, シンガポール航空撃滅戦を開始(～14日)(陸海軍年表／戦史叢書1・24・34). 　　1.12　連合国軍, 基本戦略を決定. ドイツ打倒を第一とする(日本海軍史8). 　　1.13　セント＝ジェームス宮殿における宣言. ドイツに占領された欧州9ヵ国(ベルギー・チェコスロバキア・自由フランス・ギリシャ・ルクセンブルク・オランダ・ノルウェー・ポーランド・ユーゴスラビア)の亡命政府がロンドンのセント＝ジェームス宮殿において「ドイツの暴虐行為に対し裁判によって処罰することを主要な戦争目的の中に入れる」ことを決議(戦争裁判余録). 　　1.14　大本営政府連絡会議で香港の日本領有を決定(陸海軍年表／戦史叢書35). 　　1.14　陸軍, 上海・香港・善通寺に俘虜収容所を設置(陸海軍年表／戦史叢書35／日本軍の捕虜政策). 　　1.14　米英連合参謀本部を設置(ワシントン1月14日)(陸海軍年表／戦史叢書80)〔→1941.12.22〕. 　　1.15　大本営, インド・オーストラリアに対する施策主任をそれぞれ陸軍・海軍と決定(陸海軍年表／戦史叢書49). 　　1.18　日独伊軍事協定, ベルリンで調印. 共通戦争指導要綱, インド洋における日・独・伊潜水艦作戦地境等を協定(陸海軍年表／戦史叢書35・68・71・72・77・80). 　　1.19　第14軍のルソン島バターン半島攻撃, 頓挫(陸海軍年表／戦史叢書35). 　　1.20　大本営政府連絡会議で占領地軍政実施に伴う第三国権益処理要綱(在支接収敵性権益の国民政府移管要領)を決定(陸海軍年表／戦史叢書35・50). 　　1.20　大本営政府連絡会議でタイの参戦を承認(陸海軍年表／戦史叢書35). 　　1.中旬　軍令部・聯合艦隊司令部, ハワイ攻略を検討(陸海軍年表／戦史叢書38). 　　1.21　首相東条英機, 大東亜経営大方針(南方地域の帰属等)を宣言. 帝国議会で比島(フィリピン)独立について声明(日本外交年表並主要文書下／陸海軍年表／戦史叢書2・35). 　　1.22　大本営, 南方軍と聯合艦隊にビルマ要域攻略を下令し, ビルマ作戦陸海軍中央協定の締結を指示. ビルマ作戦を「U作戦」と呼称(陸海軍年表／戦史叢書5・26・35・78・80). 　　1.22　第14軍, ルソン島バターン半島攻撃を再開(陸海軍年表／戦史叢書35). 　　1.23　外務大臣東郷茂徳, 駐日ソ連大使に相互に中立条約再確認を要望(陸海軍年表／戦史叢書35).

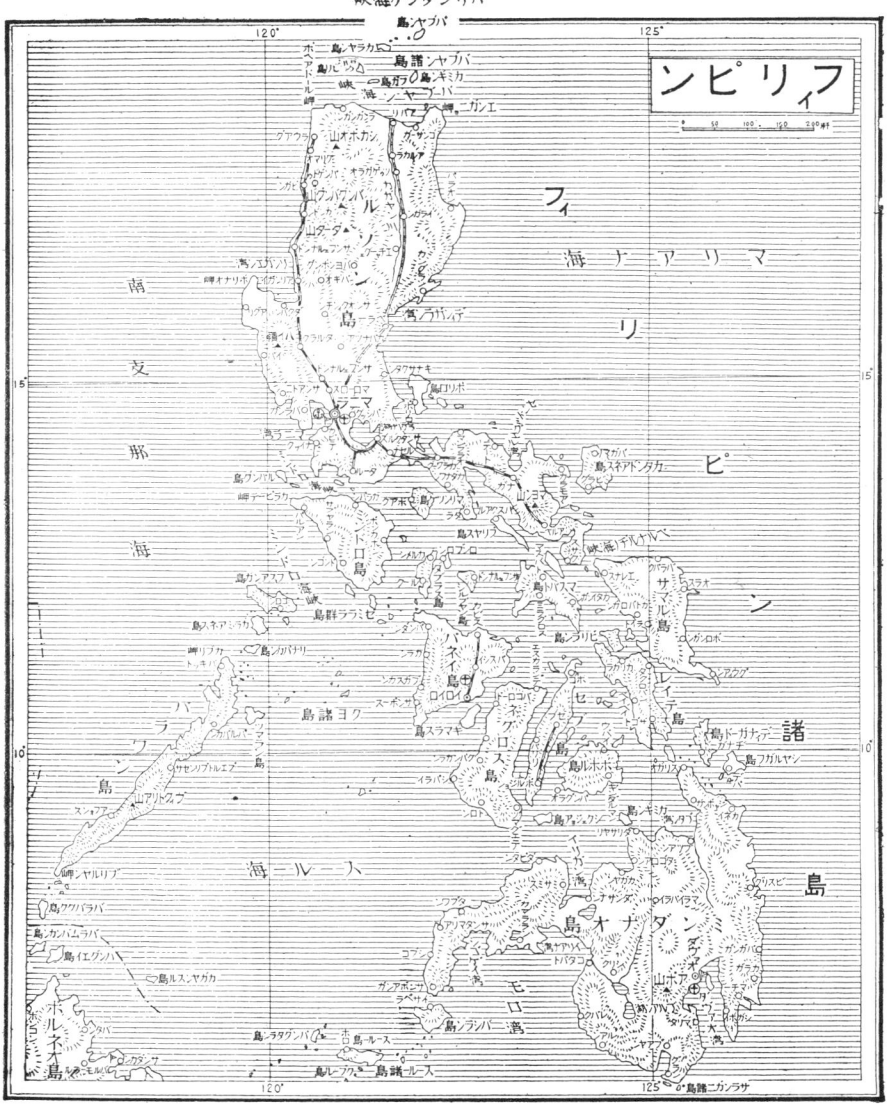

フィリピン（写真週報202）

1942（昭和17）

西暦	和暦	記　　　　　　　　　事
1942	昭和17	1.23　第14軍,比島（フィリピン）要人バルガスらを起用し比島行政府の組織と行政実施を命令.2月5日,行政府,事務を開始（陸海軍年表／戦史叢書2）. 1.23　海軍陸戦隊,ニューアイルランド島カビエンを占領.ラバウル攻略陸海軍部隊,ラバウルを占領（陸海軍年表／戦史叢書6・7・14・35・38・49・78・80・94）. 1.23　米軍機,ラバウルを初空襲（陸海軍年表／戦史叢書14）. 1.24　バリックパパン攻略陸海軍部隊,上陸に成功し飛行場を占領（陸海軍年表／戦史叢書3・26・35・80）. 1.24　海軍陸戦隊,セレベス島ケンダリーを占領（陸海軍年表／戦史叢書26・35・80）. 1.25　第25軍,クルアンとバトパハを占領（陸海軍年表／戦史叢書1・35）. 1.25　第26軍の坂口支隊,ボルネオ島バリックパパンを占領（陸海軍年表／戦史叢書26）. 1.25　第65旅団,バターン半島の敵主陣地を突破（陸海軍年表／戦史叢書35）. 1.25　タイ,対米英宣戦を布告（陸海軍年表／戦史叢書35）. 1.26　航空母艦祥鳳,横須賀工廠で給油艦剣崎より改装完成（同型艦瑞鳳）（日本の軍艦）. 1.28　造船事業の統制会,成立（日本海事史8）. 1.29　大本営,聯合艦隊に英領ニューギニアとソロモン群島要地等の攻略を指示（陸海軍年表／戦史叢書35・38・49・80）. 1.29　日本,米英に対し俘虜・抑留者にジュネーブ条約（俘虜条約）を「準用」する旨通告（戦争裁判余録）〔→1941.12.27〕. 1.29　第14軍,大本営と南方軍にバターン半島攻略は容易ではないと報告（陸海軍年表／戦史叢書2）. 1.31　技術院官制（勅令第41号）,公布・施行.2月1日,技術院,開庁（官報）. 1.31　アンボン攻略陸海軍部隊,アンボン島上陸（陸海軍年表／戦史叢書3・26・80）. 1.31　海軍戦闘機,ラバウルに進出（陸海軍年表／戦史叢書38）. 1.―　陸軍,満洲の虎頭陣地に41糎榴弾砲・24糎列車砲を設置（陸海軍年表／戦史叢書73）. 2.1　政府,衣料切符制度を実施（陸海軍年表／戦史叢書51）. 2.1　米機動部隊,マーシャル群島方面に来襲.開戦後最初の反攻.マーシャル方面防備部隊指揮官八代祐吉,戦死（陸海軍年表／戦史叢書6・29・35・38・80・85）. 2.1　蔣介石,米国陸軍少将スチルウェル（在中連合国軍最高指揮官）の蔣介石参謀長就任を発表（陸海軍年表／戦史叢書35）. 2.2　大本営,南海支隊と第4艦隊に英領ニューギニアとソロモン群島要地の攻略を下令（陸海軍年表／戦史叢書7・14・78・94）. 2.2　陸軍,第58〜60・68〜70師団の編成を下令.中国の独立混成旅団を改編したいわゆる「六十番台師団」で治安師団.以後,1943年5月1日,第62〜65師団を編成（戦史叢書99／太平洋戦争師団戦史）. 2.2　大日本婦人会,発会式.愛国婦人会・大日本国防婦人会・大日本聯合婦人会が統合（大日本国防婦人会十年史）. 2.3　陸軍大臣東条英機,永田秀次郎・村田省蔵・砂田重政・徳川義親を陸軍司

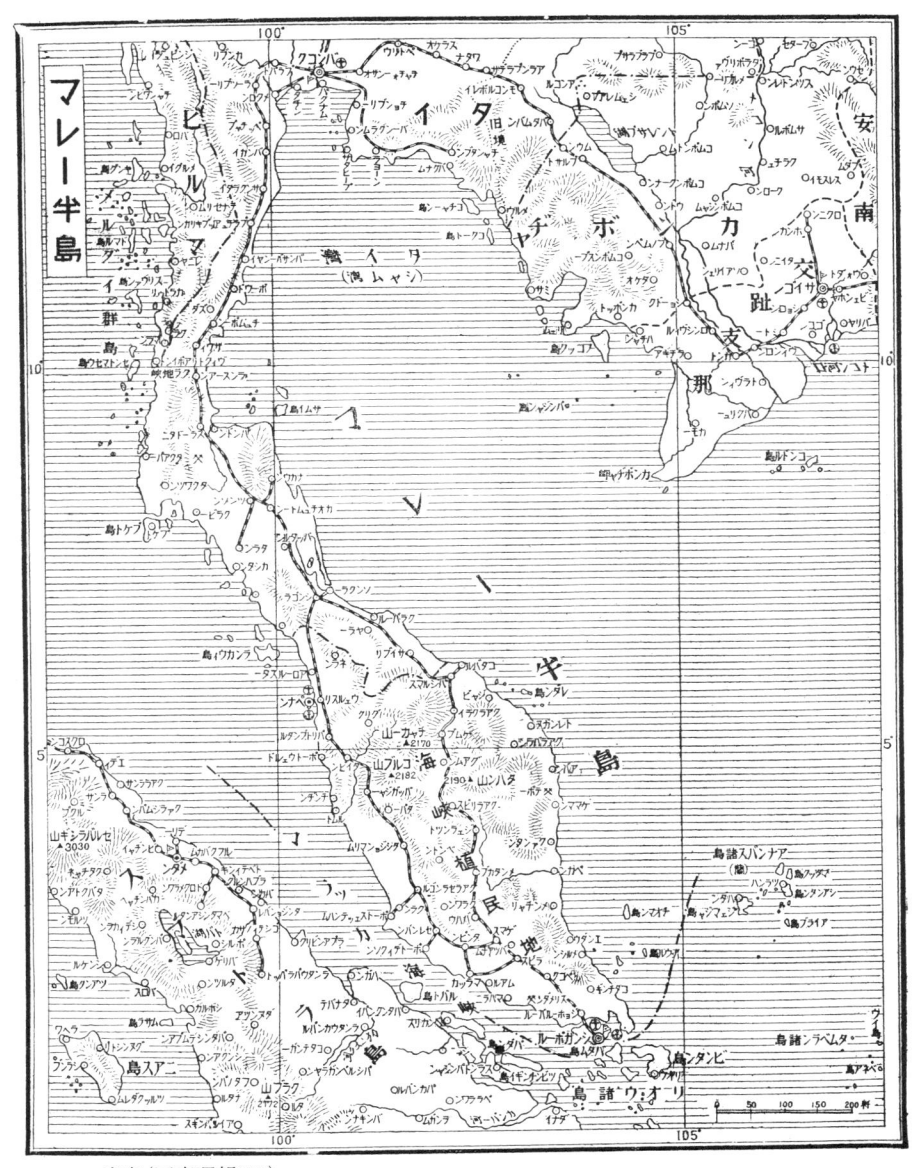

マレー半島（写真週報202）

1942（昭和17）

西暦	和　暦	記　　　　　　　　　　事
1942	昭和17	政長官に任命(陸海軍年表／戦史叢書2・35). 2. 3　アンボン島の敵の守備兵,降伏.同地占領陸海軍部隊,アンボン占領概成(陸海軍年表／戦史叢書26). 2. 3　海軍第2航空戦隊,ポートモレスビーを初空襲(陸海軍年表／戦史叢書35・7). 2. 4　ジャワ沖海戦.海軍第21航空戦隊の陸上攻撃機60機,日本軍のセレベス島マカッサル攻略を阻止しようとした連合国軍艦隊に雷爆撃を加え撃退(陸海軍年表／戦史叢書26・35・80). 2. 6　陸海軍両統帥部事務当事者懇談会で海軍の豪州攻略論に陸軍側が反対し,太平洋正面は現状維持の空気が強くなる(陸海軍年表／戦史叢書38). 2. 7　大本営,南方軍と南方部隊に葡(ポルトガル)領チモール作戦の実施を下令(陸海軍年表／戦史叢書26・35). 2. 7　大本営,南方軍と聯合艦隊にアンダマン群島要地攻略(D作戦)実施を下令(陸海軍年表／戦史叢書5・26・35・80). 2. 8　聯合艦隊,海軍部隊のマカッサル攻略ほぼ完了(陸海軍年表／戦史叢書26). 2. 8　第14軍,ルソン島バターン半島の攻撃を中止し兵力・態勢を整理し増援兵力の到着を待ち後図を策する所要の措置を発令(陸海軍年表／戦史叢書2・24・35). 2. 9　大本営政府連絡会議で爾後の戦争指導に関する件を決定(陸海軍年表／戦史叢書35). 2. 9　マカッサル攻略部隊,マカッサルを完全占領(陸海軍年表／戦史叢書27・35・80). 2. 9　伊号第69潜水艦,ミッドウェー島を砲撃(11日にも砲撃)(陸海軍年表／戦史叢書98). 2.10　俘虜郵便為替規則(通信省令第13号),公布(2月21日,施行).「俘虜為替トハ俘虜ノ発受シ又ハ俘虜ノ事務ニ関シ俘虜情報局ノ発受スル内国通常為替,外国通常為替及日満通常為替ヲ謂フ」(第1条)(官報). 2.11　第25軍,シンガポールのマンダイ高地・ブキテマ高地占領(陸海軍年表／戦史叢書1・35). 2.11　第25軍,シンガポールの英軍に降伏勧告状を飛行機で撒布(陸海軍年表／戦史叢書1). 2.11　聯合艦隊司令長官山本五十六,ハワイ特別攻撃隊(特殊潜航艇)に感状を授与(陸海軍年表／戦史叢書10). 2.11　米機動部隊,ラバウルを空襲.20日,ウェーク島,3月4日,南鳥島を空襲.米,機動部隊による反撃を開始(陸海軍年表／戦史叢書43). 2.12　大日本国防婦人会,解散式(大日本国防婦人会十年史). 2.13　閣議で「朝鮮人労務者活用ニ関スル方策」を決定.内地の労働力不足を補うための朝鮮人労働者「移入」政策が本格化(在日朝鮮人関係資料集成4／朝鮮人戦時労働動員). 2.13　第14軍,南方軍にバターンとコレヒドール要塞は封鎖にとどめ,その間にビサヤ地区要域攻略を実施するを可とする案を意見具申(陸海軍年表／戦史叢

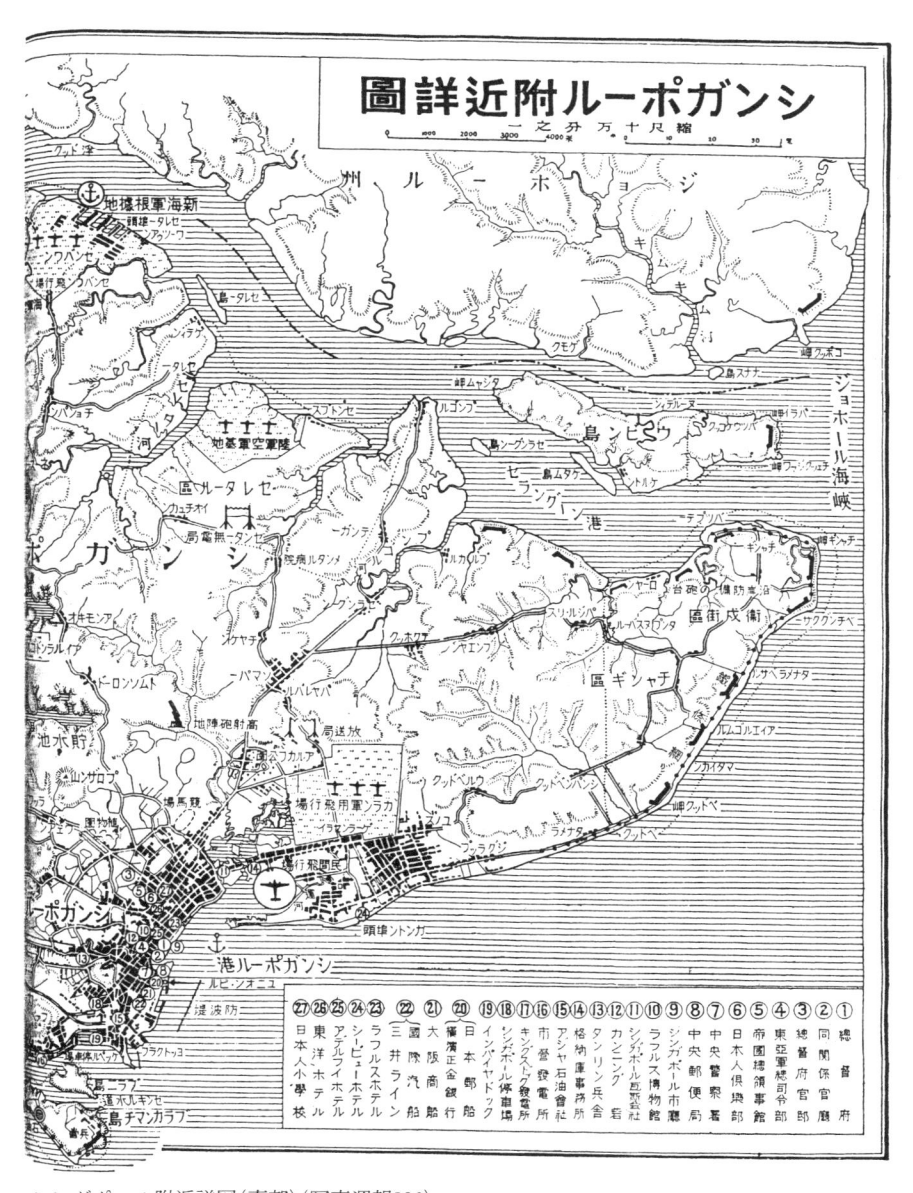

シンガポール附近詳図(東部)(写真週報206)

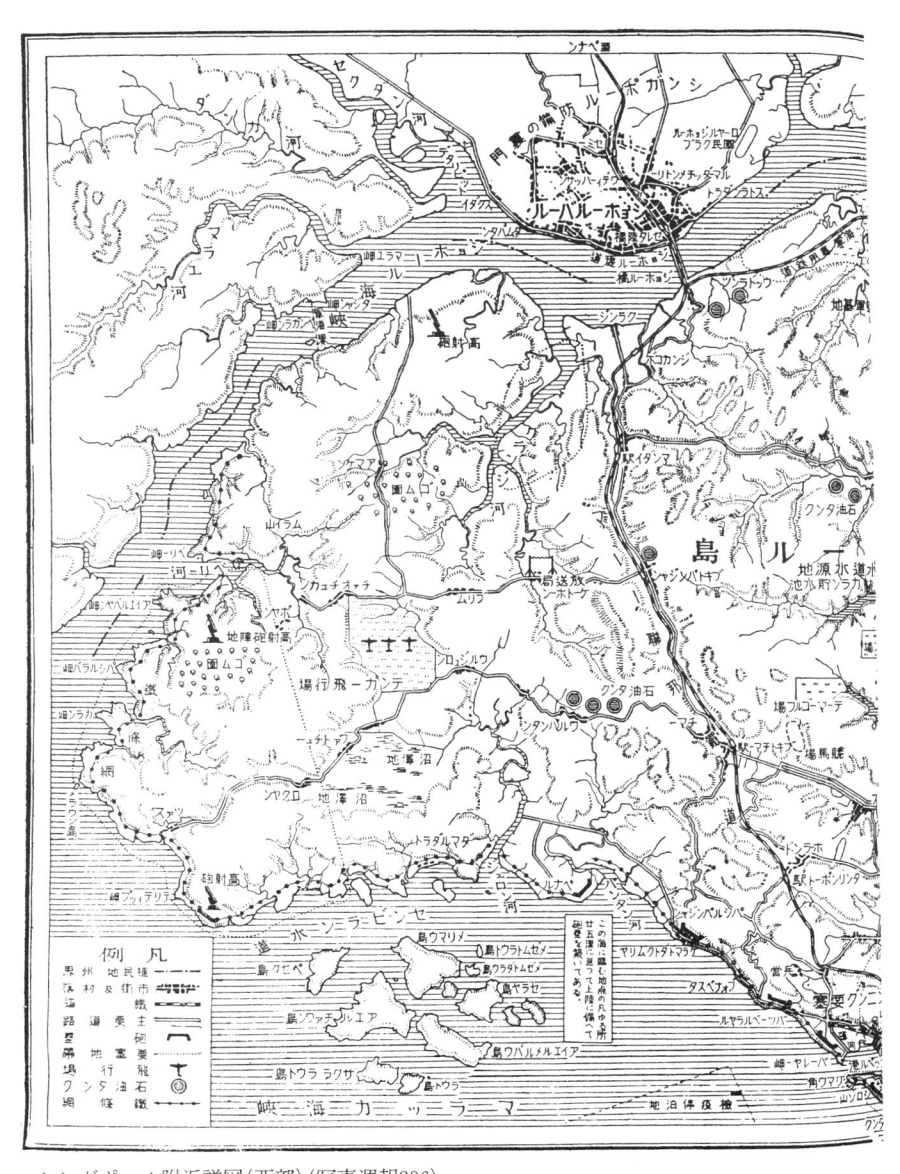

シンガポール附近詳図(西部)(写真週報206)

西暦	和暦	記　事
1942	昭和17	書35）．

　　2.13　第14軍，バターン半島封鎖を下令（陸海軍年表／戦史叢書２）．
　　2.14　大本営政府連絡会議で華僑対策要綱を決定（陸海軍年表／戦史叢書35）．
　　2.14　第１挺進団（陸軍落下傘部隊），パレンバンに第１次降下し同地製油所等を占領（陸海軍年表／戦史叢書３・24・26・34・35・61・78・80）．
　　2.15　大本営政府連絡会議でシンガポール島を昭南島と呼称することを決定（陸海軍年表／戦史叢書35）〔→2.17〕．
　　2.15　第25軍，シンガポールを占領．マレー英軍総司令官パーシバル以下約10万の将兵，降伏（陸海軍年表／戦史叢書１・24・26・34・35・78）．
　　2.16　首相東条英機，帝国議会でシンガポール陥落を機に東亜解放を宣明．ビルマが日本に協力すればその独立を援助する等（陸海軍年表／戦史叢書５・35）．
　　2.17　大本営，シンガポールを昭南と改称すると発表（陸海軍年表／戦史叢書34）．
　　2.17　南方軍，第14軍にバターン半島の速やかな攻略を要望（陸海軍年表／戦史叢書35）．
　　2.18　兵役法及共通法中改正法律（法律第16号）・昭和十七年簡閲点呼ニ関スル件（陸軍省令第８号），各公布・施行．①国民兵の転役を規定．②第一補充兵役を海軍17年４月とする．③戦時・事変に必要ある場合には勅令により徴兵適齢を変更できる．④国民兵に簡閲点呼を行い，第二国民兵にも戸籍に略符号をつける（今後は随時召集する）（官報／徴兵制と近代日本）．
　　2.19　第48師団の金村支隊，バリ島を占領（陸海軍年表／戦史叢書３・26・35）．
　　2.19　バリ島沖海戦．日本駆逐艦４隻，米蘭連合の巡洋艦・駆逐艦と交戦．蘭駆逐艦１隻を撃沈（陸海軍年表／戦史叢書26・80）．
　　2.19　米国大統領ルーズベルト，陸軍長官スチムソンに軍事地域を定める権限を付与するとした大統領行政命令に署名．これにもとづき日系米国人を強制収容（世界戦争犯罪事典）．
　　2.20　南方開発金庫法（法律第33号），公布（３月１日，施行）．４月１日，南方開発金庫，営業開始．南方開発金庫は東南アジアの日本軍占領地区の資源開発を促進し，あわせて為替管理，敵産管理，日本銀行代理店業務などを取り扱い，かつ一般銀行に資金を供給する金融機関．本店，東京（官報／国史大辞典／昭和財政史）．
　　2.20　陸軍刑法中改正法律（法律第35号）・海軍刑法中改正法律（法律第36号），公布（３月15日，各施行〔３月11日勅令第155号〕）．「暴行脅迫ノ罪」を「暴行脅迫及殺傷ノ罪」に，「掠奪ノ罪」を「掠奪及強姦ノ罪」に改めるなど，多発する強姦・抗命・上官暴行殺害の取締りを強化（官報／日本軍の捕虜政策）．
　　2.20　俘虜給与規則（陸達第８号），公布（１月15日より適用）（官報）．
　　2.20　朝鮮総督府，「労務動員実施計画による朝鮮人労働者の内地移入斡旋要綱」を策定．朝鮮人労働者を選定し企業代理人へ引き渡すまでの業務をすべて総督府が行う（「官斡旋」）ことを定める（朝鮮人戦時労働動員）．
　　2.20　横須賀鎮守府第３特別陸戦隊（落下傘降下部隊）主力，チモール島クーパンに降下．21日，第２次降下，クーパン飛行場を占領（陸海軍年表／戦史叢書26・80）．
　　2.20　ラバウル沖航空戦．海軍航空部隊，ラバウル東方に米機動部隊を発見し攻撃（陸海軍年表／戦史叢書38・49・80）．

1942（昭和17）

西暦	和暦	記　　　　　　事
1942	昭和17	2.21　食糧管理法（法律第40号），公布（7月1日・9月15日・12月25日，施行〔6月24日勅令第591号・9月11日勅令第650号・12月24日勅令第846号〕）（官報）． 2.21　第25軍，シンガポールで3次にわたり華僑を殺害（第1次2月21日〜23日．第2次2月28日〜3月3日．第3次3月末）（世界戦争犯罪事典）． 2.22　米大統領ルーズベルト，米比軍司令官マッカーサーにオーストラリアに赴き西南太平洋連合国軍司令官就任のため比島（フィリピン）脱出を命令（陸海軍年表／戦史叢書2）． 2.23　セリヤ原油本土還送第1船（旭石油所属橘丸），ボルネオを出港（陸海軍年表／戦史叢書87）． 2.23　米軍機B-17（5機），ラバウルを初空襲（陸海軍年表／戦史叢書14）． 2.24　重要物資管理営団法（法律第69号），公布（3月5日，施行〔3月4日勅令122号〕）．4月，同営団，設立．1943年6月，交易営団に吸収（官報）． 2.25　戦時災害保護法（法律第71号），公布（4月30日，施行〔4月28日勅令第454号〕）．戦時災害被災者，その家族・遺族の応急救助・扶助（官報）． 2.25　重要事業場労務管理令（勅令第106号），公布・施行（官報）． 2.27　スラバヤ沖海戦（〜3月1日）．ジャワ上陸掩護艦隊，米英蘭豪連合艦隊と交戦．午後，蘭駆逐艦1隻を撃沈，夜半，蘭軽巡洋艦2隻を撃沈（陸海軍年表／戦史叢書26・35・80）． 2.28　大本営政府連絡会議で帝国指導下に新秩序を建設すべき大東亜地域を決定し，米豪・英印豪間の相互依存関係及びその遮断による影響を検討（陸海軍年表／戦史叢書35）． 2.28　陸軍特別志願兵令中改正ノ件（勅令第107号），公布（4月1日，施行）．台湾に陸軍特別志願兵制を行う（官報）． 2.—　陸軍，二式戦闘機・二式複座戦闘機・一式貨物輸送機を制式に決定（陸海軍年表／戦史叢書87）． 3.1　第16軍，ジャワ島の東部と西部に上陸（陸海軍年表／戦史叢書3・23・26・33・35・80）． 3.1　バタビア沖海戦．夜間に米重巡洋艦・オーストラリア軽巡洋艦各1隻を撃沈．第16軍司令官中将今村均乗船の神州丸など輸送船3隻，味方の魚雷で大破着底（陸海軍年表／戦史叢書3・26・35・80）． 3.2　米カリフォルニアなどに軍事地域を設定する布告第1号が出され，日系人の拘留命令が適用される（世界戦争犯罪事典）． 3.4　米機動部隊，南鳥島に来襲（陸海軍年表／戦史叢書6・26・35・38・80・85）． 3.4　第1次K作戦（飛行艇によるハワイのオアフ島攻撃），成功．飛行艇2機，真珠湾を爆撃し，5日，マーシャル基地に帰着（陸海軍年表／戦史叢書38・80・95）． 3.5　大本営，聯合艦隊にジャワ作戦終了後オランダ領ニューギニアの残存敵兵力掃討と要地占領を下令（陸海軍年表／戦史叢書54）． 3.5　第16軍，バタビアを占領（陸海軍年表／戦史叢書3・26・35）． 3.5　海軍南洋部隊，ラエ・サラモア攻略を発令．同地攻略部隊，ラバウルを出発．8日，陸軍部隊はサラモア，海軍部隊はラエ付近を占領（陸海軍年表／戦史叢書38・49）． 3.6　海軍省，真珠湾の特別攻撃隊（特殊潜航艇）戦死者9名を「9軍神」として

降伏するパーシバルと幕僚(1942.2.15)

山下奉文とパーシバル(1942.2.15)

1942（昭和17）

西暦	和　暦	記　　　　　　事
1942	昭和17	氏名を公表(日本人捕虜)〔→1941.12.8〕．
3．7　大本営政府連絡御前会議で「今後採るべき戦争指導の大綱」と，米英の対日大規模攻勢開始を昭和18年以降とする情勢判断を決定．米の戦意を喪失させるため，長期不敗の体制を整えつつ，機を見て積極策を講ずるという玉虫色の考え方(陸海軍年表／戦史叢書7・19・33-35・55・61・77・78・99)．
3．7　第55師団，ラングーン北方のペグーを占領(陸海軍年表／戦史叢書5)．
3．8　第16軍，スラバヤとチラチャプを占領し蘭印の総督スタルケンボルグ・陸軍長官テルポールテンと降伏交渉(陸海軍年表／戦史叢書3・26・35)．
3．8　第15軍，ラングーンを占領(陸海軍年表／戦史叢書5・26・34・35)．
3．8　南海支隊と海軍陸戦隊，ラエとサラモアを占領(陸海軍年表／戦史叢書7・14・35・80)．
3．9　大本営政府連絡会議で「今後採るべき戦争指導の大綱」を最終決定(7日決定のものを修正し13日に上奏．独ソ和平斡旋も重慶政権打倒工作も当分行わず，積極攻勢継続方針をとる(終戦史録／陸海軍年表／戦史叢書80)．
3．9　大本営政府連絡会議で「世界情勢判断」と昭和17年度の石油配分(国内と共栄圏への増配等)を決定(終戦史録／陸海軍年表／戦史叢書33・35・88)．
3．9　第16軍，バンドンを占領(陸海軍年表／戦史叢書26)．
3．9　蘭印軍，全面降伏(陸海軍年表／戦史叢書3・23・26・34・35・80)．
3．上旬　第16軍，ジャワの油田地帯と製油所を占領(陸海軍年表／戦史叢書61)．
3．12　近衛師団，スマトラ攻略作戦を開始し各地に上陸，北部スマトラを占領(Ｔ作戦と呼称)(陸海軍年表／戦史叢書5・80)．
3．12　ジャワ島のイギリス・オーストラリア軍8000名，降伏(陸海軍年表／戦史叢書3)．
3．12　海軍陸戦隊，サラモア地区守備を陸軍から引き継ぐ．13日，陸軍部隊，同地を出発しラバウルに引き揚げる(陸海軍年表／戦史叢書49)．
3．12　米比軍司令官マッカーサー，幕僚と共にコレヒドール島を脱出．17日，ポートダーウィン(オーストラリア)に到着(陸海軍年表／戦史叢書2・35)．
3．17　南方軍，近衛師団のパダン(中部スマトラ)占領でスマトラ攻略作戦を概了(陸海軍年表／戦史叢書5・35)．
3．17　米国，太平洋方面作戦の指揮組織の変更を決定．4月18日，陸軍大将マッカーサー，南西太平洋方面指揮官に就任．5月8日，海軍大将ニミッツ，太平洋方面指揮官に就任(陸海軍年表／戦史叢書77)．
3．19　日本画家報国会，結成．軍用機献納作品展を開催(～22日．日本橋三越)．売り上げ20万円を献納(戦争と美術)．
3．中旬　大本営陸軍部，豪州(オーストラリア)進攻作戦を断念．陸軍担任南方占領油田地区の油を本土還送を開始(陸海軍年表／戦史叢書7)．
3．21　米大統領ルーズベルト，蒋介石の要請に応じ，ラングーン経由援蒋ルートの遮断に備えてアッサム―ビルマ―昆明間の航空輸送部隊の創設を発令(陸海軍年表／戦史叢書15)．
3．23　アンダマン攻略陸海軍部隊，ポートブレアを占領(陸海軍年表／戦史叢書5・35)．
3．24　陸海軍航空部隊，協同してコレヒドール要塞への爆撃を開始(～4月2

バタビアを行進する日本軍

スラバヤに入る日本軍

1942(昭和17)

西暦	和暦	記　　　　　事
1942	昭和17	日)(陸海軍年表／戦史叢書2・54・94).

　　　3.25　戦時海運管理令(勅令第235号),公布・施行(官報).
　　　3.26　機動部隊,スターリング湾に出撃(印度洋機動作戦を実施).4月5日,コロンボを,9日,トリンコマリーを攻撃(陸海軍年表／戦史叢書26・80).
　　　3.27　アメリカで指定地域から日系人を1人残らず排除する一連の命令が出され,29日,発効.6月末までに太平洋岸の日系人ほぼ全員が仮収容所に収容され,10月末までに収容所に収容される(世界戦争犯罪事典).
　　　3.27　第14軍,バターン半島攻撃実施を発令(陸海軍年表／戦史叢書2).
　　　3.30　第55・第56師団,トングーを攻略(陸海軍年表／戦史叢書5).
　　　3.30　R方面防備部隊の一部,ソロモン諸島のショートランド・ブカ島を占領(陸海軍年表／戦史叢書38・49).
　　　3.31　昭和十五年勅令第五百八十号陸軍武官官等表ノ件中改正ノ件(勅令第297号),公布(4月1日,施行).陸軍法務部に法務中将～同少尉を置く.経理部に建技中将～同伍長を置く.衛生部に衛生少佐,獣医部に獣医務少佐,軍楽部に軍楽少佐を置く(官報).
　　　3.31　陸軍法務訓練所令(勅令308号),公布(4月1日,施行).陸軍法務訓練所を創設(官報).
　　　3.31　俘虜取扱ニ関スル規程,制定.陸軍省軍務局の一部として俘虜管理部を設立.捕虜管理に関する計画・政策の発布と俘虜情報局の管理を担当(日本軍の捕虜政策).
　　　3.—　陸軍,画家・彫刻家16名の前線派遣計画を発表.5月,海軍,同じく16名の派遣を発表(戦争と美術).
　　　3.—　ドイツのプロパガンダ映画「意志の勝利」,公開(日本映画史4).
　　　4.1　大本営政府連絡会議で昭和17・18年度甲造船計画案審議(17年度52万総t,18年度75万総t)(陸海軍年表／戦史叢書88).
　　　4.1　船舶運営会,新設(陸海軍年表／戦史叢書46・88).
　　　4.1　陸軍管区表,改正.1府県1聯隊区制,完成(陸海軍年表／戦史叢書51).
　　　4.1　ビルマ独立義勇軍,2個師団(7個聯隊)に改編し第33師団の作戦に呼応して北伐を開始(陸海軍年表／戦史叢書5).
　　　4.1　第1飛行団,麗水・衢州(くしゅう)飛行場を攻撃(本土空襲未然封止)(陸海軍年表／戦史叢書74).
　　　4.1　聯合艦隊司令長官山本五十六,次期作戦構想を承認内定(5月上旬ポートモレスビー攻略,6月上旬ミッドウェー作戦,7月中旬フィジー・サモア作戦,10月を目途としてハワイ攻略作戦準備)(陸海軍年表／戦史叢書43).
　　　4.1　陸軍少年通信兵学校,創設(陸軍人事制度概説付録)〔→1941.11.29〕.
　　　4.1　台湾に陸軍特別志願兵制,施行(官報2.28〔勅令〕)〔→2.28〕.
　　　4.3　第14軍,バターン半島第2次総攻撃を開始(陸海軍年表／戦史叢書2・24・35・54).
　　　4.3　大本営海軍部,聯合艦隊のミッドウェー作戦計画に対し強く不賛成を表明.実施の危険,米航空母艦誘出疑問,攻略後の維持困難等が理由(陸海軍年表／戦史叢書43).
　　　4.5　軍令部,海軍次期作戦構想を決定(ミッドウェー作戦・アリューシャン作

ペグーの寝仏を仰ぐ日本軍兵士(1942.3.7)

1942(昭和17)

西暦	和暦	記　　　　　事
1942	昭和17	戦・F・S作戦)(陸海軍年表／戦史叢書6・29・35・38・43・80).
		4.5　機動部隊,コロンボ・トリンコマリーを空襲,英重巡洋艦2隻を撃沈(陸海軍年表／戦史叢書5・35).
		4.5　セブ攻略陸海軍部隊,リンガエン湾を発する.10日,セブ島を攻略(陸海軍年表／戦史叢書54).
		4.5　ラバウル方面防備部隊,ブーゲンビル島・アドミラルティ諸島要地を攻略(〜11日)(陸海軍年表／戦史叢書38).
		4.6　首相東条英機,対インド声明(インド人のインドを建設せよ)を発表(陸海軍年表／戦史叢書35).
		4.9　ルソン島バターン半島の米比軍,降伏(陸海軍年表／戦史叢書2・35・54).
		4.9　第14軍,ルソン島バターン半島掃討とコレヒドール要塞攻略準備を下令(陸海軍年表／戦史叢書2).
		4.9　機動部隊,トリンコマリーを強襲,英航空母艦1隻を撃沈(陸海軍年表／戦史叢書35・95／日本陸海軍事典).
		4.9　米軍機B-26,ラバウルを初空襲(陸海軍年表／戦史叢書14).
		4.10　第14軍の川口支隊,セブ島に上陸.21日,掃討概成(陸海軍年表／戦史叢書2).
		4.10　大本営,昭和17年度海軍戦時編制実施を発令(南西方面艦隊新設,第1航空艦隊改編,第1・第2海上護衛隊新設など)(陸海軍年表／戦史叢書26・29・38・46・49・79・80・85).
		4.10　ルソン島バターン半島の米比軍捕虜約7万をルソン島オドンネルの俘虜収容所まで徒歩行進させる,いわゆるバターン死の行進がはじまる(世界戦争犯罪事典).
		4.11　大本営政府連絡会議で船舶建造計画改4線表(第1次戦標船採用)決定(この後1945年4月までに改12線表に至る計画区分を立案決定)(陸海軍年表／戦史叢書46・88).
		4.11　第14軍,ルソン島バターン半島掃討概成(陸海軍年表／戦史叢書2・35).
		4.12　参謀本部・軍令部の作戦計画当事者間協議.海軍,6月上旬のミッドウェー・キスカ島攻略とダッチハーバー・アダック攻撃の実施を正式提議.陸軍,原則的に同意,陸軍兵力使用は保留(陸海軍年表／戦史叢書29).
		4.12　聯合艦隊,軍隊区分の発令(18日付第5航空戦隊・第5戦隊と駆逐隊2隊を南洋部隊に編入)(陸海軍年表／戦史叢書49).
		4.12　南洋部隊,ポートモレスビー攻略作戦準備を開始(陸海軍年表／戦史叢書49).
		4.13　第5飛行集団,飛行部隊のビルマ領内への展開を下令(陸海軍年表／戦史叢書34).
		4.13　聯合艦隊,第二段作戦日程を決定し大本営に報告(5月7日ポートモレスビー,6月7日ミッドウェーとアリューシャン攻略.6月18日ミッドウェー作戦部隊トラック集結.7月1日機動部隊トラック出撃.8日ニューカレドニア,18日フィジー攻略.21日サモア攻略破壊)(陸海軍年表／戦史叢書43).
		4.13　チャンドラ=ボース,ドイツからインド人の独立決起を放送(陸海軍年表／戦史叢書35).

ラングーンに突入する日本軍(1942.3.8)

蘭印軍降伏停戦会談(1942.3.9)
テーブル右側中央が第16軍司令官今村均

1942(昭和17)

西暦	和暦	記事
1942	昭和17	4.14　参謀本部,関東軍に昭和17年度帝国陸軍作戦計画訓令第2章に準拠し対ソ作戦の準備実施を訓令(陸海軍年表／戦史叢書59). 4.15　大本営海軍部,「大東亜戦争第二段作戦帝国海軍作戦計画」を上奏,裁可.インド洋の英艦隊撃滅による独伊との連絡路確保,フィジー・サモア攻略による米豪交通路分断,ミッドウェー攻略などによる短期決戦をめざす(陸海軍年表／戦史叢書35・43・59・85). 4.15　軍人援護会,東京に軍人遺族職業補導所を開設.国民学校高等科卒業程度の学力を有する戦没者寡婦に職業教育を実施.1943年1月18日,国営に移管(戦力増強と軍人援護). 4.16　陸軍次官から支那派遣軍へ,逃亡捕虜の扱いについて「死刑を求刑しない範囲で適宜処置され度い」と回答.捕虜の待遇に関する英政府よりの抗議にジュネーブ条約を「全面的に履行するものには非ざる事」と回答(日本軍の捕虜政策). 4.18　米機動部隊,日本本土を初空襲.いわゆるドーリットル空襲.陸軍機B-25(16機)を発艦させて避退し飛行機は片道攻撃を実施.米機来襲地区は東京・横浜・名古屋・大阪.大本営は当初,敵発見位置から敵来襲の時機を19日と判断.防衛総司令部,警戒警報・空襲警報を発令(陸海軍年表／戦史叢書6・19・29・33・38・43・51・55・57・59・74・80・85・94・95). 4.18　大本営,南海支隊にポートモレスビー攻略実施を指示し,遅くとも5月10日前後とすべしと要望(陸海軍年表／戦史叢書7・94). 4.18　第1飛行団,対日本土空襲基地である衢州(くしゅう)・玉山・麗水・建甌(けんおう)を攻撃(〜23日)(陸海軍年表／戦史叢書94). 4.18　マッカーサー,南西太平洋連合国軍司令官に就任(陸海軍年表／戦史叢書77). 4.21　大本営陸軍部,ミッドウェーとアリューシャン西部攻略に陸軍兵力を派遣することを海軍に通知(陸海軍年表／戦史叢書29・43). 4.21　大本営,支那派遣軍に東南中国を利用して日本本土を空襲するという敵の企図を封殺する作戦の任務を付与(陸海軍年表／戦史叢書94). 4.21　俘虜取扱規則,公布(日本軍の捕虜政策). 4.22　第1次遣独潜水艦伊三〇,ペナンを発す.8月5日,フランスのロリアンに着く.8月22日,同地を発し,10月8日,ペナンに帰着(陸海軍年表／戦史叢書71・88). 4.23　靖国神社,満洲事変の戦没者248名,日中戦争の戦没者1万4769名のため招魂式を行う.24〜28日,臨時大祭(靖国神社略年表). 4.25　海軍航空部隊,オーストラリアのダーウィンを攻撃(陸海軍年表／戦史叢書54). 4.26　支那派遣軍,「せ」号航空作戦を発令(中国南東部を利用する米軍機の日本本土空襲企図封止)(陸海軍年表／戦史叢書55・94). 4.29　第56師団,ラシオを占領(陸海軍年表／戦史叢書5). 4.29　海軍担任占領油田の油,本土還送を開始.29日,タラカンから第1船積出し,5月8日,バリックパパンから第1船積出し(陸海軍年表／戦史叢書88). 4.30　大本営,F機関を解散し対インド人工作のため岩畔(いわくろ)機関を設置(陸海軍年表／戦史叢書5・35).

バターンの地下要塞(1942.4.9)

1942（昭和17）

西暦	和　暦	記　　　　　　事
1942	昭和17	4.30　大本営,支那派遣軍に浙贛(せっかん)作戦(敵の本土空襲防止対策として華中方面敵航空基地覆滅)実施を下令(陸海軍年表／戦史叢書19・51・55・59・80・95). 4.—　陸軍,各飛行集団を格上げして飛行師団とする.第2（牡丹江）・第3（中国）・第4（斉斉哈爾〈チチハル〉）・第5（ビルマ）の配置(陸軍航空の鎮魂　正・続). 4.—　陸軍第1飛行集団,作戦任務を持つ第1飛行師団と,教育に専念する第51教育飛行師団に分離(のち,教育飛行師団は航空師団と改称)(陸軍航空の鎮魂正・続). 5. 1　第18師団,ビルマのマンダレーを占領(陸海軍年表／戦史叢書5・59). 5. 2　大本営,第17軍司令部の編成を発令.軍司令官陸軍中将百武晴吉.18日,戦闘序列を発令(陸海軍年表／戦史叢書7・59). 5. 3　海軍陸戦隊,ツラギを占領(陸海軍年表／戦史叢書6・7・38・49・59). 5. 3　航空母艦隼鷹,三菱長崎造船所で竣工(当初客船橿原丸として建造.同型艦飛鷹)(日本の軍艦). 5. 4　第33師団,ビルマのアキャブを占領(陸海軍年表／戦史叢書5・59). 5. 4　米機動部隊,ツラギを空襲(陸海軍年表／戦史叢書49). 5. 4　ポートモレスビー攻略陸海軍部隊,ラバウルに出撃(陸海軍年表／戦史叢書49). 5. 5　大本営,聯合艦隊にミッドウェーとアリューシャン西部要地攻略を発令し陸海軍中央協定を指示(陸海軍年表／戦史叢書6・29・38・43・59・80). 5. 5　大本営,一木支隊（ミッドウェー作戦参加）と北海支隊（アリューシャン作戦参加）の戦闘序列を発令し両支隊に作戦任務を付与(陸海軍年表／戦史叢書6・21・59). 5. 5　聯合艦隊,第二段作戦計画による命令を下達しミッドウェー・アッツ・キスカ島攻略期日を6月7日と決定(陸海軍年表／戦史叢書29・43・62・80). 5. 5　兵站総監部より南方軍へ「南方における俘虜の処理要領の件」を通牒.白人捕虜は朝鮮・台湾などで「生産拡充」と「軍事上の労務」に服させ(宣伝・技術目的),アジア人捕虜で抑留の要のない者は宣誓解放したのち現地で使用する方針を決定(日本軍の捕虜政策). 5. 6　米極東軍司令官陸軍中将ウェーンライト,コレヒドール要塞の降伏を申し出る(陸海軍年表／戦史叢書2). 5. 7　コレヒドール要塞の米極東軍司令官陸軍中将ウェーンライト,無条件降伏し在比の米比軍に投降を下令(陸海軍年表／戦史叢書2・24・34・59). 5. 7　珊瑚海海戦(～8日).ポートモレスビー攻略作戦,頓挫.航空母艦祥鳳,沈没(陸海軍年表／戦史叢書7・49・80). 5. 8　第56師団,ビルマのミイトキーナを占領(陸海軍年表／戦史叢書5・59). 5. 8　S攻略部隊,スラバヤに出撃.5月25日までにバリ島ほかを占領(陸海軍年表／戦史叢書54). 5. 8　珊瑚海海戦第2日.米航空母艦1隻,沈没,1隻,損傷.翔鶴,損傷(陸海軍年表／戦史叢書49). 5. 8　南洋部隊指揮官,ポートモレスビー攻略作戦を中止しMO機動部隊ほかにRY作戦（ナウル・オーシャン攻略）の支援を下令(陸海軍年表／戦史叢書7・38・

ホーネット号上のドーリットル飛行隊(1942.4.18)

コレヒドール要塞(1942.5.7)

1942（昭和17）

西暦	和暦	記　事
1942	昭和17	49）． 5. 8　米海軍大将ニミッツ，太平洋方面指揮官に就任(陸海軍年表／戦史叢書77）． 5. 9　陸海軍部隊，フィリピンのコレヒドール要塞を占領(陸海軍年表／戦史叢書80）． 5. 9　大本営，南海支隊にポートモレスビー攻略作戦の一時延期を指示(陸海軍年表／戦史叢書13）． 5.10　朝鮮に兵役法を施行．1943年8月1日，徴兵実施．和歌山県田辺に朝鮮人の海軍新兵を収容する海兵団を新設し，1945年5月1日，開隊(陸海軍年表／戦史叢書88）． 5.10　ミンダナオ島の米比軍，降伏し，裁定作戦を終了(陸海軍年表／戦史叢書2・59）． 5.10　聯合艦隊，ポートモレスビー攻略作戦を中止し，7月に延期することを発令(陸海軍年表／戦史叢書38・49・59・62・80）． 5.13　企業整備令(勅令第503号），公布（5月15日，施行．朝鮮・台湾・樺太・南洋群島は6月15日，施行）(官報）． 5.13　ナウル・オーシャン攻略作戦，開始．16日，敵航空母艦2隻発見の報により本作戦の延期を発令(陸海軍年表／戦史叢書80）． 5.15　大本営，F・S作戦(ニューカレドニア・フィジー・サモア諸島方面作戦)とMO作戦(ポートモレスビー攻略作戦)陸海軍中央協定，成立(陸海軍年表／戦史叢書14・59）． 5.15　南洋部隊，ソロモン群島東方に米機動部隊発見の報によりナウル・オーシャン攻略作戦中止を下令(陸海軍年表／戦史叢書38・49）． 5.15　支那派遣軍，大本営命令に先立ち独断で浙贛（せっかん）作戦を開始．北支那方面軍の一部，参加(陸海軍年表／戦史叢書50・59）． 5.15　全極東インド人代表者会議(議長ビハリ＝ボース），バンコクで開催(陸海軍年表／戦史叢書5）． 5.18　大本営，第17軍の戦闘序列を発令し同軍の基本任務を下令．F・S作戦とMO作戦の実施(陸海軍年表／戦史叢書6・7・14・23・59・94）． 5.18　大本営，F・S作戦要領を決定(陸海軍年表／戦史叢書14）． 5.18　大本営，聯合艦隊にF・S作戦と陸海軍中央協定を示達(陸海軍年表／戦史叢書49・59・80）． 5.18　第15軍，南方軍にビルマ方面主要作戦終了を報告(陸海軍年表／戦史叢書34）． 5.19　占領地採油事業の協力運営に関する陸海軍中央協定，成立(陸海軍年表／戦史叢書59）． 5.19　陸軍，南方燃料廠を新設し南方軍直属兵站部隊編入を発令(陸海軍年表／戦史叢書59・61）． 5.19　南方軍総司令官寺内寿一，大本営に5月18日をもって南方軍作戦任務完遂と報告(陸海軍年表／戦史叢書5・23・34・59・92）． 5.20　翼賛政治会，創立(総裁阿部信行)(陸海軍年表／戦史叢書51）． 5.20　海軍，航空基地隊制度を新設(陸海軍年表／戦史叢書88）．

珊瑚海海戦　米航空母艦レキシントン号

珊瑚海海戦　祥鳳

1942（昭和17）

西暦	和 暦	記 事
1942	昭和17	5.21　聯合艦隊司令長官山本五十六,麾下各司令部の次期作戦時機の繰下げ要請をしりぞけ予定どおり断行を決意(陸海軍年表／戦史叢書43). 5.21　第14軍の永野支隊,ネグロス島の米比軍の武装を解除(陸海軍年表／戦史叢書2). 5.21　南方燃料廠,石油資源復旧と開発の活動を開始(陸海軍年表／戦史叢書61). 5.22　第14軍の永野支隊,ボホール島の米比軍の武装を解除(陸海軍年表／戦史叢書2). 5.23　大本営,第2・第7師団にハワイ上陸訓練の実施を指示(陸海軍年表／戦史叢書21・59). 5.25　第14軍の永野支隊,レイテ島・サマール島の米比軍の武装を解除(陸海軍年表／戦史叢書2). 5.26　文芸家協会,解散し,日本文学報国会を結成(会長徳富蘇峰).6月18日,発会式(日本近代文学年表). 5.29　駐独大使大島浩,ドイツ首脳の日本の対ソ参戦要請を伝達(陸海軍年表／戦史叢書59). 5.29　聯合艦隊主力部隊,ミッドウェー作戦のため内海西部を出撃(陸海軍年表／戦史叢書59・62). 5.30　海軍の甲標的(特殊潜航艇),マダガスカル島ディエゴスワレス港を攻撃,英戦艦ラミリーズほかを撃破(特別攻撃隊). 5.31　先遣部隊潜水艦,特殊潜航艇を使用しマダガスカル島ディエゴスワレスとオーストラリアのシドニー湾に特攻攻撃を実施(陸海軍年表／戦史叢書49・54・80). 5.―　中支那下士官候補者隊(通称金陵部隊)に幹部候補生隊を設け,甲種幹部候補生の集合教育を実施(全陸軍甲種幹部候補生制度史). 5.―　ドイツ国防軍陸軍大佐ニーメラー,来日.小銃・山砲用対戦車弾(秘匿名「タ弾」)研究に着手.9月,第1回試験を行い,その後,量産を開始(日本陸軍「戦訓」の研究). 6.2　大本営,ミッドウェー方面の敵情判断を聯合艦隊に通報(陸海軍年表／戦史叢書43). 6.2　第25航空戦隊司令官山田定義,ガダルカナル島に航空基地急速設営の意見を具申(陸海軍年表／戦史叢書49). 6.2　米華武器貸与協定,成立(日本外交年表並主要文書下). 6.3　産業設備営団法中改正法律(法律第85号),公布(7月2日,施行〔7月1日勅令第605号〕).計画造船に関する事項を加える(官報). 6.3　俘虜管理部長,「俘虜たる将校及准士官の労務に関する件」を通牒.1人も徒食を許されない現状を踏まえ,将校といえども「自発的に」技術学術を利用する労務,農業,家畜飼養などに就かせるよう通達(日本軍の捕虜政策). 6.4　ミッドウェーの第1機動部隊,奇襲成功と判断し米機予想飛行圏60浬圏に突入(陸海軍年表／戦史叢書43). 6.4　第2機動部隊,ダッチハーバーを空襲(～5日)(陸海軍年表／戦史叢書29・59・80).

西暦	和暦	記　　　　　　　　　事
1942	昭和17	6. 5　陸海軍石油委員会,設置(陸海軍年表／戦史叢書33・59・88・95).
6. 5　ミッドウェー海戦.大敗し主力航空母艦4隻(加賀・蒼龍・赤城・飛龍)・全飛行機,喪失.大巡洋艦1隻,喪失(陸海軍年表／戦史叢書6・7・29・43・59・80).
6. 5　第2機動部隊,ダッチハーバーを第2次攻撃(陸海軍年表／戦史叢書29).
6. 5　第2機動部隊の零戦1機,アクタン島に不時着し,米軍,機体を押収(陸海軍年表／戦史叢書77).
6. 5　この日以降,大本営と聯合艦隊首脳,あらゆる手段を講じミッドウェー敗戦の事実を軍部内と国民に漏洩することの防止に努力(陸海軍年表／戦史叢書43).
6. 5　米大統領ルーズベルト,日本軍が今後毒ガスを使用した場合,最大規模の報復を行うと声明(毒ガス戦と日本軍).
6. 6　大本営,内地に第1航空軍,満洲に第2航空軍の編成を発令(陸海軍年表／戦史叢書59).
6. 6　ミッドウェー海戦敗戦の第1報,参謀本部に到着(陸海軍年表／戦史叢書59).
6. 6　聯合艦隊,ミッドウェー島攻略を中止し米軍基地飛行圏外への離脱と基地航空部隊をウェーク島に増強し水上部隊の収容掩護警戒に充て北方部隊へ兵力増強を発令(先遣部隊に,掃航して米損傷空母捕捉撃沈を要望.航空母艦飛龍,沈没)(陸海軍年表／戦史叢書43).
6. 6　北方部隊,AL作戦の一時延期を発令.次いで延期を取りやめ作戦続行を下令(陸海軍年表／戦史叢書29・43・80).
6. 6　北海支隊,アッツ島に上陸,これを占領(陸海軍年表／戦史叢書21).
6. 7　軍令部総長永野修身,ミッドウェー作戦中止を上奏し,聯合艦隊に作戦中止を指示(陸海軍年表／戦史叢書43・59・80).
6. 7　大本営海軍部,MI作戦の一時中止とF・S作戦の2ヵ月延期,アリューシャン恒久確保の研究,ポートモレスビーの陸路攻略の研究の4件で部内意見一致(陸海軍年表／戦史叢書49).
6. 7　ミッドウェー海戦で重巡洋艦三隈,米航空母艦機の攻撃で沈没(陸海軍年表／戦史叢書62・43).
6. 7　伊号第168潜水艦,損傷漂流中の米航空母艦ヨークタウンと駆逐艦1隻を雷撃撃沈(陸海軍年表／戦史叢書43・98).
6. 7　伊号第24潜水艦,シドニー市街を砲撃(陸海軍年表／戦史叢書98).
6. 8　参謀総長杉山元・軍令部総長永野修身,MI作戦中止とF・S作戦延期を奏上(陸海軍年表／戦史叢書40).
6. 8　聯合艦隊,水上部隊の集結を完了し敵から離脱(陸海軍年表／戦史叢書43).
6. 8　北海支隊,アッツ島を,海軍陸戦隊,キスカ島を各占領(陸海軍年表／戦史叢書29・59・77・80).
6. 9　大本営,軍容刷新計画を示達(南方25万・中国70万・北方65万・内地朝鮮45万)(陸海軍年表／戦史叢書73).
6. 9　大本営,関東軍に「関特演」関係未処理の会計措置と関東軍作戦準備要綱(19年春季を目途とし東と北同時攻勢の準備促進)を訓令(陸海軍年表／戦史叢書

ミッドウェー海戦　沈没する三隈

ミッドウェー海戦　伊号第168潜水艦(当初伊号68)

1942(昭和17)

西暦	和暦	記　　　　　　　事
1942	昭和17	53・59・73). 6.10　「朝鮮台湾俘虜収容所臨時編成要領」により,軍属傭人(朝鮮俘虜収容所60人,台湾俘虜収容所150人)の増加配置を規程.南方の俘虜収容所にも朝鮮人・台湾人を捕虜監視勤務にあてる(日本軍の捕虜政策). 6.11　大本営,聯合艦隊にF・S作戦とMO作戦の一時延期,陸軍との協同による陸路ポートモレスビー攻略作戦の調査研究等を発令(陸海軍年表／戦史叢書43・77). 6.13　大本営海軍部,当面の作戦指導方針を決定.9月中旬F作戦.アッツ島・キスカ島の長期確保.ポートモレスビー陸路攻略.インド洋交通破壊(陸海軍年表／戦史叢書49・59・62). 6.13　大本営海軍部と聯合艦隊司令部,航空母艦戦力が激減したため次期作戦計画の策案に際し積極作戦立案に苦悩(陸海軍年表／戦史叢書43). 6.13　第23航空戦隊,オーストラリア北部への航空攻撃を再開.16日まで連日ポートダーウィンを攻撃(陸海軍年表／戦史叢書54). 6.13　駆逐艦秋月,舞鶴工廠で竣工(ほか同型艦11隻).航空母艦護衛のため,主砲を高角砲として対空能力を強化(日本の軍艦). 6.20　大本営,南方軍に泰緬鉄道建設要綱を示達し同鉄道の建設準備を下令(陸海軍年表／戦史叢書5・59). 6.20　聯合艦隊,ミッドウェー海戦戦訓と航空母艦改良の研究会を開催(〜21日).空母の脆弱性を確認し隻数の補充を先決とする空母急速補充建造を結論とした(陸海軍年表／戦史叢書88). 6.24　支那派遣軍の一部,麗水を占領(陸海軍年表／戦史叢書55). 6.24　海軍,南洋部隊にSN作戦(ガダルカナル航空基地急速造成.ラエ・カビエン等の航空基地強化,ニューギニア東部とソロモン諸島間の航空基地適地調査)実施を下令(陸海軍年表／戦史叢書62). 6.24　陸軍,機甲軍司令部,戦車第1・第2師団(以上満洲),第3師団(蒙疆),教導戦車旅団(満洲)の臨時編成を下令(陸海軍年表／戦史叢書59・73・99). 6.25　日米交換船浅間丸,横浜を出発(陸海軍年表／戦史叢書59). 6.25　陸軍大臣東条英機,陸軍省に新任俘虜収容所長および所員を集め,「俘虜の処遇を通じて現地民衆に対し大和民族の優秀性を体得せし」め,「日本臣民たること真に無上の栄光たる事を感銘せし」めよと訓辞(日本軍の捕虜政策). 6.30　海軍省,軍令部総長永野修身との商議を待つことなく航空母艦緊急増勢計画案を策定し,海軍大臣嶋田繁太郎の即時決裁で直ちに実行に着手(昭和23年度までに29隻増勢)(陸海軍年表／戦史叢書43・88). 6.30　軍令部総長永野修身,ミッドウェー敗戦を受けて海軍大臣嶋田繁太郎に「⑤計画」の改正を商議(「改⑤計画」).戦艦・巡洋艦など37隻の建造中止,航空母艦18隻の建造,建造中の大和型戦艦の空母への改装(航空母艦信濃など),昭和21年度末までに飛行機16000機を完成,など.建造計画361隻中,完成は航空母艦2隻・潜水艦4隻など22隻にとどまり,半成12隻,未着手・建造取りやめ327隻に終わる(陸海軍年表／戦史叢書59・77・80・88・95). 6.30　北アフリカのドイツ・イタリア軍,アレクサンドリア西方100kmのエル=アラメインに達する(近代日本総合年表).

1942（昭和17）

西暦	和　暦	記　　　　　事
1942	昭和17	6.― 陸軍，航空本廠を廃止，航空支廠を格上げして航空廠とし，航空本部の直轄とする（陸軍航空の鎮魂正・続）。 6.― 米政府，米国本土に心理戦担当組織である戦時情報局（OWI―Office of War Information）を設立．対日戦用伝単を製作（宣伝謀略ビラで読む、日中・太平洋戦争）。 7. 1 蔣介石，中国戦域連合国軍最高指揮官に就任（参謀長米国陸軍中将J・W・スティルウェル）（陸海軍年表／戦史叢書90）。 7. 2 米国統合幕僚会議，ウォッチタワー作戦（ビスマルク諸島・ニューギニア奪回を最終目標とし，サンタクルーズ諸島とツラギを占領）命令を示達（陸海軍年表／戦史叢書77）。 7. 3 訪日するイタリア軍用機，中国の包頭（パオトウ）を発し，東京に到着（陸海軍年表／戦史叢書59・94）。 7. 5 泰緬連綴鉄道建設工事を開始（タイービルマ間）（陸海軍年表／戦史叢書5）。 7. 5 朝鮮俘虜収容所，開設．9月24日，白人捕虜998人を収容（日本軍の捕虜政策）。 7. 6 海軍SN作戦部隊，ガダルカナル島に着き設営隊の揚陸を開始（陸海軍年表／戦史叢書49・77）。 7. 8 「台湾俘虜収容所臨時編成要領」により台湾俘虜収容所，開設（日本軍の捕虜政策）。 7.10 大本営，第3航空軍戦闘序列を令し南方軍に編入（陸海軍年表／戦史叢書59・61・94・99）。 7.10 イタリア，来日した同国軍用機が日本から帰国する際，日本側が同機を利用することを拒否（陸海軍年表／戦史叢書59）。 7.11 大本営，MI作戦とF・S作戦の中止を発令（同作戦に関する聯合艦隊の任務を解除．第17軍の任務解除と同軍に対する新任務の付与〈陸路からのポートモレスビー攻略〉）（陸海軍年表／戦史叢書6・14・43・59）。 7.14 大本営，海軍戦時編制の大改訂発令（第1航空艦隊解隊，第3艦隊新設〈機動部隊の建制化〉など）（陸海軍年表／戦史叢書6・43・49・62・77・80・95）。 7.15 海軍武官官階一部改正，機関科将校を廃止し兵科将校に統合，技術系統各科の武官を技術科武官に合併，予備士官も兵科士官と呼称を同一にし，特務士官については「特務」の冠称を廃止，また軍楽科・衛生科に少佐の官階を新設等（日本海軍史8）。 7.16 海軍設営隊，ガダルカナル島飛行場建設作業を開始（陸海軍年表／戦史叢書7・49・77）。 7.16 第17軍，ポートモレスビー攻略命令を下達（陸海軍年表／戦史叢書14・59）。 7.20 東部ニューギニア攻略の陸海軍部隊，ラバウルを発す．21日，南海支隊先遣隊，ゴナに上陸．海軍陸戦隊，ブナに上陸（陸海軍年表／戦史叢書14・49・77）。 7.23 『文学界』同人の中村光夫・林房雄・三好達治・亀井勝一郎・河上徹太郎・小林秀雄ら，「近代の超克」座談会を行い，西欧近代知性の「超克」をめざす（～24日）（『文学界』9・10月号に掲載）（日本近代文学年表）。 7.23 参謀本部，陸軍省に四川作戦構想を説明．陸軍省側，国力問題（船舶10万

西暦	和暦	記　　　　　　　　　事
1942	昭和17	t・鉄5万t・ガソリン5万t等の不足)により統帥部の要請に追随できないとの見解を述べる(陸海軍年表／戦史叢書55). 　7.23　大本営陸軍部,海軍に四川作戦実施のため船舶・鋼材・航空燃料等の陸軍取得を申し入れる.27日,海軍省,同作戦実施には反対であることを陸軍省に表明し四川作戦の論議は終止(陸海軍年表／戦史叢書77). 　7.25　フィリピン俘虜収容所,開設(日本軍の捕虜政策). 　7.28　ビルマ独立義勇軍を解散し,新たにビルマ防衛軍を設立(陸海軍年表／戦史叢書5). 　7.28　陸軍次官,「空襲時の敵航空機搭乗員の取扱に関する件」を通牒.戦時国際法規に違反しなかった者は俘虜として取り扱い,違反者は戦時の重罪犯として処断,疑いある者は軍律会議で審判するよう指示.同日,参謀次長,この軍律は施行前の行為に対しても適用されると通牒(戦争裁判余録／軍律法廷／日本軍の捕虜政策). 　7.31　航空母艦飛鷹,川崎重工業で竣工(当初客船出雲丸として建造)(日本の軍艦). 　7.―　海軍,二式艦上偵察機を採用(1943年12月,艦上爆撃機彗星としても採用)(日本航空機辞典). 　7.―　連合国軍,オーストラリアのブリスベーンに極東連絡局(FELO―Far East Liaison Office)を設立,対日戦用伝単を製作(宣伝謀略ビラで読む,日中・太平洋戦争). 　8.5　海軍設営隊,ガダルカナル島に幅60m・長さ800m滑走路を概成(陸海軍年表／戦史叢書7・49). 　8.5　戦艦武蔵,三菱長崎造船所で竣工(日本の軍艦). 　8.7　米軍,反攻を開始.米海兵1個師団,海空部隊支援下にガダルカナル島・ツラギ島などへ上陸(陸海軍年表／戦史叢書6・7・14・23・33・49・59・62・77・88・94・95). 　8.7　陸軍・海軍,ガダルカナル奪回を決意し直ちに対応作戦を開始(陸海軍年表／戦史叢書59). 　8.8　第1次ソロモン海戦.外南洋部隊の重巡洋艦5隻・軽巡洋艦2隻・駆逐艦1隻,夜間にガダルカナル上陸地点を攻撃するため出撃し,米豪連合水上部隊重巡洋艦ほか11隻と交戦.連合国軍重巡洋艦5隻を撃沈破するが,輸送船団は攻撃せず撤退.8日朝,重巡洋艦1隻,潜水艦に撃沈される(陸海軍年表／戦史叢書6・7・49・59・62・77). 　8.8　在ツラギ海軍部隊(横浜航空隊・第84警備隊),全滅(陸海軍年表／戦史叢書49). 　8.13　軍令部総長永野修身,ガダルカナル島残留の敵兵力は大でないと楽観的判断を上奏(陸海軍年表／戦史叢書77). 　8.13　大本営,第17軍と聯合艦隊にソロモン群島奪回(カ号作戦)を指示(陸海軍年表／戦史叢書6・7・49・62・94). 　8.13　第17軍,一木支隊にガダルカナル島飛行場奪回を下令(陸海軍年表／戦史叢書14・59). 　8.13　支那派遣軍,空襲軍律「敵航空機搭乗員処罰に関する軍律」を制定.捕虜

1942(昭和17)

西暦	和暦	記　事
1942	昭和17	となったドーリットル隊搭乗員の処罰が可能となる．第13軍の軍律会議で8人全員が死刑となったが減刑され，10月19日，3人に死罪が言い渡される（日本軍の捕虜政策）． 　　　8.15　タイ・マレー・ジャワ・ボルネオ俘虜収容所，開設（日本軍の捕虜政策）． 　　　8.17　米海兵隊，マキン島に奇襲上陸．海軍守備隊，潰滅．18日，米軍，撤退（陸海軍年表／戦史叢書6・49・59・62・77）． 　　　8.18　一木支隊主力，ガダルカナル島のタイボ岬に上陸（陸海軍年表／戦史叢書6・7・14・49・59・77）． 　　　8.18　南海支隊主力，バサブア（東部ニューギニア）に上陸（陸海軍年表／戦史叢書14・49）． 　　　8.20　日米交換船浅間丸及びコンテ=ヴェルデ号，横浜に入港．駐米大使野村吉三郎・米国特派大使来栖三郎及び駐ブラジル大使石射猪太郎ら，帰国（日本外交年表並主要文書下）． 　　　8.20　米軍小型機約20機，ガダルカナル島飛行場の使用を開始（陸海軍年表／戦史叢書6・7・49・59）． 　　　8.20　一木支隊長，ガダルカナル島飛行場攻撃命令を下達（陸海軍年表／戦史叢書14）． 　　　8.21　一木支隊主力，ガダルカナル島飛行場攻撃を決行しほとんど全滅（陸海軍年表／戦史叢書7・14・49・59・77）． 　　　8.21　民族学協会，発会．会長新村出（しんむらいづる）．1943年1月31日，『民族学研究』を創刊（近代日本総合年表）． 　　　8.22　ドイツ軍，スターリングラード攻撃を開始．25日，同市を包囲．9月13日，同市に突入（近代日本総合年表）． 　　　8.24　第2次ソロモン海戦．ガダルカナル島増援支援の機動部隊，米機動部隊と交戦．分離別動の航空母艦龍驤が撃沈されるが，増援部隊の上陸は成功（陸海軍年表／戦史叢書49・59・77）． 　　　8.25　一木支隊第2梯団，被爆し乗船1隻が沈没．聯合艦隊，一木支隊の揚陸中止を下令し，船団輸送を中止し海軍軽快艦艇による輸送（鼠輸送）の方針を指示（陸海軍年表／戦史叢書77・49・59）． 　　　8.25　第17軍司令部，一木支隊全滅の報を確認（陸海軍年表／戦史叢書14）． 　　　8.25　ラビ派遣海軍特別陸戦隊，ラビ東方に上陸．27日，飛行場攻撃不成功（陸海軍年表／戦史叢書49・77）． 　　　8.25　東京俘虜収容所，川崎仮俘虜収容所として開設（日本軍の捕虜政策）． 　　　8.27　海軍，1941年7月5日通達の志願兵を「練習兵」と呼称することに定める．練習兵は14歳以上16歳未満の者とする（陸海軍年表／戦史叢書88）． 　　　8.27　第11軍主力，南昌付近に集結し浙贛（せっかん）作戦を終了（陸海軍年表／戦史叢書55）． 　　　8.28　川口支隊の第1次ガダルカナル島鼠輸送，不成功．一木支隊残部乗艦の駆逐隊，ショートランドに引き返す（陸海軍年表／戦史叢書77・83）． 　　　8.29　海軍艦艇によるガダルカナル島輸送，成功．一木支隊第2梯団・川口支隊第2次輸送部隊，タイボ岬に上陸（陸海軍年表／戦史叢書14・77・59・83）． 　　　8.31　川口支隊主力，ガダルカナル島上陸に成功（陸海軍年表／戦史叢書14・7・

三好達治　　　　　亀井勝一郎　　　　　小林秀雄

武蔵(1942.8.5)

ガダルカナル島の飛行場(1942.8.5/8.20)

西暦	和暦	記　　　　　　　　　　　事
1942	昭和17	59). 　8.―　陸軍,航空操縦者緊急養成に着手(年間4800人)(陸海軍年表／戦史叢書94). 　8.―　海軍航空本部,航空機製造会社に生産力拡充を示達(陸海軍年表／戦史叢書95). 　9.1　閣議で大東亜省設置要綱を決定.同省設置に反対した外務大臣東郷茂徳,辞任(陸海軍年表／戦史叢書59・63)〔→11.1〕. 　9.1　海軍特別年少兵(練習兵)制度の新設にともなう第1期生,入隊(年齢14歳以上16歳未満.電信・水測のほか水兵・機関兵・整備兵・工作兵・衛生兵及び主計兵要員)(日本海軍史8). 　9.3　海軍陸戦隊,タラワ島占領(陸海軍年表／戦史叢書62). 　9.3　岸本鹿太郎,没(後備役陸軍大将)(陸海軍将官総覧陸軍篇). 　9.5　南方軍幹部候補生隊を中部ジャワに設置.甲種幹部候補生の集合教育を実施(全陸軍甲種幹部候補生制度史). 　9.5　ボルネオ守備軍司令官陸軍中将前田利為,飛行機事故で墜死.大将に進級(全陸軍甲種幹部候補生制度史). 　9.12　川口支隊のガダルカナル島飛行場夜襲,不成功.13日も不成功(陸海軍年表／戦史叢書14・63・83). 　9.12　東京・大阪俘虜収容所「臨時編成要領」により,本土,その周辺地域に俘虜収容所を追加設置.「諸種の関係から」朝鮮人・台湾人を監視に充当することは適当でないので,傷痍軍人中から雇用.同月23日,大阪俘虜収容所を,25日,東京俘虜収容所本所を開設(日本軍の捕虜政策). 　9.13　日没後,川口支隊,ガダルカナル島飛行場への攻撃を再開するが不成功.14日,敵と離隔し兵力を集結し後図を策すと第17軍に報告(陸海軍年表／戦史叢書7・14・77・83). 　9.14　南海支隊,攻撃を中止しスタンレー以北に集結することを決心(陸海軍年表／戦史叢書14). 　9.15　伊号第19潜水艦,ソロモン海域で米空母1隻撃沈,戦艦と駆逐艦各1隻撃破(陸海軍年表／戦史叢書77・83). 　9.19　第17軍,南海支隊に防衛態勢への転移を下令.10月4日,支隊主力,ココダに配備を完了.11月10日,ギルワ・ゴナ方面に全面的な退却を開始(陸海軍年表／戦史叢書77). 　9.19　勤労顕功章令(勅令第652号),公布・施行(官報). 　9.23　ポートモレスビー進攻作戦を中止(陸軍人事制度概説付録). 　9.26　陸軍防衛召集規則(陸軍省令第53号),公布(10月1日,施行).空襲など国土防衛の際,在郷軍人を召集(官報). 　9.26　ガダルカナル島への蟻輸送(重火器・弾薬・糧食輸送)を開始.この日,ショートランドを駆逐艦が大発動艇を曳航して出発するが,うねりが大きく,引き返す.その後,天候不良・空襲などにより予期どおりには進捗せず,10月9日,第4水雷戦隊,ガダルカナル島への蟻輸送の中止を発令(陸海軍年表／戦史叢書77・83). 　9.―　陸軍,一式機動四七ミリ砲(対戦車砲)を制定(日本の大砲). 　9.―　ラバウル・蘭印・マーシャル各方面装備の海軍のレーダー,実用化(陸海

日本軍の攻撃により炎上する米航空母艦ワスプ号
(1942.9.15)

1942(昭和17)

西暦	和暦	記　事
1942	昭和17	軍年表／戦史叢書62)． 9.—　海軍,横浜在泊のドイツ船ドッカーバンクからドイツ式磁気機雷と音響機雷の譲渡を受ける(陸海軍年表)． 9.—　米国B-29試作第1号機,完成(陸海軍年表／戦史叢書74)． 10.1　ガダルカナル島への鼠輸送,再開．青葉支隊長ほか,駆逐隊によりカミンボに上陸(陸海軍年表／戦史叢書83)． 10.1　朝鮮青年特別錬成令(制令第33号),公布(11月3日,施行〔10月26日朝鮮総督府令第268号〕)(朝鮮総督府官報10.1／官報10.14〔制令〕)． 10.2　第2師団主力の先頭部隊,逐次ガダルカナル島に進出(陸海軍年表／戦史叢書63)． 10.6　米・英援ソ軍事協定,成立(日本外交年表並主要文書下)． 10.7　米大統領ルーズベルト,戦争犯罪調査のための委員会設立の用意があることを声明(日本軍の捕虜政策)． 10.10　陸軍省官制中改正ノ件(勅令第673号),公布(10月15日,施行)．兵器局廃止など(官報)． 10.10　陸軍兵器行政本部令(勅令第674号),公布(10月15日,施行)．陸軍技術本部令・陸軍兵器廠令,廃止(官報)． 10.10　陸軍造兵廠令(勅令第676号),公布(10月15日,施行)(官報)． 10.10　陸軍兵器補給廠令(勅令第677号),公布(10月15日,施行)(官報)． 10.10　陸軍技術研究所令(勅令第678号),公布(10月15日,施行)．陸軍技術研究所を設置(官報)． 10.10　陸軍航空技術研究所令(勅令第680号),公布(10月15日,施行)．昭和10年勅令第222号陸軍技術研究所令を全部改正．航空技術研究所の各部を独立した8個の航空技術研究所に格上げ(官報／陸軍航空の鎮魂正・続)． 10.10　陸軍航空審査部令(勅令第681号),公布(10月15日,施行)．飛行実験部を廃止して航空審査部を設置(官報／陸軍航空の鎮魂正・続)． 10.11　サボ島沖夜戦．第6戦隊の重巡洋艦3隻・駆逐艦2隻,ガダルカナル島米飛行場に対する夜間砲撃に出撃し,米巡洋艦4隻・駆逐艦5隻と交戦．米艦隊のレーダー射撃により重巡洋艦・駆逐艦各1隻を失って敗退．司令官海軍少将五藤存知,戦死．飛行場砲撃にも失敗(陸海軍年表／戦史叢書62・63・77・83)． 10.13　第3戦隊(戦艦2隻)・第2水雷戦隊,ガダルカナル島飛行場への夜間砲撃に成功(陸海軍年表／戦史叢書7.63・77・83)． 10.13　基地航空部隊・戦爆(戦闘爆撃機)連合,ガダルカナル島飛行場を攻撃(陸海軍年表／戦史叢書7・77・83)． 10.14　靖国神社,満州事変の戦没者761人,日中戦争の戦没者1万4260人のため招魂式を行う．15〜20日,臨時大祭(靖国神社略年表)． 10.14　外南洋部隊主力(重巡2隻・駆逐艦2隻),ガダルカナル島飛行場を砲撃(陸海軍年表／戦史叢書77・83)． 10.14　高速輸送船団(輸送船6隻・護衛艦8隻),ガダルカナル島タサファロングへの人員・器材の揚陸に成功(〜15日)(陸海軍年表／戦史叢書7・63・77・83)． 10.15　捕虜となったドーリットル爆撃隊の搭乗員3人に死刑判決．即日,銃殺される(世界戦争犯罪事典)．

西暦	和暦	記　　　　　事
1942	昭和17	10.16　日本軍ギルバート守備隊,マキン島に取り残された米兵捕虜9人をクェゼリン島で処刑(世界戦争犯罪事典).
10.17　ガダルカナル島への艦艇輸送,成功.巡洋艦3隻・駆逐艦4隻はエスペランス岬へ,駆逐艦11隻はタサファロングに陸軍兵と重火器を揚陸(陸海軍年表／戦史叢書77・83・63).
10.17　ガダルカナル島のタサファロング揚陸地,米軍の空襲と艦砲射撃により,多量の揚陸物資を失う(陸海軍年表／戦史叢書77・83).
10.19　防衛総司令官,「空襲の敵航空機搭乗員の処罰に関する軍律」「軍律会議実施規定」を布告(日本軍の捕虜政策).
10.19　陸軍,本土を空襲した米軍機搭乗員の厳重処分を発表(陸海軍年表／戦史叢書63).
10.23　北アフリカの連合国軍,エル=アラメインで反撃を開始.11月3日,ドイツ・イタリア軍,撤退を開始(近代日本総合年表).
10.24　第17軍,総攻撃を開始.第2師団,攻撃開始の最終命令を下達(陸海軍年表／戦史叢書28).
10.24　ガダルカナル島の飛行場を占領したとの報告がある(後刻,誤報と判明)(陸海軍年表／戦史叢書28・63・83).
10.24　ガダルカナル島の第2師団の攻撃,ジャングルと豪雨のため進捗せず,完全に失敗(陸海軍年表／戦史叢書7・63・77・85).
10.26　南太平洋海戦.海軍機動部隊,米機動部隊と交戦これを撃破.聯合艦隊,夜戦決行を発令.前進部隊と機動部隊前衛は炎上漂流中の米航空母艦ホーネットを雷撃撃沈等(陸海軍年表／戦史叢書7・63・77・83・95).
10.26　第17軍,第2師団にガダルカナル島飛行場攻撃中止と師団主力のルンガ河上流集結を下令(陸海軍年表／戦史叢書28・63・77).
10.26　第2師団,以後の作戦準備命令を下達(陸海軍年表／戦史叢書28).
10.27　海軍航空隊令中改正(軍令海第11号),公布(11月1日,施行).作戦航空隊名を番号で表示(陸海軍年表／戦史叢書).
10.27　大本営,第17軍にガダルカナル島攻撃続行を要望し,参謀本部第1部長田中新一の作戦指導を発電(陸海軍年表／戦史叢書63・83).
10.27　第17軍,大本営に長文の実情報告を打電(陸海軍年表／戦史叢書28).
10.30　参謀本部・軍令部の各首脳,作戦会議でガダルカナル島ーポートモレスビーの線はあくまで確保の方針に合意(陸海軍年表／戦史叢書63・77).
10.31　戦時中ノ官庁執務時間ニ関スル件(閣令第25号),公布(11月1日,施行).夏季(7月11日～9月10日)を除く平日と夏季の土曜日の執務時間を1時間延長する(官報).
10.31　軽巡洋艦阿賀野,佐世保工廠で竣工(同型艦能代・矢矧・酒匂).水雷戦隊の旗艦を予定(日本の軍艦).
10.―　連合国軍,ガダルカナル島に2飛行場,ポートモレスビーに4飛行場を完成(陸海軍年表／戦史叢書7).
11.1　大東亜省官制(勅令第707号),公布・施行.大東亜省を設置.同省は「大東亜地域」(内地・朝鮮・台湾・樺太を除く)に関する諸般の政務の施行(純外交を除く)等に関する事務を管理する.この勅令の施行により拓務省官制・興亜院官制・対満

1942（昭和17）

西暦	和暦	記　　　　　　事
1942	昭和17	事務局官制は廃止され，当該官庁は廃止(官報／日本外交年表並主要文書下)． 11. 1　統計局官制(勅令第736号)，公布・施行(官報)． 11. 1　軍令承行令の第1次大改正(海軍武官官階の改正により，兵科・機関科の区分を廃止した後の将校の軍令承行順序と予備将校との関係及び特務士官・准士官・予備准士官・下士官との関係を明示)(日本海軍史8)． 11. 5　これより先，8月6日，9月15日，天皇，陸軍航空部隊のニューギニア・ラバウル方面への進出について下問．この日，三たびこれを下問．6日，陸軍統帥部，同方面への陸軍航空部隊の派遣を決定(昭和天皇の軍事思想と戦略)． 11. 8　米英連合軍，北アフリカへの上陸作戦を開始(トーチ作戦)(近代日本総合年表)． 11.10　閣議で戦時港湾荷役力緊急増強策を決定(日本海軍史8)． 11.10　第17軍に派遣された大本営陸軍参謀，ポートモレスビー攻略は至難，同作戦は保留を要すと参謀本部へ電報を送る(陸海軍年表／戦史叢書63)． 11.12　第3次ソロモン海戦(〜14日)．ガダルカナル島飛行場を夜間砲撃する戦艦比叡・霧島を主力とする艦隊，米水上部隊と交戦．レーダーを用いた待ち伏せ射撃により，13日，比叡が，14日夜，霧島が撃沈される(陸海軍年表／戦史叢書77・83)． 11.14　ガダルカナル島増援部隊(第38師団輸送船団と護衛隊)，ソロモン海で被爆，大損害を受ける．15日，残存輸送船4隻だけ強行上陸を決行(陸海軍年表／戦史叢書63・77・94)． 11.17　海軍省，企画院に船舶13万tの増徴を要求．11月20日，閣議で陸海軍の第1次船舶増徴29.5万t(陸軍17.5万t，海軍12万t)を決定(陸海軍年表／戦史叢書63・77)． 11.19　連合国軍，ブナ付近攻撃を開始(陸海軍年表／戦史叢書28・63・83)． 11.19　ソ連軍，スターリングラードで反撃を開始．22日，ドイツ軍(司令官パウルス)，ドン河・ボルガ河から退却を開始(近代日本総合年表)． 11.27　閣議で「華人労務者内地移入に関する件」を決定．鉱業・荷役業，工場雑役の3業種について，華北を中心とした中国人「労務者」，「元俘虜，元帰順兵」の内地「移入」を決定(中国人強制連行)． 11.28　第6飛行師団司令部(師団長陸軍中将板花義一)，東京で編成完結．12月8日，師団長板花，ラバウルに進出(陸海軍年表／戦史叢書7・94)． 11.30　参謀本部，従前の船舶増徴要求37万総tを超え55万総t増徴を要求(陸海軍年表／戦史叢書63)． 11.30　ルンガ沖夜戦．ガダルカナル島輸送の駆逐艦8隻，敵有力部隊と交戦．米重巡洋艦1隻を撃沈，同3隻を撃破するが，揚陸は失敗(陸海軍年表／戦史叢書63・77・83)． 11.—　丹羽文雄「報道班員の手記」(『改造』)．同「海戦」(『中央公論』)(日本近代文学年表)． 12. 2　米，ウランの原子核分裂連鎖反応に成功(近代日本総合年表)． 12. 3　駆逐隊によるガダルカナル島へのドラム缶(食糧・弾薬)輸送，成功(陸海軍年表／戦史叢書63・83)． 12. 3　第1回大東亜戦争美術展，東京府美術館で開催(〜27日)．陸海軍派遣画家の作戦記録画40点を展示(朝日新聞社主催・陸海軍省後援)(戦争と美術)．

ガダルカナル島のジャングルを進む日本軍

1942（昭和17）

西暦	和暦	記　事
1942	昭和17	12. 3　映画「ハワイ・マレー沖海戦」（東宝）公開，ヒットする．飛行機・軍艦・真珠湾を模型で再現．特殊撮影の技術が進歩（日本映画発達史3）． 12. 5　参謀本部第1部長田中新一，船舶徴用問題で陸軍省軍務局長佐藤賢了と激論．6日，田中，首相東条英機を面罵．7日，田中，更迭される（陸海軍年表／28・55・63・77）． 12. 5　海軍防空隊，編成，配備．航空戦の激化にともない対空地上部隊として13隊が初めて編成され，うち12隊が南東方面，残り1隊が南西（アンボン）に配備（終戦時まで156隊約3万8600名が編成された）（陸海軍史年表／戦史叢書88／日本海軍史8）． 12. 8　外南洋部隊，第8方面軍に駆逐艦によるガダルカナル島輸送の中止を提案．現地陸海軍首脳，協議の結果あと1回実施することを決定（陸海軍年表／戦史叢書63・77・83）． 12. 8　ニューギニア地区のバサブアの日本軍，全滅（戦死800人）（陸海軍年表／戦史叢書28・63・77・83）． 12.10　御前における連絡会議（9日，宮中における大本営政府連絡会議を「御前会議」ではなく「御前における連絡会議」と呼ぶことを決定）で「当面の戦争指導上作戦と物的国力との調整並びに国力の維持増進に関する件」を審議し，陸海軍の船舶増徴（陸軍38万5000 t，海軍3万 tの新規増徴を認める）と昭和17年及び18年度甲造船建造量を決定（陸海軍年表／戦史叢書46・63・77・88）． 12.14　参謀総長杉山元，今後の作戦指導（ガダルカナル島攻略・東部ニューギニア確保・豪北防衛強化）につき上奏（陸海軍年表／戦史叢書63）． 12.17　大本営陸軍部，ガダルカナル島兵力を撤退し南東方面の戦略転換が必要と結論（陸海軍年表／戦史叢書62）． 12.18　大本営陸海軍部情報交換でガダルカナル島撤退を暗黙裡に論議（陸海軍年表／戦史叢書77）． 12.18　ウェワクとマダンを占領．ウェワク攻略部隊は飛行場等を確保し，マダン攻略部隊はマダンを占領（陸海軍年表／戦史叢書63・83）． 12.18　第11軍司令官陸軍中将塚田攻，安徽省で飛行機事故により戦死．この日付けで大将に進級（官報1943.1.7〔叙任及辞令〕／朝日新聞1943.1.7）． 12.20　聯合艦隊，陸上攻撃機によるガダルカナル島補給を開始．27日，6回延48機（陸海軍年表／戦史叢書83）． 12.20　国民政府首席汪兆銘一行，東京に到着し陸軍大臣東条英機と懇談．天皇に拝謁．日華協力の方途一致し戦争完遂に提携邁進するとの談話を発表（陸海軍年表／戦史叢書55・63）． 12.21　御前会議で「大東亜戦争完遂ノ為ノ対支処理根本方針」を決定．汪兆銘政権の参戦，対中国和平工作の廃止（日本外交年表並主要文書下）． 12.23　大日本言論報国会，設立（会長徳富蘇峰）（近代日本総合年表）． 12.26　北支那方面軍，参謀長会議で士気高揚と軍紀振作を強く要望（陸海軍年表／戦史叢書50）． 12.26　函館俘虜収容所，開設．1943年1月1日，福岡俘虜収容所，開設．1943年1月10日，奉天俘虜収容所，改組開設（官報1943.1.18〔彙報（陸海軍）〕／日本軍の捕虜政策）．

必要ですが、今や、單に山から掘り出される銅や鐵のほかに、官廳、會社をはじめ、私共の家庭等にある銅や鐵等も、より大きな國家目的のために動員しなければならなくなりました。

そこで官廳も、會社も、家庭もこの戰爭に役立つ金屬全部を供出しなければならなくなりましたが、その上、望みたいことは、その賣却代金を隣組長、町内會長、部落會長等の指導のもとに全部貯蓄することにしたいのです。

かうすれば、金屬を供出し、「物」によってお國のお役に立つと共に、更にその賣上代金を貯蓄することによつて、一二重に御國に御奉公できるわけで、一石二鳥の效果があることになります。

賞與と季節收入（配當、利子、麥類、繭等）の貯蓄

賞與は必ず全額を貯蓄に向けたいものです。國債や報國債券を買ふとか、或

金屬供出による收入金の貯蓄

軍艦、戰車等を造るには、銅や鐵等が

分なところから、かういつた結果を生んだとも思はれるのです。

從つて日常の生活において浪費の甚だしい階層に對しては、機會のある每に座談會、懇談會等を開き、その覺醒を促すと共に、特に必要のあるときは、自覺の乏しい階層に對して戶別訪問等を行ひ、その協力を求めなければならないでせう。

平に貯蓄目標額を定めることと、隣保精神の發揮とにあると思ひます。私の隣組では、割當額の完全消化を目標とし、戰局の長期化に應ずるため、伸縮性のある點數按分法を採用しました。

まづ負擔力の公平を期するため、町内會に貯蓄額を割當てる際に規準とした税額や、所得收入等への割振りの率を、市の振興課でうかゞひ、それに基づいて町内常會で各隣組の負擔力を相談しました。

そこで、私の隣組の負擔力でもこれに基づいて、次ぎの點數制を採用して各戶に分擔することにしました。まづ各戶の負擔力に大差がありませんから、隣組常會で上十點、中九點、下八點とし、さらに上中下の家を、話合ひの上、結局、上なしの中九軒、下四軒としました。そこで、中は九點が九軒で八一點下は八點が四軒で三二點

この合計一一三點で貯蓄目標額を割りますと、一點當りの負擔額が出ますから（厘位繰上げ）

中は一點當り負擔額の九倍

1942～1943(昭和17～昭和18)

西暦	和暦	記　　　　　　　事
1942	昭和17	12.26　研三高速研究機(陸軍キ七八),初飛行.1943年12月27日,699.9km/hの速度を記録(日本航空機辞典). 12.27　山東省館陶県日本軍駐屯部隊内で兵器を用い党を組んで上官に暴行・抗命等の軍紀犯事件,発生(陸海軍年表／戦史叢書50). 12.27　陸軍の四式重爆撃機飛龍,初飛行(日本航空機辞典). 12.31　大本営御前会議でガダルカナル島撤退(1943年1月末から2月上旬に決行),中部ソロモン諸島の防備強化,ニューギニア作戦根拠の増強等の作戦方針を決定(陸海軍年表／戦史叢書23・28・33・63・77・94・96). 12.—　大本営,南東方面の艦艇輸送の困難化にともない連繋基地利用の機帆船による補給実施を発令(陸海軍年表／戦史叢書62). 12.—　陸軍,ブルドーザーの設計試作を小松製作所と久保田鉄工所へ指示(陸海軍年表／戦史叢書87). 12.—　陸軍,B-17対策委員会を設置(陸海軍年表／戦史叢書87). 12.—　米海軍,潜水艦により不時着搭乗員の救助,気象通報・偵察等を開始(陸海軍年表／戦史叢書62). この年　陸軍,二式20ミリ高射機関砲,同12センチ迫撃砲,同7センチ砲隊鏡,同小銃(パラシュート部隊用)をそれぞれ採用. この年　海軍,戦艦日向・伊勢にレーダーを搭載.
1943	昭和18	⎛内閣総理大臣：東条英機 　陸　軍　大　臣：東条英機 　参　謀　総　長：杉山　元 　海　軍　大　臣：嶋田繁太郎 ⎝軍　令　部　総　長：永野修身 1.1　朝日新聞朝刊,中野正剛「戦時宰相論」を掲載.首相東条英機批判で発禁となる(近代日本総合年表). 1.4　駐日ドイツ大使の更迭を新聞発表.オットー,罷免.シュターマー,任命(陸海軍年表／戦史叢書66). 1.4　大本営,ガダルカナル島全兵力撤収の命令を下令(陸海軍年表／戦史叢書6・28・66・77・83・94・96). 1.4　聯合艦隊,「カ」号(ソロモン群島作戦)・「ケ」号(ガダルカナル島撤収)作戦要領を発令(陸海軍年表／戦史叢書83). 1.6　アキャブ(ビルマ)方面において英印軍の強烈な反攻が始まり,日本軍守備隊,苦戦(陸海軍年表／戦史叢書15). 1.8　陸軍観兵式,初めて宮城前広場で挙行される.最後の通常観兵式となる(陸軍人事制度概説付録). 1.9　汪兆銘の国民政府,米英に対し宣戦(陸海軍年表／戦史叢書50・55・66・79). 1.9　戦争完遂ニ付テノ協力ニ関スル日華共同宣言(条約第1号),調印.租界還付及治外法権撤廃等ニ関スル日本国中華民国間協定(条約第2号),調印・発効(官報／日本外交年表並主要文書下). 1.10　ガダルカナル島の米軍,日本軍第38師団の間隙を突破して攻勢を開始し,戦況,切迫(陸海軍年表／戦史叢書66).

西暦	和暦	記　　　　　事
1943	昭和18	1.11　第8方面軍,第17軍に対しガダルカナル島からの撤退を下令(陸海軍年表／戦史叢書7・28・66・83).
1.14　米国大統領ルーズベルト・英国首相チャーチル,カサブランカ会議を開始(～25日).対独空爆,シシリー島上陸作戦,枢軸国に無条件屈服を要求する方針などを決定(近代日本総合年表／陸海軍年表／戦史叢書66).
1.16　第1飛行師団,編成完結(司令部札幌).第1航空軍の編組に編入.2月5日,北方軍の指揮下に入る(陸海軍年表／戦史叢書21・53・66・94).
1.18　民族研究所官制(勅令第20号),公布・施行.同研究所は文部大臣の管理に属し,民族政策に寄与するため諸民族に関する調査研究を行う(官報).
1.18　軍事保護院職業補導所規程(厚生省告示第25号),公布.規程を改正.傷痍軍人職業補導所及び軍人遺族職業補導所を設置(官報).
1.20　ブナ支隊,陸路による転進を開始.ブナ支隊長山県栗花生指揮下の南海支隊長陸軍少将小田健作,陣地に残り,21日,自決(陸海軍年表／戦史叢書28・83).
1.21　中等学校令(勅令第36号),公布(4月1日,施行).中学校・高等女学校・実業学校の修業年限を1年短縮して4年制とする.中学校令・高等女学校令・実業学校令を廃止(官報).
1.21　高等学校令中改正ノ件(勅令第38号)・大学令中改正ノ件(勅令第40号),公布(各4月1日,施行).大学予科・高等学校高等科の修業年限を短縮して2年とする(4月1日施行)(官報).
1.29　レンネル島(ガダルカナル島南方)沖海戦(第1次).陸上攻撃機32機で米水上部隊を雷撃(陸海軍年表／戦史叢書7・66・83・96).
1.29　藤田嗣治の戦争画「シンガポール最後の日」,中村研一「コタ・バル」など,朝日文化賞を受賞(戦争と美術).
1.30　レンネル島(ガダルカナル島南方)沖海戦(第2次).陸上攻撃機11機で米水上部隊を雷撃(陸海軍年表／戦史叢書83・96).
1.30　大本営,第7飛行師団の編成を令し第3航空軍戦闘序列に編入(陸海軍年表／戦史叢書61・94).
1.31　東部戦線のドイツ南方部隊(司令官パウルス),ソ連に降伏.2月2日,北方部隊も降伏.スターリングラード攻防戦,終わる(近代日本総合年表).
1.—　谷崎潤一郎「細雪」『中央公論』1月号・3月号に掲載,情報局の圧力で連載中止(近代日本総合年表)
2.1　ガダルカナル島第1次撤収作戦,実施.駆逐艦20隻,約5000人を収容し,2日,ブーゲンビル島に着す(陸海軍年表／戦史叢書7・28・66・83・77・96).
2.2　陸軍船舶練習部令(軍令陸第2号)・陸軍鉄道練習部令(同第3号),公布.幹部候補生隊を設け,甲種幹部候補生の集合教育を実施(官報).
2.4　ガダルカナル島第2次撤収作戦,実施.駆逐艦20隻に第17軍司令官百武晴吉以下約5000人を収容し,5日,ブーゲンビル島に着す(陸海軍年表／戦史叢書7・28・83・77).
2.4　林銑十郎,没(予備役陸軍大将)(官報〔彙報(官庁事項)〕).
2.7　ガダルカナル島第3次撤収作戦,実施.駆逐艦16隻に約1800人を収容し,8日,ブーゲンビル島に上陸.ガダルカナル島撤収作戦,終了(陸海軍年表／戦史叢書7・28・39・66・77・83).

1943（昭和18）

西暦	和　暦	記　　　　　　事
1943	昭和18	2. 8　第18軍,ブナ支隊長山県栗花生にラエ・サラモア(東部ニューギニア)への後退命令を下達(陸海軍年表／戦史叢書28). 2. 9　大本営,ブナ・ガダルカナル島からの撤退を公表(陸海軍年表／戦史叢書66). 2. 9　第8方面軍,81号作戦(東部ニューギニアのラエ・マダン方面への兵力輸送)の構想を決定(陸海軍年表／戦史叢書40). 2.10　大本営,ガダルカナル島撤収作戦中の戦闘を「イサベル島沖海戦」と呼称する旨を発表(陸海軍年表／戦史叢書83). 2.11　第51師団のラエ(東部ニューギニア)輸送を「第81号輸送」と呼称(陸海軍年表／戦史叢書96). 2.14　英ウィンゲート旅団,チンドウィン川を渡河し北部ビルマ平原に深く挺進攻撃を開始(陸海軍年表／戦史叢書15). 2.20　第41師団の第1梯団,東部ニューギニアのウエワクに上陸.26日までに主力約1万3000が上陸.海軍は「丙3号輸送」と呼称(陸海軍年表／戦史叢書38・39・66). 2.23　陸軍省,決戦標語「撃ちてし止まむ」のポスター(宮本三郎筆)5万枚を配布(朝日新聞). 2.25　ニュージーランドのフェザーストン収容所の日本人捕虜,労働をめぐって監視兵と押し問答,発砲される.死者日本兵捕虜48,警備兵1(日本人捕虜). 2.27　大本営政府連絡会議で「世界情勢判断」を決定(陸海軍年表／戦史叢書39・66). 2.28　ラエ輸送船団(第18軍司令部・第51師団主力乗船の輸送船8隻,駆逐艦8隻護衛),ラバウルを出発.3月3日,潰滅.連合国軍,漂流中の日本兵を飛行機・魚雷艇で掃射(陸海軍年表／戦史叢書7・39・96／世界戦争犯罪事典). 2.28　軽巡洋艦大淀,呉工廠で竣工.潜水戦隊の旗艦として多数の偵察機を搭載(日本の軍艦). 2.—　北方部隊潜水部隊を6隻に増強し,アリューシャン列島方面の交通破壊及び防衛協力を主務としたが,3月末以降は潜水艦輸送が唯一の補給手段となる(陸海軍年表／戦史叢書29). 2.—　陸軍飛行場設定練習部を豊橋に設置.1944年12月22日,陸軍航空基地設定練習部に改編.終戦まで多数の飛行場設定隊・地下施設隊を編成して戦場に送る(陸海軍年表／戦史叢書19・87). 2.—　ドイツ海軍,日本海軍に潜水艦2隻を寄贈することを決定(第1艦U-511号〈在独首席軍事委員野村直邦便乗〉,5月10日,ロリアンを発し,ペナン径由,8月7日,呉に着す.第2艦,1944年5月,回航中に消息を絶つ)(陸海軍年表／戦史叢書71). 2.—　米収容所内の17歳以上の日系人に忠誠度審査が行われる.のちに合格者の志願兵が大半を占める第442戦闘部隊が編成され,ヨーロッパ戦線に送られる(世界戦争犯罪事典). 3. 2　兵役法中改正法律(法律第4号),公布(施行,8月1日).朝鮮人に兵役義務を課す(官報／徴兵制と近代日本). 3. 3　第51師団輸送船団,ダンピール海峡で敵機の攻撃をうけ,全滅(ダンピー

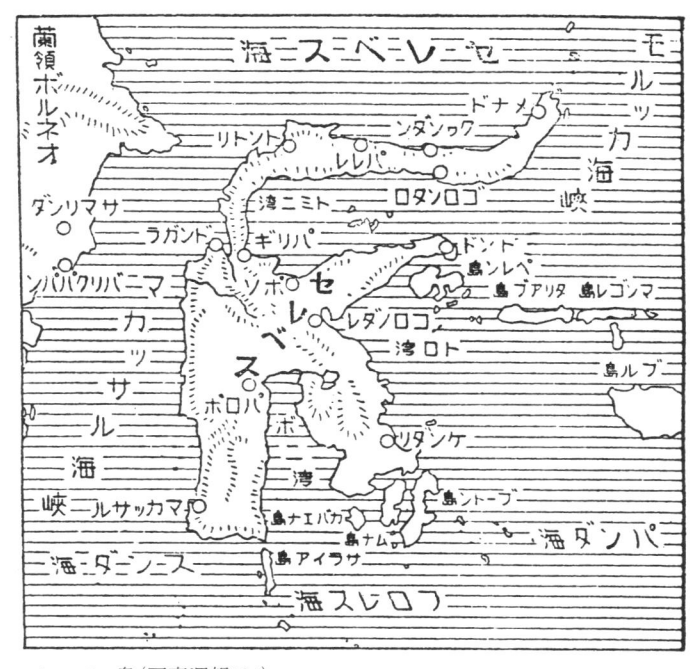

セレベス島(写真週報204)

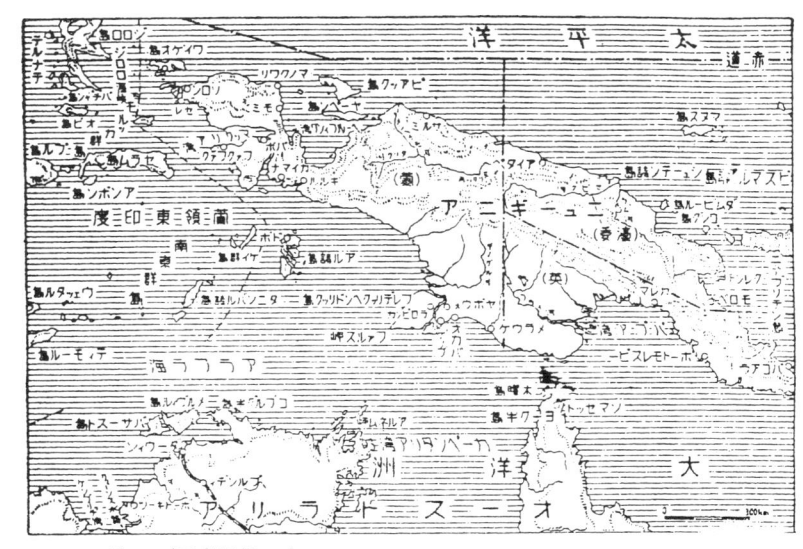

ニューギニア(写真週報207)

1943（昭和18）

西暦	和暦	記　　　　　事
1943	昭和18	ルの悲劇）．全輸送船と駆逐艦4隻が沈没，6912人中生存は3625人（陸海軍年表／戦史叢書7・40・66・94・95・96）． 　3. 4　これより先，2月10日，改⑤計画の予算（臨時軍事費）案，第81議会で可決．この日，公布（官報）． 　3. 5　大本営陸軍部，「昭和十八年度帝国陸軍総合作戦計画」を，同海軍部，「大東亜戦争第三段作戦帝国海軍作戦計画」をそれぞれ上奏，裁可．参謀本部が年度作戦計画に相当する作戦計画を策定して裁可を受けたのはこのときのみ．海軍は敵艦隊の奇襲・誘致による撃滅を重視．ソロモン（イザベル島以北）・ニューギニア（ラエ・サラモア）以西の要地を確保（戦史叢書39・66／近代日本戦争史4）． 　3.10　俘虜処罰法（法律第41号），公布・施行．明治38年法律第38号俘虜処罰ニ関スル法律を全部改正，改題．不服従・規則違反は，陸軍懲罰令にもとづき，陸軍軍法会議で審判（官報／日本軍の捕虜政策）． 　3.12　石油専売法（法律第50号），公布（7月1日，施行〔6月26日勅令第534号〕）（官報）． 　3.12　軍事扶助法中改正法律（法律第49号），公布（4月1日，施行〔3月24日勅令第174号〕）．「傷病兵」の定義に退営及び召集解除者中，現役及び召集中の原因による傷病者を追加（官報）． 　3.13　戦時刑事特別法中改正法律（法律第58号），公布（3月28日，施行〔3月27日勅令第212号〕）．罰則の強化（官報）． 　3.16　兵補採用制度，創設．外国人男子で海軍兵補志願者から銓衡採用．独立国及び仏印政権下の者を除く（海軍省達第73号／日本海軍史8）． 　3.18　戦時行政特例法（法律第75号）・戦時行政職権特例（勅令第133号）・内閣顧問臨時設置制（勅令第134号）・行政査察規程（勅令第135号），公布・施行．首相の権限強化（陸海軍年表／戦史叢書33・51・71・87）． 　3.24　ビルマに侵入した英ウィンゲート兵団，日本軍の討伐により大損害をうけインド方面に反転敗走を開始（陸海軍年表／戦史叢書15）． 　3.25　大本営海軍部，聯合艦隊司令長官山本五十六に「第三段作戦帝国海軍作戦方針」「南東方面作戦陸海軍中央協定」を指示．ソロモン（イザベル島以北）・ニューギニア（ラエ・サラモア）以西の要地の確保（機を見てガダルカナルの奪回）（陸海軍年表／戦史叢書6・7・29・39・62・66・71・85・95）． 　3.25　海軍省報道部企画「桃太郎の海鷲」（芸術映画社．作画・演出・撮影瀬尾光世）．日本初の長編アニメーション（日本映画発達史3）． 　3.26　軍教育隊令（軍令陸第5号），公布（8月1日，施行）．軍教育隊が各軍管区ごとに置かれて歩・砲兵の下士官候補者教育を行う（官報／全陸軍甲種幹部候補生制度史）． 　3.27　樺太庁官制（勅令第196号），公布（4月1日，施行）．大正7年勅令第198号樺太庁官制を全部改正．樺太を内地に編入（官報）． 　3.29　陸軍部内ニ於ケル教育整備ノ為ニスル陸軍航空士官学校令外六勅令改正ノ件（勅令第221号），公布（一部は4月1日，施行．その他は8月1日，施行）．以下の7勅令の各一部を改正．陸軍航空士官学校令・陸軍予備士官学校令・宇都宮陸軍飛行学校令・大刀洗陸軍飛行学校令・熊谷陸軍飛行学校令・陸軍航空通信学校令・陸軍諸学校生徒教育令．陸軍予備士官学校令の改正により，仙台・熊本・豊橋第二

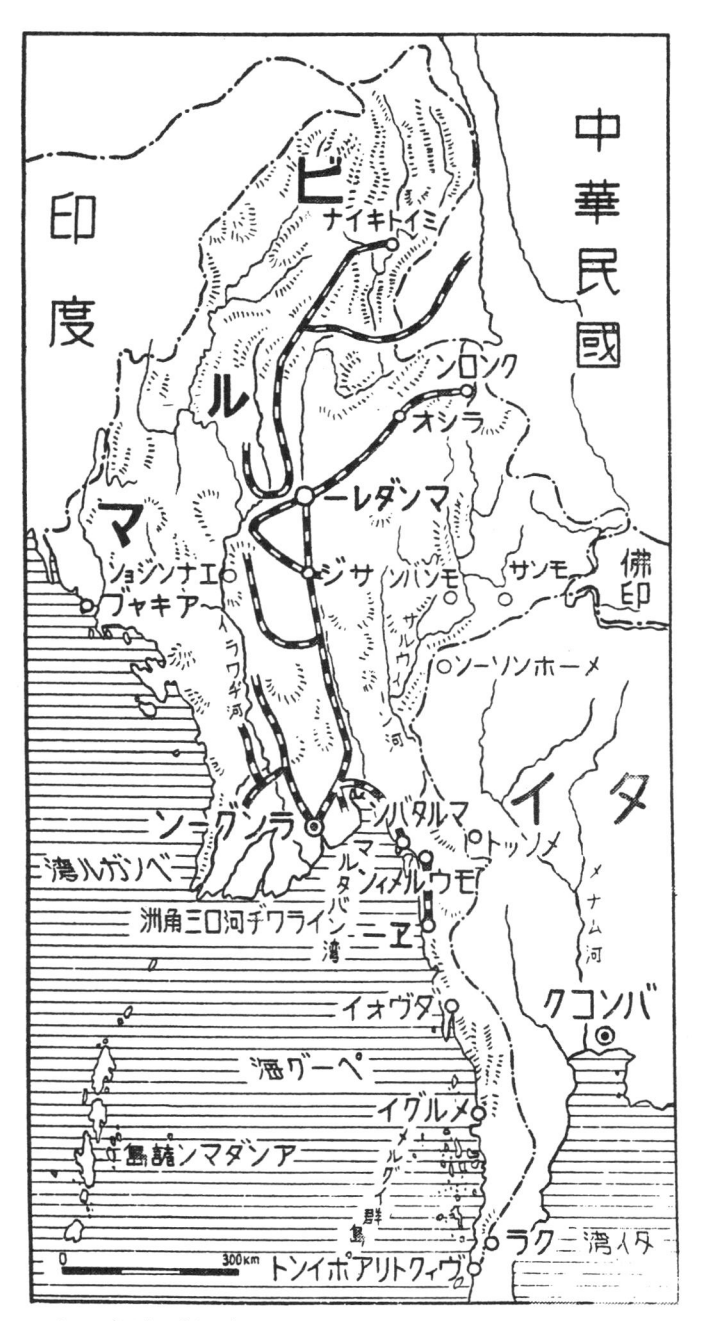

ビルマ（写真週報209）

1943（昭和18）

西暦	和　暦	記　　　　　　　　　　事
1943	昭和18	予備士官学校を増設．各教導学校を廃止・転換．予備士官学校は7校となる（8月1日，施行）（官報／全陸軍甲種幹部候補生制度史）． 　3.29　水戸陸軍飛行学校令（勅令第222号），公布（4月1日，施行）．水戸陸軍飛行学校が設立される．甲種幹部候補生の教育が目的，特別操縦見習士官，他兵科から転科した地区司令官，飛行場大（中）隊長要員の教育も実施（官報／陸軍航空の鎮魂正・続）〔→10.9〕． 　3.29　岐阜陸軍航空整備学校令（勅令第224号），公布（4月1日，施行）．岐阜陸軍航空整備学校を新設．少年飛行兵・特別幹部候補生等の急増に対処するため（官報／陸軍航空の鎮魂正・続）． 　3.29　陸軍少年飛行学校令（勅令第225号），公布（4月1日，施行）．東京陸軍航空学校は東京陸軍少年飛行兵学校と改称され，同時に大津にも少年飛行兵学校が新設される．大津では1942年10月から少年飛行兵教育が開始（官報／陸軍航空の鎮魂正・続）． 　3.―　ドイツ潜水艦U-178号，フランスのボルドーを出港．印度洋作戦後，8月末，マレーのペナン（日本海軍潜水艦基地）に入港（陸海軍年表／戦史叢書39）． 　3.―　政府，改6線表（第2次戦時標準船採用）を決定（陸海軍年表／戦史叢書88）． 　3.―　陸軍航空本部長（陸軍中将安田武雄），首相東条英機に原子爆弾開発に関し意見を具申し，陸軍航空本部直轄の機密研究（二号研究と呼称）に着手（陸海軍年表／戦史叢書19）． 　4. 1　乙種飛行予科練習生（特）制度を新設．乙飛合格者中から選抜し，操縦・射撃・偵察・整備のうちいずれかの1科目を専修し，主として機上作業者とする．4月1日，第1期生1600人，岩国航空隊に入隊（陸海軍年表／戦史叢書88・95）． 　4. 3　聯合艦隊司令長官山本五十六，「い」号作戦（母艦機をラバウル地区基地に展開して行う航空作戦）指導のためトラックを発しラバウルに進出（陸海軍年表／戦史叢書7・39・66・96）． 　4. 5　大本営，支那派遣軍に「対ソ作戦の準備に関する指示」（満洲に転用予定6個師団を指定）を示達（陸海軍年表／戦史叢書66）． 　4. 7　フロリダ沖海戦．「い」号作戦X攻撃．224機が参加．戦果，相当大．4月9日，大本営，発表（陸海軍年表／戦史叢書66）． 　4. 8　ビルマの第55師団，アキャブ方面インデンにおいて英印軍を撃滅（陸海軍年表／戦史叢書66）． 　4. 8　北支那方面軍，軍紀風紀振作のため「国民政府の参戦と北支派遣軍将兵」表題の小冊子を全将兵に配布（陸海軍年表／戦史叢書50）． 　4. 9　宮本三郎の戦争画「山下・パーシバル両司令官会見図」，第2回帝国芸術院賞を受賞（戦争と美術）． 　4.12　「い」号作戦Y攻撃を実施．ポートモレスビーの敵飛行場を航空攻撃．175機が参加（陸海軍年表／戦史叢書7・39・66・96）． 　4.14　「い」号作戦Y_1攻撃（東部ニューギニア東端のミルン湾とラビに対する海軍基地航空部隊の攻撃．93機が参加）とY_2攻撃（ミルン湾とラビに対する第3艦隊飛行機隊の攻撃．98機が参加）を実施（陸海軍年表／戦史叢書7・39・96）． 　4.16　聯合艦隊司令長官山本五十六，「い」号作戦終結を下令（陸海軍年表／戦

スマトラ（写真週報209）

1943(昭和18)

西暦	和暦	記　　　　　事
1943	昭和18	史叢書7・66・96). 4.18　北海守備第2地区隊長陸軍大佐山崎保代,アッツ島に到着(陸海軍年表／戦史叢書21). 4.18　聯合艦隊司令長官海軍大将山本五十六,機上で戦死.幕僚を帯同し陸上攻撃機でブーゲンビル島南のバレラに向かう途中,敵戦闘機の攻撃による.5月21日,東京で発表(官報5.21／陸海軍年表／戦史叢書7・39・62・66・95・96). 4.20　東条英機内閣,改造.外務大臣重光葵,内務大臣安藤紀三郎,文部大臣東条英機(兼任),農商大臣山崎達之輔,国務大臣大麻唯男(官報). 4.20　第15軍司令官陸軍中将牟田口廉也,メイミョーで兵団長会同を開き,インド進攻作戦構想を披瀝(陸海軍年表／戦史叢書15). 4.21　聯合艦隊司令長官海軍大将山本五十六(18日,戦死)の後任に海軍大将古賀峯一の親補発令(陸海軍年表／戦史叢書39・62・96). 4.22　靖国神社,満洲事変の戦没者1343人,日中戦争の戦没者1万8644人のため招魂式を行う.23〜28日,臨時大祭(靖国神社略年表). 4.28　潜水艦伊二九,インド洋洋上でドイツ潜水艦からチャンドラ＝ボースと従者1名を収容し,遣独士官2名をドイツ潜水艦に移乗.5月13日,ペナンに帰着(陸海軍年表／戦史叢書98). 4.—　駐独大使大島浩,ドイツ総統ヒトラー・外相リッベントロップと会談.ヒトラー,独ソ和平は考えられないと断言(陸海軍年表／戦史叢書66). 4.—　陸軍中央部,B-29対策委員会を設置(委員長軍務局長佐藤賢了)(陸海軍年表／戦史叢書94). 4.—　軍令部,①〜⑨兵器特殊緊急実験開発を海軍省に要望.主として特攻用兵器の研究実験と試作の開始(陸海軍年表／戦史叢書88). 4.—　東部ニューギニアのサラモア前面に敵地上部隊,来攻(陸海軍年表／戦史叢書7). 4.—　第3飛行師団,湘桂沿線及び浙江省方面を攻撃(本土空襲企図を未然に防止)(陸海軍年表／戦史叢書74). 4.—　中国人労働者の内地「試験移入」(〜11月.合計8集団,計1420人)(中国人強制連行). 5.1　日本漫画奉公会,結成(大政翼賛会後援).会長北沢楽天(戦争と美術). 5.10　駆逐艦島風,舞鶴工廠で竣工.最高速度39ノット(日本の軍艦). 5.上旬　東部ニューギニアのサラモア前面敵地上部隊の行動,活発化(陸海軍年表／戦史叢書17・40). 5.11　日本版画奉公会,結成(大政翼賛会後援).会長岩倉具栄(戦争と美術). 5.11　閣議で「朝鮮人及台湾本島人ニ海軍特別志願兵制新設整備ノ件」を決定(公文類聚第67編巻95軍事門―海軍／徴兵制と近代日本). 5.12　米軍,アッツ島に上陸(陸海軍年表／戦史叢書6・21・29・39・66・85・95・96). 5.12　米大統領ルーズベルト・英首相チャーチル,ワシントンで会談.南イタリア上陸を決定.フランス上陸を1944年まで延期.対日進攻作戦も協議(近代日本総合年表／日本海軍史8). 5.12　ドイツ軍,北アフリカ戦線で降伏.13日,イタリア軍も降伏(近代日本総合年表).

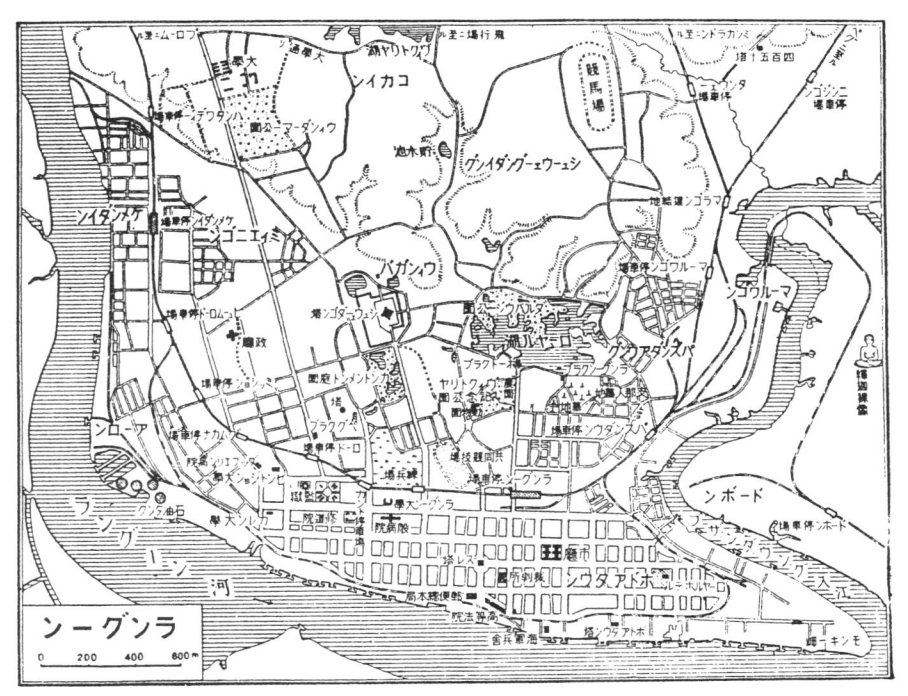

ラングーン（写真週報210）

1943(昭和18)

西暦	和暦	記事
1943	昭和18	5.14 潜水艦伊177, ブリスベーン沖でオーストラリア病院船セントールを撃沈(世界戦争犯罪事典). 5.14 陸軍,第42・43・46・47師団の編成を下令.いわゆる「四十番台師団」.既存の第62・63・66・67独立歩兵団を改編.第45師団は終戦まで欠番(戦史叢書99／太平洋戦争師団戦史). 5.15 海防艦択捉(えとろふ),竣工(甲型海防艦,ほか同型艦13隻).船団護衛用(日本の軍艦). 5.18 大本営陸海軍部,協議してアッツ放棄を内定(陸海軍年表／戦史叢書66・39・21・29). 5.18 大本営海軍部,聯合艦隊に「アッツ島増援中止内定」を打電(陸海軍年表／戦史叢書39・85). 5.18 日本美術報国会,結成.会長横山大観(戦争と美術). 5.18 日本美術及工芸統制協会,結成.戦争協力の度合いに応じて美術材料を配分(戦争と美術). 5.20 俘虜労務規則(陸軍省令第22号),公布・施行(官報). 5.20 相模海軍工廠本廠,竣工.毒ガスを生産(毒ガス戦と日本軍). 5.中旬 第55師団,アキャブ方面の英印軍をビルマ国境外に駆逐(陸海軍年表／戦史叢書15). 5.中旬 第6飛行師団,東部ニューギニアのサラモア戦線の後方要地を攻撃(陸海軍年表／戦史叢書7). 5.中旬 米統合参謀本部,日本攻略のため南進計画(ソロモン→ニューギニア→チモール→ミンダナオ→マニラ)と中央進攻計画(トラック→グアム)の併用の作戦計画を決定(陸海軍年表／戦史叢書62). 5.27 潜水艦によるキスカ島撤収作戦(ケ号作戦),開始(第1期.6月22日まで)(陸海軍年表／戦史叢書21・29・39). 5.29 アッツ島守備隊(陸軍大佐山崎保代以下約2500人),全滅(陸海軍年表／戦史叢書21・29・66・85). 5.30 大本営,アッツ島「玉砕」を発表(陸海軍年表／戦史叢書21・66). 5.31 御前会議で「大東亜政略指導大綱」を決定.政略態勢の整備強化,マレー・蘭印の帝国領土編入,ビルマ・フィリピンの独立許容(日本外交年表並主要文書下／陸海軍年表／戦史叢書23・50・66・92). 6.1 東京都制(法律第89号),公布(7月1日,施行〔6月19日勅令第503号〕)(官報). 6.5 元帥海軍大将山本五十六の国葬,日比谷公園で行われる(官報6.2・6.7〔故元帥海軍大将山本五十六葬儀〕). 6.8 戦艦陸奥,柱島泊地で砲塔が爆発し沈没.原因,不詳(陸海軍年表／戦史叢書88). 6.8 米大統領ルーズベルト,日独伊などの枢軸諸国に対し,これら諸国が毒ガスなど非人道的兵器を使用した場合,最大規模の報復を行うと声明(毒ガス戦と日本軍). 6.10 米英,ドイツに昼夜の「混合爆撃」を開始(近代日本総合年表). 6.16 首相東条英機,議会における施政方針に関する演説でフィリピン独立の

山本五十六(1943.4.18)

山崎保代(1943.5.29)

アッツ島(1942.6.8/1943.5.29)

1943（昭和18）

西暦	和　暦	記　　　　　　　　事
1943	昭和18	年内許容等を述べる（帝国議会貴族院会議速記録／陸海軍年表／戦史叢書67）． 　　6.16　多摩陸軍技術研究所令（勅令第496号），公布・施行．17日，同研究所を東京都北多摩郡昭和町に設置．電波兵器の改善を図る（官報6.16〔勅令〕・6.23〔彙報（陸海軍）〕／陸軍航空の鎮魂正・続）． 　　6.19　大本営政府連絡会議で「当面の対ソ施策に関する件」（北樺太の石油・石炭利権をソ連へ有償移譲）を決定（陸海軍年表／戦史叢書66・67・73）． 　　6.20　大本営陸軍部，各戦線からの戦訓を記した冊子『戦訓報』第1号を刊行（日本陸軍「戦訓」の研究）． 　　6.23　北方部隊指揮官，潜水艦によるキスカ守備隊の撤収中止を下令．5月27日からの収容人員は陸海軍約880人（陸軍年表／戦史叢書29・39）． 　　6.24　天皇，横須賀在泊の戦艦武蔵に行幸（日本海軍史8）． 　　6.25　閣議で「学徒戦時動員体制確立要領」を決定（内閣制度百年史下／陸海軍年表／戦史叢書51） 　　6.27　第2次遣独潜水艦伊8，ペナンを発す．8月31日，ブレストに着す．10月5日，同地を発し，12月5日，シンガポールに着す（陸海軍年表／戦史叢書71）． 　　6.29　侍従武官海軍大佐城英一郎，航空特攻の具体的意見を初めて海軍航空本部総務部長海軍中将大西瀧治郎に開陳（侍従武官城英一郎日記／陸海軍年表／戦史叢書45）． 　　6.30　日本と中華民国（汪兆銘政権）との間で上海共同租界回収実施ニ関スル取極に署名・調印．8月1日，租界行政権の回収を実施（官報7.23〔外務省大東亜省告示第2号〕）〔→8.1〕． 　　6.30　連合国軍，中部ソロモンのレンドバ島と東部ニューギニアのナッソウ湾に同時上陸（陸海軍年表／戦史叢書7・39・40・66・67・96）． 　　6.—　陸軍中央部，1943年後半から1945年半ばにかけて操縦者2万人，その他要員4万人の急速養成を計画（陸海軍年表／戦史叢書61・22）． 　　6.—　陸軍，三式戦闘機飛燕を採用（日本航空機辞典）． 　　7.1　第1航空艦隊を編成．大本営直轄の基地航空部隊．司令長官海軍中将角田覚治．1944年2月15日，聯合艦隊に編入（陸海軍年表／戦史叢書39・67・71・88・95）． 　　7.1　東京都制，施行（官報6.1・6.19）〔→6.1〕． 　　7.4　インド独立連盟大会，シンガポールで開催．チャンドラ＝ボースを新連盟総裁に選出（陸海軍年表／戦史叢書15・67）． 　　7.5　クラ湾で夜戦．コロンバンガラ島（ソロモン諸島）増援輸送部隊（駆逐艦10隻，陸軍2400人），これを阻止しようとする米艦隊と夜間クラ湾で交戦．旗艦駆逐艦新月，沈没．第3水雷戦隊司令部，全滅するが，米軽巡洋艦1隻を撃沈．陸軍部隊，上陸に成功（陸海軍年表／戦史叢書39・40・96・97）． 　　7.5　陸軍航空関係予備役兵科将校補充及服役臨時特例（勅令第566号），公布・施行．陸軍，海軍の予備学生に対応して特別操縦見習士官制度を創設．大学学部などの卒業者の志願者を陸軍飛行学校で教育して，予備役少尉とする．10月1日，第1期1800人，入隊．1944年10月，予備役少尉に任官（官報／全陸軍甲種幹部候補生制度史）． 　　7.10　連合国軍，イタリアのシシリー島に上陸（ハスキー作戦）（近代日本総合年表）．

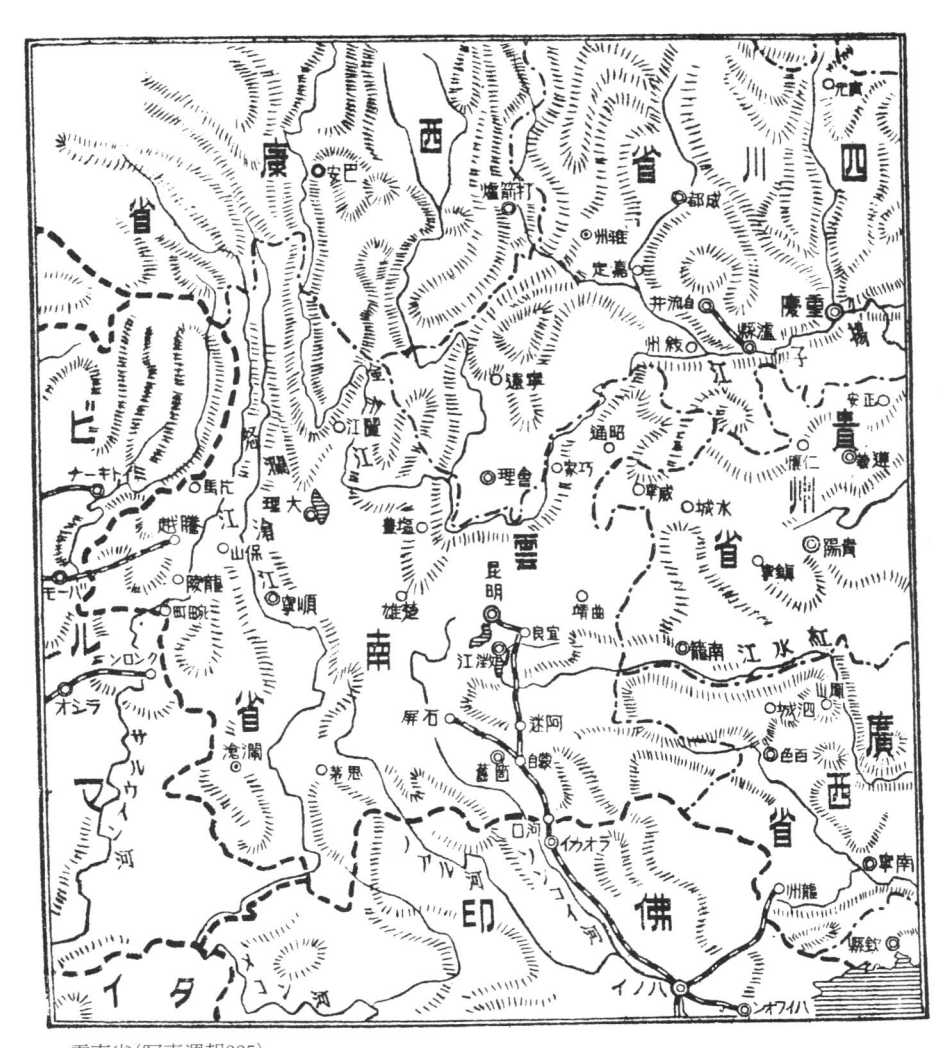

雲南省(写真週報225)

1943（昭和18）

西暦	和暦	記　事
1943	昭和18	7.12　第2水雷戦隊司令官指揮下にコロンバンガラ島に増援兵力を輸送．同夜，コロンバンガラ島沖夜戦，起こり，旗艦軽巡洋艦神通，沈没，第2水雷戦隊司令部，全滅（陸海軍年表／戦史叢書96）． 7.15　第1水雷戦隊，キスカ島付近の天候は撤収作戦に不適と判断し，幌筵に帰投することを決断．第1次作戦，不成功（陸海軍年表／戦史叢書29）． 7.19　この日以前，北方部隊指揮官，キスカ島撤退第2次作戦に関する命令を発令（陸海軍年表／戦史叢書29）． 7.19　米英軍，第1回ローマ空爆（近代日本総合年表）． 7.20　米統合参謀本部，太平洋艦隊長官ニミッツに対し11月15日ころギルバート諸島とナウル島を攻略し，1944年早々にマーシャル諸島を攻略することを下令（陸海軍年表／戦史叢書62）． 7.21　国民徴用令中改正ノ件（勅令第600号），公布（8月1日，施行．朝鮮・台湾・樺太・南洋群島は9月1日，施行）．徴用の国家性を強調（官報）． 7.25　米機動部隊，ウェーク島を空襲．27日，10月6・7日にも来襲（陸海軍年表／戦史叢書13）． 7.25　イタリア首相ムッソリーニ，逮捕軟禁され，27日，バドリオ，内閣を組織（陸海軍年表／戦史叢書67）． 7.28　大本営陸軍部，第4航空軍戦闘序列を令し，第8方面軍戦闘序列に編入を発令．ニューギニアの航空戦力を強化（陸海軍年表／戦史叢書7・94）． 7.28　海軍特別志願兵令（勅令第608号），公布（8月1日，施行）．第1条「戸籍法ノ適用ヲ受ケザル帝国臣民タル男子ニシテ海軍ノ兵役ニ服スルコトヲ志願スルモノハ海軍大臣ノ定ムル所ニ依リ銓衡ノ上之ヲ特別志願兵ニ採用シ海軍兵籍ニ編入ス」（官報）． 7.29　キスカ島撤収作戦部隊の第1水雷戦隊司令官海軍少将木村昌福指揮の水雷部隊，キスカ湾に入泊し在島陸海軍全員（約5200人）の収容に成功（陸海軍年表／戦史叢書21・29・39・67）． 7.29　俘虜取扱規則中改正（陸達第57号）・俘虜取扱細則中改正（陸達第58号），公布（各8月1日，施行）．俘虜取扱規則では俘虜を博愛の心をもって取り扱えとしながらも，俘虜細則では俘虜は逃亡しないよう宣誓させ，宣誓しない者は逃亡の意志ありと見なして厳重に取り締まること，俘虜の不服従や逃亡に際しては必要な措置（殺傷を含む）を取り得ることなどを示す（官報／日本軍の捕虜政策）． 7.—　陸軍，第4航空軍司令部を編成し，ラバウルに進出（陸海軍年表／戦史叢書）． 7.—　参謀本部，中央特種情報部を設置し本格的に対米暗号解読を開始（日本軍のインテリジェンス）． 8.1　キスカ撤収の第1輸送隊と第2警戒隊，幌筵に帰着．完全撤収，無事終了（陸海軍年表／戦史叢書21・29）． 8.1　政府，上海共同租界を国民政府（汪兆銘政権）に返還（陸海軍年表／戦史叢書67）[→6.30]． 8.1　海軍特別志願兵制度，朝鮮・台湾に施行（陸海軍年表／戦史叢書88）[→10.1]． 8.1　軍事扶助法による生活扶助を，6大都市で1人1日90銭とするなど増額（戦力増強と軍人援護）．

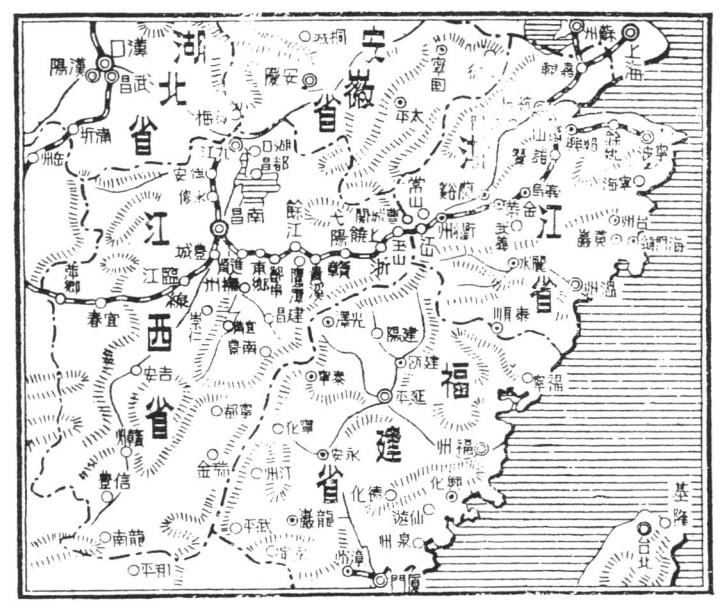

浙江省と江西省（写真週報226）

1943（昭和18）

西暦	和暦	記　　　　　　　　事
1943	昭和18	8.1　豊橋士官予備学校を豊橋第一予備士官学校と改称．陸軍航空整備学校を所沢陸軍整備学校と改称（官報8.14・8.19〔彙報（陸海軍）〕）． 8.1　ビルマ国，独立（国家代表バー＝モウ）し，米英に宣戦を布告（陸海軍年表／戦史叢書5・67）． 8.6　米マッカーサー司令部，ムンダ占領を発表（陸海軍年表／戦史叢書39）． 8.6　ベラ海夜戦．コロンバンガラ島陸軍増援兵力輸送の駆逐艦4隻，敵と交戦し，3隻，沈没．陸兵約940人中約820人，戦死（陸海軍年表／戦史叢書39・40・67・96）． 8.7　南方軍，緬甸（ビルマ）方面軍にインパール作戦準備を下令（陸海軍年表／戦史叢書15・61・67・92）． 8.8　海軍大将岡田啓介，迫水（さこみず）久常を内大臣木戸幸一に接触させて倒閣運動を開始（木戸幸一日記／陸海軍年表／戦史叢書45）． 8.9　支那派遣軍，高級参謀天野正一を上京させて重慶覆滅作戦指導に関する計画を大本営に具申．大本営，却下（陸海軍年表／戦史叢書55）． 8.9　陸海軍航空技術委員会，設置．陸海軍航空本部協調委員会，廃止（陸海軍年表／戦史叢書87・88）． 8.12　宮中大本営戦況交換で，中部ソロモン方面の作戦を検討．ソロモン確保を断念（陸海軍年表／戦史叢書39）． 8.12　陸海軍電波技術委員会，設置（陸海軍年表／戦史叢書33・87・88）． 8.12　軍隊内務令（軍令陸第16号），公布．昭和9年9月28日軍令陸第9号軍隊内務書を全部改正，改題．軍が天皇親率であることを強調．軍隊における「親分子分の情」を否定して命令・階級にもとづく服従の徹底をはかる（官報〔条文省略〕）． 8.13　参謀総長杉山元・軍令部総長永野修身，「中部ソロモン群島の作戦に関する陸海軍中央協定」を指示．中部ソロモンは持久，後方要線の強化（陸海軍年表／戦史叢書7・39・40・67・96）． 8.14　米大統領ルーズベルト・英首相チャーチル，カナダのケベックで会談（〜24日．クワンドラント会議）．フランス上陸作戦（オーバーロード作戦）の開始を1944年5月1日と決定（近代日本総合年表）． 8.15　聯合艦隊司令長官古賀峯一，マーシャル・ギルバート・ソロモン北方までの太平洋正面における対米決戦構想「Z作戦」要領を発令（陸海軍年表／戦史叢書6・12・39・44・62・67・71・95／近代日本戦争史4）． 8.15　有力な連合国軍，ベララベラ島に上陸（陸海軍年表／戦史叢書40・39・96）． 8.15　米軍，キスカ島に無血上陸（陸海軍年表／戦史叢書21・29）． 8.17　ウェワク・ブーツの陸軍航空基地，空襲により大損害を受ける．炎上大破・中小破機，各約50機（陸海軍年表／戦史叢書7・94）． 8.17　ドイツ・イタリア軍，シシリー島を撤退（陸海軍年表／戦史叢書67）． 8.19　海軍，戦闘機の呼称を制定．甲戦—敵戦闘機撃墜を主任務とするもの．乙戦—敵爆撃機撃墜を主とするもの．丙戦—夜間敵機撃墜を主とするもの（日本海軍史8）． 8.20　軍事援護学会，設立．各大学の研究者などによる軍事援護の強化を推進（戦力増強と軍人援護）． 8.25　連合国軍，東南アジア戦域連合軍司令部を設置．最高指揮官英海軍大将

1943(昭和18)

西暦	和暦	記　　　　　　　　　事
1943	昭和18	マウントバッテン(日本海軍史8). 　8.―　陸軍大臣東条英機,戦闘機を超重点とする航空機整備方針を決定(陸海軍年表／戦史叢書19). 　8.―　常陸陸軍飛行学校,設立.防空戦闘の研究教育を名目として設立されたが,不振であった重戦闘機の研究を促進するためともいう(陸軍航空の鎮魂正・続). 　8.―　海軍,艦上攻撃機天山・水上爆撃機瑞雲・夜間戦闘機月光をそれぞれ採用(日本航空機辞典). 　8.―　海軍,水上偵察機「紫雲」を採用(日本航空機辞典). 　**この夏**　陸軍,航空の大拡充に対処するため,操縦課程全般にわたって改革を行なう.2ヵ月の準備教育の後,4ヵ月の基本操縦を実施する練習飛行隊,4ヵ月の分科別戦技教育を高等練習機で行なう教育飛行隊,4ヵ月の実戦部隊配属のための練成訓練を実施する錬成飛行隊を作り,その上を学生が流れて,操縦者を育成していく仕組み(陸軍航空の鎮魂正・続). 　9.1　米機動部隊,南鳥島を空襲,艦砲射撃(陸海軍年表／戦史叢書6・39・62・67・71・85). 　9.1　藤田嗣治の絵画「アッツ島玉砕」,国民総力決戦美術展で公開される(戦争と美術). 　9.3　連合国軍,南部イタリア本土に上陸(陸海軍年表／戦史叢書97付表・30). 　9.4　米豪連合軍,ニューギニアのラエ・サラモアに上陸(近代日本総合年表). 　9.4　上野動物園,空襲に備えてライオンなどの猛獣を薬殺(近代日本総合年表). 　9.5　戦艦伊勢,呉工廠で航空戦艦に改装完成.艦の後部のみ空母状に改装して航空機を搭載(日本の軍艦). 　9.6　第51師団を基幹とするサラモア周辺の部隊,ラエに向かい転進を開始(陸海軍年表／戦史叢書40). 　9.8　イタリアのバドリオ政権,連合国に無条件降伏(日本外交年表並主要文書下). 　9.12　ドイツ軍,ムッソリーニを救出(陸海軍年表／戦史叢書67). 　9.12　第51師団のサラワケット越えの第1梯団,ラエを出発.15日,最終梯団が出発(陸海軍年表／戦史叢書7・40・96). 　9.13　次官会議で「女子勤労動員ノ促進ニ関スル件」を決定,新規学校卒業者,14歳以上の未婚女子などに女子勤労挺身隊を「自主的に組織」させ,1～2年労働させる(日本近代労働史／近代日本総合年表). 　9.14　第2次日米交換船帝亜丸,出港.11月14日,邦人を乗せ横浜に帰港(近代日本総合年表). 　9.15　ラエ・サラモア部隊,撤退を完了(陸海軍年表／戦史叢書67). 　9.15　イタリアの降伏に伴い日独共同声明を発表.同盟を再確認(陸海軍年表／戦史叢書67). 　9.16　海軍省・軍令部間でY問題(陸海軍統帥部一体化)・X問題(陸海軍航空兵力統合)に関し主務者案を審議.結論に達せず(陸海軍年表／戦史叢書71). 　9.16　陸軍航空本部監修の映画「愛機南へ飛ぶ」(製作松竹大船・演出佐々木康)(日本映画発達史3).

1943（昭和18）

西暦	和　暦	記　　　　　事
1943	昭和18	9.19　米機動部隊,ギルバート諸島に来襲(陸海軍年表／戦史叢書12・62・67). 9.21　兵役法施行規則中改正(陸軍省令第37号),公布・施行.昭和5年以前検査の第二国民兵も召集対象とする(官報). 9.22　連合国軍,東部ニューギニアのフィンシュハーヘンに上陸.ダンピール海峡が制約される(陸海軍年表／戦史叢書6・7・39・58・96). 9.23　閣議で「台湾本島人(高砂族を含む)に対し徴兵制施行整備の件」を決定.台湾に昭和20年度から徴兵制を実施(徴兵制と近代日本). 9.23　ムッソリーニ,共和ファシスト政府を樹立(陸海軍年表／戦史叢書67). 9.25　大本営政府連絡会議で「世界情勢判断」「今後採るべき戦争指導の大綱」「同大綱に基く当面の緊急措置に関する件」「同大綱に基く作戦方策」等を決定.千島・小笠原・内南洋(中・西部)・西部ニューギニア・スンダ・ビルマを含む圏域を絶対国防圏と定める(陸海軍年表／戦史叢書4・39・67・71). 9.25　聯合艦隊,「Y」作戦(インド洋正面の作戦)要領を発令(陸海軍年表／戦史叢書12・39・54・71). 9.28　閣議で「官庁ノ地方疎開ニ関スル件」を決定(内閣制度百年史下). 9.28　支那派遣軍,常徳作戦の実施を下令(陸海軍年表／戦史叢書55). 9.28　コロンバンガラ島からの第1次撤退作戦(「セ」号作戦)を実施.10月2日夜,第2次作戦を実施.共に成功(陸海軍年表／戦史叢書40・67・71・96). 9.30　御前会議で「今後採ルヘキ戦争指導ノ大綱」(絶対国防圏の設定を基幹)と,これに基づく緊急措置を決定(日本外交年表並主要文書下／陸海軍年表／戦史叢書7・33・39・51・67・71・85・92・96). 9.30　昭和19年度航空機生産配分につき,陸海軍間で対立.1944年2月10日,妥協案,成立(陸海軍年表／戦史叢書71). 9.—　教育総監山田乙三,部内および隷下学校に対し,今後の教育研究は主として「あ号」作戦(対米作戦)に転換すると指示(戦争の日本史23). 10.1　朝鮮・台湾人の海軍特別志願兵第1期訓練生を採用(戦史叢書88)〔→7.28〕. 10.2　昭和十八年臨時徴兵検査規則(陸軍省令第40号),公布・施行.徴兵延期中の学生・生徒全員(理工系含む)に10月25日から11月5日までに徴兵検査を実施.ただし11月1日公布(一部を除き即日施行)兵役法中改正法律(法律第110号),11月13日公布・施行陸軍省令第54号修学継続ノ為ノ入営延期ニ関スル件・同告示第54号により,理工系の学生・生徒については修学継続を可能とする(官報). 10.2　在学徴集延期臨時特例(勅令第755号),公布・施行.兵役法第41条第4項の規定による.文科学生・生徒の徴兵猶予を停止(官報／徴兵制と近代日本). 10.6　米機動部隊,大鳥島(ウェーク島)に来襲(延べ約400機)し艦砲射撃も実施(陸海軍年表／戦史叢書7・62・67・71・85). 10.6　ベララベラ島の陸海軍部隊約600人の撤収作戦を実施(〜7日).日米とも駆逐艦1隻を喪失.撤退作戦,成功(陸海軍年表／戦史叢書71・96). 10.9　水戸飛行学校令中改正ノ件(勅令第770号),公布・施行.題名を仙台飛行学校令と改め,水戸飛行学校を仙台飛行学校と改める(官報)〔→3.29〕. 10.10　アピ事件,起こる.日本の軍政下にあった北ボルネオのアピで華人・先住民などが反乱を起こし約60人を殺害.1944年2月中旬ごろまでに平定される(世界戦争犯罪事典／戦史叢書92).

工場で働く女子学生

道路工事をする大学生

1943(昭和18)

西暦	和暦	記　事
1943	昭和18	10.上旬　第14軍,フィリピン方面に本格的飛行場設定を開始(陸海軍年表／戦史叢書48). 　　10.12　閣議で「教育ニ関スル戦時非常措置方策」を決定.理工科系統及び教員養成諸学校学生のほかは徴兵猶予を停止,義務教育8年制を無期限延期,ほか(資料日本現代教育史4). 　　10.13　陸軍服制中改正ノ件(勅令第774号),公布・施行.階級章の拡大・隊長章の新設等で階級秩序の明確化を図る(官報／日本近代軍服史). 　　10.14　日本国フィリピン国間同盟条約,マニラで調印.10月20日,発効.22日,公布(官報10.22〔条約第12号〕／日本外交年表並主要文書下). 　　10.14　靖国神社,満洲事変の戦没者1255人,日中戦争の戦没者1万7928人,太平洋戦争の戦没者808人のため招魂式を行う.15〜20日,臨時大祭(靖国神社略年表). 　　10.14　フィリピン共和国,成立.独立宣言.大統領ラウレル(日本外交年表並主要文書下). 　　10.15　閣議で「帝都及重要都市ニ於ケル工場家屋等ノ疎開及人員ノ地方転出ニ関スル件」を決定(内閣制度百年史下). 　　10.16　第20師団,フィンシュハーヘンの連合国軍橋頭堡に対して攻撃を開始.24日または25日,第1次攻撃を中止(陸海軍年表／戦史叢書58・67). 　　10.16　東南アジア連合軍司令部(司令官英国海軍中将マウントバッテン)をインドのデリーに新設(陸海軍年表／戦史叢書15). 　　10.18　財団法人大日本育英会,設立(日本近代総合年表)〔→1944.2.17〕. 　　10.19　スターリン,モスクワ会談夕食会においてドイツ降伏後に対日参戦する旨をアメリカ側代表に非公式に言明(陸海軍年表／戦史叢書73). 　　10.20　連合国,ロンドンに「連合国戦争犯罪委員会」を設置(戦争裁判余録). 　　10.中旬　ラバウル方面に対する連合国軍の空襲本格化(陸海軍年表／戦史叢書7). 　　10.21　出陣学徒壮行会,明治神宮外苑競技場において挙行.主催文部省・学校報国団本部.12月1日,陸軍各部隊へ入営.12月10日,海軍の各海兵団へ入団(全陸軍甲種幹部候補生制度史). 　　10.21　中野正剛,倒閣容疑で憲兵隊に逮捕される.26日,釈放.同日夜半,自殺(近代日本総合年表). 　　10.21　インド独立連盟大会,シンガポールで開催.自由印仮政府の樹立を議決しチャンドラ=ボース,主席に推挙される.24日,米英に宣戦を布告(陸海軍年表／戦史叢書15・67). 　　10.23　日本政府,自由インド仮政府を承認(日本外交年表並主要文書下). 　　10.25　泰緬鉄道,完成.動員された連合国軍捕虜の死者1万2400人.アジア人労働者の多数が死亡(陸海軍年表／戦史叢書23・67／世界戦争犯罪事典). 　　10.28　聯合艦隊司令長官古賀峯一,「ろ」号作戦(ブナ・ダンピール方面の連合国軍の海上補給路遮断と航空撃滅戦)を発動し,第1航空戦隊飛行隊の南東方面進出を下令(陸海軍年表／戦史叢書7・62・67・71・95・96). 　　10.30　政府,汪兆銘の国民政府と日本国中華民国間同盟条約(日華同盟条約)・附属議定書に調印,即日発効.10月31日,公布.1940年11月30日調印日華基本条約(日本国中華民間基本関係ニ関スル条約)及びその附属議定書は失効(官報10.31

出陣学徒壮行会(1943.10.21)

航空隊に入隊する大学生

1943（昭和18）

西暦	和　暦	記　　　　　　事
1943	昭和18	〔条約第13号〕／日本外交年表並主要文書下）． 　　10.30　大本営，第2方面軍司令部・第2軍司令部を関東軍から除き豪北方面に転用し大本営直轄を発令(陸海軍年表／戦史叢書67・73)． 　　10.30　第18師団の前方部隊，ビルマ北端のフーコン谷地で有力な米中軍と交戦．以後約半年にわたり，激戦を展開(陸海軍年表／戦史叢書15)． 　　10.30　機甲軍を解隊(陸海軍年表／戦史叢書73)． 　　10.30　モスクワ宣言．米英ソ，33ヵ国を代表しドイツのBC級残虐行為処罰の大綱を宣言(戦争裁判余録)． 　　10.31　防空法中改正法律(法律第104号)，公布(1944年1月9日，施行〔昭和19年1月8日勅令第20号〕)．主務大臣・地方長官は物件・施設の移転・分散・疎開を命じることができるとする(官報)． 　　10.31　軍需会社法(法律第108号)，公布(12月17日，施行〔12月16日勅令第927号〕)．軍需会社に生産責任者・生産担当者を置き，従業者は国家総動員法による徴用者と見なす(官報)． 　　10.31　海防艦御蔵，竣工(乙型海防艦く当初乙型と呼称されたが，のち甲型に含められる＞．ほか同型艦7隻)．対空・対潜装備強化(日本の軍艦)． 　　10.下旬　ラエ方面からのサラワケット越えの転進部隊の最後尾，キアリに到着(陸海軍年表／戦史叢書40)． 　　10.—　ポンチャナック事件，起こる(～1944年1月．44年8月)．ボルネオ東部のポンチャナックで日本軍が抗日住民を検挙殺害．犠牲者2万～1486人まで諸説がある(世界戦争犯罪事典)． 　　11.1　兵役法中改正法律(法律第110号)，公布・施行．兵役服務年限を40歳から45歳に延長．台湾人にも兵役義務を課す(官報)． 　　11.1　防空総本部官制(勅令第806号)，公布・施行(官報)． 　　11.1　農商省官制(勅令第821号)，公布・施行．農商省を新設，農林省，廃止(官報)． 　　11.1　軍需省官制(勅令第824号)，公布・施行．軍需省を新設，商工省・企画院，廃止(官報)． 　　11.1　運輸通信省官制(勅令第829号)，公布・施行．運輸通信省を新設，逓信省・鉄道省，廃止(官報)． 　　11.1　帝都防空本部官制(勅令第839号)，公布・施行(官報)． 　　11.1　戦時行政職権特例中改正ノ件(勅令第841号)・地方行政機構整備強化ノ為ニスル戦時行政職権特例外二勅令中改正ノ件(勅令第842号)，各公布・施行．首相の指示権を拡充．地方行政協議会長の指揮権を強化．各大臣職権の一部を移譲(官報)． 　　11.1　連合国軍，ブーゲンビル島タロキナに上陸．夜半，ブーゲンビル島沖海戦，起こる．第5戦隊基幹の襲撃部隊，ブーゲンビル島南西海面で敵艦隊と交戦．軽巡洋艦・駆逐艦各1隻を失い上陸阻止に失敗(陸海軍年表／戦史叢書6・7・58・62・67・71・96)． 　　11.2　支那派遣軍(第11軍)，常徳作戦を開始(陸海軍年表／戦史叢書67)． 　　11.4　海軍南東方面部隊，「は」号作戦要領(遊撃部隊によるタロキナ逆上陸作戦)を発令(陸海軍年表／戦史叢書96)． 　　11.5　大東亜会議，東京で開催(～6日)．日本・満洲国・タイ・フィリピン・ビル

1943（昭和18）

西暦	和暦	記　　　　　　　　事
1943	昭和18	マ・中華民国（汪兆銘政権）の各代表が参加（大東亜会議議事速記録〔国家総動員史補巻〕／日本外交年表並主要文書下）． 11. 5　「ろ」号作戦参加の海軍母艦航空隊によるブーゲンビル島沖航空戦，始まる．5日，第1次．8日，第2次．11日，第3次．13日，第4次．17日，第5次．12月3日，第6次（陸海軍年表／戦史叢書67・71・96）． 11. 6　大東亜会議で「大東亜共同宣言」を発表（日本外交年表並主要文書下）． 11. 6　ソ連軍，キエフを奪回（日本外交年表並主要文書下）． 11. 9　富永信政，アンボンで戦病死，陸軍大将に進級（日本陸海軍総合事典）． 11.11　第3次遣独潜水艦伊三四，シンガポールを発す．13日，ペナン港外で敵潜の雷撃をうけ沈没（陸海軍年表／戦史叢書71）． 11.12　聯合艦隊司令長官古賀峯一，「ろ」号作戦（タロキナ方面の航空作戦）の終結を下令（陸海軍年表／戦史叢書7・62・67・96）． 11.12　軍隊教育令第一部・第二部改正（軍令陸第21号），公布．昭和15年8月20日軍令陸第22号軍隊教育令の第一部・第二部を改正（官報〔条文省略〕）． 11.15　大本営，海上護衛専任の航空部隊（第901航空隊）を新設し海上護衛専任の航空母艦を海上護衛総司令部部隊に編入（陸海軍年表／戦史叢書46・95）． 11.15　大本営陸軍部，初の対米戦教令「島嶼守備部隊戦闘教令（案）」を示達．水際撃滅主義を推奨（日本陸軍「戦訓」の研究）． 11.15　海上護衛総司令部令（軍令海第16号），公布．海上護衛総司令部を新設．司令長官海軍大将及川古志郎（陸海軍年表／戦史叢書46・62・67・71・85・95・96）． 11.18　イギリス軍，ベルリンを夜間大空襲（前後5回）（近代日本総合年表）． 11.19　米機動部隊，ギルバート諸島に来襲，聯合艦隊，丙作戦第3法（ギルバート・ナウル・オーシャン方面作戦）警戒，ついで同用意を発令．21日，発動を下令（日本海軍史8）． 11.21　米軍，マキン・タラワに上陸．ギルバート攻略を開始（陸海軍年表／戦史叢書62・67・71・85）． 11.21　聯合艦隊，タラワ増援を企図し作戦準備を開始．26日，増援作戦の決行を断念（陸海軍年表／戦史叢書71・62）． 11.21　ギルバート沖航空戦，始まる．26日，第2次．27日，第3次．29日，第4次（陸海軍年表／戦史叢書62・67・71）． 11.22　ルーズベルト・チャーチル・蔣介石の3ヵ国首脳，対日圧迫強化に関してカイロ会談（〜27日）．（陸海軍年表／戦史叢書67・71）． 11.23　航空母艦海鷹，三菱長崎造船所で客船あるぜんちな丸よりの改装が完成（日本の軍艦）． 11.24　マキン島守備隊，全滅（陸海軍年表／戦史叢書62）． 11.25　タラワ島守備隊，全滅（陸海軍年表／戦史叢書62・67）． 11.27　病院船ぶえのすあいれす丸，連合国軍の飛行機により撃沈される（世界戦争犯罪事典）． 11.27　ルーズベルト・チャーチル・蔣介石の3ヵ国首脳，「日本に対する三国宣言（通称カイロ宣言）」を決定．日本の無条件降伏，満洲・台湾の中国への返還，朝鮮の独立などを記す．12月1日，公表（日本外交年表並主要文書下／日本外交主要文書・年表1）．

1943（昭和18）

西暦	和暦	記　　　　事
1943	昭和18	11.28　ルーズベルト・チャーチル・スターリンの3ヵ国首脳,テヘランで会談.スターリン,ドイツ降伏の3ヵ月後の対日参戦を示唆.12月24日,テヘラン三国宣言を公表(陸海軍年表／戦史叢書67・71・73). 11.30　戦艦日向,佐世保工廠で航空戦艦への改造が完成(日本の軍艦). 11.—　米潜水艦等による船舶被害,多発.11月の被害が30万tに達する見込みで,海軍省は海上輸送に機帆船・漁船の活用対策を指示(陸海軍年表／戦史叢書62). 11.—　日系2世アメリカ人のアイバ戸栗,はじめて連合国向けの謀略放送ゼロ＝アワーの放送を行う.連合国軍兵士に東京ローズと呼ばれ親しまれた女性アナウンサーの1人.1949年10月,アメリカで反逆罪により有罪判決,米国籍剥奪.1977年1月,恩赦により国籍を回復(世界戦争犯罪事典／東京ローズ〔ドウス昌代〕／東京ローズ〔上坂冬子〕). 11.—　在米日本人岡繁樹,インドのカルカッタでイギリス軍の対日戦用伝単製作にあたる.米OWI,インドのアッサム地方レドに本部を設置,対日伝単を製作(宣伝謀略ビラで読む,日中・太平洋戦争). 12.1　学徒出陣.陸軍,12月1日,入営.海軍,12月10日,入団(陸海軍年表／戦史叢書71・87). 12.3　第11軍(第116師団),常徳を占領(陸海軍年表／戦史叢書55・67). 12.3　大本営政府連絡会議で「国家諸動員計画策定に関する件」を決定(陸海軍年表／戦史叢書33). 12.3　政府,国民徴用年齢を45歳までに引き上げることを決定(陸海軍年表／戦史叢書71). 12.4　ルーズベルト・チャーチル・スターリンの3首脳,第2次カイロ会談開催(〜6日)(陸海軍年表／戦史叢書67). 12.5　海軍省で陸海軍航空兵力統合(X問題と略称)に関する打合会を開催(陸海軍年表／戦史叢書71). 12.5　陸海軍航空部隊,協同してカルカッタを攻撃(竜1号作戦)(陸海軍年表／戦史叢書54・61・67・94). 12.5　米機動部隊,マーシャルに来襲.第1次,ルオット・クェゼリン.第2次,ウオッゼ(陸海軍年表／戦史叢書62). 12.8　大本営海軍報道部企画の映画「海軍」(製作松竹大船・太秦.原作岩田豊雄)(日本映画発達史3). 12.15　大本営,第901航空隊を新編(対潜作戦と護衛を主任務.護衛総司令官直属)し,航空母艦雲鷹・海鷹・神鷹(20日)の海上護衛部隊編入を発令(陸海軍年表／戦史叢書85). 12.15　航空母艦神鷹,呉工廠でドイツ客船シャルンホルストよりの改装が完成(日本の軍艦). 12.15　連合国軍,ニューブリテン島南岸のマーカス岬に上陸.上陸兵力1900人(陸海軍年表／戦史叢書7・58・62・67・96). 12.16　第4次遣独潜水艦伊二九,シンガポールを発す.1944年3月11日,ロリアンに着く.4月16日,ロリアンを発し,7月14日,シンガポールに帰着(陸海軍年表／戦史叢書71). 12.17　米陸軍化学戦統括部隊長官,陸軍参謀次長に戦争の早期終結のためと称

大東亜会議(1943.11.6)　帝国議会議事堂前での記念撮影

カイロ会談(1943.11.27)

1943（昭和18）

西暦	和暦	記　　　　　事
1943	昭和18	し対日毒ガス使用を主張（毒ガス戦と日本軍）． 　12.中旬　第18軍，マダン方面の確保を主眼とする新作戦指導方針を決定（陸海軍年表／戦史叢書7）． 　12.中旬　連合国軍機，ツルブ・マダン・ウェワク・ラバウル方面を連日大爆撃（～下旬）（陸海軍年表／戦史叢書7）． 　12.21　閣議で「都市疎開実施要綱」を決定（東京大空襲・戦災誌3／陸海軍年表／戦史叢書19・51）． 　12.24　徴兵適齢臨時特例（勅令第939号），公布・施行．適齢を1年くりさげて19歳からも検査と徴集をおこなう（官報／徴兵制と近代日本）． 　12.24　大本営，この日より約1週間にわたり兵棋演習を行い（虎号兵棋と命名），1944年末ごろまでは絶対国防圏前方要域で持久可能，1945年は絶対国防圏上で持久，1946年に豪北・フィリピン方面から国軍全力で大攻勢を敢行，と結論（日本陸軍「戦訓」の研究／陸海軍年表／戦史叢書4・7・22・67・94）． 　12.24　野間口兼雄，没（退役海軍大将）（海軍将官総覧海軍編）． 　12.25　紫電改・彩雲をもって編成された第343海軍航空隊，新編成（日本海軍史8）． 　12.26　連合国軍，ニューブリテン島西北端ツルブ地区に上陸（陸海軍年表／戦史叢書7・58・68・96）． 　12.26　俘虜情報局長官陸軍少将浜田平，俘虜収容所長会議において私的制裁について注意．俘虜にたいする私的制裁を中止するよう警告（日本軍の捕虜政策）． 　12.29　第18軍，フィンシュハーフェン地区を放棄し第20師団の後退を部署．ダンピール海峡，失陥．ラバウル，ニューギニアとの連絡を切断され孤立（陸海軍年表／戦史叢書7・67）． 　12.—　聯合艦隊司令部，ギルバート作戦の現地部隊の戦果報告により米軍の中部太平洋における次期進攻作戦の開始は相当遅れると判断（陸海軍年表／戦史叢書62）． 　12.—　陸軍・教育総監部，米軍の編制・戦術の概要を記した『米英軍常識』を発行．米軍の戦術マニュアルや南方の部隊が報じてきた各種の戦訓に基づく（日本陸軍「戦訓」の研究）． 　12.—　海軍，改7線表（第3次戦標船採用）を決定（陸海軍年表／戦史叢書88）． 　12.—　海軍，水上戦闘機強風を採用（日本航空機辞典）． 　この年　陸軍，海軍・外務省と協力して暗号保全委員会を設置（日本軍のインテリジェンス）． 　この年　陸軍，三式一二センチ高射砲，同中戦車制定．三式七センチ半戦車砲，火薬ロケット砲をそれぞれ試作． 　この年　インドのベンガル地方でビルマなどからの米の輸入が途絶したため大飢饉が発生．死者350万人ともいわれる（世界戦争犯罪事典）．

通風塔

都人の協力を望む

米英撃滅を食糧増産で戦つてゐる農家は、一粒でも多くの米を供出しやうと考へて、心から協力して下さるやうにお願ひします。

なほ供出に最も妨害となるものは、米、麥、豆、藷などの自由買付、横流れ、闇取引ですから、この點、都會の方は十分にいと思ふ。

（東京都足立區　市原和彦）

いも作りの楽しみ

週報第三四七號の甘藷の栽培法を讀んで、私は早速、庭の一部を耕した。農家から「石原八號」といふ良苗を手に入れ、毎日成長を楽しみながら育てた。

去る十月十八日に掘つたところ、一株に二貫五百五十匁といふよい成績だつた。尤もこれは一本植で、他は在來式の畝にして水平植にしたら一貫二百匁だつた。

素人が、秋へられた通りにして作つたお蔭であることを痛感し、來年はこの經驗を生かして大いに食糧増産に勵まうと今から張り切つてゐる。

（石川縣　津田報雄）

代用食はおやつにして

節米の聲が非常に高くなつた。米の代用として、うどん、乾パン、いもなどが配給されたが、これらを代用食とせずに、間食にする人が多いやうだ。「乾パンやいもは、ご飯の代りにはならない」と公然といつてゐる人もある。

自分は工場の畫食に乾パン一袋を食べて、他に何も食べなかつたが平常通りだつた。いもも同様に試してみた。少し胸がやけたが、水を飲んで我慢したら平氣だつた。

前線の勇士は、乾パンもいももない時があるのだ。代用食をおやつ代りにして、そば、うどんの代用食、屑米、芋や、甘藷の退食、その上、食にしても責任量を完納しようと、悲壯な決意をしてゐます。

このやうに米を生産する農家が、メロ粥をすゝり、時には一食を抜いてまでも食糧戰の完勝を期してゐるのですから、都市生活者が、配給米はどうの、退く汽車の旅も和やかに――食がどうのとはいへないと思ひます。

（富山縣　入江武義）

て、戰力を増強しようと供米報國に挺身してゐます。

本縣では肥料や天候の惡條件で〇萬石の減収が豫想されてゐますが、昨年同様の割當量なので、どうしても各自の保有米を切り出して供出しないと間に合ひません。

米の配給がすくないと不平を漏らす人は、もう少し考へて欲しいと思ふ。

文部省の答

夜間の中等學校の者にも、四年修了で上級學校入學の資格を與へる見込です。

方策で、「昭和十九年即ち來年三月から、舊五年制の四年修了生にも上級學校入學の資格を與へることになつた」と發表されましたが、これは夜間中學校（官立五年制）で、現在四年在學中の生徒にも適用されませうか。

宣眞週報
十一月十日號
定價十錢
第八十三臨時閣會

すべてを敵の非望破碎へ――

自由印度假政府誕生す
學徒の臨時徴兵檢査
家庭も工場（東京、芝）
防空と幼兒の心理
甘藷の貯藏法
退く汽車の旅も和やかに――
列車常會
教育に関する戰時非常措置

情報局編輯『週報』第369号（昭和18年11月10日）より

1944（昭和19）

西暦	和 暦	記　　　　　　　　　　　　　　　事
1944	昭和19	⎛内閣総理大臣：東条英機・小磯国昭(7.22〜) ｜陸 軍 大 臣：東条英機・杉山　元(7.22〜) ｜参 謀 総 長：杉山　元・東条英機(2.21〜)・梅津美治郎(7.18〜) ｜海 軍 大 臣：嶋田繁太郎・野村直邦(7.17〜)・米内光政(7.22〜) ⎝軍 令 部 総 長：永野修身・嶋田繁太郎(2.21〜)・及川古志郎(8.2〜) 　1. 1　航空母艦千歳，佐世保工廠で同名の水上機母艦よりの改装が完成．1943年10月31日，同型艦千代田も横浜工廠で同名の空母に改装完成(日本の軍艦)． 　1. 2　連合国軍，東部ニューギニア北岸のグンビ岬に上陸．第20・第41師団，退路を遮断される(陸海軍年表／戦史叢書7・58・75)． 　1. 4　戦時官吏服務令(勅令第2号)・文官懲戒戦時特例(勅令第3号)，公布・施行．官吏の綱紀振粛をはかる(官報)． 　1. 7　参謀総長杉山元，インパール作戦の実施を認可(陸海軍年表／戦史叢書15・23・61・67・75)． 　1. 7　チャンドラ＝ボースの自由印度仮政府，シンガポールからビルマ(ラングーン)に進出(陸海軍年表／戦史叢書15・75)． 　1. 9　ニューカレドニア島のパイタ捕虜収容所で日本人捕虜，集団自決．死者22，未遂3(日本人捕虜)． 　1.18　軍需省・陸軍省・海軍省・運輸通信省告示第1号，公布．軍需会社法により三菱重工業など150社を軍需会社に指定(第1次)(官報)． 　1.18　閣議で「緊急学徒勤労動員方策要綱」を決定．「第二　要領」の「四」に「同一学徒ヲ勤労ニ動員スル期間ハ差当リ一年ニ付概ネ四ヶ月ヲ標準トシ且継続シテ之ヲ行フヲ立前トスルコト．尚学校又ハ学科ノ種類ニ依リテ其ノ期間ヲ更ニ長期ナラシムルコトヲ考慮スルコト」とある(内閣制度百年史下)． 　1.18　米統合参謀本部，太平洋方面の各軍に日本兵の頭蓋骨などを持ち帰るのを止めさせるよう指示を出す(沖縄戦　強制された「集団自決」)〔→5.22〕． 　1.21　陸海統帥部両第1部長・陸海両軍務局長の四者間で「陸軍航空部隊雷撃訓練等に関する協定覚書」を決定(陸海軍年表／戦史叢書36・71・94)． 　1.21　海軍，幹部練習生制度を設ける．海軍兵として入団してきた者の中から中等学校卒業者を下士官候補者として特別教育を行い，下士官とする．これまでは多年勤務した兵の中から抜擢(陸海軍年表／戦史叢書88)． 　1.24　大本営，支那派遣軍に一号作戦(敵航空基地覆滅のため湘桂・粤漢(えつかん)・南部京漢の鉄道沿線要域の攻略)を下令(陸海軍年表／戦史叢書4・16・19・50・74・75・94)． 　1.24　聯合艦隊司令長官古賀峯一，水上兵力のトラック泊地からの撤退を決意し部署(陸海軍年表／戦史叢書71)． 　1.25　宮本三郎の戦争画「海軍落下傘部隊メナド奇襲」，朝日文化賞を受賞(戦争と美術)． 　1.28　戦時研究員規程(閣令第7号)，公布・施行(官報)． 　1.29　『中央公論』『改造』の編集者，治安維持法違反の嫌疑で検挙される(横浜事件)(日本近代文学年表)〔→7.10〕． 　1.29　大本営陸軍部，「航空基地整備要綱」を示達．いわゆる「航空要塞論」にもとづき，複数の飛行場を集約建設して一ヵ所が爆撃されても全機能を喪失しない

西暦	和暦	記事
1944	昭和19	ようにする考えを標準化(日本陸軍「戦訓」の研究). 　1.30　米機動部隊,マーシャル諸島に来襲.空母艦約600・大型機数十機,来襲し艦砲射撃も実施.所在の海軍第42航空戦隊,壊滅(陸海軍年表／戦史叢書62・72・75・85). 　1.—　海軍,局地戦闘機雷電を採用(日本航空機辞典). 　2.1　連合国軍,マーシャル諸島メジュロ環礁に無血上陸(陸海軍年表／戦史叢書6・62). 　2.2　連合国軍,マーシャル諸島クェゼリン環礁のクェゼリン島・ルオット島・ナムル島に上陸を開始.2月2日,ルオット,3日,ナムル,5日,クェゼリンの各守備隊,全滅(陸海軍年表／戦史叢書6・62・75). 　2.4　文部省,大学・高等専門学校の軍事教育強化方針を発表.航空訓練・機甲訓練・軍事学・兵器学・軍事医学を教習(近代日本総合年表). 　2.5　アメリカ,日本の捕虜・抑留者の扱いがジュネーブ条約に違反していると,日本に18ヵ条の抗議を提示(日本軍の捕虜政策). 　2.7　聨合艦隊,トラックから主隊は内地,遊撃部隊はパラオへの転進を下令(陸海軍年表／戦史叢書62・75). 　2.7　陸海軍燃料技術委員会,設置(陸海軍年表／戦史叢書88). 　2.10　軍令陸甲第8号,発令.第3飛行師団司令部を第5航空軍司令部に改編.2月15日,第5航空軍司令部,編成完結,統帥発動.司令官陸軍中将下山琢磨.中国方面の航空作戦指導のため,南京に編成(陸海軍年表／戦史叢書4). 　2.10　映画「あの旗を撃て」(製作東宝.演出阿部豊)(日本映画発達史3). 　2.12　陸軍電波兵器練習部の編成を下令.小平に設置(陸海軍年表／戦史叢書71). 　2.17　米機動部隊,トラック島を大空襲(～18日).被害,甚大.前進根拠地の機能,喪失.日本側損害は航空機損耗270・艦艇沈没11・同損傷11・船舶沈没30・坐礁2・その他陸上施設損傷,陸上死傷600人(陸海軍年表／戦史叢書6・7・12・13・51・62・71・75・85・88・95). 　2.17　聨合艦隊,在ラバウル海軍全航空兵力のトラック島からの引揚げを発令(陸海軍年表／戦史叢書96). 　2.17　大日本育英会法(法律第30号),公布(4月16日,施行〔4月15日勅令第270号〕)(官報)〔→1943.10.18〕. 　2.18　米機動部隊,マーシャル諸島エニウェトク(ブラウン)環礁に来攻,空襲・艦砲射撃を加える.翌19日,米軍主力,上陸を開始.23日,失陥(陸海軍年表／戦史叢書6・62・75). 　2.19　東条英機内閣,改造.大蔵大臣石渡荘太郎,農林大臣内田信也,運輸通信大臣五島慶太(官報). 　2.19　「ヒ」40船団(油槽船5隻.占守,護衛),南シナ海で敵潜水艦の雷撃を受け,4隻が逐次沈没(陸海軍年表／戦史叢書54). 　2.21　陸軍大臣(首相・軍需大臣兼任)東条英機・海軍大臣嶋田繁太郎,現職のまま各参謀総長・軍令部総長に親補.政戦略の一致を図る(官報2.22〔叙任及辞令〕). 　2.21　参謀次長を2人制とし,先任の秦彦三郎に加え新たに後宮(うしろく)淳を参謀次長に任ず(～7月28日.同日より1人制に復す)(日本陸海軍総合事典).

1944(昭和19)

西暦	和暦	記　　事
1944	昭和19	2.23　米機動部隊,マリアナ諸島(主としてサイパン・テニアン)に来襲.日本側,索敵・攻撃・地上炎上などで123機を失い,所在の海軍航空部隊,全滅.特設駆潜艇11隻,沈没(陸海軍年表／戦史叢書12・13・71・75・85・95). 2.24　陸軍次官富永恭次,「俘虜ノ待遇ニ関スル件」(陸亜密第1401号)を通牒.私的制裁の厳禁など(日本軍の捕虜政策). 2.25　大本営,第31軍(司令官陸軍中将小畑英良)の戦闘序列を令し,聯合艦隊司令長官の指揮下編入を発令.同軍司令官はマリアナなど中部太平洋方面の大部の陸上部隊を統率(陸海軍年表／戦史叢書6・12・13・19・36・75・71). 2.25　閣議で「決戦非常措置要綱」を決定.学徒勤労動員の通年実施,「家庭の根軸たる者」を除く女子の女子挺身隊強制加入などを定める(内閣制度百年史下). 2.26　海軍中央部,呉工廠魚雷実験部に「㋄(マルロク)」と仮称する人間魚雷の試作を指示(陸海軍年表／戦史叢書45). 2.28　次官会議で「華人労務者内地移入の促進に関する件」を決定.中国人労働者のの内地「移入」,本格化.「元俘虜,元帰順兵」の他は募集によることなどとする(中国人強制連行). 2.28　第2号海防艦,竣工(丁型.ほか同型艦62隻).丙型の隻数不足を補うため,主機械を燃費の悪いタービン機関に(丙型は燃費の良いディーゼル).この型の第188号海防艦は75日で完成(日本の軍艦). 2.29　第1号海防艦竣工(丙型.ほか同型艦52隻).鵜来(うくる)型の小型化量産型(建造期間3ヵ月を目標)(日本の軍艦). 2.―　スマラン事件(白馬事件),起こる.ジャワ島スマラン付近のオランダ民間人抑留所から30人以上の女性が連行され,慰安婦にされる(世界戦争犯罪事典). 3.1　大本営,第1艦隊(戦艦基幹)を解隊(2月25日)し,第2艦隊(戦艦・重巡洋艦基幹)と第3艦隊(航空母艦基幹)を合して第1機動艦隊を新編,聯合艦隊に編入(司令長官海軍中将小沢治三郎).戦艦群は主隊の座を降りて航空母艦の前衛・護衛につく(陸海軍年表／戦史叢書6・12・75・95). 3.1　軍令部次長を2人制とし,先任の伊藤整一に加え新たに塚原二四三(にしぞう)を軍令部次長に任ず(～7月9日.同日より1人制に復す)(日本陸海軍総合事典). 3.1　本土防空専任の海軍航空隊(第302海軍航空隊)を新設し横須賀鎮守府部隊に編入(陸海軍年表／戦史叢書71). 3.3　閣議で「一般疎開促進要綱」を決定(東京大空襲・戦災誌3). 3.3　陸軍次官富永恭次,「俘虜管理改善ニ関スル件」(陸亜密第696号)を通牒.規則規定の食糧・衣料を支給すべきこと,収容所・労働分遣所には俘虜の医務室を確保すべきこと,俘虜に過剰な労働を課さず,適当な休憩をあたえることなど(日本軍の捕虜政策). 3.4　大本営,中部太平洋方面艦隊(第4艦隊と新編成の第14航空艦隊基幹)を新設し聯合艦隊に編入.3月8日,司令長官海軍中将南雲忠一,サイパン島に進出,中部太平洋方面の陸軍部隊を併せ指揮(陸海軍年表／戦史叢書6・12・13・71・75・85・95). 3.5　連合国軍ウィンゲート空挺兵団,北部ビルマ(第15軍防衛地域内)に降下を開始(陸海軍年表／戦史叢書15・61・75・94).

米軍のクェゼリン島日本軍陣地攻撃(1944.2.2)

空襲されるトラック島(1944.2.17)

1944（昭和19）

西暦	和暦	記　　事
1944	昭和19	3. 6　全国の新聞，この日付けの夕刊より夕刊の発行を休止．11月1日より，朝刊も2頁に縮小（朝日新聞3.4・10.31〔社告〕）． 3. 7　閣議で「決戦非常措置要綱ニ基ク学徒動員実施要綱」を決定．学徒勤労動員を通年実施とする（軍需省関係資料8）． 3. 7　航空母艦大鳳（たいほう），川崎造船所で竣工（3月28日，内海西部を発し，4月5日，シンガポールに着く）（日本の軍艦／陸海軍年表／戦史叢書12・95）． 3. 8　緬甸（ビルマ）方面軍（第15軍），インパール作戦を開始（陸海軍年表／戦史叢書15・75）． 3. 8　聯合艦隊司令長官古賀峯一，新Z作戦要領（マリアナ・カロリン・西部ニューギニア方面に来攻する敵に対し全力を挙げて決戦）を発令（陸海軍年表／戦史叢書6・12・13・71・75）． 3. 9　連合国軍，アドミラルティ諸島マヌス島のロレンゴーに上陸（陸海軍年表／戦史叢書75）． 3. 9　映画「加藤隼戦闘隊」（製作東宝．演出山本嘉次郎．陸軍少将加藤建夫を描く（日本映画発達史3）． 3.10　支那派遣軍，一号作戦計画を策定．3月19日，大本営に報告（陸海軍年表／戦史叢書4・95）． 3.10　第5飛行師団，ウィンゲート兵団の捜索と攻撃を開始．第5飛行師団，インパール作戦の延期を申し入れ採用されず（陸海軍年表／戦史叢書61・94）． 3.12　米統合幕僚長会議，海軍大将ニミッツに1944年6月15日マリアナ上陸・9月15日パラオ攻撃を指令し，陸軍大将マッカーサーに4月15日ホーランジア占領・11月15日ミンダナオ占領を指令（9月15日，ミンダナオ攻略の中止を指令）（現代史資料39／陸海軍年表／戦史叢書11）． 3.13　軍令部，「雄作戦」（マーシャル方面泊地に在泊する米艦隊主力を聯合艦隊の大部で奇襲撃破する作戦）の研究を開始（3月15日，第2回．22日，第3回．実施予定を5月上旬としたが第2回研究で6月上旬に変更）（陸海軍年表／戦史叢書71）． 3.14　大本営，第18軍及び第4航空軍を第8方面軍から除き第2方面軍戦闘序列編入を発令（隷属転移は3月25日零時）（陸海軍年表／戦史叢書7・12・22・75・84・94）． 3.14　大本営，第8方面軍にラバウル方面の要域を極力確保の任務を発令（陸海軍年表／戦史叢書22・75・84）． 3.14　海軍大将岡田啓介，予備役海軍大将米内光政の現役復帰を元帥伏見宮博恭王に上訴（陸海軍年表／戦史叢書45）〔→6.16〕． 3.15　第15軍主力（第15・第31師団），インパール作戦のためチンドウィン川の渡河攻撃を開始（陸海軍年表／戦史叢書15・61）． 3.18　閣議で「女子挺身隊制度強化方策要綱」を決定（軍需省関係資料8）〔→8.23〕． 3.23　最初の中国人労働者の内地「本格移入」，港運広島に到着（中国人強制連行）． 3.25　第33師団長陸軍中将柳田元三，インパール作戦の中止を第15軍に進言するとともに，第17インド師団の退路を解放（陸海軍年表／戦史叢書15）． 3.25　海軍機雷学校令中改正ノ件（勅令第143号），公布・施行．昭和16年3月22

インパールをめざす日本軍(1944.3.8)

共同炊事

1944（昭和19）

西暦	和暦	記　　　　　　　事
1944	昭和19	日勅令第235号海軍機雷学校令を海軍対潜学校令と改題，改正．海軍機雷学校を海軍対潜学校と改称(官報)． 　3.28　陸軍航空総監兼航空本部長陸軍中将安田武雄，軍事参議官兼多摩技術研究所長に転出．この年春，参謀本部内で体当たり部隊の編成が論じられるようになり，これに反対していたため．以後陸軍において体当たり部隊の編成が具体化(特別攻撃隊／戦史叢書94)． 　3.29　聯合艦隊司令部，米機動部隊のパラオ空襲を予測しパラオ島陸上に移動．戦艦武蔵を遊撃隊に編入．パラオ在泊の聯合艦隊所属艦艇は避退，遊撃部隊は急速パラオより避退(陸海軍年表／戦史叢書12・71)． 　3.30　米機動部隊，パラオ島・ヤップ島方面に来襲．延べ約456機．被害，甚大．31日，延べ約150機，来襲(陸海軍年表／戦史叢書12・13・23・71・75・85・95)． 　3.30　呂501潜水艦（ドイツから日本海軍への贈与潜水艦の第2艦），キール軍港を出港，途中で沈没(陸海軍年表／戦史叢書45)． 　3.30　連合国軍機戦爆約240機，ホーランジアを大空襲．被害，甚大．第4航空軍の地上破損機，130余機に達す(陸海軍年表／戦史叢書7・22・23)． 　3.31　聯合艦隊司令長官海軍大将古賀峯一，飛行艇でパラオからダバオに移動中，悪天候により行方不明．4月1日付けで殉職と認定．主要幕僚の遭難により司令部の機能を失う(陸海軍年表／戦史叢書6・12・13・71・75・85)〔→5.5〕． 　3.31　米機動部隊，前日に引続き早朝から夕刻まで6次にわたりパラオ方面に来襲(地上軍需品・施設被害甚大，敵機は湾口に磁気機雷を敷設)(陸海軍年表／戦史叢書12)． 　3.—　政府，一般社会の墓碑は努めて質素な木碑で代替させ，戦没者の墓碑もこれに準じて指導するよう地方長官あてに通牒(戦力増強と軍人援護) 　4.1　大分陸軍少年飛行兵学校，設立．大分では1943年10月から少年飛行兵教育を開始(陸軍航空の鎮魂続／日本陸海軍事典)． 　4.2　海軍省，聯合艦隊長官古賀峯一以下司令部幕僚の大部を失った事件を「乙事件」と呼称して措置(陸海軍年表／戦史叢書71)． 　4.2　ソ連軍，ルーマニアに進入(日本外交年表並主要文書下)． 　4.4　陸軍，第72・81・86師団の編成を下令．いわゆる「七十番台〜九十番台師団」のはしりで計14個師団を主に内地防衛のため編成(戦史叢書99／太平洋戦争師団戦史)． 　4.6　第15軍(第31師団)，インパール北方のコヒマを占領(陸海軍年表／戦史叢書15・75・81)． 　4.6　第15軍司令官陸軍中将牟田口廉也（むたぐちれんや），第31師団にコヒマ占領に引き続き，ディマプール(インドのアッサム州)に追撃を下令．緬甸(ビルマ)方面軍司令官陸軍中将河辺正三，即時ディマプール追撃命令の取り消しを第15軍に厳命(陸海軍年表／戦史叢書15)． 　4.上旬　第15軍主力，インパール作戦が頓挫し，損害が続出して，各師団，苦境に陥る(陸海軍年表／戦史叢書15)． 　4.11　3月31日に行方不明となった聯合艦隊司令長官古賀峯一に同行していた参謀長福留繁ら，セブ島の米ゲリラに収容中と判明．12日，日本陸軍の討伐隊に収容(陸海軍年表／戦史叢書71)．

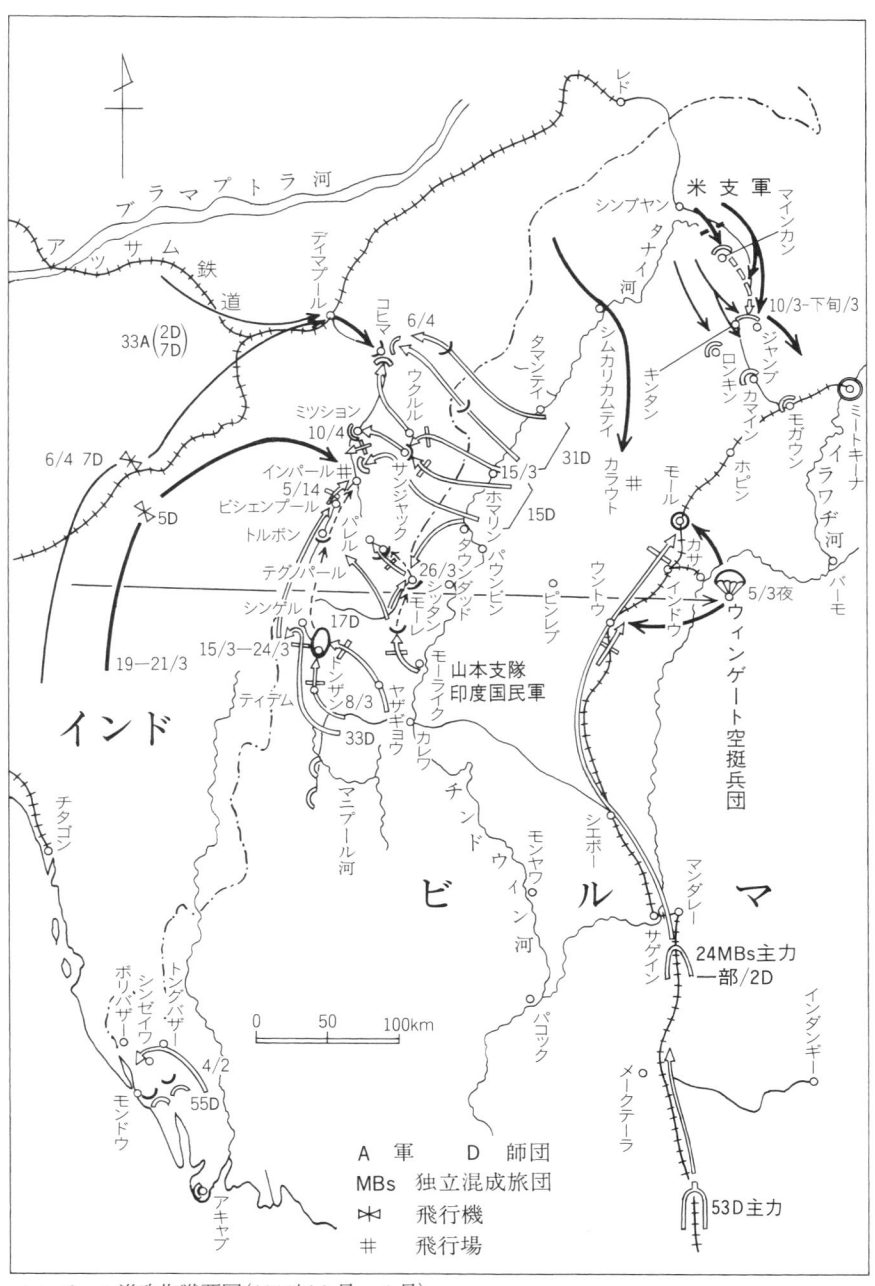

インパール進攻作戦要図（1944年3月〜4月）
（服部卓四郎『大東亜戦争全史』による．一部改変）

1944（昭和19）

西暦	和　暦	記　　　　　事
1944	昭和19	4.14　軍令部と聯合艦隊新司令部，協同して「あ」号作戦計画（絶対国防圏に来攻する敵機動部隊の撃破）案の打合せを実施（～22日）．24日，聯合艦隊の作戦計画概案を作成（陸海軍年表／戦史叢書71）． 4.17　支那派遣軍（第12軍），京漢打通作戦を開始（陸海軍年表／戦史叢書4・75）． 4.20　海軍電波本部令（勅令第286号），公布・施行．海軍電波本部を設置．電波関係兵器及び水測兵器に関する研究，試作，実験等の業務を一元化．1945年2月15日，第二海軍技術廠設置にともない廃止（官報／陸海軍年表／戦史叢書88）． 4.中旬　海軍，松根油生産に着手．1944年12月，海軍第一燃料廠に松根油生産本部を設置（陸海軍年表／戦史叢書88）． 4.22　連合国軍，ホーランジアおよびその東方のアイタペに上陸を開始（陸海軍年表／戦史叢書7・12・23・75・84・85・94・96）． 4.23　第5次遣独潜水艦伊52，シンガポールを発す．6月23日，ビスケー湾においてドイツ潜水艦と会合，ドイツ連絡将校を便乗．6月24日，米護送航空母艦機の攻撃により沈没（陸海軍年表／戦史叢書45・71）． 4.23　靖国神社，満洲事変の戦没者1461人，日中戦争の戦没者7886人，太平洋戦争の戦没者1万478人のため招魂式を行う．24～27日，臨時大祭（靖国神社略年表）． 4.28　駆逐艦松，舞鶴工廠で竣工（ほか同型艦31隻）．戦時急造型で工期を短縮（日本の軍艦）． 4.30　ホーランジア所在部隊，西部ニューギニアのサルミに向かい転進を開始（陸海軍年表／戦史叢書84）． 4.30　米機動部隊，トラックを空襲（～5月1日）．在トラックの第22航空戦隊兵力，壊滅（陸海軍年表／戦史叢書13・71・85）． 4.下旬　第5航空軍，湘桂作戦準備間の航空撃滅戦（衡陽・梁山・遂川・建甌（けんおう）・玉山・長沙・老河口の飛行場攻撃）を実施（～5月中旬）（陸海軍年表／戦史叢書74）． 4.―　陸軍，小笠原諸島所在部隊で第109師団（師団長陸軍中将栗林忠道）を編成（陸海軍年表／戦史叢書19） 4.―　陸軍幼年学校の納金制度を全面廃止（手当金5円50銭支給に改める）（陸軍人事制度概説付録）． 4.―　陸軍，四式戦闘機疾風を制式決定（陸海軍年表／戦史叢書87）． 4.―　海軍，海上交通保護上，大船団編成とし護衛艦数増加方策を採用（陸海軍年表／戦史叢書46）． 4.―　海軍中央部，海上・水中特攻兵器整備方式を決定（陸海軍年表／戦史叢書95）． 4.―　陸軍，暗号解読のために東京帝国大学の数学者・言語学者らに協力を依頼して陸軍暗号学理研究会（陸軍数学研究会と呼称）を発足させる（日本軍のインテリジェンス）． 4.―　米海軍太平洋艦隊司令部とOWI，ハワイのホノルルで対日戦用伝単製作を開始（宣伝謀略ビラで読む、日中・太平洋戦争）． 5.1　有馬良橘，没（退役海軍大将）（朝日新聞5.2）． 5.2　参謀総長東条英機，南方軍に西部ニューギニアの確保要線を「ヘルビング湾底要域・マノクワリ・ソロン・ハルマヘラ付近の線」と指示．サルミ・ビアクの

種播きと植付
― 時期を誤らず、菌を傷めず ―

整地

初めて畑を作るには、まづ木の根や雑草、石、瓦カケ等を取除き、シャベル等を使つて深く掘り起します。次に塊りを細く砕いて一旦、平にならし、十分に堆肥と下肥を入れ、再びならして、四尺毎にごく浅い鍬の幅ぐらゐの通路をつけ、出來上つた幅の廣い畦の上を鍬等で平にならします。これが前にも述べた、いはゆる「床畦」で、排水のよい所では一番よいやり方で、大抵の蔬菜はこの畦に前に述べた順序で作付をしますと、馴れない人でも上手に作れます。

たゞ低いじめじめした土地とか、甘藷等を作る場合には特に**高畦**として作るやうにします。

照に示しました。種子はまづ草をとりならし、石・瓦かけはよい、いど、もし木の根等を取り除余れ

用具

畑を起すのに必要な農具等も、空地利用であれば特に新調せず、防空壕を掘つたシャベルでも、有合せの鍬(どん形のでもよい)でも、めいめいの家になければ手製の竹ベラ(竹製移植鏝)も隣組等で融通して使ひませう。下肥や水をやるためには木製のバケツ、竹の柄杓があれば滿點です。

種子

品種や播種量は別表(三十頁參照)

情報局編輯『週報』第392号(昭和19年4月26日)(戰時農園の手引)より

1944（昭和19）

西暦	和　暦	記　　　　事
1944	昭和19	確保を断念（陸海軍年表／戦史叢書22・23・71・75・94）． 　　5．2　大本営，南方軍に「東部ニューギニア方面の第18軍及びその他諸隊を西部ニューギニア方面に転移」することを下令（陸海軍年表／戦史叢書12）． 　　5．2　参謀次長秦彦三郎，ラングーンの緬甸（ビルマ）方面軍司令部を訪ねインパール作戦の成否を打診（陸海軍年表／戦史叢書15・75）． 　　5．3　海軍大将豊田副武（そえむ），聯合艦隊司令長官に親補（陸海軍年表／戦史叢書12・71・75・85）． 　　5．3　軍令部総長嶋田繁太郎，聯合艦隊司令長官豊田副武に「聯合艦隊の準拠すべき当面の作戦方針」（あ号作戦と呼称）を指示．作戦骨子は航空母艦部隊（第1機動艦隊）と基地航空部隊（第1航空艦隊）を米海軍の主反攻正面に一挙投入して米機動部隊を撃滅すること．決戦海域はフィリピン海域（マリアナ・フィリピン・西ニューギニアを結ぶ海域）とし，決戦海面はパラオ近海をもっとも期待（陸海軍年表／戦史叢書12・22・71・75・95）． 　　5．5　大本営，聯合艦隊司令長官古賀峯一の本年3月の殉職を発表．5月12日，東京築地本願寺で海軍葬（朝日新聞5．6／陸海軍年表／戦史叢書71）． 　　5．5　軍令部甲第50号，発令．防衛総司令部・東部・中部・西部の各軍司令部を臨時動員して作戦軍の性格を付与，朝鮮軍司令部を臨時動員部隊とし，台湾軍司令部を編制改正して動員部隊とする軍令を発令（陸海軍年表／戦史叢書33・51・57・75・81・94）． 　　5．6　陸軍兵科及経理部予備役将校補充及服役臨時特例（勅令第327号），公布・施行．陸軍，特別甲種幹部候補生制度を創設．大学学部・高等学校高等科・専門学校・高等師範学校・師範学校本科などに在学し配属将校の教練の検定に合格した者の志願者を軍隊に入営させずに最初から伍長の階級を与えて1年間予備士官学校などで教育し，短期間での初級尉官大量養成をはかる．第1期は歩・砲兵の場合10月10日各学校に入校，1945年6月に卒業，8月20日予備役少尉任官（官報／全陸軍甲種幹部候補生制度史）． 　　5．8　防衛総司令部令（軍令陸第7号），公布（5月10日，施行）．昭和16年7月7日軍令陸第13号防衛総司令部令を全部改正．軍司令部外二軍令中改正（軍令第8号），公布（5月10日，施行）．軍司令部令・師団司令部令・飛行師団司令部令を一部改正．防衛総司令官，内地各軍を完全統帥（官報／陸海軍年表／戦史叢書19・37・51・81）． 　　5．9　大本営陸海軍部，ヘルビング湾底・マノクワリは極力保持しソロン・ハルマヘラは絶対確保を決定（陸海軍年表／戦史叢書71）． 　　5．9　参謀総長東条英機，西部ニューギニアの確保要線をソロン・ハルマヘラ付近に後退を指示（陸海軍年表／戦史叢書12・22・23・75・84・94）． 　　5．9　大本営，第18軍は専ら転進を図るように指導（陸海軍年表／戦史叢書84）． 　　5．9　防衛総司令官東久邇（ひがしくに）宮稔彦（なるひこ）王，隷・指揮下軍司令官を会同し作戦命令を下達し「皇土防衛作戦要綱」を示達（陸海軍年表／戦史叢書51・57・94）． 　　5．9　第15軍司令官牟田口廉也（むたぐちれんや），南方軍総司令官寺内寿一・陸軍大臣東条英機あてに第33師団長陸軍中将柳田元三の更迭方を上申（陸海軍年表／戦史叢書15）．

1944（昭和19）

西暦	和暦	記事
1944	昭和19	5.10　連合国戦争犯罪委員会，極東分科会の設置を決議．11月29日，第1回会議，重慶において開催（戦争裁判余録）．
		5.14　第1機動艦隊，タウイタウイに進出して集結待機．16日，集結，完了（陸海軍年表／戦史叢書6・12・75）．
		5.14　聯合艦隊の先遣部隊指揮官，「あ」号作戦配備の着手を下令（陸海軍年表／戦史叢書12）．
		5.17　連合国軍，西部ニューギニアのサルミ付近のワクテ島及び対岸（トム・アラレ）に上陸（陸海軍年表／戦史叢書7・22・23・71・75・84）．
		5.17　北部ビルマのミイトキーナ飛行場，連合国軍の空挺部隊と地上部隊の攻撃をうけて占領される（陸海軍年表／戦史叢書15・61・75・94）．
		5.20　聯合艦隊，「あ号作戦開始」（絶対国防圏来攻の敵機動部隊撃破）を発令（陸海軍年表／戦史叢書12・13・71）．
		5.20　米機動部隊，南鳥島に来襲（約94機）．21日，約38機（陸海軍年表／戦史叢書12・71・85）．
		5.20　米中軍，ミイトキーナ市街総攻撃を開始．8月初頭まで攻防戦が続く（陸海軍年表／戦史叢書25）．
		5.21　南方軍総司令官元帥寺内寿一，マニラに進出．総司令部（戦闘司令所），シンガポールからマニラに移転（陸海軍年表／戦史叢書12・92）．
		5.22　この日付の米写真誌『ライフ』に，日本兵の頭蓋骨を見ながら前線のボーイフレンドに手紙を書く女性の写真が掲載される（世界戦争犯罪事典）．
		5.24　第11軍，湘桂作戦発起に関する命令を下達（陸海軍年表／戦史叢書16）．
		5.25　第12軍，洛陽を攻略（陸海軍年表／戦史叢書4・75）．
		5.26　伊号第361潜水艦，呉工廠で竣工．丁型潜水艦（魚雷非装備の輸送用，末期には人間魚雷回天搭載艦となる）の1番艦（日本の軍艦）．
		5.26　第18軍司令官安達二十三（はたぞう），第2方面軍司令官阿南惟幾（あなみこれちか）にアイタペ攻撃の決行を具申（陸海軍年表／戦史叢書84）．
		5.27　連合国軍，西部ニューギニアのビアク島に上陸を開始（陸海軍年表／戦史叢書7・12・23・71・75）．
		5.27　第11軍，湘桂作戦攻勢開始（陸海軍年表／戦史叢書16・75・81）．
		5.27　飛行第5戦隊長陸軍少佐高田勝重の率いる戦闘機4機，ビアク島周辺の米艦隊に体当たり．駆逐艦2隻撃沈，2隻撃破と判定され，特攻に対する期待が高まる（特別攻撃隊／戦史叢書22・48・94）．
		5.28　南方軍総参謀長飯村穰・南西方面艦隊参謀長西尾秀彦，ビアク島確保のための海上機動旅団のビアク突入輸送を大本営に意見具申（陸海軍年表／戦史叢書22・71）．
		5.29　大本営陸海軍部，海上機動第2旅団のビアク投入を認可（陸海軍年表／戦史叢書22・75）．
		5.29　聯合艦隊，海上機動第2旅団のビアク輸送作戦（渾（こん）作戦）を発令．渾部隊指揮官第16戦隊司令官左近允（さこんじょう）尚正（陸海軍年表／戦史叢書12・13・71・75）．
		5.31　林仙之，没（陸軍大将）（日本陸海軍総合事典）．
		5.—　陸軍，1人乗りの爆装艇の設計を開始．秘匿名称を連絡艇Ⓛ（マルレ）と

屠り去れのこの米鬼

仇討ちたでおくべき

狼狽した米大統領
「聖骨」を返送
紙切埋葬を勧告と厭々しい殊裝

比島民憤激

朝日新聞昭和19年8月11日号(東京大学法学部付属明治新聞雑誌文庫所蔵)『ライフ』5月22日号の日本兵の頭蓋骨写真を報じる．

1944(昭和19)

西暦	和暦	記　　　　　事
1944	昭和19	称する．7月下旬，部内検討会で体当たり攻撃法をとることに決定(特別攻撃隊)． 　5.—　ブーゲンビル島タロキナ戦で「夕弾」使用(日本陸軍「戦訓」の研究)． 　5.—　大日本雄弁会講談社，雑誌『若桜』『海軍』を創刊．前者は陸軍，後者は海軍の少年兵募集が目的．陸・海軍省がそれぞれを後援(講談社の歩んだ五十年昭和編)． 　6.1　雲南遠征軍の中国第11集団軍，拉孟方面で怒江(サルウィン川)を渡河し，日本軍第56師団の防衛地域内に深く進攻を開始(陸海軍年表／戦史叢書15・25)． 　6.1　第31師団長佐藤幸徳，インパール作戦苦況のためコヒマを放棄，独断で退却を開始(陸海軍年表／戦史叢書15・75)． 　6.1　第18軍司令官安達二十三(はたぞう)，大本営や南方軍の戦力温存方針に対してアイタペ攻撃の決意を打電(陸海軍年表／戦史叢書84)． 　6.4　海軍大将岡田啓介，海軍大臣嶋田繁太郎の辞任勧告を元帥伏見宮博恭王に上訴(陸海軍年表／戦史叢書45)． 　6.4　米英軍，ローマを占領(陸海軍年表／戦史叢書37)． 　6.6　連合国軍，フランスのノルマンディに上陸し欧州第2戦線を構成(陸海軍年表／戦史叢書37・75)． 　6.10　インパール戦線の第15師団長陸軍中将山内正文，病気のため参謀本部付となり，陸軍中将柴田卯一を後任に発令(陸海軍年表／戦史叢書15)． 　6.11　米機動部隊，マリアナ諸島に来襲．所在航空部隊，大損害を受ける(陸海軍年表／戦史叢書6・12・13・85・95)． 　6.12　聯合艦隊，米機動部隊のマリアナ来襲(11日)により，渾(こん)作戦部隊に臨時編入部隊の原隊復帰を発令(陸海軍年表／戦史叢書12)． 　6.12　米機動部隊，マリアナ各島に来襲(計1400機以上)(陸海軍年表／戦史叢書6・12)． 　6.13　米機動部隊，サイパン島を反復空襲しサイパン・テニアン両島を砲撃(陸海軍年表／戦史叢書6・12・22・71・75)． 　6.13　聯合艦隊司令長官豊田副武(そえむ)，「あ号作戦決戦用意」を発令．渾(こん)作戦の中止と関係部隊原隊復帰を発令(陸海軍年表／戦史叢書6・12・22・71・75・85)． 　6.15　中国大陸から発進したB-29，この日深更，北九州地区など本土初空襲(陸海軍年表／戦史叢書19・37・51・57・71・74・75・79・81・85・94)． 　6.15　米軍，サイパン島に上陸を開始．聯合艦隊，「あ号作戦決戦発動」を発令(陸海軍年表／戦史叢書6・12・13・22・33・45・48・71・75・85・94・95)． 　6.15　陸軍，フィリピン駐留の独立混成旅団を第100・102・103・105師団に改編．フィリピン防衛を強化(戦史叢書99)． 　6.15　大本営，第2航空艦隊を編成．司令長官海軍中将福留繁(陸海軍年表／戦史叢書37・45・71)． 　6.15　聯合艦隊，八幡空襲部隊を編成．硫黄島に進出させて「あ」号作戦決戦に投入(陸海軍年表／戦史叢書85)． 　6.15　第1機動艦隊，早朝，ギマラス泊地を出発し，夕刻，サンベルナルジノ海峡を通過して太平洋に進出(陸海軍年表／戦史叢書75)． 　6.15　米機動部隊，小笠原諸島(硫黄島・父島)を初空襲(陸海軍年表／戦史叢書12・13・45・85)．

連合国軍のノルマンディ上陸(1944.6.6)

畑となった都会の道路

西暦	和暦	記　　　　　　　　　　事
1944	昭和19	6.15　ドイツ軍, V1号によるロンドン攻撃を開始(陸海軍年表／戦史叢書37). 6.16　米第5艦隊司令長官(マリアナ作戦指揮官)海軍大将スプルアンス,グアム島上陸を延期して日本の機動艦隊に備える(陸海軍年表／戦史叢書6). 6.16　サイパンの第43師団,米上陸軍に対し払暁攻撃を加える.不成功(陸海軍年表／戦史叢書6). 6.16　海軍大将岡田啓介,予備役海軍大将米内光政・同末次信正の現役復帰と海軍大臣兼軍令部総長嶋田繁太郎の辞任を勧告(陸海軍年表／戦史叢書45)[→7.22]. 6.16　大本営,サイパン奪回方策を研究(陸海軍年表／戦史叢書12・71). 6.17　大本営,第18軍を第2方面軍から除き南方軍直轄とし同軍の東部ニューギニアの要域での持久任務を発令(陸海軍年表／戦史叢書84・75). 6.17　大本営陸軍部,サイパン増援を決定(陸海軍年表／戦史叢書6・13・45・75). 6.18　米軍,サイパン島のアスリート飛行場地区を占領(陸海軍年表／戦史叢書13・75). 6.18　大本営陸軍部,サイパン奪回作戦を検討(陸海軍年表／戦史叢書6・13・74). 6.18　第11軍(第58師団),長沙を攻略(陸海軍年表／戦史叢書16・81). 6.19　大本営陸海軍部,サイパン奪回作戦(Y号作戦)の成案を得て,実施について参謀総長東条英機,上奏(陸海軍年表／戦史叢書6・45・71・75). 6.19　マリアナ沖海戦(～20日).航空母艦大鳳(たいほう)・翔鶴と航空機の大半を失い,聯合艦隊,敗退(陸海軍年表／戦史叢書6・12・13・33・71・75・85). 6.19　第341海軍航空隊司令海軍大佐岡村基春,館山基地で第2航空艦隊司令長官海軍中将福留繁に組織的な飛行機の体当り攻撃を上申.後日,福留,軍令部次長伊藤整一に伝達(陸海軍年表／戦史叢書45). 6.20　第1機動艦隊,兵力整頓避退中に米機動部隊の攻撃をうけ航空母艦飛鷹(ひよう)と給油艦2隻,沈没(陸海軍年表／戦史叢書12). 6.20　第18軍,南方軍直轄となる(陸海軍年表／戦史叢書7). 6.22　優勢な英印軍,コヒマーインパール道を打通.インパール作戦の成功は絶望となる(陸海軍年表／戦史叢書15). 6.22　大本営陸海軍部,サイパン奪回作戦を検討.陸軍部消極的となる(陸海軍年表／戦史叢書6・45・71・75). 6.22　第1機動艦隊,マリアナ沖海戦から離脱して沖縄の中城(なかぐすく)湾に入泊(陸海軍年表／戦史叢書6・12・13). 6.22　イギリス東洋艦隊,アンダマン諸島(インド洋)を空襲(陸海軍年表／戦史叢書45). 6.22　米軍,サイパン島のアスリート飛行場の使用を開始(陸海軍年表／戦史叢書71). 6.23　大本営陸海軍部,サイパン奪回作戦を検討.聯合艦隊司令部が奪回作戦に消極的なことが判明.大本営海軍部,サイパン奪回作戦を断念(陸海軍年表／戦史叢書45). 6.24　参謀総長東条英機・軍令部総長嶋田繁太郎,サイパン奪回作戦の断念と後方要域の防備強化などにつき上奏(陸海軍年表／戦史叢書37・45・71・75). 6.26　元帥伏見宮博恭王,海軍大将嶋田繁太郎に海軍大臣の辞任(軍令部総長

米軍機のサイパン島飛行場空襲(1944.6.13)

学童集団疎開

1944(昭和19)

西暦	和暦	記事
1944	昭和19	専任)を勧告(陸海軍年表／戦史叢書45). 　6.26　大本営,小笠原兵団(兵団長第109師団長陸軍中将栗林忠道)戦闘序列を令し大本営直轄とする(陸海軍年表／戦史叢書6・51・75・81). 　6.26　大本営,サイパン奪回作戦に準備した部隊を小笠原・南西諸島・比島(フィリピン)方面強化に転属を発令.第9師団を沖縄の第32軍に,第68旅団を台湾軍に編入するなど(陸海軍年表／戦史叢書6・11・73・75). 　6.26　第11軍(第68師団),衡陽飛行場を占領.28日から同飛行場を利用(陸海軍年表／戦史叢書16). 　6.27　海軍大将岡田啓介,首相官邸で首相東条英機と会談(陸海軍年表／戦史叢書45). 　6.30　閣議で「学童疎開促進要綱」を決定.国民学校初等科児童の疎開を強度に促進するものとする.7月20日,対象を東京都のほか12都市に広げる.8月4日,東京都区部の3～6年生から実施し出発(東京大空襲・戦災誌3／内閣制度百年史下／近代日本総合年表). 　6.—　白城子陸軍飛行学校,宇都宮に移動し宇都宮教導飛行師団となる(日本陸海軍総合事典／陸軍航空の鎮魂続). 　6.—　明野・常陸・鉾田・浜松・下志津・宇都宮陸軍飛行学校は,それぞれ教導飛行師団と名称を変え,学生教育と研究任務のほかに作戦任務が与えられる(陸軍航空の鎮魂続). 　6.—　陸軍航空技術学校が廃校となり,立川陸軍航空整備学校で編成する立川教導航空整備師団に吸収される(陸軍航空の鎮魂続). 　6.—　陸軍,台湾に第八飛行師団を新設(陸軍航空の鎮魂続). 　6.—　陸軍気象教育部,福生(ふっさ)に新編され陸軍気象部の教育を引き継ぐ(陸軍航空の鎮魂続). 　6.—　米軍,フィリピン上陸に備えて心理戦部(PWB)を設立,同部がフィリピン戦での対日戦用伝単を製作(宣伝謀略ビラで読む,日中・太平洋戦争). 　6.—　このころ,海軍の特殊潜航艇海竜(秘匿名「SS金物」)試作艇,完成.1945年2月,海竜と命名(実戦に参加せず)(特別攻撃隊). 　7.1　参謀総長東条英機,インパール作戦の中止,印中連絡遮断作戦の継続,対中作戦の成果拡充等の作戦指導に関し上奏,裁可を受ける(陸海軍年表／戦史叢書15・51・75). 　7.1　大本営参謀の陸軍少将長(ちょう)勇少将,第32軍の作戦援助のため那覇に到着.7月8日,第32軍参謀長に発令(陸海軍年表／戦史叢書11). 　7.2　大本営,南方軍のインパール作戦中止の上申を認可(陸海軍年表／戦史叢書75・94). 　7.2　南方軍,大本営の認可を得て緬甸(ビルマ)方面軍にインパール作戦の中止を下令(陸海軍年表／戦史叢書15・25・41・75・92). 　7.2　連合国軍,ヌンホル島(西部ニューギニア)に上陸を開始(陸海軍年表／戦史叢書22). 　7.2　山梨半造,没(退役陸軍大将)(日本陸海軍総合事典). 　7.4　海軍,呂号委員会を設置.過酸化水素利用エンジン関係の調査研究に着手(陸海軍年表／戦史叢書88).

1944(昭和19)

西暦	和暦	記　事
1944	昭和19	7.6　サイパン島守備隊との連絡,途絶.7日,中部太平洋方面艦隊司令長官南雲忠一,「玉砕」する旨の発電を最後として連絡を絶つ.南雲・第43師団長斎藤義次・第31軍参謀長井桁敬治ら,自決(陸海軍年表／戦史叢書6・12・45・71・75・85)〔→7.18〕. 7.6　第18軍司令官安達二十三(はたぞう),アイタペ攻撃(猛号作戦)のための訓示を全軍に配布(陸海軍年表／戦史叢書84). 7.6　陸軍,戦車第4師団(千葉)の編成を下令(戦史叢書99／太平洋戦争師団戦史). 7.7　サイパン守備隊,全滅(陸海軍年表／戦史叢書6・13・37・75). 7.7　在中米空軍B-29(約20機),九州北西部地区を夜間空襲(陸海軍年表／戦史叢書51・57・75・85). 7.7　ミイトキーナ飛行場を失陥(陸海軍年表／戦史叢書94). 7.9　米遠征軍司令官海軍中将ターナー,サイパン占領を宣言(陸海軍年表／戦史叢書6). 7.9　第31師団長陸軍中将佐藤幸徳,チンドウィン河畔で師団長罷免の報を受ける(陸海軍年表／戦史叢書15). 7.10　第1特別基地隊を編成し呉鎮守府部隊に編入.甲標的と回天搭乗員の養成訓練.1945年3月1日,第2特攻戦隊に改編(陸海軍年表／戦史叢書37・45・88). 7.10　陸軍,第114・115・117・118師団の編成を下令.いわゆる「百十番台師団」のはしり(戦史叢書99／太平洋戦争師団戦史). 7.10　海軍,航空隊編制の大改編(全面空地分離制度の採用).甲航空隊(番号航空隊)→飛行隊を配属する.乙航空隊(地区名を冠称)→建制上,飛行隊を配属せず,基地任務を主とし,同基地に飛行隊が進出した場合は,当該飛行隊を指揮,作戦を行う(陸海軍年表／戦史叢書12・37・45・71・95／日本海軍史8). 7.10　第14軍,兵団長会同を実施し「飛行場造成を一擲し全面的に地上防衛に転ずる」旨を命令(陸海軍年表／戦史叢書41・48). 7.10　第18軍,アイタペの連合軍に対し攻撃を開始(陸海軍年表／戦史叢書75・84). 7.10　情報局第二部長橋本政実,中央公論社・改造社の代表を招き「営業方針において時局下国民の思想善導上許しがたい事実がある」との理由で自発的廃業を申し渡す.両社,解散を決し,月末,清算事務を残して閉業(日本出版百年史年表／朝日新聞7.11). 7.10頃　帝国在郷軍人会沖縄支部,管内の在郷軍人を基幹として市町村防衛隊を編成(陸海軍年表／戦史叢書11). 7.11　第9師団,那覇に到着(陸海軍年表／戦史叢書11). 7.12　捷号航空作戦に関する陸海軍中央協定,成立.陸軍航空も海軍と同様攻撃目標を航空母艦に転換(陸海軍年表／戦史叢書85／日本陸軍「戦訓」の研究). 7.12　緬甸(ビルマ)方面軍参謀長陸軍中将中永太郎,チャンドラ=ボースを訪ねてインパール作戦中止を説明し,インド国民軍のインパール戦場からの撤退を要望(陸海軍年表／戦史叢書25). 7.12　緬甸(ビルマ)方面軍,インパール作戦中止後の作戦計画を策定.チンドウィン川方面で持久し雲南方面で攻勢をとり,あくまで印中連絡路の遮断に努める(陸海軍年表／戦史叢書25).

西暦	和暦	記　　　　　　　　事
1944	昭和19	7.12　第15軍,各師団にインパール作戦を中止し差し当り現戦線で守勢に立ち態勢整理をすることを下令(陸海軍年表／戦史叢書25). 7.12　グアムの日本軍,島内に潜伏していた米兵に関する情報を持つと見られた神父デュエナスらを処刑(世界戦争犯罪事典). 7.13　内大臣木戸幸一,首相東条英機に軍大臣と参謀総長・軍令部総長とを分離し統帥を確立する必要があるとの意見を述べる(木戸幸一日記). 7.14　参謀総長東条英機,米軍の報復を恐れ,毒ガスの使用中止を命ずる指示を発令(毒ガス戦と日本軍). 7.14　参謀総長東条英機,辞任(陸軍人事制度概説付録). 7.15　グアムの日本軍,同島メリッソ村住民46人を殺害(理由,不明).20日,住民,日本軍守備隊に報復攻撃(世界戦争犯罪事典). 7.17　重臣ら,平沼騏一郎邸で会合.出席者若槻礼次郎・岡田啓介・平沼騏一郎・広田弘毅・阿部信行・近衛文麿・米内光政.挙国一致内閣の出現を要望(木戸幸一日記／細川日記). 7.17　海軍大臣嶋田繁太郎,辞任し軍令部総長専任となる.呉鎮守府司令長官海軍大将野村直邦,海軍大臣となる(官報／陸海軍年表／戦史叢書37・45・71・75・88). 7.18　東条英機内閣,総辞職(内閣制度百年史上). 7.18　重臣会議で後継内閣首班を陸軍大将小磯国昭と決定(木戸幸一日記). 7.18　参謀総長に陸軍大将梅津美治郎,関東軍総司令官に陸軍大将山田乙三,教育総監に陸軍大将杉山元の親補発令(陸海軍年表／戦史叢書51・73・75). 7.18　大本営,サイパン島日本軍部隊の「全員壮烈なる戦死」を発表(朝日新聞7.19／陸海軍年表／戦史叢書45・81). 7.20　小磯国昭・米内光政に組閣の大命,降下(木戸幸一日記／陸海軍年表／戦史叢書45・75). 7.20　ドイツでヒトラー暗殺未遂事件,発生(日本外交年表並主要文書下). 7.21　米軍,グアム島に上陸を開始(陸海軍年表／戦史叢書6・12・13・37・45・75). 7.21　陸海軍,次期作戦の方針を確定.名称を「捷号作戦」とする.同作戦は予想される決戦正面により捷1号(フィリピン方面),捷2号(九州南部・南西諸島及び台湾方面),捷3号作戦(本州,四国・九州方面及び小笠原諸島方面),捷4号(北海道方面)の4つに区分される(近代日本戦争史4). 7.21　軍令部総長嶋田繁太郎,聯合艦隊司令長官豊田副武(そえむ)に「聯合艦隊の準拠すべき当面の作戦方針」を指示.基地航空部隊を本土,南西諸島,台湾,フィリピン方面に配備し,水上部隊と協力して米艦隊撃滅をはかる(陸海軍年表／戦史叢書11・13・37・45・81／近代日本戦争史4). 7.21　陸海軍航空部隊統一指揮により,海軍の横須賀・呉・佐世保防空航空部隊は陸軍の防衛総司令官の指揮下に入る(日本海軍史8). 7.22　小磯国昭内閣,成立(小磯・米内連立内閣).首相小磯国昭.海軍大臣米内光政.陸軍大臣杉山元.予備役海軍大将米内光政,特旨により現役復帰.陸軍大将東条英機,予備役に編入.陸軍大将野村直邦を軍事参議官に任ず(官報／陸海軍年表／戦史叢書33・45・75・88). 7.23　米軍の一部,テニアン島に上陸を開始.撃退され,24日,北部海岸に再上

1944(昭和19)

1944（昭和19）

西暦	和 暦	記　　　　　　　事
1944	昭和19	陸（陸海軍年表／戦史叢書37・45）．
7.24　大本営陸海軍部，次期作戦計画「陸海軍爾後の作戦指導大綱」を上奏，裁可を受ける．陸海軍が合同して成案した初の作戦計画（これまでは別個に上奏）（陸海軍年表／戦史叢書45・81・85）．
7.24　大本営陸軍部，南方軍・台湾軍・防衛総司令部・第5方面軍・支那派遣軍に対し，捷号作戦準備について「国軍決戦の方面を本土連絡圏域及び比島」とすると発令（陸海軍年表／戦史叢書6・11・13・19・33・36・44・48・81・94）．
7.24　海軍大臣米内光政，江田島から招致した海軍兵学校長海軍大将井上成美と京都で会い海軍次官就任を求める．井上，これを承認．8月5日，井上，岡敬純に代わり海軍次官となる（陸海軍年表／戦史叢書45／官報8.5〔叙任及辞令〕）．
7.25　グアム島守備隊，24時を期して総攻撃を実施．26日天明とともに挫折（陸海軍年表／戦史叢書6）．
7.28　大本営，第14軍の第14方面軍への改称，第35軍司令部編成を発電．第14方面軍司令官陸軍中将黒田重徳・参謀長陸軍少将佐久間亮三・第35軍司令官陸軍中将鈴木宗作等を発令（陸海軍年表／戦史叢書41・48）．
7.28　第18軍，アイタペ作戦中止後の作戦計画（邀撃決戦態勢）を作成（陸海軍年表／戦史叢書84）．
7.31　連合国軍，サンサポール（ソロン東方約150km）付近に上陸．少数の日本軍警備部隊は撤退（陸海軍年表／戦史叢書22）．
7.31　テニアン島の第1航空艦隊長官海軍中将角田覚治，全軍の「玉砕」突撃と連絡終止を東京に打電（陸海軍年表／戦史叢書13・37・45・71）．
7.31　海防艦鵜来（うくる），竣工（当初改乙型，のち甲型に統一．ほか同型艦28隻）．御蔵（みくら）型の簡易急造型（日本の軍艦）．
7.下旬　大本営陸軍部，比島（フィリピン）作戦方針を決定．航空及び海上決戦は比島全域，地上決戦はルソン島（陸海軍年表／戦史叢書48）．
7.―　軍中央部，日米航空機生産概数を月産米国1万機，日本陸海軍合計2000機程度で東亜戦域の戦力比は3対1と観察（陸海軍年表／戦史叢書22）．
7.―　陸軍，内地防空強化のため，第17～19飛行団を昇格して第10（調布）・第11（大正）・第12（小月）飛行師団を新設（陸軍航空の鎮魂続）．
7.―　陸軍，航空総監部・航空本部等の人員をもって教導航空軍を編成．本年12月，これを基幹として作戦任務に専念する第6航空軍司令部が編成され，1945年3月，同司令部，東京から福岡に進出，沖縄航空作戦を指導（陸軍航空の鎮魂続）．
7.―　陸軍，四式重爆撃機飛龍と九九式双発軽爆撃機の体当たり機への改修を開始（特別攻撃隊）．
7.―　大本営海軍部，T部隊（荒天時の雷撃専門攻撃部隊）の編成を準備（陸海軍年表／戦史叢書37）．
7.―　人間魚雷「㊅金物」の試作，完成（特別攻撃隊）．
8.1　人間魚雷「㊅金物」制式採用，回天と命名（特別攻撃隊）．
8.2　軍令部総長海軍大将嶋田繁太郎，退任し，後任に海軍大将及川古志郎親補（陸海軍年表／戦史叢書45・75・88）．
8.2　テニアン守備隊，全滅（陸海軍年表／戦史叢書6・13・75・81）．
8.3　北部ビルマの要衝ミイトキーナ，失陥．守備隊長陸軍少将水上源蔵，自決

小磯国昭内閣

小磯国昭

井上成美

1944（昭和19）

西暦	和暦	記　　事
1944	昭和19	（陸海軍年表／戦史叢書25）． 　8.3　第18軍，アイタペ攻撃を中止してウェワク地区への集結を下令（陸海軍年表／戦史叢書75・84）． 　8.4　大本営政府連絡会議で同会議を廃止し，最高戦争指導会議を設置することを決定．5日，内閣情報局，これを発表（現代史資料37／朝日新聞8.6／陸海軍年表／戦史叢書33・81・94）． 　8.5　オーストラリアのカウラ収容所の日本人捕虜，集団で反乱を起こし231人の死者を出して鎮圧される（カウラ事件）．警備兵4も死亡（日本人捕虜）． 　8.6　航空母艦雲龍，横須賀工廠で竣工（同型艦天城・葛城）（日本の軍艦）． 　8.8　第11軍，衡陽を完全占領（陸海軍年表／戦史叢書16・81）． 　8.10　最高戦争指導会議で「世界情勢判断」を決定（陸海軍年表／戦史叢書81）． 　8.10　米陸空軍，サイパン・テニアンをB-29・B-24基地として使用を開始．小笠原諸島の爆撃を開始（陸海軍年表／戦史叢書85）． 　8.10　陸軍技術部の官等改訂（兵技と航技を合併，技術中将〜技術二等兵と呼称）（陸軍人事制度概説付録）． 　8.10　航空母艦天城，三菱長崎造船所で竣工（日本の軍艦）． 　8.11　グアム島の日本軍，全滅．第31軍司令官陸軍中将小畑英良，自決．大将に進級（陸海軍年表／戦史叢書6・12・13・75・81）． 　8.15　閣議で「総動員警備要綱ノ設定ニ関スル件」を決定．軍の戦時警備に照応してとられる総動員警備を定めた．沿岸警備や空襲警備などを含む（国家総動員史資料編2）． 　8.16　海軍，桜花の試作を開始（陸海軍年表／戦史叢書45）． 　8.16　閣議で「昭和十九年度国民動員計画需給数閣議了解事項トシテ決定ノ件」を決定．朝鮮人労務者29万人，華人労務者3万人の「移入」を計上（中国人強制連行）． 　8.19　御前における最高戦争指導会議で「今後採るべき戦争指導の大綱」「世界情勢判断」を決定．陸海軍が決定した本土・台湾・フィリピン方面での決戦方針を追認．状勢判断では10月ごろに連合軍が比島（フィリピン）・南西諸島に総攻勢を行うと予想（日本歴史大系5／陸海軍年表／戦史叢書33・45・51・81・94）． 　8.19　参謀総長梅津美治郎，「島嶼守備要領」を指示（日本歴史大系5／陸海軍年表／戦史叢書13・44・51・57・81）． 　8.19　米国務長官ハル，陸軍長官スチムソンに書翰を送り日本兵遺骨の持ち帰りについて対策を採るよう求める（沖縄戦強制された「集団自決」）． 　8.20　陸軍の軍曹野辺重夫搭乗機，北九州を爆撃したB-29に体当たりし，2機を撃墜（特別攻撃隊）． 　8.22　ビアク島守備隊，連絡を断つ（陸海軍年表／戦史叢書12）． 　8.22　沖縄からの疎開船対馬丸，米潜水艦に悪石島沖で撃沈される．学童700人を含む1500人が死亡（近代日本総合年表）． 　8.23　海軍電測学校令（勅令第514号），公布（9月1日，施行）（官報）． 　8.23　学徒勤労令（勅令第518号），公布・施行．国民学校初等科・青年学校を除く学校の教職員・学徒に学校報国隊を組織させ，1年以内の勤労動員を義務づける（官報）． 　8.23　女子挺身勤労令（勅令第519号），公布・施行．女子勤労挺身隊に法的拘束

昭南（海防艦）（1944年7月完成時）

雲龍（1944.8.6）

1944(昭和19)

西暦	和暦	記　事
1944	昭和19	力を与える(官報). 8.25　連合国軍,パリに入城(近代日本総合年表). 8.28　海軍,㊃を制式採用(本年5月27日,試作第1号艇,完成).震洋と命名(特別攻撃隊). 8.30　最高戦争指導会議で「対重慶政治工作実施要綱」を決定.重慶政府との休戦を企図(日本外交文書太平洋戦争第1冊／陸海軍年表／戦史叢書50・81). 8.30　第33軍,第2師団と第56師団を並列して雲南省竜陵・拉孟方向に攻勢を開始(「断」作戦.ビルマ・中国間の遮断作戦)(陸海軍年表／戦史叢書25). 8.―　沖縄の第32軍の陣容整う(第9・24・62師団が本島に,第28師団が宮古に配置)(沖縄戦　強制された「集団自決」). 8.―　陸軍,熊谷・大刀洗飛行学校で第1(ジャワ)・第2(マレー)・第3(比島)練習飛行隊を編成,南方に進出(陸軍航空の鎮魂続). 8.―　陸軍・第6飛行師団,ニューギニアにおける苦戦のすえに消滅(陸軍航空の鎮魂続). 9.1　閣議で「台湾に徴兵制施行の件」を決定(徴兵制と近代日本). 9.2　米国,対独戦後処理の「モーゲンソー案」を公表.ドイツの農業国化を提案(近代日本総合年表). 9.3　海軍,航空用呂号兵器委員会を設置.水素エンジンの研究に着手(陸海軍年表／戦史叢書88). 9.4　最高戦争指導会議で日ソ中立条約存続のため,ソ連特派大使を広田弘毅と決定(陸海軍年表／戦史叢書73・81). 9.5　陸海軍技術運用委員会,設置(陸海軍年表／戦史叢書87・88). 9.6　政府,広田弘毅特派大使のソ連派遣を駐日ソ連大使マリクに通告(陸海軍年表／戦史叢書73・81)[→9.16]. 9.7　首相小磯国昭,東インド(インドネシア)に独立を許容する旨を議会の演説で述べる(帝国議会貴族院議事速記録70／帝国議会衆議院議事速記録80／陸海軍年表／戦史叢書81・92). 9.7　拉孟守備隊,全滅(ビルマ,雲南戦線)(陸海軍年表／戦史叢書25・81). 9.7　第11軍の第13師団,零陵(湖南省)を攻略(陸海軍年表／戦史叢書16・30・81). 9.8　陸軍中将富永恭次,フィリピンの第4航空軍司令官として着任(特別攻撃隊). 9.10　海軍見張所,ダバオへの敵の上陸を報告(ダバオ誤報事件).これにより大本営・聯合艦隊,捷一号作戦警戒を発令(陸海軍年表／戦史叢書37・45・48・54・81). 9.10　海軍経理学校品川分校の拡充にともない,同校,海軍経理学校本校として開校.旧本校を築地分校と呼称(日本海軍史8／官房軍機密第1169号). 9.11　米大統領ルーズベルト・英首相チャーチル,第2回ケベック会談を開く(～16日).対日独戦略を協議.「モーゲンソー案」(9月2日)を修正承認(近代日本総合年表). 9.11　陸軍次官柴山兼四郎,「情勢激変の際に於ける俘虜及軍抑留者の取扱に関する件」を通牒.情勢激変の際の準拠を示し,極力敵手に委ねないよう移動させること,真にやむを得ない場合は解放すること,自衛上やむを得ない場合は1943

西暦	和暦	記　　　　　事
1944	昭和19	年8月1日施行の俘虜取扱規則の示す「非常措置」(殺傷を含む)をとることができるとする(日本軍の捕虜政策).
9.13　海軍省に海軍特攻部を設置.水上・水中特攻兵器(甲標的・潜水艦を除く)に関する事項の連絡統合に当たるほか特攻兵器の実験,考案とその用法に関する事項などの実行促進を掌る(陸海軍年表／戦史叢書37・45・88).
9.14　騰越守備隊,全滅(ビルマ,雲南戦線)(陸海軍年表／戦史叢書25).
9.14　第33軍司令官本多政材(まさき),拉孟・騰越守備隊の全滅により「断作戦」(雲南攻勢作戦)の中止を決意(陸海軍年表／戦史叢書25).
9.15　米軍,ペリリュー島(パラオ)とモロタイ島(ハルマヘラ)に上陸を開始(陸海軍年表／戦史叢書11・13・37・41・45・81・94).
9.15　米統合幕僚長会議,陸軍大将マッカーサーに12月20日予定のレイテ攻略の10月20日への繰上げ実施を,海軍大将ニミッツにヤップ島攻略の取りやめを下令(陸海軍年表／戦史叢書11).
9.15　大本営,モロタイ・ペリリューの上陸から米軍の次期進攻方向をフィリピンと判断(陸海軍年表／戦史叢書48).
9.16　駐ソ大使佐藤尚武,ソ連外相モロトフに特使広田弘毅の派遣を申し入れる.18日,ソ連,これを拒絶(日本外交文書太平洋戦争第1冊／陸海軍年表／戦史叢書81).
9.16　第33軍(沖縄),地上部隊の主力をあげての航空基地設定強化を下令(陸海軍年表／戦史叢書11).
9.16　呂号乙薬委員会を設置.陸軍・海軍・軍需の3省委員で構成,ジェットエンジン燃料関係(陸海軍年表／戦史叢書88).
9.17　米軍,アンガウル島(パラオ諸島)に上陸を開始(陸海軍年表／戦史叢書13・37・45・81・94).
9.中旬　米統合幕僚長会議と第2次ケベック会談で「対日作戦の全般目標」として1945年中に九州,最後には関東平野に上陸する計画を樹立(陸海軍年表／戦史叢書57).
9.21　米機動部隊,マニラ方面を空襲(～24日).船舶の被害,甚大(陸海軍年表／戦史叢書37・48・81).
9.22　フィリピン政府,戒厳令を施行し,米英に宣戦を布告(陸海軍年表／戦史叢書41・81).
9.22　大本営,決戦方面を比島(フィリピン)方面と概定し南方軍・支那派遣軍・台湾軍に作戦準備を発令(陸海軍年表／戦史叢書11・81・94).
9.22　大本営,第1師団(在上海)の第14方面軍戦闘序列編入を発令(陸海軍年表／戦史叢書11・81).
9.25　海軍兵学校令外六勅令中改正ノ件(勅令第553号),公布(10月1日,施行).海軍機関学校令を廃止(官報)〔→10.1〕.
9.26　陸軍大将山下奉文(ともゆき)を第14方面軍司令官に親補.10月6日,ルソンに着任(陸海軍年表／戦史叢書41).
9.26　気球聯隊(風船爆弾作戦実施部隊),編成完結(陸海軍年表／戦史叢書33).
9.26　南方軍,緬甸(ビルマ)方面軍に「緬甸方面軍作戦指導要領」を命令.北部ビルマの作戦を中止し防衛の重点を南部ビルマの安定確保に指向(陸海軍年表／

風船爆弾(1944.9.26)

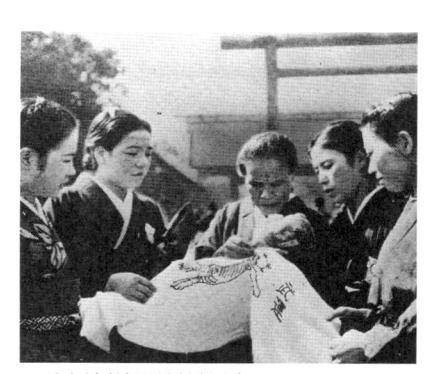

千人針(靖国神社社頭)

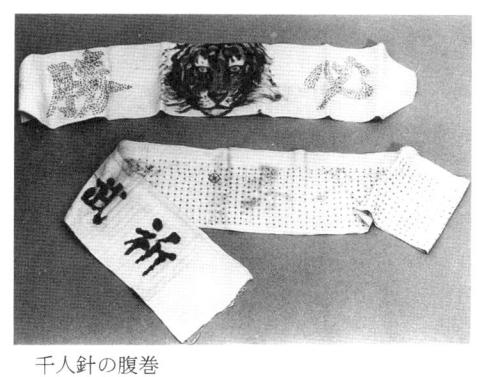

千人針の腹巻

1944(昭和19)

西暦	和暦	記　事
1944	昭和19	戦史叢書25・81・92）．
		9.28　最高戦争指導会議でドイツの崩壊または単独和平の場合に対処し，ソ連を利用して情勢好転に努める方針を決定(日本外交年表並主要文書下）．
		9.28　大本営，レイテ方面上陸破砕の陸海軍中央協定を発令(陸海軍年表／戦史叢書94）．
		9.29　聯合艦隊司令部，巡洋艦大淀から横浜市日吉台（慶応義塾大学日吉校舎）に移転(陸海軍年表／戦史叢書37・45）．
		9.30　御前会議で「今後採るべき戦争指導の大綱」を決定(陸海軍年表／戦史叢書88）．
		9.―　大本営陸軍部，対米戦法を解説した『秘敵軍戦法早わかり（米軍の上陸作戦)』を完成．5月に概成したが，6～7月のサイパン・グアム・テニアン戦の戦訓を収録するため完成が遅れた(日本陸軍「戦訓」の研究）．
		9.―　軍令部総長及川古志郎，海軍大臣米内光政に「㊀から㊈」までの9項目からなる特殊兵器の実験製造を提案．このうち1人乗り爆装高速艇㊃，㊅(回天)とともに採用される．5月27日，㊃の試作艇完成(特別攻撃隊）．
		9.―　沖縄の各島に海上挺身戦隊(特攻艇㊆〈マルレ〉)が配置される(沖縄戦強制された「集団自決」）．
		10.1　海軍機関学校，廃止．海軍兵学校舞鶴分校となる．機関・工作及び整備専修生徒の教育を行う(陸海軍年表／戦史叢書88）〔→9.25〕．
		10.1　第721海軍航空隊（桜花運用の部隊)，百里原海軍航空隊内に開隊．11月10日，神ノ池航空基地に移転(陸海軍年表／戦史叢書45・88）．
		10.3　米統合幕僚会議，海軍大将ニミッツに1945年3月10日までに沖縄の拠点占領を，陸軍大将マッカーサーに1944年12月20日ルソン島攻略を命令(陸海軍年表／戦史叢書11）．
		10.4　内務省，「総動員警備要綱」に基づく「内務省総動員警備計画」を策定．国民の反戦反軍的な言動の取締り強化に乗り出す(沖縄戦強制された「集団自決」）．
		10.6　閣議で「決戦輿論指導方策要綱」を決定．米英人の残虐さを強調して敵愾心を鼓舞する方針をとる(現代史資料41）．
		10.11　ソ連軍，東プロシアでドイツ国境を突破(近代日本総合年表）．
		10.12　米機動部隊，台湾全土を空襲(延べ1000機以上)(陸海軍年表／戦史叢書11・36・37）．
		10.12　台湾沖航空戦，開始（～16日)(陸海軍年表／戦史叢書11・37・41・45）．
		10.12　米軍のB-29，サイパン島へ進出(陸海軍年表／戦史叢書85）．
		10.13　米機動部隊，台湾を空襲（約1000機)(陸海軍年表／戦史叢書11・36・37）．
		10.13　台湾沖航空戦，続行(陸海軍年表／戦史叢書11・37・41・45）．
		10.14　台湾沖航空戦，続行．海軍航空隊約400機，米機動部隊を攻撃(陸海軍年表／戦史叢書11・37）．
		10.14　米艦載機延べ約200機・B-29（中国大陸)約100機，台湾に来襲(陸海軍年表／戦史叢書11・37・30）．
		10.14　T攻撃部隊指揮官，12・13日両日の戦果（航空母艦9～13隻を轟撃沈)を報告(陸海軍年表／戦史叢書37）．
		10.15　台湾沖航空戦，続行．海軍航空部隊，沖縄・台湾・比島（フィリピン)から133

1944(昭和19)

西暦	和暦	記　　事
1944	昭和19	機で敵機動部隊を攻撃(陸海軍年表／戦史叢書11・36・37・94). 10.15　海軍第26航空戦隊司令官海軍少将有馬正文,台湾沖航空戦において自ら一式陸上攻撃機に搭乗し出撃,未帰還(特別攻撃隊). 10.15　航空母艦葛城,呉工廠で竣工(日本の軍艦). 10.16　台湾沖航空戦,続行.海軍航空部隊約120機,敵機動部隊を攻撃(陸海軍年表／戦史叢書37). 10.16　大本営,台湾沖航空戦の戦果を発表.「〔大本営発表〕(昭和十九年十月十六日十五時)我部隊は潰走中の敵機動部隊を引続き追撃中にして現在迄に判明せる戦果(既発表の分を含む)左の如し／轟撃沈　航空母艦一〇隻・戦艦二隻・巡洋艦三隻・駆逐艦一隻／撃破　航空母艦三隻・戦艦一隻・巡洋艦四隻・艦種不詳一一隻」(朝日新聞10.17／陸海軍年表／戦史叢書37). 10.16　陸軍特別志願兵令中改正ノ件(勅令第594号),公布・施行.17歳未満の志願を許可(官報). 10.16　米統合参謀本部,捕虜虐待に対する報復と称して,対日毒ガス戦準備の基本計画を承認(毒ガス戦と日本軍). 10.17　米軍,スルアン島(中部フィリピンのレイテ湾口)に上陸(陸海軍年表／戦史叢書45・56・81・85・93・94). 10.17　聯合艦隊,「捷一号作戦警戒」を発令し先遣部隊・機動部隊の出撃準備,第1遊撃部隊のブルネイ進出,第6基地航空部隊の比島(フィリピン)転進などを下令(陸海軍年表／戦史叢書56). 10.17　小栗孝三郎,没(予備役海軍大将)(朝日新聞10.18). 10.18　参謀総長梅津美治郎・軍令部総長及川古志郎,捷一号発動を奏請,允裁(陸海軍年表／戦史叢書41・56). 10.18　大本営,国軍決戦実施の要域を比島(フィリピン)方面と発令(陸海軍年表／戦史叢書11・19・33・36・41・45・56・81・93・94). 10.18　聯合艦隊,「捷一号作戦発動」を発令(陸海軍年表／戦史叢書56・85・95). 10.18　第1遊撃部隊,スマトラのリンガ泊地を出撃してボルネオのブルネイに向かう(陸海軍年表／戦史叢書45・56). 10.18　第2航空艦隊,比島(フィリピン)へ転進(陸海軍年表／戦史叢書36). 10.18　南方軍,捷一号を発令(陸海軍年表／戦史叢書81). 10.18　兵役法施行規則中改正(陸軍省令第45号),公布(11月1日,施行).17歳以上を兵役に編入(官報). 10.19　アンガウル島守備隊(パラオ),全滅(陸海軍年表／戦史叢書13・81). 10.19　大本営,台湾沖航空戦の総合戦果を発表.「〔大本営発表〕(昭和十九年十月十九日十八時)我部隊は十月十二日以降連日連夜台湾及「ルソン」東方海面の敵機動部隊を猛攻し其の過半の兵力を壊滅して之を潰走せしめたり／(一)我方の収めたる戦果綜合次の如し／轟撃沈　航空母艦一一隻・戦艦二隻・巡洋艦三隻・巡洋艦若は駆逐艦一隻／撃破　航空母艦八隻・戦艦二隻・巡洋艦四隻・巡洋艦若は駆逐艦一隻・艦種不詳13隻／撃墜　一一二機／(二)我方の損害　飛行機未帰還三一二機／(註)本戦闘を台湾沖航空戦と呼称す」(朝日新聞10.20／陸海軍年表／戦史叢書81). 10.19　陸軍防衛召集規則中改正(陸軍省令第46号),公布(11月1日,施行).適齢

1944（昭和19）

西暦	和　暦	記　　　　　　　　　事
1944	昭和19	前の17・18歳の男子の随時防衛召集が可能となる（官報）． 　10.19　陸軍第3航空軍第1野戦補充飛行隊の編隊3機，米機動部隊に体当り攻撃を敢行（陸海軍年表／戦史叢書61）． 　10.19　これより先，17日，海軍中将大西瀧治郎，マニラに着き，この日，クラーク基地で第201海軍航空隊首脳に零戦による体当り攻撃の実施について諮る（陸海軍年表／戦史叢書56）． 　10.19　陸海軍航空隊，レイテ湾内及び東方洋上に艦艇及び船団を発見（陸海軍年表／戦史叢書56・94）． 　10.20　米軍4個師団，レイテ島東岸に上陸（陸海軍年表／戦史叢書41・45・56・81・85・94）． 　10.20　大本営陸軍部，従来のレイテ島における地上決戦回避の方針を変更し空・海・陸の決戦実施を決定（陸海軍年表／戦史叢書11・94）． 　10.20　聯合艦隊，聯合艦隊比島決戦要領を発令．第1遊撃部隊のレイテ湾突入を中核とする（陸海軍年表／戦史叢書56）． 　10.20　機動部隊本隊（第3・第4航空戦隊と第31戦隊等），豊後水道を出撃してルソン海峡東方に向かう（陸海軍年表／戦史叢書45・56）． 　10.20　海軍中将大西瀧治郎，第1航空艦隊司令長官に就任し，神風特別攻撃隊の編成を下令．海軍大尉関行男を隊長とし神風特別攻撃隊と命名され，敷島・大和・朝日・山桜隊に区分される（特別攻撃隊／戦史叢書56）． 　10.20　陸軍の鉾田教導飛行師団（軽爆撃機）に体当たり部隊編成の命令が下る．21日，16名を選抜．26日，フィリピンのルソン島に到着，万朶（ばんだ）隊と命名される（特別攻撃隊）． 　10.21　海軍の神風特別攻撃隊，初出撃．大和隊隊長海軍中尉久納（くのう）好孚，未帰還．初の特攻戦死者となる（特別攻撃隊）． 　10.21　天皇，海軍の台湾沖航空戦の戦果に対し勅語を下賜．「〔大本営発表〕（昭和十九年十月二十一日十九時）大元帥陛下には本日大本営幕僚長を召させられ南方方面軍最高指揮官，聯合艦隊司令長官，台湾軍司令官に対し左の　勅語を賜りたり／〔勅語〕朕ガ陸海軍軍隊ハ緊密ナル協同ノ下（もと）敵艦隊ヲ邀撃（ようげき）シ奮戦大ニ之ヲ撃破セリ／朕深ク之ヲ嘉尚ス／惟（おも）フニ戦局日ニ急迫ヲ加フ汝等愈（いよいよ）協心戮力以テ　朕ガ信荷ニ副ハムコトヲ期セヨ」（朝日新聞10.22）． 　10.22　海軍第1遊撃部隊，ボルネオのブルネイを出撃してレイテ湾に向かう（陸海軍年表／戦史叢書45）． 　10.22　靖国神社，満洲事変の戦没者715人，日中戦争の戦没者3109人，太平洋戦争の戦没者1万6373人のため招魂式を行う．23日，臨時大祭，午後例大祭．時局に鑑み遺族慰安の催し物，外苑のパノラマ，内苑の生け花，打ち上げ花火などすべて中止（靖国神社略年表）． 　10.23　フィリピン沖海戦（～26日）（陸海軍年表／戦史叢書81・85）． 　10.23　第1遊撃部隊主力（栗田艦隊），パラワン島西方水道で米潜水艦2隻の攻撃を受け旗艦を含む重巡洋艦2隻（愛宕・摩耶）沈没・1隻（高雄）損傷（陸海軍年表／戦史叢書45・56）． 　10.23　第2遊撃部隊（第21戦隊・第1水雷戦隊〈第21駆逐隊欠〉），コロン泊地に

米軍第1陣のレイテ島上陸

レイテ島に上陸するマッカーサー

西暦	和暦	記事
1944	昭和19	着す.24日,同泊地を発しスリガオ海峡に向かう(陸海軍年表／戦史叢書56). 10.23　海軍の4発陸上爆撃機連山,初飛行(日本航空機辞典). 10.23　海軍の特攻機桜花,初の投下試験飛行(日本航空機辞典). 10.24　フィリピン沖海戦,続行.栗田部隊(第1遊撃部隊主体),シブヤン海で米機動部隊の攻撃を受け戦艦武蔵が沈没,重巡洋艦妙高ほかが損傷(陸海軍年表／戦史叢書45・56). 10.24　第1遊撃部隊の志摩部隊,コロンを出撃.空襲を受け被害続出し主隊との合同を断念(陸海軍年表／戦史叢書56). 10.24　機動部隊本隊(小沢部隊),マニラ東方洋上の米機動部隊を攻撃(陸海軍年表／戦史叢書56). 10.24　海軍基地航空部隊,米機動部隊を総攻撃(陸海軍年表／戦史叢書45・96). 10.24　第4航空軍,レイテ島付近の敵を総攻撃(陸海軍年表／戦史叢書41・94). 10.24　浜松教導飛行師団(重爆撃機),体当たり部隊26名を決定.26日,富嶽隊と命名.28日,ルソン島クラーク飛行場に進出(特別攻撃隊). 10.25　フィリピン沖海戦,続行.早朝,スリガオ海峡の戦闘,朝,サマール島沖の遭遇戦.午前〜午後,エンガノ岬沖海戦(陸海軍年表／戦史叢書45・56). 10.25　栗田艦隊,レイテ湾突入を断念(陸海軍年表／戦史叢書56). 10.25　遊撃隊本隊(小沢部隊),米機動部隊誘致に成功したが航空母艦が全滅(陸海軍年表／戦史叢書56). 10.25　第4航空軍,レイテ島を総攻撃(陸海軍年表／戦史叢書94). 10.25　参謀総長梅津美治郎,気球聯隊に米本土風船爆弾攻撃を命令(大陸指第2253号).11月3日,放球を開始(陸海軍年表／戦史叢書81・94). 10.25　フィリピン沖海戦で海軍の神風特別攻撃隊敷島隊,突入に成功.米護衛航空母艦セント＝ローを撃沈.大本営,これを大々的に報道(特別攻撃隊／戦史叢書45・56・94・95). 10.26　フィリピン沖海戦,終結.26日,志摩部隊,コロンに,27日,小沢部隊,奄美大島に,28日,栗田部隊,ブルネイにそれぞれ帰投(陸海軍年表／戦史叢書56). 10.26　大本営,当面の情勢判断について検討.海軍部は米高速機動部隊の残存航空母艦兵力は正規3隻・巡改3隻と判断(米側記録は高速空母17隻のうち軽空母1隻喪失)(陸海軍年表／戦史叢書56). 10.26　第16戦隊(軽巡洋艦1・駆逐艦1で陸軍490人搭載)・第1輸送隊(1等輸送艦3で陸軍計900人搭載)・第2輸送隊(2等輸送艦2・陸軍計800人搭載),ミンダナオ島カガヤンからレイテ島オルモックに着す.歩兵第41聯隊主力を輸送.26日,帰途,第16戦隊全艦,沈没(陸海軍年表／戦史叢書41・56). 10.27　第14方面軍,第1・第26師団等のレイテ派遣を命令(陸海軍年表／戦史叢書41・48・56・81). 10.28　内閣顧問臨時設置制(勅令第604号),公布・施行.昭和18年3月18日勅令第134号内閣顧問臨時設置制を全部改正.小泉信三ら12名を任命(官報). 10.29　海軍の南西方面部隊,レイテ増援輸送作戦実施計画(多号作戦)を発令(陸海軍年表／戦史叢書56・93). 10.下旬　インパール作戦に参加したインド国民軍第1師団,インパール戦場を離脱しマンダレー東側地区に後退して兵力集結(陸海軍年表／戦史叢書25).

1944（昭和19）

西暦	和　暦	記　　　　　　　　事
1944	昭和19	10.下旬　中国雲南遠征軍,怒江(サルウィン川)方面で第33軍に対し総攻撃を開始(陸海軍年表／戦史叢書25). 　10.—　海軍,双発陸上爆撃機銀河を採用(日本航空機辞典). 　10.—　海軍,局地戦闘機紫電を採用(日本航空機辞典). 　10.—　ババル島事件起こる.インドネシアのババル島で10〜11月に日本軍守備隊が数百人の住民を殺害(世界戦争犯罪事典). 　11.1　チャンドラ=ボース,着京(陸海軍年表／戦史叢書81). 　11.1　マリアナ基地からのB-29(1機),関東地区を初偵察(陸海軍年表／戦史叢書41・45・51・81・85・87). 　11.1　第1師団,レイテ島オルモック海岸突入に成功(第2次多号輸送)(陸海軍年表／戦史叢書56・81・93・94). 　11.1　綜合計画局官制(勅令第608号),公布・施行.綜合計画局は首相に直属し,重要国策の企画にあたる(官報). 　11.2　陸軍の教導航空軍(重爆撃機9機)と海軍の第3航空艦隊(陸上攻撃機8機),マリアナ基地(サイパン・テニアン)を攻撃.未帰還,陸軍4・海軍1(陸海軍年表／戦史叢書19・36・45・51・81・94). 　11.3　第1師団,レイテ島リモン付近で遭遇戦を展開(陸海軍年表／戦史叢書41). 　11.4　閣議で軍人援護強化徹底に関する件を決定(陸海軍年表／戦史叢書81／陸軍人事制度概説付録). 　11.6　第14方面軍参謀副長西村敏雄,南方軍参謀部に「レイテ決戦の断念」を申し入れる(陸海軍年表／戦史叢書41). 　11.6　第4航空軍,特攻隊使用を開始(陸海軍年表／戦史叢書48). 　11.7　ソ連首相スターリン,革命記念日の演説で日本を侵略国と非難(日本外交文書太平洋戦争第3冊／陸海軍年表／戦史叢書73・81). 　11.7　第14方面軍参謀長武藤章,南方軍総参謀長飯村穣にレイテ決戦の断念を具申(陸海軍年表／戦史叢書41・48). 　11.7　内地の教導航空軍(重爆撃機7機・司令部偵察機5機),サイパン基地を攻撃.11機以上を撃破と報告(陸海軍年表／戦史叢書19). 　11.7　フィリピンの陸軍特別攻撃隊富嶽隊,初出撃(特別攻撃隊). 　11.7　首都防空の第10飛行師団,指揮下各部隊に対B-29体当たり隊の編成を命令.11月24日,初出撃.12月5日,震天制空隊と命名(特別攻撃隊／戦史叢書19). 　11.7　米国大統領選挙(日本8日).ルーズベルト,大統領に4選(日本外交年表並主要文書下). 　11.8　首相小磯国昭,内閣記者団との会見において「比島周辺における戦闘の勝敗は天王山とも目すべき,いはば彼我の将来を左右すべき重大なる作戦」との談話を発表(朝日新聞11.9). 　11.8　回天特別攻撃隊菊水隊,大津島を出撃.潜水艦3隻に搭載し,ウルシー及びパラオのコッソル水道を奇襲(日本海軍史8). 　11.8　南方軍,レイテ決戦を11月20日として大本営に具申(陸海軍年表／戦史叢書41). 　11.9　多号第4次輸送部隊(第1水雷戦隊司令官指揮,駆逐艦6・海防艦4・輸

西暦	和暦	記　事
1944	昭和19	送船3，第26師団主力乗船），レイテ島オルモックへの揚陸に成功（兵器・弾薬の揚陸は一部）（陸海軍年表／戦史叢書41・56・93）．
11.10　厚生次官相川勝六，「女子徴用実施並に女子挺身隊出動期間延長に関する件」を通牒．1年延長（2年とする）（朝日新聞）．
11.10　南京の中華民国国民政府主席汪兆銘，名古屋で病死．後任は陳公博（陸海軍年表／戦史叢書42・81）．
11.10　第11軍，桂林（広西省）を攻略（陸海軍年表／戦史叢書30）．
11.10　第11軍，柳州（広西省）を完全占領（陸海軍年表／戦史叢書30）．
11.11　南方軍総司令官寺内寿一，第14方面軍司令官山下奉文（ともゆき）に「レイテ決戦続行」を発令（陸海軍年表／戦史叢書41・81）．
11.11　多号第3次輸送部隊（第2水雷戦隊司令官指揮，駆逐艦6・輸送船3，一部兵力と軍需品搭載），レイテ島オルモック付近で空襲を受け駆逐艦1隻を除き沈没（陸海軍年表／戦史叢書41・56・93・94）．
11.15　米国，陸戦法規を改正．不法な命令による行為は受命者（部下）の責任も阻却されないと改定（戦争裁判余録）．
11.17　南方軍総司令官寺内寿一，サイゴンに移転（陸海軍年表／戦史叢書41・48・81・92）．
11.17　第32軍司令官牛島満，大本営の「最精鋭一個師団転出」（比島〈フィリピン〉もしくは台湾への転用）の命令に対し，第9師団を転出させると報告（近代日本戦争史4）．
11.18　沖縄の第32軍司令部，「報道宣伝 防諜等に関する県民指導要綱」を策定．住民の思想動向を調査しスパイ活動を封殺しようとするもの．「軍官民共生共死の一体化」をうたう（沖縄戦　強制された「集団自決」）．
11.19　第1次玄作戦（ウルシー・パラオ方面の米艦隊泊地に対する回天による攻撃）を実施（潜水艦3隻，うち1隻未帰還）（陸海軍年表／戦史叢書45・56）．
11.19　航空母艦信濃，横須賀工廠で竣工（当初大和型戦艦として建造）（日本の軍艦）．
11.23　ペリリュー地区隊，全滅（陸海軍年表／戦史叢書81）．
11.23　第14方面軍，和号作戦（レイテ島ブラウエン作戦）命令を下達（陸海軍年表／戦史叢書41）．
11.23　第4航空軍，レイテ方面第2次総攻撃を実施（陸海軍年表／戦史叢書94）．
11.24　ペリリュー地区隊長陸軍大佐中川州男（くにお）・陸軍少将村井権治郎，自決．残存者陸軍大尉根本甲子郎以下56名（陸海軍年表／戦史叢書13）．
11.24　マリアナ諸島を基地とするB-29（70～110機），東京地区を初空襲．主目標は三鷹付近中島飛行機工場．陸軍伍長見田義雄，B-29に体当り．組織的空中特攻，始まる（陸海軍年表／戦史叢書19・36・45・51・85・94／特別攻撃隊）．
11.26　陸軍薫空挺隊，レイテ島ブラウエン飛行場に強行着陸作戦を行う（義号作戦）．初の空挺特攻（特別攻撃隊／戦史叢書94）．
11.28　第35軍，和号作戦（レイテ島ブラウエン攻撃）の命令を下達（陸海軍年表／戦史叢書41）．
11.29　B-29，東京を空襲．市街地焼夷攻撃．被害家屋9000戸（陸海軍年表／戦史叢書85）．

1944（昭和19）

1944(昭和19)

西暦	和暦	記　　　　事
1944	昭和19	11.29　大東亜戦争ニ際シ必死ノ特別攻撃ニ従事シタル陸軍ノ下士官兵ヨリスル将校及准士官ノ補充ニ関スル件(勅令第649号),公布(11月1日以後戦死した者に適用する).「大東亜戦争ニ際シ陸軍ノ下士官又ハ兵ニシテ必死ノ特別攻撃ニ従事シ戦死スルニ至リタルモノ殊勲ヲ奏シ首将之ヲ全軍ニ布告シタルトキハ特ニ戦死ノ時ニ遡リテ兵科部ノ区分ニ従ヒ下士官ニ在リテハ之ヲ以テ将校ヲ,兵ニ在リテハ之ヲ以テ准士官ヲ補充スルコトヲ得／前項ノ規定ニ依リ将校ヲ補充スル場合ニ於ケル官等ハ少尉トシ准士官ノ補充ヲ行フ諸官ハ陸軍大臣ノ定ムル所ニ依ル」と規定する.特攻実施者の2階級特進を明示(官報). 11.29　大東亜戦争ニ際シ必死ノ特別攻撃ニ従事シタル海軍ノ下士官,兵等ヨリスル特務士官,准士官等ノ特殊任用ニ関スル件(勅令第650号),公布(10月15日以後戦死した者に適用する).「大東亜戦争ニ際シ海軍ノ下士官若ハ兵又ハ予備下士官若ハ予備兵ニシテ必死ノ特別攻撃ニ従事シ戦死スルニ至リタルモノ殊勲ヲ奏シ首将之ヲ全軍ニ布告シタルトキハ特ニ戦死ノ時ニ遡リテ各科別ニ従ヒ下士官ニ在リテハ特務士官タル各科少尉ニ,兵ニ在リテハ各科准士官ニ,予備下士官ニ在リテハ予備員タル少尉ニ,予備兵ニ在リテハ予備准士官ニ之ヲ任用スルコトヲ得／前項ノ規定ニ依リ准士官及予備准士官ノ任用ハ在籍鎮守府司令長官之ヲ行フ但シ艦隊又ハ独立ノ部隊ニ属スル者ノ任用ハ其ノ司令長官又ハ司令官之ヲ行フ」と規定する.特攻実施者の2階級特進を明示(官報). 11.30　B-29(約40機),東京に対する本格的夜間空襲を初めて開始(陸海軍年表／戦史叢書19). 11.—　海軍航空部隊,燃料の逼迫により空中教育の大部を中止(陸海軍年表／戦史叢書95). 11.—　陸軍,シンガポールに第55航空師団を編成(陸軍航空の鎮魂続). 11.—　陸軍,第5練習飛行隊を編成,錦州(満洲)に進出(陸軍航空の鎮魂続). 12.5　レイテ島の第1師団,師団の戦況は「破断界」と報告(陸海軍年表／戦史叢書41). 12.6　陸軍高千穂空挺隊,レイテ島ブラウエン飛行場に対する降下・強行着陸作戦を決行(テ号作戦)(陸海軍年表／戦史叢書48・94). 12.6　第16師団,ブラウエン飛行場に突入(陸海軍年表／戦史叢書41・56・93). 12.7　東海大地震,発生.マグニチュード7.9.各地に津波が襲来(理科年表2002年版／陸海軍年表／戦史叢書81). 12.7　映画「雷撃隊出動」(製作東宝.演出山本嘉次郎).陸軍省後援映画「陸軍」(原作火野葦平.製作松竹大船撮影所.演出木下恵介)(日本映画発達史3). 12.8　第35軍司令官鈴木宗作,ブラウエン作戦を断念(陸海軍年表／戦史叢書41・56・93). 12.8　回天特別攻撃隊金剛隊,編成.潜水艦6隻に搭載し,1945年1月12日,アドミラルティ・ホーランディア・ウルシー・コッソル水道及びグアム島のアプラ港を奇襲(戦史叢書93・98／日本海軍史8). 12.10　米軍,レイテ島オルモックを占領.同島の日本軍,補給路を完全に断たれる(陸海軍年表／戦史叢書41). 12.中旬　大本営,レイテ決戦の指導を事実上断念し,比島(フィリピン)方面の作戦指導は決戦から出血作戦の思想に転換(陸海軍年表／戦史叢書19).

米航空母艦エセックス号に突入する神風機
(1944年11月25日)

1944〜1945(昭和19〜昭和20)

西暦	和暦	記事
1944	昭和19	12.11　閣議で「敵ノ航空機工業破壊企図及航空工業震害非常対策ヲ定ム」を決定(陸海軍年表／戦史叢書33・81・87). 12.13　B-29(70〜80機),名古屋を初空襲.主目標は三菱重工名古屋発動機工場(陸海軍年表／戦史叢書19・85). 12.14　第14方面軍,レイテ地上決戦断念の意見を南方軍に具申(陸海軍年表／戦史叢書41・94). 12.15　米軍,ミンドロ島(ルソン島南側)に上陸を開始(陸海軍年表／戦史叢書11・41・48・56・60・81・93). 12.15　第14方面軍,ルソン島防衛の3大拠点構想に基づき軍需品の搬送・患者と邦人婦女子の疎開等を下令(陸海軍年表／戦史叢書41・60). 12.17　米陸軍省,日系人に対する西海岸追放令を1945年1月2日をもって廃止すると発表(世界戦争犯罪事典). 12.18　南方軍総参謀長飯村穣,マニラで現地陸海軍首脳と会談し「レイテ決戦の持久戦転移,ルソン島作戦準備の急速完整等」を南方軍総司令官と中央部に打電(陸海軍年表／戦史叢書41・48・93). 12.22　陸軍,高射第1師団の編成を下令.初の高射師団として東京地区の防衛を強化(戦史叢書19・51・99／太平洋戦争師団戦史). 12.25　元帥マッカーサー,レイテ作戦の終結を声明(陸海軍年表／戦史叢書41). 12.26　海軍挺進部隊(第2水雷戦隊司令官木村昌福の率いる重巡洋艦足柄・大淀,駆逐艦6隻),ミンドロ島のサンホセの敵泊地に突入攻撃.輸送船4隻の撃沈破と報告.日本軍駆逐艦1隻沈没・重巡2隻被爆損傷.本作戦を「礼号作戦」と呼称(陸海軍年表／戦史叢書54・56・93). 12.27　参謀総長梅津美治郎・軍令部総長及川古志郎,今後の作戦指導(レイテ決戦断念)を上奏(陸海軍年表／戦史叢書11・36・48・56・81). 12.29　閣議で「灯火管制強化対策要綱」を決定(日本海軍史8). 12.29　末次信正,没(内閣顧問予備役海軍大将)(官報1945.1.4〔彙報(官庁事項)〕). 12.30　第4航空軍司令官富永恭次,南方軍総司令官寺内寿一に病気のため辞任上申を幕僚に命ずる.31日,発電.南方軍総司令官寺内,慰留(陸海軍年表／戦史叢書48・60・94). この年　陸軍,四式多連高射機関砲,同二〇センチ・四〇センチロケット砲をそれぞれ採用.
1945	昭和20	┌内閣総理大臣：小磯国昭・鈴木貫太郎(4.7〜)・東久邇宮稔彦王(8.17〜)・ │　　　　　　　幣原喜重郎(10.9〜) │陸　軍　大　臣：杉山　元・阿南惟幾(4.7〜8.15)・東久邇宮稔彦王(8・17〜)・ │　　　　　　　下村　定(8.23〜12.1) │参　謀　総　長：梅津美治郎(〜10.15) │海　軍　大　臣：米内光政(〜12.1) └軍　令　部　総　長：及川古志郎・豊田副武(5.29〜10.15) 1.1　大本営,聯合艦隊司令長官に対して作戦につき鎮守府及び警備府部隊・海上護衛総司令部部隊・支那方面艦隊等を統一指揮する権限を付与(陸海軍年表／戦史叢書46・82・85・93).

B-29の本土空襲

防空壕に待避する幼児

週言

緒戰による赫々たる戰果が擧つた當時、大東亞建設は盛んに論ぜられ、人集れば卽ちこれに關する抱負經綸を述べるのが常であつた。しかるに敵が大東亞再侵略の野望を達せんとして迫り來るや、大東亞建設論の流行はやゝ下火になり、低調となつた。これはこれ緒戰時代の建設論なるものが、大戰果の陶醉に影響せられ、あまりに甘美なる夢想を混へ過ぎてゐたためである。

しかしながら大東亞の安定確保とその建設とは、我々に與へられた確乎不動の目標である。戰局困難なりとも大東亞の建設はどし〳〵と推進せしめねばならぬ。否、戰局困難なるが故に一層これに力を入れねばならぬのである。

直面する現實に卽しての建設は、敵が大東亞を侵さんとするも齒の立たざる如き態勢を速かに整備することにある。これがため皆が智慧と力とを出し努力するならば、廣く大なる大東亞の地域とその豊富なる資源とは必ず物を言うて、強固なる大東亞要塞の完成することは必定である。

緒戰時代の潤達なる氣風と遠大なる理想を以て、我々は大いに大東亞の建設について考へ論じ努めたいものである。但しその態度は浪漫主義を超克せる現實主義であらねばならぬ。

情報局編輯『週報』第424・425合併号(昭和19年12月8日)
(開戦三年　大東亜の相貌)より

1945（昭和20）

西暦	和暦	記　　　　　　　　　事
1945	昭和20	1．3　B-29，大阪・名古屋に来襲．市街地を焼夷爆撃（陸海軍年表／戦史叢書85）． 1．5　支那派遣軍総参謀長陸軍中将松井太久郎，中央に「支那派遣軍今後の作戦指導に関する意見」を具申し四川作戦なども説明．四川作戦は1月22日の大命で中止（陸海軍年表／戦史叢書42）． 1．6　米艦隊，ルソン島のリンガエン湾に侵入し，艦砲射撃を開始（陸海軍年表／戦史叢書48・56・60・81・93）． 1．9　連合国軍，ルソン島リンガエン湾沿岸に上陸を開始（陸海軍年表／戦史叢書19・44・48・81・82・94）． 1．9　内地向け重要南方物資満載の「ヒ86船団」（10隻），仏印のサンジャックを発し門司に向かう途中，米機動部隊の空襲を受け全滅．護衛艦6隻中3隻，沈没（陸海軍年表／戦史叢書46）． 1．9　リンガエン湾で陸軍㋹（マルレ）艇，初出撃．40隻（一説には70隻）が米上陸部隊に挺身攻撃（特別攻撃隊／戦史叢書60）． 1．10　大本営，第9師団を沖縄の第32軍戦闘序列から除き，台湾の第10方面軍戦闘序列編入を発令（陸海軍年表／戦史叢書81）． 1．11　最高戦争指導会議で「緊急施策措置要綱」「大陸重要輸送確保対策」「支那戦時経済確立対策」及び「支那に於ける物資調達統一要領」を決定（陸海軍年表／戦史叢書19・33・50・57・81・82・88）． 1．13　フィリピンの陸軍航空部隊，最後の特攻に出撃（特別攻撃隊）． 1．15　閣議で「沖縄県防衛強化実施要綱」を決定（陸海軍年表／戦史叢書81）． 1．16　陸軍，第121～128師団の編成を下令．いわゆる「百二十番台師団」，関東軍で編成（戦史叢書81・99／太平洋戦争師団戦史）． 1．17　第4航空軍司令官富永恭次，上官の許可なく比島（フィリピン）のツゲガラオから台北に後退．2月24日，待命．5月1日，予備役編入（陸海軍年表／戦史叢書48・94）． 1．19　参謀総長梅津美治郎・軍令部総長及川古志郎，「帝国陸海軍作戦計画大綱」を上奏，翌20日，裁可．「皇土南陲に来攻する敵に対し，東支那海周辺に於ける作戦を主眼」とする（陸海軍年表／戦史叢書11・17・19・33・48・73・81・82・88・93・94）． 1．19　閣議で「空襲対策緊急強化要綱」を決定（東京大空襲・戦災誌3）． 1．20　大本営，南号作戦（石油並びに重要物資・人員の緊急繰上げ還送）実施を発令．1月25日，開始．3月16日，中止を発令（陸海軍年表／戦史叢書46・54・88・92・93）． 1．21　フィリピン大統領ラウレル，バギオを発して日本に亡命．29日，ツゲガラオを離陸（陸海軍年表／戦史叢書60）． 1．22　大本営，支那派遣軍に新任務（中国大陸に侵攻する米軍の撃破，要域確保，重慶勢力の衰亡を図る）を下令（陸海軍年表／戦史叢書11・42・50・51・73・74・81・82・94）． 1．22　大本営陸軍部，沖縄の第32軍に第84師団の増加を内報．23日，派遣中止を通電（陸海軍年表／戦史叢書11・94）． 1．22　陸軍大臣杉山元，6個方面軍司令部（第11・12・13・15～17）と8個軍管区司令部（北部・東北・東部・東海・中部・西部・朝鮮・台湾）の臨時編成を示達（2月11日，編成，完結）．東部・中部・西部・朝鮮・台湾の各軍司令部は閉鎖（陸海軍年表／戦

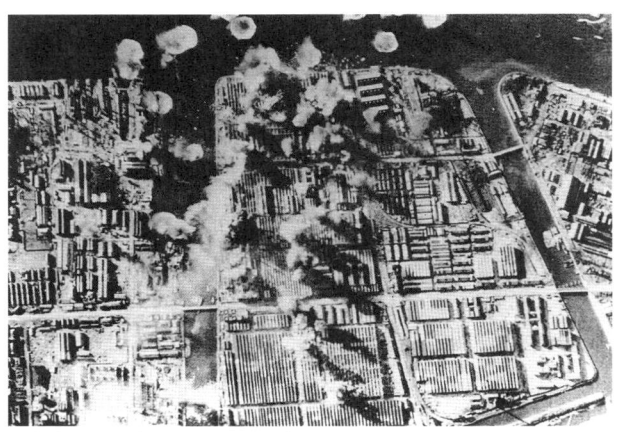

名古屋空襲(1944年12月18日)

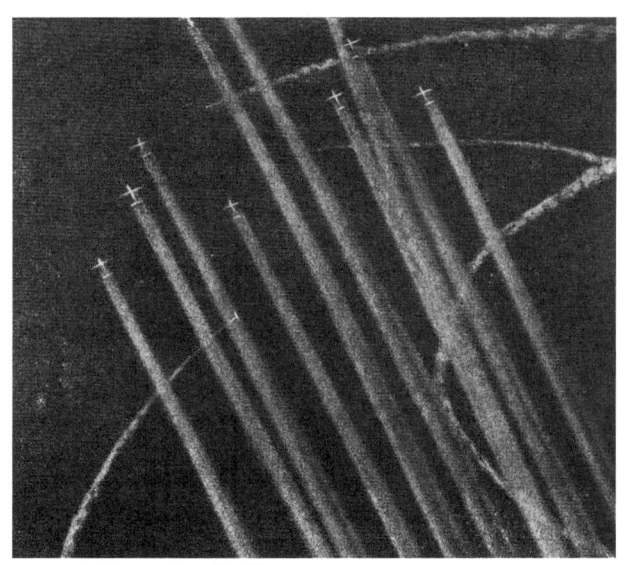

B-29編隊と日本軍戦闘機
(1945年1月23日名古屋上空)

西暦	和暦	記事
1945	昭和20	史叢書44・51・57・82・99).
		1.24 英機動部隊,パレンバンを空襲(約120機).製油機能,一時停止(陸海軍年表／戦史叢書54・61・92).
		1.24 米軍,ルソン島クラーク西方山地の日本軍陣地に攻撃を開始.建武集団(クラーク方面陸海軍部隊),逐次後退,2月上旬,複郭陣地に入る(陸海軍年表／戦史叢書54).
		1.25 最高戦争指導会議で"決戦非常措置要綱"を決定.軍需生産増強,生産防衛態勢強化など(陸海軍年表／戦史叢書57・81・82・88・93).
		1.25 大本営陸軍部第1部長陸軍中将宮崎周一,南京に飛来して支那派遣軍の新任務(対米作戦重視)の大命を伝達(陸海軍年表／戦史叢書42).
		1.25 フィリピンの海軍航空部隊,最後の特攻出撃.フィリピン戦における航空特攻,終わる(特別攻撃隊).
		1.26 沖縄の第32軍,第9師団転出にともない沖縄本島の部隊配備を変更.大本営の意に反して飛行場防衛を放棄,長期持久に徹する方針をとる(陸海軍年表／戦史叢書11・94).
		1.27 連合国軍,インドのレドを起点とするミイトキーナ・ナンカン・大理を経て昆明に通ずるレド公路を打通.1月29日,第1回の軍需品を満載した自動車縦列,公路を昆明に向かう(陸海軍年表／戦史叢書25).
		1.27 コレヒドール島部隊,全滅(陸海軍年表／戦史叢書60).
		1.29 第20軍の第27師団の一部,遂川(江西省)飛行場を占領.30日,遂川県城を占領(陸海軍年表／戦史叢書42).
		1.29 支那派遣軍,南京で軍司令官会同(〜30日)を実施し,総軍命令(対米作戦準備強化,老河口・芷江攻略作戦など)を下達(陸海軍年表／戦史叢書42・50・64・74).
		1.30 閣議で"大東亜戦争ノ現段階ニ即応スル輿論指導方針"を決定(現代史資料41).
		1.― 海軍,"松根油生産事業促進方針"を決定(陸海軍年表／戦史叢書88).
		1.― 海軍,局地戦闘機紫電を再設計,紫電21型(紫電改)として採用(日本航空機辞典).
		2.1 陸軍,第131〜133師団の編成を下令.いわゆる「百三十番台師団」のはしりとして中国で編成(第134〜139師団は7月10日に関東軍が満洲で編成)(戦史叢書99／太平洋戦争師団戦史).
		2.3 米軍,マニラ市内に侵入(陸海軍年表／戦史叢書54・60・82・93).
		2.3 米比軍,サント=トマス大学の抑留者3850名を解放.日本軍のサント=トマス,ビリビット収容所,米比軍の停戦申し込みにより,捕虜を解放(日本軍の捕虜政策).
		2.4 海軍,南方の第4航空戦隊(戦艦伊勢・日向ほか)にシンガポールでガソリンなど重要物資を搭載して内地に帰投するよう命令(北号作戦).2月20日,無事呉軍港に帰着(戦史叢書88).
		2.4 米大統領ルーズベルト・英首相チャーチル・ソ連首相スターリン,ヤルタ会談を開催(〜11日).対独戦後処理,ソ連の対日参戦などを決定.11日,対日処理に関するヤルタ協定,署名(陸海軍年表／戦史叢書73・82・93／日本外交主要文書・年表1).

ヤルタ会談

硫黄島海岸に殺到する米海兵隊上陸用舟艇
(1945.2.19)

1945(昭和20)

西暦	和暦	記　　　　　　事
1945	昭和20	2. 4　B-29,神戸(港湾・市街地)を空襲(陸海軍年表／戦史叢書85).
2. 5　大本営,第312海軍航空隊(B-29邀撃用ロケットエンジン戦闘機秋水を装備)を新設し,横須賀鎮守府部隊に編入(陸海軍年表／戦史叢書93・95).
2. 7　俘虜管理部長,「俘虜の給養適正化に関する件」を通牒.俘虜の栄養失調者多数,俘虜自身による自給自足体制の強化,労働についていない俘虜に強力な勧奨をおこない,食糧増配を条件に自給自足の労働をおこなわせるように指示.俘虜の雇用主に佐官は月30円,尉官27円を国庫に納入するよう指示(日本軍の捕虜政策).
2. 9　防衛総司令官東久邇宮稔彦(ひがしくにのみやなるひこ)王,各方面軍司令官に6月ころを目途に敵の本土上陸に対する作戦準備の完整を命令(陸海軍年表／戦史叢書19).
2. 9　第31特別根拠地隊司令官岩淵三次,マニラ市からマッキンレーに移動.11日,再びマニラ市に帰り,26日,自決.3月初めまで市内各拠点は抗戦(陸海軍年表／戦史叢書54).
2. 10　兵役法中改正法律(法律第3号),公布・施行.徴兵検査前に召集された第二国民兵に対して検査によることなく体格相当の役種を定める(徴兵検査前の満17・18歳の者でも召集する)(官報／徴兵制と近代日本).
2. 10　防衛総司令部令外六軍令中改正(軍令陸第2号),公布(2月11日,施行.師管区設置に伴う部分は4月1日,施行).以下の軍令を改正.防衛総司令部令・昭和二十年軍令第一号・陸軍管区表・軍司令部令・師団司令部令・幕僚服務令・要塞司令部令.軍司令部令(昭和15年7月3日軍令陸第13号)は改題して軍管区司令部令とする(官報).
2. 10　師団司令部令中改正(軍令陸第3号),公布.師管区司令部令と改題(官報).
2. 14　近衛文麿,天皇の戦争見通しに関する意見聴取に対し,共産革命防止,国体護持のため早期の和平を主張(近衛上奏文).この月,天皇,重臣より個別に意見を聴取(日本外交年表並主要文書下／現代史資料30／細川日記).
2. 14　ブリタル事件,起こる.ジャワ島ブリタルで,日本軍の補助兵力として作られたPETA(郷土防衛義勇軍),反日武装蜂起を起こす(世界戦争犯罪事典).
2. 14　内山小二郎,没(退役陸軍大将)(日本陸海軍総合事典).
2. 15　第722航空隊(桜花21型部隊),開隊(茨城県鹿島郡高松村)(日本海軍史8).
2. 15　B-29,名古屋と浜松を空襲(陸海軍年表／戦史叢書85).
2. 15　フィリピンのコレヒドール島の震洋隊,出撃(特別攻撃隊／戦史叢書54・60).
2. 15　ソ連軍,ハンガリーの首都ブダペストを占領(陸海軍年表／戦史叢書82).
2. 17　米機動部隊,艦載機約600機で関東地区を空襲し,硫黄島を砲撃(陸海軍年表／戦史叢書13・51・85).
2. 17　振武兵団,マニラ防衛部隊にマニラ撤退を下令(陸海軍年表／戦史叢書54・60).
2. 19　B-29,東京を空襲.主目標は中島飛行機武蔵野工場(陸海軍年表／戦史叢書85).
2. 19　米軍,硫黄島に上陸を開始(陸海軍年表／戦史叢書11・13・36・51・82・85・93・94).

1945（昭和20）

西暦	和暦	記　事
1945	昭和20	2.20　米軍,硫黄島千鳥飛行場を占領(陸海軍年表／戦史叢書13). 2.20　第1機動基地航空部隊,第762海軍航空隊に菊水部隊特別攻撃隊の編成を下令(陸上爆撃機銀河24機をもってする米前進根拠地ウルシー攻撃隊).2月25日,第2次丹作戦実施計画を下令(陸海軍年表／戦史叢書17). 2.22　最高戦争指導会議で「世界情勢判断」を決定(陸海軍年表／戦史叢書19・82・93). 2.23　米軍,硫黄島の摺鉢山を占領(陸海軍年表／戦史叢書13・51・85). 2.25　B-29,東京を空襲.被災2万戸(陸海軍年表／戦史叢書85). 2.25　米機動部隊の艦載機,関東各地を空襲(陸海軍年表／戦史叢書85). 2.26　グアムでの米軍裁判で,サイパン出身(チャモロ)の警察官が殺人罪で重労働10年の刑を言い渡される(のち9年に減刑).最初の対日戦争犯罪人裁判か(BC級戦犯裁判). 2.28　大本営,南方軍及び支那派遣軍に「3月5日以降,機宜仏印及び在支仏国勢力の武力処理発動」を下令(陸海軍年表／戦史叢書32・82・93). 2.28　陸軍大臣杉山元,本土決戦のため内地・朝鮮・北部方面にわたる第1次兵備(18個師団基幹)軍令を下令.北東に師団2個(第88・89師団),本土・朝鮮に沿岸配備師団16個(本土に第140・142〜147・151〜157師団,朝鮮に第150・160師団).沿岸配備師団は沿岸地域に張りついて敵を拘束する任務,装備は劣る(戦史叢書99／太平洋戦争師団戦史). 2.28　海軍気象学校令(勅令第80号),公布(3月1日,施行).海軍気象学校を設置(3月1日,開校)(官報). 2.—　陸軍第4航空軍,ニューギニア・比島(フィリピン)における苦戦のすえに廃止(陸軍航空の鎮魂続). 2.—　陸軍,第51(岐阜)・第52(熊谷)・第53(京城)航空師団を編成(陸軍航空の鎮魂続). 2.—　所沢・岐阜両航空整備学校を軍隊化.所沢航空整備学校は第3航空教育団となって第52航空師団に,岐阜航空整備学校は第4航空教育団となって第51航空師団に編入(陸軍航空の鎮魂続). 2.—　陸軍,第6(熊谷)・第7(京都)・第8(大刀洗)・第9(大田)練習飛行隊を編成.熊谷・大刀洗両陸軍飛行学校を廃止(陸軍航空の鎮魂続). 2.—　陸軍キ100戦闘機(三式戦闘機を液冷から空冷エンジンに換装),完成.五式戦闘機となる(日本航空辞典). 2.—　ボルネオの第37軍,2月から6月にかけて英豪軍捕虜約2000人を北ボルネオ東岸のサンダカンから260km離れた西海岸に移動させ,その大部分を飢餓と病気で死亡させる(サンダカン事件)(世界戦争犯罪事典). 3.1　米艦載機,沖縄本島(延べ約670機)・大東島(延べ92機)・奄美大島(延べ239機)・徳之島(延べ145機)・宮古島(延べ60機)・石垣島(延べ12機)に来襲(日本軍,戦果を撃墜52機・撃破56機と報告)(陸海軍年表／戦史叢書11・85). 3.1　海軍,この日以降,突撃隊を多数編成.九州南端から宮城県野々浜に至る海岸線に震洋隊・海竜隊を配置(戦史叢書88／特別攻撃隊). 3.1　海軍工機学校令中改正ノ件(勅令第86号),公布・施行.海軍機関学校令と改題.海軍工機学校規則,改正(海軍省達第41号).海軍工機学校を横須賀海軍機関

西暦	和暦	記　　　　　　　　事
1945	昭和20	学校と大楠海軍機関学校に改編(官報／戦史叢書88／日本海軍史8)． 　　3. 1　中村良三，没(予備役海軍大将)(朝日新聞3.2)． 　　3. 2　閣議で「特定航空機工場に対する緊急措置要綱」を決定．中島・川島両飛行機株式会社を「管理」から「使用」に切り替える(陸海軍年表／戦史叢書33・87・95)． 　　3. 3　天皇，陸海軍大臣から個別に(1)陸海軍の統合，(2)陸海軍省の統合，(3)空軍設置，(4)艦政本部と兵器行政本部の統合に関し意見聴取．陸海軍統合に関する陸海軍首脳会議を実施(具体的結論を得ず)(陸海軍年表／戦史叢書82)． 　　3. 3　米軍，マニラを完全に占領(陸海軍年表／戦史叢書60)． 　　3. 3　英印軍，ビルマの要衝メイクテーラを完全に占領(陸海軍年表／戦史叢書32・61)． 　　3. 3　航空機燃料不足のため海軍飛行予科練習生に対する養成員数を大削減し，他に転用することとする(日本海軍史8)． 　　3. 4　B-29，東京(中島飛行機武蔵野工場，本郷・巣鴨地区)を空襲(陸海軍年表／戦史叢書85)． 　　3. 5　閣議で「大規模空襲下における陸上輸送力確保の件」を決定(陸海軍年表／戦史叢書33)． 　　3. 6　陸軍，漢口に第13飛行師団を編成．陸軍航空が編成した飛行師団は合計13(陸海軍年表／戦史叢書64・82／陸軍航空の鎮魂続)． 　　3. 6　国民勤労動員令(勅令第94号)，公布(3月10日，施行．朝鮮・台湾・南洋群島は4月1日，施行)．学校卒業者使用制限令・国民徴用令・労務調整令・国民勤労報国協力令・女子挺身勤労令の5勅令を廃止(官報)． 　　3. 9　閣議で「学童疎開強化要綱」を決定(内閣制度百年史下)． 　　3. 9　B-29，東京を大空襲(〜10日)．江東地区は壊滅的打撃を受ける．焼失戸数27万戸・死者7万2489名・負傷者2.4万名・罹災者100万名(陸海軍年表／戦史叢書19・82・85・94)． 　　3. 9　駐仏印大使松本俊一，総督ドクーに最後通牒を手交．ドクー，これを拒否(陸海軍年表／戦史叢書32・93)． 　　3. 9　第38軍司令官陸軍中将土橋勇逸(つちはしたけやす)，「明号作戦(仏印武力処理)開始」を発令．3月10日，政府声明発表(陸海軍年表／戦史叢書32・54・82・93)． 　　3. 9　海軍特別幹部練習生制度，創設．5月，第1回採用(陸海軍年表／戦史叢書88)． 　　3.10　第6航空軍司令部，東京から福岡に移動．西南諸島方面作戦に関し聯合艦隊長官の指揮下に入る(陸海軍年表／戦史叢書19・36・94)． 　　3.10　海軍，練習航空部隊を実用航空部隊に改編(第10航空艦隊)(日本海軍史8)． 　　3.11　海軍鹿屋基地からウルシー環礁在泊米海軍艦船への長距離(3000km)特攻の梓隊，出撃．航空母艦1隻を撃破(特別攻撃隊／戦史叢書17・36・82・85・93・95)． 　　3.12　歩兵第225聯隊，仏印北部のランソンで降伏したフランス人捕虜300〜500人を殺害．1950年3月19日，戦争犯罪人裁判により元聯隊長ら4名，処刑(世界戦争犯罪事典)． 　　3.13　B-29，大阪を空襲(陸海軍年表／戦史叢書85)．

大空襲(1945年3月10日)後の東京下町
(隅田川両岸を西から俯瞰)

天皇の災害地視察(1945年3月18日)
「午前九時御出門,災害地に御巡幸被遊,供奉す。一望涯々たる焼野原,真に感無量なるものあり,この灰の中より新日本の生れ出んことを心に祈念す」(木戸幸一日記3月18日条)

西暦	和暦	記事
1945	昭和20	3.15 閣議で「大都市ニ於ケル疎開強化要綱」を決定(内閣制度百年史下).
		3.15 陸軍大臣杉山元の命により,仙台・名古屋・広島に俘虜収容所を開設.空襲に際し,俘虜の安全を確保し,かつ,給養の万全をはかるため,本土10ヵ所の俘虜収容所の俘虜の再配置をおこなう(日本軍の捕虜政策).
		3.16 中国の繆斌,東京着.情報局総裁緒方竹虎と会見(陸海軍年表／戦史叢書82).
		3.16 米軍,硫黄島における日本軍の組織的抵抗は終了したと公表(陸海軍年表／戦史叢書82).
		3.16 首相小磯国昭,天皇の特旨により初めて大本営の議に列す(陸海軍年表／戦史叢書93).
		3.17 B-29,神戸を空襲(陸海軍年表／戦史叢書88).
		3.17 硫黄島の小笠原兵団長陸軍中将栗林忠道,大本営に訣別電を発送,戦死.大将に進級(陸海軍年表／戦史叢書13・51／日本陸海軍総合事典).
		3.17 陸軍次官柴山兼四郎,「情勢ノ推移ニ応スル俘虜ノ処理要領ニ関スル件」(陸亜密第2257号)・「俘虜処理要領」を通牒.俘虜は極力敵に渡さないようにするが真にやむを得ない場合は解放できるとする(日本軍の捕虜政策).
		3.17 ビルマ国軍,前線出動のためラングーンで出陣式を挙行(陸海軍年表／戦史叢書32).
		3.17 海軍,桜花(特攻専用機)を兵器に採用(1944年8月,発想提案,9月,試作第1号機,完成)(陸海軍年表／戦史叢書88).
		3.18 閣議で「決戦教育措置要綱」を決定.全学徒を食糧増産・軍需生産・防空防衛・重要研究その他直接決戦に緊要な業務に総動員するため,国民学校初等科以外の学校の授業を4月1日から1年間(翌年3月31日まで)停止(内閣制度百年史下).
		3.19 米機動部隊,呉を空襲.松山基地第343航空隊の紫電改が出撃し,多数の米機を撃墜(日本海軍史8／昭和戦前期の日本).
		3.20 大本営海軍部,「帝国海軍当面作戦計画」(天号作戦と呼称)を発令(陸海軍年表／戦史叢書17・46・82・85・93).
		3.20 英印軍,マンダレー市街地一帯を占領(陸海軍年表／戦史叢書25).
		3.21 首相小磯国昭,最高戦争指導会議で繆斌の招致を報告し繆を通じた重慶工作の腹案を示すが外務大臣重光葵(まもる)・陸軍大臣杉山元・海軍大臣米内(よない)光政の反対にあう(終戦史録).
		3.21 大本営,硫黄島部隊の「玉砕」を発表(陸海軍年表／戦史叢書13).
		3.21 桜花搭載の特攻隊(神雷部隊),九州沖航空戦に出撃し失敗(全機撃墜される)(陸海軍年表／戦史叢書17・36・85・93).
		3.23 閣議で「国民義勇隊組織に関する法案」を決定.当面は労働動員を主とするが,有事には戦闘組織に移行(陸海軍年表／戦史叢書44・51・82・90).
		3.23 沖縄師範学校女子部・沖縄県立第一高等女学校生徒,沖縄陸軍病院に動員される(戦後,「ひめゆり学徒隊」と呼ばれる).この月,県立第二・三高等女学校,県立首里高等女学校などの他学校生にも動員命令が下る(ひめゆり平和祈念資料館図録).
		3.23 フィリピンのパナイ島で日本人住民の集団自決,起こる(沖縄戦 強制さ

1945(昭和20)

西暦	和暦	記　事
1945	昭和20	れた「集団自決」）．
3.25　硫黄島の小笠原兵団長栗林忠道以下，夜半から総反撃を実施．栗林，重傷を負い自決．組織的戦闘，終了(陸海軍年表／戦史叢書13・36・51)．
3.26　米軍，沖縄本島西方の慶良間(けらま)列島の座間味(ざまみ)・阿嘉(あか)・慶留間(げるま)・外地(ふかじ)の各島に上陸．座間味島・慶留間島住民，集団自決(陸海軍年表／戦史叢書11・82／沖縄戦　強制された「集団自決」)．
3.26　米軍，中比のセブ島に上陸．第102師団・第33特別根拠地隊，善戦．4月17日，師団長福栄(ふくえ)真平，陣地を放棄して北方に転進することを下令(陸海軍年表／戦史叢書54)．
3.26　聯合艦隊・第10方面軍，天1号作戦発動を下令(陸海軍年表／戦史叢書11・17・19・36・82・93・95)．
3.27　米軍，沖縄本島西方の慶良間(けらま)列島の渡嘉敷(とかしき)島に上陸(陸海軍年表／戦史叢書11)．
3.27　B-29，北九州地区に来襲(大村・八幡・小倉を爆撃)し夜間に関門海峡に磁気機雷を投下(陸海軍年表／戦史叢書19・36・85)．
3.27　第12軍の騎兵第4旅団は老河口飛行場を，第43軍の第39師団は襄陽(湖北省)をそれぞれ攻略(陸海軍年表／戦史叢書42)．
3.27　ビルマ国軍，日本軍に対し全面叛乱(陸海軍年表／戦史叢書82)．
3.28　沖縄の慶良間(けらま)列島渡嘉敷(とかしき)島の住民172名，集団自決(日本人捕虜)．
3.28　戦災援護会，結成．財団法人戦時国民協助義会を改組．1946年3月，軍人援護会と合体して同胞援護会となり，のち社会福祉協議会の設立に際して吸収される(厚生省五十年史資料編)．
3.28　軍事特別措置法(法律第30号)，公布(5月5日，施行〔5月4日勅令第254号〕)(官報)．
3.29　B-29，名古屋を空襲(陸海軍年表／戦史叢書82)．
3.29　陸軍召集規則中改正(陸軍省令第19号)，公布・施行(師管区設置に伴う部分は4月1日，施行)．満17・18歳の青年は内・外地を問わず全員防衛召集はもとより臨時召集も可能となる(官報／陸海軍年表／戦史叢書82)．
3.30　B-29，関門海峡に磁気機雷を投下敷設．4月12日まで，5回にわたり内海一帯に機雷を敷設(陸海軍年表／戦史叢書17・85)．
3.30　翼賛政治会を改組，大日本政治会を結成(総裁陸軍大将南次郎)(陸海軍年表／戦史叢書82)．
3.31　陸軍，本土決戦のため第1・第2総軍の編成を下令．第1総軍は東北・東部・東海軍管区の，第2総軍は中部・西部軍管区の防衛にあたる．これにより防衛総司令部は廃止．同じく本土決戦のため軍司令部9(第50～58)を編成(陸海軍年表／戦史叢書19・51・57・82・84・93・99)．
3.31　陸軍，航空総軍司令部の編成を発令．本土防衛に関係する内地・朝鮮の全作戦部隊及び航空教育部隊，航空廠同補給廠及び航空関係諸病院を統率(陸海軍年表／陸軍航空の鎮魂続)．
3.31　沖縄師範学校男子部生徒，鉄血勤皇隊として動員される．この月，県立第1～第3中学校など他学校の生徒にも動員命令が下る(ひめゆり平和祈念資料館

1945（昭和20）

西暦	和暦	記　　　　　　　事
1945	昭和20	図録）．
3．―　陸軍航空本部・軍需省航空兵器総局,「航空機工業秘匿並びに地下工場急速建設要綱」を策定(陸海軍年表／戦史叢書87).
3．―　陸軍大学校,空襲激化のため,山梨県甲府に転営を完了(陸軍人事制度概説付録).
4．1　米軍,4個師団を並列して沖縄本島中部西岸に上陸を開始,北・中飛行場を占領(南部海岸に陽動)(陸海軍年表／戦史叢書11・17・36・82・85・93・94).
4．1　米軍,久米島に上陸．2日,撤退(陸海軍年表／戦史叢書11).
4．1　沖縄の読谷(よみたん)村で住民,集団自決．以後も集団自決が続く(沖縄戦 強制された「集団自決」).
4．1　B-29,護衛戦闘機をともなう攻撃を開始(陸海軍年表／戦史叢書94).
4．1　大本営陸海軍部両次長間に「昭和二十年度前期陸海軍戦備に関する申合せ(陸海軍協同戦備)」,成立(陸海軍年表／戦史叢書88・93・95).
4．1　米潜水艦,台湾海峡で輸送船阿波丸(船体に緑十字を明示)を撃沈．官民2045人のうち生存1名(朝日新聞4.18・5.30・7.15).
4．2　B-29,東京を爆撃．主目標は中島飛行機武蔵野工場(陸海軍年表／戦史叢書85).
4．2　閣議で「国民義勇隊ノ組織ニ関スル件」「戦時医療措置要綱」を決定(内閣制度百年史下／陸海軍年表／戦史叢書51・82).
4．2　陸軍,本土決戦のための機動師団8個(第201・202・205・206・209・212・214・216師団)の編成を下令(内地第2次兵備)．沿岸配備師団に対応するもので,可能な限り火力・機動力を付与(戦史叢書51・57・82・99／太平洋戦争師団戦史).
4．2　首相小磯国昭,天皇に繆斌工作続行の意向を内奏．翌3日,天皇,交渉を打ち切るよう求める(木戸幸一日記／終戦史録).
4．3　第10方面軍参謀長諫山春樹・聯合艦隊参謀長草鹿竜之介,沖縄の第32軍に攻勢要望電を発する(陸海軍年表／戦史叢書11・17・36).
4．3　第32軍,4月7日を期しての攻勢移転を決定し,翌4日,この旨を各方面に通電(陸海軍年表／戦史叢書11・94).
4．3　聯合艦隊,第2艦隊の沖縄突入作戦を計画．大本営海軍部,片道燃料の条件で了承(陸海軍年表／戦史叢書93).
4．3　第1機動基地航空部隊,沖縄方面の作戦要領(菊水1号作戦と呼称)の大綱を下令(陸海軍年表／戦史叢書17).
4．3　第43軍の第39師団,老河口作戦の目的を達し,反転開始を命令(陸海軍年表／戦史叢書42).
4．4　B-29,東京南西部・川崎・横浜方面を爆撃(陸海軍年表／戦史叢書85).
4．4　この日夜半,第32軍,7日からの攻勢作戦の一時延期を決定し関係方面に打電(陸海軍年表／戦史叢書11・94).
4．4　第32軍の軍砲兵隊,射撃を開始．この日まで沈黙主義(陸海軍年表／戦史叢書11).
4．4　聯合艦隊,4月6日を期しての航空総攻撃(菊水1号作戦)を下令(陸海軍年表／戦史叢書11・17・36・93).
4．4　聯合艦隊,戦艦大和以下残存主要艦艇の敵上陸海岸突入を決定(陸海軍

1945(昭和20)

西暦	和暦	記　　　　　　　事
1945	昭和20	年表／戦史叢書94). 　4. 5　小磯国昭内閣,総辞職(内閣制度百年史上／陸海軍年表／戦史叢書11・82・93). 　4. 5　ソ連,日ソ中立条約の破棄を通告(日本外交文書太平洋戦争第3冊／終戦史録／日本外交年表並主要文書下). 　4. 5　第32軍,8日からの攻勢を決意して各方面に通電(陸海軍年表／戦史叢書11). 　4. 5　聯合艦隊,戦艦大和以下の海上特攻出撃を下令(陸海軍年表／戦史叢書11・17・36・93). 　4. 5　米軍,太平洋艦隊司令長官ニミッツの名で沖縄に軍政を布く(日本軍事史下). 　4. 6　第32軍,総攻撃を下令.8日,総攻撃を主陣地の奪回攻撃に変更(陸海軍年表／戦史叢書11). 　4. 6　沖縄方面に第1次航空総攻撃(菊水第1号作戦)を実施.相当の戦果を挙げる(陸海軍年表／戦史叢書11・17・36・82・93・94・95). 　4. 6　戦艦大和以下10隻の海上特攻隊,徳山を出撃し南下(陸海軍年表／戦史叢書11・17・85). 　4. 7　海上特攻隊(戦艦大和・第2水雷戦隊〈軽巡洋艦1隻・駆逐艦8隻〉),九州南西洋上で米艦載機(延べ300機以上)の攻撃を受け主力が全滅し(残存駆逐艦4隻),沖縄突入作戦を断念(陸海軍年表／戦史叢書11・17・36・82・93・94・95). 　4. 7　海上特攻隊の残存艦涼月(大破)・冬月・初霜・雪風,生存者を収容し佐世保に帰投(陸海軍年表／戦史叢書17). 　4. 7　B-29,南九州(鹿屋・鹿児島等)を空襲(陸海軍年表／戦史叢書85). 　4. 7　戦闘機を伴うB-29,東京(120機)・名古屋(150機)を空襲(陸海軍年表／戦史叢書17・19・82・85). 　4. 7　鈴木貫太郎内閣,成立.陸軍大臣陸軍大将阿南惟幾(あなみこれちか)・海軍大臣海軍大将米内(よない)光政(留任)(官報). 　4. 7　第1総軍司令官元帥杉山元・第2総軍司令官元帥畑俊六・航空総軍司令官陸軍大将河辺正三・教育総監陸軍大将土肥原賢二の補職発令(陸海軍年表／戦史叢書51・42・57・82・92). 　4. 7　陸軍省,「決戦訓」を示達(陸海軍年表／戦史叢書51・57・82). 　4. 7　大本営,内地防衛軍の戦闘序列を解き,第1・第2総軍と航空総軍の戦闘序列を令し第5・第17方面軍の戦闘序列更改を発令(陸海軍年表／戦史叢書51・57). 　4. 7　大本営,第1・第2総軍と航空総軍に本土防衛任務を付与し「決号作戦準備要綱」を指示(陸海軍年表／戦史叢書19・51・57). 　4. 7　第12軍の第115師団,老河口を完全占領(陸海軍年表／戦史叢書42・82). 　4.12　沖縄方面で第2次航空総攻撃(菊水2号作戦)を実施.桜花,突入に初成功(陸海軍年表／戦史叢書11・17・36・82・93・94). 　4.12　B-29・P-51,中島飛行機武蔵野工場を爆撃(陸海軍年表／戦史叢書19・85). 　4.12　第14方面軍司令官山下奉文(ともゆき),ルソン島バギオへの米軍進攻を迎え,撤退の時間稼ぎのため直轄戦車隊に決死特攻隊の編成を命ずる.4月17日,バギオ近郊イリサンで戦車2輛11人,米戦車に体当り特攻(特別攻撃隊).

公試運転中の大和(1941年10月)

沈没する大和

鈴木貫太郎内閣

鈴木貫太郎

阿南惟幾(肖像画)

1945（昭和20）

西暦	和暦	記　　　　　　　　事
1945	昭和20	4.12　米大統領ルーズベルト，死去．副大統領トルーマン，大統領に昇格．13日，サンフランシスコ放送，これを伝える（陸海軍年表／戦史叢書82・93）． 4.13　B-29，京浜地区大空襲．宮城の一部，火災．明治神宮，焼失．山手地区，焼夷攻撃をうける（陸海軍年表／戦史叢書82・85）． 4.13　閣議で「国民義勇隊組織」「情勢急迫セル場合ニ応ズル国民戦闘組織」を決定（東京大空襲・戦災誌3／陸海軍年表／戦史叢書44・51・82）． 4.15　B-29，京浜地区（主として蒲田・川崎地区）を大空襲（陸海軍年表／戦史叢書82・85）． 4.15　石垣島守備隊，撃墜した米機の飛行士3人を殺害（石垣島事件）．戦後1948年3月16日，軍事裁判で41人に死刑判決．実際には7人が絞首刑により処刑される（世界戦争犯罪事典）． 4.15　吉田茂以下数名，憲兵により検挙される．5月下旬，吉田，微罪釈放（陸海軍年表／戦史叢書82）． 4.15　第14方面軍司令官陸軍大将山下奉文（ともゆき），司令部の移動を命令．16日22時，バギオを発し，19日，バンバンに着す（陸海軍年表／戦史叢書60）． 4.15　陸軍，航空総監部を廃止して航空総軍を設立．航空総軍，全軍特攻を眼目とする決号作戦計画に基づく作戦命令を下達（陸海軍年表／戦史叢書19・82・94／陸軍航空の鎮魂続）． 4.15　海軍省内に海軍特兵部を設置．潜水艦部と特攻部とを統合．潜水艦も含む特攻兵器全般の研究開発，生産促進などを行う（陸海軍年表／戦史叢書88）． 4.15　第20軍主力，芷江作戦を開始（陸海軍年表／戦史叢書64・82）． 4.16　米軍，伊江島（沖縄）に上陸（陸海軍年表／戦史叢書11・82）． 4.16　沖縄方面で第3次航空総攻撃（菊水3号作戦）を実施（陸海軍年表／戦史叢書11・17・36・82・94）． 4.16　硫黄島の陸軍野戦病院長野口巌ら51人，集団投降（日本人捕虜）． 4.19　菊水3号作戦終了とともに九州方面の天候が悪化し，陸海軍航空部隊，積極作戦を中止（陸海軍年表／戦史叢書17）． 4.19　P-51，関東地区に単独で初来襲（陸海軍年表／戦史叢書19・85）． 4.19　戦力会議（陸海軍合同）を設置し本営に付設．申し合せ事項として制度化せず（陸海軍年表／戦史叢書88）． 4.19　鈴木宗作，ミンダナオ海で戦死．大将に進級（日本陸軍総合事典）． 4.20　大本営陸軍部，「国土決戦教令」を示達．住民の生命よりも戦闘を優先，負傷者の後送や部隊の後退禁止など（陸海軍年表／戦史叢書51・57・82／日本陸軍「戦訓」の研究）． 4.21　B-29，九州各飛行場を空襲（日本海軍史8）． 4.22　英第4軍団の先頭部隊（機械化），トングーを突破し一路ラングーンに突進（陸海軍年表／戦史叢書32）． 4.22　緬甸（ビルマ）方面軍，ラングーンを放棄（陸海軍年表／戦史叢書61）． 4.22　ソ連軍戦車隊，ベルリン市街に突入（近代日本総合年表／陸海軍年表／戦史叢書82・93）． 4.22頃　伊江島（沖縄）住民，集団自決（沖縄戦　強制された「集団自決」）． 4.23　緬甸（ビルマ）方面軍司令部・ビルマ政府・自由インド仮政府，飛行機及び

1945（昭和20）

西暦	和暦	記　　　　　　事
1945	昭和20	自動車で相次いでラングーンを脱出しモールメンに後退(陸海軍年表／戦史叢書32・82)． 　4.24　海軍総隊司令部令(軍令海第2号)，公布．海軍の全作戦部隊を統一指揮(官報〔条文省略〕／陸海軍年表／戦史叢書82・93)． 　4.24　靖国神社，満洲事変の戦没者755人，日中戦争の戦没者3510人，太平洋戦争の戦没者3万7053人のため招魂祭を行う．25日，臨時大祭(靖国神社略年表)． 　4.25　米軍，ルソン島のバギオに進入(陸海軍年表／戦史叢書82)． 　4.25　海軍総隊司令部，創設．総司令長官海軍大将豊田副武(そえむ)．司令部は横浜市日吉台所在(陸海軍年表／戦史叢書36・82・85・93)． 　4.25　館山海軍砲術学校を廃止し，横須賀海軍砲術学校館山分校及び栗田分校と呼称(陸海軍年表／戦史叢書88)． 　4.28　海軍航空隊，菊水4号作戦(沖縄方面航空作戦，陸軍は第5次総攻撃)を決行(陸海軍年表／戦史叢書36・82・94)． 　4.28　陸軍，高射第2～第4師団の編成を下令．それぞれ名古屋・阪神・九州地区の防衛を強化(戦史叢書51・57・79・99／太平洋戦争師団戦史)． 　4.28　森岡守成，没(予備役陸軍大将)(日本陸軍総合事典)． 　4.30　最高戦争指導会議で「独屈服ノ場合ニ於ケル措置要綱」を決定(陸海軍年表／戦史叢書82・93)． 　4.30　ドイツ総統ヒトラー，自殺(近代日本総合年表)． 　4.—　藤田嗣治の絵画「サイパン島同胞臣節を全うす」，陸軍美術展で公開される(戦争と美術)． 　4.—　陸軍航空通信学校を水戸教導航空通信師団と改称し，作戦任務も付与．同時に加古川教導航空通信団(第1～第4教育隊)を編成，少年飛行兵・特別幹部候補生の大量養成に備える(陸軍航空の鎮魂続)． 　5.1　ドイツ総統ヒトラーの死亡とイタリア首相ムッソリーニ処刑の報，大本営に到着(陸海軍年表／戦史叢書82)． 　5.1　連合国軍，ボルネオのタラカン島に上陸．6月10日，同地警備隊，総攻撃を実施，6月20日から，遊撃戦に転移(陸海軍年表／戦史叢書54・88・92)． 　5.1　大本営に海運総監部を設置．初代総監海軍大将の野村直邦．海運総監は，参謀総長・軍令部総長の指揮を承け，100総t以上の船舶を国家船舶として管理し，海上輸送計画，配船，船舶準備の計画等を管掌(陸海軍年表／戦史叢書46・88・93)． 　5.1　デーニッツ，ドイツ総統に就任(陸海軍年表／戦史叢書93)． 　5.2　連合国軍，ミンダナオ島のダバオに侵入(陸海軍年表／戦史叢書82)． 　5.3　在伊ドイツ軍の降伏とベルリン陥落の報，相次いで大本営に入電(陸海軍年表／戦史叢書82・93)． 　5.3　沖縄の第32軍，大本営からの要請に応じて持久方針を転換，夜間から攻勢作戦を開始(陸海軍年表／戦史叢書11・82)． 　5.3　第26インド師団と英軍，ラングーンに入城(陸海軍年表／戦史叢書32・82)． 　5.3　第20軍司令官陸軍中将坂西一良，芷江作戦部隊の反転を決意(陸海軍年表／戦史叢書64)． 　5.3　東部ニューギニアの山砲兵聯隊大隊長陸軍中佐竹永正治ら40数名，集団でオーストラリア軍に投降(日本人捕虜)．

1945(昭和20)

西暦	和暦	記事
1945	昭和20	5. 4　沖縄の第32軍主力,未明から攻勢を開始.天明後,逐次不利となる(陸海軍年表／戦史叢書11・36・82). 5. 4　陸海軍航空隊,沖縄方面総攻撃(陸軍第6次,海軍菊水5号)を決行(陸海軍年表／戦史叢書17・36・94). 5. 5　第32軍,攻勢作戦進展せず.夕刻,攻勢を中止,原態勢復帰を下令(陸海軍年表／戦史叢書11・17・36・82). 5. 5　米国統合戦争計画委員会,「関東平地進攻計画概要(コロネット作戦)」を作成(陸海軍年表／戦史叢書82). 5. 8　米大統領トルーマン,日本軍の無条件降伏を勧告(終戦史録／日本外交年表並主要文書下). 5. 8　ドイツ軍,無条件降伏文書に正式調印.9日午前零時,全面降伏,発効(日本外交主要文書・年表1). 5. 9　政府,「欧州戦局の急変は帝国の戦争目的に寸毫の変化を与えるものに非ず」と声明(終戦史録／日本外交年表並主要文書下). 5. 9　支那派遣軍,第6方面軍に芷江作戦中止を下令.第6方面軍,第20軍に芷江作戦を中止し原態勢復帰を下令(陸海軍年表／戦史叢書64・82). 5. 9　ルソン島のバレテ峠,失陥(陸海軍年表／戦史叢書60). 5.10　B-29,岩国・徳山・呉・松山などの中小都市焼夷攻撃を開始(陸海軍年表／戦史叢書19・85・88). 5.10　米統合幕僚長会議,オリンピック作戦(九州)とコロネット作戦(関東平地)を正式に承認(陸海軍年表／戦史叢書82). 5.11　最高戦争指導会議構成員,会同.同会議正規メンバーである首相・外務大臣・陸軍大臣・海軍大臣・参謀総長・軍令部総長のみによる会議.以後,12日・14日,開催.ソ連の仲介による和平工作を始めること,その際,将来ソ中が団結して米英にあたることが必要であると説くことを決定(「大日本帝国」崩壊／日本歴史大系5／終戦史録). 5.11　海軍航空隊,沖縄方面の菊水6号航空作戦を実施.陸軍航空,これに策応して第7次総攻撃を実施(陸海軍年表／戦史叢書17・36・94). 5.11　B-29,阪神地区を爆撃(陸海軍年表／戦史叢書85). 5.13　米機動部隊艦載機延べ約600機,九州南部と同方面飛行場を銃爆撃(〜14日)(陸海軍年表／戦史叢書17・36・85). 5.13　駐日独武官として赴任する空軍大将ケスラー一行の乗艦する独潜水艦,米海軍に降伏.同艦に便乗帰国途上の海軍技術中佐友永英夫・同庄司元三,艦内で自決(陸海軍年表／戦史叢書93). 5.14　B-29,名古屋を大空襲(陸海軍年表／戦史叢書82・85). 5.14　B-29,下関海峡に機雷を敷設.28日までに下関海峡と日本海側港湾への投下数1313個(陸海軍年表／戦史叢書85). 5.14　最高戦争指導会議構成員による会議で「対ソ交渉方針」決定.終戦工作,開始(終戦史録／日本外交年表並主要文書下). 5.15　仏印武力処理,順調に進展し,第38軍司令官陸軍中将土橋勇逸(つちはしたけやす),討伐中止を下令.「明号作戦」,終了(陸海軍年表／戦史叢書32). 5.17　B-29,名古屋を大空襲.米軍,名古屋市街半分をこれまでの攻撃で焼尽

1945（昭和20）

西暦	和暦	記　　　　　事
1945	昭和20	し,同市に対する地域攻撃は終了,とした(陸海軍年表／戦史叢書82・85). 　5.17　P-51約40機,京浜南西方の飛行場を攻撃(陸海軍年表／戦史叢書85). 　5.17　九州帝国大学医学部で6月2日にかけて米軍飛行士8人を4回にわたり生体解剖(世界戦争犯罪事典)〔→1948.3.11〕. 　5.19　ルソン島のサラクサク峠,失陥(陸海軍年表／戦史叢書60). 　5.20　閑院宮載仁親王,没(元帥陸軍大将).6月18日,国葬(日本陸海軍総合事典). 　5.22　第32軍,軍主力の首里放棄,沖縄南部への後退を決定(陸海軍年表／戦史叢書11). 　5.22　戦時教育令(勅令第320号),公布・施行.全学校・職場に学徒隊を結成.上諭に「皇祖考曩(さき)ニ国体ノ精華ニ基キテ教育ノ大本ヲ明ニシ一旦緩急ノ際義勇奉公ノ節ヲ効(いた)サンコトヲ諭シ給ヘリ今ヤ戦局ノ危急ニ臨ミ朕ハ忠誠純真ナル青少年学徒ノ奮起ヲ嘉(よみ)シ愈其ノ使命ヲ達成セシメンガ為枢密顧問官ノ諮詢ヲ経テ戦時教育令ヲ裁可シ茲ニ之ヲ公布セシム」とある(官報). 　5.23　陸軍,本土決戦のため機動師団8個(第221・222・224・225・229・230・231・234師団),沿岸配備師団11個(第303・308・312・316・320・321・322・344・351・354・355師団),独立混成旅団(第113～127)ほかの編成を下令(戦史叢書99／太平洋戦争師団戦史). 　5.24　B-29,東京地区と横浜地区を大空襲.品川・荏原(えばら)・渋谷区等の被害,甚大.宮城内・赤坂離宮内,一部被害(陸海軍年表／戦史叢書19・82・85). 　5.24　米機動部隊艦載機,九州南部飛行場を空襲(陸海軍年表／戦史叢書85). 　5.24　海軍航空隊,沖縄方面の菊水7号作戦を開始(使用機数266機)(陸海軍年表／戦史叢書17・82). 　5.24　義烈空挺隊(12機中4機,途中帰還),沖縄北・中飛行場に強行突入.敵飛行機・集積軍需品・飛行場施設等を爆砕し,主力,全滅(陸海軍年表／戦史叢書11・17・36・94). 　5.25　P-51約60機,東京・小田原・八王子・房総地区を空襲(陸海軍年表／戦史叢書85). 　5.25　B-29,東京を大空襲.強風で大火が発生し残存市街地を焼尽,宮城内の表宮殿と大宮御所などが炎上(陸海軍年表／戦史叢書19・82・85). 　5.25　陸軍航空主体の沖縄方面第8次航空総攻撃(海軍は菊水7号作戦)を決行(陸海軍年表／戦史叢書17・36・82・94). 　5.25　義勇戦闘隊創設に関する陸海軍協定,成立(日本海軍史8). 　5.25　米国統合幕僚長会議,九州上陸作戦を11月1日と予定し,準備を指令(陸海軍年表／戦史叢書57). 　5.26　第32軍,沖縄南部への後退企図を大本営に報告(陸海軍年表／戦史叢書11). 　5.26　簡易潜水器伏竜,制式兵器として採用.潜水服を着た兵士が竹竿の先に機雷を付け,米軍の上陸用舟艇を船底から攻撃するもの.実戦に使用されず(特別攻撃隊). 　5.26　フィリピンのセブ島で日本軍,逃避行について行けないと見なした日本人住民の子ども約25名を殺害(沖縄戦　強制された「集団自決」).

1945（昭和20）

西暦	和暦	記　　　　　　　　　事
1945	昭和20	5.28　ポツダム予備会談，開催．スターリン，「極東ソ連軍は8月8日までに展開を終り8月中に攻撃前進を開始する」と言明(陸海軍年表／戦史叢書73)． 5.28　海軍，蛟龍(1944年末，試作第1号艇完成)・海龍(1944年8月，試作第1号艇完成．1945年4月1日，量産訓令)・回天(1944年4月，試作要望)をそれぞれ兵器に採用(陸海軍年表／戦史叢書88)． 5.28　第6航空軍，陸軍単独の沖縄方面第9次航空総攻撃(海軍は菊水8号作戦)を決行(陸海軍年表／戦史叢書17・36・82・94)． 5.29　B-29，横浜地区を大空襲．市街地の大部が焼失(陸海軍年表／戦史叢書82・85)． 5.29　米軍，首里城跡の一角に侵入(陸海軍年表／戦史叢書11)． 5.29　第32軍司令官牛島満，首里を撤退，30日朝，沖縄南端の摩文仁(まぶに)に到着(陸海軍年表／戦史叢書11・82)． 5.29　軍令部総長に海軍大将豊田副武(そえむ)，海軍総隊司令長官兼聯合艦隊司令長官・海上護衛総司令長官に海軍中将小沢治三郎をそれぞれ親補(陸海軍年表／戦史叢書82・93)． 5.30　大本営，第17方面軍・関東軍・支那派遣軍に対ソ作戦準備の任務を命令(陸海軍年表／戦史叢書64・73・82)． 5.31　米軍，首里地区を占領(陸海軍年表／戦史叢書11・17)． 5.31　米国総司令官マッカーサー，日本本土上陸作戦の準備命令を下達(陸海軍年表／戦史叢書60)． 5.—　米国国務次官(元駐日大使)グルー，大統領トルーマンに天皇制存続を条件に対日戦争の早期終結を進言(「大日本帝国」崩壊)． 5.—　陸軍第2飛行師団，比島(フィリピン)における苦戦のすえに消滅(陸軍航空の鎮魂続)． 5.—　海軍，特別幹部練習生制度を設ける．海軍兵以外の一般中学校卒業者から志願者を募り下士官とする(戦史叢書88)． 5.—　座間味(ざまみ)島守備隊長陸軍少佐梅沢裕，米軍の捕虜となり部下に投降命令文を書く．1946年10月まで山中に潜伏した2名を除き，ほぼ全員が8月15日までに投降(日本人捕虜)． 6.1　B-29約400機，初めて大阪を大空襲(陸海軍年表／戦史叢書82・85)． 6.1　スティムソン委員会，満場一致で日本への原爆投下を大統領トルーマンに勧告．21日，トルーマン，投下を決定(近代日本総合年表)． 6.3　元首相広田弘毅，駐日ソ連大使マリクと会談を開始．日ソ関係改善を申し入れる．以後，4日，24日にも会談(終戦史録／日本外交主要文書・年表1／終戦史録)． 6.3　第6航空軍，沖縄方面に対し第10次総攻撃を実施(特攻35機・直掩17機)(陸海軍年表／戦史叢書36・94)． 6.3　海軍航空部隊，陸軍の第10次総攻撃に策応して菊水9号作戦を発動(陸海軍年表／戦史叢書17)． 6.6　沖縄方面根拠地隊司令官海軍少将大田実，海軍次官(多田武雄)あて訣別電を打電．訣別電〔戦史叢書11沖縄方面陸軍作戦による〕「〇六二〇一六番電／左ノ電ヲ次官ニ御通報方取計ヲ得度／沖縄県民ノ実情ニ関シテハ県知事ヨリ報告

1945（昭和20）

西暦	和　暦	記　　　　　　　　　　事
1945	昭和20	セラルベキモ県ニハ既ニ通信力ナク三十二軍司令部又通信ノ余力ナシト認メラルルニ付本職知事ノ依頼ヲ受ケタルニ非ザレドモ現状ヲ看過スルニ忍ビズ之ニ代ツテ緊急御通知申上グ／沖縄島ニ敵攻略ヲ開始以来陸海軍方面防衛戦闘ニ専念シ県民ニ関シテハ殆ド顧ミルニ暇(いとま)ナカリキ　然レドモ本職ノ知レル範囲ニ於テハ県民ハ青壮年ノ全部ヲ防衛召集ニ捧ゲ残ル老幼婦女子ノミガ相次グ砲爆撃ニ家屋ト財産ノ全部ヲ焼却セラレ僅ニ身ヲ以テ軍ノ作戦ニ差支ナキ場所ノ小防空壕ニ避難尚砲爆撃下□□□風雨ニ曝(さら)サレツツ乏シキ生活ニ甘ンジアリタリ　而(しか)モ若キ婦人ハ率先軍ニ身ヲ捧ゲ看護婦炊事婦ハモトヨリ砲弾運ビ挺身斬込隊スラ申出ルモノアリ　所詮敵来リナバ老人子供ハ殺サルベク婦女子ハ後方ニ運ビ去ラレテ毒牙ニ供セラルベシトテ親子生別レ娘ヲ軍衛門ニ捨ツル親アリ／看護婦ニ至リテハ軍移動ノ際シ衛生兵既ニ出発シ身寄無キ重傷者ヲ助ケテ□□真面目ニシテ一時ノ感情ニ馳セラレタルモノトハ思ハレズ　更ニ軍ニ於テ作戦ノ大転換アルヤ自給自足夜ノ中ニ遥ニ遠隔地方ノ住民地区ヲ指定セラレ輸送力無ノ者黙々トシテ雨中ヲ移動スルアリ　之ヲ要スルニ陸海軍沖縄ニ進駐以来終始一貫勤労奉仕物資節約ヲ強要セラレテ御奉公ノ□□ヲ胸ニ抱キツツ遂ニ□…□(数字不明)コトナクシテ本戦闘ノ末期ト沖縄島ハ実情形□…□(数字不明)一木一草焦土ト化セン　糧食六月一杯ヲ支フルノミナリト謂フ　沖縄県民斯(か)ク戦ヘリ　県民ニ対シ後世特別ノ御高配ヲ賜ランコトヲ」(□は不明の文字)(戦史叢書11)．

6. 6　大本営,「国土決戦法早わかり」を配布．20日,「本土決戦根本義の徹底に関する件」を示達．従来の沿岸撃滅を放棄して再び水際撃滅に戻る(日本陸軍「戦訓」の研究)．

6. 8　最高戦争指導会議(天皇親臨)で「今後採るべき戦争指導の大綱」を決定．国力の現状,世界情勢判断が極度に悲観的であるにもかかわらず,本土決戦を志向(終戦史録／日本外交年表並主要文書下)．

6. 9　B-29,名古屋を爆撃(陸海軍年表／戦史叢書85)．

6. 9　内大臣木戸幸一,「時局収拾の対策試案」を天皇に言上．占領地の独立・自主的撤兵・軍備の縮小を骨子とする「名誉ある媾和」をソ連の仲介によりめざす．22日,天皇,終戦工作を指示(木戸幸一日記6.8・6.9・6.22／終戦史録／日本外交年表並主要文書下)．

6. 上旬～中旬　名古屋・阪神地区の主要大都市,B-29の焼夷攻撃によりほとんど全焼(陸海軍年表／戦史叢書19)．

6. 10　連合国軍,ボルネオのブルネイ付近とラブアン島に上陸(陸海軍年表／戦史叢書92)．

6. 10　地方総監府官制(勅令第350号),公布・施行．従来の地方行政協議会を廃止し,地方軍需管理局を設置(官報)．

6. 11　沖縄の小禄(おろく)地区の海軍部隊主力,全滅．13日,沖縄方面根拠地隊司令官海軍少将大田実,自決(陸海軍年表／戦史叢書11・17・83／日本海軍史8)．

6. 13　国民義勇戦闘隊結成のため,大政翼賛会及び傘下諸団体,解散(近代日本総合年表)．

6. 15　B-29,大阪地区を爆撃．米軍,日本本土市街地攻撃の第1段階を終了(陸海軍年表／戦史叢書85)．

米軍機の撒布したビラ

洞穴内の日本軍を攻撃する米軍(那覇)

1945（昭和20）

西暦	和暦	記　事
1945	昭和20	6.17　B-29，九州方面（鹿児島・大牟田）・中部方面（浜松・四日市）を夜間焼夷攻撃（陸海軍年表／戦史叢書85）． 6.17　米第10軍司令官陸軍中将サイモン＝バックナー，沖縄南部で戦死（陸海軍年表／戦史叢書11）． 6.18　内大臣木戸幸一，陸軍大臣阿南惟幾（あなみこれちか）と戦争終結問題について話し合う．阿南は本土決戦論を述べたが，木戸は本土決戦敗北時には国体護持が難しくなるとの天皇の憂慮を説明，阿南も和平交渉着手を容認．最高戦争指導会議構成員会同で，米英が無条件降伏を求める場合には継戦するが，戦力が残っているうちにソ連の仲介で少なくとも国体護持を含む和平を実現するという点で意見一致（終戦史録）． 6.18　「ひめゆり学徒隊」に解散命令が下る（ひめゆり平和祈念資料館図録）． 6.19　沖縄の第32軍の組織的戦闘，終了．第32軍，各隊ごとの戦闘を命令（陸海軍年表／戦史叢書11・82・93）． 6.19　B-29，福岡・豊橋・静岡を夜間爆撃し関門地区に機雷を敷設（陸海軍年表／戦史叢書85）． 6.19　米国統合参謀本部，日本の毒ガス使用に対する報復的ガス戦を11月1日に実行する内容の計画を非公式に承認（毒ガス戦と日本軍）． 6.20　連合国軍，ボルネオのミリに上陸（陸海軍年表／戦史叢書82）． 6.21　軍令部，沖縄方面の航空作戦は「菊水10号作戦をもって打切り，今後は主として夜間攻撃をもって続行の要あり」と決定（陸海軍年表／戦史叢書17）． 6.21　海軍航空部隊，沖縄攻撃の菊水10号作戦を実施．21日夜から22日にわたり約220機が出撃（陸海軍年表／戦史叢書17）． 6.22　天皇，最高戦争指導会議構成員を召集，「戦争終結について努力するよう」指示（終戦史録）． 6.23　第32軍司令官牛島満・参謀長長（ちょう）勇ら，沖縄南部の摩文仁（まぶに）で自決．牛島，陸軍大将に進級（陸海軍年表／戦史叢書11・17・36・82／日本陸海軍総合事典）． 6.23　義勇兵役法（法律第39号），公布・施行．数え年15歳以上60歳以下の男子，17歳以上40歳以下の女子を国民義勇戦闘隊に編成．上諭に「朕ハ曠古ノ難局ニ際会シ忠良ナル臣民ガ勇奮挺身皇土ヲ防衛シテ国威ヲ発揚セムトスルヲ嘉シ帝国議会ノ協賛ヲ経タル義勇兵役法ヲ裁可シ茲ニ之ヲ公布セシム」とある（官報／徴兵制と近代日本）． 6.25　大本営，沖縄作戦の最終段階を発表（陸海軍年表／戦史叢書17）． 6.25　この夜から26日にかけ，B-29，北海道本島を初空襲（陸海軍年表／戦史叢書44）． 6.25　連合国軍，ボルネオのセリア及びミリを占領（陸海軍年表／戦史叢書82）． 6.26　国民義勇戦闘隊統率令（軍令第2号）．公布（官報／戦史叢書51・57）． 6.26　米英ソ三国のサンフランシスコ会議で国際連合憲章，成立．10月24日，発効（日本外交主要文書・年表1）． 6.26　閣議で「本土戦場化に伴う通信確保対策・重要物資等の疎開に関する件」を決定．6月29日，閣議で「国内戦場化に伴う運輸緊急対策・同国家船舶輸送力維持増強策・同塩対策」を決定（陸海軍年表／戦史叢書33・82）．

西暦	和暦	記事
1945	昭和20	6.29 元首相広田弘毅,駐日ソ連大使マリクと会談し日ソ関係改善の具体案を提示．これ以後,広田・マリク会談,行われず(終戦史録／日本外交主要文書・年表1)． 6.29 戦時緊急措置委員会官制(勅令第389号),公布・施行(官報)． 6.29 米大統領トルーマン,「11月1日九州侵入計画」を承認(陸海軍年表／戦史叢書57・82)． 6.30 秋田県花岡鉱山で強制労働中の連行中国人,蜂起,収容所を脱走．憲兵・警防団と数日間戦い,418人,殺害される(花岡事件)(近代日本総合年表)． 7.1 連合国軍(約5000人),ボルネオのバリックパパンに上陸(陸海軍年表／戦史叢書54・82・88・92)． 7.1 航空総軍,本土の航空防空統一作戦(制号作戦)を示達(陸海軍年表／戦史叢書19・94)． 7.2 米国陸軍長官スティムソン,大統領トルーマンに対日宣言の草案を提出(天皇制存続)(「大日本帝国」崩壊／日本外交年表並主要文書下)． 7.3 バーンズ(対日強硬派),米国国務長官に就任(「大日本帝国」崩壊)． 7.5 軍令部総長豊田副武(そえむ),本土決戦を「決号作戦」と呼称,決戦方面の決定などを指示(陸海軍年表／戦史叢書93)． 7.5 関東軍,「関東軍対ソ作戦計画」(満洲の広域を利用して敵の進攻破砕に努め,やむを得ざるも連京線〈大連―新京〉以東,京図線〈新京―図門〉以南の要域を確保して持久)を決定し訓令を示達(大本営に報告)(陸海軍年表／戦史叢書73・82)． 7.7 天皇,首相鈴木貫太郎に特使のモスクワ派遣を督促(木戸幸一日記／終戦史録)． 7.7 海軍のロケット戦闘機秋水,第1回試験飛行で墜落(日本航空機辞典)． 7.8 ビルマのカラゴンで歩兵第215聯隊第3大隊,住民約600人を英軍に通じているという理由で殺害(カラゴン事件)(世界戦争犯罪事典)． 7.9 B-29,日本海側と北部朝鮮の港湾に機雷を敷設．終戦まで15回,延べ44機,機雷計3578個(陸海軍年表／戦史叢書85)． 7.10 米機動部隊艦載機約1200機,関東地区に来襲(陸海軍年表／戦史叢書85・93)． 7.10 最高戦争指導会議で対ソ特使の派遣を決定(陸海軍年表／戦史叢書82・93)． 7.10 陸軍大臣,「師団・関東軍特別警備隊等臨時編成(編制改正)・復員(復帰)要領」を示達(いわゆる関東軍の根こそぎ動員,師団8個(第134～139・148・149師団),独立混成旅団7(第130～136)・独立戦車第9旅団等を編成(陸海軍年表／戦史叢書73・82・99)． 7.10 閣議で「国内戦場化ニ伴フ食糧対策」「空襲激化ニ伴フ緊急防衛対策」を決定(農林行政史6／東京大空襲・戦災誌3)． 7.12 近衛文麿,対ソ特使に任命される．外務大臣東郷茂徳,駐ソ大使佐藤尚武に特使近衛の派遣を急報(終戦史録／日本外交文書太平洋戦争／日本外交年表並主要文書下)． 7.13 日本政府,ソ連に対して近衛文麿を特使として派遣することを提議(日

1945（昭和20）

西暦	和 暦	記　　　　　　　事
1945	昭和20	本外交文書太平洋戦争／日本外交主要文書・年表1／終戦史録）． 　　7.14　米機動部隊，北海道(根室・釧路・帯広・室蘭・函館等)・大湊・松島を空襲し釜石市街を艦砲射撃(陸海軍年表／戦史叢書44・85)． 　　7.15　米機動部隊，北海道・東北各地を空襲し室蘭市を艦砲射撃(戦艦4隻・巡洋艦2隻・駆逐艦8隻で300〜400発．室蘭製鋼所の被害，甚大)(陸海軍年表／戦史叢書44・53・85)． 　　7.15　教育緊急措置により以下の学校を閉校　横須賀及び防府海軍通信学校・海軍航海学校・海軍気象学校・海軍対潜学校・沼津海軍工作学校・横須賀海軍砲術学校栗田分校及び館山分校，海軍経理学校浜松分校(海軍対潜学校は海軍水雷学校久里浜分校とし，沼津海軍工作学校は横須賀海軍工作学校沼津分校とする)(日本海軍史8)． 　　7.16　米国，最初の原爆実験に成功(ニューメキシコのアラモゴルド)(陸海軍年表／戦史叢書82・94)． 　　7.16　米英ソの三首脳，ポツダム会談開始を公表(陸海軍年表／戦史叢書82)． 　　7.17　米機動部隊，延べ約400機で関東・東北地区を空襲し夜間日立地区を艦砲射撃(陸海軍年表／戦史叢書85)． 　　7.18　ソ連政府，特使近衛文麿の使命が明瞭を欠くとの理由で派遣の諾否を回答せず(終戦史録／日本外交文書太平洋戦争／日本外交年表並主要文書下)． 　　7.19　陸軍特別攻撃機6機，台湾より沖縄へ突入．陸軍の沖縄航空特別攻撃，終わる(特別攻撃隊／戦史叢書36)． 　　7.20　ビルマの第28軍主力，十数個の突進縦隊に分かれてシッタン川突破作戦を開始(陸海軍年表／戦史叢書32・82)． 　　7.21　外務大臣東郷茂徳，駐ソ大使佐藤尚武に対しソ連政府に終戦の仲介を依頼するよう訓令．25日，佐藤，ソ連外務次官ロゾフスキーに申し入れ(終戦史録／日本外交文書太平洋戦争)． 　　7.23　石油統制会定款，制定(日本海軍史8)． 　　7.23　米国大統領トルーマン，スティムソン草案(7月2日)から天皇制存続を削除した対日宣言案を決断(「大日本帝国」崩壊)． 　　7.26　米・英・華の対日三国声明(ポツダム宣言)を発表(日本外交年表並主要文書下／日本外交主要文書・年表1／終戦史録／日本外交文書太平洋戦争)． 　　7.26　大本営，南方軍の任務更改を発令．インドシナ・タイ・マレーを南方の中核としてその要域を確保．南部ビルマ・スマトラは前記中核防衛のためなるべく永く保持(陸海軍年表／戦史叢書82)． 　　7.26　伊号第400・第401潜水艦(各晴嵐3機搭載)，ウルシーに向かい大湊を発す．8月17日にウルシーを攻撃する予定のところ，南下中に終戦．指揮官海軍大佐有泉龍之介，艦内で自決(陸海軍年表／戦史叢書93)． 　　7.26　英首相チャーチル，総選挙に保守党が破れ辞職．労働党首アトリー，首相に就任(陸海軍年表／戦史叢書82)． 　　7.27　最高戦争指導会議構成員会同と閣議でポツダム宣言への意思表示を避けることを決定(終戦史録)． 　　7.28　新聞，ポツダム宣言の要旨を掲載．朝日新聞，「帝国政府としては米，英，重慶三国の共同声明に関しては何等重大なる価値あるものに非ずとしてこれを

西暦	和暦	記事
1945	昭和20	黙殺すると共に,断乎戦争完遂に邁進するのみとの決意を更に固めてゐる」との記事を掲載(朝日新聞/終戦史録). 　7.28　首相鈴木貫太郎,記者会見を開いて,記者からの「最近敵側は戦争の終結につき各種の宣伝を行つてゐるが,これに対する所信はどうか」との問いに,「私は三国共同声明はカイロ会談の焼き直しと思ふ.政府としては何等重大な価値あるものとは思はない.ただ黙殺するのみである.われわれは断乎戦争完遂に邁進するのみである」と答える(朝日新聞7.30/終戦史録). 　7.28　米機動部隊艦載機,東海地区以西の各地に来襲(呉軍港在泊艦艇,大被害).P-51,関東地区の飛行場・軍需工場・船舶等を銃爆撃.夜半,B-29,青森・平及び愛知・和歌山・愛媛県の各地中・小都市を爆撃(陸海軍年表/戦史叢書85). 　7.29　潜水艦伊58,米重巡洋艦インディアナポリスを撃沈(日本海軍史8). 　7.30　未明に米水上艦艇,清水市街を艦砲射撃(陸海軍年表/戦史叢書85). 　7.—　陸軍の各教導飛行師団,宇都宮に司令部を置く単一の教導飛行師団に統合される(陸軍航空の鎮魂続). 　7.—　陸軍第7飛行師団,豪北などにおける苦戦のすえに消滅(陸軍航空の鎮魂続). 　8.3　第5師団歩兵第11聯隊第1・第2大隊・同第42聯隊1個中隊(病兵を偽装)および武器弾薬などを載せてカイ諸島からジャワ島へ向かった病院船橘丸,途中のバンダ海で米駆逐艦に臨検され,国際法違反が発覚し全員捕虜となる(世界戦争犯罪事典). 　8.3　海軍の局地戦闘機震電,初飛行(日本航空機辞典). 　8.6　B-29,広島に原子爆弾を投下(陸海軍年表/戦史叢書19・57・82・85・93・94). 　8.6　参謀本部,広島の原子爆弾の被害調査団の派遣を決定(陸海軍年表/戦史叢書19). 　8.6　ソ連首相スターリン,極東ソ連軍に対日参戦を指令(「大日本帝国」崩壊). 　8.7　大本営,敵が広島に「新型爆弾」を使用と簡単に発表.「[大本営発表(昭和二十年八月七日十五時三十分)]/一,昨八月六日広島市は敵B29少数機の攻撃により相当の被害を生じたり/二,敵は右攻撃に新型爆弾を使用せるものの如きも詳細目下調査中なり」(朝日新聞8.8/陸海軍年表/戦史叢書82・93). 　8.7　海軍のジェット攻撃機橘花1号機,試験飛行(日本航空機辞典). 　8.8　原爆被害調査団(団長参謀本部第2部長陸軍中将有末精三.団員仁科芳雄ら),広島着(陸海軍年表/戦史叢書82). 　8.8　ロンドン協定,締結.米英仏ソ法律家による欧州枢軸国の重大戦争犯罪人の訴追及び加罰に関する協定.これに付属して「国際軍事裁判所条例」(ニュルンベルグ)を制定(戦争裁判余録). 　8.8　この日23時(日本時間),ソ連外相モロトフ,駐ソ大使佐藤尚武にソ連の対日参戦宣言書を手交.日本,8月9日未明のモスクワ放送でソ連の対日宣戦布告を知る(日本外交文書太平洋戦争/終戦史録). 　8.9　B-29,長崎市に原子爆弾を投下(陸海軍年表/戦史叢書19・57・82・85・93・94). 　8.9　ソ連軍,満洲・朝鮮北部・樺太に侵攻を開始(陸海軍年表/戦史叢書19・44・

広島への原子爆弾投下

原爆記念ドーム(広島市．旧産業奨励館)

仁科芳雄(1945.8.8)

西暦	和暦	記 事
1945	昭和20	53・73・82).
		8.9 米機動部隊,艦載機で東北・関東・北海道方面を空襲し,釜石を艦砲射撃(〜10日)(陸海軍年表／戦史叢書82・85・93).
		8.9 大本営,関東軍に全面的対ソ作戦発動の準備などを発令.関東軍,「対ソ全面開戦準備」を発令(陸海軍年表／戦史叢書44・53・64・73・82).
		8.9 第28軍の諸部隊,シッタン川東岸に脱出し第33軍の収容圏内に到着(陸海軍年表／戦史叢書32).
		8.9 23時50分から宮中の防空壕で御前会議を開く(〜10日)(終戦史録).
		8.10 午前2時20分,御前会議で第1回の「聖断」,下る.条件付(天皇制存続)でポツダム宣言受諾を決定,閣議を経て米国へ通知.米国政府,バーンズ回答原案を作成,各国へ回付(終戦史録).
		8.10 陸軍大臣陸軍大将阿南惟幾(あなみこれちか),「全軍将兵に告ぐ」の訓示(敢闘継続)を発表(終戦史録／日本外交年表並主要文書下).
		8.10 大本営,「対ソ全面戦発動」を発令し関東軍司令部の南満後退を指示(陸海軍年表／戦史叢書44・53・73).
		8.10 関東軍,関東軍総司令部の通化(南満)移転を決意し移転準備を開始.12日午後,総司令官山田乙三,新京を出発(陸海軍年表／戦史叢書73).
		8.10 原爆被害調査団,広島に投下された爆弾を原子爆弾と認め中央に報告(陸海軍年表／戦史叢書19・94).
		8.10 米国国務・陸軍・海軍三省調整委員会(SWNCC)会議で朝鮮半島の北緯38度線による分断が決まる(「大日本帝国」崩壊).
		8.11 海軍特別攻撃機2機,喜界島から沖縄へ突入.沖縄への航空特別攻撃,終わる(特別攻撃隊).
		8.11 ソ連,米のバーンズ回答原案に修正意見を付す.米国大統領トルーマン、これを拒絶.米国政府,バーンズ回答を日本へ通告(天皇制存続を明言せず)(終戦史録／「大日本帝国」崩壊).
		8.11 ソ連軍,南樺太に攻撃を開始(「大日本帝国」崩壊／陸海軍年表／戦史叢書44・82).
		8.11 第18集団軍総司令朱徳,中共軍に満洲への進撃を命令(「大日本帝国」崩壊).
		8.12 バーンズ回答をめぐる臨時閣議,開催.結論は出ず(終戦史録).
		8.12 皇族会議,開催(終戦史録／昭和天皇独白録).
		8.12 満洲国皇帝溥儀,新京から疎開(「大日本帝国」崩壊／近代日本総合年表).
		8.12 満洲国鶏寧県麻山(中国黒竜江省)で日本人避難民400人以上,集団自決(麻山事件)(沖縄戦 強制された「集団自決」).
		8.12 ソ連軍,朝鮮の羅津・清津に上陸.29日,北朝鮮全域を掌握(「大日本帝国」崩壊／近代日本総合年表).
		8.13 最高戦争指導会議構成員会議,開催(首相鈴木貫太郎・外相東郷茂徳・陸相阿南惟幾〈あなみこれちか〉・海相米内〈よない〉光政・参謀総長梅津美治郎・軍令部総長豊田副武〈そえむ〉・法制局長官村瀬直養).連合国の回答に対する結論,出ず.ついで閣議,開催.結論は出ず(終戦史録).
		8.13 樺太庁,樺太在住日本人の緊急疎開を開始(「大日本帝国」崩壊).

1945（昭和20）

西暦	和暦	記　事
1945	昭和20	8.13　ベトナムでホー＝チ＝ミン，一斉蜂起を呼びかける（「大日本帝国」崩壊／日本歴史大系5）． 8.14　大東亜省，居留民の現地定着方針を指示（「大日本帝国」崩壊）． 8.14　午前10時50分ころから正午まで，宮中で御前会議，開催．天皇，連合国の回答受諾を決裁（終戦史録）． 8.14　午後2時40分，陸軍大臣室で陸軍大臣阿南惟幾（あなみこれちか）・参謀総長梅津美治郎・教育総監土肥原賢二・第1総軍総司令官杉山元・第2総軍総司令官畑俊六・航空総軍司令官河辺正三，「聖断に従い行動す」との誓約書に署名（終戦史録／陸海軍年表／戦史叢書82）． 8.14　午後3時，首相官邸で閣議を開き戦争終結を決定し全閣僚，署名（陸海軍年表／戦史叢書82）． 8.14　午後11時，終戦詔書，発布（官報／終戦史録）． 8.14　外務大臣東郷茂徳，終戦詔書発布と同時に駐スイス公使加瀬俊一（しゅんいち）に「スイス政府を通じ連合国政府にポツダム宣言の各条項を受諾する旨の通報」を訓電（日本外交文書太平洋戦争／日本外交年表並主要文書下／終戦史録）． 8.14　夜半，大本営の少壮将校の一部，終戦に反対して宮城を一時占拠．15日朝，事件，終息．深夜，近衛第1師団長陸軍中将森赳，殺害される（陸海軍年表／戦史叢書82・51／終戦史録）． 8.14　中ソ友好同盟条約，モスクワで調印．24日，発効（日本外交主要文書・年表1）． 8.15　米機動部隊艦載機約250機，朝方に関東地区に来襲（陸海軍年表／戦史叢書85）． 8.15　マッカーサー，日本本土攻撃中の米艦艇・航空機に攻撃中止を命令．正午以後，米軍の攻撃，中止（陸海軍年表／戦史叢書44）． 8.15　午前5時半，陸軍大臣陸軍大将阿南惟幾（あなみこれちか），大臣官邸で自刃（陸海軍年表／戦史叢書82）． 8.15　正午，終戦詔書玉音放送（終戦史録／陸海軍年表／戦史叢書82・93）． 8.15　鈴木貫太郎内閣，総辞職（内閣制度百年史下／終戦史録）． 8.15　大本営，詔書の主旨完遂と現任務続行（積極進攻作戦中止）を発令（陸海軍年表／戦史叢書44・51・64・73・96）． 8.15　南方軍，隷下各兵団にポツダム宣言受諾の詔書発布の旨を伝達し現任務続行を指示（陸海軍年表／戦史叢書32）． 8.15　第5航空艦隊司令長官海軍中将宇垣纏（まとめ），海軍大尉中津留達雄以下11機の特攻隊とともに発進，未帰還となる（特攻隊として認定されず）（陸海軍年表／戦史叢書17）． 8.15　海軍特別攻撃機，木更津から1機，百里原から8機，出撃．最後の特別攻撃となる（特別攻撃隊）． 8.15　ソ連軍，作戦行動を継続．北東方面は9月5日まで続行（陸海軍年表／戦史叢書44）． 8.15　朝鮮建国準備委員会（建準），結成（委員長呂運亨）．朝鮮総督府政務総監遠藤柳作，呂運亨と会談（「大日本帝国」崩壊／朝鮮近現代史年表）．

終戦詔書（原本）

朕深ク世界ノ大勢ト帝國ノ現狀トニ鑑ミ非常ノ措置ヲ以テ時局ヲ收拾セムト欲シ茲ニ忠良ナル爾臣民ニ告ク
朕ハ帝國政府ヲシテ米英支蘇四國ニ對シ其ノ共同宣言ヲ受諾スル旨通告セシメタリ
抑〻帝國臣民ノ康寧ヲ圖リ萬邦共榮ノ樂ヲ偕ニスルハ皇祖皇宗ノ遺範ニシテ朕ノ拳々措カサル所曩ニ米英二國ニ宣戰セル所以モ亦實ニ帝國ノ自存ト東亞ノ安定トヲ庶幾

スルニ出テ他國ノ主權ヲ排シ領土ヲ侵スカ如キハ固ヨリ朕カ志ニアラス然ルニ交戰已ニ四歳ヲ閱シ朕カ陸海將兵ノ勇戰朕カ百僚有司ノ勵精朕カ一億衆庶ノ奉公各〻最善ヲ盡セルニ拘ラス戰局必スシモ好轉セス世界ノ大勢亦我ニ利アラス加之敵ハ新ニ殘虐ナル爆彈ヲ使用シテ慘害ノ及フ所眞ニ測ルヘカラサルニ至ル而モ尚交戰ヲ繼續セムカ終ニ我カ民族ノ滅亡ヲ招來スルノミナラス延テ人類ノ文明ヲモ破却スヘシ斯ノ如クムハ朕何ヲ以テカ億兆ノ赤子ヲ保シ皇祖

皇宗ノ神靈ニ謝セムヤ是レ朕カ帝國政府ヲシテ共同宣言ニ應セシムルニ至レル所以ナリ
朕ハ帝國ト共ニ終始東亞ノ解放ニ協力セル諸盟邦ニ對シ遺憾ノ意ヲ表セサルヲ得ス帝國臣民ニシテ戰陣ニ死シ職域ニ殉シ非命ニ斃レタル者及其ノ遺族ニ想ヲ致セハ五内爲ニ裂ク且戰傷ヲ負ヒ災禍ヲ蒙リ家業ヲ失ヒタル者ノ厚生ニ至リテハ朕ノ深ク軫念スル所ナリ惟フニ今後帝國ノ受クヘキ苦難ハ

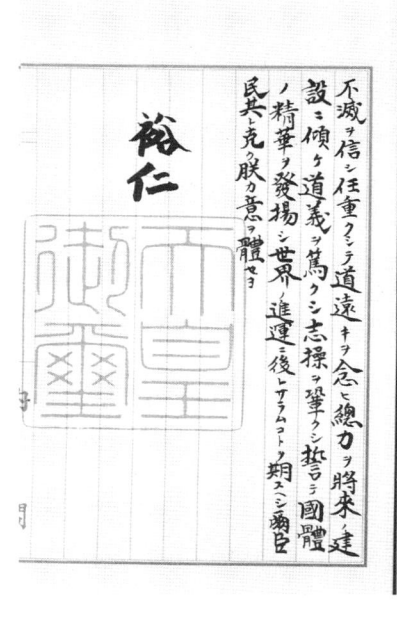

固ヨリ尋常ニアラス爾臣民ノ衷情モ朕善ク之ヲ知ル然レトモ朕ハ時運ノ趨ク所堪ヘ難キヲ堪ヘ忍ヒ難キヲ忍ヒ以テ萬世ノ為ニ太平ヲ開カムト欲ス

朕ハ茲ニ國體ヲ護持シ得テ忠良ナル爾臣民ノ赤誠ニ信倚シ常ニ爾臣民ト共ニ在リ若シ夫レ情ノ激スル所濫ニ事端ヲ滋クシ或ハ同胞排擠互ニ時局ヲ亂リ為ニ大道ヲ誤リ信義ヲ世界ニ失フカ如キハ朕最モ之ヲ戒ム宜シク擧國一家子孫相傳ヘ確ク神州ノ

不滅ヲ信シ任重クシテ道遠キヲ念ヒ總力ヲ將來ノ建設ニ傾ケ道義ヲ篤クシ志操ヲ鞏クシ誓テ國體ノ精華ヲ發揚シ世界ノ進運ニ後レサラムコトヲ期スヘシ爾臣民共克ク朕カ意ヲ體セヨ

裕仁 [御璽]

昭和二十年八月十四日

内閣總理大臣男爵 鈴木貫太郎
海軍大臣 米内光政
司法大臣 松阪廣政
陸軍大臣 阿南惟幾
軍需大臣 豊田貞次郎
厚生大臣 岡田忠彦
國務大臣 櫻井兵五郎
國務大臣 左近司政三
國務大臣 下村宏

大藏大臣 廣瀬豊作
文部大臣 太田耕造
農商大臣 石黒忠篤
内務大臣 安倍源基
外務大臣兼大東亞大臣 東郷茂徳
國務大臣 安井藤治
運輸大臣 小日山直登

1945（昭和20）

西暦	和暦	記　　　　　事
1945	昭和20	8.16　マッカーサー，天皇・政府・大本営あてに戦闘停止を命令（終戦史録／陸海軍年表／戦史叢書73）． 　　　8.16　大本営陸軍部，各軍司令官・参謀総長に即時戦闘行動の停止（自衛戦闘行動を妨げず）を発令（陸海軍年表／戦史叢書44・51・53・57・64・82）． 　　　8.16　大本営海軍部，即時戦闘行動停止を発令（陸海軍年表／戦史叢書85・93）． 　　　8.16　軍令部次長海軍中将大西瀧治郎，官邸で自刃（陸海軍年表／戦史叢書93）． 　　　8.16　22時，関東軍，戦闘行動停止の終戦命令を発令（陸海軍年表／戦史叢書73）． 　　　8.16　第5方面軍，第88師団に自衛戦闘の実施と南樺太の死守を命令（陸海軍年表／戦史叢書44）． 　　　8.16　ソ連首相スターリン，米国大統領トルーマンにソ連軍による北海道北部の占領を要求．18日，トルーマン，これを拒否（「大日本帝国」崩壊／近代日本総合年表）． 　　　8.16　南京国民政府（汪兆銘政権），解消（「大日本帝国」崩壊）． 　　　8.16　タイ，対米英宣戦布告（1942年1月25日）の無効を宣言（「大日本帝国」崩壊）． 　　　8.17　ソ連軍，南樺太の恵須取を占領（「大日本帝国」崩壊）． 　　　8.17　フィリピン共和国大統領ラウレル（滞日中），フィリピン共和国の解散を宣言（「大日本帝国」崩壊）． 　　　8.17　スカルノら，インドネシア独立を宣言（陸海軍年表／戦史叢書92）． 　　　8.17　チャンドラ＝ボース，飛行機でサイゴンを出発（ボースはソ連潜入の意図があった）（陸海軍年表／戦史叢書32）． 　　　8.17　東久邇宮稔彦（ひがしくにのみやなるひこ）王内閣，成立．陸軍大臣東久邇宮稔彦王兼任．海軍大臣海軍大将米内（よない）光政（留任）（官報）． 　　　8.17　天皇，陸海軍人に勅語を下賜．「朕曩（さき）ニ米英ニ戦ヲ宣シテヨリ三年有八ヶ月ヲ閲（けみ）ス此間朕カ親愛ナル陸海軍人ハ瘴癘（しょうれい）不毛ノ野ニ或ハ炎熱狂濤ノ海ニ身命ヲ挺シテ勇戦奮闘セリ朕深ク之ヲ嘉（よみ）ス／今ヤ新ニ蘇国ノ参戦ヲ見ルニ至リ内外諸般ノ状勢上今後ニ於ケル戦争ノ継続ハ徒（いたずら）ニ禍害ヲ累加シ遂ニ帝国存立ノ根基ヲ失フノ虞ナキニシモアラサルヲ察シ帝国陸海軍ノ闘魂尚烈々タルモノアルニ拘（かかわ）ラス光栄アル我国体護持ノ為朕ハ茲（ここ）ニ米英蘇並ニ重慶ト和ヲ媾（こう）セントス／若シ夫レ鋒鏑（ほうてき）ニ斃（たお）レ疫癘（えきれい）ニ死シタル幾多忠勇ナル将兵ニ対シテハ衷心ヨリ之ヲ悼ムト共ニ汝等軍人ノ誠忠遺烈ハ万古国民ノ精髄タルヲ信ス／汝等軍人克（よ）ク朕カ意ヲ体シ鞏固（きょうこ）ナル団結ヲ堅持シ出処進止ヲ厳明ニシ千辛万苦ニ克（か）チ忍ヒ難キヲ忍ヒテ国家永年ノ礎（いしずえ）ヲ遺サムコトヲ期セヨ」（終戦史録／陸海軍年表／戦史叢書51）． 　　　8.17　建造中の各艦艇の工事を中止（日本の軍艦／世界の船舶1995年8月増刊日本軍艦史）． 　　　8.18　ソ連軍，占守（しゅむしゅ）島に奇襲上陸（陸海軍年表／戦史叢書44・53）． 　　　8.18　占守（しゅむしゅ）島の所在部隊，来攻のソ連軍を反撃．ソ連艦船に多大の損害を与える．16時，日本軍，戦闘を停止（陸海軍年表／戦史叢書44・85）． 　　　8.18　満洲国皇帝溥儀，宮廷列車内で退位を宣言．19日正午過ぎ，奉天飛行場で

1945（昭和20）

西暦	和暦	記　　　　　事
1945	昭和20	ソ連軍に逮捕され入ソ（陸海軍年表／戦史叢書73）． 　8.18　チャンドラ＝ボース，台北飛行場で航空機の事故で負傷，死去（陸海軍年表／戦史叢書32）． 　8.18　第1師団長片岡董（ただす），セブ島北部のイリハンで降伏文書に署名（陸海軍年表／戦史叢書60）． 　8.18　第302海軍航空隊（厚木）の終戦の反乱，終息（陸海軍年表／戦史叢書93）． 　8.18　帝国陸軍復員要領，制定．陸軍総復員の方針を明示（援護五十年史）． 　8.18　参謀総長梅津美治郎，終戦の詔書渙発以後に連合国軍の勢力下に入った者は捕虜と認めないと全軍に通達．前日，海軍も同趣旨の通達を行う（日本人捕虜）． 　8.18　内務省，地方長官に占領軍向け性的慰安施設の設置を指令（近代日本総合年表）． 　8.19　ソ連軍先遣隊，新京に入城（「大日本帝国」崩壊）． 　8.19　関東軍総参謀長秦彦三郎，ジャリコーウォで極東ソ連軍と停戦（戦史叢書73／「大日本帝国」崩壊）． 　8.20　ソ連軍別動隊，航空・艦砲支援下に南樺太の真岡に上陸（陸海軍年表／戦史叢書44・53）． 　8.20　参謀次長陸軍中将河辺虎四郎，マニラで連合国軍と停戦交渉．22日以降一切の戦闘行動を停止（陸海軍年表／戦史叢書85）． 　8.20　オーシャン島の日本軍守備隊，住民約140人を殺害．戦争犯罪人裁判により隊長と将校4人が死刑に処される（世界戦争犯罪事典）． 　8.21　占守（しゅむしゅ）島の日ソ両軍，停戦（「大日本帝国」崩壊）． 　8.21　ソ連軍，張家口を占領．蒙古聯合自治政府，消滅（「大日本帝国」崩壊）． 　8.21　支那派遣軍総参謀副長陸軍少将今井武夫一行の使節団，飛行機で芷江に至り，中国陸軍総部参謀長中将蕭毅肅らと停戦に関し協議（～23日）（陸海軍年表／戦史叢書64）． 　8.21　海軍軍人第一段解員指令（援護五十年史）． 　8.21　次官会議で強制移入朝鮮人などの徴用解除方針を決定（引揚援護の記録）． 　8.22　最高戦争指導会議，廃止．8月23日，終戦処理会議，設置（陸海軍年表／戦史叢書93）． 　8.22　大本営，外地部隊に対し戦闘行動の即時停止を示達．8月25日零時，停止（援護五十年史）． 　8.22　ソ連軍，大連を接収（「大日本帝国」崩壊）． 　8.22　南樺太で日ソ両軍の停戦交渉，成立．ソ連軍，停戦交渉成立後も無差別攻撃，直後に豊原を空襲（「大日本帝国」崩壊／陸海軍年表／戦史叢書44）． 　8.22　樺太からの復員船小笠原丸・泰東丸・第二新興丸，国籍不明の潜水艦に攻撃され沈没．死者約1700人（「大日本帝国」崩壊／近代日本総合年表）． 　8.23　陸軍大将下村定を陸軍大臣に任ず（内閣制度百年史下）． 　8.23　ソ連首相スターリン，日本兵捕虜50万人のシベリア抑留，強制労働を指令（「大日本帝国」崩壊／日本人捕虜下）． 　8.23　ソ連軍，豊原に進駐（「大日本帝国」崩壊／日本人捕虜下）． 　8.23　中国陸軍総司令一級上将何応欽，芷江で中国陸軍総司令部備忘録第1号（総司令官岡村寧次あての降伏命令）を支那派遣軍総参謀副長陸軍少将今井武夫

西暦	和暦	記　　　　　　　　　　　　　事
1945	昭和20	に手交．同日，今井，南京に帰着(陸海軍年表／戦史叢書64)．
8.23　樺太方面の戦闘行動，終了(陸海軍年表／戦史叢書53)．
8.24　ソ連軍先遣隊，平壌に進出(「大日本帝国」崩壊)．
8.24　陸軍大臣下村定，8月25〜31日に軍旗奉焼の特別命令を通達(陸海軍年表／戦史叢書51)．
8.24　陸軍予科士官学校の区隊長本田八朗の指揮する同校生徒67名，川口放送局と鳩ケ谷放送局に放送を強要．本事件は即日簡単に解決(陸海軍年表／戦史叢書51)．
8.24　南方軍，隷下各兵団に25日零時をもって作戦任務解除を命令(陸海軍年表／戦史叢書32)．
8.24　帰国する朝鮮人労務者らを載せて舞鶴に入港しようとした浮島丸，機雷にふれて沈没．約550人，死亡(世界戦争犯罪事典)．
8.24　田中静壱，自決(陸軍大将)(日本陸海軍総合年表)．
8.25　ソ連軍，大泊を占領．南樺太全土を制圧(「大日本帝国」崩壊)．
8.25　復員に関する勅諭を下賜(陸海軍年表／戦史叢書51)．
8.25　海軍，解隊を開始(陸海軍年表／戦史叢書88)．
8.26　ソ連軍，平壌を接収(「大日本帝国」崩壊)．
8.26　海軍第302航空隊司令海軍大佐小園安名以下の継戦運動事件(厚木航空隊事件)，完全解決(陸海軍年表／戦史叢書51)．
8.26　連合国戦争犯罪委員会，極東国際軍事裁判所の設立を勧告(戦争裁判余録)．
8.26　大東亜省官制及軍需省官制廃止ノ件(勅令第490号)，公布・施行．大東亜省・軍需省を廃止(官報)．
8.26　終戦連絡事務局官制(勅令第496号)，公布・施行．終戦連絡事務局を設置(官報)．
8.26　接客業者ら，内務省の意を受けて銀座に特殊慰安施設協会(Recreation and Amusement Association, RAA)を設置．27日，東京大森の小町園に最初の施設を開設．翌年3月ごろまでに米軍用慰安施設は閉鎖(慰安婦と戦場の性／近代日本総合年表)．
8.28　首相東久邇宮稔彦(ひがしくにのみやなるひこ)王，内閣記者団との初の記者会見で「国内の団結をかたくし究極の目標を達成するためには，まづ今次戦争の敗因を究明しこれを国民の前に明確にすべきだと思ふが」との問いに「お説の通りと思ふ．わが国の戦敗の原因は戦力の急速なる壊滅であつた，これについてはこの度の議会において，包みかくすことなく，全部をさらけ出して一同が納得するやうにはつきりさせようと思ふ数字はいま調査してゐるが，これも詳しく発表したいと思ふ，また戦災も如何に酷かつたものかといふことをよく知らせたいと思つてゐる，これに加ふるに，惨状尽し難い原子爆弾の出現と「ソ」聯の進出とが加はつて戦敗の原因となつたのである，その外にあまりにも多くの規則法律が濫発せられ，またわが国に適しない統制が，全部とはいはぬが，ある部門において行はれた結果，国民は全く縛られて何も出来なかつたことも戦敗の一つの大きな原因と思ふ，また政府，官吏，軍人自身がこの戦争を知らず知らずに戦敗の方に導いたのではないかと思ふ，この知らず知らずといふ意味は彼等自身は御国のた

1945（昭和20）

西暦	和暦	記　　　　　　　　事
1945	昭和20	めにしてゐると思ひながら，実は我国が動脈硬化に陥り，二進も三進も行かなくなつて，急に脳溢血で頓死したと同じような状況ではないかと思はれる，それからさらに国民道徳の低下といふことも敗因の一つと考へる，即ち軍,官は半ば公然と，また民は私かに闇をしてゐるのである，ことゝこに至つたのはもちろん政府の政策がよくなかつたからでもあるが，また国民の道義のすたれたのもこの原因の一つであるこの際私は軍官民,国民全体が徹底的に反省懺悔しなければならぬと思ふ,全国民総懺悔をすることがわが国再建の第一歩であり,わが国内団結の第一歩と信ずる」と述べる（いわゆる「一億総懺悔」論）（朝日新聞8.30／日本人の戦争観）． 　　8.28　連合国軍先遣部隊,厚木飛行場に到着．以後，各地に進駐（終戦史録）． 　　8.29　ソ連軍,択捉島を占領（「大日本帝国」崩壊）． 　　8.30　連合国軍最高司令官マッカーサー,厚木基地に到着（終戦史録／陸海軍年表／戦史叢書93）． 　　8.30　アメリカ太平洋陸軍総司令部 General Headquarters, US Army Forces, Pacific(GHQ/AFPAC),横浜に設置（GHQ）． 　　8.30　次官会議で「外地(樺太を含む)及び外国在留邦人引揚者応急援護措置要綱」を決定．引揚者に引揚証明書を交付して食糧・物資を配給,定着地までの鉄道無償券を交付することなどを定める（引揚援護の記録）． 　　8.30　日本内地に抑留中の連合軍俘虜の引き揚げ,開始．9月22日,終了（援護五十年史）． 　　8.30　国民政府軍事委員会,東北行営を設置（「大日本帝国」崩壊）． 　　8.30　英軍,香港に上陸（「大日本帝国」崩壊）． 　　8.31　ソ連軍,山海関に侵入（「大日本帝国」崩壊）． 　　9. 1　ソ連軍,国後島・色丹島を占領（「大日本帝国」崩壊）． 　　9. 1　新京を長春と改称（「大日本帝国」崩壊）． 　　9. 1　長春(旧新京)で東北地方日本人居留民救済総会,設立（「大日本帝国」崩壊）． 　　9. 1　内務・厚生両省,「朝鮮人集団移入労働者等の緊急措置の件」を全国地方長官に通牒．近く帰還輸送が開始されることを予告（9月中に送還開始,「復員軍人,応徴士,移入集団労務者」などの優先輸送は1945年12月にほぼ完了）（引揚援護の記録）． 　　9. 2　降伏文書調印式,東京湾上の米戦艦ミズーリ艦において行われる．全権代表外務大臣重光葵（まもる）・参謀総長陸軍大将梅津美治郎（官報〔降伏文書〕／終戦史録／日本外交年表並主要文書下）． 　　9. 2　一般命令第1号(陸,海軍),公布．大本営,連合国軍の本土進駐にともなう武装解除・兵器引き渡し・施設等の保管接収の処理要領等を発令（官報／日本外交年表並主要文書下／陸海軍年表／戦史叢書57）． 　　9. 2　南朝鮮向け引揚第1船興安丸,山口県仙崎港に入港．海外よりの引揚,開始（援護五十年史）． 　　9. 3　第14方面軍司令官山下奉文（ともゆき）,フィリピンのバギオで降伏文書に署名（援護五十年史）． 　　9. 5　首相東久邇宮稔彦（ひがしくにのみやなるひこ）王,議会で敗戦の原因を

東久邇宮稔彦王内閣

東久邇宮稔彦王

厚木飛行場に着いたマッカーサー

降伏文書調印式(ミズーリ号)

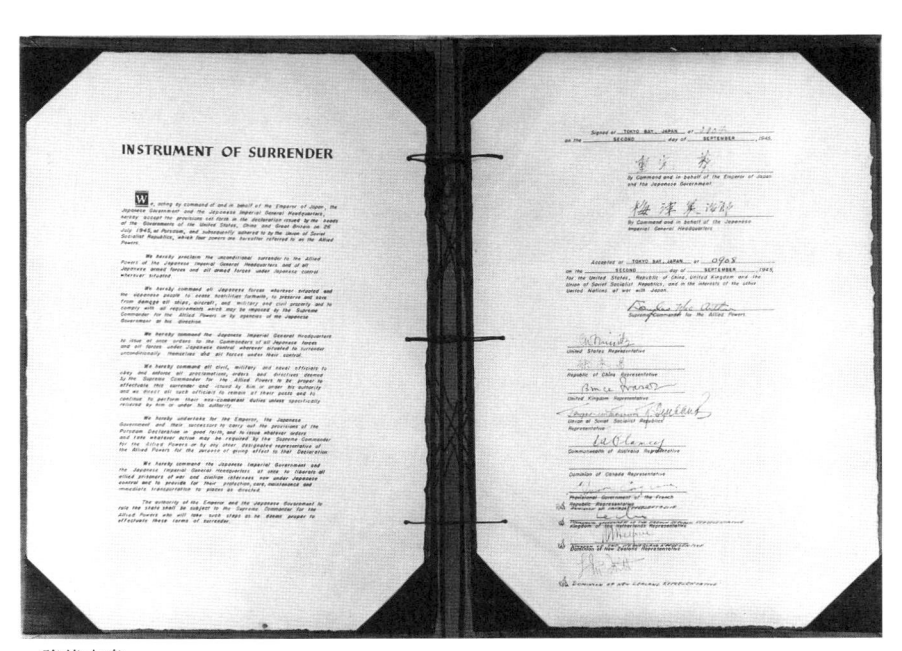

降伏文書

西暦	和暦	記事
1945	昭和20	日米間の戦力格差などの面から説明(帝国議会衆議院議事速記録／日本航空機辞典).
		9.5 関東軍,消滅.関東軍総司令官山田乙三ら,ソ連軍に拘引される(「大日本帝国」崩壊).
		9.5 ソ連軍,歯舞諸島占領.千島全島の占領,完了(「大日本帝国」崩壊).
		9.5 英連邦軍,シンガポール島と南部マレー地区に進駐(陸海軍年表／戦史叢書92).
		9.6 ラバウルの第8方面軍司令官今村均・南東方面艦隊司令長官草鹿任一,豪州軍司令官に対し降伏文書調印(陸海軍年表／戦史叢書96).
		9.6 米軍先遣隊,京城に到着.朝鮮総督府とのあいだで予備交渉を開始(「大日本帝国」崩壊).
		9.6 朝鮮建国準備委員会,朝鮮人民共和国の樹立を決定(「大日本帝国」崩壊).
		9.7 閣議で「外征部隊及び居留民帰還輸送等に関する実施要領」を了解.「外征部隊及居留民の帰還輸送等に就ては,現地の悲状に鑑み,内地民生上の必要を犠牲にするも,優先的に処置すると共に他の一切の方途を講じ,可及的速かに之が完遂を期するものとす」(引揚げと援護三十年の歩み／援護五十年史).
		9.7 米軍,朝鮮に軍政を実施することを決定(「大日本帝国」崩壊).
		9.8 川島義之,没(予備役陸軍大将)(日本陸海軍総合事典).
		9.9 マッカーサー,日本管理方針につき声明を発表(間接統治,自由主義助長など)(近代日本総合年表).
		9.9 支那派遣軍総司令官岡村寧次・支那方面艦隊司令長官福田良三,南京中央官学校で中国陸軍総司令一級上将何応欽に対し降伏文書に調印(陸海軍年表／戦史叢書64・79).
		9.9 海軍軍人第二段解員指令(援護五十年史).
		9.9 米軍,京城に進駐.第17方面軍他および朝鮮総督府と降伏文書に調印(「大日本帝国」崩壊).
		9.10 禁衛府官制(皇室令第22号),公布・施行.宮城警備のため近衛師団を編成替えして皇宮警士総隊という部隊を作ろうとするもの.初代長官に近衛第1師団長後藤光蔵を任命.1946年3月31日,再軍備のための部隊温存ではないかとしてGHQにより廃止させられる(昭和21年3月30日皇室令第12号)(日本軍事史下).
		9.10 朴憲永,朝鮮共産党の再建を宣言(「大日本帝国」崩壊).
		9.11 GHQ,元首相東条英機ら39人を戦争犯罪人として,その逮捕を指令.東条英機,自殺をはかり未遂(援護五十年史).
		9.12 南方軍総司令官寺内寿一(代理),シンガポールで降伏文書に署名(援護五十年史).
		9.12 杉山元,自決(元帥陸軍大将)(日本陸海軍総合事典).
		9.13 大本営,閉鎖廃止(陸海軍年表／戦史叢書88・93).
		9.14 吉本貞一,自決(陸軍大将)(日本陸海軍総合事典).
		9.15 GHQ,東京日比谷の第一生命相互ビルを本部とし,使用を開始(近代日本総合年表).
		9.16 英国,香港の接収を完了(「大日本帝国」崩壊).
		9.17 アメリカ太平洋陸軍総司令部(GHQ/AFPAC),横浜から東京に移転(GHQ).

1945(昭和20)

西暦	和暦	記事
1945	昭和20	9.17 ソ連軍,南樺太民政局を設置し軍政を開始(「大日本帝国」崩壊). 9.18 首相東久邇宮稔彦(ひがしくにのみやなるひこ)王,連合国記者団と会見.記者団の質問は捕虜虐待問題から始まる.東久邇宮,「捕虜虐待その他戦争犯罪人は聯合軍の指示をまたず日本側で処断する方針で,既にこれを開始してゐる」と言明(朝日新聞9.21／日本軍の捕虜政策). 9.19 GHQ,「言論及び新聞の自由に関する覚書」(9月10日,公布)をもとに,プレス=コード(日本に与える新聞遵則)を発表.10月5日,これにもとづき,占領軍,東京発行の新聞5紙の事前検閲を開始,順次他紙に拡大.1948年7月15日,事後検閲に移行.1949年10月24日,事後検閲も廃止(プレス=コードは1952年4月28日まで存続)(「戦争体験」の戦後史／国史大辞典). 9.19 中国共産党政治局会議で「北進南防」を決定(「大日本帝国」崩壊). 9.19 金日成,ソ連輸送船で元山に上陸(「大日本帝国」崩壊). 9.19 米軍政庁,ソウルに開設.軍政を開始(近代日本総合年表). 9.20 陸軍省,俘虜関係調査委員会を設置.俘虜関係の戦時犯罪者処罰のため各種の調査を行う(日本軍の捕虜政策). 9.24 アメリカ太平洋陸軍総司令部(GHQ/AFPAC),「戦争犯罪人裁判規程」(BC級)を発布(戦争裁判余録／戦争犯罪裁判関係法令集3). 9.25 特設病院船高砂丸,メレヨン島(ウォレアイ環礁)から別府に帰港(前期集団引き揚げ第1船)(援護五十年史). 9.26 海軍省内に俘虜虐待者査問委員会を設置(日本海軍史8). 9.27 天皇,マッカーサーを訪問(朝日新聞9.28／「戦争体験」の戦後史). 9.27 ソ連軍,22日付で南満洲鉄道の法人格の消滅を通告(「大日本帝国」崩壊／満鉄四十年史). 9.29 英・蘭軍,日本軍武装解除のためバタビア着(〜10月3日),10月8日,インドネシア人民軍との間に戦闘が始まる(近代日本総合年表). 10. 1 海軍復員収容部を設置.横須賀・呉・佐世保・舞鶴・大阪及び大湊に設置.外地から帰還する海軍軍人軍属の復員及び特別輸送艦船乗員の補欠員の収容などを掌る(日本海軍史8). 10. 2 連合国軍最高司令官総司令部 General Headquarters, the Supreme Commander for the Allied Powers (GHQ/SCAP, GHQ),設置(GHQ). 10. 3 米軍政庁(朝鮮),在朝鮮日本人の本国送還を発表(「大日本帝国」崩壊). 10. 5 東久邇宮稔彦(ひがしくにのみやなるひこ)王内閣,総辞職(内閣制度百年史上). 10. 8 マニラで陸軍大将山下奉文(ともゆき)の戦争犯罪裁判,開始.12月7日,絞首刑判決を宣告(BC級戦犯裁判). 10. 9 幣原喜重郎内閣,成立.陸軍大臣下村定(留任).海軍大臣米内(よない)光政(留任)(官報). 10.10 海軍総隊司令部,廃止.聯合艦隊,解隊(陸海軍年表／戦史叢書93). 10.10 旧舞鶴海兵団及び旧大湊海兵団に復員収容所が開隊.10月8日,浦賀入港の引き揚げ第1船氷川丸の帰還者を収容(日本海軍史8). 10.10 米軍政庁(朝鮮),「朝鮮人民共和国」を否認(「大日本帝国」崩壊). 10.11 国民勤労動員令廃止等ノ件(勅令第566号),公布・施行.国民勤労動員令・

天皇とマッカーサーとの会談

GHQが使用した第一生命相互ビル

1945（昭和20）

西暦	和暦	記　　　　　事
1945	昭和20	学徒勤労令等の8勅令を廃止（官報）． 　　10.14　金日成，平壌の市民の前にはじめて姿を現す（「大日本帝国」崩壊）． 　　10.14　内地部隊，おおむね復員を完了（援護五十年史）． 　　10.14　藤田嗣治らの戦争協力を非難する画家宮田重雄の「美術家の節操」と題する投書，朝日新聞「鉄筆」欄に掲載される．以後，画家の戦争協力への非難続く．1949年，藤田，アメリカへ，翌年フランスへ移住（戦争と美術）． 　　10.15　参謀本部，廃止（日本陸海軍総合事典）． 　　10.15　軍令海第8号，公布．10月15日零時，軍令部を廃止（官報）． 　　10.16　李承晩，米国より朝鮮に帰国（「大日本帝国」崩壊）． 　　10.17　大赦令（勅令第579号）・減刑令（勅令第580号）・復権令（勅令第581号），公布・施行．上諭に「朕曠古ノ大変ニ際会シテ億兆ノ協賛ニ信倚シ挙国一致時艱ヲ克服セムコトニ軫念極メテ切ナリ茲ニ特ニ有司ニ命シテ恩赦ノ事ヲ行ハシム百僚有衆其レ克（よ）ク朕カ意ヲ体セヨ」とある（官報）． 　　10.17　国民政府軍，台北に進駐（「大日本帝国」崩壊）． 　　10.18　厚生省，引揚に関する「中央責任官庁」と決定される（引揚援護の記録）． 　　10.23　李承晩，独立促成中央協議会を結成（「大日本帝国」崩壊）． 　　10.24　国際連合憲章，20ヵ国の批准完了で発効．国際連合（国連），正式に発足（近代日本総合年表）． 　　10.24　米国戦略爆撃調査団（団長フランクリン＝ドリエ，1150人），調査を開始（〜12月5日）．国際検察局の捜査の一翼も担う（日本軍の捕虜政策）． 　　10.25　陸軍省，陸軍墓地の厚生省（軍事保護院）移管などを通牒（忠魂碑の研究）． 　　10.25　台北で受降式．台湾総督府の行政権を移譲（「大日本帝国」崩壊）． 　　11. 1　スガモ＝プリズン，設置（戦争裁判余録）． 　　11. 5　帝国在郷軍人会令等廃止ノ件（勅令第619号），公布・施行．帝国在郷軍人会令・陸軍現役将校学校配属令等を廃止（官報）． 　　11.19　靖国神社招魂式．未合祀全戦没者を一括合祀（靖国の戦後史）． 　　11.20　靖国神社大招魂祭，天皇・皇族・首相幣原喜重郎ら，参拝（靖国の戦後史）． 　　11.20　本庄繁，自決（予備役陸軍大将）（日本陸海軍総合事典）． 　　11.23　金九ら大韓民国臨時政府幹部，朝鮮に帰国（「大日本帝国」崩壊）． 　　11.24　GHQ，戦争犯罪者の恩給扶助料等停止を指令（戦争裁判余録）． 　　11.24　大東亜戦争調査官制（勅令第647号），公布・施行．大東亜戦争調査会を設置．調査会は内閣総理大臣の監督に属し大東亜戦争の実情に関する事項を調査審議する．1946年1月12日，戦争調査会と改称（昭和21年1月12日勅令第13号）．同年9月30日，廃止（昭和21年9月30日勅令第454号）（官報）． 　　11.24　地方引揚援護局官制（勅令第651号），公布・施行．引揚者の上陸・送出港に地方引揚援護局を置く．下関・舞鶴・鹿児島・浦賀・博多・佐世保・呉各援護局を設置（官報／引揚援護の記録／援護五十年史）． 　　11.24　引揚援護連絡委員会官制（勅令第652号），公布・施行．引揚援護連絡委員会を設置（官報／引揚援護の記録／援護五十年史）． 　　11.30　海軍軍人第三段解員指令（援護五十年史）． 　　12. 1　第一復員省官制（勅令第675号）・第二復員省官制（勅令第680号），公布・施行．明治41年12月19日勅令第314号陸軍省官制・大正5年3月31日勅令第37号海軍

西暦	和暦	記　　　　　　　事
1945	昭和20	省官制，廃止．第一復員省は旧陸軍，第二復員省は旧海軍の復員関係事務を所掌（官報／援護五十年史）．
12. 1　第二復員官署官制（勅令第681号），公布・施行．第二復員省の発足にともない，横須賀・呉・佐世保・舞鶴・大阪及び大湊に当該地名を冠称した地方復員局を設置．地方復員局は第二復員大臣の定めるところにより海軍諸部の復員及びこれに関連する事項の実施を掌る（官報／日本海軍史8）．
12. 1　軍事保護院官制中改正ノ件（勅令第690号），公布・施行．保護院官制と改題（官報／援護五十年史）．
12. 1　医療局官制（勅令第691号），公布・施行．旧陸海軍病院119ヵ所など，厚生省へ移管，国立病院などとして広く一般国民へ開放（官報／援護五十年史）．
12. 1　靖国神社，第一・第二復員省の管轄となる（靖国の戦後史）．
12. 1　サイパン島の山中に潜伏していた陸軍大尉大場栄以下47人，米軍に降伏．この前後，グアム・テニアンでも日本兵の降伏が相次ぐ（日本人捕虜）．
12. 6　靖国神社の遊就館，廃止（靖国神社略年表）．
12. 8　GHQ，すべての全国紙に「太平洋戦争史　真実なき軍国日本の崩潰〈聯合軍司令部提供〉」を掲載させる．以降，「太平洋戦争史［続篇］」①～⑨を12月9日～17日に掲載（朝日新聞／日本人の戦争観）．
12. 8　GHQの厚生福祉局（Public Health and Welfare Section, PHW），生活保護法の立案を指令．PHWは業務中に引き揚げ者の帰還後の援護を含む（引揚援護の記録）．
12. 8　労務調整令（勅令1063号），公布（1946年1月10日，施行）．青少年雇入制限令（昭和15年勅令第36号）・従業者移動防止令（昭和15年勅令第750号），廃止（官報）．
12. 9　GHQ，NHKラジオで「真相はこうだ」を10週にわたって放送させ，大本営発表の虚構性や日本軍の戦争犯罪を暴露（日本人の戦争観）．
12.13　これより先，9月15日，柴五郎，自決をはかり，未遂．この日，病没（元陸軍大将）（日本陸海軍総合事典）．
12.14　呉引揚援護局を廃止，函館・大竹引揚援護局を置く．浦賀引揚援護局横浜出張所を廃止，大竹引揚援護局宇品出張所を置く（引揚援護の記録）．
12.17　アメリカ第8軍法廷，横浜で開廷（援護五十年史）．
12.18　横浜裁判（BC級戦犯裁判），始まる．長野県満島俘虜収容所の監視員だった軍属を捕虜虐待の容疑で裁く．27日，重労働終身刑を宣告（BC級戦犯裁判／戦争裁判余録）．
12.20　国家総動員法及戦時緊急措置法廃止法律（法律第44号），公布（1946年4月1日，施行〔昭和21年3月30日勅令第181号〕）（官報）．
12.21　賠償協議会官制（勅令第720号），公布・施行．賠償協議会を設置．賠償協議会は外務大臣の監督に属し聯合国に対する賠償に関する事項を調査・審議する．会長は外務大臣，副会長は終戦連絡中央事務局総裁（官報）．
12.27　ワシントンにソ連を含む11ヵ国構成の極東委員会を，東京に連合軍対日理事会をそれぞれ設置と発表（援護五十年史）．
12.28　ソ連軍，樺太庁を接収，幹部を拘引（「大日本帝国」崩壊）．
12.31　台湾省行政長官公署，在台湾日本人の本国送還を発表（「大日本帝国」崩壊）．

1946（昭和21）

西暦	和　暦	記　　　　　　事
1946	昭和21	1.1　新日本建設ニ関スル詔書．「朕ト爾等国民トノ間ノ紐帯ハ，終始相互ノ信頼ト敬愛トニ依リテ結バレ，単ナル神話ト伝説トニ依リテ生ゼルモノニ非ズ．天皇ヲ以テ現人神（アキツミカミ）トシ，且日本国民ヲ以テ他ノ民族ニ優越セル民族ニシテ，延テ世界ヲ支配スベキ運命ヲ有ストノ架空ナル観念ニ基クモノニ非ズ．」とあり（官報／内閣制度百年史下）．

1.4　GHQ，軍国主義者の公職追放と超国家主義団体27の解散を指令（近代日本総合年表）．

1.8　大竹引揚援護局宇品出張所が宇品引揚援護局に昇格，大竹引揚援護局は宇品引揚援護局大竹出張所となる（引揚援護の記録）．

1.19　マッカーサー，極東国際軍事裁判所設立の特別宣言（戦争裁判余録）．

1.19　マッカーサー，極東国際軍事裁判所条例を承認（日本外交主要文書・年表1）．

1.22　GHQ，極東国際軍事裁判所設置を指令（援護五十年史）．

1.23　博多引揚援護局門司出張所を廃止，同戸畑出張所を設置（引揚援護の記録）．

1.28　GHQ，「映画検閲に関する覚書」を出し，民間検閲課による検閲を始める（近代日本総合年表）．

1.29　GHQ，琉球列島・小笠原群島の日本行政権停止を指令（若干の外かく地域の日本からの政治上及び行政上の分離に関する総司令部覚書）（日本占領及び管理重要文書集2）．

1.—　強制移入以外の一般日本在留者の送還が行われる．まず沖縄など南西方面への送還がはじまり（1949年3月15日，ほぼ終了），台湾省民・中華民国人の送還が行われる（引揚援護の記録）．

1.—　元陸軍大佐服部卓四郎，第一復員局史実調査部長に就任（自衛隊の誕生）．

2.1　恩給法ノ特例ニ関スル件（勅令第68号〔ポツダム勅令〕），公布・施行．軍人恩給を全面停止（官報）．

2.8　北朝鮮臨時人民委員会，樹立（主席金日成）（「大日本帝国」崩壊）．

2.20　司令官マッカーサー，ソ連地区の日本人の引き揚げを正式にアメリカ政府に要請（援護五十年史）．

2.21　フランス軍，サイゴン裁判を開始（戦争裁判余録）．

2.21　田辺・唐津・別府引揚援護局を設置（引揚援護の記録）．

2.23　元第14方面軍司令官山下奉文（ともゆき），フィリピンのマニラで死刑を執行（援護五十年史）．

2.26　極東委員会，成立．第1回会議（ワシントン）．11ヵ国の代表により構成される．連合国の日本占領に関する最高意志決定機関（日本外交主要文書・年表1／自衛隊10年史／防衛白書平成20年版）．

2.27　沖縄真和志村民，戦死者遺骨を収集して魂魄の塔を建立（沖縄における最も初期の慰霊塔）（沖縄問いを立てる4）．

2.—　アメリカ国務省，アメリカ映画大手9社の作品を日本で上映するためにセントラル＝モーション＝ピクチャーを設立．アメリカ映画の上映始まる．啓蒙と娯楽が組み合わされ，アメリカ社会の否定面を扱ったものは排除．戦後初の外国ニュース映画であるアメリカの「ユナイテッド＝ニュース」を公開（日本映画発達

西暦	和暦	記事
1946	昭和21	史3／日本映画史4）． 3. 1　オーストラリアの日本人戦犯裁判，開始（援護五十年史）． 3. 9　GHQ法務局長カーペンター，「日本による戦犯審判を禁止する」旨を口頭指令（戦争裁判余録）． 3.13　厚生省外局として引揚援護院，設置（援護五十年史）． 3.14　ソ連軍，瀋陽（旧奉天）から完全撤退．国民政府軍，東北に進駐（「大日本帝国」崩壊）． 3.16　GHQ，「引揚に関する基本指令」を出して日本へ，もしくは日本からの引き揚げの方針を詳細に規定（引揚援護の記録）． 3.18　GHQの指令により，「非日本人」送出業務の基本数をとらえるため，「在日本朝鮮人，中国人，琉球人，台湾省民」の登録を実施（引揚援護の記録）． 3.20　ソウルで米ソ共同委員会，開催（～5月6日）．会議，物別れに終わる（「大日本帝国」崩壊）． 3.26　別府引揚援護局を廃止．名古屋引揚援護局を置く（引揚援護の記録） 3. ―　日本映画社のスタッフ，米軍の監視下で記録映画「原子爆弾の効果・広島，長崎」を完成．GHQ，撮影済みフィルム・未使用撮影用フィルム・データ・資料等をすべて没収しアメリカに送る（日本映発達史5）〔→1967.1.9〕． 4. 1　国家総動員法・戦時緊急措置法，廃止（官報〔昭和20年12月20日法律第44号／昭和21年3月30日勅令第181号〕）． 4. 3　元第14軍司令官陸軍中将本間雅晴，「バターン死の行進」などの責任を問われ，マニラで死刑執行（援護五十年史）． 4. 5　旧満洲から最初の引き揚げ船，博多入港（援護五十年史）． 4. 5　金城和信・文子夫妻，ひめゆりの塔を伊原第3外科壕跡に建立．7日，第1回慰霊祭を執行（沖縄問いを立てる4）． 4. 5　第1回対日理事会（最高司令官の諮問機関，米英中ソの代表から構成），開催される（防衛白書平成20年版／近代日本総合年表）． 4. 5　GHQ，3月18日の登録結果による在日朝鮮人などの計画送還（南西諸島を除く）を開始すべしと指令．4月15日より9月30日まで，1日あたり仙崎1000人，博多3000人ずつ送還するよう命じられる．しかし送還のペースが上がらず，1946年12月15日まで延期される（引揚援護の記録）． 4.14　国共両軍，長春争奪戦を始める（～5月23日）（「大日本帝国」崩壊）． 4.19　尾野実信，没（元陸軍大将）（日本陸海軍総合事典）． 4.19　安藤利吉，自決（元陸軍大将）（日本陸海軍総合事典）． 4.22　幣原喜重郎内閣，総辞職（内閣制度百年史上）． 4.24　東京裁判弁護団，結成（団長鵜沢総明，副団長清瀬一郎）（戦争裁判余録）． 4.24　沖縄民政府，発足．知事に志喜屋孝信を任命（防衛白書平成20年版／沖縄大百科事典）． 4.26　元大牟田俘虜収容所長陸軍中尉由利敬，捕虜虐待の罪によりスガモ＝プリズンで死刑執行（国内における最初の戦争犯罪者の処刑）（世界戦争犯罪事典）． 4.29　東京裁判起訴状，提起（戦争裁判余録）． 4.29　東京大学総長南原繁，「天皇に道徳的責任あり」と講演（戦争裁判余録）． 4.29　靖国神社，戦後初めて戦没者を合祀（日中戦争1046人，太平洋戦争2万5841

1946（昭和21）

西暦	和 暦	記　　　　　　　事
1946	昭和21	人）．以後毎年「霊爾奉安祭」として行われる（靖国の戦後史）． 5. 1　東北保安司令長官部日僑俘管理処，在満洲日本人の本国送還を指令（「大日本帝国」崩壊）． 5. 3　極東国際軍事裁判（東京裁判），開廷（防衛白書平成20年版）． 5. 5　台湾省民を宇品から送還（〜17日），中国人を舞鶴・佐世保・宇品から送還（〜13日）（引揚援護の記録）． 5.22　第1次吉田茂内閣，成立（官報）． 5.28　ソ連地区の邦人帰還問題，米ソ交渉に移される（援護五十年史）． 5.31　米陸軍参謀総長，将来における米軍の毒ガス使用を見越し，東京裁判主席検事キーナンに対し日本軍の毒ガス使用の訴追中止を指示（毒ガス戦と日本軍）． 5. ―　丸山真男，「超国家主義の論理と心理」を『世界』5月号に発表．（「戦争体験」の戦後史）． 5. ―　元陸軍中将辰巳栄一，首相吉田茂の軍事問題ブレーンとなる．再軍備の研究を行う（自衛隊の誕生）． 5. ―　旧満映の日本人従業員，八路軍の指揮下で満映の施設を興山に移し，10月，東北電影製片廠（社会主義中国の最初の撮影所）となる（日本映画史4）． 6. 9　戦死者遺族未亡人ら，東京の京橋公会堂で戦争犠牲者遺族同盟の結成大会を開く（のちの日本遺族会につながる）（日本遺族会の四十年）． 6.12　寺内寿一，没（元元帥陸軍大将）（日本陸海軍総合事典）． 6.15　復員庁官制（勅令第315号）公布・施行．第一・第二復員省は復員庁第一・第二復員局，地方機関は復員庁の地方機関となる（地方復員人事部は地方世話部に合併，地方長官の管理となる）（官報／援護五十年史）． 6.15　復員庁，「留守業務局（部）」を千葉県稲毛に設置．内地（樺太・沖縄および千島を除く）以外の地域にある旧陸軍部隊に属する軍人および軍属の身上に関する事務などを所掌（援護五十年史）． 6.29　政府，旧軍用墓地を都道府県・市町村に無償貸与し，その維持管理祭祀は地方の実情に応じて市町村・宗教団体・遺族会などで行うよう通牒（忠魂碑の研究）． 6. ―　各地に分散していた戦争絵画の代表作153点，占領軍により接収され東京都美術館に密封される（戦争と美術）． 7.13　九州帝国大学生体解剖事件で教授・助教授各2人が逮捕，18日，最高責任者の教授，自殺（世界戦争犯罪事典）． 8. 1　第1回未帰還軍人等一斉調査（いわゆる8月1日調査）（援護五十年史）． 8.15　旧満洲中国共産党支配地区邦人送還協定，成立（中華民国，中国共産党，アメリカ）．中国共産党軍勢力下の旧満州（中国東北部）に在留する日本人の送還についての協定（援護五十年史）． 8.15　米軍政長官（朝鮮）ローチ，ソウル市憲章を公布．京城府をソウル市と改称し，特別市に昇格することを規定（法的効力なし）．9月18日，ローチ，軍政法令第106号を公布．ソウル特別市の設置を規定．9月28日，ソウル特別市，成立（朝鮮の開国と近代化）． 9. 4　靖国神社，国防館を靖国会館と改称（靖国神社略年表）． 9. 6　米軍政庁（朝鮮），朴憲永ら朝鮮共産党幹部に逮捕令を出す（「大日本帝国」崩壊）．

西暦	和暦	記　事
1946	昭和21	9. 7　靖国神社,単一宗教法人として設立登記(靖国の戦後史). 9.27　ソ連,抑留日本人送還につきソ連駐日代表部に権限を付与.GHQ情報部,月1万ないし1万5000人を送還する旨発表(援護五十年史). 10. 1　下関引揚援護局仙崎出張所,仙崎引揚援護局に昇格.下関地方援護局,廃止.博多引揚援護局戸畑出張所,廃止.田辺・唐津引揚援護局,廃止(引揚援護の記録). 10. 8　引揚同胞援護国民運動の展開を決定(援護五十年史). 11. 1　内務・文部両次官通達「公葬等について」,発令.政教分離の見地から地方官衙・都道府県・市町村などの公共団体による公葬その他の宗教的儀式と行事(慰霊祭,追悼式)の挙行,民間団体主催の戦没者の葬儀・慰霊祭などの地方官衙,地方公共団体による主催・援助,敬弔の意の表明,戦没者の葬儀や遺骨の出迎えに対する生徒児童の参加・市民の参列強制などが禁止され,忠霊塔,忠魂碑や戦没者記念碑,銅像などの建設禁止と公共用地などにあるものの撤去が指示される(日本遺族会の四十年／忠魂碑の研究). 11. 3　日本国憲法,公布(官報). 11.23　岡部直三郎,没(元陸軍大将)(日本陸海軍総合事典). 11.27　引揚に関する米ソ暫定協定,成立.南樺太・大連・北朝鮮からの日本人引揚,開始(「大日本帝国」崩壊)[→12.19]. 11.27　政府,「忠霊塔忠魂碑等の措置について」により,忠魂碑・忠霊塔・銅像などのうち,学校構内にあるもの,極端な軍国主義を鼓吹するものの撤去などを指示(忠魂碑の研究). 12. 5　樺太(真岡)引揚第1船雲仙丸,函館入港.1949年7月の中断まで208隻,入港,29万2590人,帰国(援護五十年史). 12. 8　大連引揚第1船大久丸・恵山丸,舞鶴入港(50年4月の前期引き揚げ中断まで,延べ209隻入港)(援護五十年史). 12.11　GHQ,引揚援護局の閉鎖・縮小について指令.鹿児島・浦賀・名古屋の3局閉鎖と呉・佐世保・函館・舞鶴の引揚者の処理能力縮小を指示(援護五十年史). 12.16　仙崎引揚援護局,廃止(引揚援護の記録). 12.19　在ソ日本人捕虜の引揚に関する米ソ協定,正式成立.毎月5万人ずつ日本に送還(20日,協定発表)(援護五十年史).
1947	昭和22	2. 1　鹿児島・名古屋引揚援護局,廃止(引揚援護の記録). 2.21　宇品引揚援護局大竹出張所,廃止(引揚援護の記録). 2.25　ソ連,南樺太を自国領に編入することを正式に決定(「大日本帝国」崩壊). 2.28　台湾で反国民政府暴動,起こる(2・28事件)(「大日本帝国」崩壊). 3.17　マッカーサー,外国人記者団に対し対日賠償・講和問題の早期解決を表明(自衛隊の誕生). 3.—　米国学士院,原爆傷害調査委員会Atomic Bomb Casualty Commission (ABCC)を広島赤十字病院に設立.同院で被爆者の血液学的調査研究を開始(近代日本総合年表／放射線影響研究所HP). 3.—　竹山道雄「ビルマの竪琴」,雑誌『赤とんぼ』に連載(～1948年2月)(「反戦」のメディア史).

1947～1948（昭和22～昭和23）

西暦	和暦	記　　事
1947	昭和22	4. 2　国際連合安全保障理事会,旧日本委任統治領に関する米国信託統治協定を承認.旧南洋群島を米国の信託統治とする.7月18日,発効(「大日本帝国」崩壊／日本外交主要文書・年表1). 4.21　ペリリュー島の山中に潜伏していた陸軍少尉山口永以下34人,米軍に降伏(日本人捕虜). 5. 1　浦賀・博多引揚援護局,廃止.浦賀引揚援護局廃止にともない,太平洋方面などの小規模の引揚者のため横浜援護所を横浜検疫所内に設置(引揚援護の記録). 5. 3　日本国憲法,施行(官報昭和21.11.3). 5. 3　地方世話部を改組,都道府県庁の内部組織に入る(援護五十年史). 5.15　GHQ,「日本から北緯38度以北の朝鮮人の引揚」について,特権未喪失の北朝鮮人207人の送還をもって最後であることを周知させるよう指令.6月25日,送還船信洋丸,朝鮮興南向けに出港(援護五十年史). 5.20　第1次吉田茂内閣,総辞職(内閣制度百年史上). 5.22　片山哲内閣,成立(官報). 6. 7　喜多成一,没(元陸軍大将)(日本陸海軍総合事典). 7.10　映画「戦争と平和」(東宝.監督山本薩夫・亀井文夫).太平洋戦争の欺瞞と庶民の惨苦をリアリズムで描く(日本映画発達史3). 7.13　靖国神社,初の「みたま祭」を執行.以後,恒例となる(靖国の戦後史). 7.26　米国で,国家安全保障法,施行.国防総省,設置(自衛隊の誕生). 8.29　中村孝太郎,没(元陸軍大将)(日本陸海軍総合事典). 10.15　復員庁の部局に対する措置に関する政令(政令第215号〔ポツダム政令〕),公布・施行.復員庁官制,廃止.復員庁第一復員局は厚生省第一復員局に,第二復員局は総理大臣所管の第二復員局となる(官報／援護五十年史). 11.17　日本遺族厚生連盟,結成総会を開く.28都道府県代表135人が参加.戦死者遺族の全国組織.1953年3月,日本遺族会となる(日本遺族会の四十年) 12.17　警察法(法律第196号),公布(1948年3月7日,施行〔昭和23年3月6日政令第50号〕).国家地方警察・自治体警察を設置(官報). 12.30　第二復員局及び地方復員局に対する措置に関する政令(政令第325号〔ポツダム政令〕),公布(1948年1月1日,施行)〔→1948.1.1〕. 12.―　東京大学戦没学生手記編集委員会編『はるかなる山河に』(東京大学協同組合出版部),刊(「戦争体験」の戦後史).
1948	昭和23	1. 1　厚生省第一復員局,同省復員局と改称.総理府第二復員局,厚生省復員局第二復員残務処理部となる.地方復員局,地方復員部残務処理部と改称,厚生省の地方機関となる(援護五十年史)〔→1947.12.30〕. 1. 6　米陸軍長官ロイヤル,対日政策を修正して日本の経済的自立をはかり,「極東における反共の防壁」に育てると演説で言明.米の対日占領政策の転換顕在化(日本軍事史下). 1.―　旧海軍軍人,海軍再建の研究にあたる(自衛隊の誕生). 2.10　片山哲内閣,総辞職(内閣制度百年史上). 2.―　大岡昇平「俘虜記」(のち「捉まるまで」と改題),『文学界』に掲載(以下各

極東国際軍事裁判判決

被告名	前歴	1	27	29	31	32	33	35	36	54	55	宣告刑	備考
土肥原賢二	陸軍大将,在満特務機関長,陸軍航空総監	○	○	○	○	×	○	○	○		△	絞首刑	1948.12.23刑執行
広田弘毅	駐ソ大使,外務大臣,内閣総理大臣	○	○	×	×	×	×			×	○	絞首刑	同
板垣征四郎	陸軍大将,陸軍大臣,支那派遣軍総参謀長	○	○	○	○	×	○	○	○		△	絞首刑	同
木村兵太郎	陸軍大将,陸軍次官,ビルマ方面軍司令官	○	○	○	○					○	○	絞首刑	同
松井石根	陸軍大将,上海派遣軍司令官	×	×	×	×		×	×			○	絞首刑	同
武藤 章	陸軍中将,陸軍省軍務局長	○	○	○	○	×				○	○	絞首刑	同
東条英機	陸軍大将,陸軍大臣,内閣総理大臣,内務大臣,参謀総長	○	○	○	○				×	○	△	絞首刑	同
荒木貞夫	陸軍大将,陸軍大臣,文部大臣	○	○	×	×	×	×	×	×	×	×	終身禁錮	1955. 6.18仮出所 58. 4. 7赦免
橋本欣五郎	陸軍大佐,赤誠会統領	○	○							×	×	終身禁錮	1955. 9.17仮出所 57. 6.29没
畑 俊六	元帥,陸軍大臣,支那派遣軍総司令官	○	○	○	○	×	×	×		○	○	終身禁錮	1954.11.30仮出所 58. 4. 7赦免
平沼騏一郎	枢密院議長,内閣総理大臣,国本社会長	○	○	○	○	×	×	×	×	×	○	終身禁錮	1952. 8.22没
星野直樹	満洲国総務長官,内閣書記官長	○	○	○	○	×	×	×	×	×	○	終身禁錮	1955.12.13仮出所 58. 4. 7赦免
賀屋興宣	大蔵大臣,北支那開発会社総裁	○	○	○	○					×	○	終身禁錮	1955. 9.17仮出所 58. 4. 7赦免
木戸幸一	文部大臣,厚生大臣,内務大臣,内大臣	○	○	○	○	×	×	×	×	×	○	終身禁錮	1955.12.16仮出所 58. 4. 7赦免
小磯国昭	陸軍大将,拓務大臣,朝鮮総督,内閣総理大臣	○	○	○	○				×	×	○	終身禁錮	1950.11. 3没
南 次郎	陸軍大将,陸軍大臣,朝鮮総督	○	○	×	×						○	終身禁錮	1954. 1. 3仮出所 55.12. 5没
岡 敬純	海軍中将,海軍省軍務局長,海軍次官	○	○	○	○					×	○	終身禁錮	1954.11.30仮出所 58. 4. 7赦免
大島 浩	陸軍中将,駐独大使	○	×	×	×					×	○	終身禁錮	1955.12.16仮出所 58. 4. 7赦免
佐藤賢了	陸軍中将,陸軍省軍務局長	○	○	○	○					×	×	終身禁錮	1956. 3.31仮出所 58. 4. 7赦免
嶋田繁太郎	海軍大将,海軍大臣,軍令部総長	○	○	○	○					×	×	終身禁錮	1955. 4. 8仮出所 58. 4. 7赦免
白鳥敏夫	駐伊大使	○										終身禁錮	1949. 6. 3没
鈴木貞一	陸軍中将,企画院総裁	○	○	○	○			×	×	×	○	終身禁錮	1955. 9.17仮出所 58. 4. 7赦免
梅津美治郎	陸軍大将,関東軍司令官,参謀総長	○	○	○	○				×	×	×	終身禁錮	1949. 1. 8没
東郷茂徳	駐独大使,駐ソ大使,外務大臣	○	○	○	○				×	×	×	禁錮20年	1950. 7.23没
重光 葵	駐ソ大使,駐英大使,駐華大使,外務大臣	×	○	○	○	○	○	×		×	○	禁錮 7年	1950.11.21仮出所 51.11.7刑期満了

(1) 起訴状では第1類「平和に対する罪」(訴因第1—36)，第2類「殺人」(訴因第37—52)，第3類「通例の戦争犯罪及び人道に対する罪」(訴因第53—55)の55訴因をあげたが，判決においては訴因の内容の重複その他の理由により，判定で省略されたものがあり，(2)にあげた10訴因についてのみ判定が行われた。
(2) 判定の行われた10訴因の内容は以下のとおり。
〔訴因第1〕侵略戦争の共同謀議　〔訴因第27〕対中華民国侵略戦争の遂行の罪　〔訴因第29〕対アメリカ合衆国侵略戦争の遂行の罪　〔訴因第31〕対イギリス連邦侵略戦争の遂行の罪　〔訴因第32〕対オランダ王国侵略戦争の遂行の罪　〔訴因第33〕対フランス共和国侵略戦争の遂行の罪　〔訴因第35〕対ソビエト社会主義共和国連邦侵略戦争遂行の罪(張鼓峰事件)　〔訴因第36〕対モンゴル人民共和国及びソビエト社会主義共和国連邦侵略戦争遂行の罪(ノモンハン事件)　〔訴因第54〕残虐行為に対する命令・授権・許可の罪〔訴因第55〕暴虐行為に対する不作為責任(防止上の義務の怠慢)
(3) 「訴因に対する判定」欄の略号は以下のとおり。
　　〇　有罪　　×　無罪　　△　判定を与えず　　無記号　当該訴因で訴追されていないもの
(4) 絞首刑を宣告された被告はいずれも訴因第54または55において有罪と判定されている。
(5) 訴追された被告のうち，松岡洋右(1946年6月27日没)，永野修身(1947年1月5日没)，大川周明(1947年4月9日精神鑑定の結果公判手続停止，1948年12月8日拘禁解除，釈放)は判決より除かれている。
(6) 戦争犯罪容疑者として逮捕令またはスガモ＝プリズン出頭命令を受けた人々の中で，近衛文麿(元首相)，小泉親彦(元厚相)，橋田邦彦(元文相)，本庄繁(元関東軍司令官)等は，事前に自殺した。
(7) 本表及び(5)にあげた被告のほかにも，同種容疑で拘禁された皇族・経済人等をふくむ数十名の容疑者がおり，裁判所の決定する場所での第二次，第三次の裁判を待っていたが，捜査の進展につれ容疑の晴れた者は順次釈放され，最後まで残されていた17名も，1948年2月24日GHQによる「もはや主要戦争犯罪人の裁判は行わない」旨の発表と同時に釈放された。
(8) 絞首刑を宣告された被告は，1948年12月23日アメリカ第8軍によりスガモ＝プリズンにおいて刑が執行され，横浜市保土ヶ谷火葬場において荼毘に付されたが，遺骨は遂に日本側には渡されなかった。

西暦	和暦	記　　　　　　　　事
1948	昭和23	誌に分載）（日本近代文学年表）． 　3.10　芦田均内閣，成立（官報）． 　3.11　1945年5月に九州帝国大学で行われたB-29捕虜8人の生体解剖についての軍事裁判，横浜で開廷（近代日本総合年表）． 　4. 3　済州島で，国際連合が決めた南朝鮮のみの単独選挙に反対する武装闘争，起こる（4・3事件）（「大日本帝国」崩壊／近代日本総合年表）． 　4.16　東京裁判，結審（戦争裁判余録）． 　4.27　海上保安庁法（法律第28号），公布（5月1日，施行〔4月30日政令第96号〕）（官報）． 　5. 1　海上保安庁，設置．初代長官大久保武雄，元海軍少将山本善雄ら，入庁（自衛隊の誕生）． 　5.29　引揚援護庁設置令（政令第124号〔ポツダム政令〕），公布（5月31日，施行）．引揚援護院と厚生省復員局を統合し，引揚援護庁を設置（官報）． 　7.17　大韓民国憲法，公布（大韓民国史年表上）． 　7.25　日本遺族厚生連盟，戦死者遺族の特別扱いを禁じたGHQ指令の解除，遺族補償制度確立のため国会に署名請願を行うことなどを決議（〜26日）．11月27日，衆議院厚生委員会，30日，参議院厚生委員会，それぞれ請願を採択（国会委員会議事速記録／日本遺族会の四十年）． 　7.—　長崎原爆傷害調査委員会Atomic Bomb Casualty Commission（ABCC）を長崎医科大学付属病院に設立（近代日本総合年表／放射線影響研究所HP）． 　8. 1　「異国の丘」（増田幸治作詞・吉田正作曲），NHKのど自慢素人音楽会でソ連帰りの復員軍人中村耕造によりはじめて歌われる．作曲者は1946年ウラジオストク郊外の収容所に抑留中に作曲（定本　日本の軍歌）． 　8.15　大韓民国樹立宣布式，挙行．初代大統領李承晩（大韓民国史年表上）． 　8.19　東宝の労働争議で撮影所を占拠している組合員を排除するため，米軍が戦車を出動させる（日本映画発達史3）． 　8.27　九州帝大生体解剖事件で軍関係者絞首刑・終身刑各2人，大学関係者絞首刑3人・終身刑2人の判決（その後再審が行われ，死刑なしとなる）（世界戦争犯罪事典／昭和史全記録1945.5.17）． 　9. 9　朝鮮民主主義人民共和国，樹立（首相金日成）（「大日本帝国」崩壊／近代日本総合年表）． 　10. 7　米国国家安全保障会議National Security Council（NSC），「合州国の対日政策に関する国家安全保障会議の勧告」（NSC13／2）を決定．中央集権的な警察組織の拡充，早期で懲罰的な講和の否定，日本の経済復興を掲げる（中国人強制連行／自衛隊の誕生）． 　10.15　第2次吉田茂内閣，成立．首相吉田茂，各省大臣・各庁長官の臨時代理・事務取扱となる．19日，他の国務大臣を任命（官報）． 　11. 4　東京裁判，判決文の朗読を開始（戦争裁判余録）． 　11.12　極東国際軍事裁判判決．絞首刑：土肥原賢二・広田弘毅・板垣征四郎・木村兵太郎・松井石根・武藤章・東条英機．終身禁錮：荒木貞夫・橋本欣五郎・畑俊六・平沼騏一郎・星野直樹・賀屋興宣・木戸幸一・小磯国昭・南次郎・岡敬純・大島浩・佐藤賢了・嶋田繁太郎・白鳥敏夫・鈴木貞一・梅津美治郎．禁錮20年：東郷茂徳．禁錮

1948〜1949(昭和23〜昭和24)

西暦	和暦	記事
1948	昭和23	7年：重光葵(戦争裁判余録／援護五十年史)〔→12.23, 12.24〕. 11.22 米国務・陸軍両省,マッカーサーに日本再軍備を進言(自衛隊の誕生). 12.18 マッカーサー,「NSC13/2文書」(10月7日)を拒否(自衛隊の誕生). 12.18 多田駿,没(元陸軍大将)(日本陸海軍総合事典). 12.20 米最高裁判所,東京裁判7被告の訴願を6対1で却下(戦争裁判余録). 12.23 東京裁判による7死刑囚の絞首刑,執行(戦争裁判余録). 12.24 GHQ,A級17容疑者を釈放し,主要戦犯の裁判はもはや行わない旨を発表(戦争裁判余録／援護五十年史). 12.29 極東国際軍事裁判所,閉鎖(戦争裁判余録). 12.29 特別未帰還者給与法(法律第279号),公布(1949年1月1日,施行)(官報). 12.— 大岡昇平「野火」『文体』に連載(〜1949年7月)(日本近代文学年表).
1949	昭和24	1.8 梅津美治郎,没(元陸軍大将)(日本陸海軍総合事典). 1.9 比島(フィリピン)戦没者の遺体・遺骨4822人分,米軍の斡旋により佐世保引揚援護局に到着.占領期間中唯一の遺骨帰還(続・引揚援護の記録). 1.— 永井隆『長崎の鐘』(日比谷出版社),刊.連合軍総司令部諜報課提供の「マニラの悲劇」を付載. 2.4 中国戦犯260人,J・W・ウイークス号で横浜に内地帰還.9人,無罪釈放.251人,スガモ＝プリズンへ移監(戦争裁判余録). 2.11 第2次吉田茂内閣,総辞職.16日,第3次吉田内閣,成立(内閣制度百年史上／官報). 4.4 西側12ヵ国,北大西洋条約に調印.8月24日,発効(日本外交主要文書・年表1). 4.6 「阿波丸事件に基く日本国の賠償請求権放棄に関する決議」,国会両院で可決(国会会議録). 4.14 阿波丸請求権の処理のための日本国政府及び米国政府間の協定,署名(東京)・発効(条約集). 4.— 藤原てい『流れる星は生きている』(日比谷出版社),刊(日本近代文学年表). 5.6 ドイツ連邦共和国(西ドイツ)臨時政府,成立(近代日本総合年表). 5.14 衆議院本会議,全会一致で「遺族援護に関する決議」を可決.政府に対し戦死者遺族の物心両面にわたる速やかな救済を求める.16日,参議院本会議も「未亡人並びに戦没者遺族の福祉に関する決議」を全会一致で可決(国会会議録／日本遺族会の四十年). 5.20 ソ連タス通信,「日本人捕虜(将兵)は,戦犯関係を除き9万5000人送還を11月までに完了」と発表(援護五十年史). 6.27 ソ連からの引揚再開第1船高砂丸,2000人を載せて舞鶴に入港(近代日本総合年表). 6.— 吉田満「軍艦大和」『サロン』に掲載(日本近代文学年表). 8.6 広島平和記念都市建設法(法律第219号),公布・施行.9日,長崎国際文化都市建設法(法律第220号),公布・施行(官報). 9.25 モスクワ放送,ソ連は1947年以来原子爆弾を保有していると報じる(朝

西暦	和暦	記事
1949	昭和24	日年鑑1955年版)． 10．1　中華人民共和国，成立(日本外交主要文書・年表1)． 10．3　中国大連からの引揚船山澄丸，舞鶴に入港．以後，1953年3月まで中国からの集団引き揚げ中断(援護五十年史)． 10．7　ドイツ民主共和国(東ドイツ)，成立(近代日本総合年表)． 10．19　アメリカ極東軍管下の戦犯裁判，終わる．戦犯容疑者約4200人，うち死刑700人以上(援護五十年史)． 10．27　戦犯留守家族全国協議会，死刑停止，早期内地帰還，遺族・留守家族援護等の促進方を決議(～28日)(戦争裁判余録)． 11．1　米国務省，対日講和を検討中と発表(日本外交主要文書・年表1)． 11．—　島尾敏雄「出孤島記」『文芸』に掲載(日本近代文学年表)． 12．7　中国国民党政権，台北を首都と決定．国民党総裁蔣介石，台北に到着(日本外交主要文書・年表1)． 12．25　ソ連によるハバロフスク裁判，始まる(～30日)．731部隊の関係者を裁く(BC級戦犯裁判)． 12．27　インドネシア，独立(「大日本帝国」崩壊)．
1950	昭和25	⎛内閣総理大臣：吉田　茂 ⎝警察予備隊本部長官：増原恵吉(8.14～) 1．1　マッカーサー，年頭所感で「この憲法(日本国憲法)の規定はたとえどのような理屈をならべようとも，相手側から仕掛けてきた攻撃にたいする自己防衛の冒しがたい権利を全然否定したものとは絶対に解釈できない」と表明(資料戦後二十年史1)． 1．1　函館引揚援護局，廃止(引揚援護の記録)． 1．11　オーストラリア陸軍，戦犯裁判をマヌス島で再開すると発表(戦争裁判余録)． 1．23　蘭印戦犯693人，チサダネ号で横浜に内地帰還．うち684人，スガモ＝プリズンへ移監(戦争裁判余録)． 1．27　米国，NATO諸国とMSA協定に署名(日本外交主要文書・年表1) 2．8　丸木位里・俊夫妻，「原爆の図」第1部「幽霊」を発表(1982年5月の第15部「長崎」まで続く)(「原爆の図」描かれた〈記憶〉，語られた〈絵画〉)． 2．14　中ソ友好同盟相互援助条約，署名．4月11日，発効(日本外交主要文書・年表1)． 2．25　オーストラリア軍容疑者92人，横浜で「新京号」に乗船，マヌス島へ向かう．3月3日，残りのオーストラリア軍容疑者47人，スガモ＝プリズンより不起訴釈放(戦争裁判余録)． 2．—　「原爆の図」第1次全国巡回展始まる(～1951年12月)(「原爆の図」描かれた〈記憶〉，語られた〈絵画〉)． 4．7　米軍，スガモ＝プリズンにおいて石垣島事件の死刑囚7人の死刑を執行．同所での最後の死刑執行となる．残りの死刑囚34人全員，減刑(戦争裁判余録)． 4．21　タス通信，在ソ日本人既決戦犯1487人・未決971人は中国へ引渡すと報ず(戦争裁判余録)．

1950（昭和25）

西暦	和　暦	記　　　　　　　　　事
1950	昭和25	4.22　引揚船信濃丸，ナホトカから舞鶴へ入港．ソ連政府，タス通信を通じ「日本人捕虜の送還は完了，残留戦犯2458人（うち971人中国へ），病人9人」と発表し日本に大きな衝撃を与える（援護五十年史）． 4.30　衆議院，「在外抑留同胞引揚促進に関する決議」，5月2日，「未帰還同胞の引揚促進並びに実体調査等を国際連合を通じて行うことを懇請する決議」を可決し，ソ連勢力下の37万人の日本人の送還や死亡者・戦争犯罪者の氏名発表などを求める（国会会議録／続・引揚援護の記録）． 4.—　日本戦没学生記念会（第1次わだつみ会），発足（「戦争体験」の戦後史） 4.—　シベリアからの復員，2000余の戦犯受刑者を残し終了（日本人捕虜）． 春頃　旧陸軍航空関係者による空軍研究，始まる（自衛隊の誕生）． 5.—　佐世保引揚援護局，廃止（続・引揚援護の記録）． 6.3　フランス軍戦犯全員121人，マルセイユ号で横浜に内地帰還．うち82人，スガモ＝プリズンへ移監（戦争裁判余録）． 6.15　映画「きけわだつみの声」（東横映画．演出関川秀雄）（日本映画発達史3）． 6.22　米大統領特使ダレス，日本の再軍備を要求（自衛隊の誕生）． 6.25　北朝鮮軍，北緯38度線を越えて南へ進撃．28日，ソウルを占領（朝鮮戦争〈～1953年7月27日〉）（防衛白書平成20年版／近代日本総合年表）． 7.7　国際連合安全保障理事会，米国による国連軍指揮を決定．8日，マッカーサーを最高司令官に任命．25日，司令部を東京に設置．26日，国連軍，組織完了（近代日本総合年表）． 7.8　マッカーサー，警察予備隊7万5000人の創設，海上保安庁8000人の増員を「許可」．警察予備隊創設準備のため，GHQ参謀第2部（G2）連絡室が東京越中島に置かれる（自衛隊の誕生／日本軍事史下）． 7.14　民事局別館（CASA），設置．警察予備隊の創設育成指導が任務（自衛隊の誕生）． 7.17　GHQ，警察予備隊創設の大綱を日本側に示す（自衛隊の誕生）． 7.24　GHQ，新聞社に日本共産党員や同調者の追放を勧告（レッドパージ）（「戦争体験」の戦後史／近代日本総合年表）． 7.29　ソ連，ハバロフスク収容所の日本人戦犯を中国へ引き渡す（「大日本帝国」崩壊）． 7.—　GHQG2（参謀第2）部長ウィロビー，警察予備隊総隊の初代幕僚長に元陸軍大佐服部卓四郎を強く推し，部内で問題となる．8月9日，服部を排除することで決着（自衛隊の誕生）． 8.10　警察予備隊令（政令260号〔ポツダム政令〕），公布・施行．警察予備隊を創設（官報）． 8.13　警察予備隊一般隊員の募集を開始（防衛白書平成20年版）． 8.14　増原恵吉を警察予備隊本部長官に任ず（官報）． 8.23　警察予備隊，江田島・越中島各学校を設置．前者は幹部・火器・通信・施設・武器・車両関係，後者は人事・経理・補給・検033関係．第1回一般隊員，入隊．第1期訓練（基本訓練），開始．以後10月12日まで11回にわたり約7万5000人が逐次入隊．全国28ヵ所の米軍キャンプで13週間624時間の基本訓練を受ける（自衛隊十年史／日本軍事史下／朝鮮戦争と警察予備隊）．

西暦	和暦	記　　　　　　　　　　　　　　事
1950	昭和25	8.25　米英豪の3国,国際連合に書簡を送ってソ連の捕虜抑留を非難し,抑留捕虜に対して国連が措置をとることを希望.12月24日,国連総会で「捕虜問題の平和的解決のための措置」に関する決議文を採択(続・引揚援護の記録).
8.28　警察予備隊第1期幹部要員,江田島学校に入校(自衛隊十年史).
8.—　沖縄タイムス社編『鉄の暴風現地人による沖縄戦記』(朝日新聞社),刊(沖縄戦強制された「集団自決」).
9.15　日本遺族厚生連盟,機関紙『日本遺族通信』で全国戦死者遺族の総数を759万と推計(23県を基礎とした概数)(日本遺族会の四十年).
9.15　国際連合軍,仁川に上陸.26日,ソウルを奪回(自衛隊の誕生／近代日本総合年表).
9.18　警察予備隊,東京指揮学校を開設(幹部教育),第1期生,入校(自衛隊十年史／朝鮮戦争と警察予備隊).
9.—　石野径一郎の小説『ひめゆりの塔』(山雅房)(1949年,雑誌『令女界』掲載)(沖縄問いを立てる4).
10.2　海上保安庁長官大久保武雄,米極東海軍参謀副長海軍少将バークに呼び出され,朝鮮元山への上陸作戦への協力を要請される(日本軍事史下).
10.2　海上保安庁朝鮮派遣掃海隊が編成される.12月12日まで46隻1200人が掃海に従事,死者1名・負傷者8名(自衛隊の誕生).
10.9　宮内庁次長林敬三を警察予備隊総隊総監に発令(自衛隊の誕生).
10.25　中国人民志願軍,朝鮮戦争に参戦(防衛白書平成20年版).
10.26　国際連合軍,鴨緑江岸の新義州に迫る(近代日本総合年表).
11.3　小磯国昭,没(元陸軍大将)(日本陸海軍総合事典).
11.9　「日本政府の負担による外国人の送出引き揚げ」,終了.この結果,約51万の朝鮮人,約2.3万の中国人(台湾省民を含む),約3.5万の南西諸島民が日本に残る(続・引揚援護の記録／続々・引揚援護の記録).
11.21　重光葵(まもる),仮出所.A級戦犯最初の釈放(戦争裁判余録).
11.24　米国,対日講和7原則を発表(防衛白書平成20年版).
11.30　旧職業軍人初の公職追放解除.太平洋戦争開戦後の陸海軍学校入学者(陸軍士官学校第58期く幼年学校出身者を除く〉,海軍兵学校第74期,同相当者)陸軍1484名・海軍1489名が対象(自衛隊の誕生／日本軍事史下).
12.5　米極東軍司令部,琉球列島米国軍政府を琉球列島米国民政府United States Civil Administration of the Ryukyu Ilands (USCAR)と改称.初代民政長官マッカーサー.その監督下に住民の中央自治政府樹立を指示(日本外交主要文書・年表1).
12.18　北大西洋条約機構理事会防衛委員会,NATO軍創設を決定(日本外交主要文書・年表1).
12.29　警察予備隊の部隊の編成及び組織に関する規程(総理府令第52号),公布・施行.総隊総監部の下に第1(東京)・第2(札幌)・第3(大阪)・第4(福岡)の各管区隊(師団相当)を設置,管区隊の下に普通科連隊・特科連隊を置く(官報／自衛隊十年史／日本軍事史下).
この年　辻政信『十五対一』(酬燈社)・『潜行三千里』(毎日新聞社)刊行,旧幕僚将校による「戦記もの」ばやりの先駆けとなる(日本人の戦争観).

1951（昭和26）

西暦	和暦	記　　　　　事
1951	昭和26	⎛内閣総理大臣：吉田　茂 ｜国務大臣（警察予備隊担当）：大橋武夫（12.26～） ⎝警察予備隊本部長官：増原恵吉 　1. 1　マッカーサー，新年声明．日本再武装の必要を力説（自衛隊十年史）． 　1. 1　梨本守正（梨本宮守正王），没（元元帥陸軍大将）（日本陸海軍総合事典）． 　1. 5　国際連合軍，仁川を放棄（自衛隊十年史）． 　1.10　吉田豊彦，没（元陸軍大将）（日本陸海軍総合事典）． 　1.17　野村吉三郎・保科善四郎ら旧海軍関係者，「海軍再建工作」に着手（自衛隊の誕生）． 　1.19　フィリピン，セブ島事件戦犯14人の死刑を突如執行．反響，大（戦争裁判余録）． 　1.24　野村吉三郎ら，秘密機関「新海軍再建研究会」（いわゆる野村機関）を発足させる．再軍備の憲法抵触，軍人に対する批判を恐れ秘密とする（自衛隊の誕生）． 　1.25　米特使ダレス，講和問題話し合いのため来日．29日，第1回吉田〔茂〕・ダレス会談（講和会議交渉）．ダレス，首相吉田茂に日本の防衛力増強を強く迫る（自衛隊十年史／防衛白書平成20年版／自衛隊の誕生）． 　1. —　野間宏「真空ゾーン」『人間』に連載（～2月．のちの『真空地帯』の一部）（日本近代文学年表）． 　1. —　大岡昇平「野火」を改稿し『展望』に連載（～8月）（日本近代文学年表）． 　2. 5　警察予備隊，第4管区総監部を福岡市に設置（陸上自衛隊の50年）． 　2.21　国際連合軍，朝鮮中部戦線で新攻勢を開始（自衛隊十年史）． 　3. 1　警察予備隊，追放解除の陸軍士官学校・海軍兵学校等出身者の特別募集を開始．6月11日，1・2等警察士要員，入隊（防衛白書平成20年版／自衛隊の誕生）． 　3. 7　北朝鮮・中国軍，ソウルを奪回（近代日本総合年表）． 　3.24　マッカーサー，中国本土攻撃も辞さずと声明（近代日本総合年表）． 　3.31　米国務長官顧問ダレス，対日講和草案の全容を発表（自衛隊十年史）． 　4. 1　沖縄の米民政府，琉球臨時中央政府を設立（近代日本総合年表）． 　4. 9　オーストラリア軍，マヌス裁判を終了（戦争裁判余録）． 　4.11　米大統領トルーマン，連合国最高司令官・米極東軍司令官マッカーサーを解任，後任にリッジウエイを任命（自衛隊十年史）． 　4.18　新海軍再建研究会（野村機関），海軍再建3試案を米極東海軍司令部に提出．これを受けた同司令部参謀副長バークの本国への働き掛けにより，ワシントンでも日本の海上・航空部隊を設立する動きが出る（自衛隊の誕生）． 　4.30　警察予備隊，総隊学校を設置（久里浜）．駐とん地部隊長等を発令（自衛隊十年史／陸上自衛隊の50年年表）． 　5.15　警察予備隊，総隊学校第2部（指揮幕僚教育）教育を開始（自衛隊十年史）． 　5.17　英豪関係香港地区戦犯70人，海利号で横浜に内地帰還．スガモ＝プリズンへ移監（戦争裁判余録）． 　5.17　首相吉田茂，警察予備隊本部長官増原恵吉に「士官」養成機関創設の検討を指示（自衛隊の誕生）． 　5.22　警察予備隊，総隊学校第3部（通信教育）の教育を開始（自衛隊十年史）． 　6.11　陸軍士官学校・海軍兵学校等出身者245人，警察予備隊に幹部候補生とし

1951(昭和26)

西暦	和暦	記事
1951	昭和26	て入隊.警察予備隊総隊学校第1部(初級幹部教育),教育を開始(自衛隊十年史／近代日本総合年表).
6.11　オーストラリア軍,マヌス裁判による死刑囚5人の死刑を執行.連合7ヵ国最後の戦犯の死刑執行となる(戦争裁判余録).
6.20　政府,第1次公職追放解除を発表(石橋湛山ら政財界人)(自衛隊の誕生).
7. 9　警察予備隊,総隊学校第4部(衛生教育),教育を開始(自衛隊十年史).
7.15　大井成元,没(元陸軍大将)(日本陸海軍総合事典).
7.24　東京都美術館の戦争画,占領軍兵士により運び出される.26日,アメリカに発送(戦争と美術).
8. 6　政府,第2次公職追放解除を発表(鳩山一郎ら各界人).旧陸軍5569人・海軍2269人の追放を解除.1951年8月,陸軍士官学校第54期生相当者以上の約400人を上級幹部に,9月,陸海軍尉官級の約400人を下級幹部として警察予備隊に採用(自衛隊の誕生／日本軍事史下).
8.16　政府,旧陸海軍正規将校1万1185人の公職追放解除を発表(近代日本総合年表).
8.27　英領地区(香港を除く)全戦犯231人,タイレア号により内地(横浜)帰還.227人,スガモ＝プリズンへ移監(戦争裁判余録).
8.30　米比相互防衛条約,署名(1952年8月27日,発効)(日本外交主要文書・年表1).
9. 1　オーストラリア・ニュージーランド・米国間3国安全保障条約(ANZUS条約),署名(1952年4月29日,発効)(日本外交主要文書・年表1).
9. 2　米軍,横浜裁判による死刑囚を減刑.スガモ＝プリズンに収監中の死刑囚は皆無となる(戦争裁判余録).
9. 4　対日講和会議,サンフランシスコで開会(〜8日).52ヵ国,参加(日本外交主要文書・年表1).
9. 8　日本国との平和条約(昭和27年条約第5号)(対日講和条約・サンフランシスコ講和条約),調印.日本を含む49ヵ国が調印.ソ連・チェコスロバキア・ポーランド,調印を拒否.1952年4月28日,公布.1952年4月28日午後10時30分(アメリカ合衆国東部標準時間午前8時30分),発効.調印国「アルゼンティン・オーストラリア・ベルギー王国・ボリヴィア・ブラジル・カンボディア・カナダ・セイロン・チリ・コロンビア・コスタ＝リカ・キューバ・ドミニカ共和国・エクアドル・エジプト・サルヴァドル・エティオピア・フランス・ギリシャ・グァテマラ・ハイティ・ホンデュラス・インドネシア・イラン・イラーク・ラオス・レバノン・リベリア・ルクセンブルグ大公国・メキシコ・オランダ王国・ニュー＝ジーランド・ニカラグァ・ノールウェー王国・パキスタン・パナマ・パラグァイ・ペルー・フィリピン共和国・サウディ＝アラビア・シリア・トルコ共和国・南アフリカ連邦・グレート＝ブリテン及び北部アイルランド連合王国(イギリス)・アメリカ合衆国・ウルグァイ・ヴェネズエラ・ヴィエトナム・日本」(官報昭和27.4.28〔条約／内閣告示第1号／外務省告示第10号〕／日本外交主要文書・年表1).
9. 8　日本国とアメリカ合衆国との間の安全保障条約(昭和27年条約第6号),調印.1952年4月28日,公布.1952年4月28日午後12時30分(アメリカ合衆国東部標準時間午前8時30分),発効(官報昭和27.4.28〔条約／内閣告示第1号／外務省

1951～1952（昭和26～昭和27）

西暦	和暦	記　事
1951	昭和26	告示第13号］／日本外交主要文書・年表１）． 　9.10　文部次官・引揚援護庁次長「戦没者の葬祭などについて」により，個人・民間団体主催の慰霊祭・葬儀に知事，市町村長，公務員が参列，敬弔の意を表し弔辞を読むこと，地方公共団体からの香華・花輪の贈呈などが許される（1946年11月1日内務・文部両次官通知「公葬等に関する通知」を大幅に緩和）．さらに同年9月28日付文部大臣官房宗務課長代理名による通達により，「民間団体」には宗教団体を含む，地方公共団体が慶弔の表示として贈るものには真榊・神饌・玉串料などを含むことなどが確認される（日本遺族会の四十年）． 　9.15　警察予備隊，米軍のＭ１小銃を各部隊に配備（陸上自衛隊の50年）． 　10.1　旧陸海軍佐官級の特別学生，警察予備隊総隊学校第２部に入校（自衛隊十年史）． 　10.1　旧軍中佐以下の将校の公職追放解除（自衛隊の誕生）． 　10.15　警察予備隊，衛生学校が開校（久里浜）（陸上自衛隊の50年／自衛隊10年史年表）． 　10.18　首相吉田茂，靖国神社の例大祭に初めて参拝．代理参拝も含め，以後計６回（靖国神社略年表／靖国の戦後史）． 　10.19　連合国軍最高司令官リッジウェー，首相吉田茂にフリゲートなど計68隻の貸与を正式提案．海軍再建が具体化する（自衛隊の誕生）． 　10.20　警察予備隊小月部隊，ルース台風による山口県北河内村（きたこうちそん）の災害救援のため初の出行（～26日）（自衛隊十年史）． 　10.26　衆議院，日本国との平和条約・日本国とアメリカ合衆国との間の安全保障条約を承認．11月18日，参議院，承認（日本外交主要文書・年表１）． 　10.31　海上警備隊創設のため海上保安庁内に「Ｙ委員会」，発足．委員は海軍再建を目的とする旧海軍人山本善雄・海上保安庁長官柳沢米吉ら10人．海上保安庁と旧海軍の間で米海軍から貸与される艦艇の受領者・組織について議論，新機構を作りいずれ海保から分離独立させることでまとまる（海上自衛隊五十年史資料編／近代日本総合年表／自衛隊の誕生）． 　11.16　警察予備隊，総隊特科学校を設置（習志野）（自衛隊十年史）． 　11.22　首相吉田茂，野村吉三郎ら旧陸海軍人を招き防衛力漸増問題を協議（近代日本総合年表）． 　12.30　連合国軍最高司令官総司令部，戦犯の管理を日本に引き渡す旨を発表．1300人が服役（すでに仮出所521人・模範囚として刑の短縮365人）（日本軍の捕虜政策）． 　この年　猪口力平・中島正『神風特別攻撃隊』（日本出版協同株式会社），淵田美津雄・奥宮正武『ミッドウェー』（同），同『機動部隊』（同），刊行（日本人の戦争観）．
1952	昭和27	／内閣総理大臣：吉田　茂 　国務大臣（警察予備隊担当）：大橋武夫（～7.31） 　警察予備隊本部長官：増原恵吉（～7.31） 　海上保安庁長官：柳沢米吉（4.26～7.31） ＼保安庁長官：吉田　茂（事務取扱）（8.1～）・木村篤太郎（10.30～） 　1.5　吉田茂・リッジウェー会談．日本独立後の防衛のあり方を議論（自衛隊の

西暦	和暦	記事
1952	昭和27	誕生).
1.7　警察予備隊,総隊施設学校(もと施設講習所)・調査学校を開校(陸上自衛隊の50年／自衛隊十年史年表).
1.12　米極東軍参謀長,首相吉田茂の軍事ブレーン元陸軍中将辰巳栄一に,警察予備隊の増強(陸上兵力32万5000人)を要求.日本側の拒否により18万人となり,さしあたり11万人,翌年13万人に増やすことで了解(自衛隊の誕生／日本軍事史下).
1.14　警察予備隊,総隊学校第5部(人事・調査・補給)教育を開始(自衛隊十年史).
1.15　警察予備隊,総隊普通科学校を久留米に創設(総隊学校第1部,廃止)(陸上自衛隊の50年).
1.18　韓国大統領李承晩,「隣接海洋に対する主権に関する宣言」を発表,いわゆる李承晩ラインを設定.28日,外務省,これに反論(日本外交主要文書・年表1).
1.21　警察予備隊,車両整備講習所を総隊武器学校に改編(陸上自衛隊の50年).
1.21　海上保安庁の海上警備官要員(A・B班講習員)教育を開始(横須賀米海軍基地)(自衛隊十年史).
1.25　最初の政府遺骨調査班,硫黄島に向け横浜港を出港.約800の遺骨を目撃.本格的送還作業の際収集しうる遺骨は約3000と予想(続・引揚援護の記録).
1.31　首相吉田茂,衆議院予算委員会で10月に警察予備隊を打ち切り,防衛隊を新設すると発言(自衛隊の誕生／日本軍事史下).
2.8　改進党,結成.幹事長三木武夫.6月18日,総裁重光葵(まもる).政策大綱に「民主的自衛軍を創設し集団安全保障体制に参加する」を掲げる(資料戦後二十年史1).
2.19　海上警備隊創設のため,海上保安庁法の改正要綱を決定(自衛隊十年史).
2.28　日米行政協定(日本国とアメリカ合衆国との間の安全保障条約第三条に基く行政協定)(条約第6号),署名.4月28日,公布・発効.在日米軍への基地提供,米軍人などへの裁判権は米軍が持つことなどを定める(官報4.28／日本外交年表・主要文書1).
2.29　沖縄の米国民政府,「琉球政府の設立」(米国民政府布告第13号)を公布(4月1日,施行).3月2日,第1回琉球政府立法院議員選挙,行われる(日本外交年表・主要文書1／近代日本総合年表).
2.―　野間宏『真空地帯』(河出書房),刊行(日本近代文学年表).
2.―　壺井栄「二十四の瞳」,雑誌「ニューエイジ」に連載(~11月).1952年12月,単行本(光文社),刊行(「反戦」のメディア史).
3.6　首相吉田茂,参議院予算委員会で「自衛のための戦力は違憲ではない」と発言(「私は戦力を持つていけないと言つておるのではない,再軍備はしない,再軍備は何のためにしないかと言いますと,憲法に禁じてありますことは,国際紛争の具に供しない,戦力を以て国際紛争の手段にしないということを禁じておるのであります.自衛手段の戦力を禁じておるわけではない,…」).10日,訂正(国会会議録／日本外交年表・主要文書1).
3.10　警察予備隊,一般公募(大学・高等専門学校卒業者)第1回幹部候補生採用試験.9月8日,入校(自衛隊十年史／陸上自衛隊の50年).

1952（昭和27）

西暦	和　暦	記　　　　　　　　　　　　事
1952	昭和27	3.15　政府の遺骨調査班,沖縄へ出発（続・引揚援護の記録）. 3.18　警察予備隊,久留米普通科学校内に幹部候補生隊を編成（自衛隊十年史）. 3.24　警察予備隊,総隊学校第6部（補給教育）の教育を開始（自衛隊十年史）. 3.—　「原爆の図」第2次全国巡回展始まる（〜1953年10月）（「原爆の図」描かれた〈記憶〉,語られた〈絵画〉）. 4.1　警察予備隊,総隊特別教育隊（特科および特車教育）を相馬ヶ原に設置.10日,開校（自衛隊十年史／陸上自衛隊の50年）. 4.3　映画「私はシベリアの捕虜だった」（シュウタグチ・東宝,演出阿部豊）,公開.シベリア抑留の悲惨を描く.反共宣伝のためアメリカの情報機関が製作を支援したとみられる（日本映画発達史4／日本映画史4）. 4.15　オーストラリア軍,関係未逮捕戦犯6人の逮捕令を解除.各国の未逮捕者全員,逮捕令が解除される（戦争裁判余録）. 4.18　海上保安庁,海上警備官要員（D班講習員）の教育を開始（横須賀）（自衛隊十年史）. 4.25　海上警備官要員を募集（自衛隊十年史）. 4.26　政府,最終の公職追放解除29人を発表.28日,対日平和条約の発効により,いわゆる追放令が無効となり,岸信介ら約5700人,自動的に公職追放解除（近代日本総合年表）. 4.26　海上保安庁法の一部を改正する法律（法律第97号）,公布・施行（一部は4月28日,施行）.海上警備隊,発足.総監部を海上保安庁内に,横須賀地方監部を横須賀市田浦に設置.海保から移管された掃海船43隻8900ｔ主体（官報／自衛隊十年史／近代日本総合年表）. 4.27　民事局別館（CASA）,廃止され,米極東軍司令部内に設立された在日保安顧問部（SASJ）に移行（自衛隊の誕生）. 4.28　この日午後10時30分,対日平和条約・日米安保条約,発効（官報）. 4.28　日米行政協定,発効（官報）. 4.28　極東委員会・対日理事会・GHQ,廃止（日本外交主要文書・年表1）. 4.28　平和条約第十一条による刑の執行及び赦免等に関する法律（法律第103号）,公布・施行.戦争犯罪人の刑の執行を日本政府が引き継ぐ.927人（朝鮮人29人・台湾人1名を含む）・仮出所中の892人とともに法務大臣の所管とされる（官報／日本軍の捕虜政策／遺族と戦後）. 4.28　スガモ＝プリズン,巣鴨刑務所となり日本の管理下におかれる（戦争裁判余録）. 4.28　日華平和条約（日本国と中華民国との間の平和条約）,署名.8月5日,発効（官報8.5）〔→8.5〕. 4.30　戦傷病者戦没者遺族等援護法（法律第127号）,公布・施行（4月1日より適用）.旧軍人軍属遺族への年金支給,戦傷病者に更生医療の給付など（官報）. 4.30　海上警備隊組織規程（運輸省令第22号）,公布.海上警備隊総監部と地方監部,その下に船隊を置く.要員は海上保安庁の職員と新規採用者を宛てる.当初より旧海軍軍人を幹部として任用（官報／日本軍事史下）. 4.—　草鹿龍之介『聯合艦隊』（毎日新聞社）刊行（日本人の戦争観）. 5.1　メーデーに参加したデモ隊,皇居前広場で警官隊と乱闘（近代日本総合

西暦	和暦	記　　　　　　　事
1952	昭和27	年表）． 　5.2　終戦以来初めての全国戦没者追悼式，実施（新宿御苑）．天皇・皇后，出席（援護五十年史）． 　5.10　戦争受刑者世話会，設立．理事長藤原銀次郎，同代理正力松太郎・井野碩哉，事務局総務原忠一，庶務額田坦，会計山本丑之助（戦争裁判余録）． 　5.12　海上警備隊，横須賀の米国艦艇（PF〈Patrol Frigate, パトロールフリゲート艦〉2隻・LSSL〈Landing Ship Support, Large, 大型上陸支援艇〉1隻）の保管引受（自衛隊十年史）． 　5.15　警察予備隊，習志野の総隊特科学校内に別科（語学）を設置（自衛隊十年史）． 　5.15　日本国とアメリカ合衆国との間の安全保障条約第三条に基く行政協定の実施に伴う土地等の使用等に関する特別措置法（駐留軍用地特別措置法）（法律第140号），公布・施行．個人の土地でも都道府県収用委員会の採決を経たうえで米軍用地として収用できるとする法律（官報）． 　5.18　旧陸軍航空関係者，「空軍兵備要綱」をまとめる．7月17日，米極東空軍へ提出（自衛隊の誕生）． 　5.27　欧州防衛共同体（EDC, European Defense Community）条約，署名．1954年8月30日，フランス，批准を拒否し，本条約，発効せず（日本外交主要文書・年表1）． 　5.30　警察予備隊，都内一部の騒擾のため第1警戒警備を発令（陸上自衛隊の50年）． 　6.12　衆議院で「戦争犯罪者の釈放等に関する決議」（戦犯の早期釈放を要求する）を採択．本年12月9日，「戦争犯罪による受刑者の釈放等に関する決議」を，1953年8月3日，「戦争犯罪による受刑者の赦免に関する決議」を，1955年7月19日，「戦争受刑者の即時釈放要請に関する決議」を，各採択．1952年6月9日，参議院で「戦犯在所者の釈放等に関する決議」を採択（国会会議録／日本人の戦争観）． 　6.14　巣鴨刑務所に服役中の朝鮮・台湾人戦犯29人，人身保護法第2条による違法拘束救済の請求を東京地方裁判所に提出．講和条約成立とともに日本国籍を喪失したので拘束を受ける法律上の根拠はないとする（戦争裁判余録／遺族と戦後）〔→7.30〕． 　6.—　峠三吉『原爆詩集』（青木書店），刊．「にんげんをかえせ」の言葉で知られる「序」などを収録（1951年刊行の孔版刷りの版に詩5編を追加）（近代日本総合年表）． 　7.14　警察予備隊，元大本営参謀ら旧陸海軍大佐11人を特別幹部として採用．保安隊発足とともに上級幹部の地位に就ける（自衛隊の誕生／日本軍事史下）． 　7.15　警察予備隊，新隊員教育隊を久里浜ほか8ヵ所に編成（自衛隊十年史）． 　7.18　海上警備隊，横須賀で第1期幹部（士官相当）講習員の入隊講習を開始（〜10月15日）（自衛隊十年史／海上自衛隊五十年史）． 　7.20　警察予備隊，松戸施設補給廠を設置（自衛隊十年史）． 　7.21　破壊活動防止法（法律第240号）・公安調査庁設置法（法律第241号）・公安審査委員会設置法（法律第242号），公布・施行（官報）． 　7.26　日米施設区域協定（行政協定に基く日本国政府とアメリカ合衆国政府と

1952(昭和27)

西暦	和暦	記事
1952	昭和27	の間の協定)(外務省告示第33号),署名.在日米軍の施設・区域について定める(官報). 　7.30　最高裁判所大法廷,6月14日に提訴された巣鴨刑務所に服役中の朝鮮・台湾人戦犯の釈放請求を棄却(最高裁判所民事判例集第6巻第7号/戦争裁判余録). 　7.30　国会(衆議院海外同胞引揚及び遺家族援護に関する調査特別委員会)で初めて靖国神社合祀問題を論議(国会会議録/靖国の戦後史). 　7.31　保安庁法(法律第265号),公布(8月1日,施行.一部は10月15日,施行)(官報). 　7.31　厚生省設置法の一部を改正する法律(法律第273号),公布(1954年4月1日,施行[昭和28年法律第24号・36号]).昭和23年政令第124号引揚援護庁設置令を廃止(官報)[→1954.4.1]. 　7.31　菱刈隆,没(元陸軍大将)(日本陸海軍総合事典). 　8.1　保安庁法,施行.保安庁,総理府の外局として発足.首相吉田茂,保安庁長官を兼任,保安庁次長増原恵吉(もと香川県知事)(自衛隊十年史). 　8.1　保安庁に保安研修所(越中島.幹部職員の教育訓練を行う.旧陸海軍大学校を統合したものにあたる)・保安大学校・技術研究所(装備品の国産化研究にあたる.のち自衛隊の技術研究本部に発展)を設置(自衛隊十年史). 　8.1　保安庁に第一幕僚監部を置いて警察予備隊を,第二幕僚監部を置いて警備隊(海上警備隊を改称し海上保安庁から独立)を統率させる.警備隊の横須賀・舞鶴各地方隊,発足(自衛隊の誕生/海上自衛隊50年史/日本軍事史下). 　8.4　首相吉田茂,保安庁長官として幹部に「新国軍の土台たれ」と訓示(自衛隊の誕生/日本軍事史下). 　8.5　未復員者給与法等の一部を改正する法律(法律第296号),公布・施行(4月28日より適用).服役中の戦争犯罪者にも適用(官報). 　8.5　日本国と中華民国との間の平和条約(日華平和条約)(条約第10号),公布・発効(4月28日,署名調印)(官報[条約/外務省告示第36号]/日本外交年表・主要文書1). 　8.5　中華民国戦犯91人,特赦(戦争裁判余録). 　8.6　映画「原爆の子」(近代映画協会.原作長田新『原爆の子』.演出新藤兼人).日本教職員組合が協力(日本映画発達史4/日本映画史4)[→1953.10.7]. 　8.8　政府,米英蘭仏各大使にBC級戦犯の全面赦免を申し入れ,フィリピン・オーストラリアには早期内地帰還を申し入れる(戦争裁判余録). 　8.13　経済団体連合会(経団連),日米経済協力懇談会を設け,下部に元三菱重工業社長郷古潔を委員長とする防衛生産委員会など3委員会を設置.再軍備と軍需工業復活に向けた調査研究機関となる(自衛隊の誕生/日本軍事史下). 　8.18　警備隊第1期士補講習員,横須賀で入隊講習を開始(自衛隊十年史). 　8.22　警察予備隊の任期満了者,逐次除隊(自衛隊十年史). 　8.28　首相吉田茂,衆議院を解散(「抜き打ち解散」などと呼ばれる)(内閣制度百年史/自衛隊の誕生). 　8.—　吉田満『戦艦大和の最期』(創元社),刊行(日本近代文学年表). 　9.5　警察予備隊の総隊武器学校,立川から土浦へ移転(自衛隊十年史).

1952（昭和27）

西暦	和暦	記　　　　　　　　　事
1952	昭和27	9.10　米空軍参謀部が立案した日本空軍創設案,統合参謀本部で承認される(自衛隊の誕生). 9.—　保安庁内に次長,第一・第二幕僚長からなる制度調査委員会を設置.再軍備構想の検討に入る(自衛隊の誕生／日本軍事史下). 10. 3　英国,初の原爆実験を行う(防衛白書平成20年版). 10. 6　保安隊の駐とん地の位置および指揮系統を定める訓令,施行(自衛隊十年史). 10.15　警察予備隊,保安隊に移行.各駐とん地で発足記念行事を実施.中央では式典(神宮外苑)後初の都内行進.第1方面隊(札幌,第2管区隊と直轄部隊を指揮,軍に相当),第1(東京)・第3(伊丹)・第4(福岡)管区隊(師団相当)を置く.総隊学校を廃止,幹部・通信・衛生・業務各学校を設置.航空学校,設置(浜松,L16連絡機20機が貸与され航空機装備の第一歩となる).需品(松戸)・武器(土浦)・通信(立川)・衛生(立川)・関西地区(宇治)各補給しょうを設置,宇治・立川各補給廠を廃止.松戸施設補給廠を施設補給しょうと改称(自衛隊十年史／日本軍事史下). 10.16　天皇・皇后,宗教法人靖国神社に初参拝(靖国の戦後史). 10.25　保安大学校生及び幹部候補生を募集.志願受付を開始(陸上自衛隊の50年). 10.28　警備隊第二幕僚監部,海上保安庁から深川越中島保安庁内に逐次移転(自衛隊十年史). 10.30　第4次吉田茂内閣,成立.保安庁長官木村篤太郎(官報). 10.—　大西巨人「俗情との結託」(『新日本文学』10月号).野間宏『真空地帯』を批判(日本近代文学年表). 11. 1　米国,水素爆弾の実験に成功(自衛隊十年史). 11.12　日米船舶貸借協定,調印(12月27日,発効).PF(パトロールフリゲート艦)18隻,LSSL(大型上陸支援艇)50隻を貸与,期間5年(自衛隊十年史／日本軍事史下／日本外交主要文書・年表1). 11.20　警備隊の第1回公募警査,舞鶴地方隊に入隊(自衛隊十年史). 11.22　保安隊,第1次編成部隊第2次編成,完結(独立特科大隊8,独立特車大隊1,施設大隊2,建設群本部1及び建設大隊2)(陸上自衛隊の50年). 11.—　SASJ(在日保安顧問部),越中島から港区麻布のハーディ＝バラックスに移転(自衛隊の誕生). 12. 1　中華人民共和国政府,日本人3万人を送還する意図のあることを発表(北京放送)(援護五十年史). 12. 9　衆議院本会議,「戦争犯罪による受刑者の釈放等に関する決議」を可決(国会会議録／戦争裁判余録). 12.12　保安隊,第3次編成完結(第1・第2次を除く残りの全部隊)(陸上自衛隊の50年). 12.15　映画「真空地帯」(新星映画.原作野間宏.演出山本薩夫)(日本映画史発達4). 12.21　国際連合,日本加盟決議案を可決(自衛隊十年史). 12.24　平和条約第十一条による刑の執行及び赦免等に関する法律の一部を改正する法律案,国会で可決,同法,成立(戦争裁判余録)〔→1953.1.22〕.

1952～1953（昭和27～昭和28）

西暦	和暦	記事
1952	昭和27	12.—　大岡昇平『俘虜記』（創元社），刊（日本近代文学年表）．
1953	昭和28	⎰内閣総理大臣：吉田　茂 ⎱保安庁長官：木村篤太郎 1. 1　SASJ（在日保安顧問部），名称をSAGJ（在日保安顧問団）と改称．保安隊の育成にあたる（自衛隊の誕生／自衛隊10年史）． 1. 9　映画「ひめゆりの塔」（東映．監督今井正）（日本映画発達史4）． 1.12　米政府，戦争犯罪受刑者の一時出所規定緩和措置を不当と抗議（戦争裁判余録）． 1.13　外務大臣岡崎勝男，駐日米国大使マーフィーに外国（ソ連）軍用機の領空侵入排除への米国の協力を要請．16日，同意の旨返書（日米外交主要文書・年表1）． 1.14　警備隊，日米船舶貸借協定によるPF（パトロールフリゲート艦）6隻，LSSL（大型上陸支援艇）4隻の引渡式を横須賀米海軍基地で挙行（以後12月23日までにPF 12隻，LSSL46隻受領）．第1・第2・第11船隊を横須賀に編成（自衛隊十年史）． 1.20　アイゼンハワー，米大統領に就任（日本外交主要文書・年表1）． 1.21　ダレス，米国務長官に就任（～1959年4月22日）（日本外交主要文書・年表1）． 1.22　平和条約第十一条による刑の執行及び赦免等に関する法律の一部を改正する法律（法律第4号），公布・施行．戦争犯罪受刑者の一時出所規定を緩和する（官報）． 1.31　初の遺骨収集の政府派遣団，東京を出港．南鳥島・ウェーキ・サイパン・テニアン・グアム・アンガウル・ペリリュー・硫黄島を巡回．3月19日，帰国（続・引揚援護の記録）． 2.16　警備隊，第12船隊を横須賀に編成（自衛隊十年史）． 2.—　経済団体連合会防衛生産委員会審議室，「防衛力整備に関する一試案」を作成．旧陸海軍将官などにより策定された再軍備計画で，陸上15師団30万人，海上29万t・7万人，航空2800機・13万人，6年間で完成する費用2兆9000億円．米の援助を期待しひそかに米国防省にも提出される（自衛隊の誕生）． 3. 5　中華人民共和国と日本赤十字・日中友好協会・日本平和連絡会との間に日本人居留民帰国問題に関する共同コミュニケ（いわゆる北京協定），成立（援護五十年史）． 3. 5　ソ連首相スターリン，没（日本外交主要文書・年表1）． 3.14　これより先，2月28日，首相吉田茂，衆議院予算委員会で右派社会党西村栄一の質問中に「ばかやろう」などと発言．この日，衆議院で内閣不信任案を可決．吉田，衆議院を解散（いわゆる「バカヤロー解散」）（国会会議録／内閣制度百年史上）． 3.19　南方遺骨調査団，帰国．グアム裁判による一部刑死者の遺骨も内地帰還．最初の戦争犯罪刑死者遺骨内地帰還（戦争裁判余録）． 3.23　北京協定（3月5日）に基づく中国引き揚げ第1・第2船興安丸・高砂丸，舞鶴に入港．途中一時中断があったが1958年7月の第21次引き揚げまで37隻，入港，3万2506人，帰国（援護五十年史）．

西暦	和暦	記　　　　　　　事
1953	昭和28	3.26　保安隊,北海道地区補給しょうを設置(島松)(自衛隊十年史).
		3.—　保安庁の制度調査委員会,「防衛力整備計画第1次案」を作成.政府機関の作った初の防衛計画.昭和28～40年度の間に陸上30万人,海上45万5000t,航空6744機を整備という膨大なもので,第10次まで作られるが政府の認めるところとならず(日本軍事史下).
		3.—　服部卓四郎『大東亜戦争全史』1～8(鱒書房),刊行(～8月).
		4. 1　警備隊,第1船隊群を新編.PF(パトロールフリゲート艦)・LSSL(大型上陸支援艇)各4隻からなる(海上自衛隊五十年史).
		4. 1　保安大学校,開校.初代校長元慶応義塾大学教授槇智雄(自衛隊十年史／日本軍事史下).
		4. 1　浅草本願寺で花岡・小坂鉱山などの中国人俘虜殉難者(500余名)慰霊祭が行われる.6月23日,中華人民共和国への遺骨送還,始まる(近代日本総合年表).
		4. 3　琉球列島米国民政府,土地収用令を公布.武装兵出動による軍用土地強制収用,続発(近代日本総合年表).
		4. 8　保安大学校第1期生,入校任命式(400名)(自衛隊十年史).
		5. 5　米国務長官ダレス,米上下両院外交委員会合同会議で1954年度の相互安全保障計画について証言.日本に関して「この相互安全保証プログラムは日本国内の治安と,自国防衛とのための武器に要する資金を計上している」と述べる(資料戦後二十年史3).
		5.21　第5次吉田茂内閣,成立.保安庁長官木村篤太郎.防衛庁長官木村篤太郎(1954.7.1防衛庁設置～)(官報).
		6. 1　警備隊,第1期幹部候補生教育を開始(横須賀,～1954年5月31日)(海上自衛隊五十年史).
		6. 1　仏大統領オリエール,5月26日に仏国全戦犯の減刑の大統領令に署名したと通告.6月5日,同国関係31名,減刑され出所(戦争裁判余録).
		6. 2　政府,内灘試射場を無期限使用と決定(近代日本総合年表).
		6. 4　日本遺族厚生連盟,財団法人日本遺族会(1953年3月,設立認可)に発展的解消を遂げる(日本遺族会の四十年).
		6. 9　保安庁長官木村篤太郎,昭和32年度に保安隊20万人,艦船十数万t,航空機千数百機の実現を目指す長期計画を記者団に語って問題となる(自衛隊の誕生／日本軍事史下).
		6. 9　映画「雲ながるる果てに」(新世紀映画・重宗プロ.監督家城巳代治).原作白鴎遺族会編『雲ながるる果てに　戦歿飛行予備学生の手記』(1953年,日本出版協同)(日本映画発達史4).
		6.15　保安隊,化学教育隊を編成(関西地区補給処内)(自衛隊十年史).
		6.15　映画「戦艦大和」(新東宝.原作吉田満.監督阿部豊)(日本映画発達史4).
		6.20　菅野尚一,没(元陸軍大将)(日本陸海軍総合事典).
		6.26　政府,対日MSA援助に関する日米交換公文を発表(24日付外務省米国大使館宛往簡,26日付米大使館外務省宛返簡)(自衛隊十年史／日本外交主要文書・年表1).
		6.27　フィリピン大統領キリノ,日本人戦犯の減刑と釈放を決定し7月4日のフィリピン独立記念日に日本内地帰還を行なうと発表(戦争裁判余録).

1953（昭和28）

西暦	和暦	記　事
1953	昭和28	7.1　警備隊,幹部（1・2・3等警備正）の募集を開始（自衛隊十年史）. 7.2　戦時中日本国内で死没した中国人遺骨の第1次送還船,神戸港を出港（560人分）.1958年4月,第8次船,出港（続々・引揚援護の記録）. 7.4　衆議院,「戦争犯罪による受刑者の特赦についてのフランス共和国に対する感謝決議」「戦争犯罪による受刑者の特赦についてのフィリピン共和国に対する感謝決議」を可決.参議院,「フランス共和国の戦犯特赦に対する感謝決議」「フィリピン共和国の戦犯特赦に対する感謝決議」を可決（国会会議録／戦争裁判余録）. 7.4　第2次の遺骨収集政府派遣団のうち,アラスカのアッツ島戦死者墓地行き団員,羽田を出発（7月14日,帰国）.6日,アッツ島行き団員,東京港を出港（7月24日,帰国）（続・引揚援護の記録）. 7.22　フィリピン服役戦犯全員108人,白山丸で内地（横浜）帰還.うち56人,巣鴨刑務所へ移監.釈放52人,遺骨17柱（戦争裁判余録）. 7.27　朝鮮休戦協定,調印.22時,朝鮮休戦,実施（日本外交主要文書・年表1）. 8.1　武器等製造法（法律第145号）,公布（9月1日,施行.一部は8月16日,施行〔8月15日政令第196号〕）（官報）. 8.1　恩給法の一部を改正する法律（法律第155号）,公布（8月1日,施行.一部は1954年4月1日,施行）.旧軍人軍属とその遺族に対する恩給が従前の制度に改革を加え復活（拘禁中の戦犯は除外される）（官報）. 8.1　未帰還者留守家族等援護法（法律第161号）,公布・施行.留守家族に手当の支給など（服役中の戦犯者も援護対象となる）（官報）. 8.7　戦傷病者戦没遺族等援護法の一部を改正する法律（法律第181号）,公布（8月1日,施行）.刑死獄死遺族も弔慰金,遺族年金給付の対象となる（官報）. 8.8　オーストラリアのマヌス島服役者全員165人,白竜丸で横浜に内地帰還.うち147人,巣鴨刑務所に移監.釈放18人,遺骨2柱.これによりソ連・中華人民共和国を除き国外服役者,皆無となる（戦争裁判余録／援護五十年史）. 8.8　米国防長官ダレス,訪韓の帰途,来日して首相吉田茂と会談,より積極的な防衛努力を求める.吉田,国力や憲法の制約を理由に従来の保安隊11万人体制に固執（自衛隊の誕生）. 8.12　ソ連,初の水爆実験を行う.20日,成功を発表（自衛隊十年史／防衛白書平成20年版）. 8.16　警備隊,第2船隊群を新編.PF（パトロールフリゲート艦）もみ,LSSL（大型上陸支援艇）12隻よりなる（海上自衛隊五十年史資料編）. 9.7　阿部信行,没（元陸軍大将）（日本陸海軍総合事典）. 9.9　対比国民感謝大会,日比谷公会堂で開催.日比協会・戦争受刑者世話会・日比友の会・モンテンルパ会,主催.駐日フィリピン公使・首相吉田茂ら,出席（戦争裁判余録）. 9.16　警備隊,佐世保地方隊（佐世保地方総監部,下関基地隊,佐世保基地警防隊）・大湊地方隊（大湊地方総監部,函館基地隊,大湊基地警防隊）・館山航空隊（海上作戦支援訓練の回転翼機部隊,横須賀地方隊に編入）を新編.呉に地方基地隊を,下関・大阪・函館に基地隊を,横須賀・佐世保・舞鶴・大湊に基地警防隊をそれぞれ新編（海上自衛隊五十年史／自衛隊10年史）.

1953(昭和28)

西暦	和暦	記　事
1953	昭和28	9.16　警備隊,術科学校を横須賀に新設(海上自衛隊五十年史資料編). 9.27　首相吉田茂,改進党総裁重光葵(まもる)と会談.保安隊の自衛隊への切り替え,長期防衛政策で意見が一致(自衛隊の誕生). 9.29　日本国とアメリカ合衆国との間の安全保障条約第三条に基く行政協定第十七条を改正する議定書(条約第22号),署名.10月19日,公布.10月29日,発効.北大西洋条約行政協定に準じて米軍人・軍属の公務外の犯罪を日本側裁判権に切り替え(官報10.19〔条約／外務省告示第113号〕／日本外交主要文書・年表１). 10.１　米韓相互防衛条約,署名(日本外交主要文書・年表１). 10.５　首相吉田茂の特使池田勇人と米国務次官補ロバートソン,防衛力増強問題について協議を開始(ワシントン.～30日).30日,協議を終了,共同声明.米側は10個師団32万5000人を要求,日本側は18万人を提案.増強の具体的数値を示さず,日本の防衛力「漸増」で合意(日本外交主要文書・文書１／自衛隊の誕生). 10.５　航空自衛隊創設準備のため,保安庁内の制度調査委員会に「別室」が設けられる(自衛隊の誕生). 10.７　映画「ひろしま」(日教組プロ.原作長田新『原爆の子』.演出関川秀雄).1952年の映画「原爆の子」に日本教職員組合員からもっと現実の悲惨に迫るべきだという声が上がったため,組合が制作して被爆時の惨状を市民がボランティアで出演して再現(日本映画発達史４／日本映画史４). 10.18　靖国神社秋季例大祭に勅使参向が復活(靖国の戦後史). 10.24　日本赤十字社社長島津忠承以下５人,在ソ戦犯送還交渉に出発(戦争裁判余録). 11.11　抑留同胞完全救出巣鴨戦犯全面釈放貫徹国民大会,両国旧国技館で開催.参加者１万3000人(日本人の戦争観). 11.15　靖国神社,合祀費用調達のため靖国神社奉賛会を設立(靖国の戦後史). 11.19　来日中の米国副大統領ニクソン,日米協会で演説.その中で「憲法で日本を無防備化したのは誤り」との趣旨の発言がある(日本外交主要文書・年表１). 11.19　日ソ両国の赤十字代表,モスクワで日本人送還に関する共同コミュニケに調印.日本赤十字社代表,「在ソ既決日本人軍事捕虜名簿」を受領(援護五十年史). 12.１　警備隊,鹿屋航空隊を新編.佐世保地方隊に編入(海上自衛隊五十年史資料編). 12.１　赤十字協定(11月19日)によるソ連引揚船第１次船興安丸,舞鶴に入港(ソ連戦犯811人,帰還,釈放される).３年８ヵ月ぶりにソ連からの集団引き揚げ,復活.1956年12月までに11隻,入港(援護五十年史／戦争裁判余録). 12.８　立命館大学のわだつみ像(本郷新制作),除幕(「戦争体験」の戦後史). 12.11　閣議で「無名戦没者の墓」に関する件を決定.「無名戦没者の墓」(仮称)の建設を決定(のちの千鳥ケ淵戦没者墓苑)(内閣制度百年史下). 12.24　奄美群島に関する日本国とアメリカ合衆国との間の協定(条約第33号),署名.12月25日,公布・発効.奄美大島,日本に返還(官報12.25／日本外交主要文書・年表１). 12.24　米国務長官ダレス,沖縄および小笠原の管轄権保持を言明(日本外交主要文書・年表１). 12.28　フィリピン大統領キリノ,巣鴨刑務所拘禁全員52人特赦に署名したと公

1953〜1954(昭和28〜昭和29)

西暦	和暦	記　　　　　　　　　事
1953	昭和28	電.30日,全員,出所.フィリピン戦犯,「解消」(戦争裁判余録). 　この年　海軍パイロット坂井三郎(元海軍少尉)『坂井三郎空戦記録(上)(下)』を日本出版協同株式会社から刊行,のちリライトされたものが『大空のサムライ』(光人社,1967年),『続大空のサムライ』(同,1970年)として刊行(日本人の戦争観).
1954	昭和29	⎛内閣総理大臣：吉田　茂・鳩山一郎(12.10〜) 　保 安 庁 長 官：木村篤太郎(〜6.30) 　防 衛 庁 長 官：木村篤太郎(7.1〜)・大村清一(12.10〜) 　統合幕僚会議議長：林　敬三(7.1〜) 　陸 上 幕 僚 長：筒井竹雄(7.1〜) 　海 上 幕 僚 長：山崎小五郎(7.1〜)・長沢　浩(8.3〜) ⎝航 空 幕 僚 長：上村健太郎(7.1〜) 　1. 7　米大統領アイゼンハワー,一般教書で沖縄における米軍基地の無期限保有を言明(日本外交主要文書・年表1). 　1.10　保安隊,一幕(浜松)・北部方面隊および特科団(札幌)・第1(浜松)・第2(旭川)・第3(浜松)・第4(小月)各航空隊を編成(自衛隊十年史). 　1.12　米国務長官ダレス,共産主義国家封じ込めのため,核兵器による大量報復によって局地戦争を防止するという戦略(ニュー＝ルック戦略)を採ると演説(日本軍事史下). 　1.—　一般将兵の戦闘体験記を掲載した『今日の話題戦記版』刊行される.月1回刊行.1962年8月の第104集をもって休刊(日本人の戦争観). 　2. 1　保安庁制度調査委員会別室,航空準備室に移行(航空自衛隊五十年史). 　2.20　蓮沼蕃,没(元陸軍大将)(日本陸海軍総合事典). 　3. 1　米国,南太平洋のビキニ環礁で水爆実験を行う.第五福竜丸,被災.14日,焼津港帰港.乗員23名全員,原爆症と認定(防衛白書平成20年版／近代日本総合年表). 　3. 2　在日米軍事顧問団の規模および行政費について,日米間の了解成立(自衛隊十年史). 　3. 8　日本国とアメリカ合衆国との間の相互援助協定(日米相互防衛援助協定・MSA協定)(条約第6号),調印.5月1日,公布・発効.日本は援助を受ける代わりに防衛強化の義務を負う(官報5.1〔条約／外務省告示第46号〕／日本外交主要文書・年表1). 　3. 9　閣議で防衛庁設置法案・自衛隊法案を決定(自衛隊の誕生). 　4. 1　引揚援護庁,廃止.厚生省内局として引揚援護局を設置(援護五十年史)〔→1952.7.31〕. 　4.10　警備隊,第2船隊群を従来のLSSL(大型上陸支援艇)に代わりPF(パトロールフリゲート艦)6隻で構成する船隊群に改編.PFうめ及びLSSL18隻をもって第3船隊群を新編(海上自衛隊五十年史). 　4.17　日本・フィリピン賠償正式交渉,開始(マニラ)(援護五十年史). 　4.22　フランス戦犯2名,残刑赦免,出所.フランス戦犯,「解消」(戦争裁判余録). 　5. 8　フィリピンのルバング島でレンジャー部隊と残留元日本兵との間で銃撃戦,展開.元日本兵1人が死亡したとの報道あり.後に元日本兵は元陸軍伍長島

西暦	和暦	記　　　　　　　　　事
1954	昭和29	田庄一と判明(援護五十年史).
5.14　日米艦艇貸与協定(日本国に対する合衆国艦艇の貸与に関する協定)(条約第13号),署名.6月5日,公布・発効.駆逐艦などの艦艇を貸与(官報6.5〔条約／外務省告示第59号〕／日本外交主要文書・年表1).
6.1　保安隊,臨時松島派遣隊を編成.航空自衛隊の準備のため,米軍事顧問団空軍部によるT-6練習機を用いた教育を開始(日本軍事史下).
6.2　参議院,「自衛隊の海外出動を為さざることに関する決議」を可決.決議文「本院は,自衛隊の創設に際し,現行憲法の条章と,わが国民の熾烈なる平和愛好精神に照し,海外出動はこれを行わないことを,茲に更めて確認する.／右,決議する」(国会会議録).
6.7　SAGJ(在日保安顧問団),名称をMAAGJ(在日米軍事援助顧問団)と変更.陸軍部・海軍部・空軍部を置き,それぞれが日本の陸海空3部隊の軍事的指導を行う(自衛隊の誕生).
6.9　防衛庁設置法(法律第164号),公布(7月1日,施行〔6月28日政令第168号〕)(官報).
6.9　自衛隊法(法律第165条),公布(7月1日,施行)(官報).
6.9　日米相互防衛援助協定等に伴う秘密保護法(法律第166号),公布(7月1日,施行〔6月18日政令第148号〕).アメリカから供与された装備や情報など防衛秘密を探知するなどした者の刑罰を最高懲役10年とする(官報／日本外交主要文書・年表1).
6.30　防衛庁組織令(政令178号)・自衛隊法施行令(政令179号),公布(官報).
6.30　恩給法の一部を改正する法律(法律第200号),公布・施行.拘禁中戦犯者も代理家族により受給可能,刑死獄死遺族は公務扶助料相当額受給可能となる(官報).
7.1　防衛庁,発足.防衛庁は内部部局,統合幕僚会議,陸上・海上・航空各幕僚監部(7月1日,それぞれ陸上・海上・航空自衛隊の指揮機関となる),部隊及び機関並びに付属機関で構成され,付属機関として防衛研修所,防衛大学校,技術研究所のほか,新たに建設本部と調達実施本部を設置.定員は総数16万4538人(うち自衛官は15万2115人,自衛官以外の職員は1万2423人)と定める.仙台建設部,帯広・横須賀・広島・熊本各建設支部を設置,旭川地方建設部を廃止.自衛隊旗・自衛艦旗,制定.陸上自衛隊,発足.幹部候補生隊を廃止,幹部候補生学校,設置(久留米),地方連結部17ヵ所設置,第1～第5陸曹教育隊編成(東駒内ほか4ヵ所).海上自衛隊発足,自衛艦隊編成(警備隊第1・第2船隊群を第1・第2護衛隊群,第3船隊群を第1警戒隊群と改称),呉地方隊発足,航空自衛隊発足,航空幕僚監部設置(越中島),操縦学校設置(浜松)(自衛隊十年史／日本軍事史下).
7.5　陸上自衛隊幹部候補生学校,第1～9新隊員教育隊,第1～5陸曹教育隊,地方連絡部(17ヵ所,自衛官の募集を主な任務とする)の編成を完結(陸上自衛隊の50年／防衛庁50年史).
7.6　厚生省,「海外戦没者遺骨の収集等に関する実施要綱」で重点実施地域および実施可能地域について逐次実施することなどを定める(援護五十年史).
7.9　国際連合軍司令官ハル,1954年中の米陸上軍北海道撤退を声明.防衛庁長官木村篤太郎,米軍撤退後の北海道地上防衛は日本で担当すると声明(自衛隊

1954(昭和29)

西暦	和　暦	記　　　　　　　　　事
1954	昭和29	十年史)． 　7.15　自衛隊新発田(しばた)部隊で隊内創設の神社に撤去命令(靖国の戦後史)． 　7.21　インドシナ休戦に関するジュネーブ協定，署名(20日付け)(日本外交主要文書・年表1)． 　7.29　自衛隊のジェット機2種，国産のため日米業者間に取決めが成立(自衛隊十年史)． 　8. 1　防衛庁調達実施本部，大阪・名古屋地方支部を設置(自衛隊十年史)． 　8. 1　航空自衛隊，幹部学校を設置(浜松)(自衛隊十年史)． 　8. 2　海上自衛隊，艦艇貸与協定による駆逐艦2隻受領のため，隊員が米国へ出発．10月19日，受領．あさかぜ・はたかぜと命名．1955年2月24日，回航帰国(自衛隊十年史)． 　8. 9　航空自衛隊，第1回米留学生4人をシャヌート(イリノイ州)・キースラ(ミシシッピー州)各空軍基地に派遣．1955年5月27日，帰国(自衛隊十年史)． 　8.10　陸上自衛隊，第5(札幌)及び第6管区総監部(練馬)編成を完結．婦人自衛官(看護婦)の第1次募集，開始(陸上自衛隊の50年／防衛庁50年史)． 　8.12　陸上自衛隊第5管区総監部，札幌から帯広へ移駐(陸上自衛隊の50年)． 　8.15　防衛研修所，越中島から警察学校内へ移転(自衛隊十年史)． 　8.17　海上自衛隊，MSA協定によるSNJ練習機58機のうち5機を受領．1958年7月31日までに逐次受領(自衛隊十年史)． 　8.19　北京放送，中国人民政府革命軍事委員会総政治部が寛容の精神にもとづき元日本軍戦犯417人を赦免したと放送(戦争裁判余録)． 　8.20　陸上自衛隊富士学校，高射学校の編成を完結．特科学校・普通科学校・特別教育隊は廃止(陸上自衛隊の50年)． 　8.23　陸上自衛隊第6管区総監部，練馬から福島へ移駐(陸上自衛隊の50年)． 　8.31　陸上自衛隊，米陸軍撤退にともなう初の北海道移駐部隊，九州・四国方面から海路逐次渡道(自衛隊十年史)． 　8.31　自衛隊発足時に決着のつかなかった航空機配属問題，航空機と諸業務は航空自衛隊で統一運用するが，作戦上必要なものは陸上・海上に所属させるとして決着(自衛隊の誕生)． 　9. 1　海上自衛隊，幹部学校を設置(横須賀)(自衛隊十年史)． 　9. 1　航空自衛隊，通信・整備各学校を設置(浜松)，第1航空教育隊を編成(小月)，補給処を設置(霞ヶ浦)(自衛隊十年史)． 　9. 3　中国人民解放軍，金門・馬祖を初砲撃(防衛白書平成20年版)． 　9. 4　航空自衛隊の第1期特別幹部学生，幹部学校に入校(自衛隊十年史)． 　9. 8　東南アジア集団防衛条約(SEATO条約)，署名(日本外交主要文書・年表1)． 　9.10　陸上自衛隊，需品(松戸)・輸送(立川)・調査(小平)各学校を設置，中央監察隊，中央会計隊，中央音楽隊，中央調査隊，印刷補給隊，青函地区輸送連絡隊(青森)を編成(自衛隊十年史)． 　9.15　映画「二十四の瞳」(松竹．原作壺井栄．監督木下恵介)(日本映画発達史4)． 　9.24　北海道の米駐留軍，撤退式(陸上自衛隊の50年)． 　9.25　陸上自衛隊，第101測量大隊(立川)，警務隊を編成．航空自衛隊，中部訓練

1954(昭和29)

西暦	和暦	記　　　　　事
1954	昭和29	航空警戒隊を編成(浜松)(自衛隊十年史). 　9.25　政府,韓国に竹島領有権問題の国際司法裁判所への提訴を提案.10月28日,韓国,これを拒絶(日本外交主要文書・年表1). 　9.27　青函連絡船洞爺丸,台風15号により沈没.死者・行方不明1183人.陸上自衛隊の函館部隊,災害派遣(～10月9日)(陸上自衛隊の50年). 　9.30　靖国神社事務総長,戦争受刑者世話会の照会に対し,戦犯刑死者の合祀は原則として差し支えない旨回答を寄せる(戦争裁判余録). 　9.—　流行歌「岸壁の母」(藤田まさと作詞・平川浪竜作曲)のレコード,発売(ネット). 　10. 1　海上自衛隊,第1掃海隊群を新編(海上自衛隊五十年史資料編). 　10. 1　航空自衛隊,東部(入間川)・西部(板付)・北部(三沢)各訓練航空警戒隊を編成(自衛隊十年史). 　10. 8　陸上自衛隊,空挺隊初のパラシュート降下演習,空挺徽章授与式(米軍香椎キャンプ)(陸上自衛隊の50年). 　10. 8　航空自衛隊,中部訓練航空警戒隊,浜松から名古屋へ移駐(自衛隊十年史). 　10.19　天皇・皇后,靖国神社に参拝(靖国神社創立85年)(靖国の戦後史). 　10.28　航空自衛隊,T-34練習機の国内組立第1号機を受領(浜松)(自衛隊十年史). 　11. 5　日本国とビルマ連邦との間の平和条約・日本国とビルマ連邦との間の賠償及び経済協力に関する協定,調印.1955年4月16日,公布・発効(官報昭和30.4.16). 　11.20　第1期自衛隊生徒募集,開始(自衛隊十年史). 　11.20　防衛庁調達実施本部,戦後初の国産艦はるかぜ以下7隻建造契約を締結(自衛隊十年史). 　11.30　航空自衛隊第1期幹部候補生,幹部学校に入校(自衛隊十年史). 　12. 2　米華相互防衛条約,署名(日本外交主要文書・年表1). 　12.10　第1次鳩山一郎内閣,成立.防衛庁長官大村清一(官報). 　12.15　陸上自衛隊第6管区総監部,福島県荒井村から宮城県多賀城へ移駐(自衛隊十年史). 　12.22　海上自衛隊,MSA協定によるTBM対潜哨戒機20機のうち10機を受領.1956年2月23日までに逐次受領(自衛隊十年史). 　12.23　航空自衛隊第1航空教育隊,小月から防府へ移駐(自衛隊十年史). 　12.26　海上自衛隊隊員,MSA協定による米潜水艦1隻受領のため,米国へ出発.1955年8月15日,潜水艦くろしお(もと米潜水艦ミンゴ)を受領,10月25日,回航帰国.同艦,海上自衛隊潜水艦部隊の第1号艦となる(自衛隊十年史／海上自衛隊50年史).

1955（昭和30）

西暦	和暦	記　　　　　事
1955	昭和30	内閣総理大臣：鳩山一郎 防衛庁長官：大村清一・杉原荒太(3.19～)・砂田重政(7.31～)・ 　　　　　　船田　中(11.22～) 統合幕僚会議議長：林　敬三 陸上幕僚長：筒井竹雄 海上幕僚長：長沢　浩 航空幕僚長：上村健太郎 　1．1　MSA協定による米陸軍貸与物品，日本側に正式無償譲渡(自衛隊十年史)． 　1.12　ラバウル，ガダルカナル，東部ニューギニアなど南東方面への政府遺骨収集団，東京港を出港．3月18日，東京港に帰着(続・引揚援護の記録)． 　1.16　海上自衛隊，MSA協定によるPV-2対潜哨戒機17機を受領(自衛隊十年史)． 　1.18　日米艦艇貸与協定による潜水艦1隻，掃海艇7隻追加貸与調印(自衛隊十年史)． 　1.20　航空自衛隊，MSA協定によるT-6練習機35機・T-33Aジェット練習機8機・C-46輸送機16機第1回受領(自衛隊十年史)． 　1.23　海上自衛隊，MSA協定による舟艇YTL 7隻のうち3隻を受領．1957年6月25日までに逐次受領(自衛隊十年史)． 　1.—　黒島伝治『軍隊日記』(理論社)，刊行(日本近代文学年表)． 　2.15　海上自衛隊，MSA協定によるLCU (Landing Craft Utility) 6隻・LCM (Landing Craft Medium) 35隻中25隻およびLCVP (Landing Craft, Vehicle, Personnel) 25隻中20隻を受領(56年10月1日までに逐次受領)(自衛隊十年史)． 　2.21　昭和29年度海上自衛隊演習(四国南方海面．～28日)．初の海上自衛隊演習(海上自衛隊五十年史)． 　3．1　航空自衛隊，第2航空教育隊を編成(防府)(自衛隊十年史)． 　3．6　シンガポール・マレー地区の戦争犯罪刑死者の政府遺骨収集団，羽田空港より空路出発．4月まで，約162人分を収集(続・引揚援護の記録／続々・引揚援護の記録)． 　3.14　防衛庁首脳会議で対米折衝の基礎となる6ヵ年計画案を決定(陸上18万人・海上12万t・航空機1200機を昭和35年度の目標とする)(近代日本総合年表)． 　3.16　自衛隊内神社の創設を禁止(靖国の戦後史)． 　3.19　第2次鳩山一郎内閣，成立．防衛庁長官杉原荒太・砂田重政(1955.7.31～)(官報)． 　3.20　陸上自衛隊，予備自衛官初の訓練召集2593(全管区37部隊，各部隊5日間)(自衛隊十年史)． 　3.25　防衛分担金削減の日米第1回正式折衝(自衛隊十年史)． 　3.29　海上自衛隊隊員，艦艇貸与協定による護衛駆逐艦2隻受領のため米国へ出発．6月16日，受領，あさひ・はつひと命名．11月25日，帰国(自衛隊十年史)． 　4．1　航空自衛隊の第1期新隊員，第1航空教育隊に入隊(防府)(自衛隊十年史)． 　4．4　米軍，東京湾の防潜網解除を通告(自衛隊十年史)． 　4．4　海上自衛隊の第1期自衛隊生徒(通信・水測)，舞鶴練習隊に入隊(自衛隊

西暦	和暦	記　　　　　　　　　　　事
1955	昭和30	十年史).

　　4. 5　陸上自衛隊の臨時空挺練習隊，米軍香椎キャンプから習志野へ移駐(自衛隊十年史).
　　4. 6　海上自衛隊，第1期少年練習員(第1期自衛隊生徒)教育を開始(舞鶴．～9月28日).15歳以上17歳未満(海上自衛隊五十年史).
　　4. 6　日本国とタイとの間の文化協定，署名．9月6日，公布・発効(官報9.6)〔→9.6〕．
　　4. 7　陸上自衛隊第1期自衛隊生徒(通信・武器・施設)，入隊(自衛隊十年史).
　　4.15　日米相互防衛援助協定に基づくＰ２Ｖ-７対潜哨戒機17機の受領調印式，挙行(鹿屋)(海上自衛隊五十年史).
　　4.16　日本国とビルマ連邦との間の平和条約(条約第3号)・日本国とビルマ連邦との間の賠償及び経済協力に関する協定(条約第4号)，公布・発効(官報〔条約／外務省告示第48号〕)〔→1954.11.5〕．
　　4.18　アジア・アフリカ会議，バンドンで日本を含む29ヵ国が参加して開催(～24日)(日本外交主要文書・年表1).
　　4.19　防衛分担金削減に関する日米共同声明(自衛隊十年史).
　　4.25　海上自衛隊，米海軍と佐世保港外で掃海訓練(～28日).戦後初の日米共同訓練(海上自衛隊五十年史資料編).
　　5. 1　海上自衛隊，東京通信隊を新編(越中島)，横須賀通信隊・呉通信隊・佐世保通信隊・舞鶴通信隊・大湊通信隊を新編(海上自衛隊五十年史資料編).
　　5. 2　航空自衛隊第1期自衛隊生徒(通信)，第1航空教育隊に入隊(防府)(自衛隊十年史).
　　5. 8　東京都砂川町で立川基地拡張反対総決起大会，開催．砂川基地闘争，始まる(防衛白書平成20年版／近代日本総合年表).
　　5. 9　北大西洋条約機構(NATO)理事会，開催(～11日).西ドイツ(ドイツ連邦共和国)のNATO加盟を承認(日本外交主要文書・年表1).
　　5.10　米軍，北富士演習場で座り込みの住民を無視して射撃演習を開始．基地反対闘争，激化(近代日本総合年表／防衛白書平成20年版).
　　5.14　ワルシャワ条約，調印．ソ連と東欧7ヵ国との友好・協力及び相互援助条約．6月5日，発効．ワルシャワ条約機構(WTO)，結成(日本外交主要文書・年表1).
　　5.21　ソ連引揚完結期成国民大会，日比谷音楽堂で開催．首相鳩山一郎以下官民2000人，参加(戦争裁判余録).
　　6. 1　日ソ国交正常化交渉，ロンドンで開始(松本俊一・マリク)(戦争裁判余録).
　　6. 3　航空自衛隊第1期操縦学生，幹部学校に入校(自衛隊十年史).
　　6. 3　ジェット機(F-86F，T-33Ａ)生産組立日米取極，署名(航空自衛隊五十年史).
　　6.14　日ソ国交正常化交渉第2回本会議で，ソ代表マリク，戦犯以外の日本人拘留者送還完了と言明(戦争裁判余録).
　　6.16　海上自衛隊，舞鶴練習隊を舞鶴第1練習隊と改称．舞鶴第2練習隊を編成(旧海軍機関学校跡)(自衛隊十年史).
　　7. 1　陸上自衛隊，衛生学校を久里浜から三宿へ移駐(陸上自衛隊の50年).
　　7. 6　日米両国政府，6月22日(ワシントン21日)に仮調印された米原子力協定

1955（昭和30）

西暦	和暦	記　　　　　　　　事
1955	昭和30	（原子力の非軍事的利用に関する協力のための日本国政府とアメリカ合衆国政府との間の協定）の全文を発表（朝日新聞7.6）〔→11.15〕． 　7.15　海上自衛隊，訓練飛行隊群を編成（鹿屋）．8月15日，廃止（自衛隊十年史）． 　7.15　陸上自衛隊，航空学校を浜松から明野へ移駐（陸上自衛隊の50年）． 　8．1　防衛庁設置法の一部を改正する法律（法律第106号），公布・施行（官報）． 　8．1　自衛隊法の一部を改正する法律（法律第107号），公布（一部は1955年11月1日・12月1日・1956年1月26日，施行，その他は1956年4月1日，施行〔9月1日政令第216号〕）．陸上自衛官の定数を13万人から15万人に改め，陸上自衛隊は西部方面隊（熊本県），第7混成団（北海道）及び第8混成団（熊本県）を新編，航空自衛隊は航空団（静岡県）を新編．海・空士の任用期間を3年（陸士は2年）と定める（官報／防衛庁50年史）． 　8．2　閣議で防衛閣僚懇談会の設置を決定．国防会議の構成等に関する法律案が国会で廃案となり，国防会議の発足が見送られたことによる措置（防衛庁50年史）． 　8．5　防衛関係閣僚懇談会，第1回会同（自衛隊十年史）． 　8．6　第1回原水爆禁止世界大会，広島で開催（「戦争体験」の戦後史）． 　8．8　航空自衛隊操縦学校のT-34練習機墜落，2人（うち航空自衛隊員1人）死亡．航空自衛隊初の大事故（航空自衛隊五十年史）． 　8.12　航空自衛隊のF-86F高等操縦学生9人，米国に留学．1956年2月26日，帰国（自衛隊十年史）． 　8.22　米オネストジョン（地対地ロケット弾）中隊，埼玉県朝霞に到着（自衛隊十年史）． 　8.29　ワシントンで日本防衛問題について日米会談，開催（外務大臣重光葵（まもる）・民主党幹事長岸信介・農林大臣河野一郎，米国務長官ダレス．～31日）（自衛隊十年史／日本外交主要文書・年表1）． 　8.31　重光葵（まもる）・ダレス会談，日米安保条約改定について共同声明（日本外交主要文書・年表1）． 　9．1　陸上自衛隊，地方連絡部（神奈川・埼玉・長野・大阪・滋賀・長崎）編成を完結（計23ヵ所）（陸上自衛隊の50年／自衛隊10年史年表／近代日本総合年表）． 　9．6　日ソ国交正常化交渉ソ連代表マリクより日本代表松本俊一に戦犯者名簿を手交（いわゆるマリク名簿）（戦争裁判余録）． 　9．6　日本国とタイとの間の文化協定（条約第12号），公布・発効（官報〔条約／外務省告示第97号〕）〔→4.6〕． 　9.19　原水爆禁止日本協議会（日本原水協），発足（「戦争体験」の戦後史）． 　9.20　海上自衛隊呉地方隊の掃海艇等，別府湾のイペリット弾処理作業を開始（～1956年12月6日）（自衛隊十年史）． 　9.20　航空自衛隊，幹部学校を防府から小平へ移転，幹部候補生学校を設置（防府），第2航空教育隊を第1航空教育隊に編合，浜松・防府各基地隊を編成，警務隊を編成（自衛隊十年史）． 　10.12　航空自衛隊，MDA協定（日本国とアメリカ合衆国との間の相互防衛援助協定）に基づくF-86F戦闘機の第1回受領（航空自衛隊五十年史）． 　10.13　社会党左右両派，統一大会を開く（近代日本総合年表）．

1955〜1956(昭和30〜昭和31)

西暦	和暦	記　　　　　　　事
1955	昭和30	10.20　陸上自衛隊,戦史室を設置(小平)(自衛隊十年史). 11. 1　陸上自衛隊中央病院,設置(自衛隊十年史). 11. 1　航空自衛隊,操縦学校を第1操縦学校と改称,第1操縦学校分校を設置(防府),臨時松島派遣隊を第2操縦学校と改称(自衛隊十年史). 11. 8　陸上自衛隊,高射学校を習志野から下志津へ移駐(陸上自衛隊の50年). 11.14　日米原子力協定(原子力の非軍事的利用に関する協力のための日本国政府とアメリカ合衆国政府との間の協定),署名(官報12.27／日本外交主要文書・年表1)〔→12.27〕. 11.15　自由党と民主党,合同して自由民主党を結成.政綱に現行憲法の自主改正と自衛軍備を掲げる(資料戦後二十年史1). 11.15　映画「二等兵物語」(松竹京都,演出福田晴一).陸軍を舞台にした喜劇としてヒット.以後1961年までにシリーズ10本を制作(日本映画発達史4／日本映画史4). 11.22　第3次鳩山一郎内閣,成立.防衛庁長官船田中(官報). 12. 1　陸上自衛隊,西部方面隊(総監部熊本),第7混成団(団本部真駒内),第8混成団(団本部熊本)を編成(自衛隊十年史). 12. 1　航空自衛隊,航空団(浜松)・実験航空隊(同)を編成(自衛隊十年史). 12. 5　南次郎,没(元陸軍大将)(日本陸海軍総合事典). 12.13　ソ連,国際連合安全保障理事会で日本の国連加盟に対し,拒否権を行使(自衛隊十年史). 12.15　海上自衛隊の国産敷設艦つがる,竣工(三菱日本重工業横浜造船所).大湊地方隊に編入(海上自衛隊五十年史). 12.19　原子力基本法(法律第186号),公布(1956年1月1日,施行)(官報). 12.27　日米原子力協定(原子力の非軍事的利用に関する協力のための日本国政府とアメリカ合衆国政府との間の協定)(条約第19号),公布・発効(官報12.27〔条約〕・12.29〔外務省告示第138号〕／日本外交主要文書・年表1)〔→7.6〕. 12.28　海上自衛隊の国産敷設艇えりも,竣工(浦賀船渠).横須賀地方隊に編入(自衛隊十年史).
1956	昭和31	⎛内閣総理大臣：鳩山一郎・石橋湛山(12.23〜) 　防衛庁長官：船田　中・石橋湛山(事務取扱)(12.23〜) 　統合幕僚会議議長：林　敬三 　陸上幕僚長：筒井竹雄 　海上幕僚長：長沢　浩 ⎝航空幕僚長：上村健太郎・佐薙　毅(7.3〜) 1.16　海上自衛隊,呉練習隊を新編(入隊から術科教育に至る海士・海曹の教育体制の基盤,概成),呉地方隊に編入.海上自衛隊術科学校,横須賀から江田島に移転.海上自衛隊術科学校横須賀分校,新設.舞鶴第1練習隊を舞鶴練習隊と,舞鶴第2練習隊を舞鶴練習隊分遣隊とそれぞれ改称(海上自衛隊五十年史／自衛隊10年史). 1.30　防衛分担金削減についての日米共同声明.昭和31年度削減額及び次年度からは日本側防衛予算増加分の半額を減額(防衛白書平成20年版／近代日本総合

1956（昭和31）

西暦	和暦	記事
1956	昭和31	年表）．

　1.31　対オランダ戦時補償，1000万ドル（36億円）で妥協（援護五十年史）．
　2. 6　ビルマ・インド地区の政府遺骨収集団本隊，羽田より空路出発．3月15日，帰国（続々・引揚援護の記録）．
　2. 9　衆議院，原水爆実験禁止要望決議を可決．2月10日，参議院，原水爆実験禁止に関する決議を全会一致で可決（国会会議録）．
　2.12　映画「ビルマの竪琴」（日活．原作竹山道雄．演出市川崑）（日本映画史発達史4）．
　2.14　衆議院遺家族援護特別委員会，靖国神社国家護持で参考人の意見を聴取（靖国の戦後史）．
　2.14　ソ連共産党第20回大会，開催（～25日）．24日，党大会秘密会で第1書記フルシチョフ，スターリン批判演説（6月4日，米国務省，演説の内容を公表）．フルシチョフ，平和共存路線を採択（日本外交主要文書・年表1／防衛白書平成20年版）．
　2.16　閣議で沖縄戦闘協力死亡者等見舞金支給要綱を決定（援護五十年史）．
　3. 1　航空自衛隊パイロットによるF-86F戦闘機，初飛行（築城）（航空自衛隊五十年史）．
　3. 2　海上自衛隊，術科学校を江田島へ移転（自衛隊十年史）．
　3.14　自由民主党，「靖国○社草案要綱」を作成（靖国の戦後史）．
　3.22　MSA協定に基づく日米技術協定（防衛目的のためにする特許権及び技術上の知識の交流を容易にするための日本国政府とアメリカ合衆国政府との間の協定），調印．6月6日，公布・発効（官報6.6）〔→6.6〕．
　3.22　日本社会党，靖国平和堂法律草案要綱を発表（靖国の戦後史）．
　3.23　防衛庁，内局・統合幕僚会議・防衛研修所・建設本部・調達実施本部が霞ヶ関庁舎へ移転を開始（～4月4日）（自衛隊十年史）．
　3.23　海上自衛隊幕僚監部等，霞ヶ関庁舎へ移転を開始（～24日）（自衛隊十年史）．
　3.25　航空自衛隊幕僚監部，霞ヶ関庁舎へ移転を開始（～26日）（自衛隊十年史）．
　3.26　航空自衛隊，第1操縦学校を浜松から小月へ移転（自衛隊十年史）．
　3.28　陸上自衛隊幕僚監部等，霞ヶ関庁舎へ移転を開始（～4月2日）（自衛隊十年史）．
　3.28　日本遺族会，靖国神社国家護持に関する小委員会を設置（日本遺族会の四十年）．
　3.31　防衛庁，霞ヶ関庁舎新設工事が完成（自衛隊十年史）．
　3.31　防衛庁，F-86F第1次製造組立契約を締結（70機）．国産ジェットエンジン製造契約を締結（3基）（自衛隊十年史）．
　3.31　A級戦犯佐藤賢了，仮出所．これによりA級戦犯，全員出所．BC級戦犯在所者は383名（戦争裁判余録）．
　3.—　雑誌『中央公論』に座談会「戦中派は訴える」を掲載．村上兵衛，翌月号に「戦中派はこう考える」を発表．「戦中派」という世代区分が広まる（「戦争体験」の戦後史）．
　4.17　ソ連，コミンフォルム（Cominform, 共産党および労働者党情報局）は解散されたと発表（日本外交主要文書・年表1）．

西暦	和暦	記事
1956	昭和31	4.19　厚生省引揚援護局長, 各都道府県に靖国神社合祀への事務協力を通知 (靖国の戦後史). 4.20　防衛庁設置法の一部を改正する法律(法律第77号), 公布・施行. 自衛隊法の一部を改正する法律(法律第78号), 公布・施行(一部は10月1日・12月1日, 施行〔9月29日政令第301号〕). 自衛官の定数を1万7413人増員, 19万7182人に改める. 陸上自衛隊は第9混成団(青森県), 航空自衛隊は第2航空団(静岡県)をそれぞれ新編(官報／防衛庁五十年史). 4.26　海上自衛隊の警備艦(のちの護衛艦)はるかぜ, 竣工(三菱重工業長崎造船所). 佐世保地方隊に編入. 初の国産護衛艦(海上自衛隊五十年史). 4.30　宇垣一成, 没(元陸軍大将)(日本陸海軍総合事典). 5. 9　日本国とフィリピン共和国との間の賠償協定及び関係文書, 署名. 7月23日, 公布・発効. 賠償(20年間で5億5000万ドルを支払う)と経済開発借款(2億5000万ドル)(官報7.23／日本外交主要文書・年表1)〔→7.23〕. 5.16　防衛研修所戦史室, 陸上自衛隊から移管(自衛隊十年史). 5.—　丸木位里・俊夫妻, 「原爆の図」第4～10部を持って北京へ向かう. これより「原爆の図」10部作による世界巡回展始まる(1964年夏, 帰国)(「原爆の図」描かれた〈記憶〉, 語られた〈絵画〉). 6. 6　MSA協定に基づく日米技術協定(防衛目的のためにする特許権及び技術上の知識の交流を容易にするための日本国政府とアメリカ合衆国政府との間の協定)(条約第12号), 公布・発効(官報〔条約／外務省告示第58号〕)〔→3.22〕. 6.12　海上自衛隊, 幹部学校を横須賀市から小平市に移転(陸海空の幹部学校を同一地区に設置する施策による)(海上自衛隊50年史). 6.13　初の自衛隊幹部会議, 防衛庁長官はじめ内部部局の各局長, 付属機関, 各自衛隊の主要な長を集めて開催. その年度の重要施策などを庁内に周知徹底するための会議として以後毎年開催. 昭和39年度から自衛隊高級幹部会同に改称(防衛庁50年史). 6.20　西部ニューギニア・北ボルネオ地区への政府遺骨収集団, 東京港を出港. 8月23日, 東京港に帰着(続々・引揚援護の記録). 6.21　中華人民共和国, 戦争裁判により45人を8～20年の刑に処し, 全1062人中335人を送還と発表(戦争裁判余録). 7. 2　国防会議の構成等に関する法律(国防会議構成法)(法律第166号), 公布・施行. 内閣総理大臣を議長として, 副総理(内閣法の規定によりあらかじめ指定された国務大臣)・外務大臣・大蔵大臣・防衛庁長官・経済企画庁長官が議員. 国防の基本方針, 防衛計画の大綱など防衛の根幹をなす問題及び毎年度の防衛力整備に関する重要事項を審議する機関(官報). 7.18　米国防総省, 1957年7月1日から在日米極東軍司令部を廃止し, 国際連合軍総司令部を韓国に移すと発表(防衛庁50年史). 7.23　防衛大学校第1期生, 初の統合訓練(浦賀水道・千葉県富津沖. ～24日)(自衛隊十年史). 7.23　日本国とフィリピン共和国との間の賠償協定及び関係文書(条約第16号), 公布・発効(官報7.23〔条約〕・7.25〔外務省告示第77号〕)〔→5.9〕. 7.26　エジプト大統領ナセル, スエズ運河会社の国有化を宣言(日本外交主要

1956(昭和31)

西暦	和暦	記　事
1956	昭和31	文書・年表1）． 　8. 1　地方連絡部(26ヵ所)新設．全国合計49ヵ所の地方連絡部は自衛隊の共同機関に改められ，自衛隊地方連絡部として，陸・海・空自衛官の募集を一元的に行うこととされる(陸上自衛隊の50年／自衛隊10年史年表)． 　8.15　オランダ戦犯1人，仮出所し，オランダ戦犯，全員出所(戦争裁判余録)． 　8.31　真崎甚三郎，没(元陸軍大将)(日本陸海軍総合事典)． 　9. 1　航空自衛隊，中部・北部・東部・西部訓練警戒隊を各訓練航空警戒群と改称(自衛隊十年史)． 　9.20　航空自衛隊，F-86F戦闘機の国内製造組立第1号機を受領(小牧)(自衛隊十年史／航空自衛隊50年史本編)． 　10. 1　航空自衛隊，航空団を第1航空団と改称，第2航空団を編成(浜松)(自衛隊十年史)． 　10. 6　陸上自衛隊富士学校，第1回レンジャーコースの教官教育を開始(〜17日)(自衛隊十年史)． 　10.19　日ソ共同宣言，モスクワで署名．ソ連，戦犯は批准時全員釈放を約す(戦争裁判余録)〔→12.12〕． 　10.23　ハンガリー動乱，始まる(日本外交主要文書・年表1)． 　10.29　第2次中東戦争(スエズ戦争)，始まる(〜11月6日)(日本外交主要文書・年表1)． 　11.16　航空自衛隊，幹部候補生学校を防府から奈良へ移転(自衛隊十年史)． 　12. 1　陸上自衛隊，第9混成団本部の編成を完結，多賀城から青森へ移駐(陸上自衛隊の50年)． 　12. 8　第1回国防会議，開催(自衛隊十年史)． 　12.12　日ソ共同宣言(日本国とソヴィエト社会主義共和国連邦との共同宣言)(条約第20号)，公布・発効(10月19日，署名)(官報〔条約／外務省告示第131号〕／日本外交主要文書・年表1)． 　12.18　日本，国際連合に加盟(日本外交主要文書・年表1)． 　12.19　ラオス，対日賠償請求権の放棄を通知(援護五十年史)． 　12.23　石橋湛山内閣，成立．防衛庁長官事務取扱石橋湛山・同事務代理岸信介(1957.1.31〜)・防衛庁長官小滝彬(1957.2.2〜)(官報)． 　12.24　防衛研修所戦史室，小平から芝浦へ移転(自衛隊十年史)． 　12.26　ソ連最終(第11次)引揚船興安丸，舞鶴に入港．元陸軍大将後宮淳(うしろくじゅん)以下1025人，内地に帰還．ソ連戦犯，「解消」(戦争裁判余録)． 　この年　五味川純平『人間の条件』1〜6(三一新書，〜58年)，刊行．満洲における日本軍の残虐行為を描く(日本人の戦争観)． 　この年　伊藤正徳『連合艦隊の最後』(文芸春秋新社)，刊行．『帝国陸軍の最後』1〜5(同，1959〜61年)とともにベストセラーとなる(日本人の戦争観)．

1957(昭和32)

西暦	和暦	記　　　　　　　　　事
1957	昭和32	内閣総理大臣：石橋湛山・岸　信介(2.25～) 防衛庁長官：石橋湛山(事務取扱)・岸　信介(事務代理)(1.31～)・小滝　彬(2.2～)・津島寿一(7.10～) 統合幕僚会議議長：林　敬三 陸上幕僚長：筒井竹雄・杉山　茂(8.2～) 海上幕僚長：長沢　浩 航空幕僚長：佐薙　毅

　1.1　英戦犯2人，減刑釈放され，メディカル＝パロール中の2人を除き，英戦犯，「解消」(戦争裁判余録)．

　1.14　海上自衛隊初の国産駆潜艇かもめ，竣工．大湊地方隊に編入(自衛隊十年史)．

　1.30　米兵ジラード，群馬県の相馬ヶ原射撃場で薬莢拾いの女性を射殺．裁判権を巡り日米間の国際問題に発展．11月19日，前橋地方裁判所(裁判長河内雄三)，同人に懲役3年(執行猶予4年)を宣告．12月3日，検察側，控訴しないことを決定．被告，帰米．被告の身柄の日本への引き渡しに際し，日米間に密約があったことが，1990年代の両国の文書公開で明らかになった(ジラード事件)(防衛庁五十年史／国史大辞典／読売新聞2011.1.30)．

　2.25　第1次岸信介内閣，成立．防衛庁長官小滝彬・津島寿一(1957.7.10～)(官報)．

　3.4　航空自衛隊美保派遣隊所属のC-46輸送機，墜落．搭乗員ら17人全員，死亡(防衛庁50年史)．

　3.26　防衛大学校第1期生卒業式，挙行(337名)(自衛隊十年史)．

　3.31　航空自衛隊，実験航空隊を浜松から岐阜へ移駐(自衛隊十年史／近代日本総合年表)．

　3.31　原子爆弾被爆者の医療等に関する法律(法律41号)，公布(4月1日，施行)(官報)．

　4.23　天皇・皇后，靖国神社に参拝(官報4.25〔皇室事項〕)．

　4.25　首相岸信介，靖国神社に参拝．1958年10月21日にも参拝(靖国の戦後史)．

　4.30　防衛庁設置法の一部を改正する法律(法律第85号)，公布・施行．自衛官の定数を6923人増員し20万4105人に改め，技術研究所の所掌事務の拡大(委託による技術的調査研究，設計，試作及び試験)などを行う(官報／防衛庁五十年史)．

　4.29　映画「明治天皇と日露大戦争」(新東宝．監督渡辺邦男)(日本映画発達史4)．

　5.10　海上自衛隊，LSSL(大型上陸支援艇)を中心とする第1警戒隊群を廃止．その大部分からなる練習隊群を新編．呉練習隊，舞鶴練習隊をそれぞれ呉教育隊，舞鶴教育隊に改称．需給統制隊を新編(補給の中枢．目黒区三田)(海上自衛隊五十年史)．

　5.10　海上自衛隊幹部候補生学校，設置(江田島)(自衛隊十年史)．

　5.10　自衛隊法の一部を改正する法律(法律第99号)，公布・施行(一部は1957年8月1日・9月2日・1958年2月26日，施行〔7月29日政令第208号〕)．海上自衛隊は練習隊群を，航空自衛隊では航空集団(東京都)，第3及び第4航空団(宮城県)を新編(官報／防衛庁50年史)．

1957（昭和32）

西暦	和暦	記事
1957	昭和32	5.15　イギリス，初の水爆実験(防衛白書平成20年版). 5.17　引揚者給付金等支給法(法律第109号)，公布・施行.戦犯者769名に受給資格が認められる(官報). 5.20　国防会議・閣議で「国防の基本方針」を決定.日米安全保障体制を基調として，国力国情に応じた防衛力の整備を述べる(防衛白書平成20年版). 6. 5　米大統領行政命令で，沖縄の米民政府長官を高等弁務官(国防長官が現役軍人より選任)とする(近代日本総合年表). 6.14　国防会議で「防衛力整備目標」(1次防)を決定.閣議，了解.整備目標は陸上自衛隊自衛官18万名，海上自衛隊艦艇12万4000ｔ・航空機222機，航空自衛隊航空機1342機(防衛白書平成20年版／近代日本総合年表／日本軍事史下／防衛庁50年史／自衛隊10年史). 6.21　首相岸信介・米国大統領アイゼンハワー，在日米軍早期引揚げに関して共同声明(日本外交主要文書・年表１). 7. 1　在日国際連合軍司令部，韓国に移動.在日米極東軍司令部，廃止(自衛隊十年史). 7. 4　オーストラリア戦犯５名，釈放出所し，オーストラリア戦犯，「解消」(戦争裁判余録). 7. 8　航空自衛隊，飛行安全検閲(源田検閲．～７月20日)．８月15～30日，第２次検閲．事故の多発による(航空自衛隊五十年史). 8. 1　航空自衛隊，臨時航空訓練部を廃止し航空集団を編成(司令部府中)，航空集団臨時中部司令所(入間川)・航空保安管制気象群(本部府中)を編成，中部訓練航空警戒群を廃止，第２操縦学校臨時松島訓練隊を編成，第２操縦学校を松島から宇都宮へ移転(自衛隊十年史). 8. 1　在日米陸上部隊，撤退を開始．1958年２月８日，撤退完了を発表(自衛隊十年史／近代日本総合年表). 8. 6　日米安全保障委員会，発足．日米安全保障条約の運営に関する日米協議機関(防衛白書平成20年版／航空自衛隊五十年史). 8.16　日米安全保障委員会，第１回会合を開催．日本側委員は外務大臣藤山愛一郎・防衛庁長官津島寿一ら，米国側は駐日米大使マッカーサー２・在日米軍司令官スミス(太平洋軍総司令官スタンプの代理)ら．米陸上部隊の撤退問題などを協議(防衛庁50年史). 8.26　ソ連，大陸間弾道ミサイル(ICBM)実験に成功(自衛隊十年史). 9. 2　航空自衛隊，第２航空団を浜松から千歳へ移駐，東部訓練航空警戒群を中部訓練航空警戒群と，防府・浜松基地隊を防府・浜松基地業務群と，臨時資材統制隊を資材統制隊とそれぞれ改称(自衛隊十年史). 9.30　自衛隊，殉職隊員(301名)の合同追悼式をはじめて行う(自衛隊十年史). 10. 1　自衛隊観閲式が明治神宮外苑絵画館前で行われる(防衛庁50年史). 10. 2　海上自衛隊，総理大臣の観閲下に初の観艦式挙行(艦艇32隻・航空機50機，参加．羽田沖)(自衛隊十年史). 10. 4　ソ連，世界初の人工衛星スプートニク１号打上げに成功(日本外交主要文書・年表１). 10.15　陸上自衛隊，化学教育隊を廃止し化学学校を設置(大宮)(自衛隊十年史).

1957〜1958(昭和32〜昭和33)

西暦	和暦	記　　　　　　　　　　　　　　事
1957	昭和32	10.— 米国務長官ダレス,『フォーリン=アフェアーズForeign Affairs』誌に,局地戦でも戦術核兵器を使用するという新戦略を発表(日本軍事史下). 12. 1 航空自衛隊,第3航空団を編成(松島),第3操縦学校分校を設置(宮崎県新田原)(自衛隊十年史). 12.17 米空軍,初の大陸間弾道ミサイルであるアトラスの試射に成功(自衛隊十年史). 12.19 第4回日米安全保障委員会,開催.空対空ミサイル「サイドワインダー」供与を決定(自衛隊十年史).
1958	昭和33	〔内閣総理大臣：岸　信介 　防衛庁長官：津島寿一・左藤義詮(6.12〜) 　統合幕僚会議議長：林　敬三 　陸上幕僚長：杉山　茂 　海上幕僚長：長沢　浩・庵原　貢(8.15〜) 〕航空幕僚長：佐薙　毅 1. 1 日本,国際連合安全保障理事会非常任理事国に就任(任期2年)(日本外交主要文書・年表1). 1.10 航空自衛隊,補給処を廃止(霞ヶ浦),臨時木更津・岐阜各補給隊を第1・第2補給処とそれぞれ改称(自衛隊十年史). 1.14 海上自衛隊,第1回遠洋練習航海(〜2月28日).警備艦ほか3隻からなる練習隊群が初任幹部を乗せてハワイに赴く(防衛白書平成20年版／近代日本総合年表／海上自衛隊50年史). 1.16 航空自衛隊,MDA協定(日本国とアメリカ合衆国との間の相互防衛援助協定)に基づくF-86D戦闘機4機の第1回受領(浜松)(航空自衛隊五十年史). 1.19 T1F2練習機(のちのT-1A)国産機,初飛行(航空自衛隊五十年史). 1.20 日本国とインドネシア共和国との間の平和条約・日本国とインドネシア共和国との間の賠償協定,調印.4月15日,公布・発効(官報4.15／日本外交主要文書・年表1)〔→4.15〕. 1.20 フィリピン地区への政府遺骨収集団,東京港を出港.3月11日,東京港に帰着(続々・引揚援護の記録). 2. 1 米国,同国最初の人工衛星の打上げに成功(エクスプローラー第1号と命名)(自衛隊十年史／時事年鑑1959年版). 2. 1 海上自衛隊,岩国航空教育派遣隊を岩国航空教育隊と改称(自衛隊十年史). 2. 8 中国人強制連行の被害者劉連仁,北海道で「発見」される.日本で鉱山労働を強いられ,敗戦直前に脱走,14年間にわたり山中で生活(中国人強制連行). 2.16 航空自衛隊,第4航空団を編成(松島)(自衛隊十年史). 2.17 航空自衛隊に対し領空侵犯措置に関する一般命令,発令(自衛隊十年史). 3.18 航空自衛隊,臨時救難航空隊を編成(浜松)(自衛隊十年史). 3.20 平和のための防衛大博覧会(産経新聞社・大阪新聞社主催),開会(奈良県あやめが池.〜5月31日).自衛隊,これに協力(自衛隊十年史). 3.25 航空自衛隊,臨時第2航空教育隊を編成(宇都宮),整備学校分校を設置

1958（昭和33）

西暦	和　暦	記　　　　　　　　　事
1958	昭和33	(岐阜)(自衛隊十年史). 3.27　ソ連首相ブルガーニン,辞任.ソ連共産党第1書記フルシチョフ,首相を兼任(日本外交主要文書・年表1). 4. 1　海上自衛術科学校を海上自衛隊第1術科学校に改称.海上自衛隊術科学校横須賀分校を海上自衛隊第2術科学校に改称(海上自衛隊五十年史資料編). 4. 7　仮出所中のA級戦犯10名(木戸幸一・荒木貞夫・畑俊六・嶋田繁太郎・鈴木貞一・星野直樹・岡敬純・大島浩・賀屋興宣・佐藤賢了)を減刑する旨,関係国が外務省に通報.中央更生保護審査会,1958年4月7日を終期とする減刑処分を行い,A級戦犯,「解消」(戦争裁判余録). 4.12　国防会議でF-86Fの次期戦闘機にグラマンF11F-1Fの採用を内定.以後,同機の選定過程に不正があるなどとして政治問題化(航空自衛隊五十年史). 4.15　日本国とインドネシア共和国との間の平和条約(条約第3号)・日本国とインドネシア共和国との間の賠償協定(条約第4号),公布・発効(官報〔条約／外務省告示第37号〕／日本外交主要文書・年表1)〔→1.20〕. 4.27　防衛研修所,霞ケ関から目黒旧海軍技術研究所跡へ移転(自衛隊十年史). 4.28　極東国際軍事裁判弁護団,解散式(戦争裁判余録). 4.28　航空自衛隊第2航空団,北海道地区領空侵犯に対しF-86F戦闘機の警戒待機を開始.5月13日,最初のスクランブル(航空自衛隊五十年史). 4.30　戦争受刑者世話会,解散(戦争裁判余録). 5.23　防衛庁設置法の一部を改正する法律(法律第163号),公布・施行.自衛隊法の一部を改正する法律(法律第164号),公布・施行(一部は6月10日・8月1日・10月1日,施行〔6月3日政令第165号・7月31日政令第236号・9月27日政令第275号〕).自衛官の定数を1万7997人増員し22万2102人に改め,衛生局を新設.防衛研修所・防衛大学校における教育訓練の受託制度を整備,技術研究所は技術研究本部に改組.陸上自衛隊は1万人増員して17万人体制となり,第10混成団(三重県)を新編.航空自衛隊は航空総隊(東京都),管制教育団(宮城県),北部航空方面隊(青森県),中部航空方面隊(埼玉県)及び輸送航空団(鳥取県)を新編.陸上自衛隊は不発弾などの処理を行えることになり,従来通商産業省が所掌していた不発弾処理が自衛隊の任務となる(官報／防衛庁五十年史). 5.30　戦争裁判受刑者の最終拘禁者18人,仮出所.この日をもって全戦争裁判受刑者,仮出所(援護五十年史). 5.—　井上光晴「ガダルカナル戦詩集」『新日本文学』掲載(日本近代文学年表). 6.10　陸上自衛隊第10混成団本部(大久保),編成を完結(陸上自衛隊の50年)〔→5.23〕. 6.12　第2次岸信介内閣,成立.防衛庁長官左藤義詮・伊能繁次郎(1959.1.12〜)・赤木宗徳(1959.6.18〜1960.7.19)(官報). 6.21　巣鴨刑務所で全戦争裁判受刑者仮出所の祝賀会,開催.法務大臣愛知揆一以下300人,出席(戦争裁判余録／援護50年史). 6.25　陸上自衛隊,第10混成団隷下部隊,第1空挺団(習志野),機械化実験隊編成を完結(陸上自衛隊の50年). 6.26　陸上自衛隊,東北地区補給処を設置(仙台),通信補給処を立川から大宮へ移転(自衛隊十年史).

西暦	和暦	記　　　　　　　　　　　　事
1958	昭和33	8. 1　調達庁を防衛庁に移管．防衛庁の発足にともない，米軍との間に施設の共同使用を巡って，調達庁と防衛庁の所掌事務に密接不可分の関係が生じたため(自衛隊十年史／防衛庁50年史)〔→5.23〕． 8. 1　航空自衛隊，航空集団を航空総隊に改編，北部・中部航空方面隊を編成(臨時北部航空司令部訓練隊，臨時中部司令所廃止)，臨時第2航空教育隊を第2航空教育隊と，第2操縦学校分校を同校第1分校とそれぞれ改称，第2操縦学校に第2分校設置(静岡県静浜)，府中基地隊編成(自衛隊十年史)〔→5.23〕． 8.17　防衛庁がスイスから研究開発のために輸入したエリコン(地対空誘導弾)，横浜港港湾労組の「核兵器持ち込み反対」で，荷揚げを拒否される(防衛庁50年史)． 8.24　防衛庁，エリコンを横浜港から海上自衛隊横須賀地区に移して陸揚げし，技術研究本部に収める(防衛庁50年史)． 8.―　第1次わだつみ会，解散(「戦争体験」の戦後史)． 9.10　防衛庁，米国防総省に空対空ミサイル「サイドワインダー」14発を発注．1959年12月6日，立川基地に到着(近代日本総合年表)． 9.11　藤山愛一郎・ダレス，会談(ワシントン)．日米安全保障条約改定で同意(防衛白書平成20年版)． 9.16　小牧飛行場，米軍より日本側に返還(自衛隊十年史)． 9.25　陸上自衛隊，不発弾処理隊を編成．発見された不発弾などの処理に当たる(防衛庁50年史)〔→5.23〕． 10. 1　航空自衛隊，管制教育団(松島)，三沢・入間各基地隊を編成，各訓練航空警戒群を各航空警戒管制群と，臨時美保派遣隊を輸送航空団と，臨時救難航空隊を救難航空隊とそれぞれ改称(自衛隊十年史)〔→5.23〕． 10. 4　日米安全保障条約改定交渉，始まる(〜12月16日．東京)(日本外交主要文書・年表1)． 10.21　首相岸信介，靖国神社に参拝(靖国の戦後史)． 10.23　米国国務長官ダレス・中華民国総統蔣介石，中国本土反攻を否定する共同声明(日本外交主要文書・年表1)． 11. 1　航空自衛隊，臨時航空医学実験隊を航空医学実験隊と改称(自衛隊十年史)． 11.15　舞鶴地方引揚援護局，廃止．18ヵ所あった引揚受け入れ機関はすべて廃止(続々・引揚援護の記録)． 11.22　警察官職務執行法改正案審議未了，決定(自衛隊十年史)． 12. 1　航空自衛隊，輸送航空団木更津派遣隊・百里基地隊を編成(自衛隊十年史)． 12.15　米，戦犯264人・13人・83人の3群を12月10・26・29日までに減刑．オランダ，戦犯128人を12月5日までに減刑．連合国各国の全戦犯，「解消」(戦争裁判余録／援護五十年史)． 12.16　海上自衛隊，館山航空隊教育部・鹿屋航空隊教育部を廃止．館山術科教育隊・鹿屋術科教育隊を新編(海上自衛隊五十年史資料編)． 12.17　米国，ICBM(Intercontinental Ballistic Missile，大陸間弾道弾)アトラスの試射に成功(防衛白書平成20年版)．

1959（昭和34）

西暦	和 暦	記　　　　　事
1959	昭和34	内閣総理大臣：岸　信介 防衛庁長官：左藤義詮・伊能繁次郎(1.12〜)・赤城宗徳(6.18〜) 統合幕僚会議議長：林　敬三 陸上幕僚長：杉山　茂 海上幕僚長：庵原　貢 航空幕僚長：佐薙　毅・源田　実(7.18〜) 1. 1　カストロの指揮するキューバ革命軍，バチスタ政権を打倒（日本外交主要文書・年表1）． 3. 1　航空自衛隊，西部航空司令所・春日基地隊を編成（福岡県春日町）（自衛隊十年史）． 3. 2　日本国とカンボディアとの間の経済及び技術協力協定，署名．7月6日，公布・発効．賠償請求権放棄に対し3年間で15億円の資材・役務を無償供与（官報7.6／援護五十年史）〔→7.6〕． 3. 3　未帰還者に関する特別措置法（法律第7号），公布（4月1日，施行）．長期間生存不明の未帰還者に戦時死亡宣告制度が設けられ，その遺族に弔慰料・遺族年金などを支給（官報／援護五十年史）． 3. 9　首相岸信介，参議院予算委員会で「敵のミサイル攻撃に対しては，自衛隊は海を越えて敵基地を攻撃することもあり得る」という憲法解釈を示す．同日，防衛庁長官伊能繁次郎も「核弾頭を付けたオネスト＝ジョンを自衛隊が持っても違憲ではない」と言明（日本軍事史下）． 3.12　首相岸信介，「防禦のための小型核兵器は違憲ではない」と発言（日本軍事史下）． 3.17　陸上自衛隊，第1ヘリコプター隊編成を完結．31日，霞ヶ浦へ移動（陸上自衛隊の50年）． 3.19　仮定の事態に備えて攻撃的兵器を持つことは憲法の趣旨にそぐわないとの政府統一見解を発表（近代日本総合年表）． 3.28　千鳥ケ淵戦没者墓苑竣工式並びに追悼式，挙行，天皇・皇后，参拝．身元不明の戦没者の遺骨を安置（近代日本総合年表／靖国の戦後史）． 3.30　東京地方裁判所（裁判長伊達秋雄），砂川事件で「米軍の日本駐留は違憲」として被告7人全員に無罪の判決を出す（伊達判決）（援護五十年史／近代日本総合年表）． 3.31　駐日米国大使マッカーサー，外務大臣藤山愛一郎と会談し，砂川事件について最高裁判所への跳躍上告を示唆（毎日新聞2008.4.30／日米「密約」外交と人民のたたかい）． 3.31　ダライラマ14世，インドに亡命（日本外交主要文書・年表1）． 4. 3　検察，砂川事件の東京地方裁判所判決に対し最高裁判所に跳躍上告（近代日本総合年表）． 4. 6　戦争裁判刑死者346人，靖国神社に合祀（第1次）（戦争裁判余録）． 4. 7　靖国神社臨時例大祭，復活（靖国の戦後史）． 4. 8　天皇・皇后，靖国神社を参拝（官報4.11〔皇室事項〕）． 4. 8　太平洋戦争関係戦没者の靖国神社への合祀，概了（靖国の戦後史）． 4.24　駐日米国大使マッカーサー，最高裁判所長官田中耕太郎と会談（毎日新

西暦	和暦	記　　　　　事
1959	昭和34	聞2008.4.30／日米「密約」外交と人民のたたかい）． 　5.12　航空自衛隊第3航空団・管制教育団，松島から小牧へ移駐（自衛隊十年史）． 　5.12　防衛庁設置法の一部を改正する法律（法律第161号），公布・施行．自衛隊法の一部を改正する法律（法律第162号），公布（1959年6月1日・1960年1月14日，施行〔昭和34年5月15日政令第172号〕．一部は即日，施行）．自衛官の定数を8833人増員し23万935人に．陸上自衛隊は東北方面隊（宮城県），東部方面隊（東京都）及び中部方面隊（兵庫県）を新編．第10混成団司令部の所在地が三重県から滋賀県へ移動．航空自衛隊は飛行教育集団（栃木県），第5航空団（宮城県）を新編，第3航空団司令部及び管制教育団司令部が宮城県から愛知県へ移動（防衛庁50年史）． 　5.13　日本国とヴィエトナム共和国との間の賠償協定，調印．1960年1月12日，公布・発効（官報昭和35.1.12／日本外交主要文書・年表1）〔→1960.1.12〕． 　5.15　自衛隊法施行令の一部を改正する政令（政令第173号），公布（6月1日，施行）．飛行教育集団の編成等（官報／自衛隊十年史）． 　6. 1　陸上自衛隊第10混成団，久居から守山へ移駐（自衛隊十年史）〔→5.12〕． 　6. 1　航空自衛隊，飛行教育集団（司令部宇都宮），岐阜基地業務群，小松基地隊（石川県）をそれぞれ編成，各操縦学校および同分校を第11（小月）・第12（防府）・第13（宇都宮）・第14（仙台）・第15（静浜）・第16（築城）・第17（新田原）各飛行教育団と，整備学校および同分校を第1（浜松）・第3（岐阜）術科学校と，通信学校を第2術科学校とそれぞれ改称，防府基他業務群を廃止し第1航空教育隊および第12飛行教育団に編入（自衛隊十年史）〔→5.12〕． 　6.15　国防会議でF11F-1Fの次期戦闘機採用内定を取り消すことを決定．8月8日～10月26日，航空幕僚長源田実を団長とする調査団訪米（航空自衛隊五十年史／自衛隊10年史年表）． 　6.―　第2次わだつみ会，発足（「戦争体験」の戦後史）． 　7. 6　日本国とカンボディアとの間の経済及び技術協力協定（条約第16号），公布・発効（官報〔条約／外務省告示第76号〕）． 　8. 1　陸上自衛隊，東北・東部・中部方面隊準備本部を設置，新隊員教育隊を廃止し教育団を編成（自衛隊十年史）． 　8.13　日朝両赤十字，「在日朝鮮人の帰還に関する協定」にカルカッタで調印．9月21日，全国市町村役場で受け付けを開始（援護五十年史）． 　8.25　中・印国境紛争，表面化（日本外交主要文書・年表1）． 　9. 1　海上自衛隊，横須賀教育隊を編成（武山）（自衛隊十年史）． 　9.18　ソ連首相フルシチョフ，国際連合で全面完全軍縮を提案（防衛白書平成20年版）． 　9.25　引揚援護局新潟出張所，開設．在日朝鮮人の北朝鮮帰還業務のため（続々・引揚援護の記録）． 　9.26　台風15号による伊勢湾方面の大災害に対し陸・海・空各自衛隊部隊を派遣（～12月10日）．派遣人員延べ74万人，艦艇延べ3286隻，航空機延べ1163機（自衛隊十年史）． 　9.27　米ソ首脳会談（アイゼンハワー・フルシチョフ），キャンプデービッド共同声明（日本外交主要文書・年表1）． 　10. 1　航空自衛隊，第2術科学校分校を設置（熊谷）（自衛隊十年史）．

1959～1960（昭和34～昭和35）

西暦	和暦	記　事
1959	昭和34	10. 2　日米艦艇貸与協定による貸与期間 5 ヵ年延長に関する協定，調印（自衛隊十年史）． 10. 6　映画「独立愚連隊」（東宝．監督岡本喜八）（日本映画発達史 4 ）． 10.17　戦争裁判刑死者479人，靖国神社に合祀（第 2 次）（戦争裁判余録）． 10.—　『きけわだつみのこえ』（カッパ・ブックス，光文社），刊（「戦争体験」の戦後史）． 11. 1　航空自衛隊，春日・入間・三沢各基地隊を基地業務群に改編（自衛隊十年史）． 11. 6　国防会議で次期戦闘機にロッキードF-104 J（F-104 C を日本向けに改造したもの）×200機の国産を決定（昭和40年度末を目標）（航空自衛隊五十年史）． 12. 1　航空自衛隊，第 5 航空団を編成（司令部松島）（自衛隊十年史）． 12. 1　南極条約，ワシントンで署名（アルゼンチン・オーストラリア・ベルギー・チリ・フランス・日本・ニュージーランド・ノルウェー・南アフリカ連邦・ソビエト連邦・イギリス・アメリカ）．日本に関して1961年 6 月23日，発効．同年 6 月24日，公布（官報昭和昭和36.6.24／日本外交主要文書・年表 1 ）〔→1961.6.24〕． 12.14　北朝鮮帰還協定による在日朝鮮人の帰還第 1 船トボルスク号・クリリオン号，帰還者975人を乗せて新潟港を出港．1960年11月11日までに 4 万7987人，1960年11月18日～1961年11月10日に 2 万6227人を送還（援護五十年史／続々引揚援護の記録）． 12.16　最高裁判所大法廷（裁判長田中耕太郎），砂川事件に対する東京地方裁判所の判決（ 3 月30日）を破棄し，同地裁に差し戻す．外国の軍隊が日本に駐留したとしても憲法が保持を禁ずる戦力に当たらない，日米安保条約の違憲性の判断は司法裁判所の審査になじまないと判示（最高裁判所刑事判例集13巻13号）． 12.22　航空自衛隊幹部学校，小平から市谷へ移転（自衛隊十年史）． 12.25　海上自衛隊幹部学校，小平から市谷へ移転（自衛隊十年史）． 12.26　陸上自衛隊幹部学校，小平から市谷へ移転（自衛隊十年史）．
1960	昭和35	⎛内閣総理大臣：岸　信介・池田勇人（7.19～） 　防 衛 庁 長 官：赤城宗徳・江崎真澄（7.19～）・西村直己（12.8～） 　統合幕僚会議議長：林　敬三 　陸 上 幕 僚 長：杉山　茂・杉田一次（3.11～） 　海 上 幕 僚 長：庵原　貢 ⎝航 空 幕 僚 長：源田　実 1. 6　陸上自衛隊業務・調査各学校，越中島から小平へ移転（自衛隊十年史）． 1.11　防衛庁内局・統合幕僚会議・建設本部・調達実施本部・調達庁，檜町庁舎へ移転を開始（～16日）（自衛隊十年史）． 1.11　航空自衛隊，幕僚監部等，檜町庁舎へ移転（～12日）（自衛隊十年史）． 1.12　日本国とヴィエトナム共和国との間の賠償協定（条約第 1 号），公布・発効（官報〔条約／外務省告示第 2 号〕／日本外交主要文書・年表 1 ）〔→1959.5.13〕． 1.13　陸上自衛隊，幕僚監部等が檜町庁舎へ移転（～19日）（自衛隊十年史）． 1.14　陸上自衛隊，方面管区制を施行．東北・東部・中部方面隊を設置，通信団・人事統計隊の編成完結．中央補給処化の実施（武器及び通信補給処）（陸上自衛隊

西暦	和暦	記　　　　　　　事
1960	昭和35	の50年）．
		1.14　海上自衛隊，幕僚監部等が檜町庁舎へ移転（～16日）（自衛隊十年史）．
		1.19　日米安全保障条約（日本国とアメリカ合衆国との間の相互協力及び安全保障条約），ワシントンで署名．6月23日，公布・発効（官報6.23）〔→6.23〕．
		1.19　日米地位協定（日本国とアメリカ合衆国との間の相互協力及び安全保障条約第六条に基づく施設及び区域並びに日本国における合衆国軍隊の地位に関する協定），署名（ワシントン）．6月23日，公布・発効（官報6.23）〔→6.23〕．
		2.13　フランス，サハラで初の原爆実験を行う（日本外交主要文書・年表1）．
		2.16　海上自衛隊，鹿屋術科教育隊を廃止（自衛隊十年史）．
		3.15　陸上自衛隊，輸送学校を立川から朝霞へ移転（自衛隊十年史）．
		4.7　陸上自衛隊の第2次試作国産中特車（61式戦車）完納式，挙行（陸上自衛隊の50年）．
		4.15　F-104国内生産に関する日米取極，署名（航空自衛隊五十年史）．
		4.26　映画「太平洋の嵐」（東宝．監督松林宗恵．特撮監督円谷英二）．ハワイ空襲～ミッドウェー海戦を描く特殊撮影映画（日本映画史発達4）．
		4.28　沖縄で沖縄県祖国復帰協議会，結成（沖縄現代史新版）．
		4.―　航空自衛隊に空中機動研究班が設けられ，ニックネームとして，ブルーインパルスが用いられる（防衛庁五十年史）．
		5.1　米U-2偵察機，ソ連上空で撃墜される．米ソの緊張，高まる（防衛白書平成20年版）．
		5.19　新日米安全保障条約，衆議院本会議において自由民主党の単独強行採決により承認される（実際は20日未明）（国会会議録／「戦争体験」の戦後史）．
		6.4　安保改定阻止第1次実力行使に全国で560万人（総評〈日本労働組合総評議会〉発表）が参加（「戦争体験」の戦後史／近代日本総合年表）．
		6.15　安保改定阻止第2次実力行使（～16日）に全国で580万人が参加．全学連（全日本学生自治会総連合）主流派，国会突入をはかり警官隊と衝突．東京大学学生樺（かんば）美智子，死亡（「戦争体験」の戦後史／近代日本総合年表）．
		6.15　首相岸信介，防衛庁長官赤城宗徳に自衛隊の治安出動を要請するが拒否される（日本軍事史下）．
		6.16　臨時閣議で米大統領アイゼンハワーの訪日延期要請を決定（日本外交主要文書・年表1）．
		6.19　日米新安保条約等，国会で自然承認（日本外交主要文書・年表1）．
		6.23　日米安全保障条約（日本国とアメリカ合衆国との間の相互協力及び安全保障条約）及び交換公文（条約第6号），公布・発効（官報〔条約／外務省告示第49号〕）〔→1.19〕．
		6.23　日米地位協定（日本国とアメリカ合衆国との間の相互協力及び安全保障条約第六条に基づく施設及び区域並びに日本国における合衆国軍隊の地位に関する協定）（条約第7号），公布・発効（官報〔条約／外務省告示第50号〕）〔→1.19〕．
		6.30　海上自衛隊，戦後初の国産潜水艦おやしお，竣工（海上自衛隊五十年史）．
		7.1　航空自衛隊，西日本地区領空侵犯に対し警戒待機を開始（自衛隊十年史）．
		7.1　航空自衛隊，三沢・入間・板付防空管制所の航空警戒管制業務の運用責任を米空軍から引き受ける（自衛隊十年史）．

1960～1961(昭和35～昭和36)

西暦	和暦	記　事
1960	昭和35	7.1　航空自衛隊,救難航空隊本部を浜松から入間へ移駐(自衛隊十年史). 7.19　第1次池田勇人内閣,成立.防衛庁長官江崎真澄(官報). 7.20　米海軍,SLBM(Submarine Launched Ballistic Missiles, 潜水艦から発射する弾道ミサイル)ポラリスの水中発射に成功(防衛庁五十年史). 8.1　航空自衛隊,臨時芦屋基地隊を編成(自衛隊十年史). 8.16　元極東国際軍事裁判弁護人林逸郎・三文字正平・清瀬一郎の発起により愛知県幡豆郡幡豆町の三ヶ根山頂に殉国七士墓(極東国際軍事裁判による刑死者7人の墓碑)が建立され,墓前祭を挙行(戦争犯罪裁判余録). 8.26　天皇,旧指定護国神社51社に幣帛料を贈る(靖国の戦後史). 10.1　海上自衛隊,船舶の名称を変更.従来警備艦と称していた艦艇を護衛艦と改称(防衛庁五十年史). 10.18　首相池田勇人,靖国神社に参拝(1963年9月22日までに計5回)(靖国の戦後史). 10.26　西尾寿造,没(元陸軍大将)(日本陸海軍総合事典). 10.30　映画「独立愚連隊西へ」(東宝.監督岡本喜八)(日本映画発達史4). 11.—　陸上自衛隊,陸上幕僚長杉田一次の名で「治安行動草案」を配布.「治安出動」のための訓練の教科書(日本軍事史下). 12.8　第2次池田勇人内閣,成立.防衛庁長官西村直己・藤枝泉介(1961.7.18～)・志賀健次郎(62.7.18～)・福田篤泰(63.7.18～)(官報). 12.20　南ベトナム民族解放戦線,結成(防衛白書平成20年版／近代日本総合年表). 12.28　緒方勝一,没(元陸軍大将)(日本陸海軍総合事典).
1961	昭和36	内閣総理大臣：池田勇人 防　衛　庁　長　官：西村直己・藤枝泉介(7.18～) 統合幕僚会議議長：林　敬三 陸　上　幕　僚　長：杉田一次 海　上　幕　僚　長：庵原　貢・中山定義(8.15～) 航　空　幕　僚　長：源田　実 1.13　国防会議で「陸上自衛隊の部隊改編」(13個師団への改編)を決定.1961年1月20日,閣議報告(防衛白書平成20年版). 1.—　富士正晴「帝国軍隊に於ける学習・序」『新日本文学』に掲載(日本近代文学年表). 2.22　自衛隊用語検討委員会で特車を戦車,サイトをレーダー基地,PXを売店などに用語改正(陸上自衛隊の50年). 4.21　靖国神社,宝物遺品館を開館して旧遊就館に展示していた神社所有の宝物,祭神の遺品などを展示(靖国神社略年表). 5.16　大韓民国で軍事クーデター,起こる.軍事革命委員会,実権を掌握(議長張都映・副議長朴正煕).22日,米国,大韓民国の新政権支持の声明を発表(日本外交主要文書・年表2). 5.23　第1回航空自衛隊総合演習,実施(航空自衛隊五十年史).

西暦	和暦	記事
1961	昭和36	5.30 内閣,基地問題の総合政策を進めるため「基地問題等閣僚懇談会」を内閣に,「基地周辺問題対策協議会」を総理府に設置することを決定(防衛庁五十年史). 6.12 海上自衛隊,練習隊群を練習艦隊と改称(海上自衛隊五十年史資料編). 6.12 自衛隊,海・空自衛隊の主要指揮官に「司令官」の官名を発令(防衛庁五十年史). 6.12 防衛庁設置法の一部を改正する法律(法律第125号),公布・施行(一部は8月1日,施行).自衛隊法の一部を改正する法律(法律第126号),公布(8月1日,施行).自衛官の定数を1万1074人増員し24万2009人に,予備自衛官の員数を2000人増員し1万7000人に改める.統合幕僚会議議長の権限を強化(陸海空のいずれか2種の統合部隊については議長が長官の命令を受けて直接指揮可能に).統合幕僚学校を新設.陸上自衛隊は13個師団を新編(6管区隊,4混成団を廃止,各師団は9000・7000人の2種類から成り,北海道の第7師団は機甲兵団となる).海上自衛隊は護衛隊群と直轄部隊の2種類であったものを教育航空集団,練習艦隊,護衛艦隊,航空群に新編(航空部隊の独立).航空自衛隊は西部航空方面隊(福岡県)の新編(全国を管轄区分け防空体制を整備),第5航空団司令部の所在地の移動(宮城県から宮崎県へ),第6航空団(石川県),第7航空団(宮城県)の新編,などを行う(官報/防衛庁五十年史/日本軍事史下). 6.24 南極条約(条約第5号),公布.日本に関して6月23日,発効(官報〔条約/6月24日外務省告示第101号〕/日本外交主要文書・年表1)〔→1959.12.1〕. 6.28 自衛隊,精神教育に関する基本教材として「自衛官の心がまえ」を作成(防衛ハンドブック平成23年版). 7.6 ソ・朝友好協力相互援助条約,署名.9月10日,発効(日本外交主要文書・年表2). 7.11 中・朝友好協力相互援助条約,署名9月10日,発効(日本外交主要文書・年表2). 7.18 国防会議・閣議で「第2次防衛力整備計画」(2次防)を決定.昭和36年度の計画は単年度とし,2次防は,昭和37年度から41年度までの5ヵ年計画として策定された.防衛力整備の目標を通常兵器による局地戦以下の侵略への対処と定め,これに有効に対処し得る防衛力をもつとはじめて明確化,そのための防衛体制の基盤確立が方針とされた.整備目標は陸上自衛官18万人,予備自衛官3万人,海自艦艇14万t,航空機235機,空自航空機約1000機,地対空誘導弾部隊4隊(防衛白書平成20年版/防衛庁五十年史/防衛ハンドブック平成23年版). 7.20 岩手県農村文化懇談会編『戦没農民兵士の手紙』(岩波新書),刊(「戦争体験」の戦後史). 7.24 荒瀬豊,『日本図書新聞』に『戦没農民兵士の手紙』(岩波新書)の好意的な書評を掲載.これに対し安田武らが農民兵士の戦争責任を問い,論争となる(「反戦」のメディア史). 8.10 陸上自衛隊,第6管区総監部を多賀城から神町へ移駐(陸上自衛隊の50年). 8.13 東ドイツ,東西ベルリンの境界に壁を構築(日本外交主要文書・年表2). 8.17 自衛隊体育学校,陸上・海上・航空3自衛隊の共同機関として設置(防衛庁五十年史).

1961～1962（昭和36～昭和37）

西暦	和暦	記　　事
1961	昭和36	9. 1　海上自衛隊，自衛艦隊を改編．対潜水艦作戦能力強化のため，掃海部隊の一部と航空部隊を自衛艦隊に編入，自衛艦隊司令官は護衛艦隊・航空集団・掃海隊群を一元的に指揮することになる（海上自衛隊五十年史／防衛庁五十年史）． 9.12　磯村年，没（元陸軍大将）（日本陸海軍総合事典）． 9.24　日本遺族会，靖国神社国家護持の請願を国会に提出（靖国の戦後史）． 11.15　災害対策基本法（法律第223号），公布（1962年7月10日，施行〔昭和37年7月9日政令第287号〕）．自衛隊の行う災害派遣も国が行う防災対策の一環として位置付ける（官報／防衛庁五十年史）． 11.21　豊田貞次郎，没（元海軍大将）（日本陸海軍総合事典）． 12.12　旧陸軍士官学校第59・60期生ら13人が政府要人を暗殺し，自衛隊の戒厳令下に臨時政権を作ろうとしたとして，逮捕される．1962年3月5日までに関係者24人が逮捕される（三無事件）（昭和史全記録／時事年鑑1963年版／日本軍事史下）． 12.31　靖国神社奉賛会，太平洋戦争関係戦没者の靖国神社への合祀概了で目的達成し解散（靖国の戦後史）．
1962	昭和37	⎧内閣総理大臣：池田勇人 ｜防衛庁長官：藤枝泉介・志賀健次郎（7.18～） ｜統合幕僚会議議長：林　敬三 ｜陸上幕僚長：杉田一次・大森　寛（3.12～） ｜海上幕僚長：中山定義 ⎩航空幕僚長：源田　実・松田　武（4.7～） 1. 6　陸上自衛隊，第1特科団本部及び本部中隊を東千歳から北千歳へ移駐（陸上自衛隊の50年）． 1.18　陸上自衛隊，新師団編成発足．①称号変更及び改編師団：第1師団・第2師団・第3師団・第5師団・第10師団．②新編師団等：第11師団（真駒内）・第12師団（相馬原）・第13師団（海田市）・5個方面航空隊・5個方面管制気象隊ほか．③部隊移動：第7混成団本部（真駒内から東千歳へ）など（陸上自衛隊の50年）． 2. 8　航空自衛隊，F-104J及びDJ各初号機が名古屋に到着（航空自衛隊五十年史）． 3. 1　防衛庁技術研究本部，新島試験場を設置（防衛庁五十年史）． 3.29　平和条約第十一条による刑の執行及び赦免等に関する法律を廃止する法律（法律第42号），公布・施行．同法と関係法令，廃止（官報）． 4. 1　航空自衛隊，F-104J国産初号機領収記念式典を挙行（小牧）（航空自衛隊五十年史）． 5.10　畑俊六，没（元元帥陸軍大将）（日本陸海軍総合事典）． 5.15　防衛庁設置法等の一部を改正する法律（第132号），公布，一部施行（その他は9月11日・10月1日〔9月10日政令第353号〕，11月1日〔防衛施設庁設置の日・10月16日政令第406号〕，施行）．自衛官の定数を1914人増員し24万3923人に，予備自衛官の員数を2000人増員して1万9000人に改められる．航空自衛隊では，第7航空団司令部の所在地が宮城県から埼玉県へ移動し，管制教育団の廃止，術科教育本部の新設などが行われる（官報／防衛庁五十年史）．

1962(昭和37)

西暦	和暦	記　　　　　　　　事
1962	昭和37	5.26　自衛隊殉職者慰霊碑の竣工記念追悼式,市谷駐とん地で挙行(防衛庁五十年史). 7.4　小林躋造,没(元海軍大将)(日本陸海軍総合事典). 7.10　災害対策基本法(昭和36年法律第223号),施行(官報7.9〔政令第287号〕)〔→1961.11.15〕. 7.27　山本英輔,没(元海軍大将)(日本陸海軍総合事典). 8.15　陸上自衛隊,第4師団(福岡)・第6師団(神町)・第7師団(東千歳)・第8師団(北熊本)・第9師団(青森)の5個師団を編成し,前年度の8個師団と合わせて,従来の6個管区隊・4個混成団の10個基幹部隊体制から13個師団体制となる.これらの師団は日本の地形に合わせて部隊の機動性,融通性を強化し,独立戦闘能力を向上させるために編成したもので,特色は①9000人師団と7000師団の2種類からなる,②普通科連隊を中核とする戦闘部隊と通信大隊などの後方支援部隊で構成する,など(防衛庁五十年史／陸上自衛隊の50年). 8.15　日本遺族会,靖国神社の国家護持に関する要綱を発表(靖国の戦後史). 9.1　海上自衛隊,第4航空群を新編(下総),航空集団に編入(海上自衛隊五十年史資料編). 9.11　植田謙吉,没(元陸軍大将)(日本陸海軍総合事典). 10.15　陸上自衛隊,61式国産中戦車引渡式を挙行(陸上自衛隊の50年). 10.20　中・印国境紛争,起こる(〜11月22日)(防衛白書平成20年版／日本外交主要文書・年表2). 10.23　航空自衛隊,キューバ危機にともなう防空準備態勢強化.初の実戦準備(航空自衛隊五十年史). 10.24　米海軍,キューバを海上隔離(〜11月20日)(防衛白書平成20年版／日本外交主要文書・年表2). 10.28　ソ連首相フルシチョフ,キューバのミサイル撤去を言明(防衛白書平成20年版／日本外交主要文書・年表2). 11.1　防衛施設庁,発足.調達庁と防衛庁建設本部を統合,自衛隊及び駐留軍関係の施設の取得,管理業務並びに建設工事を一元的に行う(官報5.15／防衛施設庁史／防衛庁五十年史)〔→5.15〕. 12.11　この日及び12日,北海道千歳郡恵庭(えにわ)町で酪農業を営む兄弟2人,陸上自衛隊島松演習場の野外電話の通信線を切断.自衛隊法違反として起訴される(恵庭事件)(法律時報39巻5号／ジュリスト370)〔→1967.3.29〕. 12.21　奈良武次,没(元陸軍大将)(日本陸海軍総合事典). 12.26　防衛庁,地対空ミサイルナイキ・ホークの帰属問題について最終決定.2次防ではナイキ(高空用)及びホーク(低空用)をそれぞれ2個大隊配備する計画であり,その帰属について①第1次ナイキ部隊は陸上自衛隊で編成し,1964年4月に航空自衛隊に移管する,②第2次ナイキ部隊は航空自衛隊で編成し,その所属とする,③ホーク部隊は陸上自衛隊の帰属とする,とされる(防衛庁五十年史).

1963(昭和38)

西暦	和暦	記　　　　　　　事
1963	昭和38	内閣総理大臣：池田勇人 防衛庁長官：志賀健次郎・福田篤泰(7.18〜) 統合幕僚会議議長：林　敬三 陸上幕僚長：大森　寛 海上幕僚長：中山定義・杉江一三(7.1〜) 航空幕僚長：松田　武

1.17　陸上自衛隊,初のナイキ部隊第101高射大隊の編成を完結(習志野)(陸上自衛隊の50年).

1.23　日本遺族会の靖国神社国家護持に関する小委員会,第1回会合を開催.靖国神社国家護持を会の「至上命令」として推進する方針を決定(日本遺族会の四十年).

1.25　航空自衛隊,第17飛行教育団を廃止(新田原)(航空自衛隊五十年史).

2.—　日本戦没学生記念会編『戦没学生の遺書にみる15年戦争』(光文社カッパ・ブックス),刊.1988年,『第二集きけわだつみのこえ』(岩波文庫)として再刊(「戦争体験」の戦後史).

3.15　航空自衛隊,第14飛行教育団を廃止(宇都宮)(航空自衛隊五十年史).

3.29　日本・ビルマ経済技術協力協定(日本国とビルマ連邦との間の経済及び技術協力に関する協定),調印(ラングーン).10月25日,公布・発効(官報10.25／日本外交主要文書・年表2).

4.1　自衛官の定年を延長.技能者などの長期活用や平均余命の延伸などによるもので,特に尉及び曹の階級の定年を2年ないし5年延長(防衛庁五十年史).

4.28　映画「拝啓天皇陛下様」(松竹大船.原作棟田博.監督野村芳太郎)(日本映画発達史4).

5.9　航空自衛隊,ナイキ創隊式を挙行(習志野.入間は5月11日)(航空自衛隊五十年史).

5.12　水爆搭載可能の米空軍F105Dジェット戦闘爆撃機14機,沖縄から板付に配属(75機配属予定)(近代日本総合年表).

6.18　陸上自衛隊第101高射大隊,防空準備態勢維持の任務を開始(第1高射群の前身)(航空自衛隊五十年史).

6.20　米・ソ,ホットライン設置に関する了解覚書に調印.即日,発効(日本外交主要文書・年表2).

6.28　米軍,入間基地(飛行場地区)を返還(航空自衛隊五十年史).

7.1　航空自衛隊の防空指揮管制システム,バッジBADGE(Base Air Defense Ground Environment),米ヒューズ社製の導入を決定(航空自衛隊五十年史).

7.8　国産初のAAM(Air-to-Air Missile,空対空ミサイル),新島で発射実験に成功(航空自衛隊五十年史).

7.12　閣議で「生存者叙勲の開始について」を決定.生存者叙勲の復活を決定(内閣制度百年史下)〔→1964.4.25〕.

7.—　安田武『戦争体験』(未来社),刊(「戦争体験」の戦後史).

8.3　戦傷病者特別援護法(法律第168号),公布(12月1日,施行.一部は1969年4月1日,施行〔昭和38年10月29日政令第357号〕).従来の援護諸法を統合(官報).

8.5　米・英・ソ,部分的核実験禁止条約に署名.8日,非核保有国,調印を開始.

1963〜1964（昭和38〜昭和39）

西暦	和暦	記　事
1963	昭和38	10月10日,原締約国を含め108ヵ国,調印,発効(日本外交主要文書・年表2). 　8.14　日本,部分的核実験禁止条約に署名.1964年6月15日,発効(日本外交主要文書・年表2)〔→1964.6.15〕. 　8.15　全国戦没者追悼式,天皇・皇后出席のもと日比谷公会堂で挙行,以後毎年8月15日に挙行(1965年以降は日本武道館)(援護五十年史). 　8.16　テレビ作品「忘れられた皇軍」(日本テレビ),放送.大島渚監督のドキュメンタリー.見捨てられた韓国人の元日本兵たちを描く(日本映画史4). 　8.—　『週刊キング』,創刊.辻なおき「0戦はやと」・吉田龍夫「忍者部隊月光」,連載開始(別冊一億人の昭和史　昭和マンガ史). 　9.1　海上自衛隊,教育航空集団司令部を岩国から宇都宮に移転.宇都宮教育航空群を新編(宇都宮),教育航空集団に編入(海上自衛隊五十年史資料編). 　9.2　自衛隊,統合演習を北海道を中心に行う.自衛隊創設以来最大の演習で,人員約1万人,車両約1200両,航空機約80機,艦艇約20隻が参加(〜8日)(防衛庁五十年史／航空自衛隊五十年史資料編). 　9.—　林房雄「大東亜戦争肯定論」『中央公論』に連載(〜12月)(日本近代文学年表). 　10.25　日本・ビルマ経済技術協力協定(日本国とビルマ連邦との間の経済及び技術協力に関する協定)(条約第32号),公布・発効(官報〔条約／外務省告示第157号〕／日本外交主要文書・年表2)〔→3.29〕. 　10.26　陸上自衛隊,少年工科学校開校祝賀式を挙行(陸上自衛隊の50年). 　10.27　第1回自衛隊音楽まつり,東京都体育館において開催(防衛庁五十年史). 　10.30　百武三郎,没(元海軍大将)(日本陸海軍総合事典). 　12.9　第3次池田勇人内閣,成立.防衛庁長官福田篤泰・小泉純也(1964.7.18〜)(官報).
1964	昭和39	⎛内閣総理大臣：池田勇人・佐藤栄作(11.9〜) 　防　衛　庁　長　官：福田篤泰・小泉純也(7.18〜) 　統合幕僚会議議長：林　敬三・杉江一三(8.14〜) 　陸　上　幕　僚　長：大森　寛 　海　上　幕　僚　長：杉江一三・西村友晴(8.14〜) ⎝航　空　幕　僚　長：松田　武・浦　　茂(4.17〜) 　1.7　閣議で「戦没者の叙位及び叙勲について」を決定.戦没者の叙位・叙勲を再開(内閣制度百年史下). 　1.8　陸・海・空各自衛隊機の愛称を発表.陸上自衛隊では,L-19(そよかぜ),H-13(ひばり),HU-1B(ひよどり),海上自衛隊では,P2V-7(おおわし),V-107(しらさぎ),HSS-2(ちどり),航空自衛隊では,F-104J(栄光),F-86F(旭光),T-33A(若鷹),C-46(天馬)など(防衛庁五十年史). 　1.18　返還「零戦」,航空自衛隊岐阜基地へ到着.3月3日,新三菱重工業会社名古屋航空機製作所へ搬入(航空自衛隊五十年史). 　1.29　鈴木孝雄,没(元陸軍大将)(日本陸海軍総合事典). 　2.29　日本遺族会発行の戦死者遺族体験記『いしずえ』,日本図書館協会選定図書に推薦される(日本遺族会の四十年).

1964（昭和39）

西暦	和暦	記　　　　　事
1964	昭和39	2.29　靖国神社,首相池田勇人らに国家護持を陳情・請願（靖国の戦後史）. 3. 6　中華人民共和国撫順戦犯最後の3人,釈放される. 4月7日,帰国.中華人民共和国の戦犯問題が終了（援護五十年史／戦争裁判余録）. 3.14　米軍岩国基地の共同使用協定,署名（航空自衛隊五十年史）. 4. 1　ナイキ部隊,陸上自衛隊から航空自衛隊へ移管.第1高射群（習志野）・第1高射支援隊（十条）を編成（航空自衛隊五十年史）. 4.25　第1回戦没者叙勲1万177人を発令（官報／援護五十年史）. 5. 8　野村吉三郎,没（元海軍大将）（日本陸海軍総合事典）. 5.30　航空自衛隊第11飛行教育団,小月から静浜へ移動（航空自衛隊五十年史）. 5.31　航空自衛隊,第15飛行教育団を廃止（航空自衛隊五十年史）. 6.12　閣議で防衛庁の防衛省昇格を内容とする防衛2法改正案を決定.国会会期が終了間際だったため,国会提出を見送る（防衛庁五十年史）. 6.15　部分的核実験禁止条約（大気圏内,宇宙空間及び水中における核兵器実験を禁止する条約）（条約第10号）,公布,日本について発効（官報〔条約／外務省告示第183号〕／日本外交主要文書・年表2）〔→1963.8.14〕. 6.22　琉球政府主催の第1回「沖縄戦戦没者追悼式」,摩文仁（まぶに）丘で挙行.住民3000人,参列（日本遺族会の四十年）. 7. 8　国防会議で防衛の根本問題などを検討した「国防会議基本計画」を策定.「国防政策は防衛,外交,内政の総合施策である」との見地に立ったもの（防衛庁五十年史）. 8. 2　米国国防省,米駆逐艦がトンキン湾で北ベトナム魚雷艇に攻撃されたと発表（トンキン湾事件）. 5日,事件は北ベトナム領海内で発生と声明（日本外交主要文書・年表2）. 8.15　全国戦没者追悼式,会場変更し靖国神社境内で挙行（靖国の戦後史）. 9.10　白衣を着用し傷病兵を装って街頭などで募金活動をする者の取り締まりを実施（援護五十年史）. 10. 6　陸上自衛隊,64式7.62mm小銃を制式化.米軍供与のM1ライフル銃などに替わる,単・連発能力を有する国産小銃（陸上自衛隊の50年）. 10.10　オリンピック東京大会,開会（～24日）.自衛隊は7500人を超える自衛隊員を充て各種支援を行う.開会式で,ブルーインパルス,空中に五輪模様を描く.自衛隊から選手として21人が参加（防衛庁五十年史）. 10.16　中華人民共和国,初の原爆実験に成功（日本外交主要文書・年表2）. 10.26　航空自衛隊,第16飛行教育団を廃止,臨時築城航空隊を編成（航空自衛隊五十年史）. 11. 9　第1次佐藤栄作内閣,成立.防衛庁長官小泉純也・松野頼三（1965.6.3～）・上林山栄吉（66.8.1～）・増田甲子七（66.12.3～）（官報）. 11.12　米原子力潜水艦シードラゴン,初めて日本に寄港（佐世保.～14日）（防衛白書平成20年版）. 12. 4　「バッジ設置に関する日米交換公文」,署名（航空自衛隊五十年史）. 12.26　映画「馬鹿が戦車（タンク）でやってくる」（松竹大船.監督山田洋次）（日本映画発達史5）. 12.28　防衛庁設置法及び自衛隊法の一部を改正する法律（法律第185号）,公布・

西暦	和暦	記　事
1964	昭和39	施行．自衛官の定数を2171人増員し24万6094人に，予備自衛官の員数を5000人増員し2万4000人に改める．航空自衛隊では第8航空団の新編（福岡県），飛行教育集団司令部の所在地が宇都宮から浜松北へ移動，航空団の改編（飛行群の新編）が行われる．また，南極地域観測に対する協力の整備などが行われる（官報／防衛庁五十年史／航空自衛隊五十年史）．
1965	昭和40	⎧内閣総理大臣：佐藤栄作 　防衛庁長官：小泉純也・松野頼三(6.3〜) 　統合幕僚会議議長：杉江一三 　陸上幕僚長：大森　寛・天野良英(1.16〜) 　海上幕僚長：西村友晴 ⎩航空幕僚長：浦　　茂 　1. —　井伏鱒二「姪の結婚」『新潮』に連載（〜1966年9月．8月より「黒い雨」と改題）（日本近代文学年表／「反戦」のメディア史）． 　2. 1　原水爆禁止国民会議（原水禁国民会議），日本社会党・日本労働組合総評議会（総評）を中心に結成される．原水爆禁止運動，分裂（「戦争体験」の戦後史）． 　2. 1　海上自衛隊，第1潜水隊群（潜水艦6隻・水上艦2隻）を新編，自衛艦隊に編入（海上自衛隊五十年史）． 　2. 7　米軍，北ベトナムに対する空爆を開始．米国のベトナム戦争への介入が本格化（防衛白書平成20年版）． 　2.10　衆院予算委員会で自衛隊の「三矢研究」が問題化．1963年2月，自衛隊内部で朝鮮半島の有事→ソ連の日本侵攻を想定した演習が行われ，戦時における国家総動員体制の樹立も含めた研究を「制服組」が密かに行っていたことが発覚（国会会議録／防衛白書平成20年版／日本軍事史下／近代日本総合年表）． 　2. —　五味川純平『戦争と人間』（三一書房），刊（〜1982年12月）（日本近代文学年表）． 　3. 2　河辺正三，没（元陸軍大将）（日本陸海軍総合事典）． 　3.13　映画「兵隊やくざ」（大映東京，監督増村保造）（日本映画発達史5）． 　4.21　首相佐藤栄作，靖国神社に参拝（1972年4月22日まで計11回同社に参拝）（靖国の戦後史）． 　4.24　小田実（まこと）・鶴見俊輔らを中心に，「ベトナムに平和を！市民文化団体連合」（ベ平連）主催の初のデモ行進が行われる（「戦争体験」の戦後史／近代日本総合年表）． 　5. 7　井上幾太郎，没（元陸軍大将）（日本陸海軍総合事典）． 　5. 9　日本テレビのドキュメンタリー「南ベトナム海兵大隊戦記」第1部，放送．放送後，政府の圧力で第2部の放送が中止される（日本映画史4／朝日年鑑1966年版）． 　5. —　軍事史学会，創立（日本人の戦争観）． 　6.22　日韓基本条約（日本国と大韓民国との基本関係に関する条約），調印．12月18日，公布・発効（官報12.18／日本外交主要文書・年表2）〔→12.18〕． 　6.29　沢本頼雄，没（元海軍大将）（日本陸海軍総合事典）． 　7.15　砕氷艦ふじ，竣工，海上自衛隊横須賀地方隊に編入（海上自衛隊五十年史

西暦	和暦	記事
1965	昭和40	資料編).
7.18　山田乙三,没(元陸軍大将)(日本陸海軍総合事典).
7.28　自衛隊遺族会,発足(陸上自衛隊の50年).
8.3　陸上自衛隊,富士学校の教育研究支援態勢の強化のため富士教導団を編成.普通科教導連隊・特科教導隊・戦車教導隊・偵察教導隊などで組織(防衛庁五十年史).
9.1　第2次インド・パキスタン紛争,始まる.9月22日,停戦(日本外交主要文書・年表2).
10.1　財団法人防衛弘済会,発足(陸上自衛隊の50年).
10.9　海上自衛隊,マリアナ海域の漁船群遭難に際して,航空機・艦艇を災害派遣,捜索救助などを行う.海上自衛隊創設以来,初の海外での災害派遣(海上自衛隊五十年史).
10.12　日本社会党・日本共産党,日韓基本条約批准阻止で統一行動,反対集会を開催,10万人が国会請願デモを行う(「戦争体験」の戦後史).
10.19　天皇・皇后,靖国神社に参拝(戦後20年)(官報10.21〔皇室事項〕).
11.1　厚生省,初の原子爆弾被爆者実態調査を実施(生存被爆者29万8500人)(援護五十年史).
11.20　砕氷艦ふじ,初めて南極観測協力に出港(～1966年4月8日)(防衛白書平成20年版).
11.—　阿川弘之『山本五十六』(新潮社),刊.1975年の同著『軍艦長門の生涯(上)(下)』(同)などとともに海軍善玉論のベースとなる(日本人の戦争観).
12.18　日韓基本条約(日本国と大韓民国との基本関係に関する条約)(条約第25号)・関係協定,公布・発効(官報〔条約/外務省告示第252号〕/日本外交主要文書・年表2)〔→6.22〕.
1966	昭和41	内閣総理大臣：佐藤栄作
防衛庁長官：松野頼三・上林山栄吉(8.1～)・増田甲子七(12.3～)
統合幕僚会議議長：杉江一三・天野良英(4.30～)
陸上幕僚長：天野良英・吉江誠一(4.30～)
海上幕僚長：西村友晴・板谷隆一(4.30～)
航空幕僚長：浦　茂・牟田弘国(4.30～)
1.10　塚原二四三,没(元海軍大将)(日本陸海軍総合事典).
2.1　航空自衛隊,第2高射群を編成(芦屋・築城及び高良台)(航空自衛隊五十年史).
5.16　中国共産党中央委員会,各級機関に彭真らの「2月提綱」批判と中央文化革命小組設置の決定を通達.文化大革命,始まる(近代日本総合年表).
6.15　高橋三吉,没(元海軍大将)(日本陸海軍総合事典).
6.16　航空自衛隊,初のRAPCON(Rader Approach Control,レーダー進入コントロール)の運用を開始(千歳)(航空自衛隊五十年史).
6.—　三島由紀夫「英霊の声」『文芸』に掲載(日本近代文学年表).
7.11　広島市議会,原爆ドームの永久保存を決議.1967年8月8日,完工式.費用は全国からの募金による(近代日本総合年表).

1966〜1967（昭和41〜昭和42）

西暦	和暦	記　事
1966	昭和41	7.26　防衛施設周辺の整備等に関する法律（法律第135号），公布・施行．自衛隊・駐留米軍の基地から発生する騒音などの障害について，障害防止の対策の基本を法律に定め，制度的な保障を行う（官報／防衛庁五十年史）． 8.—　小泉信三『海軍主計大尉小泉信吉』（文芸春秋），刊（日本近代文学年表）． 8.—　防衛庁防衛研修所戦史室，公刊戦史『大東亜戦争戦史叢書』（朝雲新聞社）の刊行を開始（〜1980年1月，全102巻）（日本人の戦争観）． 9.2　岡村寧次，没（元陸軍大将）（日本陸海軍総合事典）． 9.—　海軍飛行予備学生第十四期会編『あゝ同期の桜』（毎日新聞社），刊（「戦争体験」の戦後史）． 9.—　吉村昭「戦艦武蔵」『新潮』に掲載（日本近代文学年表）． 10.15　航空自衛隊，バッジ本器の個別領収を開始（航空自衛隊五十年史）． 10.18　戦争裁判刑死者114人，靖国神社に合祀（第3次）．A級刑死7人を除き全刑死者の合祀，終わる（戦争裁判余録）． 10.27　中華人民共和国，初の核ミサイル実験に成功（防衛白書平成20年版）． 11.2　荒木貞夫，没（元陸軍大将）（日本陸海軍総合事典）． 11.14　吉田善吾，没（元海軍大将）（日本陸海軍総合事典）． 11.18　陸上自衛隊の61式戦車完納式，挙行（陸上自衛隊の50年）． 11.29　国防会議・閣議で「第3次防衛力整備計画の大綱」を決定．昭和42年度から46年度までの5ヵ年計画として策定され，「通常兵器による局地戦以下の侵略事態に対し，最も有効に対応し得る効率的なもの」を整備目標とする（防衛庁五十年史／防衛ハンドブック平成23年版）．
1967	昭和42	⎛内閣総理大臣：佐藤栄作 　防 衛 庁 長 官：増田甲子七 　統合幕僚会議議長：天野良英・牟田弘国（11.15〜） 　陸 上 幕 僚 長：吉江誠一 　海 上 幕 僚 長：板谷隆一 ⎝航 空 幕 僚 長：牟田弘国・大室　孟（11.15〜） 1.—　大岡昇平「レイテ戦記」『中央公論』に掲載（〜1969年7月）（日本近代文学年表）． 2.17　第2次佐藤栄作内閣，成立．防衛庁長官増田甲子七・有田喜一（1968.11.30〜）（官報）． 3.13　国防会議で「第3次防衛力整備計画の主要項目」「第3次防衛力整備計画のための所要経費について」を決定．14日，閣議で決定．艦艇56隻4万8000ｔの建造，対潜固定翼機60機，対潜ヘリコプター33機の整備，戦車280両の更新など．5ヵ年間の所要経費2兆3400億円（上下に250億円程度の幅を見込む）（防衛白書平成20年版／近代日本総合年表／防衛庁五十年史）． 3.29　札幌地方裁判所（裁判長辻三雄），恵庭事件に無罪判決．同事件は1962年12月，北海道恵庭町で住民が自衛隊の通信回線を切断したもので，自衛隊の違憲性が問われたが，札幌地裁は憲法判断を行わないまま無罪判決を下す．検察が上訴しなかったため同判決が確定（法律時報39巻5号／ジュリスト370）［→1962.12.11］． 4.21　首相佐藤栄作，衆議院決算委員会で共産圏諸国，国際決議で禁止された

1967(昭和42)

西暦	和暦	記　　　　　　　事
1967	昭和42	国(南アフリカ),紛争当事国またはそのおそれがある国には武器輸出を認めないとする武器禁輸三原則を言明(「輸出貿易管理令で特に制限をして,こういう場合は送ってはならぬという場合があります.それはいま申し上げましたように,戦争をしている国,あるいはまた共産国向けの場合,あるいは国連決議により武器等の輸出の禁止がされている国向けの場合,それとただいま国際紛争中の当事国またはそのおそれのある国向け,こういうのは輸出してはならない.こういうことになっております.これは厳に慎んでそのとおりやるつもりであります.」等の発言がある).1976年,三木武夫内閣で三原則の対象外の国にも武器(技術も含む)輸出を慎むという方針を決定(国会会議録/日本軍事史下/近代日本総合年表/防衛ハンドブック平成23年版).

　　5. 6　原爆の図丸木美術館,埼玉県東松山市に開館(朝日年鑑1968年版/「原爆の図」描かれた〈記憶〉,語られた〈絵画〉).
　　6. 5　第3次中東戦争,始まる.6月9日,終結(日本外交主要文書・年表2).
　　6.17　中華人民共和国,初の水爆実験に成功(防衛白書平成20年版).
　　7. 1　ヨーロッパ共同体(European Communities, EC),発足(日本外交主要文書・年表2).
　　7. 6　日本基督教団,靖国神社問題特別委員会を設置(以後,各宗教団体が同種の委員会を設置)(靖国の戦後史).
　　7.28　防衛庁設置法及び自衛隊法の一部を改正する法律(法律第89号),公布・施行.自衛官の定数を4278人増員し25万372人に,予備自衛官の員数を6000人増員して3万人に改める.航空自衛隊では,第7航空団司令部が埼玉県入間から茨城県百里へ移動(官報/防衛庁五十年史/航空自衛隊50年史資料編).
　　8. 1　公共用飛行場周辺における航空機騒音による障害の防止等に関する法律(法律第110号),公布・施行.これにより昭和41年法律第135号「防衛施設周辺の整備等に関する法律」の一部改正が行われ,自衛隊などの飛行場を使用して行われる自衛隊などの航空機以外の航空機の離着陸は,自衛隊機などの離着陸とみなす規定が設けられる(官報/防衛庁五十年史).
　　8. 3　映画「日本のいちばん長い日」(東宝.原案大宅壮一.監督岡本喜八)(日本映画発達史5).
　　8. 8　東南アジア諸国連合(ASEAN),結成.タイ・マレーシア・シンガポール・インドネシア・フィリピンの5ヵ国(防衛白書平成20年版).
　　8.19　ソ連機,礼文島領空を侵犯.航空団発足以来,初の領空侵犯(航空自衛隊五十年史).
　10.13　米国との間でナイキ・ハーキュリーズのミサイル(弾頭部除く)及びホークの国産化にともなう取極め,調印.ナイキ・ハーキュリーズは非核弾頭専用に改修(防衛庁五十年史).
　11. 9　1946年に完成しながらGHQに没収されアメリカに持ち去られた原爆記録映画「原子爆弾の効果・広島,長崎」がアメリカから返還され,フィルムが日本に到着.公開を求める世論,起こる(日本映画発達史5)[→1968.4.20].
　11.11　真宗本願寺派,靖国法案に反対する声明を発表.以後,各宗教宗派から反対声明が続く(靖国の戦後史).
　11.15　ワシントンで日米共同声明,発表.沖縄返還の時期を明示せず,小笠原は

西暦	和暦	記　事
1967	昭和42	1年以内に返還(日本外交主要文書・年表2). 　12.11　首相佐藤栄作,衆議院予算委員会で「核は保有しない,核は製造もしない,核を持ち込ませないというこの核に対する三原則…」と述べ非核三原則を表明(国会会議録／日本軍事史下). 　12.17　山梨勝之進,没(元海軍大将)(日本陸海軍総合事典).
1968	昭和43	⎧内閣総理大臣：佐藤栄作 　防衛庁長官：増田甲子七・有田喜一(11.30〜) 　統合幕僚会議議長：牟田弘国 　陸上幕僚長：吉江誠一・山田正雄(3.14〜) 　海上幕僚長：板谷隆一 ⎩航空幕僚長：大室　孟 　1.9　陸上自衛隊三等陸尉円谷幸吉,没(朝日年鑑1969年版). 　1.19　米原子力航空母艦エンタープライズ,初めて日本に寄港(佐世保).寄港反対運動が激化(防衛白書平成20年版／近代日本総合年表). 　1.21　朝鮮民主主義人民共和国ゲリラ31人,大韓民国大統領官邸周辺に侵入,同国警察隊と銃撃戦(〜22日).2月6日,朝鮮民主主義人民共和国,ゲリラは自国人と確認(日本外交主要文書・年表2). 　1.22　アメリカ国防総省,情報収集艦プエブロが日本海の公海上で朝鮮民主主義人民共和国警備艇に拿捕されたと発表(援護五十年史). 　2.一　家永三郎『太平洋戦争』(岩波書店),刊. 　3.1　陸上自衛隊,第1ヘリコプター団・方面ヘリコプター隊・中央管制気象隊等を新編,中央野外通信隊,北部・東北・中部・西部各通信隊を「群」に名称を変更(陸上自衛隊の50年). 　3.2　バッジ関連秘密漏洩事件,発生.航空自衛隊一等空佐川崎健吉,航空幕僚監部在職中に保管していた秘密文書を米国企業の極東部員に渡したとして逮捕される.ついで起訴.1971年1月23日,東京地方裁判所(裁判長向井哲次郎),懲役6月執行猶予2年の判決(航空自衛隊五十年史／朝日年鑑1972年版). 　3.25　下村定,没(元陸軍大将)(日本陸海軍総合事典). 　3.30　航空自衛隊,バッジ組織の領収を完了(航空自衛隊五十年史). 　4.5　小笠原返還協定(南方諸島及びその他の諸島に関する日本国とアメリカ合衆国との間の協定)(条約第8号),署名.6月12日,公布,6月26日,発効(官報6.12〔条約／外務省告示第130号〕／日本外交主要文書・年表2)〔→6.26〕. 　4.20　アメリカから返還された原爆記録映画「原子爆弾の効果・広島,長崎」を人体の被害の部分をカットし,NHK教育テレビ・12チャンネル・NETで放送(日本映画発達史5)〔→1946.3.一〕. 　5.13　アメリカ・北ベトナム和平会談第1回本会議,開催(パリ)(日本外交主要文書・年表2). 　5.20　原子爆弾被爆者特別措置法(原子爆弾被爆者に対する特別措置に関する法律)(法律第53号),公布(9月1日,施行)(官報). 　6.2　米軍板付基地のF-4Cファントム戦闘機,九州大学構内に墜落(近代日本総合年表).

1967〜1968(昭和42〜昭和43)

1968～1969(昭和43～昭和44)

西暦	和暦	記事
1968	昭和43	6.26　小笠原返還協定(南方諸島及びその他の諸島に関する日本国とアメリカ合衆国との間の協定),発効.小笠原諸島の施政権が米国より返還され,同時に海上自衛隊の父島基地分遣隊,硫黄島航空基地分遣隊,南鳥島航空派遣隊が小笠原諸島に編成される(防衛庁五十年史)〔→4.5〕. 7.1　核不拡散条約に米英ソほか62ヵ国,署名.1970年3月5日,発効,日本は1970年2月3日,調印,1976年6月8日,発効(日本外交主要文書・年表2／官報昭和51.6.8). 7.2　陸上自衛隊武山駐とん部隊少年工科学校(横須賀市)3年生生徒70人中の13人,人工池で雨中の渡河訓練中に水死(防衛庁五十年史／朝日年鑑1969年版). 8.20　ソ連軍・東欧4ヵ国軍,チェコ=スロバキアに侵入(日本外交主要文書・年表2). 8.24　フランス,南太平洋(ファンガタウファ環礁)で初の水爆実験に成功(日本外交主要文書・年表2). 9.5　キリスト教牧師,靖国神社合祀取り下げを初めて請求(靖国の戦後史). 9.21　映画「あゝひめゆりの塔」(日活,監督舛田利雄)(キネマ旬報ベスト・テン全集1960-1969／「反戦」のメディア史). 10.4　今村均,没(元陸軍大将)(日本陸海軍総合事典). 11.1　航空自衛隊F-104J戦闘機の後継戦闘機に米マクダネル=ダグラス社製F-4Eを決定(航空自衛隊五十年史). 11.19　沖縄嘉手納(かでな)基地でベトナム爆撃に向かう米軍B52爆撃機,滑走中に爆発,4km四方の家屋139戸に被害を与える(朝日年鑑1969年版). 11.21　「国際反戦デー」の前夜である10月20日夜に反日本共産党系全学連学生が防衛庁庁舎に侵入した事件を契機に,防衛庁の機能維持の万全を図るため檜町警備隊が編成される(防衛庁五十年史). 11.26　国際連合第23回総会本会議で「戦争犯罪及び人道に対する罪の処罰並びに犯罪に時効を適用しないこと等を国際法の原則とする旨の条約案」を審議し採択.賛成58ヵ国,反対英米仏を含め7ヵ国,棄権日本を含め36ヵ国(戦争裁判余録). 12.—　大西巨人『神聖喜劇』(光文社),刊(～1980年4月)(日本近代文学年表).
1969	昭和44	⎧内閣総理大臣：佐藤栄作 　防衛庁長官：有田喜一 　統合幕僚会議議長：牟田弘国・板谷隆一(7.1～) 　陸上幕僚長：山田正雄 　海上幕僚長：板谷隆一・内田一臣(7.1～) ⎩航空幕僚長：大室孟・緒方景俊(4.25～) 1.2　元ニューギニアからの帰還兵奥崎謙三,皇居の一般参賀で天皇に向かってパチンコ玉を発射(読売新聞1.3／昭和史全記録). 1.10　国防会議でF-4E×104機の国産を決定.閣議,了解(防衛白書平成20年版). 1.20　陸上自衛隊,初の婦人自衛官(WAC, Women's Army Corps)入隊式を挙行(陸上自衛隊の50年). 1.24　日本社会党大会で靖国神社法案反対を決議(靖国の戦後史).

西暦	和暦	記事
1969	昭和44	2.27　藤江恵輔,没(元陸軍大将)(日本陸海軍総合事典). 3. 2　中ソ両軍,ウスリー河ダマンスキー島(珍宝島)で武力衝突(日本外交主要文書・年表2). 3. 2　東京都立大学,自衛官の入学試験の受験を拒否(陸上自衛隊の50年). 3.10　陸上自衛隊,OH-6ヘリコプター引渡式を挙行(陸上自衛隊の50年). 4. 4　F-4E国産化日米取極,署名(官報4.18〔外務省告示第64号〕/航空自衛隊五十年史). 5.11　航空自衛隊第8航空団所属のF-86F 3機,島根県の城床山に激突し,パイロット3人,死亡(防衛庁五十年史). 5.15　靖国神社,宗教法人離脱用意の声明書を自由民主党へ提出(靖国の戦後史). 5.20　立命館大学のわだつみ像,全共闘学生によって破壊される(「戦争体験」の戦後史). 5.31　防衛庁本館,檜町に完成し落成式を挙行(防衛庁五十年史). 6. 7　靖国神社国家護持国民協議会(靖国協),結成(靖国の戦後史). 6.10　これより先,6月6日,南ベトナム臨時革命政府,樹立.この日,樹立宣言を発表(日本外交主要文書・年表2). 6.30　自由民主党,靖国神社法案を第61回国会に初提出.8月5日,会期終了,廃案(靖国の戦後史). 7. 2　米国大統領ニクソン,ニクソン=ドクトリンを発表(防衛白書平成20年版). 7. 4　外務大臣愛知揆一・駐日米国大使マイヤー,日米相互防衛援助協定第七条に基く軍事援助顧問団(MAAG-J, Military Assisitance Advisary Group in Japan)を相互防衛援助事務所(MDAO, Mutual Defence Assistance Office)と改称する公文を交換.軍事援助顧問団は,米国が自衛隊を装備・訓練などの面から援助するために置いていた(日本外交主要文書・年表2/防衛庁五十年史). 7. 7　農林大臣長谷川四郎,北海道夕張郡長沼町にナイキJ基地を建設するため,同町の国有保安林の指定を解除を告示.これに対し即日,地元住民が自衛隊は憲法違反であるとして札幌地方裁判所に処分の停止を申し立てる(長沼ナイキ事件)(官報〔農林省告示第1023号〕/判例時報712)〔→1973.9.7〕. 7.29　防衛庁設置法及び自衛隊法の一部を改正する法律(法律第67号),公布・施行.自衛官の定数を7702人増員して25万8074人に,予備自衛官の員数を3000人増員して3万3000人に改める.海上自衛隊では,航空集団の改編などが行われる(官報/防衛庁五十年史). 8.15　キリスト者遺族の会会員9人,靖国神社合祀取り下げを請求(靖国の戦後史). 8.—　大江健三郎「沖縄ノート」『世界』に連載(～1970年6月)(日本近代文学年表). 9.10　海上自衛隊初の練習艦かとり,就役.艦名は旧海軍の練習艦香取にちなむ.昭和45年度の遠洋航海に旗艦として参加し,世界を一周(防衛庁五十年史). 9.24　統合幕僚会議議長・三自衛隊幕僚長・方面総監・師団長ら,宮中拝謁(陸上自衛隊の50年). 10.20　天皇・皇后,靖国神社に参拝(官報10.23〔皇室事項〕).

1969〜1970(昭和44〜昭和45)

西暦	和暦	記事
1969	昭和44	11.21 訪米中の首相佐藤栄作と米国大統領ニクソン,共同声明を発表.安保条約堅持,1972年の沖縄返還を発表.沖縄返還に際しては,米大統領が「核兵器にたいする日本国民の特殊な感情」に「深い理解」を示すとされるが,「核抜き」は明言されず(日本外交主要文書・年表2／日本軍事史下). 11.— 渡辺清『海の城』(朝日新聞社),刊.自己の少年兵体験をもとに海軍の非人間性を告発(日本人の戦争観). 12.24 航空自衛隊,69式空対空誘導弾(AAM-1)を制式化.日本初の自主開発ミサイル(航空自衛隊五十年史).
1970	昭和45	⎧内閣総理大臣:佐藤栄作 ⎪防衛庁長官:有田喜一・中曽根康弘(1.14〜) ⎪統合幕僚会議議長:板谷隆一 ⎨陸上幕僚長:山田正雄・衣笠駿雄(7.1〜) ⎪海上幕僚長:内田一臣 ⎩航空幕僚長:緒方景俊 1.14 第3次佐藤栄作内閣,成立.防衛庁長官中曽根康弘・増原恵吉(1971.7.5〜)・西村直己(71.8.2〜)・江崎真澄(71.12.3〜)(官報). 1.24 ワルシャワ条約機構統合軍,結成(7ヵ国)(防衛白書平成20年版). 2.3 日本,核兵器不拡散条約に署名(6月8日,発効)(官報6.8). 3.2 海上自衛隊,江田島に少年術科学校を新設(海上自衛隊五十年史資料編). 3.5 核兵器不拡散条約,発効(日本については6月8日,発効)(日本外交主要文書・年表2). 3.23 防衛庁長官中曽根康弘,衆議院予算委員会で日米安全保障条約自動延長後の安全保障問題に関連して,①憲法を守り国土防衛に徹する,②外交と一体となり諸国策と調和を保つ,③文民統制を全うする,④非核三原則を維持する,⑤日米安全保障体制をもって補充するとの「自主防衛5原則」を発表(防衛庁五十年史). 3.31 羽田空港発板付空港(福岡)行きの日本航空旅客機よど号,乗っ取られる.大韓民国ソウル金浦空港に着陸.4月3日,朝鮮民主主義人民共和国平壌に着陸.4月5日,よど号,帰還.犯人は同国に残留(よど号事件)(朝日年鑑1971年版／日本外交主要文書・年表2). 3.— 大学紛争の評価をめぐり,学生会員の多くがわだつみ会を離脱.これにともない,理事が大幅に入れ替わり,第3次わだつみ会,発足(「戦争体験」の戦後史). 4.9 アメリカに接収された戦争画,「無期限貸与」のかたちで日本に返還され,東京国立近代美術館に到着(戦争と美術). 4.14 自由民主党,靖国神社法案を第63回特別国会に提出(2回目).5月13日,会期終了,廃案(靖国の戦後史). 4.20 キリスト者遺族の会会員21人,靖国神社合祀取り下げを請求(靖国の戦後史). 5.25 防衛庁設置法等の一部を改正する法律(法律第97号),公布・施行.自衛官の定数を984人増員し25万9058人に,予備自衛官の員数を3300人増員して3万6300人に改める.准尉制度を新設.1曹の昇任の機会を増加させ,幹部に準じる処遇を

1970〜1971(昭和45〜昭和46)

西暦	和暦	記　事
1970	昭和45	与えることにより，勤務意欲の向上を図る．海上自衛隊，予備自衛官制度を新設(官報／防衛庁五十年史／海上自衛隊五十年史)． 　6. 8　核兵器不拡散条約(核兵器の不拡散に関する条約)(条約第6号)，公布・発効(官報〔条約／外務省告示第112号〕)． 　6.30　航空自衛隊，第3高射群を編成(千歳・当別)(航空自衛隊五十年史)． 　7.23　山口県和田沖に沈んだ戦艦陸奥の砲塔を引き揚げる．1971年3月15日，艦尾を引き揚げる(近代日本総合年表)． 　7.23　藤田尚徳，没(元海軍大将)(日本陸海軍総合事典)． 　8.12　西ドイツ・ソ連条約，署名(モスクワ)．1972年6月3日，発効．両国間の武力不行使条約(日本外交主要文書・年表2)． 　8.14　映画「戦争と人間」(日活．原作五味川純平．監督山本薩夫)．1971年6月12日，第2部(愛と悲しみの山河)．1973年8月11日，完結篇(日本映画発達史5)． 　9. 2　長谷川清，没(元海軍大将)(日本陸海軍総合事典)． 　9.25　アメリカ映画「トラ・トラ・トラ！」(20世紀フォックス．監督リチャード=フライシャー・舛田利雄・深作欣二)，日本公開(日本映画発達史5)． 　10. 7　沖縄第1次自衛隊配置を発表．陸上自衛隊1100人，海上自衛隊700人，航空自衛隊1400人，F-104戦闘機25などを配備(陸上自衛隊の50年／近代日本総合年表)． 　10. 7　防衛庁長官中曽根康弘，沖縄を訪問(〜8日)(日本外交主要文書・年表2)． 　10.―　「原爆の図」アメリカ巡回展，始まる(「原爆の図」描かれた〈記憶〉，語られた〈絵画〉)． 　11.25　作家三島由紀夫ら楯の会会員5人，陸上自衛隊市ケ谷駐とん地東部方面総監部を訪れ，総監益田兼利を監禁，総監部ベランダから集まった自衛隊員に演説したのち，総監室で三島由紀夫・森田必勝(まさかつ)が割腹自殺(陸上自衛隊の50年)． 　12.20　この日未明，沖縄コザで，米軍憲兵の交通事故処理に市民が憤激，憲兵の威嚇発砲により自動車放火・嘉手納基地進入などの反米行動に拡大(コザ事件)(近代日本総合年表)．
1971	昭和46	⎧内閣総理大臣：佐藤栄作 　防衛庁長官：中曽根康弘・増原恵吉(7.5〜)・西村直己(8.2〜)・江崎真澄(12.3〜) 　統合幕僚会議議長：板谷隆一・衣笠駿雄(7.1〜) 　陸上幕僚長：衣笠駿雄・中村竜平(7.1〜) 　海上幕僚長：内田一臣 ⎩航空幕僚長：緒方景俊・上田泰弘(7.1〜)・石川貫之(8.10〜) 　1.22　自由民主党，靖国神社法案を第65回国会に提出(3回目)．5月24日，会期終了，廃案(靖国の戦後史)． 　1.―　早乙女勝元『東京大空襲』(岩波書店)，刊．空襲を記録する会の運動が各地に広がる(日本人の戦争観)． 　2. 1　海上自衛隊，第4護衛隊群を新編．司令部を神奈川県に置く．護衛艦隊・4個護衛隊群の編成となる(海上自衛隊五十年史資料編／防衛庁五十年史)．

西暦	和暦	記　事
1971	昭和46	2.2　厚生省,各都道府県に新たな靖国神社合祀事務協力通知を出す(靖国の戦後史). 3.1　航空自衛隊,航空救難群を航空救難団に改称(航空自衛隊五十年史). 3.3　海上自衛隊護衛艦5隻,房総沖で米原子力潜水艦を対象に初の日米合同訓練(近代日本総合年表). 3.16　航空自衛隊,移動式3次元レーダーの初号機を受領(実験航空隊)(航空自衛隊五十年史). 4.27　防衛庁,第4次防衛力整備計画の原案を正式発表.総経費5兆1950億円(朝日年鑑1972年版). 6.17　沖縄返還協定(琉球諸島及び大東諸島に関する日本国とアメリカ合衆国との間の協定),署名.1972年3月21日,公布.同年5月15日,発効.核兵器については明記されず.署名の様子は東京とワシントンを衛星テレビ中継で結ぶ(官報昭和47.3.21〔昭和47年条約第2号／昭和47年外務省告示第56号〕／日本外交主要文書・年表3／日本軍事史下)〔→1972.3.21〕. 6.29　第13回日米安全保障協議委員会で,復帰後における沖縄の局地防衛のための自衛隊展開に関する沖縄防衛取極(久保〔卓也〕・カーチス取極),署名(日本外交主要文書・年表3／防衛白書平成20年版). 6.―　琉球政府編『沖縄県史第9巻　各論編8　沖縄戦記録1』,刊.1974年3月,沖縄県編『沖縄県史第10巻　各論編9　沖縄戦記録2』,刊.沖縄住民の戦争体験を多数収録(日本人の戦争観). 7.25　F-4EJ戦闘機初号機・2号機,米国から小牧に到着(航空自衛隊五十年史). 7.30　航空自衛隊第1航空団のF-86Fと全日本空輸B727,岩手県雫石(しずくいし)町の上空で衝突,墜落.全日空機乗客・乗務員162人全員,死亡.自衛隊機乗員2人,脱出.政府,この事故の発生を契機として,航空交通安全緊急対策要綱を決定.主として自衛隊機の運航を規制するもので,8月10日,閣議に報告(防衛白書平成20年版／航空自衛隊五十年史／防衛庁五十年史／日本軍事史下). 8.2　防衛庁長官,更迭.願に依り国務大臣(防衛庁長官)増原恵吉は国務大臣を免じ,西村直己に防衛庁長官を命ず.8月10日,航空幕僚長,更迭.航空幕僚長上田泰弘の退職を承認し,石川貫之に航空幕僚長を命ず(官報8.4・8.11〔人事異動〕). 9.30　米国・ソ連,偶発核戦争防止間協定に調印.即日,発効(日本外交主要文書・年表3). 9.―　新田次郎『八甲田山死の彷徨』(新潮社),刊.1977年6月,映画化(「八甲田山」〈東宝・シナノ企画,監督森谷司郎〉)(日本人の戦争観). 10.25　国際連合総会,中国代表権問題逆重要事項案(中華民国追放阻止)を否決.中華民国,国際連合からの脱退を声明.アルバニア案(中華人民共和国招請・中華民国追放)を可決.29日,中華人民共和国,国際連合への加盟の意思を表明.11月15日,同国外務次官喬冠華,国際連合総会で演説(日本外交主要文書・年表3). 10.―　花森安治『一戔五厘の旗』(暮しの手帖社),刊(日本近代文学年表). 11.24　衆院本会議で「非核兵器ならびに沖縄米軍基地縮小に関する決議」を採択.その第1項「政府は,核兵器を持たず,作らず,持ち込まさずの非核三原則を遵守するとともに,沖縄返還時に適切なる手段をもって,核が沖縄に存在しないこ

1971〜1972(昭和46〜昭和47)

西暦	和暦	記事
1971	昭和46	と,ならびに返還後も核を持ち込ませないことを明らかにする措置をとるべきである」(国会会議録). 　12.3　第3次インド・パキスタン紛争,起こる(〜12月17日)(日本外交主要文書・年表3). 　12.10　テレビ作品「未帰還兵を追って」(今村プロ.演出今村昌平),放送(テレビ東京).マレー・タイの未帰還兵を追ったドキュメンタリー(日本映画史4). 　12.31　沖縄における公用地等の暫定使用に関する法律(公用地法)(法律第132号),公布(1972年5月15日,施行〔昭和47年3月21日外務省告示第52号〕.一部は公布の日より施行)(官報).
1972	昭和47	⎛内閣総理大臣:佐藤栄作・田中角栄(7.7〜) 　防衛庁長官:江崎真澄・増原恵吉(7.7〜) 　統合幕僚会議議長:衣笠駿雄 　陸上幕僚長:中村竜平 　海上幕僚長:内田一臣・石田捨雄(3.16〜) ⎝航空幕僚長:石川貫之 　1.7　佐藤(栄作)・ニクソン共同声明.沖縄返還・基地縮小で合意(日本外交主要文書・年表3). 　2.7　国防会議で「第4次防衛力整備5か年計画の大綱」を決定.2月8日,閣議で決定.「第4次防衛力整備5か年計画」(4次防)は,昭和47年度から51年度までの5ヵ年計画として策定(防衛白書平成20年版／防衛庁五十年史／防衛ハンドブック平成23年版). 　2.28　厚生省,旧陸軍戦没者身分調査実施を通知(靖国の戦後史). 　2.28　これより先,2月17日,米大統領ニクソン,中華人民共和国を訪問し,この日,米・中共同声明を発表(日本外交主要文書・年表3). 　3.10　航空自衛隊が国防会議における自衛隊の沖縄配備計画決定に先立って沖縄に資材を運び込んでいることが発覚.「制服組」の独走として非難を浴び,5月23日,防衛庁事務次官,更迭.内海倫に代え,島田豊に防衛事務次官を命ず(朝日年鑑1973年版／防衛ハンドブック平成23年版／日本軍事史下). 　3.12　映画「軍旗はためく下に」(新星映画・東宝.原作結城昌治.監督深作欣二)(日本映画発達史5). 　3.21　沖縄返還協定(琉球諸島及び大東諸島に関する日本国とアメリカ合衆国との間の協定)(条約第2号),公布.5月15日,発効(官報〔条約／外務省告示第52号〕)〔→1971.6.17〕. 　3.—　ヒサクニヒコ『戦争―マンガ太平洋戦争史』,刊(別冊一億人の昭和史 昭和マンガ史). 　4.17　国防会議で「自衛隊の沖縄配備」を決定.4月18日,閣議報告(防衛白書平成20年版). 　5.9　沖縄地方連絡部等の編成に関する陸上自衛隊一般命令,発出(陸上自衛隊の50年). 　5.15　沖縄返還協定(琉球諸島及び大東諸島に関する日本国とアメリカ合衆国との間の協定)(条約第2号),発効.沖縄の施政権,米国より日本に返還される(官

1972(昭和47)

西暦	和暦	記　　　　　事
1972	昭和47	報3.21〔条約／外務省告示第52号〕）〔→1971.6.17〕． 　5.15　陸・海・空の沖縄関係自衛隊部隊等，新編．那覇分とん地を設置．沖縄地方連絡部を新編（防衛白書平成20年版／近代日本総合年表／陸上自衛隊の50年年表）． 　5.22　自由民主党，靖国神社法案を第68回国会に提出（4回目）．6月16日，会期終了，廃案（靖国の戦後史）． 　5.26　陸上自衛隊の沖縄配置部隊，移駐を開始（～1973年3月27日）（陸上自衛隊の50年）． 　5.26　これより先，5月22日，米大統領ニクソン，第1次戦略兵器制限交渉（SALTⅠ）等について意見交換をするため訪ソ，この日，戦略的攻撃兵器制限暫定協定に署名．対弾道ミサイル（ABM）制限に関する協定に署名（日本外交主要文書・年表3）． 　7.3　インド・パキスタン，平和協定に署名．8月5日，協定，発効（日本外交主要文書・年表3）． 　7.7　第1次田中角栄内閣，成立．防衛庁長官増原恵吉（官報）． 　7.8　首相田中角栄，靖国神社に参拝（1974年10月19日まで計6回参拝）（靖国の戦後史）． 　8.15　航空自衛隊，固定式3次元レーダー（J/FPS-1）運用を開始（大滝根山）（航空自衛隊五十年史）． 　8.12　映画「海軍特別年少兵」（東宝．監督今井正）（日本映画発達史5）． 　9.25　首相田中角栄，中華人民共和国を訪問（～30日）．29日，「日中共同声明」を発表．第2項「日本国政府は，中華人民共和国政府が中国の唯一の合法政府であることを承認する」．第3項「中華人民共和国政府は，台湾が中華人民共和国の領土の不可分の一部であることを重ねて表明する．日本国政府は，この中華人民共和国政府の立場を十分理解し，尊重し，ポツダム宣言第八項に基づく立場を堅持する」．第4項「日本国政府及び中華人民共和国政府は，千九百七十二年九月二十九日から外交関係を樹立することを決定した．（下略）」．第5項「中華人民共和国政府は，中日両国国民の友好のために，日本国に対する戦争賠償の請求を放棄することを宣言する」．（日本外交主要文書・年表3）． 　9.—　奥崎謙三『ヤマザキ，天皇を撃て！』（三一書房），刊． 　9.—　水上勉「兵卒の鬣（たてがみ）」『新潮』に掲載（日本近代文学年表）． 　10.3　陸上自衛隊，臨時第1混成群本部などを新編（陸上自衛隊の50年）． 　10.9　国防会議・閣議で「第4次防衛力整備5か年計画の主要項目」と「第4次防衛力整備5か年計画の策定に際しての情勢判断及び防衛の構想」（4次防）を決定．周辺海域防衛能力の強化，民生協力活動の積極的な実施などを主眼とし，陸上自衛隊戦車280両の整備，海上自衛隊艦艇54隻6万9000ｔの建造，航空自衛隊ナイキ部隊2群の整備・要撃戦闘機46機の増強などを計画．必要経費4兆6300億円．「文民統制強化のための措置について」も国防会議及び閣議で決定．内容は，①国防会議の構成議員について，これまでの内閣総理大臣（議長）・外務大臣・大蔵大臣・防衛庁長官・経済企画庁長官に，通商産業大臣・科学技術庁長官・内閣官房長官・国家公安委員会委員長を加えたこと，②国防会議に諮る重要事項を明確にしたこと（防衛庁五十年史／防衛ハンドブック平成23年版）． 　10.11　陸上自衛隊，那覇駐とん地を開設．航空自衛隊，臨時那覇基地隊・臨時第

1972〜1973(昭和47〜昭和48)

西暦	和　暦	記　　　　　　　事
1972	昭和47	83航空隊・臨時沖縄航空警戒管制隊を編成(航空自衛隊五十年史／陸上自衛隊の50年). 　10.19　フィリピンのルバング島で元日本兵2人,現地警察軍と銃撃戦を行う.1人,死亡(のち元一等兵小塚金七と認定).現場から逃亡した元陸軍少尉小野田寛郎(ひろお)を捜索したが,確証がなく翌1973年4月17日,捜索を打ち切る(援護五十年史)〔→1974.3.10〕. 　11.24　沖縄県浦添市,自衛官の住民登録を拒否(陸上自衛隊の50年). 　11.27　海上自衛隊の初の国産輸送艦艦あつみ,竣工.(海上自衛隊五十年史). 　12.　5　沖縄県那覇市が各支所に自衛官の住民登録受付保留の市長命令を口頭通知(陸上自衛隊の50年)〔→1973.2.17〕. 　12.22　第2次田中角栄内閣,成立.防衛庁長官増原恵吉・山中貞則(1973.5.29〜)・宇野宗佑(74.11.11〜)(官報).
1973	昭和48	⎧内閣総理大臣：田中角栄 　防 衛 庁 長 官：増原恵吉・山中貞則(5.29〜) 　統合幕僚会議議長：衣笠駿雄・中村竜平(2.1〜) 　陸 上 幕 僚 長：中村竜平・曲　寿郎(2.1〜) 　海 上 幕 僚 長：石田捨雄・鮫島博一(12.1〜) ⎩航 空 幕 僚 長：石川貫之・白川元春(7.1〜) 　1.　6　立川市,自衛官の住民登録を拒否(陸上自衛隊の50年)〔→2.27〕. 　1.22　自衛官合祀拒否訴訟,提訴.公務中に事故死した自衛隊員が山口県護国神社に合祀されたことについて,その妻(キリスト教徒)が隊友会山口県支部連合会・自衛隊山口地方連絡部に対し合祀手続きの取り消しと慰謝料を求める(靖国の戦後史)〔→1979.3.22〕. 　1.23　第14回日米安保協議委員会,在日基地整理統合(関東計画)に合意(防衛白書平成20年版). 　1.27　米・南ベトナム・北ベトナム・南ベトナム臨時革命政府,ベトナム和平協定に署名.1月28日,発効(ベトナム戦争,停戦)(日本外交主要文書・年表3). 　2.　1　防衛庁長官増原恵吉,衆議院予算委員会で「平和時の防衛力」を発表.平和時における防衛力整備の目処について,防衛庁における検討結果をまとめたもの.野党から検討結果そのものを撤回すべしとの要求が出され,2月12日,首相田中角栄,同委員会でこれを撤回(国会会議録／防衛庁五十年史／朝日年鑑1974年版). 　2.17　那覇市,自衛官の住民登録を開始(陸上自衛隊の50年). 　2.22　海上自衛隊の護衛艦はるな,竣工.初の対潜ヘリコプター搭載艦(海上自衛隊五十年史). 　2.27　立川市,自衛官の住民登録受付を63日ぶりに開始(陸上自衛隊の50年). 　3.　1　海上自衛隊,第31航空群を新編.対潜飛行艇の部隊(海上自衛隊五十年史). 　3.29　米軍,ベトナムからの撤兵を完了(日本外交主要文書・年表3). 　4.24　沖縄の米海兵隊,復帰後初めて県道を封鎖し,県道越え実弾砲撃演習を実施(沖縄現代史新版). 　4.27　自由民主党,靖国神社法案を第71回国会に提出(5回目)(靖国の戦後史)

1973（昭和48）

西暦	和　暦	記　事
1973	昭和48	〔→1974.4.12〕. 　5.14　陸上自衛隊，北富士演習場で米軍より返還後，初の実弾射撃訓練を実施（陸上自衛隊の50年）． 　5.26　防衛庁長官増原恵吉，天皇に防衛問題を内奏．防衛関連法案の審議を前に天皇より激励され勇気づけられたと新聞記者に語ったことが天皇の政治利用と批判される（朝日年鑑1974年版／近代日本総合年表）． 　5.29　防衛庁長官，更迭．増原恵吉に代え，山中貞則を防衛庁長官に命ず（内閣制度百年史下）． 　6.22　ソ連共産党中央委員会書記長ブレジネフ，訪米し，この日，米国・ソ連，核戦争防止協定に調印（日本外交主要文書・年表3）． 　6.23　日中遺骨送還訪中団，出発．戦時中に日本の事業所で死亡した殉難者11人の遺骨を北京で中華人民共和国に引き渡し，6月27日，日本人（旧満洲開拓団員など）899人の遺骨とともに帰国（援護五十年史）． 　7. 1　自衛隊の沖縄防空任務，開始（防衛白書平成20年版）． 　8. 1　陸上自衛隊，第2高射団・第9施設群・第103施設器材隊を新編，第2施設群・各調査隊・各陸曹教育隊を改編（陸上自衛隊の50年）． 　8. 8　元大韓民国大統領候補金大中，東京のホテル＝グランドパレスから大韓民国中央情報部（KCIA）部員により拉致される．日韓関係，緊張（日本外交主要文書・年表3／近代日本総合年表）． 　9. 7　札幌地方裁判所（裁判長福島重雄），長沼ナイキ事件で，自衛隊は憲法に違反するとして，農林大臣による国有保安林解除を取り消すとの判決を下す（判例時報712）〔→1976.8.5〕． 　10. 6　第4次中東戦争，起こる（～10月25日）．オイル＝ショックの契機となる（日本外交主要文書・年表3／近代日本総合年表）． 　10.16　海上自衛隊，沖縄航空隊・沖縄基地隊・第2潜水隊群を新編．それぞれ航空集団・佐世保地方隊・自衛艦隊に編入（海上自衛隊五十年史資料編）． 　10.16　防衛庁設置法及び自衛隊法の一部を改正する法律（法律第116号），公布・施行（一部は11月27日，施行〔11月26日政令第348号〕）．自衛官の定数を6988人増員し26万6046人に，予備自衛官の員数を3300人増員し3万9600人に改める．陸上自衛隊では，1次防において昭和35年度までに整備することとしていた陸上自衛隊18万人体制が自衛官の増員により完了（官報／防衛庁五十年史）． 　10.16　陸上自衛隊，第1混成団等を編成（陸上自衛隊の50年）． 　10.16　航空自衛隊，臨時那覇基地隊ほかを廃止．南西航空混成団（那覇）および第4高射群（岐阜）を編成（航空自衛隊五十年史）． 　10.17　アラブ石油輸出国機構の10ヵ国，米国及びイスラエル支持国への石油の供給量削減に合意（日本外交主要文書・年表3）． 　10.―　千田夏光『従軍慰安婦"声なき女"八万人の告発』（双葉社），刊（1978年，三一書房より刊）．「従軍慰安婦」という用語が広がる（慰安婦と戦場の性）． 　11.24　後宮（うしろく）淳，没（元陸軍大将）（日本陸海軍総合事典）． 　12.12　野村直邦，没（元海軍大将）（日本陸海軍総合事典）． 　12.25　海上自衛隊，航空集団司令部・第4航空群，下総から厚木に移転．米海軍厚木基地が日米共同使用となったことが契機（海上自衛隊五十年史）．

西暦	和暦	記事
1974	昭和49	内閣総理大臣：田中角栄・三木武夫(12.9～) 防衛庁長官：山中貞則・宇野宗佑(11.11～)・坂田道太(12.9～) 統合幕僚会議議長：中村竜平・白川元春(7.1～) 陸上幕僚長：曲　寿郎・三好秀男(7.1～) 海上幕僚長：鮫島博一 航空幕僚長：白川元春・角田義隆(7.1～) 3.10　フィリピンのルバング島で元陸軍少尉小野田寛郎(ひろお)を収容救出(援護五十年史)． 3.26　陸上自衛隊，第10・11施設群等を新編(陸上自衛隊の50年)． 4.11　航空自衛隊，実験航空隊を廃止，航空実験団を編成(航空自衛隊五十年史)． 4.12　衆議院内閣委員会で，自由民主党，靖国神社法案の一部修正案を「単独強行採決」により可決．ついで衆議院本会議で修正案が可決され参議院に送付されるが，6月3日，第72回国会期終了，廃案(靖国の戦後史)． 4.21　山脇正隆，没(元陸軍大将)(日本陸海軍総合事典)． 4.25　防衛医科大学校，開校(防衛白書平成20年版)． 5.13　衆議院法制局，自由民主党に『靖国神社法案の合憲性』を提出．靖国神社法案成立時の靖国神社の宗教性を否定(靖国神社問題資料集／靖国の戦後史)． 5.16　航空自衛隊，婦人自衛官(WAF, Woman in the Air Force) 6人，入隊(航空自衛隊五十年史)． 5.18　インド，初の地下核実験に成功(日本外交主要文書・年表3)． 6. 5　陸上自衛隊，沖縄における不発弾処理のため「特別不発弾処理隊」を編成，第1混成団に編合(陸上自衛隊の50年)． 6.15　北京の日中国際対抗射撃大会に自衛隊体育学校渡辺三等陸佐ら9人，参加．自衛官として初の訪中(陸上自衛隊の50年)． 6.27　防衛施設周辺の生活環境の整備等に関する法律(環境整備法)(法律第101号)，公布・施行．昭和41年法律第135号防衛施設周辺の整備等に関する法律を廃止，これに代わり，防衛施設の周辺地域における民生安定諸施策を強化する(官報／防衛庁五十年史)． 7. 3　米大統領ニクソン，訪ソし，この日，米国・ソ連，部分的地下核実験制限条約に調印(日本外交主要文書・年表3)． 8. 1　陸上自衛隊，第1戦車団・第7高射特科群等を新編，第3高射特科群等を改編(陸上自衛隊の50年)． 8.26　防衛庁，初の陸上・海上・航空3自衛隊協同による大震災対処のための指揮所演習を実施．関東南部地区に大震災が発生した場合を想定(～9月1日)(防衛庁五十年史)． 9.10　退役米国海軍少将ラロック，米国議会で「核兵器搭載能力のある米軍艦船は日本の港に入るときも核兵器を搭載している」旨発言．10月12日，米国政府，ラロック発言は一私人の発言であり，米国政府の見解を何ら代表しうるものでないとの見解を発表(読売新聞10.12／近代日本総合年表／日本軍事史下／防衛庁五十年史)． 9.12　海上自衛隊，婦人自衛官の第1期公募幹部7名の特別講習を実施(江田島，～11月5日)．昭和49年度に幹部7名・海曹16名を基幹要員として採用(海上自

西暦	和暦	記　　　　　　　事
1974	昭和49	衛隊五十年史). 10.27　米国の新聞『ニューヨークタイムズ』,核装備の米軍艦・飛行機が日本に入ることを許す秘密の協定が1959～60年の外務大臣藤山愛一郎と駐日米大使マッカーサーとの交渉で約束されたと報じる(日本軍事史下). 11.19　防衛庁,次官通達で,自衛隊の宗教活動関与を禁止(靖国の戦後史). 12. 9　三木武夫内閣,成立.防衛庁長官坂田道太(官報). 12.18　インドネシア政府,モロタイ島で元日本兵1人を発見保護した旨発表.12月28日,台湾出身の元陸軍兵長中村輝夫と判明,翌年1月8日,中華民国に帰還(援護五十年史).
1975	昭和50	内閣総理大臣：三木武夫 防　衛　庁　長　官：坂田道太 統合幕僚会議議長：白川元春 陸　上　幕　僚　長：三好秀男 海　上　幕　僚　長：鮫島博一 航　空　幕　僚　長：角田義隆 2.17　自由民主党遺家族議員協議会など,靖国神社法案の取り扱いを協議.衆議院内閣委員会委員長藤尾正行,いわゆる「表敬法案」(藤尾私案)を提案(靖国神社問題資料集). 3.26　航空自衛隊,T-2練習機(日本が初めて開発した超音速ジェット機)量産初号機を受領(航空自衛隊五十年史). 3.26　生物兵器禁止条約,発効(日本については1982年6月8日,発効)(防衛白書平成20年版)〔→1982.6.8〕. 4. 1　海上自衛隊,SFシステム(自衛艦隊指揮管制システム)の運用を開始(海上自衛隊五十年史). 4. 1　原爆傷害調査委員会(ABCC),日米両国政府が共同で管理運営する放射線影響研究所(放影研)として新たに発足(放射線影響研究所HP). 4.22　首相三木武夫,靖国神社に参拝(1976年10月18日まで計3回参拝)(靖国の戦後史). 4.23　米大統領フォード,演説でアメリカにとってのインドシナ戦争は終わったとし,日本との安全保障条約がアジア・太平洋の安定の要石(コーナー＝ストーン)であると発言(日本軍事史下/日本外交主要文書・年表3). 4.30　南ベトナム大統領ズオン＝バンミン,無条件降伏を声明.解放軍,サイゴンに無血進駐(日本外交主要文書・年表3). 5.—　中沢啓治『はだしのゲン』第1巻(汐文社),刊(別冊一億人の昭和史 昭和マンガ史). 6.11　沖縄県立資料館(沖縄県平和祈念資料館の前身),開館(沖縄県平和祈念資料館HP). 7.17　男性2人,ひめゆりの塔を訪問中の皇太子・同妃に火炎瓶を投擲(読売新聞7.18). 8. 2　首相三木武夫,訪米.6日,米国大統領フォードとの共同新聞発表で日米の防衛協力関係を再確認.韓国の安全が朝鮮半島の平和維持・東アジアの安全に

1975〜1976（昭和50〜昭和51）

西暦	和暦	記　事
1975	昭和50	必要との新たな「韓国条項」を含む（日本外交主要文書・年表3）． 　8.15　首相三木武夫，終戦記念日に現職の首相として戦後初めて靖国神社に参拝（私人の資格）（近代日本総合年表）． 　8.29　日米防衛首脳会談（防衛庁長官坂田道太・米国国防長官シュレシンジャー），開催（東京）．日米防衛協力に関する諸問題について研究協議するため，①日米安全保障協議委員会の枠内で新しい協議の場を設けること，②防衛庁長官と米国国防長官の間で原則として年1回の会談を持つことについて合意（防衛白書平成20年版／防衛庁五十年史）． 　9.26　三菱重工業会社で74式戦車納入式，挙行（陸上自衛隊の50年）． 　9.30　天皇，初の訪米に出発．米国時間同日午前，米国バージニア州ニューポートニューズ市のパトリック＝ヘンリー空港着．10月13日，ハワイ発，14日，羽田空港着．10月2日，米国大統領フォード夫妻主催の歓迎晩餐会席上で「深く悲しみとする，あの不幸な戦争」と太平洋戦争に言及（日本人の戦争観／朝日年鑑1976年版）． 　10.29　防衛庁長官坂田道太，昭和51年度をもって終わる第4次防衛力整備計画後の防衛力整備を実施していくための基本構想として「基盤的防衛力」の構想を示す．デタントを踏まえ，防衛力は軍事的脅威に直接対抗するのではなく，独立国として必要最小限の基盤的なものでよいとするもの（防衛庁五十年史／自衛隊の歴史／朝日年鑑1976年版）． 　10.31　天皇，訪米から帰国後の記者会見の席上で自己の戦争責任について「そういう言葉のアヤについては，私はそういう文学方面はあまり研究もしてないのでよくわかりません」，原爆について「やむを得ない」と語る（日本人の戦争観）． 　11.15　フランスのランブイエで第1回主要国首脳会議（サミット），開催（〜17日）．アメリカ・イギリス・西ドイツ・フランス・イタリア・日本首脳，出席．以降，毎年開催（日本外交主要文書・年表3）． 　11.21　天皇・皇后，靖国神社に参拝（天皇在位中最後の参拝）（靖国の戦後史）． 　12.15　井上成美，没（元海軍大将）（日本陸海軍総合事典）． 　12.30　国防会議で「第4次防衛力整備5か年計画の主要項目の取扱いについて」を決定．31日，閣議決定．経済財政事情の変動等にかんがみ，4次防の主要項目である戦車・艦艇・戦闘機などの整備数量を変更（防衛庁五十年史）．
1976	昭和51	⎛内閣総理大臣：三木武夫・福田赳夫（12.24〜） 　防 衛 庁 長 官：坂田道太・三原朝雄（12.24〜） 　統合幕僚会議議長：白川元春・鮫島博一（3.16〜） 　陸 上 幕 僚 長：三好秀男・栗栖弘臣（10.15〜） 　海 上 幕 僚 長：鮫島博一・中村悌次（3.16〜） ⎝航 空 幕 僚 長：角田義隆・平野　晃（10.15〜） 　1.15　百武源吾，没（元海軍大将）（日本陸海軍総合事典）． 　2.26　箕面忠魂碑住民訴訟，提起．大阪府箕面市の住民が小学校に忠魂碑が公費で移設されたのは憲法違反として提訴，撤去を求める（靖国の戦後史／遺族と戦後）〔→1982.3.24／1983.3.1〕． 　4.28　横田基地公害訴訟団，米軍機の夜間飛行禁止の訴えを東京地方裁判所に起こす（近代日本総合年表）〔→1981.7.13〕．

1976（昭和51）

西暦	和暦	記事
1976	昭和51	5.20　立命館大学のわだつみ像,再建.防弾ガラスケースに収められて,図書館に展示(「戦争体験」の戦後史). 6.4　第2回防衛白書「日本の防衛」,発表(以降毎年発表)(防衛白書平成20年版). 6.7　嶋田繁太郎,没(元海軍大将)(日本陸海軍総合事典). 6.22　英霊にこたえる会,結成.靖国神社公式参拝推進の「国民組織」(靖国の戦後史). 6.—　松本零士「ザ・コクピット」『ビッグコミック・オリジナル』に連載開始(別冊一億人の昭和史　昭和マンガ史). 7.2　ベトナム社会主義共和国(統一ベトナム),正式に発足(日本外交主要文書・年表3). 7.8　日米安全保障協議委員会第16回会合で同委員会の下部機構として日米防衛協力小委員会(SDC, Subcommittee for Defense Cooperation)を設置.有事における日米間の協力のあり方についてはじめて研究・協議(日本外交主要文書・年表3). 7.17　海上自衛隊の第23護衛隊,ハワイ派遣訓練に出発.初の護衛艦のハワイ派遣(海上自衛隊五十年史資料編). 7.22　対フィリピン賠償(1956年5月9日日本・フィリピン賠償協定),完了(同国への第2次大戦中の戦争賠償,終了)(日本外交主要文書・年表3／援護五十年史). 8.5　札幌高等裁判所(裁判長小河八十次),長沼ナイキ事件で,自衛隊の違憲性は司法審査の範囲外として第1審の判決を取り消し,原告の敗訴の判決を下す(行政事件裁判例集28巻8号)〔→1982.9.9〕. 8.20　陸上自衛隊,第8高射特科群を新編(青野原駐とん地開設),第1高射団を第1高射特科団,第2高射団を第2高射特科団などと改称(陸上自衛隊の50年). 9.6　ソ連空軍中尉ベレンコ搭乗のMIG-25戦闘機,函館空港に強行着陸.ベレンコ,アメリカに亡命することを希望(日本外交主要文書・年表3)〔→11.14〕. 9.8　米軍厚木基地周辺の住民,国を相手に夜間飛行の禁止と損害賠償の訴えを横浜地方裁判所に起こす(近代日本総合年表)〔→1982.10.20〕. 9.9　中国共産党主席毛沢東,没(日本外交主要文書・年表3). 10.28　韓国人元軍人・軍属22人の遺骨を送還(援護五十年史). 10.29　国防会議・閣議で「防衛計画の大綱について」を決定.「基盤的防衛力構想」を採用.防衛力整備に要する経費については,従来の3次防や4次防においては必要な5ヵ年間の防衛関係経費の総額の見込みを具体的金額をもって明示したのに対し,長期計画は行わず,平時における防衛力の上限のみを定める.具体的金額も示さず「そのときどきにおける経済財政事情等を勘案し,国の他の諸政策との調和を図りつつ」行うものとするとの基本指針のみを示し,各年度ごとに予算を決定するものとする(防衛庁五十年史／防衛ハンドブック平成23年版). 11.5　国防会議・閣議で「当面の防衛力整備について」などを決定.年々の防衛関係経費のめどを示すため「当面,各年度の防衛関係経費の総額が当該年度の国民総生産の100分の1に相当する額を超えないことをめどとしてこれを行う」(いわゆる「防衛費対GNP1％枠」)ことを決定.各年度の防衛力の具体的整備内容の

1976〜1977（昭和51〜昭和52）

西暦	和暦	記　　事
1976	昭和51	うち，自衛隊法の改正を要する部隊の組織，編成または配置の変更などの事項については，「内閣総理大臣が必要と認める国防に関する重要事項」に該当するものとして国防会議に諮るものとすることも決定（防衛白書平成20年版／防衛庁五十年史）． 11.14　ソ連戦闘機MIG-25（9月6日，函館空港に飛来），調査のうえソ連に引渡す（航空自衛隊五十年史／日本外交主要文書・年表3）． 12.9　防衛庁，F-4EJ戦闘機の後継戦闘機を米マクダネル=ダグラス社製のF-15とし，昭和52年度以降5個飛行隊分123機の整備に着手することとして関係省庁と調整する方針を決定（防衛庁五十年史／航空自衛隊50年史資料編）． 12.11　映画「岸壁の母」（東宝．原作端野いせ．監督大森健次郎）． 12.21　国防会議，新戦闘機の昭和52年度からの着手見送りと，昭和53年度に整備に着手することをめどに関係省庁で検討を進めることを了承（防衛庁五十年史）． 12.24　福田赳夫内閣，成立．防衛庁長官三原朝雄・金丸信（1977.11.28〜）（官報）．
1977	昭和52	⎛内閣総理大臣：福田赳夫 　防　衛　庁　長　官：三原朝雄・金丸　信（11.28〜） 　統 合 幕 僚 会 議 議 長：鮫島博一・栗栖弘臣（10.20〜） 　陸 上 幕 僚 長：栗栖弘臣・髙品武彦（10.20〜） 　海 上 幕 僚 長：中村悌次・大賀良平（9.1〜） ⎝航 空 幕 僚 長：平野　晃 2.1　財団法人駐留軍労働福祉財団，設立．駐留軍労働者の福祉厚生をはかる（防衛庁五十年史）． 2.17　水戸地方裁判所（裁判長石崎政男），百里基地訴訟で国側の主張を認める判決を言い渡す（防衛庁五十年史）． 3.17　経済協力に関する日本国とモンゴル人民共和国との間の協定，署名（ウランバートル）．8月25日，公布（条約第10号）・発効．今後4年間に日本が50億円を無償で供与し，カシミヤ・ラクダの原毛加工工場を建設する（同国への第2次大戦の賠償，終了）（官報8.25〔条約／外務省告示第206号〕）． 4.15　防衛計画の体系化，確立（防衛白書平成20年版）． 5.2　領海法（法律第30号）・漁業水域に関する暫定措置法（法律第31号），公布（ともに7月1日，施行〔6月17日政令第209号・政令第211号〕）．領海を12海里，漁業水域を200海里とする（官報／日本外交主要文書・年表3）． 5.15　沖縄の公用地法（昭和46年法律第132号）による土地使用の期限が切れる．反戦地主の土地を日本政府が「不法占拠」する状態が発生（沖縄現代史新版）． 5.18　沖縄土地境界明確化法（沖縄県の区域内における位置境界不明地域内の各筆の土地の位置境界の明確化等に関する特別措置法）（法律第40号），公布・施行．防衛施設及び隣接する土地の位置境界を明確化するため．付則で昭和46年法律第132号公用地法の期限が5年延長される（官報／防衛庁五十年史／沖縄現代史）． 6.18　映画「八甲田山」（橋本プロ・東宝・シナノ企画．監督森谷司郎）（キネマ旬報ベスト・テン全集1970-1979／日本映画史4）． 6.30　SEATO，解体．条約は存続（防衛白書平成20年版）． 8.1　朝鮮民主主義人民共和国，日本海及び黄海に軍事境界線を設定（日本外

1977〜1978（昭和52〜昭和53）

西暦	和暦	記　事
1977	昭和52	交主要文書・年表3）． 8.6　映画「宇宙戦艦ヤマト」（舛田利雄監督）（日本映画史4）． 9.26　航空自衛隊，支援戦闘機F-86Fの後継機であるF-1（T-2練習機の改造型）を三沢基地に配備（防衛庁五十年史）． 9.29　政府，インドのボンベイにおける日本赤軍の日本航空機乗っ取り事件で超法規的措置をとり，服役・拘留中の日本赤軍派ら9人の釈放と初の身代金支払いに応諾．10月1日，6人，出国，3人，残留．3日，人質，解放される（日本外交主要文書・年表3／朝日年鑑1978年版）． 11.30　米軍立川基地，32年ぶりに全面返還（朝日年鑑1978年版）． 12.27　防衛庁設置法及び自衛隊法の一部を改正する法律（法律第97号），公布・施行（一部は1978年3月31日，施行〔昭和53年1月13日政令第1号〕）．自衛官の定数を1807人増員して26万7853人に改める．航空自衛隊では，輸送航空団の改編，第3航空団司令部の所在地の愛知県から青森県への移動などが行われる（官報／防衛庁五十年史）． 12.28　国防会議でF-15戦闘機・P-3C哨戒機の導入を決定．12月29日，閣議了解（航空自衛隊五十年史）． 12.—　高木俊子『ガラスのうさぎ』（金の星社），刊（「反戦」のメディア史／近代日本総合年表）．
1978	昭和53	⎛内閣総理大臣：福田赳夫・大平正芳（12.7〜） 　防衛庁長官：金丸　信・山下元利（12.7〜） 　統合幕僚会議議長：栗栖弘臣・高品武彦（7.28〜） 　陸上幕僚長：高品武彦・永野茂門（7.28〜） 　海上幕僚長：大賀良平 ⎝航空幕僚長：平野　晃・竹田五郎（3.16〜） 3.31　航空自衛隊，輸送航空団司令部及び第1・第2・第3各輸送航空隊を編成．第3航空団，小牧から三沢へ移動，北部航空方面隊へ隷属替え（航空自衛隊五十年史）． 4.1　政府，昭和53年度から在日米軍の経費の一部負担を始める（いわゆる「思いやり予算」）（防衛庁五十年史）． 4.16　朝鮮人・中華民国人から靖国神社無断合祀に怒りの報道（靖国の戦後史）． 7.28　統合幕僚会議議長，更迭．栗栖弘臣に代え，高品武彦に統合幕僚会議議長を命ず．これより先，栗栖弘臣，『週刊ポスト』（7月28日・8月4日合併号）のインタビューで，有事の際自衛隊は「超法規的行動をとらざるを得ない」と発言．19日，記者会見においてもこれを確認（陸上自衛隊の50年／朝日年鑑1979年版）． 8.12　日中平和友好条約（日本国と中華人民共和国との間の平和友好条約），北京で調印．10月23日，公布（条約第19号），発効（官報10.23〔条約／外務省告示第296号〕／日本外交主要文書・年表3）． 8.15　首相福田赳夫，靖国神社に参拝（1978年10月18日まで計4回参拝）．内閣総理大臣の肩書を記帳（靖国の戦後史）． 9.17　アメリカ・イスラエル・エジプト首脳，キャンプデービッド合意．エジプト・イスラエル，平和条約の締結協議を開始する，シナイ半島のエジプトへ返還す

西暦	和暦	記　　　　　　　　事
1978	昭和53	る,パレスチナ人の統治についての協議を開始する,について合意(防衛白書平成20年版／近代日本総合年表).
		9.21　防衛庁,有事法制研究のあり方,目的等を公表し国民の理解を求める(防衛白書平成20年版／近代日本総合年表／日本軍事史下).
		10.17　靖国神社,A級戦犯刑死者7人・獄死7人を合祀.戦争裁判刑獄死者全部の合祀,終わる(1979年4月19日,判明)(戦争裁判余録／遺族と戦後).
		11.27　第17回日米安保協議委員会,防衛協力小委員会が報告した「日米防衛協力のための指針」を了承.11月28日,国防会議で審議の上,閣議に報告され了承.日本に対する武力攻撃の日米協力の枠組みを定める.「海上自衛隊は米海軍と協力して周辺海域の防衛のための海上作戦および海上交通の保護のための海上作戦を実施する」とされ,以後いわゆる「シーレーン保護」問題に注目が集まる(防衛白書平成20年版／自衛隊の歴史／日本外交主要文書・年表3).
		11.27　航空自衛隊,三沢沖・秋田沖で初の日米共同訓練(～12月1日)(航空自衛隊五十年史).
		12.7　第1次大平正芳内閣,成立.防衛庁長官山下元利(官報).
		12.16　アメリカ・中華人民共和国,両国が1979年1月1日に国交関係を樹立すると発表(日本外交主要文書・年表3).
		12.16　アメリカ・中華民国相互防衛条約,破棄(防衛白書平成20年版).
		12.25　ベトナム軍,カンボジアに侵攻(防衛白書平成20年版).
1979	昭和54	⎛内閣総理大臣：大平正芳 　防衛庁長官：山下元利・久保田円次(11.9～) 　統合幕僚会議議長：高品武彦・竹田五郎(8.1～) 　陸上幕僚長：永野茂門 　海上幕僚長：大賀良平 ⎝海上幕僚長：竹田五郎・山田良市(8.1～)
		1.1　米国・中華人民共和国,国交を樹立(防衛白書平成20年版).
		1.7　カンボジアのプノンペン,陥落,ヘン＝サムリン,政権樹立を発表(防衛白書平成20年版／日本外交主要文書・年表3).
		1.8　米国グラマン社元副社長チータム,早期警戒機E-2Cの売り込みで岸信介・福田赳夫・松野頼三・中曽根康弘と個別に会談,代理店に日商岩井推薦の感触を得たと発言.1月9日,東京地方検察庁,捜査を開始(近代日本総合年表).
		1.11　国防会議・閣議で早期警戒機E-2Cの導入を決定(航空自衛隊五十年史).
		1.29　防衛庁,ソ連が北方領土の国後・択捉島に地上部隊を配備し,基地建設を行っていると発表(日本軍事史下).
		2.1　イラン,イスラム革命(防衛白書平成20年版／日本外交主要文書・年表3).
		2.17　中華人民共和国,ベトナムに大規模な攻撃を開始(～3月5日)(防衛白書平成20年版／日本外交主要文書・年表3).
		2.25　国立沖縄戦没者墓苑,沖縄県糸満(いとまん)市摩文仁(まぶに)に設立(沖縄県平和祈念財団HP).
		3.22　山口地方裁判所(裁判長横畠典夫),自衛官合祀拒否訴訟で違憲判決(靖国の戦後史／朝日年鑑1980年版)〔→1982.6.1〕.

1979(昭和54)

西暦	和暦	記　事
1979	昭和54	3.26　エジプト・イスラエル,平和条約に署名(日本外交主要文書・年表3／防衛白書平成20年版).
4.21　首相大平正芳,靖国神社に参拝(1980年4月21日まで計3回参拝)(靖国の戦後史).
6.6　防衛庁,国後・択捉島に火砲や装甲車を運ぶソ連輸送船の写真を公表(日本軍事史下).
6.18　第2次戦略兵器制限交渉(SALTⅡ,Strategic Arms Limitation Talks 2).米国・ソ連,戦略兵器制限条約に署名(日本外交主要文書・年表3／防衛白書平成20年版／防衛庁五十年史).
7.17　防衛庁長官山下元利,「中期業務見積りについて(昭和55年度～昭和59年度)」(五三中業)を承認.昭和55～59年度の間に陸上自衛隊戦車300両整備,海上自衛隊各種艦艇39隻建造,航空自衛隊作戦用航空機94機の整備などを記す.閣議・国防会議に諮られず(防衛白書平成20年版／防衛庁五十年史／防衛ハンドブック平成23年版).
8.18　米第7艦隊と第3海兵水陸両用軍による合同上陸演習「フォートレスゲイル」,沖縄とその周辺海域で約2週間にわたり実施.参加兵員約4万.8月27日,陸上自衛隊尉官13人が同行していたことが判明(沖縄現代史新版／近代日本総合年表).
8.22　防衛庁長官山下元利,訪米後の記者会見で,米国国防長官と「ソ連の軍事的脅威が増大している」という認識で一致したと語る.外務省,「脅威」という言葉は使っていないと反論.山下,「脅威は顕在化していない」と釈明(日本軍事史下／日本外交主要文書・年表3).
10.1　自衛隊,二佐以下の幹部および准尉の定年を50歳から51歳に延長(防衛庁五十年史).
10.2　防衛庁長官山下元利,報告書「北方領土におけるソ連軍の動向」を閣議に提出.北方領土におけるソ連軍の部隊規模は師団規模に近づきつつあること等を公表(日本軍事史下).
10.26　大韓民国中央情報部長金載圭,同国大統領朴正煕を射殺(日本外交主要文書・年表3).
11.9　第2次大平正芳内閣,成立.防衛庁長官久保田円次・細田吉蔵(1980.2.4～)(官報).
12.4　沖縄で「沖縄県戦災傷害者の会(六歳未満)」,発足.沖縄戦で死亡・負傷した6歳未満の人びとへの補償を要求(沖縄現代史新版).
12.27　ソ連軍,アフガニスタンに侵攻(防衛白書平成20年版／日本外交主要文書・年表3).
12.29　閣議で政府予算案を決定.遺児記念館(仮称)調査費741万円を計上(のちの昭和館)(日本遺族会の四十年).

西暦	和暦	記　　　　　事
1980	昭和55	内閣総理大臣：大平正芳・伊藤正芳〔臨時代理〕(6.12〜)・鈴木善幸(7.17〜) 防衛庁長官：久保田円次・細田吉蔵(2.4〜)・大村襄治(7.17〜) 統合幕僚会議議長：竹田五郎 陸上幕僚長：永野茂門・鈴木敏通(2.12〜) 海上幕僚長：大賀良平・矢田次夫(2.15〜) 航空幕僚長：山田良市 　1.4　アメリカ，ソ連のアフガニスタン侵攻に対し報復措置を発表，同盟国の同調を求める（日本軍事史下／日本外交主要文書・年表3）． 　1.5　首相大平正芳，ソ連のアフガニスタン侵攻に不快感を示す何らかの措置を執るとし，ベトナムへの経済協力凍結の続行などを決める（日本軍事史下）． 　1.13　米国国防長官ブラウン，訪中の帰途来日．14日，首相大平正芳と会談．日本の防衛努力を要請（日本外交主要文書・年表3）． 　1.18　元陸将補と現職自衛官2人，自衛隊の秘密をソ連側へ漏洩した疑いで逮捕される．防衛情報を在日ソ連大使館の駐在武官コズロフを通じて漏洩．1月19日，コズロフ，帰国．4月14日，東京地方裁判所(裁判長神垣英邦)，元陸将補に懲役1年，両自衛官に懲役8月を言い渡す．被告らは控訴せず，判決，確定（防衛庁五十年史／朝日年鑑1981年版）． 　2.4　防衛庁長官，更迭．願に依り国務大臣(防衛庁長官)久保田円次の本官を免じ，細田吉蔵に防衛庁長官を命ず（官報2.6〔人事異動〕）． 　2.12　陸上幕僚長，更迭．陸上幕僚長永野茂門の退職を承認し，鈴木敏通に陸上幕僚長を命ず（官報2.13〔人事異動〕）． 　2.26　日本遺族会，戦没者遺児記念館(仮称)建設調査特別委員会の設置を決定（日本遺族会の四十年）． 　2.26　海上自衛隊，米海軍主催の環太平洋合同演習リムパック(RIMPAC, Rim of the Pacific Exercis)に初参加(〜3月18日)（防衛白書平成20年版／近代日本総合年表）． 　3.20　訪米中の外務大臣大来佐武郎(おおきたさぶろう)，米国国防長官ブラウンと会談．ブラウン，「中期業務見積もり」の1年繰り上げ達成を要望（日本外交主要文書・年表3／日本軍事史下）． 　4.11　中ソ友好同盟相互援助条約，失効（防衛白書平成20年版／日本外交主要文書・年表3）． 　5.1　訪米中の首相大平正芳，大統領カーターと会談し，アメリカと「共存共苦」の姿勢で協力すると表明．カーター，「中期業務見積もり」の早期達成を要請（日本軍事史下／日本外交主要文書・年表3）． 　5.18　中華人民共和国，初めて南太平洋へ向けてのICBMの発射実験を行う（防衛白書平成20年版）． 　5.28　防衛事務次官亘理彰と米国国防次官ペリー，装備・技術問題に関して日米防衛当局相互の意思疎通の緊密化を図るため，日米装備・技術定期協議(S&TF, Systems and Technology Forum)を開催することで合意．9月，第1回協議をワシントンで開催（防衛庁五十年史）． 　6.12　首相大平正芳，没．これより先，6月11日，内閣官房長官伊東正義を内閣総理大臣臨時代理に指定．この日より，伊東，その職務を行う（官報6.14〔人事異動〕）．

西暦	和暦	記　　事
1980	昭和55	7.17　鈴木善幸内閣,成立.防衛庁長官大村襄治・伊藤宗一郎(1981.11.30～)(官報). 8.15　首相鈴木善幸ら閣僚18人,「私人」として靖国神社に参拝(首相鈴木善幸は1982年10月18日まで計8回参拝)(靖国の戦後史). 8.15　閣議で日本社会党衆議院議員稲葉誠一の「徴兵制問題に対する質問主意書」(第92回国会7月25日衆議院議長宛て提出)に対して「徴兵制は違憲,有事の際も許されない」との答弁書を決定,衆議院議長宛てに提出(初の体系的統一見解)(近代日本総合年表). 8.18　航空自衛隊,要撃機にミサイル搭載を開始(航空自衛隊五十年史). 8.27　法務大臣奥野誠亮,衆議院法務委員会で自主憲法制定の論議は望ましいと発言.10月6日,首相鈴木善幸,衆院本会議で鈴木内閣は憲法改正を全く考えない,個人の研究・論戦は自由と答弁(国会会議録／近代日本総合年表). 8.—　映画「二百三高地」(東映東京.監督舛田利雄)(日本映画史4). 9.1　海上自衛隊,即応態勢向上のため艦艇の一部に実装魚雷装備を開始(海上自衛隊五十年史資料編). 9.13　映画「太陽の子・てだのふぁ」(原作灰谷健次郎.監督浦山桐郎)(日本映画史4). 9.22　イラン・イラク両国,本格的交戦状態に入る(防衛白書平成20年版). 10.1　自衛隊,一佐の定年を54歳に,一曹の定年を51歳に延長(防衛庁五十年史). 10.18　自衛隊市ヶ谷駐とん地において自衛隊殉職者慰霊碑が建て替えられ,除幕式を挙行(防衛庁五十年史). 11.17　那覇防衛施設局,沖縄の公用地法期限(1982年5月14日)をひかえ,駐留軍用地特別措置法により未契約米軍用地の強制使用手続きを開始(沖縄現代史新版). 11.29　防衛庁設置法等の一部を改正する法律(法律第93号),公布・施行(一部は1981年2月10日,施行〔昭和56年1月27日政令第8号〕).自衛官の定数を2331人増員して27万184人に,予備自衛官の員数を2000人増員して4万1600人に改める.陸上自衛隊は,第7師団(北海道)が戦車を主体とした機甲師団として改編し,第2混成団(香川県)が独立部隊として新編.海上自衛隊は,1981年2月,潜水艦隊(神奈川県)を新編.航空自衛隊は,同月,後方機能を統一的に発揮させるため,補給統制処を廃止し,補給本部(東京都)を設置(官報／防衛庁五十年史). 11.29　自衛隊,曹長の階級を新設(防衛庁五十年史). 12.22　航空自衛隊,80式近距離空対艦誘導弾(ASM-1)を制式化(航空自衛隊五十年史).
1981	昭和56	内閣総理大臣：鈴木善幸 防衛庁長官：大村襄治・伊藤宗一郎(11.30～) 統合幕僚会議議長：竹田五郎・矢田次夫(2.16～) 陸上幕僚長：鈴木敏通・村井澄夫(6.1～) 海上幕僚長：矢田次夫・前田　優(2.16～) 航空幕僚長：山田良市・生田目修(2.17～) 1.6　閣議で「「北方領土の日」について」を了解.毎年2月7日(日露和親条約

西暦	和暦	記　　　事
1981	昭和56	調印の日)を「北方領土の日」とする(内閣制度百年史下). 　2.10　海上自衛隊,潜水艦隊を新編し,自衛艦隊に編入.潜水艦部隊の指揮・管理機能強化,司令部を常時海上で行動させることによる訓練の精到を期す(海上自衛隊五十年史資料編). 　2.16　統合幕僚会議議長,更迭.竹田五郎に代え,矢田次夫に統合幕僚会議議長を命ず.武田五郎,月刊誌『宝石』3月号のインタビューで「徴兵制は違憲」とする政府統一見解に異議を唱える(防衛庁五十年史/朝日年鑑1982年版). 　3.2　第1次中国残留日本人孤児の肉親捜しのための訪日調査,開始.孤児47人,訪日.3月16日,帰国(援護五十年史). 　3.16　岩手靖国違憲住民訴訟,提起(靖国の戦後史)〔→1987.3.5〕. 　3.18　みんなで靖国神社に参拝する国会議員の会,自由民主党本部で設立総会を開催.靖国神社春・秋季例大祭と8月15日に同神社にそろって参拝することを決定(日本遺族会の四十年/靖国の戦後史). 　3.20　那覇防衛施設局長,沖縄県収用委員会に対して未契約米軍用地の5年間強制使用裁決を申請(沖縄現代史新版). 　3.20　衆議院本会議で,大韓民国への武器輸出問題に対して,「武器輸出問題等に関する決議」を可決.「政府は,武器輸出について,厳正かつ慎重な態度をもって対処すると共に,制度上の改善を含め実効ある措置を講ずべきである」とする(国会会議録). 　3.25　陸上自衛隊,第7師団を機甲化改編,第2混成団を新編,第8師団を甲師団に改編(陸上自衛隊の50年). 　3.27　F-15戦闘機1・2号機,アメリカより岐阜基地に到着(航空自衛隊五十年史). 　4.9　米原子力潜水艦ジョージ=ワシントン,東シナ海で貨物船日昇丸と衝突.日昇丸,沈没(航空自衛隊五十年史). 　4.12　朝香鳩彦(やすひこ)(朝香宮鳩彦王).没(元陸軍大将)(日本陸海軍総合事典). 　4.22　防衛庁,「有事法制の研究について」で,自衛隊が防衛出動を命じられた際の現行法制上の諸問題について中間報告(防衛白書平成20年版/防衛庁五十年史). 　4.29　海上自衛隊,米国で対潜哨戒機P-3Cの導入を開始(海上自衛隊五十年史). 　5.7　訪米中の首相鈴木善幸,米国大統領レーガンと会談(〜8日).8日,共同声明を発表.両国ははじめて「同盟関係」にあることを明記.日本はその領域と「周辺海空域」の防衛力強化にいっそうの努力を約束(日本外交主要文書・年表4). 　5.8　首相鈴木善幸,記者会見で「海上交通路(シーレーン)1000海里防衛」を表明.以後アメリカはこれを日本の「対米公約」として,ソ連の原子力潜水艦制圧のための共同作戦を要求(自衛隊の歴史). 　5.12　在日米軍と海上自衛隊の合同演習,10年ぶりに秋田県沖で開始.米艦,再三漁船のはえなわを切断,問題化.5月21日,演習中止を決定(近代日本総合年表). 　5.18　『毎日新聞』,元駐日米大使ライシャワーのインタビュー記事を掲載.ライシャワー,その中で「核兵器を積んだ米艦船が日本に寄港したことがあり,それ

1981(昭和56)

西暦	和暦	記　　事
1981	昭和56	は日米の了解済みである」と述べる．政府・自由民主党は協議して非核三原則堅持，核兵器を積んだ米艦船の日本寄港・領海通過は事前協議の対象，口頭了解の存在否定の態度を確認(日本軍事史下／近代日本総合年表／日本外交主要文書・年表4)． 　5.22　米元国務次官ジョンソン，1961年春まで長期間岩国沖に核兵器を搭載した米海軍揚陸艦が常駐していたと発言，非核三原則についての疑惑，拡大(近代日本総合年表)． 　7.13　東京地方裁判所八王子支部民事第一部(裁判長後藤文彦)，横田基地夜間飛行差し止め訴訟で，差し止めは却下，過去分の慰謝料の支払いを国に命じる判決(朝日年鑑1982年版)． 　7.15　海上自衛隊，沖縄航空隊を廃止して第5航空群を新編(那覇)，航空集団に編入(海上自衛隊五十年史)． 　7.28　自由民主党総務会で「靖国神社への公式参拝」「戦没者追悼の日(仮称)」制定を党議決定(日本遺族会の四十年)． 　8. 8　映画「連合艦隊」(東宝．監督松林宗恵)(日本映画史4)． 　8.15　首相鈴木善幸始め全閣僚(外遊中の1名を除く)，靖国神社に参拝．鈴木善幸の参拝は「私人」とされる(日本遺族会の四十年)． 　8.17　政府，戦傷病者戦没者遺族等援護法を6歳未満の「戦闘協力者」にも適用すると発表．沖縄戦で死亡・負傷した6歳未満の人びとの救済が目的(沖縄現代史新版)． 　9.18　日本遺族会主催の日中友好日本遺族会訪中団，出発．中華人民共和国東北・華北地区で戦後初の慰霊巡拝を行う．公に慰霊祭を行うのは住民感情を損なうという同国の指示で，訪問地宿舎に祭壇を設けて慰霊行事を行う(日本遺族会の四十年)． 　10. 1　陸上自衛隊，東富士演習場で初の日米共同訓練(通信訓練)を実施(～10月3日)(防衛白書平成20年版)． 　10. 1　自衛隊，二佐から准尉までの自衛官の定年を52歳に延長(防衛白書平成20年版／防衛庁五十年史)． 　11.20　自衛隊，防衛記念章制度を新設(1982年4月1日，施行)．外国軍人との交流の際，勲章の略綬のようなものを制服に着用したいという要望に基づいたもの(海上自衛隊五十年史)． 　11.―　森村誠一『悪魔の飽食』(光文社)，刊．731部隊の実態を描いて翌1982年のベストセラー第1位となる(日本人の戦争観)． 　11.―　檜山良昭『日本本土決戦』(光文社)，刊．いわゆる架空戦記物のはしりとなる(日本人の戦争観)． 　12. 1　公明党，第19回党大会を開催(～3日)．自衛隊合憲，日米安全保障条約存続の新基本政策を発表(近代日本総合年表／朝日年鑑1982年版)． 　12.11　航空自衛隊，F-15J戦闘機の国産初号機を受領．17日，新田原(にゅうたばる)に最初のF-15飛行隊を編成(航空自衛隊五十年史)．

1982(昭和57)

西暦	和暦	記事
1982	昭和57	内閣総理大臣：鈴木善幸・中曽根康弘(11.27〜) 防衛庁長官：伊藤宗一郎・谷川和穂(11.27〜) 統合幕僚会議議長：矢田次夫 陸上幕僚長：村井澄夫 海上幕僚長：前田　優 航空幕僚長：生田目修 2.15　陸上自衛隊,滝ヶ原で初の日米共同指揮所訓練を実施(〜2月19日)(防衛白書平成20年版). 2.26　沖縄・嘉手納基地周辺の住民,夜間の飛行差し止めと損害賠償を求めて提訴(嘉手納基地爆音訴訟)(沖縄現代史新版)〔→1994.2.24〕. 3.24　大阪地方裁判所,箕面忠魂碑訴訟で公費移設再建に違憲判決(靖国の戦後史)〔→1987.7.16〕. 4. 1　沖縄県収用委員会,那覇防衛施設局長の申請通り,未契約米軍用地の5年間強制使用を認める(沖縄現代史新版). 4. 2　アルゼンチン軍,フォークランド諸島に上陸.イギリス・アルゼンチン間のフォークランド紛争,始まる(〜6月14日)(防衛白書平成20年版／日本外交主要文書・年表4). 4.13　閣議で「「戦没者を追悼し平和を祈念する日」について」を決定.毎年8月15日を「戦没者を追悼し平和を祈念する日」とし,毎年この日に政府主催の「全国戦没者追悼式」を行う(内閣制度百年史下／援護五十年史／日本遺族会の四十年). 4.30　自衛隊法施行令の一部を改正する政令(政令第130号),公布・施行.自衛隊法施行規則及び防衛庁職員に対する寒冷地手当支給規則の一部を改正する総理府令(総理府令第23号),公布・施行.自衛隊の「駐とん地」「分とん地」の表記を「駐屯地」「分屯地」と改めること等を規定.昭和56年10月1日内閣告示第1号「常用漢字表」に従前の「当用漢字表」には含まれていなかった「屯」が含まれたことによる(官報). 5. 1　自衛隊,一曹の定年を52歳に延長(防衛庁五十年史). 5.15　駐留軍用地特別措置法に基づき,沖縄所在施設・区域内の一部土地の使用を開始(防衛白書平成20年版). 6. 1　広島高等裁判所(裁判長胡田勲),自衛官合祀拒否訴訟で違憲判決(靖国の戦後史／朝日年鑑1983年版)〔→1988.6.1〕. 6. 8　生物兵器禁止条約(細菌兵器(生物兵器)及び毒素兵器の開発,生産及び貯蔵の禁止並びに廃棄に関する条約)(条約第6号),公布,日本について発効(官報〔条約／外務省告示第187号〕／日本外交主要文書・年表3)〔→1972.4.10〕. 6.12　映画「ひめゆりの塔」(東宝.監督今井正)(「反戦」のメディア史). 6.25　文部省,高校用教科書の検定結果を公表.翌日付けの新聞が中国への侵略を「進出」,朝鮮の三・一独立運動を「暴動」と書き直させたと報じたため,中華人民共和国・大韓民国に激しい対日批判起こる(日本人の戦争観). 6.28　愛媛玉串料公金支出住民訴訟,提起(靖国の戦後史)〔→1989.3.17〕. 6.29　第1次米ソ戦略兵器削減交渉(START I, Strategic Arms Reduction Talks I),開始(ジュネーブ)(日本外交主要文書・年表4／防衛白書平成20年版). 6.30　総理府総務長官の私的諮問機関戦後処理問題懇談会,設置.恩給欠格者・

1982(昭和57)

西暦	和暦	記事
1982	昭和57	シベリア抑留者・在外資産補償の3問題を検討(近代日本総合年表). 7. 1 陸上・海上・航空自衛隊,防衛大学校出身者(第1期生.1957年卒業)から初めて20人に陸・海・空将補への昇進を発令.陸上自衛隊,婦人自衛官から初の一等陸佐への昇任を発令(朝日年鑑1983年版/陸上自衛隊の50年). 7. 2 首相鈴木善幸,英霊にこたえる議員協議会の8月15日の靖国神社への公式参拝の要請に「公私の区別については答えない」と表明(近代日本総合年表). 7.15 内閣官房長官宮沢喜一,記者会見で首相鈴木善幸の靖国神社参拝は「心の問題」であるので今年から公人とも私人とも答えないと発言(日本遺族会の四十年). 7.16 内閣官房長官宮沢喜一,記者会見で1951年9月10日の文部次官・引揚援護庁次長通達「戦没者の葬祭などについて」は今日も有効,しかし首相・閣僚の玉串料公費支出は「問題があるというのが内閣法制局の見解」と従来の姿勢を変えず(日本遺族会の四十年). 7.23 防衛庁長官伊藤宗一郎,「昭和58年度から昭和62年度までを対象とする中期業務見積り」(五六中業)を国防会議に報告,了承される(防衛白書平成20年版/防衛ハンドブック平成23年版). 7.23 国防会議で「P-3C,F-15の取得数の変更について」を決定.閣議,これを了解.1977年の決定各45機・100機を75機・155機に変更(海上自衛隊五十年史/防衛庁五十年史). 8. 3 長崎忠魂碑住民訴訟,提起(靖国の戦後史)〔→1990.2.20〕. 8. 6 文部大臣小川平二,衆議院文教委員会における日本社会党議員木島喜兵衛との質疑の中で日中戦争について「侵略であった」と発言(国会会議録「小川国務大臣 私は,きわめて率直に申しますが,これは弁護することのできない戦争であったと考えております./木島委員 それを侵略戦争とお考えでありますか./小川国務大臣 私は,弁護することのできない戦争と申しましたが,この言葉を他のいかなる言葉に置きかえていただこうとも結構でございます./木島委員 結構ということは,侵略戦争と考えてよろしゅうございますか./小川国務大臣 御自由でございます./木島委員 御自由,どのように理解しても御自由ということでありますけれども,大臣は侵略戦争とお考えになっていらっしゃると考えてよろしゅうございますか./小川国務大臣 私の申しましたことをいかなる他の言葉で表現なさっていただこうとも御自由でございます./木島委員 (略)/小川国務大臣 私は弁護の余地なき戦争と申し上げましたが,どうしてもそれで御満足なさらないということであれば,侵略であったと申し上げます.これでよろしゅうございましょうか」)(国会会議録/日本人の戦争観). 8.26 内閣官房長官宮沢喜一,教科書の記述を政府の責任において是正するとの談話を発表(日本外交主要文書・年表4). 8.― 映画「大日本帝国」(東映東京.監督舛田利雄)(日本映画史4). 9. 9 最高裁判所第1小法廷(裁判長団藤重光),長沼ナイキ事件で,原告は適格でないという理由で原告の上告を棄却し,原告,敗訴(最高裁判所民事判例集36巻9号)〔→1969.7.7〕. 9.14 文部大臣小川平二,教科用図書検定審議会に歴史教科書の記述に関する検定の在り方について諮問.11月16日,同審議会,アジア諸国との国際理解と協調

西暦	和暦	記事
1982	昭和57	の見地から必要な配慮の1項を加えるよう答申.24日,文部省,教科書検定基準を改正(近代日本総合年表). 　10.1　海上自衛隊,少年術科学校を廃止.第1術科学校に生徒部を新設(海上自衛隊五十年史資料編). 　10.16　新華社,中華人民共和国がSLBM(Submarine Launched Ballistic Missiles,潜水艦から発射する弾道ミサイル)の水中発射実験(10月7日～16日)に成功したと発表(日本外交主要文書・年表4／防衛白書平成20年版). 　10.20　横浜地方裁判所(裁判長小川正澄),厚木基地夜間飛行差し止め訴訟で,差し止めは却下,国に過去分の損害賠償を支払いを命じる(朝日年鑑1983年版)〔→1976.9.28〕. 　11.10　陸上自衛隊東部方面隊,東富士演習場で米第9軍団と初の日米共同実動訓練ヤマト82を実施(～18日).日本有事を想定(陸上自衛隊の50年). 　11.12　海上自衛隊,砕氷艦しらせが竣工(海上自衛隊五十年史資料編). 　11.27　第1次中曽根康弘内閣,成立.防衛庁長官谷川和穂(官報).
1983	昭和58	╱内閣総理大臣：中曽根康弘 　防衛庁長官：谷川一穂・栗原祐幸(12.27～) 　統合幕僚会議議長：矢田次夫・村井澄夫(3.16～) 　陸上幕僚長：村井澄夫・渡部敬太郎(3.16～) 　海上幕僚長：前田　優・吉田　学(4.26～) ╲航空幕僚長：生田目修・森　繁弘(4.26～) 　1.14　政府,従来の武器輸出三原則を修正し,対米武器技術供与の途を開くことを決定(防衛白書平成20年版／自衛隊の歴史／防衛ハンドブック平成23年版). 　1.18　訪米中の首相中曽根康弘,大統領レーガンと会談(～19日),日米両国は「運命共同体」と述べる(日本軍事史下). 　1.19　『ワシントン=ポスト』,首相中曽根康弘が,日本をソ連爆撃機を阻止する不沈空母とし3海峡封鎖でソ連船の通過を阻止すると述べたと報道.中曽根,記者会見で発言を否定(日本外交主要文書・年表4). 　1.24　首相中曽根康弘,国会の施政方針演説で「戦後史の転換点」を強調(国会会議録／日本軍事史下). 　3.1　大阪地方裁判所(裁判長古崎慶長),箕面忠魂碑慰霊祭住民訴訟で違憲判決(靖国の戦後史／朝日年鑑1984年版)〔→1987.7.16〕. 　3.21　米原子力航空母艦エンタープライズ,佐世保に入港(15年ぶり).10月1日,同原子力空母カールビンソン,同港に入港(近代日本総合年表). 　3.23　米大統領レーガン,戦略防衛構想(SDI, Strategic Defense Initiative)を発表ソ連の核ミサイルが着弾する前に宇宙衛星などで探知,レーザーなどで破壊しようとするもの(防衛白書平成20年版／近代日本総合年表／日本軍事史下). 　4.1　財団法人中国残留孤児援護基金,設立.孤児の養父母などに対する扶養費援助,帰国後の定着自立の援助などが目的(援護五十年史). 　4.1　自衛隊,一佐から准尉までの定年を1年延長し53歳とする.これにより,将は58歳,将補は55歳,一佐は54歳,二佐から准尉までは53歳,曹長・一曹は52歳,二曹・三曹は50歳となる(防衛庁五十年史).

1983（昭和58）

西暦	和暦	記　　　　　事
1983	昭和58	4.21　首相中曽根康弘,首相就任後初めて靖国神社に参拝(1985月8月15日まで計10回参拝).記者団に「内閣総理大臣たる中曽根康弘が靖国神社の英霊に感謝の参拝をした」と述べる.内閣官房長官後藤田正晴,中曽根の発言は「かならずしも「公人」を意味しない」と発言(靖国の戦後史／日本遺族会の四十年). 5.16　陸上自衛隊,初の米本土(カリフォルニア州フォートオード)における日米共同指揮所訓練を実施(～20日)(陸上自衛隊の50年). 5.28　映画「戦場のメリークリスマス」(松竹富士・ヘラルド.監督大島渚)(日本映画史4). 6.4　映画「日本海大海戦 海ゆかば」(東映.監督舛田利雄)(朝日年鑑1984年版). 6.4　映画「東京裁判」(東宝.監督小林正樹).主に米軍の記録フィルムを使ったドキュメンタリー(日本映画史4). 6.30　航空自衛隊,地対空ミサイル,ナイキの後継機にペトリオットPatriotを選定(航空自衛隊五十年史). 7.―　吉田清治『私の戦争犯罪』(青木書店),刊.戦時中の朝鮮人慰安婦強制連行を証言(慰安婦と戦場の性／昭和史の謎を追う). 8.15　首相中曽根康弘,閣僚15人とともに靖国神社に参拝,記者の質問に4月21日の参拝時と同様の発言を繰り返す.玉串料10万円は私費(日本遺族会の四十年). 9.1　ソ連軍機,ソ連領空を侵犯した大韓航空機(ニューヨーク発,アンカレッジ経由ソウル行き)を樺太上空付近で撃墜(防衛白書平成20年版). 10.8　対米武器技術供与了解書簡,交換(航空自衛隊五十年史). 10.9　朝鮮民主主義人民共和国工作員,ビルマ訪問中の大韓民国大統領全斗煥に随行した閣僚ら19人をアウンサン廟で爆弾により殺害.17日,ビルマ政府,爆弾事件は朝鮮人の犯行と発表(国籍は特定せず),11月4日,爆弾事件は朝鮮民主主義人民共和国の軍工作員の犯行と断定(日本外交主要文書・年表4／防衛白書平成20年版). 12.2　防衛庁設置法及び自衛隊法の一部を改正する法律(法律第74号),公布・施行.自衛官の定数を1978人増員して27万2162人に,予備自衛官の員数を2000人増員して4万3600人に改める.陸上自衛隊は,75式自走多連装130mmロケット弾発射機を運用するため北部方面隊に多連装ロケット中隊を新編.海上自衛隊は,ミサイル整備を専門に行うため横須賀に誘導弾整備所を新編.航空自衛隊は,早期警戒機E-20の運用試験開始にともない,その態勢などを整備するため三沢基地に臨時警戒航空隊,1984年1月26日,硫黄島を訓練場として使用するため硫黄島基地隊を新編(官報／防衛庁五十年史／航空自衛隊50年史資料編). 12.8　「沖縄戦記録フィルム1フィート運動の会」,結成(沖縄現代史新版). 12.12　航空自衛隊,府中基地で初の日米共同指揮所訓練を実施(～12月15日)(防衛白書平成20年版). 12.20　日本社会党委員長石橋政嗣,この日発売の同党機関誌『月刊社会党』1984年1月号に掲載された小林直樹との対談記事で,自衛隊の法的地位について違憲だが手続き的には合法的に作られた存在とする「違憲・合法論」に同調し,これを同党として取り入れる意向を示す(朝日年鑑1984年版). 12.27　第2次中曽根康弘内閣,成立.防衛庁長官栗原祐幸・加藤紘一(1984.11.1

1983～1984（昭和58～昭和59）

西暦	和暦	記　　　　　　　　事
1983	昭和58	～）（官報）．
1984	昭和59	内閣総理大臣：中曽根康弘 防衛庁長官：栗原祐幸・加藤紘一（11.1～） 統合幕僚会議議長：矢田次夫・村井澄夫（3.16～） 陸上幕僚長：村井澄夫・渡部敬太郎（3.16～） 海上幕僚長：前田　優・吉田　学（4.26～） 航空幕僚長：生田目修・森　繁弘（4.26～） 1.5　首相中曽根康弘，靖国神社に参拝．現職首相として戦後初の靖国神社への初詣（援護五十年史）． 3.14　航空自衛隊，C-130H輸送機初号機を受領（小牧）（航空自衛隊五十年史）． 3.31　自衛隊，中央指揮システムを部分的に運用開始（防衛庁五十年史）． 4.13　自由民主党総務会，首相・閣僚の公式参拝は合憲との見解を了承，自民党の正式見解となる（靖国の戦後史／日本遺族会の四十年）． 4.21　靖国神社春季例大祭（～23日）．首相中曽根康弘，同社に参拝．記者の質問に対し公私の区別にふれず（日本遺族会の四十年）． 6.11　海上自衛隊，米海軍との初の日米共同指揮所訓練（JANUS84）を実施（横須賀．～15日）．米機動部隊の機動打撃力を含む共同海上作戦を演練（海上自衛隊五十年史）． 7.16　航空自衛隊第5航空団のF-15J，警戒待機を開始．7月19日，最初のスクランブル（緊急発進）（航空自衛隊五十年史）． 8.11　映画「零戦燃ゆ」（東宝．原作柳田邦男．監督舛田利雄）（日本映画史3）． 8.15　首相中曽根康弘，靖国神社に参拝．参拝の資格について「内閣総理大臣たる」と従来と同じ答弁，玉串料は私費からと述べる（日本遺族会の四十年）． 9.6　天皇，来日した大韓民国大統領全斗煥の歓迎宮中晩餐会で「今世紀の一時期において，両国の間に不幸な過去が存したことは誠に遺憾」と発言（日本人の戦争観）． 10.16　防衛庁，「有事法制の研究について」で今後の研究の進め方等を公表（防衛白書平成20年版／防衛ハンドブック平成23年版）． 10.19　沖縄で米陸軍特殊部隊創隊式，挙行．米軍，ベトナム戦争終結でいったん沖縄から撤退した陸軍特殊部隊を再配備（沖縄現代史新版）． 10.31　日本遺族会，厚生大臣渡部恒三に「戦没者遺児記念館（仮称）」の基本構想案を提出（日本遺族会の四十年）． 12.28　国防会議でペトリオットミサイルの導入を決定（航空自衛隊五十年史）． 12.28　F-15DJ，FMS（Foreign Military Sales，米輸出版）からライセンス国産へ切り替え（航空自衛隊五十年史）．

1985(昭和60)

西暦	和暦	記　事
1985	昭和60	内閣総理大臣：中曽根康弘 防衛庁長官：加藤紘一 統合幕僚会議議長：渡部敬太郎 陸上幕僚長：中村守雄 海上幕僚長：吉田　学・長田　博(8.1〜) 航空幕僚長：森　繁弘

2.12　自衛隊,中央指揮所を活用して統合演習(指揮所演習)を行う(〜14日).昭和60年度に中央指揮システムはバッジ=システム及びSFシステム(自衛艦隊指揮管制システム)と連接し,本格的な運用を開始(防衛庁五十年史／航空自衛隊五十年史資料編).

3. 1　在沖縄米海兵隊,沖縄配備の全火砲を各砲弾発射可能なM198型榴弾砲に転換,砲兵隊を増強と発表(沖縄現代史新版).

3.11　ゴルバチョフ,ソ連共産党書記長に就任(日本外交主要文書・年表4／防衛白書平成20年版).

6.10　日米防衛首脳定期協議,開催(ワシントン).防衛庁長官加藤紘一,米国国防長官ワインバーガーと会談.加藤,GNP1％枠より防衛大綱の達成を優先すると表明.11日,米上院,日本の防衛力増強を要求する決議を採択し,対日圧力を加える(朝日年鑑1986年版／近代日本総合年表).

7.13　靖国神社遊就館,再開.

7.20　映画「ビルマの竪琴」(東宝,監督市川崑)(日本映画史4).

8. 5　那覇防衛施設局長,沖縄県収用委員会に対し未契約軍用地の20年間強制使用(期限2007年5月14日)の裁決を申請.1987年2月24日,同委員会,10年間の強制使用(期限1997年5月14日)を裁決(沖縄現代史新版).

8.12　日本航空機(東京発,大阪行き),群馬県多野郡上野村の山中(のち御巣鷹の尾根と命名)に墜落.自衛隊,延べ5万2000人を災害派遣(〜10月13日)(陸上自衛隊の50年).

8.14　内閣官房長官藤波孝生,首相の靖国神社への「公式参拝」は合憲との政府統一見解(靖国の戦後史).

8.15　首相中曽根康弘,「内閣総理大臣」の資格で靖国神社に参拝,本殿で黙禱を捧げ一礼.参拝後「公式」を明言,ただし政教分離に配慮して玉串の代わりに生花を供え,その実費を公費から支出したと述べる(日本遺族会の四十年).

9. 5　文部省,全国各教育委員会に国旗掲揚・国歌斉唱の徹底を通知(沖縄現代史新版／朝日年鑑1986年版).

9.18　国防会議・閣議で「中期防衛力整備計画(昭和61年度〜昭和65年度)」を決定.4次防以来13年ぶりの政府計画.昭和51年(1976)に廃止された年次防計画(5ヵ年を1期とする計画)を復活し,昭和61〜65年度の防衛力整備を昭和51年の「防衛計画の大綱」に沿って計画.陸自戦車246両,海自各種艦艇35隻6万9000tの建造,空自F-15×63機・ペトリオット5個群の整備など,必要経費18兆4000億円(防衛白書平成20年版／防衛庁五十年史／防衛ハンドブック平成23年版).

10.17　靖国神社秋季例大祭(〜20日).首相中曽根康弘・閣僚は中華人民共和国などの批判により参拝せず(日本遺族会の四十年).

11.28　播磨靖国「公式参拝」違憲訴訟,提起(靖国の戦後史).

1985～1986（昭和60～昭和61）

西暦	和暦	記　　　　　　　　　事
1985	昭和60	12.6　関西靖国「公式参拝」違憲訴訟，提起（靖国の戦後史）． 12.27　対米武器技術供与実施細目取極，締結（防衛白書平成20年版）．
1986	昭和61	内閣総理大臣：中曽根康弘 防　衛　庁　長　官：加藤紘一・栗原祐幸（7.22～） 統合幕僚会議議長：渡部敬太郎・森　繁弘（2.6～） 陸　上　幕　僚　長：中村守雄・石井政雄（3.17～） 海　上　幕　僚　長：長田　博 航　空　幕　僚　長：森　繁弘・大村　平（2.6～） 2.24　初の日米共同統合指揮所演習（CPX, Command Post Exercise）を檜町の防衛庁中央指揮所と横田の在日米軍司令部を拠点にして実施（～28日）．日本が武力侵攻をうけた場合を想定し，陸海空自衛隊と米軍がそれぞれの指揮系統に沿って部隊運用を演練（海上自衛隊五十年史）． 5.27　安全保障会議設置法（法律第71号），公布（7月1日，施行）．国防会議の任務を継承，重大緊急事態への対処措置などをも審議する機関として，内閣に安全保障会議を設置（官報／防衛白書平成20年版／防衛庁五十年史）． 5.—　防衛庁，次期支援戦闘機（FS-X）選定資料収集班を欧米へ派遣（航空自衛隊五十年史）． 7.7　平和遺族会全国連絡会，結成（靖国の戦後史） 7.22　第3次中曽根康弘内閣，成立．防衛庁長官栗原祐幸（官報）． 7.—　朝日新聞，読者参加式の企画「テーマ談話室」の「戦争」シリーズを開始，13ヵ月続き投稿総数4200通（日本人の戦争観）． 8.11　九州靖国「公式参拝」違憲訴訟，提起（靖国の戦後史）． 8.14　内閣官房長官後藤田正晴，首相中曽根康弘の15日の靖国神社参拝を近隣諸国の国民感情に配慮して取りやめると発表．15日，首相中曽根・外務大臣倉成正・内閣官房長官後藤田を除く閣僚16人，靖国神社に参拝（靖国の戦後史／近代日本総合年表／日本遺族会の四十年）． 9.3　首相中曽根康弘，講演で太平洋戦争は侵略戦争だったとの認識を示す．9月16日，衆議院本会議でも同様の認識を示す（国会会議録／日本人の戦争観）． 9.5　政府，対米武器技術供与第1号を決定（防衛白書平成20年版／近代日本総合年表）． 9.5　文部大臣藤尾正行，『文芸春秋』10月号（9月10日発売予定）上で日韓併合につき「少なくとも，伊藤博文の交渉相手が李朝の代表者，高宗であったことだけは事実なんですから，韓国側にもやはり幾らかの責任なり，考えるべき点はあると思うんです」と述べ，問題化（文芸春秋64巻10号「"放言大臣"大いに吠える」／防衛白書平成20年版／近代日本総合年表）． 9.9　閣議で米の戦略防衛構想（SDI）研究に日本が参加する方針を決定．米政府に通達（近代日本総合年表）． 9.9　文部大臣，更迭．国務大臣（文部大臣）藤尾正行は本官を免じ，塩川正十郎に文部大臣を命ず（官報9.11〔人事異動〕）． 10.27　初の日米共同統合実動演習を実施（～31日）．3自衛隊と3米軍あわせて1万3000人，航空機約100機，艦艇約20隻が参加．北海道石狩平野に侵攻した敵を

1986～1987(昭和61～昭和62)

西暦	和暦	記　　　　　　　　　事
1986	昭和61	陸上自衛隊を中心とする自衛隊が迎え撃ち，ハワイの米軍が来援して反撃に移るという想定(平成12年度までに6回実施)(防衛白書平成20年版／近代日本総合年表／日本軍事史下／海上自衛隊50年史)． 11.25　陸上自衛隊，大型輸送ヘリコプターCH-47J国産初号機を受領(陸上自衛隊の50年)． 12.19　防衛庁設置法及び自衛隊法の一部を改正する法律(法律第100号)，公布・施行．自衛官の定数を606人増員して27万2768人に，予備自衛官の員数を1300人増員して4万4900人に改める．さらに，武器を使用して防護し得る対象の追加，国賓などの輸送権限の付与などが行われる．陸上自衛隊は，第1ヘリコプター団(木更津駐屯地)に国賓などの輸送の任務に当たる特別輸送飛行隊を新編．航空自衛隊は，三沢基地で昭和58年から早期警戒機E-2Cの運用態勢などを整備していた臨時警戒航空隊を廃止，警戒航空隊を新編(防衛庁五十年史／陸上自衛隊の50年)． 12.19　航空自衛隊，予備自衛官制度が発足(航空自衛隊五十年史)． 12.30　安全保障会議・閣議で「昭和62年度予算における『当面の防衛力整備について』(昭和51年11月5日閣議決定)の取扱いについて」を決定(防衛白書平成20年版)．
1987	昭和62	⎛内閣総理大臣：中曽根康弘・竹下　登(11.6～) 　防　衛　庁　長　官：栗原祐幸・瓦　　力(11.6～) 　統合幕僚会議議長：森　繁弘・石井政雄(12.11～) 　陸　上　幕　僚　長：石井政雄・寺島泰三(12.11～) 　海　上　幕　僚　長：長田　博・東山収一郎(7.7～) ⎝航　空　幕　僚　長：大村　平・米川忠吉(12.11～) 1.24　安全保障会議・閣議で「今後の防衛力整備について」を決定．防衛費のGNP1％枠を撤廃．昭和63年度からの「中期防」の枠内で総額を明示する新基準を決定(防衛白書平成20年版／近代日本総合年表)． 1.30　在日米軍駐留経費負担に係る特別協定(日本国とアメリカ合衆国との間の相互協力及び安全保障条約第六条に基づく施設及び区域並びに日本国における合衆国軍隊の地位に関する協定第二十四条についての特別措置に関する日本国とアメリカ合衆国との間の協定)，署名．6月1日，公布・発効(官報6.1／防衛白書平成20年版)〔→6.1〕． 1.31　警戒航空隊，E-2Cによる対領空侵犯措置を開始(航空自衛隊五十年史)． 3.5　盛岡地方裁判所(裁判長宮村素之)，「公式参拝」玉串料公金支出合憲判決(靖国の戦後史／朝日年鑑1988年版／行政事件裁判例集38巻2・3号)〔→1991.1.10〕． 4.2　沖縄県中頭(なかがみ)郡読谷村(よみたんそん)のチビチリガマ入口の「世代を結ぶ平和の像」建立除幕式，挙行(沖縄現代史新版)． 5.27　警視庁，東芝機械社員2人をココムCOCOM(Coordinating Commmittee for Multilateral Export Controls，対共産圏輸出統制委員会)規制違反不正輸出事件で逮捕(防衛白書平成20年版)． 6.1　在日米軍駐留経費負担に係る特別協定(日本国とアメリカ合衆国との間の相互協力及び安全保障条約第六条に基づく施設及び区域並びに日本国における合衆国軍隊の地位に関する協定第二十四条についての特別措置に関する日本

1987(昭和62)

西暦	和暦	記　　　　　事
1987	昭和62	国とアメリカ合衆国との間の協定)(条約第2号),公布・発効(官報〔条約／外務省告示第295号〕)〔→1.30〕.
6.15　海上自衛隊,米海軍大学校で図上演習装置研修(～7月1日).コンピュータウォーゲームシステムによる訓練(海上自衛隊五十年史).
7.13　衆議院予算委員会,東芝機械によるココムCOCOM規制違反事件で論議(～16日).東芝機械がソ連に輸出した工作機械とソ連原子力潜水艦のスクリュー音低下との因果関係をめぐって政府答弁,混乱(国会会議録／近代日本総合年表).
7.16　大阪高等裁判所(裁判長今富滋),箕面忠魂碑住民訴訟で合憲判決(靖国の戦後史／朝日年鑑1988年版)〔→1993.2.16〕.
8. 1　映画「ゆきゆきて,神軍」(監督原一男).ニューギニア戦線の人肉食,天皇の戦争責任を問うドキュメンタリー(日本映画史3・4).
9.16　国際緊急援助隊派遣法(国際緊急援助隊の派遣に関する法律)(法律第93号),公布・施行(官報).
10. 2　日米防衛首脳協議,開催(ワシントン).防衛庁長官栗原祐幸,米国国防長官ワインバーガーと会談.日本の次期支援戦闘機(FS-X)は国産ではなくF-15かF-16を基本にその改造型を日米共同開発することで合意(朝日年鑑1988年版／防衛庁五十年史／近代日本総合年表).
10. 6　第1回日米ココムCOCOM協議,開催(東京.～10月7日)(日本外交主要文書・年表4).
10.23　安全保障会議で「次期支援戦闘機(FS-X)はF-16をベースに日米共同開発」を了承(航空自衛隊五十年史).
10.26　知花昌一(ちばなしょういち),第42回国民体育大会秋季大会(沖縄県)のソフトボール会場(読谷村)に掲げられた日の丸を焼却(沖縄現代史新版).
11. 5　運輸省・防衛庁,「自衛隊操縦士の割愛について」を了解(航空自衛隊五十年史).
11. 6　竹下登内閣,成立.防衛庁長官瓦力・田沢吉郎(1988.8.24～)(官報).
11.29　大韓航空機,ベンガル湾上空を飛行中に朝鮮民主主義人民共和国のテロ行為により爆破される(防衛白書平成20年版／日本外交主要文書・年表4).
12. 1　海上自衛隊,第22航空群を新編(大村)し,航空集団に編入.陸上対潜ヘリコプター部隊(海上自衛隊五十年史).
12. 9　航空自衛隊,対領空侵犯措置でソ連機に対し初の信号射撃を実施(沖縄)(航空自衛隊五十年史).
12.15　防衛庁設置法及び自衛隊法の一部を改正する法律(法律第107号),公布・施行.自衛官の定数を510人増員して27万3278人に,予備自衛官の員数を1500人増員して4万6400人に改める(官報／防衛庁五十年史).
12.18　安全保障会議で「洋上防空体制の在り方に関する検討」を了承(防衛白書平成20年版).

1988（昭和63）

西暦	和 暦	記　　　　　　　　　事
1988	昭和63	内閣総理大臣：竹下　登 防衛庁長官：瓦　　力・田沢吉郎(8.24〜) 統合幕僚会議議長：石井政雄 陸上幕僚長：寺島泰三 海上幕僚長：東山収一郎 航空幕僚長：米川忠吉 　3. 2　在日米軍駐留経費負担に係る特別協定の改正議定書(日本国とアメリカ合衆国との間の相互協力及び安全保障条約第六条に基づく施設及び区域並びに日本国における合衆国軍隊の地位に関する協定第二十四条についての特別措置に関する日本国とアメリカ合衆国との間の協定を改正する議定書)，署名．6月1日発効．在日米軍従業員に対する給与の一部をわが国が負担することに改めた(昭和62年度から3年度までを対象)(防衛白書平成20年版／防衛庁五十年史)〔→6.1〕． 　3.14　中華人民共和国・ベトナム，南沙群島周辺海域で武力衝突(日本外交主要文書・年表4／防衛白書平成20年版)． 　3.—　航空自衛隊，新バッジ領収を完了(航空自衛隊五十年史)〔→1989.3.30〕． 　4.12　日本国とアメリカ合衆国との間の相互防衛援助協定に基づく日本国に対する一定の防衛分野における技術上の知識の供与に関する交換公文，署名・発効．5月31日，告示．米国の秘密特許関連資料を導入することが目的(官報5.31〔外務省告示第286号〕／防衛白書平成20年版)． 　4.16　アニメーション映画「火垂るの墓」(東宝．原作野坂昭如．監督高畑勲)(日本映画史4)． 　4.30　映画「さくら隊散る」(独立映画センター．監督新藤兼人)(日本映画史4)． 　5.15　ソ連軍，アフガニスタンから撤退を開始．1989年2月15日，撤退を完了(日本外交主要文書・年表4／防衛白書平成20年版)． 　6. 1　在日米軍駐留経費負担に係る特別協定の改正議定書(日本国とアメリカ合衆国との間の相互協力及び安全保障条約第六条に基づく施設及び区域並びに日本国における合衆国軍隊の地位に関する協定第二十四条についての特別措置に関する日本国とアメリカ合衆国との間の協定を改正する議定書)(条約第4号)，公布・発効(官報〔条約／外務省告示第540号〕)〔→3.2〕． 　6. 1　最高裁判所大法廷(裁判長矢口洪一)，自衛官合祀拒否訴訟で自衛官合祀に合憲の判決(靖国の戦後史／朝日年鑑1989年版／最高裁判所民事判例集42巻5号)〔→1973.1.22〕． 　7. 1　平和祈念事業特別基金，設立．恩給欠格者・戦後強制抑留者・引揚者等の関係者に慰藉の念を示す事業を行う(平和祈念事業特別基金HP)． 　7.23　海上自衛隊潜水艦なだしおと遊漁船第一富士丸，横須賀沖で衝突．第一富士丸の乗客・乗員30人，死亡(防衛白書平成20年版／近代日本総合年表)〔→8.24〕． 　8.20　イラン・イラク紛争，停戦が成立(日本外交主要文書・年表4)． 　8.24　防衛庁長官，更迭．瓦力に代え，田沢吉郎に防衛庁長官を命ず(内閣制度百年史下巻追録)． 　8.31　核弾頭つき巡航ミサイルトマホークの搭載が可能な米巡洋艦・駆逐艦各1隻，米海軍横須賀基地に配備・入港(近代日本総合年表)．

1988～1989(昭和63～昭和64・平成元)

西暦	和暦	記　　事
1988	昭和63	10.14　大阪地方裁判所(裁判長山本矩夫),箕面市遺族会補助金住民訴訟で遺族会補助金に合憲の判決(靖国の戦後史／朝日年鑑1989年版). 11.1　防衛庁設置法及び自衛隊法の一部を改正する法律(法律第86号)公布・施行(一部は1989年3月16日,施行〔平成元年2月1日政令第10号〕).自衛官の定数を523人増員して27万3801人に,予備自衛官の員数を1500人増員して4万7900人に改める.航空自衛隊は作戦を担当する航空総隊,後方支援を担当する補給本部に加え,航空支援集団(作戦支援組織),航空教育集団(教育組織)及び航空開発実験集団(開発実験組織)を新編して,5つの機能別骨幹組織に整備(官報／防衛庁五十年史)〔→1989.3.16〕. 11.29　日本国とアメリカ合衆国との間の相互防衛援助協定に基づく次期支援戦闘機システムの共同開発に関する交換公文,署名・発効.12月12日,告示(官報12.12〔外務省告示第631号〕／航空自衛隊五十年史). 12.7　長崎市長本島等,市議会で天皇に戦争責任があると答弁(近代日本総合年表)〔→1990.1.18〕.
1989	昭和64 平成元 (1.8)	内閣総理大臣：竹下　登・宇野宗佑(6.3～)・海部俊樹(8.10～) 防衛庁長官：田沢吉郎・山崎　拓(6.3～)・松本十郎(8.10～) 統合幕僚会議議長：石井政雄 陸上幕僚長：寺島泰三 海上幕僚長：東山収一郎・佐久間一(8.31～) 航空幕僚長：米川忠吉 1.7　天皇,没.1月13日,追号を昭和天皇と定める(官報昭和64.1.7〔昭和64年内閣告示第1号〕・平成元.1.31〔平成元年内閣告示第3号〕). 1.8　平成と改元.1月8日以降を平成とする(官報昭和64.1.7〔昭和64年1月7日政令第1号〕). 1.27　防衛力検討委員会,設置(防衛白書平成20年版). 2.2　FS-X武器技術対米供与,決定(航空自衛隊五十年史). 2.24　大喪の礼(官報1.8〔平成元年内閣告示第1号〕・2.14〔内閣告示第4号〕・3.2〔皇室事項〕). 3.16　航空自衛隊,骨幹組織の改編.航空支援集団(府中),航空教育集団(浜松),航空開発実験集団(入間),航空保安管制群(入間),航空気象群(府中),飛行点検隊(入間),電子開発実験群(入間)及び飛行開発実験団(岐阜)などの編成(航空自衛隊五十年史)〔→1988.11.1〕. 3.17　松山地方裁判所(裁判長山下和明),玉串料公金支出に違憲判決(靖国の戦後史)〔→1992.5.17〕. 3.30　航空自衛隊,新バッジ運用を開始(航空自衛隊五十年史). 4.21　沖縄県遺族連合会,昭和63年12月13日法律第94号地方自治法の一部を改正する法律(土曜日閉庁等を規定する)に地方公共団体独自の休日を認める規定がないことによる沖縄の「慰霊の日」(6月22日)休日廃止問題で,沖縄県に「慰霊の日」休日の存続を要請.平成3年4月2日法律第24号地方自治法の一部を改正する法律により地方公共団体独自の休日を設けることが可能になり,「慰霊の日」休日は存続(沖縄現代史新版).

365

1989〜1990(平成元〜平成 2)

西暦	和暦	記　　　　　　　　　　事
1989	平成元	5.19　祐天寺(東京都目黒区)保管の大韓民国出身者の遺骨の一括返還について,同国政府と事務レベルで基本的に合意.12月14〜16日,日韓実務者会議が行われたが結論に至らず(援護五十年史). 　5.28　航空自衛隊,初の輸送機(C-130×2機)による派米訓練を実施(〜6月27日)(航空自衛隊五十年史). 　6. 3　宇野宗佑内閣,成立.防衛庁長官山崎(やまさき)拓(官報). 　6.23　ひめゆり平和祈念資料館,沖縄県糸満市に開館(ひめゆり平和祈念資料館図録). 　8.10　第1次海部俊樹内閣,成立.防衛庁長官松本十郎(官報). 　9. 4　陸上自衛隊,64式7.62mm小銃の後継銃として,89式5.56mm小銃を制式採用(防衛庁五十年史). 　11. 9　東ドイツ,西側への自由出国を許可.ベルリンの壁の実質的崩壊(日本外交主要文書・年表4／防衛白書平成20年版). 　12. 1　総合安全保障関係閣僚会議,設置(防衛白書平成20年版).
1990	平成 2	／内閣総理大臣：海部俊樹 　防 衛 庁 長 官：松本十郎・石川要三(2.28〜)・池田行彦(12.29〜) 　統合幕僚会議議長：石井政雄・寺島泰三(3.16〜) 　陸 上 幕 僚 長：寺島泰三・志摩　篤(3.16〜) 　海 上 幕 僚 長：佐久間一 ＼航 空 幕 僚 長：米川忠吉・鈴木昭雄(7.9〜) 　1.18　長崎市長本島等,昭和天皇の戦争責任発言により銃撃され重傷を負う(靖国の戦後史)〔→1998.12.7〕. 　1.20　東久邇稔彦(東久邇宮稔彦王),没(元陸軍大将)(日本陸海軍総合事典). 　1.—　尹貞玉「挺身隊取材記」を『ハンギョレ新聞』に連載(4回)(慰安婦と戦場の性). 　2.20　長崎地方裁判所(裁判長松島茂敏),長崎忠魂碑住民訴訟で一部違憲の判決(靖国の戦後史／朝日年鑑1991年版)〔→1992.12.18〕. 　2.28　第2次海部俊樹内閣,成立.防衛庁長官石川要三・池田行彦(1990.12.29〜)(官報). 　4. 7　自衛隊,曹候補士制度を導入.入隊時から定年まで勤務し得ることを保証することによる,良質な人材確保が目的(防衛庁五十年史). 　4.—　中華人民共和国,日本政府に対し同国における遺棄化学兵器問題の解決を要請(毒ガス戦と日本軍). 　5.24　大韓民国大統領盧泰愚,来日.首相海部俊樹,不幸な過去を朝鮮半島の人に謝罪.天皇,「お言葉」で「痛惜の念」を表明(近代日本総合年表). 　6. 6　参議院予算委員会で,本岡昭次(日本社会党)が「従軍慰安婦」の実態調査を政府に要求したことに対し,政府委員労働省職業安定局長清水傳雄,「従軍慰安婦なるものにつきまして,古い人の話等も総合して聞きますと,やはり民間の業者がそうした方を軍とともに連れて歩いているとか,そういうふうな状況のようでございまして,こうした実態について私どもとして調査して結果を出すことは,率直に申しましてできかねると思っております」と答弁(国会会議録).

西暦	和暦	記　　　　　　　　事
1990	平成 2	6.19　日米合同委員会で沖縄の米軍施設(23事案)につき,返還に向けて日米双方で所要の調整手続きを進めることを確認(防衛白書平成20年版).
6.20　日ソ「シベリア抑留問題」シンポジウムでソ連側,元日本軍将兵の捕虜59万4000人,うちシベリアに強制連行したのは54万6086人,死亡6万2068人と初めて公式発表(近代日本総合年表).
6.21　安全保障関係閣僚会議の設置について日米で原則的に同意(防衛白書平成20年版).
6.26　那覇防衛施設局,未契約軍用地の強制使用手続きを開始.民法の規定により,20年を越える賃貸借契約はできないため,1972年復帰時の土地使用契約が1992年5月に切れることになっていたが,再契約に応じない地主が約100名存在したため.1992年2月12日,沖縄県土地収用委員会,5年間の強制使用を裁決(沖縄現代史新版).
8.2　イラク軍,クウェートに侵攻(日本外交主要文書・年表4／防衛白書平成20年版).
8.6　陸上自衛隊,90式戦車を制式採用(防衛庁五十年史).
8.7　米大統領ブッシュ,米国軍隊のサウジアラビアへの派遣を決定,多国籍軍結成を呼びかける(近代日本総合年表).
8.30　政府,湾岸(ペルシア湾岸)での平和回復活動に対する10億ドルの協力を決定(防衛白書平成20年版).
9.14　政府,中東貢献策として湾岸(ペルシャ湾岸)での平和回復活動に対する10億ドル追加協力,紛争周辺3ヵ国への20億ドル経済援助を決定(日本外交主要文書・年表4／防衛白書平成20年版).
9.18　閣議で『防衛白書平成2年版』を了承.「極東ソ連軍は潜在的脅威」の表現を削除(近代日本総合年表).
9.24　朝鮮労働党の招待による自由民主・日本社会両党の北朝鮮訪問団,平壌着.28日,国交正常化を目指し,戦後の損失を公式に償うべしとの3党共同宣言に調印(近代日本総合年表).
10.1　自衛官の若年定年対策として,若年定年退職者給付金制度を新設.定年退職した自衛官に対し定年年齢から60歳までの年数ごとに定める給付金を支給.一部自衛官の定年を延長(将及び将補は60歳へ,一曹から三曹までは53歳へ)(防衛庁五十年史).
10.3　ドイツ,統一(日本外交主要文書・年表4).
10.16　政府,国際連合平和協力法案を国会に提出.11月10日,廃案(防衛白書平成20年版).
10.17　大韓民国の37女性団体,「慰安婦」問題に関し,日本政府の答弁に抗議する公開書簡を提出(「慰安婦」問題とは何だったのか).
11.12　天皇,即位の礼.11月22日,大嘗祭(官報11.24・11.28〔皇室事項〕).
11.16　韓国の37女性団体,韓国挺身隊問題対策協議会を結成(「慰安婦」問題とは何だったのか／慰安婦と戦場の性).
12.18　航空自衛隊,90式空対空誘導弾(AAM-3)を制式化(航空自衛隊五十年史).
12.19　安全保障会議・閣議で「平成3年度以降の防衛計画の基本的考え方につ

1990〜1991(平成 2〜平成 3)

西暦	和　暦	記　　　　　　　　　事
1990	平成 2	いて」を決定.(内閣制度百年史下巻追録／防衛ハンドブック平成23年版). 　12.20　安全保障会議・閣議で「中期防衛力整備計画(平成 3 年度〜平成 7 年度)について」を決定.陸上自衛隊戦車132両,海上自衛隊各種艦艇35隻 9 万6000トンの建造,航空自衛隊F-15×42機・ペトリオット 1 個群の整備など.必要経費22兆7500億円(防衛白書平成20年版／防衛庁五十年史／防衛ハンドブック平成23年版). 　12.—　寺崎英成筆記「昭和天皇独白録」(『文芸春秋』12月号).天皇自らによる戦争責任弁明の書として反響を呼ぶ(昭和天皇独白録).
1991	平成 3	╱内閣総理大臣：海部俊樹・宮沢喜一(11.5〜) 　防 衛 庁 長 官：池田行彦・宮下創平(11.5〜) 　統合幕僚会議議長：寺島泰三・佐久間一(7.1〜) 　陸 上 幕 僚 長：志摩　篤 　海 上 幕 僚 長：佐久間一・岡部文雄(7.1〜) ╲航 空 幕 僚 長：鈴木昭雄 　1. 7　劇団四季,ミュージカル「李香蘭」を初演(日本映画史 4). 　1.10　仙台高等裁判所(裁判長糟谷忠男),岩手靖国違憲住民訴訟の判決で,原告敗訴の判決.判決理由の傍論で天皇・首相の「公式参拝」などに違憲の判断(靖国の戦後史)〔→1991.9.4〕. 　1.14　在日米軍駐留経費負担に係る新特別協定,署名. 4 月17日,公布・発効(官報4.17〔条約／外務省告示第241号〕)〔→4.17〕. 　1.17　多国籍軍,イラク・クウェートへの空爆を開始,「砂漠の嵐」作戦を開始(日本外交主要文書・年表 4 ／防衛白書平成20年版). 　1.24　政府,湾岸(ペルシャ湾)地域の平和回復活動に対し90億ドル追加支援を決定(日本外交主要文書・年表 4 ／防衛白書平成20年版). 　1.29　湾岸危機に伴う避難民の輸送に関する暫定措置に関する政令(政令第 8 号),公布・施行. 4 月23日公布・施行湾岸危機に伴う避難民の輸送に関する暫定措置に関する政令を廃止する政令(政令第146号)により廃止(官報). 　2.24　多国籍軍地上部隊,クウェート・イラクに進攻(日本外交主要文書・年表 4 ／防衛白書平成20年版). 　2.28　午前零時,多国籍軍,イラクに対する戦闘行動を停止を発表(日本外交主要文書・年表 4 ／防衛白書平成20年版). 　3.29　陸上自衛隊,師団等改編で第10・第12・第13師団を近代化,第 1 施設団を増強(陸上自衛隊の50年). 　4.17　在日米軍駐留経費負担に係る新特別協定(日本国とアメリカ合衆国との間の相互協力及び安全保障条約第六条に基づく施設及び区域並びに日本国における合衆国軍隊の地位に関する協定第二十四条についての新たな特別の措置に関する日本国とアメリカ合衆国との間の協定)(条約第 2 号),公布・発効(官報〔条約／外務省告示第241号〕)〔→1.14〕. 　4.24　閣議で自衛隊のペルシャ湾への掃海艇派遣を決定.掃海艇・母艦など 6 隻,隊員500人.初の自衛隊の海外派遣(内閣制度百年史下巻追録／近代日本総合年表). 　4.26　海上自衛隊のペルシャ湾掃海派遣部隊,横須賀・呉・佐世保からそれぞれ

西暦	和暦	記　事
1991	平成 3	出港(海上自衛隊五十年史資料編年表・本編). 　6. 3　雲仙普賢岳で火砕流,発生.陸上自衛隊第4師団などを災害派遣(～1995年12月16日)(陸上自衛隊の50年). 　6. 5　ペルシャ湾掃海派遣部隊,クウェート沖で掃海作業を開始(海上自衛隊五十年史資料編). 　7.10　エリツィン,ロシア共和国大統領に就任(日本外交主要文書・年表4). 　7.31　米ソ首脳,第1次戦略兵器削減条約(START I, Strategic Arms Reduction Treaty I)に署名(モスクワ)(日本外交主要文書・年表4／防衛白書平成20年版). 　8. 6　広島平和記念式典における広島市長平岡敬(たかし)による平和宣言にで,1947年以来の平和宣言では初めて日本の加害責任に言及される(日本人の戦争観)〔→1992.8.9〕. 　8.14　大韓民国人金学順,世界で初めて元「慰安婦」と名乗り出て記者会見を行い,日本を告発(「慰安婦」問題とは何だったのか). 　9. 4　最高裁判所第2小法廷(裁判長藤島昭),岩手靖国違憲住民訴訟での被告岩手県の特別抗告を却下(靖国の戦後史／朝日新聞9.5)〔→1981.3.16〕. 　9.17　国際連合総会で大韓民国・朝鮮民主主義人民共和国等7ヵ国の国際連合加盟を全会一致で承認(日本外交主要文書・年表4). 　9.19　閣議で国際連合平和維持活動協力法(PKO協力法)案・国際緊急援助隊派遣法改正法案を決定,国会に提出.10月2日,衆議院,継続審議を決定(近代日本総合年表). 　10. 3　ペルシャ湾掃海派遣部隊,呉に帰港(近代日本総合年表). 　10. 9　国際連合のイラク化学兵器調査団に初の自衛官派遣(防衛白書平成20年版). 　11. 5　宮沢喜一内閣,成立.防衛庁長官宮下創平・中山利生(1992.12.12～)(官報). 　11.27　衆議院国際平和協力特別委員会,PKO協力法案を強行採決.12月3日,衆院本会議で修正可決.12月20日,参議院,同法案の継続審議を決定.事実上の廃案(近代日本総合年表). 　11.―　荒巻義雄の架空戦記『紺碧の艦隊』シリーズ(徳間書店),刊行開始,300万部を越える大ベストセラーとなる(日本人の戦争観). 　12. 6　金学順ら元「慰安婦」3人,大韓民国元軍人・軍属とともに,日本政府の謝罪と補償を求めて東京地方裁判所に提訴.政府,朝鮮半島出身の「従軍慰安婦」問題について調査を開始(「慰安婦」問題とは何だったのか／慰安婦と戦場の性). 　12. 8　ロシア・ベラルーシ・ウクライナ3共和国首脳会議,独立国家共同体協定に署名(日本外交主要文書・年表4／防衛白書平成20年版).

1992(平成4)

西暦	和暦	記　　　　事
1992	平成4	内閣総理大臣：宮沢喜一 防衛庁長官：宮下創平・中山利生(12.12〜) 統合幕僚会議議長：佐久間一 陸上幕僚長：志摩　篤・西元徹也(3.16〜) 海上幕僚長：岡部文雄 航空幕僚長：鈴木昭雄・石塚　勲(6.16〜)

1.11 『朝日新聞』,中央大学教授吉見義明が従軍慰安婦に対する軍の関与を示す史料を防衛庁防衛研究所図書館で発見したと報ず(朝日新聞／「慰安婦」問題とは何だったのか).

2.18 中華人民共和国,ジュネーブ軍縮会議で同国に日本の化学兵器が大量に遺棄されているとの文書を提出(毒ガス戦と日本軍).

2.25 中華人民共和国,尖閣諸島を同国領と明記した「領海法」を公布・発効(日本外交主要文書・年表4／防衛白書平成20年版).

2.28 福岡高等裁判所(裁判長緒賀恒雄),靖国神社「公式参拝」が継続すれば違憲との判断(判例時報1426).

4.1 政府専用機(B-747),総理府から防衛庁へ所属替え(防衛白書平成20年版)〔→1993.2.11〕.

5.12 高松高等裁判所(裁判長高木積夫),玉串料公金支出に合憲の判決(靖国の戦後史／朝日年鑑1993年版)〔→1997.4.2〕.

5.20 立命館大学のわだつみ像,同大学図書館内の防弾ガラスケースから出され,同大国際平和ミュージアムに移設(「戦争体験」の戦後史).

5.25 朝鮮民主主義人民共和国で初のIAEA(International Atomic Energy Agency,国際原子力機関)特定査察を実施(〜6月5日)(防衛白書平成20年版／日本外交主要文書・年表4).

6.19 国際連合平和維持活動等に対する協力に関する法律(PKO法)(法律第79号),公布(8月10日,施行〔8月7日政令第267号〕)(官報).

6.19 国際緊急援助隊派遣法改正法(国際緊急援助隊の派遣に関する法律の一部を改正する法律)(法律第80号),公布・施行(官報).

7.30 大阪高等裁判所(裁判長後藤勇),関西靖国訴訟で,1985年8月15日の首相(当時)中曽根康弘の靖国神社への「公式参拝」は違憲の疑いがあると判断したが,原告敗訴の判決(靖国の戦後史／朝日年鑑1993年版).

8.9 長崎平和祈念式典における長崎市長本島等の平和宣言で侵略戦争に対する反省が述べられる(日本人の戦争観).

8.11 第1次カンボジア派遣施設大隊の編成に関する防衛庁長官指示,発出(陸上自衛隊の50年).

9.8 閣議で「アンゴラ国際平和協力業務の実施について」「カンボディア国際平和協力業務の実施について」を決定(内閣制度百年史下巻追録).

9.8 陸上幕僚長西元徹也,第1次カンボジア派遣施設大隊の編成等に関する一般命令を発令(陸上自衛隊の50年).

9.11 カンボジア派遣人事,発令.派遣命令,発出.内閣総理大臣主催で停戦監視要員・1次カンボジア派遣施設大隊の代表者激励会を開催(陸上自衛隊の50年).

9.17 カンボジア派遣海上輸送部隊,出港(輸送艦みうらほか2隻).カンボジ

1992～1993（平成 4～平成 5）

西暦	和 暦	記　　　　　　　　　　事
1992	平成 4	アでの国際連合平和維持活動,始まる（～1993年9月26日）（海上自衛隊五十年史資料編年表・本編）. 　9.23　陸上自衛隊,第1次カンボジア派遣施設大隊先遣隊が出発（陸上自衛隊の50年）. 　9.23　航空自衛隊,カンボジアでの国際連合平和維持活動支援空輸業務を開始（～1993年9月10日）（航空自衛隊五十年史）. 　10.13　陸上自衛隊,第1次カンボジア派遣施設大隊本隊が出発（陸上自衛隊の50年）. 　10.23　天皇・皇后,中華人民共和国を訪問（～28日）（官報10.16〔皇室事項〔天皇皇后両陛下中華人民共和国御訪問日程〕〕／日本外交主要文書・年表4）. 　11. 3　沖縄戦で破壊された首里城,復元,一般に公開（国営公園として整備）（沖縄現代史新版）. 　11. 5　第8回日朝国交正常化交渉本会談,開催.朝鮮民主主義人民共和国の核開発疑惑,「李恩恵」問題等で対立.半日で打ち切り（日本外交主要文書・年表4）. 　12.18　福岡高等裁判所（裁判長奥平守男）,長崎忠魂碑住民訴訟で合憲判決（靖国の戦後史／朝日年鑑1993年版）. 　12.18　航空自衛隊にE-767（AWACS, Airborne Warning and Control System, 早期警戒管制機）の導入を決定（航空自衛隊五十年史）. 　12.18　安全保障会議・閣議で「中期防衛力整備計画（平成3年度～平成7年度）の修正について」を決定.冷戦終結にともない,各種装備数を減らして必要経費を22兆1700億円に減額（防衛白書平成20年版／防衛庁五十年史／防衛ハンドブック平成23年版）. 　12.26　カンボジア派遣海上輸送部隊,帰国（海上自衛隊五十年史資料編）.
1993	平成 5	内閣総理大臣：宮沢喜一・細川護熙（8.9～） 　防衛庁長官：中山利生・中西啓介（8.9～）・愛知和男（12.2～） 　統合幕僚会議議長：佐久間一・西元徹也（7.1～） 　陸上幕僚長：西元徹也・富沢　暉（7.1～） 　海上幕僚長：岡部文雄・林崎千明（7.1～） 　航空幕僚長：石塚　勲 　1. 3　陸上自衛隊化学学校の隊員2人,国際連合イラク化学兵器廃棄特別委員会（UNSCOM, United Nations Special Commission）監視要員として出発（陸上自衛隊の50年）. 　1. 3　米露首脳会談（モスクワ）.第2次戦略兵器削減条約START II（Strategic Arms Reduction Treaty II）,署名（防衛白書平成20年版）. 　1.13　日本,化学兵器禁止条約に署名.1997年4月21日,公布,同年4月29日,発効（官報平成9.4.21〔平成9年条約第3号／平成9年外務省告示第10号〕）〔→1997.4.21〕. 　2.11　外務大臣渡辺美智雄,訪米.これに際し,航空自衛隊所管の政府専用機初運航（航空自衛隊五十年史）. 　2.16　最高裁判所第3小法廷（裁判長貞家克己）,箕面忠魂碑住民訴訟に合憲判決（忠魂碑は戦没者記念碑的性格のもので慰霊碑とはいえないとする）（最高裁判所民事判例集47巻3号／靖国の戦後史）〔→1976.2.26〕.

1993（平成 5）

西暦	和 暦	記　　　　　　　　　　事
1993	平成 5	3.12　朝鮮民主主義人民共和国，核拡散防止条約NPT（Nuclear Non-Proliferation Treaty）脱退を宣言（防衛白書平成20年版）〔→2003.1.10〕． 3.16　陸上自衛隊，第2次カンボジア停戦監視要員が出発（陸上自衛隊の50年）． 3.25　海上自衛隊，初のイージス護衛艦こんごうが就役（海上自衛隊五十年史資料編年表）． 3.26　モザンビークの国際連合平和維持活動派遣準備，指示（陸上自衛隊の50年）． 3.29　陸上自衛隊，第2次カンボジア派遣施設大隊先遣隊が出発（陸上自衛隊の50年）． 4. 2　フィリピンで初めて元「慰安婦」と名乗り出たマリア＝ロサ＝ヘンソンら，フィリピン人元「慰安婦」が東京地方裁判所に提訴（デジタル記念館慰安婦問題とアジア女性基金http://www.awf.or.jp/／「慰安婦」問題とは何だったのか）． 4. 7　陸上自衛隊，第2次カンボジア派遣施設大隊本隊が出発（陸上自衛隊の50年）． 4. 8　陸上自衛隊，第1次カンボジア派遣施設大隊が帰国（陸上自衛隊の50年）． 4.27　閣議で「モザンビーク国際平和協力業務の実施について」を決定（内閣制度百年史下巻追録／陸上自衛隊の50年）． 5. 4　カンボジアの国際連合平和維持活動で日本人文民警察官が武装集団に襲撃され死亡．2人，重傷．派遣員撤退・PKO見直し論，高まる（近代日本総合年表）． 5.11　国際連合モザンビーク活動ONUMOZ（United Nations Operations in Mozambique）へ自衛隊の部隊等を派遣（～1995年1月8日）（防衛白書平成20年版）． 5.15　陸上自衛隊，モザンビーク派遣輸送調整中隊本隊が出発（陸上自衛隊の50年）． 5.29　朝鮮民主主義人民共和国，日本海中部に向けて，弾道ミサイルの発射実験を実施（防衛白書平成20年版）． 7.12　北海道南西沖地震にともない自衛隊を災害派遣（～8月12日）（防衛白書平成20年版）． 7.13　靖国神社遊就館特別展「学徒出陣五十周年」，開催（～1994年8月15日）（「戦争体験」の戦後史）． 8. 4　内閣官房長官河野洋平，「慰安婦関係調査結果発表に関する内閣官房長官談話」を発表．「強制」を認めて謝罪（「慰安婦」問題とは何だったのか／近代日本総合年表）． 8. 9　細川護熙内閣，成立．防衛庁長官中西啓介・愛知和夫（1993.12.2～）（官報）． 8.10　第2次カンボジア派遣海上輸送部隊，出港．12日，輸送艦みうら・さつま・補給艦はまな，出港（海上自衛隊五十年史資料編）． 8.15　首相細川護熙，政府主催全国戦没者追悼式で初めてアジア近隣諸国などの犠牲者に哀悼の意を表明（近代日本総合年表）． 8.23　首相細川護熙，所信表明演説で日本の侵略行為を謝罪（国会会議録／靖国の戦後史）． 9.14　陸上自衛隊，第2次カンボジア派遣施設大隊第1陣が帰国（陸上自衛隊の50年）． 9.16　陸上自衛隊，第2次カンボジア停戦監視要員が帰国（陸上自衛隊の50年）．

西暦	和暦	記事
1993	平成5	9.26 陸上自衛隊,第2次カンボジア派遣施設大隊第2陣帰国,カンボジアPKO終わる(陸上自衛隊の50年). 10.6 第2次カンボジア派遣海上輸送部隊,帰国(海上自衛隊五十年史資料編). 10.11 ロシア大統領エリツィン,来日.12日・13日,首相細川護熙と会談.エリツィン,シベリア抑留問題で謝罪.ロシア,旧ソ連の対日条約・約束(1956年の共同宣言を含む)を継承(近代日本総合年表). 10.13 日露海上事故防止協定(領海の外側に位置する水域及びその上空における事故の予防に関する日本国政府とロシア連邦政府との間の協定),署名(東京).11月12日,発効.1994年1月13日,告示(官報平成6.1.13〔外務省告示第10号〕/陸上自衛隊の50年). 11.1 ヨーロッパ連合(欧州連合)(EU, European Union),発足(防衛白書平成20年版). 11.22 陸上自衛隊,第2次モザンビーク派遣輸送調整中隊が出発(陸上自衛隊の50年). 11.30 航空自衛隊,93式空対艦誘導弾(ASM-2)を制式化(航空自衛隊五十年史). 12.3 陸上自衛隊,第1次モザンビーク派遣輸送調整中隊が帰国(陸上自衛隊の50年). 12.29 航空自衛隊,モザンビークでの国際連合平和維持活動支援空輸業務を開始(〜1月7日)(航空自衛隊五十年史).
1994	平成6	⎛内閣総理大臣:細川護熙・羽田 孜(4.28)・村山富市(6.30〜) 防衛庁長官:愛知和男・羽田 孜(事務取扱)(4.28)・神田 厚(4.28〜)・ 　　　　　玉沢徳一郎(6.30〜) 統合幕僚会議議長:西元徹也 陸上幕僚長:富沢 暉 海上幕僚長:林崎千明・福地建夫(12.15〜) ⎝航空幕僚長:石塚 勲・杉山 蕃(7.1〜) 2.24 那覇地方裁判所(裁判長瀬木比呂志),嘉手納基地爆音訴訟の判決で飛行差し止めは棄却,損害賠償は過去分を認める(朝日年鑑1995年版)〔→1998.5.22〕. 3.1 第1回日中安保対話,開催(北京)(防衛白書平成20年版). 4.28 羽田孜内閣,成立.防衛庁長官神田厚(官報). 5.— 元京都産業大学教授若泉敬(けい)『他策ナカリシヲ信ゼムト欲ス』(文芸春秋),刊.沖縄返還交渉で日米両政府が有事の際に沖縄への核持ち込みを認める密約を交わしたと証言(沖縄現代史新版). 6.4 陸上自衛隊,ゴラン高原での国際連合平和維持活動に関連してカナダに調査団を派遣(陸上自衛隊の50年). 6.8 陸上自衛隊,第3次モザンビーク派遣輸送調整中隊が出発(陸上自衛隊の50年). 6.14 朝鮮民主主義人民共和国,国際原子力機関(IAEA)からの脱退を米国に通知(防衛白書平成20年版). 6.15 国際連合イラク化学兵器廃棄監視要員(UNSCOM)の陸上自衛隊員2人,

西暦	和暦	記　　　　　　　　　事
1994	平成 6	帰国(陸上自衛隊の50年).
		6.27　オウム真理教信者,長野県松本市の住宅街でサリンを散布し市民を死傷させる(松本サリン事件)(近代日本総合年表).
		6.30　村山富市内閣,成立.防衛庁長官玉沢徳一郎・衛藤征士郎(1995.8.9～)(官報).
		7. 8　陸上・海上・航空自衛隊幕僚監部に情報所,開設(陸上自衛隊の50年).
		7. 8　朝鮮民主主義人民共和国主席金日成,没(近代日本総合年表).
		7.20　首相村山富市,衆議院本会議の答弁で自衛隊・日米安保などを容認,「日の丸」「君が代」が国旗・国歌であるとの国民認識定着を尊重すると表明(国会会議録／靖国の戦後史／近代日本総合年表).
		9. 9　防衛施設庁長官宝珠山(ほうしゅやま)昇,那覇市内での記者会見で,沖縄の基地との共存を求め,基地の計画的返還などは非現実的などとする発言を行い,同県民の反発を招く(沖縄現代史新版).
		9.13　閣議で「ルワンダ難民救援国際平和協力業務の実施について」を決定(内閣制度百年史下巻追録／陸上自衛隊の50年).
		9.16　陸上自衛隊にルワンダ難民救援隊編成・派遣命令,発令(陸上自衛隊の50年).
		9.17　ルワンダ難民救援のためザイールへ自衛隊の部隊等を派遣(～12月28日)(防衛白書平成20年版).
		9.21　陸上自衛隊,ルワンダ難民救援隊先遣隊が出発(陸上自衛隊の50年).
		9.23　航空自衛隊,ルワンダ難民支援空輸業務を開始(～12月28日)(航空自衛隊五十年史).
		9.29　陸上自衛隊,ルワンダ難民救援隊第１～３陣が出発(～10月25日)(陸上自衛隊の50年).
		9.—　与党３党(自由民主党・日本社会党・新党さきがけ),戦後五十年問題プロジェクトチームを発足させる(「慰安婦」問題とは何だったのか).
		10. 1　自衛隊,曹長及び一曹などの定年を1年延長し54歳とする(防衛庁五十年史).
		10.26　与党３党の戦後五十年問題プロジェクトチーム,被爆者援護法制定について,「国家補償」に代え「国家の責任において」との表現で合意(近代日本総合年表).
		10.—　戦後五十年問題プロジェクト従軍慰安婦問題等小委員会,元慰安婦への補償について検討を開始(「慰安婦」問題とは何だったのか).
		11. 9　第１回日韓防衛実務者対話,開催(ソウル)(防衛白書平成20年版).
		11.18　自衛隊法の一部を改正する法律(法律第102号),公布・施行.自衛隊に在外邦人などの輸送任務を新たに追加.海外での緊急事態に際し,政府専用機などを使用して,邦人などを安全な地域に避難させることが可能になる(官報／防衛庁五十年史).
		12. 1　陸上自衛隊,ルワンダ難民救援隊に撤収命令を発令(陸上自衛隊の50年).
		12. 1　第１回アジア・太平洋安全保障セミナー,開催(防衛研究所主催.～12月17日)(防衛白書平成20年版).
		12. 1　米韓連合軍司令官,平時の作戦統制権を大韓民国軍に委譲(防衛白書平

西暦	和暦	記　事
1994	平成 6	成20年版)． 12. 5　第1次戦略兵器削減条約STARTⅠ，発効(防衛白書平成20年版)． 12. 7　戦後五十年問題プロジェクト従軍慰安婦問題等小委員会，第1次報告．与党3党が，国民参加のもとにいわゆる従軍慰安婦問題に取り組むとともに，女性の名誉と尊厳に関する問題の解決に向けた活動等を支援することを提言(「慰安婦」問題とは何だったのか／デジタル記念館慰安婦問題とアジア女性基金http://www.awf.or.jp/)． 12.16　原子爆弾被爆者援護法(原子爆弾被爆者に対する援護に関する法律)(法律第117号)，公布(1995年7月1日，施行)(官報)． 12.18　陸上自衛隊，ルワンダ難民救援隊が帰国(陸上自衛隊の50年)．
1995	平成 7	⎧内閣総理大臣：村山富市 　防衛庁長官：玉沢徳一郎・衛藤征士郎(8.8～) 　統合幕僚会議議長：西元徹也 　陸上幕僚長：富沢　暉・渡辺信利(6.30～) 　海上幕僚長：福地建夫 ⎩航空幕僚長：杉山　蕃 1. 6　陸上自衛隊，第3次モザンビーク派遣輸送調整中隊が帰国(陸上自衛隊の50年)． 1.17　阪神・淡路大震災，発生．陸海空自衛隊，長官直轄部隊等延べ225万4700人を災害派遣．陸上自衛隊は北部・東北・東部・西部各方面隊が神戸・芦屋・西宮・尼崎・宝塚・伊丹の各市及び淡路島で救援活動(人命救助，道路啓開，給水，炊き出し，物資等輸送，医療・衛生，入浴支援，倒壊家屋処理等)を実施(～4月27日)(陸上自衛隊の50年)． 1.—　「自虐的な近現代史教育を改革する事」をめざして，教育学者藤岡信勝を中心に「自由主義史観研究会」が発足(「戦争体験」の戦後史)． 2.27　米国国防総省，議会に提出した報告書「東アジア戦略報告」で，在日・在韓米軍を中心とする前方展開戦力10万人体制を20世紀中は維持するとする．3月1日の「日米安全保障関係報告書」で在日米軍に対する日本の経費負担を「安上がり」と高く評価(沖縄現代史新版)． 3. 3　那覇防衛施設局，軍用地の強制使用手続きを開始．1987年5月から10年間，1992年5月から5年間それぞれ強制使用してきた土地，1996年3月末日で契約が切れる知花昌一所有の沖縄県中頭(なかがみ)郡読谷村(よみたんそん)楚辺(そべ)通信所(いわゆる「象のオリ」)の土地などが対象(沖縄現代史新版)． 3.20　地下鉄サリン事件，発生．陸上自衛隊第1・12師団の化学防護小隊，第101化学防護隊，第32普通科連隊等を災害派遣，有毒ガスの検知及び除染を実施．化学防護の専門隊員を警察庁及び科学警察研究所に，医官・看護官等を被害者収容病院に派遣(陸上自衛隊の50年)． 4.10　中東ゴラン高原の国際連合兵力引き離し監視隊(United Nations Disengagement Observer Force, UNDOF)へ政府調査団，出発(陸上自衛隊の50年)． 5.11　日米合同委員会で沖縄那覇軍港と読谷(よみたん)補助飛行場の「返還」

1995(平成7)

西暦	和暦	記　事
1995	平成7	(沖縄他地域への移設)に合意(沖縄現代史新版). 　5.26　沖縄県における駐留軍用地の返還に伴う特別措置に関する法律(軍転特措法)(法律第102号),公布(6月20日,施行).返還軍用地の所有者に3年間軍用地料相当額を補償(官報). 　5.27　映画「ひめゆりの塔」(東宝.監督神山征二郎)(「反戦」のメディア史). 　5.—　海軍飛行予備学生第十四期会編『あゝ同期の桜』(光人社),刊(「戦争体験」の戦後史). 　6.1　陸上自衛隊全部隊・機関に対しオウム事案に関連して「厳正な規律の保持について」通達(陸上自衛隊の50年). 　6.3　映画「きけ,わだつみの声」(東映・バンダイ.監督出目昌伸)(「戦争体験」の戦後史). 　6.5　航空自衛隊,「自衛隊機と韓国空軍との間の偶発事故防止措置の書簡」を交換.7月1日,発効(航空自衛隊五十年史／朝日新聞6.6). 　6.9　衆議院,「歴史を教訓に平和への決意を新たにする決議」を可決(国会会議録). 　6.9　今後の防衛力の在り方についての第1回安全保障会議,開催.以降,12月14日までに計13回実施(防衛白書平成20年版). 　6.14　内閣官房長官五十嵐広三,「女性のためのアジア平和友好基金」(仮称)の事業内容,基金の呼びかけ人を発表(「慰安婦」問題とは何だったのか). 　6.28　秋田県花岡に強制連行された中国人生存者・遺族が鹿島建設を提訴.2000年11月29日,東京高等裁判所で和解が成立(中国人強制連行). 　6.—　白鷗遺族会編『増補版雲ながるる果てに』(河出書房新社),刊(「戦争体験」の戦後史). 　7.18　中央防災会議で新しい防災基本計画を正式決定.都道府県知事の派遣要請を待ついとまがない緊急時には,自衛隊の自主派遣を認める(陸上自衛隊の50年). 　7.19　女性のためのアジア平和国民基金(アジア女性基金),発足(理事長前参議院議長原文兵衛)(「慰安婦」問題とは何だったのか). 　7.26　天皇・皇后,戦後50年に当たり戦争で亡くなった人々を慰霊し,平和を祈念するため長崎県(長崎市),27日,広島県(広島市),8月2日,沖縄県(糸満市)を訪問(官報8.1・8.7〔皇室事項〕／朝日年鑑1996年版). 　8.15　首相村山富市,内閣総理大臣談話(戦後五十周年にあたって)を発表.「植民地支配と侵略」につき「多くの国々,とりわけアジア諸国の人々」に「お詫びの気持ち」を表明(内閣制度百年史下巻追録). 　8.29　閣議でUNDOF(国連兵力引き離し監視隊)への自衛隊の派遣を決定.ゴラン高原でのシリア・イスラエル間の停戦を監視(陸上自衛隊の50年／防衛白書平成20年版). 　9.4　沖縄駐留米軍兵士3人による女子児童暴行事件,発生(防衛白書平成20年版)〔→10.21〕. 　9.27　在日米軍駐留経費負担に係る新特別協定,署名(官報12.11〔条約第24号／外務省告示第666号〕／防衛白書平成20年版)〔→12.11〕. 　9.28　沖縄県知事大田昌秀,県議会で3月に那覇防衛施設局がはじめた軍用地

西暦	和暦	記　　　　　　　　　事
1995	平成 7	の土地収用手続きにかかわる土地調書・物件調書への代理署名を拒否する方針を表明(沖縄現代史新版).
9.29　沖縄県知事大田昌秀,駐留軍用地特措法による使用権原取得手続の一部を拒否(防衛白書平成20年版).
10.15　米国大統領クリントン,訪日を中止(朝日年鑑1996年版).
10.18　防衛施設庁長官宝珠山(ほうしゅやま)昇,沖縄県知事大田昌秀の代理署名拒否問題をめぐって首相村山富市を批判.19日,辞任(沖縄現代史新版).
10.21　「米軍人による少女暴行事件を糾弾し日米地位協定の見直しを要求する沖縄県民総決起大会」,開催(沖縄県宜野湾市).8万5000人,参加(主催者発表)(沖縄現代史新版).
10.25　日米両政府,日米地位協定見直しについて,凶悪犯罪の場合は日本側が求めれば米兵容疑者の起訴前の身柄引き渡しに応じる内容で合意(近代日本総合年表).
11.17　閣議で「沖縄米軍基地問題協議会の設置について」を決定(防衛白書平成20年版).
11.19　首相村山富市・米国副大統領ゴア会談,開催.沖縄に関する特別行動委員会(SACO, Special Action Committee on Okinawa)設置につき合意(防衛白書平成20年版).
11.28　安全保障会議・閣議で「平成8年度以降に係る防衛計画の大綱について」を決定.1976年の「防衛計画の大綱について」を改め,陸上自衛隊自衛官定数を18万人から16万人に,「平時地域配備する部隊」を12個師団・2個混成団から8個師団・6個旅団に削減するなどを定める(防衛白書平成20年版／防衛ハンドブック平成23年版／内閣制度百年史下巻追録平成八年～平成十七年).
12. 7　首相村山富市,代理署名に応じない沖縄県知事大田昌秀を提訴.1996年3月25日,第1審福岡高等裁判所那覇支部民事部(裁判長大塚一郎),8月28日,第2審最高裁判所大法廷(裁判長三好達)で,大田,いずれも敗訴(沖縄現代史新版).
12.11　在日米軍駐留経費負担に係る新特別協定(日本国とアメリカ合衆国との間の相互協力及び安全保障条約第六条に基づく施設及び区域並びに日本国における合衆国軍隊の地位に関する協定第二十四条についての新たな特別の措置に関する日本国とアメリカ合衆国との間の協定)(条約第24号),公布(官報〔条約／外務省告示第666号〕)〔→1996.4.1〕.
12.14　安全保障会議で「中期防衛力整備計画(平成8年度～平成12年度)について」を決定.12月15日,閣議決定.陸上自衛隊戦車96両の整備,海上自衛隊各種艦艇31隻10万tの建造,航空自衛隊F-15×4機・F-2×47機の整備など.必要経費25兆1500億円(防衛白書平成20年版／防衛庁五十年史／防衛ハンドブック平成23年版).
12.16　長崎県雲仙普賢岳噴火にともなう自衛隊の災害派遣,終了.島原市で部隊撤収行事,挙行.陸上自衛隊の災害派遣部隊が人命救助,不明者捜索,遺体収容,救援物資輸送,道路啓開,偵察及び監視等に従事.期間は史上最長の1658日,延べ人員は20万7280人(陸上自衛隊の50年).
12.—　日本戦没学生記念会編『新版きけわだつみのこえ』(岩波文庫),刊(「戦争体験」の戦後史).

1996(平成 8)

西暦	和 暦	記　　　　　　　　事
1996	平成 8	内閣総理大臣：村山富市・橋本竜太郎(1.11～) 防衛庁長官：衛藤征士郎・臼井日出男(1.11～)・久間章生(11.7～) 統合幕僚会議議長：西元徹也・杉山　蕃(3.25～) 陸上幕僚長：渡辺信利 海上幕僚長：福地建夫・夏川和也(3.25～) 航空幕僚長：杉山　蕃・村木鴻二(3.25～)

 1.11　第1次橋本竜太郎内閣,成立.防衛庁長官臼井日出男(官報).

 1.31　陸上自衛隊,国際連合兵力引き離し監視隊(UNDOF)に参加する第1次ゴラン高原派遣輸送隊先遣隊と司令部要員,出発(陸上自衛隊の50年／防衛白書平成20年版).

 2. 5　特別報告者クマラスワミが国際連合人権委員会に提出した慰安婦問題に関する報告書が公開される(クマラスワミ報告).日本政府に国際法違反の法的責任を受け入れるよう勧告(慰安婦と戦場の性).

 2. 7　陸上自衛隊,第1次ゴラン高原派遣輸送隊本隊が出発(陸上自衛隊の50年).

 3.25　劉連仁(中国人強制連行被害者),国に損害賠償を求めて提訴.2000年9月2日,同人,没.遺族が裁判を引き継ぐが,2001年7月2日,東京地方裁判所民事第14部(裁判長西岡清一郎),2005年6月23日,東京高等裁判所(裁判長西田美昭)判決で原告,敗訴(中国人強制連行／読売年鑑2006年版)〔→1958.2.8〕.

 3.29　首相橋本竜太郎,沖縄県知事大田昌秀に代わって土地調書・物件調書に代理署名,ただちに那覇防衛施設局長は沖縄県収用委員会に10年間の強制使用を申請,同時に3月31日で期限の切れる楚辺(そべ)通信所の一部土地に対する緊急使用を申し立てる(防衛白書平成20年版／沖縄現代史).

 4. 1　在日米軍駐留経費負担に係る新特別協定(日本国とアメリカ合衆国との間の相互協力及び安全保障条約第六条に基づく施設及び区域並びに日本国における合衆国軍隊の地位に関する協定第二十四条についての新たな特別の措置に関する日本国とアメリカ合衆国との間の協定)(平成7年条約第24号),発効(官報平成7.12.11〔条約／平成7年外務省告示第666号〕).

 4. 1　楚辺(そべ)通信所(沖縄県)一部土地使用期限が切れる.政府は「直ちに違法とはいえない」と土地所有者の立ち入りを拒む(防衛白書平成20年版／沖縄現代史).

 4.12　首相橋本竜太郎,駐日米国大使モンデールと会談.普天間飛行場の5～7年以内の条件が整った後の全部返還について合意(防衛白書平成20年版).

 4.14　首相橋本竜太郎,米国国防長官ペリーと会談.1978年の「日米防衛協力のための指針」(ガイドライン)の見直し作業に着手することで合意(近代日本総合年表).

 4.15　日米物品役務相互提供協定及び手続取極,署名(防衛白書平成20年版)〔→6.28〕.

 4.15　日米安全保障協議委員会でSACO(沖縄に関する特別行動委員会)の中間報告を了承.普天間基地を含む沖縄米軍基地11ヵ所の全部または一部の返還を決定(防衛白書平成20年版／沖縄現代史新版).

 4.16　閣議で「沖縄県における米軍の施設・区域に関連する問題の解決促進に

西暦	和暦	記　　　　　　　　　　　事
1996	平成 8	ついて」を決定(内閣制度百年史下巻追録平成八年～十七年／防衛ハンドブック平成23年版).

　4.17　首相橋本竜太郎,来日した米国大統領クリントン,「日米安全保障共同宣言」を発表.日米安保を「再確認」して「21世紀に向けた両国の協力関係の方向性」を示し,「日米防衛協力のための指針」の見直しについて言及(防衛白書平成20年版／沖縄現代史新版).

　4.19　国際連合人権委員会,クマラスワミ報告書を含む「女性に対する暴力」に関する決議」を採択.慰安婦問題についての「勧告」を含む同報告書については「留意する」(take note)とする(慰安婦と戦場の性／朝日年鑑1997年版).

　5.16　航空自衛隊,ゴラン高原国際連合平和維持活動支援空輸業務を開始(航空自衛隊五十年史).

　5.29　防衛庁設置法の一部を改正する法律(法律第50号),公布(1997年1月20日,施行[平成9年1月18日政令第1号],第17条第3項は1996年10月1日,施行).自衛隊発足以来はじめて自衛官の定数を減員(50人)し,27万3751人に改める.統合幕僚会議に情報本部を新設(防衛庁五十年史／陸上自衛隊の50年)[→1997.1.20].

　6.19　自衛隊法の一部を改正する法律(法律第86号),公布(10月22日,施行).日米物品役務相互提供協定の定めるところにより,米軍に対する物品または役務を提供する権限を付与(防衛庁五十年史).

　6.28　日米物品役務相互提供協定(日本国の自衛隊とアメリカ合衆国軍隊との間における後方支援,物品又は役務の相互の提供に関する日本国政府とアメリカ合衆国政府との間の協定)(条約第34号),公布.10月22日,発効(官報[条約／外務省告示第295号])[→4.15].

　7. 9　航空自衛隊,第1回コープサンダー演習(米空軍が米本土で実施する空戦演習)へ参加(～8月3日)(航空自衛隊五十年史).

　7.23　護衛艦くらま,訪露(ロシア海軍300周年記念観艦式.ウラジオストク).8月1日,帰国.海上自衛隊艦艇の初の訪露(海上自衛隊五十年史資料編／防衛白書平成20年版).

　7.29　首相橋本竜太郎,靖国神社に参拝.11年ぶりの首相による靖国神社への参拝(靖国の戦後史).

　7.—　「F-2量産に関する日米の枠組みを定める細部取極(MOU[Memorandum of Understanding])」,締結(航空自衛隊五十年史).

　7.—　「女性のためのアジア平和国民基金」,国民の募金から元「慰安婦」1人当たり200万円の「償い金」,「総理の手紙」,医療福祉支援事業について7億円規模の実施を決定(「慰安婦」問題とは何だったのか).

　8. 2　陸上自衛隊,第2次ゴラン高原派遣輸送隊第1陣が出発(～23日)(陸上自衛隊の50年).

　8. 5　陸上自衛隊,第1次ゴラン高原派遣輸送隊第1陣が帰国(～26日)(陸上自衛隊の50年).

　8.13　「女性のためのアジア平和国民基金」,フィリピンで償い事業を開始.4人の元「慰安婦」に「償い金」・「総理の手紙」を届ける(「慰安婦」問題とは何だったのか／デジタル記念館慰安婦問題とアジア女性基金http: //www.awf.or.jp/).

　8.—　小林よしのり,雑誌『SAPIO』連載の「新・ゴーマニズム宣言」で従軍慰安 |

1996〜1997(平成 8〜平成 9)

西暦	和暦	記　　　　　　　　　　　事
1996	平成 8	婦問題を取り上げる.これが話題となる(「戦争体験」の戦後史). 　9. 2　海上自衛隊艦艇,初の訪韓(釜山.〜9月6日)(防衛白書平成20年版). 　9. 8　沖縄で米軍基地の整理・縮小,日米地位協定の見直しを問う県民投票を実施.投票率59.53％,賛成票約48万票で,投票総数の89％,全有権者数の53％を占める(防衛白書平成20年版／近代日本総合年表／沖縄現代史). 　9.10　首相橋本竜太郎,沖縄県知事大田昌秀と会談.沖縄振興のため別調整費50億円,知事と閣僚による沖縄政策協議会の新設などを説明(近代日本総合年表). 　9.13　沖縄県知事大田昌秀,強制収用予定軍用地の関係書類を関係者に周知徹底させるための公告・縦覧代行を表明(沖縄現代史新版). 　9.17　閣議で「沖縄政策協議会の設置について」を決定(防衛白書平成20年版). 　9.18　沖縄県知事大田昌秀,駐留軍用地特措法による公告・縦覧手続を代行(〜10月2日)(防衛白書平成20年版). 　9.27　タリバーン,アフガニスタンの首都カブールを制圧,暫定政権樹立を宣言(防衛白書平成20年版). 　10. 1　自衛隊,三佐の定年を1年延長.これにより定年は将及び将補60歳,一佐56歳,二佐及び三佐55歳,一尉から一曹まで54歳,二曹及び三曹53歳となる(防衛庁五十年史). 　10.29　第1回アジア・太平洋地域防衛当局者フォーラム,開催(〜10月31日.東京)(防衛白書平成20年版). 　11. 7　第2次橋本竜太郎内閣,成立.防衛庁長官久間(きゅうま)章生(官報). 　12. 2　日米安全保障協議委員会でSACO(沖縄に関する特別行動委員会)最終報告が了承される.普天間飛行場のヘリコプター運用機能の大半を沖縄東海岸の海上施設に移転,安波(あは)訓練場など11施設5200ha(在沖基地面積の約21％)を返還すると記す(防衛白書平成20年版). 　12.24　安全保障会議・閣議で「我が国の領海及び内水で潜没航行する外国潜水艦への対処について」を決定(防衛白書平成20年版). 　12.—　「新しい歴史教科書をつくる会」創立記者会見,開催.1997年1月30日,設立総会,開催(初代会長西尾幹二,副会長藤岡信勝)(「戦争体験」の戦後史／「自虐史観」の病理／新しい歴史教科書をつくる会HP).
1997	平成 9	内閣総理大臣：橋本竜太郎 防　衛　庁　長　官：久間章生 統合幕僚会議議長：杉山　蕃・夏川和也(10.13〜) 陸 上 幕 僚 長：渡辺信利・藤縄祐爾(7.1〜) 海 上 幕 僚 長：夏川和也・山本安正(10.13〜) 航 空 幕 僚 長：村木鴻二・平岡裕治(12.8〜) 　1.11　女性のためのアジア平和国民基金,大韓民国で償い事業を開始.同国で7人の元「慰安婦」に「償い金」・「総理の手紙」等を届ける(「慰安婦」問題とは何だったのか／デジタル記念館慰安婦問題とアジア女性基金http://www.awf.or.jp/). 　1.20　統合幕僚会議に情報本部を新設.防衛庁の情報組織を整理・再編して,軍

西暦	和暦	記事
1997	平成 9	事情勢など自衛隊全般を通じて必要とする情報の収集・処理・分析を行う(官報平成8.5.29〔平成8年法律第50号〕／防衛白書平成20年版／防衛庁五十年史)〔→1996.5.29〕. 2. 2 陸上自衛隊,第3次ゴラン高原派遣輸送隊が出発(～21日)(陸上自衛隊の50年). 2. 5 陸上自衛隊,第2次ゴラン高原派遣輸送隊が帰国(～24日)(陸上自衛隊の50年). 2.14 陸上自衛隊,ゴラン高原の国際連合兵力引き離し監視隊(UNDOF)司令部要員第2陣が出発(陸上自衛隊の50年). 4. 2 最高裁判所大法廷(裁判長三好達),愛媛玉串料住民訴訟で違憲判決(靖国の戦後史／最高裁判所民事判例集51巻4号)〔→1982.6.28〕. 4.21 化学兵器禁止条約(化学兵器の開発,生産,貯蔵及び使用の禁止並びに廃棄に関する条約)(条約第3号),公布.4月29日,発効(官報〔条約／外務省告示第10号〕)〔→1993.1.13〕. 4.25 改正駐留軍用地特別措置法(日本国とアメリカ合衆国との間の相互協力及び安全保障条約第六条に基づく施設及び区域並びに日本国における合衆国軍隊の地位に関する協定の実施に伴う土地等の使用等に関する特別措置法の一部を改正する法律)(法律第39号),公布・施行(官報). 4.25 沖縄県で改正駐留軍用地特別措置法にもとづき楚辺(そべ)通信所一部土地の暫定使用を開始(防衛白書平成20年版／防衛庁五十年史). 5. 2 女性のためのアジア平和国民基金,中華民国(台湾)で償い事業を開始(「慰安婦」問題とは何だったのか／デジタル記念館慰安婦問題とアジア女性基金 http://www.awf.or.jp/). 5. 2 無言館,長野県上田市に開館.戦没画学生の作品を展示(日本美術年鑑平成10年版). 5. 9 防衛庁設置法等の一部を改正する法律(法律第43号),公布(1998年3月26日,施行〔平成9年11月27日政令第236号〕).自衛官の定数を1393人削減し,27万2358人に改める.陸上自衛隊補給業務の迅速化・効率化を図るため,5個中央補給処及び資材統制隊を集約・一元化して,1998年3月,補給統制本部及び関東補給処を新編(官報／防衛庁五十年史)〔→1998.3.26〕. 5.15 沖縄で嘉手納飛行場など12施設の一部土地の暫定使用を開始(防衛白書平成20年版). 6. 9 化学兵器禁止機関(OPCW, Organisation for the Prohibition of Chemical Weapons)へ自衛官を派遣(査察局長)(防衛白書平成20年版). 6. 9 カンボジアにおける武力衝突に際して,同国在留日本人の救援に備え航空自衛隊の戦術輸送機C-130H(Hercules,ハーキュリーズ)をタイのウタパオへ移動(～7月16日)(防衛白書平成20年版). 7. 3 沖縄駐留米海兵隊,実弾演習の初の本土移転射撃(北富士演習場,～7月9日)(防衛白書平成20年版). 8. 1 陸上自衛隊,第4次ゴラン高原派遣輸送隊が出発(～22日)(陸上自衛隊の50年). 8. 4 陸上自衛隊,第3次ゴラン高原派遣輸送隊が帰国(～24日)(陸上自衛隊の50年).

1997〜1998(平成 9〜平成10)

西暦	和暦	記事
1997	平成 9	8.—　加藤典洋『敗戦後論』(講談社),刊(「戦争体験」の戦後史). 9. 1　防衛事務次官・防衛施設庁長官・統合幕僚会議議長の定年をそれぞれ延長し62歳とする(防衛庁五十年史). 9.23　日米安全保障協議委員会で新「日米防衛協力のための指針」(ガイドライン,the Guidelines for U.S.-Japan Defense Cooperation)を了承.日本周辺の有事における日米協力の枠組みを定める(防衛白書平成20年版／防衛庁五十年史／防衛ハンドブック平成23年版). 11. 5　政府,普天間飛行場の返還にともなう代替施設として,沖縄県名護市辺野古(へのこ)沖への海上ヘリポート建設案を地元に提示(防衛白書平成20年版). 11.28　航空自衛隊,F-2支援戦闘機初号機を受領(航空自衛隊五十年史). 12. 3　日本,対人地雷禁止条約に署名(官報平成10.10.28〔平成10年条約第15号／平成10年外務省告示第499号〕)〔→1998.10.28〕. 12.19　安全保障会議・閣議で「中期防衛力整備計画(平成8年度〜平成12年度)の見直しについて」を決定.総額の限度を9200億円削減し,24兆2300億円程度とする(防衛白書平成20年版／防衛ハンドブック平成23年版). 12.21　沖縄県名護市,海上ヘリポート基地建設の是非を問う市民投票を実施.建設反対約53％,賛成45％(防衛白書平成20年版／近代日本総合年表). 12.24　首相橋本竜太郎,沖縄県名護市長比嘉鉄也・沖縄県知事大田昌秀と個別に会談.名護市長比嘉,海上ヘリポートの同市への受け入れと市長辞任を表明,知事大田は態度を保留(近代日本総合年表).
1998	平成10	⎛内閣総理大臣：橋本竜太郎・小渕恵三(7.30〜) 　防衛庁長官：久間章生・額賀福志郎(7.30〜)・野呂田芳成(11.20〜) 　統合幕僚会議議長：夏川和也 　陸上幕僚長：藤縄祐爾 　海上幕僚長：山本安正 ⎝航空幕僚長：平岡裕治 1. 9　英国首相ブレア,来日.12日,首相橋本竜太郎,ブレアと首脳会談.第2次世界大戦中の英軍捕虜問題について謝罪(近代日本総合年表). 1.30　陸上自衛隊,ゴラン高原のUNDOF(United Nations Disengagement Observer Force,国際連合兵力引き離し監視隊)5次隊が出発(〜2月20日)(陸上自衛隊の50年). 2. 1　陸上自衛隊,ゴラン高原のUNDOF(国際連合兵力引き離し監視隊)4次隊が帰国(〜2月22日)(陸上自衛隊の50年). 2. 6　沖縄県知事大田昌秀,海上ヘリポート受け入れ拒否を表明(防衛白書平成20年版／近代日本総合年表). 3.25　航空自衛隊,E-767(AWACS, Airborne Warning and Control System,早期警戒管制機)を配備(浜松)(航空自衛隊五十年史). 3.26　陸上自衛隊,補給統制本部を新編.即応予備自衛官制度が発足(官報平成9.5.9〔平成9年法律第43号〕／陸上自衛隊の50年)〔→1997.5.9〕. 4.24　防衛庁設置法等の一部を改正する法律(法律第43号),公布(1999年3月29日,施行〔平成11年2月26月政令第29号〕.一部は公布の日・1998年12月8日〔11

1998(平成10)

西暦	和暦	記　　　　　事
1998	平成10	月11日政令第365号〕，施行）．自衛官の定数を5078人削減して26万7280人に，即応予備自衛官の員数を2006人増員して3379人に改める．統合幕僚学校における外国人の教育訓練の受託，統合幕僚会議の機能の充実などが図られる．陸上自衛隊は1999年3月に第13師団の旅団への改編を行う．海上自衛隊は整備補給体制の抜本的な見直しを行い，現行の整備補給部隊を整理・統廃合し，補給本部などを設置（官報／防衛庁五十年史）． 　4.25　陸上自衛隊，4師団の即応予備自衛官が初の招集訓練を実施（〜26日）（陸上自衛隊の50年）． 　4.28　日米物品役務相互提供協定を改正する協定，署名（東京）（官報平成11.6.2〔平成11年条約第5号／平成11年外務省告示243号〕／防衛白書平成20年版）〔→1999.6.2〕． 　5.18　インドネシアにおける暴動に際して，同国在留日本人の救出に備え航空自衛隊の戦術輸送機C-130H（Hercules，ハーキュリーズ）をシンガポールのパヤレバに移動（〜5月27日）（防衛白書平成20年版）． 　5.22　福岡高等裁判所那覇支部（裁判長岩谷憲一），嘉手納爆音訴訟の判決で飛行差し止めは却下，損害賠償は対象地域を広げ過去分の賠償を認める．原告・被告ともに上告せず（沖縄現代史新版／朝日年鑑1999年版）〔→1982.2.26〕． 　5.23　映画「プライド　運命の瞬間（とき）」（東映，監督伊藤俊也），東京裁判時の東条英機を描く（慰安婦と戦場の性）． 　6.12　国際平和協力法改正法（国際連合平和維持活動等に対する協力に関する法律の一部を改正する法律）（法律第102号），公布・施行（第24条の改正〔武器使用に係る規定〕は7月12日，施行）（官報）． 　6.—　小林よしのり『新・ゴーマニズム宣言SPECIAL　戦争論』（幻冬舎），刊（「戦争体験」の戦後史）． 　7.15　女性のためのアジア平和国民基金，オランダで償い事業を開始（「慰安婦」問題とは何だったのか／デジタル記念館慰安婦問題とアジア女性基金http://www.awf.or.jp/）． 　7.29　海上・航空各自衛隊とロシア海軍との捜索・救難活動の共同訓練，実施．初の本格的な日露共同訓練（防衛白書平成20年版）． 　7.30　小渕恵三内閣，成立．防衛庁長官額賀（ぬかが）福志郎・野呂田芳成（1998.11.20〜）・瓦力（99.10.5〜）（官報）． 　7.31　陸上自衛隊，ゴラン高原のUNDOF（国際連合兵力引き離し監視隊）第6次隊が出発（〜8月21日）（陸上自衛隊の50年）． 　8.3　陸上自衛隊，ゴラン高原のUNDOF（国際連合兵力引き離し監視隊）第5次隊が帰国（〜8月24日）（陸上自衛隊の50年）． 　8.31　朝鮮民主主義人民共和国，日本上空を超えるミサイル発射を実施（防衛白書平成20年版）． 　8.31　政府，朝鮮民主主義人民共和国のミサイル発射を受け，KEDO（Korean Peninsula Energy Development Organization，朝鮮半島エネルギー機構）分担の調印を拒否（防衛白書平成20年版）． 　9.3　元防衛庁調達実施本部副本部長上野憲一，背任容疑で逮捕される．4日，元同本部長・前防衛施設庁長官諸富増夫，同容疑で逮捕される（防衛白書平成20年版／朝日年鑑1999年版／近代日本総合年表）〔→11.20〕．

1998〜1999（平成10〜平成11）

西暦	和　暦	記　　　　　事
1998	平成10	9.3　沖縄県収用委員会の使用裁決（5月19日）に基づき，嘉手納飛行場など12施設の大部分の土地の使用を開始（防衛白書平成20年版）． 9.20　日米安全保障協議委員会，1999年度から戦域ミサイル防衛（TMD, Theater Missile Defense）共同技術研究実施で合意（近代日本総合年表）． 10.28　対人地雷禁止条約（対人地雷の使用，貯蔵，生産及び移譲の禁止並びに廃棄に関する条約）（条約第15号），公布．1999年3月1日，日本について発効（官報〔条約／外務省告示第499号〕）〔→1999.3.1〕． 11.14　ホンジュラスにおける国際緊急援助活動に陸上自衛隊の部隊等を派遣（〜12月9日）（防衛白書平成20年版／防衛ハンドブック平成23年度）． 11.15　3自衛隊，硫黄島で初の統合部隊の演習を実施．陸海空で2400人規模（防衛白書平成20年版）． 11.15　沖縄県知事選挙で稲嶺恵一，当選．現職大田昌秀，落選（沖縄現代史新版）． 11.19　防衛庁，「防衛調達改革の基本的方向について」を公表．調達実施本部の背任に絡む証拠の組織的隠滅を認め，同本部を廃止する最終報告（防衛白書平成20年版／近代日本総合年表）． 11.20　防衛庁長官，更迭．願に依り国務大臣（防衛庁長官）額賀（ぬかが）福志郎の本官を免じ，野呂田芳成に防衛庁長官を命ず（官報11.26〔人事異動〕）． 12.22　沖縄県の安波（あは）訓練場，日本に返還．SACO（沖縄に関する特別行動委員会）事案では初の返還（防衛白書平成20年版）． 12.25　安全保障会議で「弾道ミサイル防衛に係る日米共同技術研究について」を了承（防衛白書平成20年版）．
1999	平成11	内閣総理大臣：小渕恵三 防　衛　庁　長　官：野呂田芳成・瓦　　力（10.5〜） 統合幕僚会議議長：夏川和也・藤縄祐爾（3.31〜） 陸　上　幕　僚　長：藤縄祐爾・磯島恒夫（3.31〜） 海　上　幕　僚　長：山本安正・藤田幸生（3.31〜） 航　空　幕　僚　長：平岡裕治・竹河内捷次（7.9〜） 3.1　海上自衛隊，海上作戦部隊指揮管制支援システム（MOFシステム，Maritime Operation Force System）の運用を開始，従来のSFシステム（自衛艦隊指揮支援システム）にかわる（海上自衛隊五十年史資料編年表・本編）． 3.1　対人地雷禁止条約（対人地雷の使用，貯蔵，生産及び移譲の禁止並びに廃棄に関する条約）（平成10年条約第15号），日本について発効（官報平成10.10.28〔平成10年条約第15号／平成10年外務省告示第499号〕）〔→1997.12.3〕． 3.23　海上自衛隊の哨戒機，能登半島沖領海で不審船2隻を発見，停戦命令を無視して逃走したため巡視船艇が警告射撃．翌24日，閣議決定により海上警備行動を発令，自衛艦が警告射撃．30日，日本政府，朝鮮民主主義人民共和国の船と判断し同国に正式抗議（防衛白書平成20年版／防衛ハンドブック平成23年版）． 3.28　昭和館，開館（東京都千代田区九段南一丁目）．厚生省（のち厚生労働省）所管．その委託により日本遺族会が運営．戦没者遺族をはじめとする国民の戦中・戦後の生活の労苦についての資料・情報の収集・保存・展示（近代日本総合年表）． 4.1　総理府に遺棄化学兵器処理担当室，設置．中国の遺棄化学兵器廃棄を担

西暦	和暦	記　　　　　　　　事
1999	平成11	当(毒ガス戦と日本軍).
4. 2　防衛庁,「調達改革の具体的措置」を公表(防衛白書平成20年版).
5.28　周辺事態法(周辺事態に際して我が国の平和及び安全を確保するための措置に関する法律)(法律第60号),公布(8月25日,施行〔8月18日政令第252号〕)(官報)〔→8.25〕.
5.28　自衛隊法の一部を改正する法律(法律第61号),公布・施行.在外日本人等の輸送にあたって,自衛隊が船舶及び当該船舶に搭載された回転翼航空機を使用することが可能になる(官報).
6. 2　日米物品役務相互提供協定を改正する協定(日本国の自衛隊とアメリカ合衆国軍隊との間における後方支援,物品又は役務の相互の提供に関する日本国政府とアメリカ合衆国政府との間の協定を改正する協定)(条約第5号),公布(官報〔条約／外務省告示243号〕)〔→9.25〕.
6.21　航空自衛隊,第1回コープノース=グアムへ参加(〜25日).戦闘機の初の国外訓練(航空自衛隊五十年史).
7.16　地方分権の推進を図るための関係法律の整備等に関する法律(地方分権推進一括法)(法律第87号),公布.地方分権推進のため法律475件を一括改定する.駐留軍用地特措法について,土地収用の手続きを市町村長・知事ではなく総理大臣の事務とし,収用委員会が早急に裁決を下さない場合や裁決申請を却下した場合は総理大臣が裁決を代行できるものとする(官報／沖縄現代史新版).
7.30　「日本国政府及び中華人民共和国政府による中国における日本の遺棄化学兵器の廃棄に関する覚書」に署名(北京).日本政府の責任で廃棄することを確認(毒ガス戦と日本軍).
8. 2　海上自衛隊と大韓民国海軍との初の捜索・救難共同訓練を九州西方海域において実施.8日,帰国(海上自衛隊五十年史資料編).
8. 4　防衛庁設置法及び自衛隊法の一部を改正する法律(法律第119号),公布(2000年3月28日,施行〔平成12年2月2日政令第26号〕).自衛官の定数を1543人削減して26万5737人に,即応予備自衛官の員数を993人増員して4372人に改める(官報／防衛白書平成20年版／防衛庁五十年史).
8. 6　内閣官房長官野中広務,靖国神社特殊法人化構想などを語る(靖国の戦後史).
8.13　国旗・国歌法(国旗及び国歌に関する法律)(法律第127号),公布・施行.日章旗を国旗,「君が代」を国歌とする(官報).
8.16　弾道ミサイル防衛(BMD)に係る日米共同技術研究に関する日米政府間の交換公文及び了解覚書,署名(官報10. 7〔外務省告示第428号〕／防衛白書平成20年版).
8.25　周辺事態法(周辺事態に際して我が国の平和及び安全を確保するための措置に関する法律)(法律第60号),施行(官報5.28〔法律〕・8.18〔政令第252号〕)〔→5.28〕.
9.23　海上自衛隊,トルコ共和国における国際緊急援助活動に必要な物資の輸送を実施するためトルコ共和国派遣海上輸送部隊(掃海母艦ぶんご・輸送艦おおすみ・補給艦ときわ)を派遣.11月22日,帰国(海上自衛隊五十年史資料編).
9.25　日米物品役務相互提供協定を改正する協定(日本国の自衛隊とアメリカ

1999～2000（平成11～平成12）

西暦	和暦	記　　事
1999	平成11	合衆国軍隊との間における後方支援，物品又は役務の相互の提供に関する日本国政府とアメリカ合衆国政府との間の協定を改正する協定）（条約第5号），発効（官報6.2〔条約／外務省告示243号〕）〔→1998.4.28〕． 11.22　航空自衛隊，99式空対空誘導弾（AAM-4）を制式化（航空自衛隊五十年史）． 11.22　東ティモール避難民救援のため，インドネシアへ自衛隊を派遣（～2000年2月8日）（防衛白書平成20年版／防衛ハンドブック平成23年版）． 11.22　沖縄県知事稲嶺恵一，普天間基地代替施設の辺野古（へのこ）沖建設を表明（沖縄現代史新版）． 12.17　原子力災害対策特別措置法（法律第156号），公布（2000年6月16日，施行〔平成12年4月5日政令第194号〕，一部は1999年12月22日，施行）．原子力災害に自衛隊の派遣が可能となる（官報／防衛白書平成20年版）． 12.17　安全保障会議で「空中給油機能に関する検討について」を了承（航空自衛隊五十年史）． 12.27　名護市長岸本建男，普天間基地代替施設の受け入れを表明（沖縄現代史新版）． 12.28　閣議で「普天間飛行場の移設に係る政府方針」を決定（内閣制度百年史下追録平成八年～平成十一年）． 12.―　高橋哲哉『戦後責任論』（講談社），刊．加藤典洋『敗戦後論』（1997年）を批判（「敗戦後論」論争）（「戦争体験」の戦後史）．
2000	平成12	⎛内閣総理大臣：小渕恵三・森　喜朗（4.5～） 　防 衛 庁 長 官：瓦　　　力・虎島和夫（7.4～）・斉藤斗志二（12.5～） 　統合幕僚会議議長：藤縄祐爾 　陸 上 幕 僚 長：磯島恒夫 　海 上 幕 僚 長：藤田幸生 ⎝航 空 幕 僚 長：竹河内捷次 4.1　沖縄県平和祈念資料館，沖縄県糸満市摩文仁（まぶに）に移転のうえ開館． 4.5　第1次森喜朗内閣，成立．防衛庁長官瓦力（官報）． 5.8　防衛庁，市ヶ谷庁舎へ移転（防衛白書平成20年版）． 5.15　首相森喜朗，「日本は天皇中心の神の国」と発言（靖国の戦後史）． 6.13　大韓民国大統領金大中，朝鮮民主主義人民共和国を初めて訪問（靖国の戦後史）． 6.16　原子力災害対策特別措置法（平成11年法律第156号），施行（官報平成11.12.17〔法律〕・平成12.4.5〔政令第194号〕）〔→1999.12.17〕． 6.27　自衛隊，三宅島火山噴火にともなう災害派遣（～2001年10月3日）（防衛白書平成20年版）． 7.4　第2次森喜朗内閣，成立．防衛庁長官虎島和夫・斉藤斗志二（2000.12.5～）（官報）． 7.21　第26回主要国首脳会議，開会（九州・沖縄サミット，～23日）（防衛白書平成20年版／読売年鑑2001年版）． 8.25　内閣官房長官・防衛庁長官・外務大臣・運輸大臣・沖縄県知事・名護市長・

西暦	和暦	記　　　　　事
2000	平成12	東村長・宜野座村長で構成される代替施設協議会,初会合開催.沖縄・普天間基地の代替施設を協議(沖縄現代史新版)〔→2002.7.29〕.
9. 8　ロシア大使館付武官に秘密文書を漏洩した現職の海上自衛官を逮捕(防衛白書平成20年版).
9.11　在日米軍駐留経費負担に係る新特別協定(日本国とアメリカ合衆国との間の相互協力及び安全保障条約第六条に基づく施設及び区域並びに日本国における合衆国軍隊の地位に関する協定第二十四条についての新たな特別措置に関する日本国とアメリカ合衆国との間の協定),署名.2001年4月1日,発効(官報12.22〔条約第12号〕)〔→12.22〕.
9.13　中国遺棄化学兵器廃棄処理事業(北安市)に自衛官を派遣(防衛白書平成20年版).
10. 2　航空自衛隊,第3航空団臨時F-2飛行隊を設置(三沢),F-2の運用試験を開始(航空自衛隊五十年史).
10.27　防衛庁,「秘密保全体制の見直し・強化について」の報告書をとりまとめる(防衛白書平成20年版).
10.31　航空自衛隊,航空幕僚システムを受領し,航空総隊指揮システム・航空支援集団指揮システム及び補給本部指揮システム間の相互連接が完了(航空自衛隊五十年史).
11.20　日本共産党,第22回党大会において「自衛隊の容認」を決定(防衛白書平成20年版).
11.30　平和祈念事業特別基金,平和祈念展示資料館を東京新宿に開館.
12. 6　船舶検査活動法(周辺事態に際して実施する船舶検査活動に関する法律)(法律第145号),公布(2001年3月1日,施行〔平成13年2月23日政令第40号〕).「周辺事態」に際し,領海または周辺の公海における船舶への立ち入り検査活動が可能になる(官報／防衛白書平成20年版)〔→2001.3.1〕.
12. 7　「戦争と女性への暴力」日本ネットワーク(VAWW-NETジャパン),「女性国際戦犯法廷」を東京で開催(～12日)(「慰安婦」問題とは何だったのか／昭和・平成・現代史年表).
12.15　安全保障会議・閣議で「中期防衛力整備計画(平成13年度～平成17年度)について」を決定.計画期間末の陸自定員を16万6000(常備自衛官15万6000,即応予備自衛官 1万)に削減.陸上自衛隊戦車91両を整備.海上自衛隊各種艦艇25隻8万6000トンを建造.航空自衛隊F-15(近代化改修)12機,F-2×47機などを整備.必要経費25兆100億円(防衛白書平成20年版／防衛庁五十年史／防衛ハンドブック平成23年版).
12.22　在日米軍駐留経費負担に係る新特別協定(日本国とアメリカ合衆国との間の相互協力及び安全保障条約第六条に基づく施設及び区域並びに日本国における合衆国軍隊の地位に関する協定第二十四条についての新たな特別措置に関する日本国とアメリカ合衆国との間の協定)(条約第12号),公布.2001年4月1日,発効(官報〔条約／外務省告示第512号〕)〔→2001.4.1〕.

2001（平成13）

西暦	和　暦	記　　　　　　　　　　事
2001	平成13	内閣総理大臣：森　喜朗・小泉純一郎(4.26〜) 防衛庁長官：斉藤斗志二・中谷　元(4.26〜) 統合幕僚会議議長：藤縄祐爾・竹河内捷次(3.27〜) 陸上幕僚長：磯島恒夫・中谷正寛(1.11〜) 海上幕僚長：藤田幸生・石川　亨(3.27〜) 航空幕僚長：竹河内捷次・遠竹郁夫(3.27〜)

　1.　6　中央省庁，1府12省庁へ再編．防衛庁，経理局と装備局の機能を統合して管理局を設置，調達実施本部を廃止して契約本部を新設（防衛白書平成20年版／防衛庁五十年史）．

　1.30　NHK教育テレビ，「ETV2001〜シリーズ戦争をどう裁くか〜」第2回「問われる戦時性暴力」（2000年12月に開催された「女性国際戦犯法廷」を扱う）を放送．2005年1月，この番組改変が問題となる（「慰安婦」問題とは何だったのか）．

　2.　5　インド大地震における国際緊急援助活動に自衛隊部隊を派遣（〜2月11日）（防衛白書平成20年版／防衛庁五十年史／防衛ハンドブック平成23年版）．

　2.　9　UNMOVIC(United Nations Monitering, Verification and Inspection Commission，国際連合監視検証査察委員会．湾岸戦争後イラクに課せられた大量破壊兵器の破棄義務履行を監視・検証）へ自衛隊要員を派遣（〜2005年3月）（防衛白書平成20年版）．

　2.　9　米潜水艦，ハワイ沖で愛媛県立宇和島水産高等学校実習船えひめ丸に衝突．えひめ丸，沈没（日本時間10日）（防衛白書平成20年版）．

　3.　1　船舶検査活動法（周辺事態に際して実施する船舶検査活動に関する法律）（平成12年法律第145号），施行（官報平成12.12.6・平成13.2.23〔政令第40号〕／防衛白書平成20年版）〔→2000.12.6〕．

　4.　1　在日米軍駐留経費負担に係る新特別協定（日本国とアメリカ合衆国との間の相互協力及び安全保障条約第六条に基づく施設及び区域並びに日本国における合衆国軍隊の地位に関する協定第二十四条についての新たな特別措置に関する日本国とアメリカ合衆国との間の協定）（平成12年条約第12号），発効（官報平成12.12.22〔条約／外務省告示第512号〕）〔→2000.9.11〕．

　4.　3　文部科学省，2002年度から使用される小中学校用教科書の検定結果を公表．「新しい教科書をつくる会」の会員等が執筆した歴史教科書「中学歴史」，検定に合格．5月8日，大韓民国，5月16日，中華人民共和国，日本政府に対し検定に合格した教科書の記述につき修正を要求（靖国の戦後史／読売年鑑2002年版）．

　4.26　第1次小泉純一郎内閣，成立．防衛庁長官中谷元・石破茂（2002.9.30〜）（官報）．

　5.10　首相小泉純一郎，衆議院本会議で自身が8月15日に靖国神社に参拝することを明言（国会会議録）．

　6.　8　防衛庁設置法等の一部を改正する法律（法律第40号），公布（2002年3月27日，施行〔12月28日政令第427号〕，一部は即日施行）．自衛官の定数を3492人削減して25万8581人に，即応予備自衛官の員数を834人増員して5723人に改める（官報／防衛庁五十年史）〔→2002.3.27〕．

　6.30　大韓民国人遺族，靖国神社合祀絶止を求めて提訴（靖国の戦後史）．

　7.14　女性のためのアジア平和国民基金，オランダで79人に償いを実施し，オ

西暦	和暦	記　　　　　　　　事
2001	平成13	ランダでの償い事業を終了(「慰安婦」問題とは何だったのか／デジタル記念館慰安婦問題とアジア女性基金http://www.awf.or.jp/).
8.13　首相小泉純一郎,靖国神社に参拝(2006年まで毎年,同社に参拝).参拝談話で「今後の問題として,靖国神社や千鳥が淵戦没者墓苑に対する国民の思いを尊重しつつも,内外の人々がわだかまりなく追悼の誠を捧げるにはどのようにすればよいか,議論をする必要があると私は考えております」と国立戦没者追悼施設構想に言及,「靖国問題」のきっかけとなる(「戦争体験」の戦後史／靖国の戦後史／首相官邸HP).
9.11　米国で旅客機4機が乗っ取られ,2機はニューヨークの世界貿易センタービルに衝突,1機は米国国防省本庁舎に衝突,1機はピッツバーグ近郊に墜落.数千人,死亡(読売年鑑2002年版／防衛白書平成20年版).
9.21　防衛庁に防衛力の在り方検討会議,発足.第1回会議,開催.将来の防衛力のあり方に関して検討(防衛白書平成20年版／防衛庁五十年史).
10.6　航空自衛隊,アフガニスタン難民救援国際連合平和維持活動空輸業務を開始(〜12日)(航空自衛隊五十年史／防衛ハンドブック平成23年版).
10.7　米英軍,アフガニスタン攻撃を開始(防衛白書平成20年版).
10.8　首相小泉純一郎,中華人民共和国を訪問.同国国家主席江沢民と会談.靖国参拝後の日中関係修復のため(靖国の戦後史).
10.15　首相小泉純一郎,大韓民国を訪問.同国大統領金大中と会談し,靖国神社参拝の意図を説明(靖国の戦後史).
11.1　大阪・松山・福岡,東京(12月7日),千葉(12月12日)の5地方裁判所に日本・大韓民国・中華人民共和国などの住民計約1200人,首相小泉純一郎の靖国神社参拝違憲訴訟を提起(靖国の戦後史).
11.2　テロ対策特別措置法(平成十三年九月十一日のアメリカ合衆国において発生したテロリストによる攻撃等に対応して行われる国際連合憲章の目的達成のための諸外国の活動に対して我が国が実施する措置及び関連する国際連合決議等に基づく人道的措置に関する特別措置法)(法律第113号),公布・施行(施行の日から起算して2年を経過した日に失効).「テロとの戦い」に参加する諸外国軍隊への自衛隊の協力支援活動(物品・役務の提供ほか)等を規定(官報)〔→2003.10.16〕.
11.2　海上保安庁法の一部を改正する法律(法律第114号),公布・施行(官報).
11.2　自衛隊法の一部を改正する法律(法律第115号),公布・施行(秘密保全のための罰則の強化の規定は2002年11月1日,施行〔平成14年10月17日政令第310号〕).警護出動,秘密保全のための罰則の強化(防衛秘密)等を規定(官報)〔→2002.11.1〕.
11.9　情報収集のための自衛隊艦艇をインド洋に向け派遣(防衛白書平成20年版).
11.25　テロ対策特別措置法に基づく対米支援のための派遣自衛艦とわだ・うらが・さわぎり,出港(2002年3月16日,帰国)(海上自衛隊五十年史資料編).
11.29　テロ対策特別措置法に基づく航空自衛隊による在日米軍基地間の国内空輸を開始(防衛白書平成20年版).
12.2　テロ対策特別措置法に基づき,海上自衛隊補給艦によるインド洋における米艦船への洋上給油および航空自衛隊による国外空輸を開始(防衛白書平成20年版).

2001～2002（平成13～平成14）

西暦	和暦	記事
2001	平成13	12. 5　米国・ロシア，第1次戦略兵器削減条約（START I）の履行を完了（防衛白書平成20年版）． 　12.14　国際平和協力法一部改正法（改正PKO法）（国際連合平和維持活動等に対する協力に関する法律の一部を改正する法律）（法律第157号），公布・施行（第24条の改正規定は2002年1月14日，施行）．国連平和維持隊本隊業務への参加，武器使用基準の緩和（官報／読売年鑑2002年版）． 　12.14　内閣官房長官の私的諮問機関「追悼・平和祈念のための記念碑等施設の在り方を考える懇談会」，設置．座長今井敬（日本経済団体連合会会長）ら委員10人．12月19日，第1回，開催．2002年12月24日，報告書を提出（靖国の戦後史）． 　12.14　安全保障会議で「空中給油・輸送機の機種選定について」を了承（航空自衛隊五十年史／防衛ハンドブック平成23年版）． 　12.22　海上保安庁の巡視船，奄美大島沖で停船命令に対し停船・逃走を繰り返し，ロケット弾を発射した不審船を撃沈．2002年9月，不審船を朝鮮民主主義人民共和国の工作船と断定（防衛白書平成20年版／防衛ハンドブック平成23年版／読売年鑑2002年・2003年版）〔→2002.9.11〕．
2002	平成14	⎛内閣総理大臣：小泉純一郎 　防 衛 庁 長 官：中谷　元・石破　茂（9.30～） 　統合幕僚会議議長：竹河内捷次 　陸 上 幕 僚 長：中谷正寛・先崎　一（12.2～） 　海 上 幕 僚 長：石川　亨 ⎝航 空 幕 僚 長：遠竹郁夫 　1.29　テロ対策特別措置法に基づき，海上自衛隊補給艦によるインド洋における英艦船への洋上補給を実施（防衛白書平成20年版）． 　2.12　テロ対策特別措置法に基づく対米支援のための第2次派遣自衛艦はるな・ときわ，出港（海上自衛隊五十年史資料編）． 　2.13　テロ対策特別措置法に基づく対米支援のための第2次派遣自衛艦さわかぜ，出港（海上自衛隊五十年史資料編）． 　3. 2　東ティモール派遣施設群（680人）の派遣を開始（～2004年6月25日）（防衛白書平成20年版／防衛ハンドブック平成23年版）． 　3.27　防衛庁設置法等の一部を改正する法律（平成13年法律第40号），施行（官報平成13.6.8〔法律〕・12.28〔政令〕）〔→2001.6.8〕． 　4. 1　独立行政法人駐留軍等労働者労務管理機構，設立（防衛白書平成20年版）． 　4.16　閣議で武力攻撃事態対処法案・自衛隊法等一部改正法案・安全保障会議設置法一部改正法案の有事関連3法案を決定（防衛白書平成20年版）． 　4.21　靖国神社，春季例大祭（～23日）．首相小泉純一郎，同社に参拝（靖国の戦後史）． 　4.22　第2回西太平洋潜水艦救難訓練，実施（～5月2日）．日本が主催した初の多国間共同訓練（防衛白書平成20年版）． 　7.13　靖国神社遊就館，新館を増築し開館． 　7.29　代替施設協議会第9回会合で「普天間飛行場代替施設の基本計画」に合意．全長約2500m，埋立方式の軍民共用空港（防衛白書平成20年版／沖縄現代史新

西暦	和暦	記事
2002	平成14	版). 9.11　海上保安庁,2001年12月22日に同庁の巡視船に奄美大島沖で撃沈された不審船を海底から引き上げる.18日,国土交通大臣林寛子(扇千景),不審船は朝鮮民主主義人民共和国の工作船であると断定(防衛白書平成20年版／読売年鑑2003年版). 9.17　首相小泉純一郎,朝鮮民主主義人民共和国を訪問.朝鮮労働党中央委員会総書記金正日と会談(平壌).同総書記金正日,日本人13人の拉致を認め謝罪.日朝共同宣言に署名(防衛白書平成20年版／読売年鑑2003年版). 9.—　女性のためのアジア平和国民基金,フィリピン・大韓民国・中華民国(台湾)で合計285人に償いを実施し,これらの国・地域での償い事業を終了(「慰安婦」問題とは何だったのか). 10.1　防衛庁,化学兵器禁止機関(OPCW, Organization for the Prevention of Chemical Weapons)へ要員を派遣(運用計画部長)(防衛白書平成20年版／防衛省・自衛隊HP). 10.15　多国間捜索救難訓練,実施(関東南方海域・相模湾)(防衛白書平成20年版). 10.15　朝鮮民主主義人民共和国による拉致被害者5人,帰国(読売年鑑2003年版). 11.1　自衛隊法の一部を改正する法律(平成13年法律第115号)のうち秘密保全のための罰則の強化の規定,施行(官報平成13.11.2〔法律〕・平成14.10.17〔政令第310号〕)〔→2001.11.2〕. 11.18　北海道における自衛隊と警察の図上共同訓練,実施(防衛白書平成20年版). 12.2　防衛庁,国際連合平和維持活動局へ要員を派遣(軍事部軍事計画課)(防衛白書平成20年版). 12.16　テロ対策特別措置法に基づく実施要項の変更(12月6日)を受け,海上自衛隊イージス艦きりしま,米英軍の後方支援のため横須賀を出港(防衛白書平成20年版).
2003	平成15	⎧内閣総理大臣：小泉純一郎 　防衛庁長官：石破　茂 　統合幕僚会議議長：竹河内捷次・石川　亨(1.28〜) 　陸上幕僚長：先崎　一 　海上幕僚長：石川　亨・古庄幸一(1.28〜) ⎩航空幕僚長：遠竹郁夫・津曲義光(3.27〜) 1.10　朝鮮民主主義人民共和国,核拡散防止条約(NPT, Nuclear Non-Proliferation Treaty)脱退を宣言(防衛白書平成20年版). 1.14　首相小泉純一郎,靖国神社に参拝(読売年鑑2004年版). 1.28　沖縄で(普天間飛行場の移設に関する)代替施設建設協議会,発足.12月,事業主体を那覇防衛施設局とし,約207haを埋め立てるとすることを決める(沖縄現代史新版). 2.8　自衛隊が保有する対人地雷の廃棄,完了(例外保有を除く)(防衛白書平成20年版).

2003(平成15)

西暦	和暦	記事
2003	平成15	3.20　米英軍等,対イラク軍事行動を開始(防衛白書平成20年版). 3.30　航空自衛隊,イラク難民救援国際連合平和維持活動空輸業務を開始(～4月2日,B-747×2機)(航空自衛隊五十年史/防衛ハンドブック平成23年版). 4.21　航空自衛隊,空中給油・輸送機の導入にともない,米空軍の支援を受けて初の空中給油訓練を実施(航空自衛隊五十年史/防衛庁五十年史). 4.28　日中戦争での「百人斬り競争」で死刑した戦争犯罪者の遺族が本多勝一・朝日新聞社・毎日新聞社・柏書房を名誉毀損で提訴.2005年8月23日,東京地方裁判所(裁判長土肥章大(あきお)),原告の請求を棄却.2006年5月24日,東京高等裁判所(裁判長石川善則),控訴を棄却.2006年12月22日,最高裁判所(裁判長今井功),原告の上告を棄却. 5.1　米国大統領ブッシュ,イラクにおける主要な戦闘の終結を,米国国防長官ラムズフェルド,アフガニスタンにおける主要な戦闘の終結をそれぞれ宣言(防衛白書平成20年版). 5.22　航空自衛隊の戦闘機F-15,コープサンダー演習(米空軍が米本土で実施する空戦演習)へ参加(～6月30日).米本土への移動時に米空軍空中給油機を使用(航空自衛隊五十年史). 6.13　改正安全保障会議設置法(安全保障会議設置法の一部を改正する法律)(法律第78号),公布・施行.安全保障会議に事態対処専門委員会を設置(官報/防衛白書平成20年版). 6.13　武力攻撃事態対処法(武力攻撃事態等における我が国の平和と独立並びに国及び国民の安全の確保に関する法律)(法律第79号),公布・施行(第14～16条の規定は2004年9月17日,施行).武力攻撃事態について国・地方公共団体の責務,手続など基本的事項を定める(官報/防衛白書平成20年版). 6.13　自衛隊法及び防衛庁職員の給与等に関する法律の一部を改正する法律(法律第80号),公布・施行(一部は9月6日,施行).自衛隊の行動の円滑を図るため約20件の法律について特例措置を設ける(官報/防衛白書平成20年版). 7.17　航空自衛隊,イラク被災民救援国際平和協力業務を実施.8月18日,イラク被災民救援空輸隊,総員帰国(防衛白書平成20年版/防衛ハンドブック平成23年版). 8.1　イラク人道復興支援特別措置法(イラクにおける人道復興支援活動及び安全確保支援活動の実施に関する特別措置法)(法律第137号),公布・施行.施行の日から起算して4年を経過した日(2007年8月1日)に失効すると定める(官報). 9.11　自衛隊,市ヶ谷地区に殉職者慰霊碑を中核としたメモリアルゾーンを完成,披露(防衛白書平成20年版/防衛庁五十年史). 10.16　テロ対策特別措置法改正法(平成十三年九月十一日のアメリカ合衆国において発生したテロリストによる攻撃等に対応して行われる国際連合憲章の目的達成のための諸外国の活動に対して我が国が実施する措置及び関連する国際連合決議等に基づく人道的措置に関する特別措置法の一部を改正する法律)(法律第147号),公布・施行.テロ対策特別措置法の効力を2年延長(官報/防衛白書平成20年版)〔→2005.10.31〕. 10.24　外務大臣川口順子(よりこ),イラク復興支援国会議(スペイン)で総額50億ドルの支援を表明(防衛白書平成20年版).

西暦	和暦	記事
2003	平成15	11.15　自衛隊の専門調査団をイラクに派遣(防衛白書平成20年版). 11.19　第2次小泉純一郎内閣,成立.防衛庁長官石破茂・大野功統(2004.9.27～)(官報). 11.29　イラクで日本大使館員2人(在英国大使館参事官奥克彦・在イラク大使館三等参事官井ノ上正盛),殺害される.12月4日,外務省,11月29日付けで奥に大使の名称を付与し,井ノ上を一等書記官に補職することを発表(防衛白書平成20年版／朝日新聞12.5／読売年鑑2004年版). 12. 9　閣議でイラク人道復興支援特別措置法にもとづく基本計画を決定(防衛白書平成20年版). 12.19　安全保障会議・閣議で弾道ミサイル防衛システムの導入を決定(防衛白書平成20年版). 12.19　陸上・海上・航空自衛隊にイラク人道復興支援法に基づく対応措置の実施に関する命令を発出(防衛白書平成20年版／防衛ハンドブック平成23年版). 12.26　イラク復興支援のための航空自衛隊先遣隊,クウェートへ出発(防衛白書平成20年版). 12.30　航空自衛隊,イラン大地震国際緊急援助空輸業務を開始(～2004年1月6日)(航空自衛隊五十年史).
2004	平成16	内閣総理大臣：小泉純一郎 防衛庁長官：石破　茂・大野功統(9.27～) 統合幕僚会議議長：石川　亨・先崎　一(8.30～) 陸上幕僚長：先崎　一・森　勉(8.30～) 海上幕僚長：古庄幸一 航空幕僚長：津曲義光 1. 9　陸上自衛隊先遣隊・航空自衛隊派遣輸空隊本隊にイラク派遣命令(防衛白書平成20年版). 1.16　イラク復興支援のための陸上自衛隊先遣隊,イラクへ出発(防衛白書平成20年版). 1.22　イラク復興支援のための航空自衛隊派遣輸空隊本隊,クウェートへ出発(防衛白書平成20年版). 2. 3　陸上自衛隊第1次イラク復興支援群,出発(防衛白書平成20年版). 2. 9　イラク復興支援のための海上自衛隊派遣海上輸送部隊,クウェートへ出発(4月8日,帰国)(防衛白書平成20年版). 2.27　日米物品役務相互提供協定(ACSA)改正協定(日本国の自衛隊とアメリカ合衆国軍隊との間における後方支援,物品又は役務の相互の提供に関する日本国政府とアメリカ合衆国政府との間の協定を改正する協定),署名(官報〔条約第8号〕)〔→7.20〕. 3.16　航空自衛隊のイラク復興支援派遣輸送航空隊本隊第2期,出発(防衛白書平成20年版). 3.27　防衛庁長官直轄部隊として陸上自衛隊に特殊作戦群を新編(習志野).テロ攻撃などへの対応(防衛庁五十年史). 4. 7　沖縄県,軍民共用空港建設の護岸工事にともなう辺野古(へのこ)沖ボー

2004（平成16）

西暦	和暦	記　　　　　　　事
2004	平成16	リング調査実施に同意．4月19日，那覇防衛施設局，調査を開始．地元住民，調査を阻止するため座り込み（沖縄現代史新版）． 　5.22　首相小泉純一郎，朝鮮民主主義人民共和国を訪問．朝鮮労働党中央委員会総書記金正日と会談（平壌）．同国による拉致被害者の家族5人，首相小泉純一郎とともに帰国（防衛白書平成20年版）． 　6.18　国民保護法（武力攻撃事態等における国民の保護のための措置に関する法律）（法律第112号），公布（9月17日，施行〔9月15日政令第274号〕）（官報）． 　6.18　米軍行動関連措置法（武力攻撃事態等におけるアメリカ合衆国の軍隊の行動に伴い我が国が実施する措置に関する法律）（法律第113号），公布（7月29日，施行）（官報）． 　6.18　特定公共施設利用法（武力攻撃事態等における公共施設等の利用に関する法律）（法律第114号），公布（9月17日，施行〔9月15日政令第274号〕）（官報）． 　6.18　国際人道法違反処罰法（国際人道法の重大な違反行為の処罰に関する法律）（法律第115号），公布（2005年2月28日，施行〔平成16年外務省告示第579号〕．附則第3条は公布の日から起算して20日を経過した日より，施行）（官報）． 　6.18　海上輸送規制法（武力攻撃事態における外国軍用品等の海上輸送の規制に関する法律）（法律第116号），公布（12月17日，施行〔12月10日政令第391号〕）（官報）． 　6.18　捕虜取扱い法（武力攻撃事態における捕虜等の取扱いに関する法律）（法律第117号），公布（2005年2月28日，施行）（官報）． 　6.18　自衛隊法の一部を改正する法律（法律第118号），公布（7月29日，施行）（官報）． 　6.18　イラク主権回復後の自衛隊の人道復興支援活動について閣議了解（多国籍軍への参加）（防衛白書平成20年版）． 　7.20　日米物品役務相互提供協定（ACSA）改正協定（日本国の自衛隊とアメリカ合衆国軍隊との間における後方支援，物品又は役務の相互の提供に関する日本国政府とアメリカ合衆国政府との間の協定を改正する協定）（条約第8号），公布．7月29日，発効（官報〔条約／外務省告示第361号〕）． 　8.1　防衛庁，化学兵器禁止機関（OPCW, Organization for the Prevention of Chemical Weapons）へ自衛官を派遣（査察局長）（防衛白書平成20年版／防衛省・自衛隊HP）． 　8.13　米海兵隊所属の大型輸送ヘリコプターCH53D，沖縄県宜野湾（ぎのわん）市の沖縄国際大学構内に墜落．海兵隊員3人，重軽傷を負う（防衛白書平成20年版／読売新聞8.14／読売年鑑2005年版）． 　9.3　ジュネーブ諸条約第一追加議定書（千九百四十九年八月十二日のジュネーヴ諸条約の国際的な武力紛争の犠牲者の保護に関する追加議定書（議定書Ⅰ））（条約第12号），公布．2005年2月28日，発効（官報〔条約／外務省告示第579号〕）． 　9.3　ジュネーブ諸条約第二追加議定書（千九百四十九年八月十二日のジュネーヴ諸条約の非国際的な武力紛争の犠牲者の保護に関する追加議定書（議定書Ⅱ））（条約第13号），公布．2005年2月28日，発効（官報〔条約／外務省告示第580号〕）． 　10.23　新潟県中越地震にともなう自衛隊災害派遣（〜12月21日）（防衛白書平成20年版）．

2004〜2005（平成16〜平成17）

西暦	和暦	記事
2004	平成16	10.25　日本主催のPSI（Proliferation Security Initiative, 大量破壊兵器拡散）海上阻止訓練，相模湾沖合及び横須賀港内で実施（〜10月27日）（防衛白書平成20年版）． 11.10　中華人民共和国原子力潜水艦，沖縄県宮古列島多良間島周辺の日本の領海内を潜没航行．防衛庁長官，海上警備行動を発令（〜11月12日）．12日，外務大臣町村信孝，在東京中華人民共和国大使館公使程永華に抗議．18日，チリにおいて同国外交部長李肇星，外務大臣町村に遺憾の意を表す（防衛白書平成20年版／読売年鑑2005年版）． 12.10　安全保障会議・閣議で「平成17年度以降に係る防衛計画の大綱について」を決定（防衛白書平成20年版／防衛ハンドブック平成23年版）． 12.10　安全保障会議・閣議で「中期防衛力整備計画（平成17年度〜平成21年度）について」を決定．2000年12月15日付け閣議決定「中期防衛力整備計画（平成13年度〜平成17年度）について」は平成16年度限りで廃止（防衛白書平成20年版／防衛ハンドブック平成23年版）． 12.28　インドネシアのスマトラ島沖大規模地震及びインド洋津波被害に際して，国際緊急援助活動を実施するため，タイのプーケット島沖へ海上自衛隊艦艇を派遣（〜2005年1月1日）（防衛白書平成20年版）．
2005	平成17	内閣総理大臣：小泉純一郎 防　衛　庁　長　官：大野功統・額賀福志郎（10.31〜） 統合幕僚会議議長：先崎　一 陸　上　幕　僚　長：森　勉 海　上　幕　僚　長：古庄幸一・斎藤　隆（1.12〜） 航　空　幕　僚　長：津曲義光・吉田　正（1.12〜） 1.4　インドネシアのスマトラ島沖大規模地震及びインド洋津波被害に際して，国際緊急援助活動を実施するため，インドネシアへ自衛隊部隊を派遣（3月23日，帰国完了）（防衛白書平成20年版）． 2.19　日米安全保障協議委員会，開催（ワシントン）．日米共通の戦略目標を確認（防衛白書平成20年版）． 5.2　自衛隊，タイのチェンマイで行われる多国間共同訓練コブラ＝ゴールド05に初めて正式参加（〜5月13日）（防衛白書平成20年版）． 6.27　天皇・皇后，サイパン島を慰霊訪問．28日，各慰霊碑等に供花（読売年鑑2006年版）． 7.29　防衛庁設置法等の一部を改正する法律（法律第88号），公布（2006年3月27日，施行〔平成18年3月17日政令第40号〕．一部は公布の日，施行）．弾道ミサイル等に対する破壊措置，統合幕僚監部の新設等を規定（官報／防衛白書平成20年版）〔→2006.3.27〕． 8.5　カムチャツカ沖のロシア海軍小型潜水艇事故に際して，国際緊急援助活動のため，海上自衛隊艦艇を派遣（〜8月10日）（防衛白書平成20年版）． 8.5　沖縄戦の集団自決をめぐり，座間味島の元日本軍戦隊長と渡嘉敷島の元戦隊長の弟，大江健三郎と岩波書店を相手取り出版差し止めと損害賠償を求めて提訴．2008年3月28日，大阪地方裁判所，原告の請求を棄却．同年10月31日，大阪高

2005～2006（平成17～平成18）

西暦	和暦	記　　事
2005	平成17	等裁判所，原告の控訴を棄却．2011年4月21日，最高裁判所第1小法廷，原告の上告を棄却（沖縄戦　強制された「集団自決」／読売年鑑2009年版）．
9.2　那覇防衛施設局，辺野古（へのこ）沖ボーリング調査用の櫓4基をすべて撤去（沖縄現代史新版）．
9.21　第3次小泉純一郎内閣，成立．防衛庁長官大野功統・額賀（ぬかが）福志郎（2005.10.31～）（官報）．
9.30　大阪高等裁判所（裁判長大谷正治），首相小泉純一郎による2001年～03年の靖国神社参拝に関する損害賠償訴訟の判決で，首相の靖国神社参拝の違憲性を指摘．控訴は棄却．原告が上告せず，判決が確定（「戦争体験」の戦後史）．
10.12　パキスタン等大地震被害に際して，国際緊急援助活動のため，パキスタンへ自衛隊部隊を派遣（12月2日，帰国完了）（防衛白書平成20年版）．
10.20　陸上自衛隊・北海道警察，テロに備え，初の共同実動訓練を実施（防衛白書平成20年版）．
10.29　日米安全保障協議委員会，開催（ワシントン）．「日米同盟：未来のための変革と再編」を発表．沖縄・普天間基地代替施設について，名護市辺野古（へのこ）沖海上埋め立てに代わり，同じく辺野古のキャンプ=シュワブ沿岸案（1800ｍの滑走路を一部陸上に，一部を海上埋め立てにより建設）で合意（防衛白書平成20年版）．
10.31　テロ対策特別措置法改正法（平成十三年九月十一日のアメリカ合衆国において発生したテロリストによる攻撃等に対応して行われる国際連合憲章の目的達成のための諸外国の活動に対して我が国が実施する措置及び関連する国際連合決議等に基づく人道的措置に関する特別措置法の一部を改正する法律）（法律第103号），公布・施行．テロ対策特別措置法の効力を2年延長（官報／防衛白書平成20年版）〔→2007.11.1〕．
10.31　沖縄県知事稲嶺恵一・名護市長岸本建男，29日に日米両政府が発表した在日米軍再編に関する中間報告の普天間基地代替施設のキャンプ=シュワブ沿岸建設案に反対を表明（読売年鑑2006年版）．
12.24　安全保障会議・閣議で「弾道ミサイル防衛用能力向上型迎撃ミサイルに関する日米共同開発について」を決定（防衛白書平成20年版）．
2006	平成18	⎧内閣総理大臣：小泉純一郎・安倍晋三（9.26～）
防衛庁長官：額賀福志郎・久間章生（9.26～）
統合幕僚会議議長：先崎　一（～3.36）
統合幕僚長：先崎　一（3.27～）・斎藤　隆（8.4～）
陸上幕僚長：森　勉
海上幕僚長：斎藤　隆・吉川栄治（8.4～）
⎩航空幕僚長：吉田　正
1.23　在日米軍駐留経費負担に係る新特別協定，署名（防衛白書平成20年版）〔→4.1〕．
1.30　東京地方検察庁特別捜査部，防衛施設庁幹部（前防衛施設庁技術審議官・現財団法人防衛施設技術協会理事長生沢守，防衛施設庁技術審議官河野孝義，元防衛施設庁建設企画課長・現施設調査官松田隆繁）を競売入札妨害容疑で逮捕（防衛白書平成20年版／読売年鑑2007年版）．

西　暦	和　暦	記　　　　　　　　　　　事
2006	平成18	1.31　東京地方検察庁特別捜査部,防衛施設庁に対し強制捜査を行なう(防衛白書平成20年版).
2.28　海上自衛隊・海上保安庁,不審船対処に係る共同訓練を実施(舞鶴沖)(防衛白書平成20年版).
3. 6　日中政府間協議,開催(〜3月7日).7日,中華人民共和国,東シナ海ガス田の共同開発を提案.日本,これを拒否(防衛白書平成20年版／読売年鑑2007年版).
3.20　しょうけい館(戦傷病者史料館),開館(東京都千代田区九段南1丁目.「しょうけい」は承継の意).運営を厚生労働省が日本傷痍軍人会に委託(しょうけい館HP).
3.27　防衛庁設置法等の一部を改正する法律(平成17年法律第88号),施行.統合幕僚監部,発足.自衛隊は新たな統合運用体制となる.統合幕僚長は自衛隊の運用に関して軍事専門的観点から防衛庁長官の補佐を一元的に行う(官報平成17.7.29).
3.31　閣議で24都県の国民保護計画を決定.これにより全都道府県の国民保護計画が決定される(防衛白書平成20年版).
4. 1　在日米軍駐留経費負担に係る新特別協定(日本国とアメリカ合衆国との間の相互協力及び安全保障条約第六条に基づく施設及び区域並びに日本国における合衆国軍隊の地位に関する協定第二十四条についての新たな特別措置に関する日本国とアメリカ合衆国との間の協定)(条約第2号),公布・発効(官報〔条約／平成18年4月1日外務省告示第168号〕)〔→1.23〕.
4. 7　名護市長島袋吉和,辺野古(へのこ)沖に普天間飛行場代替施設を移設する案に合意(防衛白書平成20年版).
4.23　日米防衛首脳会談(防衛庁長官額賀(ぬかが)福志郎・米国国防長官ラムズフェルド),開催(ワシントン).在日米軍再編にともなう在沖縄米海兵隊のグアム移転経費の負担について日米が合意(防衛白書平成20年版).
5. 1　日米安全保障協議委員会,開催(ワシントン).「再編実施のための日米のロードマップ」を発表.在沖縄海兵隊8000人(とその家族9000人)のグアム移転などについて.費用は日本側も負担(防衛白書平成20年版).
5.11　沖縄県知事稲嶺恵一・防衛庁長官額賀(ぬかが)福志郎,在日米軍再編に関する基本確認書に調印(防衛白書平成20年版).
6. 1　インドネシアのジャワ島中部地震に際して,国際緊急援助活動のため,インドネシアへ自衛隊部隊を派遣(6月22日,帰国完了)(防衛白書平成20年版／防衛ハンドブック平成23年版).
6.20　政府,陸上自衛隊イラク派遣部隊の活動の終結を決定.航空自衛隊部隊は国際連合及び多国籍軍への支援を継続(防衛白書平成20年版).
7. 5　朝鮮民主主義人民共和国,日本海に向けて弾道ミサイル計7発を発射(防衛白書平成20年版).
7.20　『日本経済新聞』,昭和天皇の靖国神社参拝に関する発言などを記録した,元宮内庁長官富田朝彦のメモの存在を報道.そのうち1988年4月28日付のメモに「A級が合祀され　その上　松岡,白取〈マヽ〉までもが」「松平の子の今の宮司がどう考えたのか　易々と　松平は平和に強い考があったと思うのに　親の心子知らずと思っている　だから私〔は〕あれ以来参拝していない　それが私の心だ」

2006～2007（平成18～平成19）

西暦	和暦	記　　　　　　　　　事
2006	平成18	とあり（日本経済新聞／読売年鑑2007年版）． 　8.15　首相小泉純一郎，靖国神社に公式参拝（現職首相としては1985年の中曽根康弘以来，21年ぶりの8月15日の参拝）（「戦争体験」の戦後史）． 　9.26　安倍晋三内閣，成立．防衛庁長官久間（きゅうま）章生．2007年1月9日，防衛省設置．防衛大臣久間章生（2007.1.9～）・小池百合子（2007.7.4～）・高村正彦（2007.8.27～）（官報）． 　10.9　朝鮮民主主義人民共和国，地下核実験に成功したと発表（防衛白書平成20年版）． 　12.22　防衛庁設置法等の一部を改正する法律（法律第118号），公布（2007年1月9日，施行〔平成19年1月4日政令第1号〕）．防衛省設置法と改題．防衛庁の省への移行，国際平和協力活動等の本来任務化等を規定（官報）． 　12.22　教育基本法（法律第120号），公布・施行．昭和22年3月31日法律第25号教育基本法を全部改正（官報）．
2007	平成19	⎛内閣総理大臣：安倍晋三・福田康夫（9.26～） 　防　衛　庁　長　官：久間章生（～1.8） 　防　衛　大　臣：久間章生（1.9～）・小池百合子（7.4～）・高村正彦（8.27～）・ 　　　　　　　　　　　石破茂（9.26～） 　統　合　幕　僚　長：斎藤　隆 　陸　上　幕　僚　長：森　勉・折木良一（3.28～） 　海　上　幕　僚　長：吉川栄治 　⎝航　空　幕　僚　長：吉田　正・田母神俊雄（3.28～） 　1.9　防衛庁，防衛省へ移行（防衛白書平成20年版）〔→2006.12.22〕． 　3.5　首相安倍晋三，参議院予算院会で米国下院の「慰安婦」問題決議案採択等に関連する質問に対して，「慰安婦」への狭義の強制性はなかったと答弁．国際問題化する（国会会議録／「慰安婦」問題とは何だったのか）． 　3.31　女性のためのアジア平和国民基金，解散（「慰安婦」問題とは何だったのか）． 　4.25　内閣官房長官塩崎恭久，「安全保障の法的基盤の再構築に関する懇談会」を首相の下に開催する旨発表．懇談会の構成員は岩間陽子ら13人．5月18日，初会合．内閣官房長官，国際海洋法裁判所最初判事柳井俊二を座長に指名．会の略称を安保法制懇とする（防衛白書平成20年版／首相官邸HP）〔→2008.6.24〕． 　5.1　日米安全保障協議委員会，開催（ワシントン）．「同盟の変革：日米の安全保障及び防衛協力の進展」を発表（防衛白書平成20年版）． 　5.30　駐留軍等の再編の円滑な実施に関する特別措置法（法律第67号），公布（8月29日，施行〔8月20日政令第268号〕）（官報）． 　6.8　防衛省設置法及び自衛隊法の一部を改正する法律（法律第80号），公布（9月1日，施行〔8月20日政令第269号〕．一部は2008年3月26日，施行〔平成20年3月26日政令第54号〕）．防衛施設庁の廃止・統合，防衛監察本部，地方防衛局の新設，陸海空自衛隊の共同の部隊等を規定（防衛白書平成20年版）． 　6.27　イラク人道復興支援活動特別措置法改正法（イラクにおける人道復興支援活動及び安全確保支援活動の実施に関する特別措置法の一部を改正する法律）

西暦	和暦	記事
2007	平成19	(法律第101号),公布・施行.失効の期限を2ヵ年延長(2009年8月1日,失効)(官報).
		6.30　防衛大臣久間(きゅうま)章生,麗澤大学比較文明文化研究センター主催の連続講演会「比較文明学と平和研究」で講演.講演中の原子爆弾投下に関する発言が問題化.
		7.4　防衛大臣,更迭.願に依り国務大臣(防衛大臣)久間(きゅうま)章生の本官を免じ,小池百合子に防衛大臣を命ず(官報7.6〔人事異動〕).
		9.26　福田康夫内閣,成立.防衛大臣石破茂・林芳正(2008.8.2〜)(官報).
		11.1　防衛大臣石破茂,テロ対策特別措置法に基づく対応措置の終結に関する命令を発出.インド洋で活動していた海上自衛隊の補給艦ときわ・護衛艦きりさめ,撤収(防衛白書平成20年版／読売年鑑2008年版).
		11.1　この日24時,テロ対策特別措置法(平成十三年九月十一日のアメリカ合衆国において発生したテロリストによる攻撃等に対応して行われる国際連合憲章の目的達成のための諸外国の活動に対して我が国が実施する措置及び関連する国際連合決議等に基づく人道的措置に関する特別措置法),失効(防衛白書平成20年版／読売年鑑2008年版)〔→2001.11.2〕.
		11.28　中華人民共和国海軍艦艇(ミサイル駆逐艦深圳),初訪日(〜12月1日)(防衛白書平成20年版).
		11.28　東京地方検察局特別捜査部,元防衛事務次官守屋武昌を収賄容疑で逮捕(読売年鑑2008年版).
		12.19　在日米軍再編にともなう米陸軍第1軍団新司令部の前方司令部が在日米陸軍キャンプ座間に発足(防衛白書平成20年版).
2008	平成20	内閣総理大臣：福田康夫・麻生太郎(9.24〜〔2009.9.16〕)
		防　衛　大　臣：石破　茂・林　芳正(8.2〜)・浜田靖一(9.24〜〔2009.9.16〕)
		統合幕僚長：斎藤　隆〔〜2009.3.23〕
		陸上幕僚長：折木良一〔〜2009.3.23〕
		海上幕僚長：吉川栄治・赤星慶治(3.28〜〔2010.7.25〕)
		航空幕僚長：田母神俊雄・岩崎　茂(職務代理)(10.31〜)・外薗健一朗(11.7〜〔2010.12.23〕)
		1.16　補給支援特別措置法(テロ対策海上阻止活動に対する補給支援活動の実施に関する特別措置法)(法律第1号),公布・施行(官報)〔→12.16〕.
		1.24　海上自衛隊護衛艦むらさめ,補給支援特別措置法に基づく支援のためインド洋に向け出港(6月4日,帰港).25日,補給艦おうみ,インド洋に向け出港(6月3日,帰港)(防衛白書平成23年版／防衛ハンドブック平成23年版).
		2.19　海上自衛隊護衛艦あたご,房総半島野島崎沖の太平洋上で漁船清徳丸と衝突.漁船の乗員2人,行方不明(読売年鑑2009年版).
		3.24　海上幕僚長,更迭.吉川栄治に代え,赤星慶治に海上幕僚長を命ず(防衛ハンドブック平成23年版).
		5.28　宇宙基本法(法律第43号),公布(8月27日,施行〔8月8日政令第250号〕)(官報).
		6.14　平成20年岩手・宮城内陸地震に際し自衛隊災害派遣(〜8月2日)(防衛

西暦	和暦	記　　　　　事
2008	平成20	白書平成23年版). 　6.18　日本・中華人民共和国両政府,東シナ海の天然ガス田を共同開発することで合意(読売年鑑2009年版). 　6.24　海上自衛隊艦艇(護衛艦さざなみ),初訪中(～6月28日)(防衛白書平成23年版). 　6.24　安全保障の法的基盤の再構築に関する懇談会(安保法制懇),報告書を提出(防衛白書平成20年版／首相官邸HP)〔→2007.4.25〕. 　8.29　海上自衛隊,次期固定翼哨戒機XP-1試作1号機を受領(防衛白書平成23年版). 　9.24　麻生太郎内閣,成立.防衛大臣浜田靖一(9.24～〔2009.9.16〕)(官報). 　9.25　米原子力航空母艦ジョージ＝ワシントン,初めて横須賀に入港(防衛白書平成23年版). 　10.19　中華人民共和国海軍のソブレメンヌイ級駆逐艦等4隻,戦闘艦艇として初めて津軽海峡を通過(防衛白書平成23年版). 　10.24　国際連合スーダン＝ミッションに自衛官を派遣(防衛白書平成23年版／防衛ハンドブック平成23年版). 　10.31　アパグループ主催第1回「「真の近代史観」懸賞論文」で航空幕僚長田母神俊雄の応募論文「日本は侵略国家であったのか」への最優秀藤誠志賞の授賞が発表される.内容が問題化(誇れる国,日本). 　10.31　航空幕僚長田母神俊雄に航空幕僚監部付を命ず.11月3日,自衛隊法の規定により田母神,退職.11月7日,外薗健一朗に航空幕僚長を命ず(官報11.18〔人事異動〕). 　11.5　東京地方裁判所(裁判長植村稔),元防衛事務次官守屋武昌に対し懲役2年6月・追徴金約1250万円の実刑判決を言い渡す.2009年12月22日,東京高等裁判所(裁判長長岡哲次),被告の控訴を棄却.2010年8月27日,最高裁判所への上告を取り下げ,第1審・2審の判決が確定(読売年鑑2009年・2011年版). 　12.3　日本,クラスター弾に関する条約に署名.2009年7月14日,批准(防衛白書平成23年版). 　12.8　中華人民共和国海洋調査船2隻,尖閣諸島の日本領海に侵入(防衛白書平成23年版). 　12.16　補給支援特別措置法改正法(テロ対策海上阻止活動に対する補給支援活動の実施に関する特別措置法の一部を改正する法律)(法律第92号),公布・施行.効力を1間年延長(2010年1月15日まで)(官報). 　12.20　安全保障会議・閣議で「中期防衛力整備計画(平成17年度～平成21年度)の見直しについて」を決定.防衛関係費の総額の限度をおおむね23兆6400億円(平成16年度価格)とする(防衛ハンドブック平成23年版). 　12.23　イラク復興特別措置法に基づく航空自衛隊派遣輸送航空隊,帰国(防衛白書平成23年版).

典拠文献一覧

本書編集の際に参考とした文献も含めた.

あ行

愛国婦人会四十年史(愛国婦人会編)
朝日新聞
朝日年鑑(朝日新聞社編)
アジア・太平洋戦争(戦争の日本史23)(吉田裕・森 茂樹)
新しい歴史教科書を作る会HP
慰安婦と戦場の性(秦 郁彦)
「慰安婦」問題とは何だったのか(大沼保昭)
遺族と戦後(田中伸尚ほか)
日本軍のインテリジェンス(小谷 賢)
宇垣一成日記2
援護五十年史(厚生省社会・援護局援護50年史編集委員会)
沖縄 問いを立てる4友軍とガマ:沖縄戦の記憶(屋嘉比収編)
沖縄現代史 新版(新崎盛暉)
沖縄県立平和祈念資料館HP
沖縄戦 強制された「集団自決」(林 博史)
沖縄大百科事典(沖縄大百科事典刊行事務局編)

か行

海上自衛隊五十年史(海上自衛隊50年史編さん委員会編)
海上自衛隊五十年史資料編(海上自衛隊50年史編さん委員会編)
外務省HP
学制百年史(文部省編)
官報
議会制度七十年史帝国議会会議案件名録(衆議院・参議院編)
木戸幸一日記
キネマ旬報ベスト・テン全集(キネマ旬報社編)
行政裁判判例集
桐生悠々(太田雅夫)
近代日本思想大系36昭和思想集(橋川文三編)
近代日本戦争史2大正時代(舩木 繁編)
近代日本戦争史3満州事変・支那事変(河野 収編)
近代日本戦争史4大東亜戦争(近藤新治編)
近代日本総合年表第四版(岩波書店編集部編)
近代日本の徴兵制と社会(一ノ瀬俊也)
近代日本労働史(西成田豊)
軍事援護の理論と実際(青木大吾)
軍需省関係資料8軍需省関係政策資料(原 朗編)
軍律法廷(北 博昭)
現代史資料5国家主義運動2(高橋正衛編)
現代史資料7満洲事変(小林龍夫・島田俊彦編)
現代史資料8日中戦争1(島田俊彦・稲葉正夫編)
現代史資料9日中戦争2(臼井勝美・稲葉正夫編)
現代史資料10日中戦争3(角田 順編)
現代史資料11続・満洲事変(小林龍夫・島田俊彦・稲葉正夫編)
現代史資料12日中戦争4(小林龍夫・稲葉正夫・島田俊彦・臼井勝美編)
現代史資料30朝鮮6(姜徳相編)
現代史資料35太平洋戦争2(富永謙吾・実松 譲編)
現代史資料37大本営(稲葉正夫編)
現代史資料41マス・メディア統制2(内川芳美編)
現代史資料45治安維持法(奥平康弘編)
「原爆の図」描かれた〈記憶〉,語られた〈絵画〉(小沢節子)
航空自衛隊五十年史(航空自衛隊50年史編さん委員会編.)
厚生省五十年史資料編(厚生省五十年史編集委員会編)
講談社の歩んだ五十年昭和編(講談社社史編纂委員会編)
国史大辞典(国史大辞典編集委員会編)
国立公文書館所蔵公文別録87

国立国会図書館HP
国力なき戦争指導　夜郎自大の帝国陸海軍(中原茂敏)
国会委員会議事速記録(官報)
国会会議録(官報)
国家総動員史資料編(石川準吉編)
国家総動員史補巻〔大東亜会議議事速記録〕(石川準吉編)

さ　行

最高裁判所刑事判例集(最高裁判所編)
最高裁判所民事判例集(最高裁判所編)
斎藤隆夫日記
在日朝鮮人関係資料集成4(朴慶植編)
三一書房毛沢東選集3
GHQ(竹前栄治)
自衛隊五十年史(航空自衛隊50年史編さん委員会編)
自衛隊十年史(防衛庁自衛隊十年史編集委員会編)
自衛隊の誕生(増田　宏)
自衛隊の歴史(前田哲男)
「自虐史観」の病理(藤岡信勝)
時事年鑑(時事通信社編)
侍従武官城英一郎日記
商工政策史12(通商産業省編)
事典昭和戦前期の日本(百瀬　孝)
終戦史録(外務省編)
首相官邸HP
ジュリスト
しょうけい館HP
小銃拳銃機関銃入門(佐山二郎)
条約彙纂(外務省条約局編)
条約集(外務省編)
昭和財政史3(大蔵省昭和財政史編集室編)
昭和史全記録(毎日新聞社編)
昭和社会経済史料集成3海軍省資料(大久保達正ほか編)
昭和社会経済史料集成10海軍省資料(大久保達正ほか編)
昭和戦中期の総合国策機関(古川隆久)
昭和天皇独白録(寺崎英成・マリコ＝テラサキ＝ミラー)

昭和天皇の軍事思想と戦略(山田　朗)
昭和の軍閥(高橋正衛)
昭和・平成現代史年表(神田文人編)
資料戦後二十年史1政治(辻　清明編)
資料日本現代教育史4(宮原誠一ほか編)
世界戦争犯罪事典(秦　郁彦・佐瀬昌盛・常石敬一監修)
世界の艦船増刊日本軍艦史(海人社編)
戦史叢書(防衛庁防衛研修所戦史室編)
(戦史叢書1)マレー進攻作戦
(戦史叢書2)比島攻略作戦
(戦史叢書3)蘭印攻略作戦
(戦史叢書4)一号作戦(1)河南の会戦
(戦史叢書5)ビルマ攻略作戦
(戦史叢書6)中部太平洋陸軍作戦(1)マリアナ玉砕まで
(戦史叢書7)東部ニューギニア方面陸軍航空作戦
(戦史叢書8)大本営陸軍部(1)昭和十五年五月まで
(戦史叢書9)陸軍軍需動員(1)計画編
(戦史叢書10)ハワイ作戦
(戦史叢書11)沖縄方面陸軍作戦
(戦史叢書12)マリアナ沖海戦
(戦史叢書13)中部太平洋陸軍作戦(2)ペリリュー・アンガウル・硫黄島
(戦史叢書14)南太平洋陸軍作戦(2)ポートモレスビー・ガ島初期作戦
(戦史叢書15)インパール作戦　ビルマの防衛
(戦史叢書16)一号作戦(2)湖南の会戦
(戦史叢書17)沖縄方面海軍作戦
(戦史叢書18)北支の治安戦(1)
(戦史叢書19)本土防空作戦
(戦史叢書20)大本営陸軍部(2)昭和十六年十二月まで
(戦史叢書21)北東方面陸軍作戦(1)アッツの玉砕
(戦史叢書22)西部ニューギニア方面陸軍航空作戦
(戦史叢書23)豪北方面陸軍作戦
(戦史叢書24)比島・マレー方面海軍進攻作戦
(戦史叢書25)イラワジ会戦　ビルマ防衛の破綻
(戦史叢書26)蘭印・ベンガル湾方面海軍進攻作

典拠文献一覧

戦
(戦史叢書27)関東軍(1)対ソ戦備・ノモンハン事件
(戦史叢書28)南太平洋陸軍作戦(2)ガダルカナル・ブナ作戦
(戦史叢書29)北東方面海軍作戦
(戦史叢書30)一号作戦(3)広西の会戦
(戦史叢書31)海軍軍戦備(1)昭和十六年十一月まで
(戦史叢書32)シッタン・明号作戦
(戦史叢書33)陸軍軍需動員(2)実施編
(戦史叢書34)南方進攻陸軍航空作戦
(戦史叢書35)大本営陸軍部(3)昭和十七年四月まで
(戦史叢書36)沖縄・台湾・硫黄島方面陸軍航空作戦
(戦史叢書37)海軍捷号作戦(1)台湾沖航空戦まで
(戦史叢書38)中部太平洋方面海軍作戦(1)昭和十七年五月まで
(戦史叢書39)大本営海軍部・聯合艦隊(4)第三段作戦前期
(戦史叢書40)南太平洋陸軍作戦(3)ムンダ・サラモア
(戦史叢書41)捷号陸軍作戦(1)レイテ決戦
(戦史叢書42)昭和二十年の支那派遣軍(1)三月まで
(戦史叢書43)ミッドウェー海戦
(戦史叢書44)北東方面陸軍作戦(2)千島・樺太・北海道の防衛
(戦史叢書45)大本営海軍部・聯合艦隊(6)第三段作戦後期
(戦史叢書46)海上護衛戦
(戦史叢書47)香港・長沙作戦
(戦史叢書48)比島捷号陸軍航空作戦
(戦史叢書49)南東方面海軍作戦(1)ガ島奪回作戦開始まで
(戦史叢書50)北支の治安戦(2)
(戦史叢書51)本土決戦準備(1)関東の防衛
(戦史叢書52)陸軍航空の軍備と運用(1)昭和十三年初期まで
(戦史叢書53)満洲方面陸軍航空作戦
(戦史叢書54)南西方面海軍作戦　第二段作戦以降
(戦史叢書55)昭和十七・八年の支那派遣軍
(戦史叢書56)海軍捷号作戦(2)フィリピン沖海戦
(戦史叢書57)本土決戦準備(2)九州の防衛
(戦史叢書58)南太平洋陸軍作戦(4)フィンシュハーヘン・ツルブ・タロキナ
(戦史叢書59)大本営陸軍部(4)昭和十七年八月まで
(戦史叢書60)捷号陸軍作戦(2)ルソン決戦
(戦史叢書61)ビルマ・蘭印方面第三航空軍の作戦
(戦史叢書62)中部太平洋方面海軍作戦(2)昭和十七年六月以降
(戦史叢書63)大本営陸軍部(5)昭和十七年十二月まで
(戦史叢書64)昭和二十年の支那派遣軍(2)終戦まで
(戦史叢書65)大本営陸軍部大東亜戦争開戦経緯(1)
(戦史叢書66)大本営陸軍部(6)昭和十八年六月まで
(戦史叢書67)大本営陸軍部(7)昭和十八年十二月まで
(戦史叢書68)大本営陸軍部大東亜戦争開戦経緯(2)
(戦史叢書69)大本営陸軍部大東亜戦争開戦経緯(3)
(戦史叢書70)大本営陸軍部大東亜戦争開戦経緯(4)
(戦史叢書71)大本営海軍部・聯合艦隊(5)第三段作戦中期
(戦史叢書72)中国方面海軍作戦(1)昭和十三年四月まで
(戦史叢書73)関東軍(2)関特演・終戦時の対ソ戦
(戦史叢書74)中国方面陸軍航空作戦
(戦史叢書75)大本営陸軍部(8)昭和十九年七月まで
(戦史叢書76)大本営陸軍部大東亜戦争開戦経緯(5)
(戦史叢書77)大本営海軍部・聯合艦隊(3)昭和十八年二月まで
(戦史叢書78)陸軍航空の軍備と運用(2)昭和十七年前期まで

(戦史叢書79)中國方面海軍作戦(2)昭和十三年四月以降
(戦史叢書80)大本營海軍部・聯合艦隊(2)昭和十七年六月まで
(戦史叢書81)大本營陸軍部(9)昭和二十年一月まで
(戦史叢書82)大本營陸軍部(10)昭和二十年八月まで
(戦史叢書83)南東方面海軍作戦(2)ガ島撤収まで
(戦史叢書84)南太平洋陸軍作戦(5)アイタペ・プリアカ・ラバウル
(戦史叢書85)本土方面海軍作戦
(戦史叢書86)支那事変陸軍作戦(1)昭和十三年一月まで
(戦史叢書87)陸軍航空兵器の開発・生産・補給
(戦史叢書88)海軍軍戦備(2)開戦以後
(戦史叢書89)支那事変陸軍作戦(2)昭和十四年九月まで
(戦史叢書90)支那事変陸軍作戦(3)昭和十六年十二月まで
(戦史叢書91)大本營海軍部・聯合艦隊(1)開戦まで
(戦史叢書92)南西方面陸軍作戦　マレー・蘭印の防衛
(戦史叢書93)大本營海軍部・聯合艦隊(7)戦争最終期
(戦史叢書94)陸軍航空の軍備と運用(3)終戦まで
(戦史叢書95)海軍航空概史
(戦史叢書96)南東方面海軍作戦(3)ガ島撤収後
(戦史叢書97)陸軍航空作戦基盤の建設運用
(戦史叢書98)潜水艦史
(戦史叢書99)陸軍軍戦備
(戦史叢書100)大本營海軍部大東亜戦争開戦経緯(1)
(戦史叢書101)大本營海軍部大東亜戦争開戦経緯(2)
(戦史叢書102)陸海軍年表
戦前期日本と東南アジア(安達宏昭)
戦争裁判余録(豊田隈雄)
「戦争体験」の戦後史(福間良明)
戦争体験の記録と語りに関する資料論的研究(『国立歴民族博物館研究報告147』)(国立歴史民俗博物館編)
戦争と美術1937―1945(針生一郎ほか編)
戦争犯罪裁判関係法令集(法務省大臣官房司法法制調査部編)
宣伝謀略ビラで読む,日中・太平洋戦争(一ノ瀬俊也)
全陸軍甲種幹部候補生制度史(全陸軍甲種幹部候補生制度史編集委員会編)
戦力増強と軍人援護(藤原孝夫)
続・引揚援護の記録(厚生省引揚援護局総務課記録係編)
続々・引揚援護の記録(厚生省引揚援護局総務課記録係編)

た　行

大韓民国史年表上(国史編纂委員会編)
大審院判例集第16巻第4号
大東亜戦争戦史叢書　→戦史叢書
第二次世界大戦と日独伊三国同盟(平間洋一)
大日本国防婦人会十年史(大日本国防婦人会編)
「大日本帝国」崩壊(加藤聖文)
太平洋戦争(児島　襄)
太平洋戦争師団戦史(歴史読本永久保存版〔戦記シリーズ32〕)
太平洋戦争への道4(国際政治学会太平洋戦争原因研究部編)
大砲入門(佐山二郎)
忠魂碑の研究(大原康雄)
朝鮮の開国と近代化(原田　環)
中央公論第47巻第12号附録リットン報告
中国人強制連行(杉原　達)
「忠霊塔建設に関する考察」(『国立歴史民俗学博物館研究報告』147)(今井昭彦)
朝鮮近現代史年表(「新東亜」編輯室編)
朝鮮人戦時労働動員(山田昭次・古庄　正・樋口雄一)
「朝鮮戦争と警察予備隊」(『防衛研究所紀要』第8巻第3号)(葛原和三)
朝鮮総督府官報
徴兵制と近代日本(加藤陽子)
帝国海軍人事制度概説(末国正雄)〔防衛庁防衛研修所戦史室〕

典拠文献一覧

帝国議会貴族院議事速記録(官報)〔東京大学出版会〕
帝国議会衆議院委員会議録昭和篇(官報)〔東京大学出版会〕
帝国議会衆議院議事速記録(官報)〔東京大学出版会〕
帝国在郷軍人会三十年史(帝国在郷軍人会本部編)
帝国陸軍機甲部隊(加登川幸太郎)
定本日本の軍歌(堀内敬三)
デジタル記念館慰安婦問題とアジア女性基金 http://www.awf.or.jp/
東京朝日新聞
東京大空襲・戦災誌3(「東京大空襲・戦災誌」編集委員会編)
東京ローズ(上坂冬子)
東京ローズ(ドウス昌代)
毒ガス戦と日本軍(吉見義明)
特別攻撃隊(特攻隊慰霊顕彰会編)

な　行

内閣制度百年史上巻・下巻(内閣制度百年史編纂委員会編)
内閣制度百年史下巻追録(内閣制度百十周年記念史編纂委員会編)
内閣制度百年史下巻追録平成八年～平成十七年(内閣制度百十周年記念史編集委員会編)
南京事件(秦　郁彦)
日米「密約」外交と人民のたたかい(新原昭治)
日中開戦(北　博昭)
日本遺族会の四十年(日本遺族会事務局編)
日本映画史3・4(佐藤忠男)
日本映画発達史2～5(田中純一郎)
日本海軍史(海軍歴史保存会編)
日本海軍全艦艇史(福井静夫)
日本外交主要文書・年表1～4(鹿島平和研究所編)
日本外交年表並主要文書下(外務省編)
日本外交文書大正2年第2巻(外務省編)
日本外交文書一九三〇年ロンドン海軍会議上(外務省編)
日本外交文書一九三五年ロンドン海軍会議(外務省編)
日本外交文書一九三五年ロンドン海軍会議経過報告書(外務省編)
日本外交文書海軍軍制限条約・枢密院審査記録(外務省編)
日本外交文書ロンドン海軍会議経過概要(外務省編)
日本外交文書ジュネーヴ海軍軍備制限会議(外務省編)
日本外交文書昭和Ⅰ第1部第1巻(外務省編)
日本外交文書昭和Ⅰ第1部第2巻(外務省編)
日本外交文書昭和Ⅰ第1部第3巻(外務省編)
日本外交文書昭和Ⅰ第1部第4巻(外務省編)
日本外交文書昭和Ⅰ第1部第5巻(外務省編)
日本外交文書昭和Ⅰ第2部第1巻(外務省編)
日本外交文書昭和Ⅱ第1部第1巻(外務省編)
日本外交文書昭和Ⅱ第1部第3巻(外務省編)
日本外交文書昭和期Ⅱ第1部第4巻上巻(外務省編)
日本外交文書昭和期Ⅱ第1部第5巻上巻(外務省編)
日本外交文書昭和期Ⅱ第2部第1巻(外務省編)
日本外交文書満州事変第1巻第1冊(外務省編)
日本外交文書満州事変第1巻第2冊(外務省編)
日本外交文書満州事変第1巻第3冊(外務省編)
日本外交文書満州事変第2巻第1冊(外務省編)
日本外交文書満州事変第3巻第2冊(外務省編)
日本外交文書満州事変別巻(外務省編)
日本外交文書日中戦争第1冊(外務省編)
日本外交文書日中戦争第3冊(外務省編)
日本外交文書日中戦争第4冊(外務省編)
日本外交文書日米交渉―1941年―上巻(外務省編)
日本外交文書日米交渉―1941年―下巻(外務省編)
日本外交文書太平洋戦争第1冊(外務省編)
日本外交文書太平洋戦争第3冊(外務省編)
日本騎兵史(佐久間亮三・平井卯輔)
日本近代軍服史(太田臨一郎)
日本近代文学年表(小田切進編)
日本軍事史下(藤原　彰)
日本の戦車(原乙未生・栄森伝治・竹内　昭)
日本軍の捕虜政策(内海愛子)
日本経済新聞
日本航空機辞典〔日本航空機辞典上巻1910年

（明治43年）～1945年（昭和20年）］（野沢　正）
日本出版百年史年表（日本書籍出版協会編）
日本人の戦争観（吉田　裕）
日本人捕虜（秦　郁彦）
日本占領及び管理重要文書集2（外務省特別資料部編）
日本の軍艦（福井静夫）
日本の大砲（竹内　昭・佐山二郎）
日本美術年鑑（東京文化財研究所編）
日本陸海軍事典（原　剛・安岡昭男編）
日本陸海軍総合事典（秦　郁彦編）
日本陸軍「戦訓」の研究（白井明雄）
日本陸軍用兵思想史（前原　透）
日本歴史大系5 近代2（井上光貞他編）
農林行政史6（農林省大臣官房編）

　　　　　　は　行

波乱の半世紀　陸上自衛隊の50年（朝雲新聞社編集局編）
「反戦」のメディア史（福間良明）
判例時報
BC級戦犯裁判（林　博史）
引揚援護の記録（引揚援護庁編）
ひめゆり平和祈念資料館図録［ひめゆり平和祈念資料館　ガイドブック（展示・証言）］（ひめゆり平和祈念資料館編）
福井静夫著作集2
文芸春秋
閉鎖機関とその特殊清算（閉鎖機関整理委員会編）
平和祈念事業特別基金HP
別冊一億人の昭和史　昭和マンガ史（毎日新聞社編）
防衛省・自衛隊HP
防衛庁関係法令集平成16年版［内外出版］
防衛庁五十年史（防衛庁編）
防衛白書平成20年版（防衛省編）
防衛白書平成23年版（防衛省編）
防衛用語辞典（真辺正行）
防衛ハンドブック平成23年版（朝雲新聞社編集局編）
放射線影響研究所HP
誇れる国,日本（アパグループ）

細川日記（細川護貞）

　　　　　　ま・や・ら行

毎日新聞
靖国神社問題資料集（国立国会図書館調査立法考査局編）
靖国神社略年表（靖国神社社務所編）
靖国の戦後史（田中伸尚）
読売新聞
読売年鑑（読売新聞社編）
理科年表2002年版（国立天文台編）
陸海軍将官人事総覧海軍篇（外山　操）
陸海軍将官人事総覧陸軍篇（外山　操）
陸海軍年表　→戦史叢書102
陸軍航空の鎮魂正・続（航空碑奉賛会編）
陸軍人事制度概説［「陸軍人事制度概説」付録人事・教育制度関係年表／陸軍服制の変遷（研究資料80RO—1H別冊）］（田上四郎）

索　引

- アルファベットで始まる語句を最初に掲出した．
- 表記に小異のある語句群については，一つの表記にまとめた場合がある．

Ａ級戦犯刑死者 7 人合祀
　　　　　　　1978.10.17
ABDA司令部
　　　　　　　1942. 1. 1
ＡＬ作戦
　　　　　　　1942. 6. 6
B-17
　　　　　　　1942. 2.23
B-17対策委員会
　　　　　　　1942.12.—
B-25
　　　　　　　1942. 4.18
B-26
　　　　　　　1942. 4. 9
B-29
　　　　　　　1940. 6.—
　　　　　　　1942. 9.—
　　　　　　　1944.11.24
　　　　　　　1944.11.29
　　　　　　　1944.12.13
　　　　　　　1945. 1. 3
　　　　　　　1945. 2. 4
　　　　　　　1945. 2.15
　　　　　　　1945. 2.19
　　　　　　　1945. 2.25
　　　　　　　1945. 3. 4
　　　　　　　1945. 3. 9
　　　　　　　1945. 3.13
　　　　　　　1945. 3.27
　　　　　　　1945. 3.29
　　　　　　　1945. 3.30
　　　　　　　1945. 4. 1
　　　　　　　1945. 4. 2
　　　　　　　1945. 4. 4
　　　　　　　1945. 4. 7
　　　　　　　1945. 4.12
　　　　　　　1945. 4.13
　　　　　　　1945. 4.15
　　　　　　　1945. 4.21

　　　　　　　1945. 5.10
　　　　　　　1945. 5.11
　　　　　　　1945. 5.14
　　　　　　　1945. 5.17
　　　　　　　1945. 5.24
　　　　　　　1945. 5.25
　　　　　　　1945. 5.29
　　　　　　　1945. 6. 1
　　　　　　　1945. 6. 9
　　　　　　　1945. 6.15
　　　　　　　1945. 6.17
　　　　　　　1945. 6.19
　　　　　　　1945. 6.25
　　　　　　　1945. 7. 9
　　　　　　　1945. 7.28
　　　　　　　1945. 8. 6
　　　　　　　1945. 8. 9
　　　　　　　1945. 3.17
B-29関東地区初偵察
　　　　　　　1944.11. 1
B-29本土初空襲
　　　　　　　1944. 6.15
Ｂ52
　　　　　　　1968.11.19
BC級戦犯裁判
　　　　　　　1945.12.18
Ｄ作戦
　　　　　　　1942. 2. 7
Ｆ機関
　　　　　　　1942. 4.30
Ｆ作戦
　　　　　　　1942. 6.13
FELO
　　　　　　　1942. 7.—
Ｆ・Ｓ作戦
　　　　　　　1942. 4. 5
　　　　　　　1942. 5.15
　　　　　　　1942. 5.18
　　　　　　　1942. 6. 7

408

	1942. 6.11	ＰＫＯ法	
	1942. 7.11		1992. 6.19
Ｆ・Ｓ作戦延期		ＰＸ	
	1942. 6. 8		1961. 2.22
Ｆ・Ｓ作戦要領		Ｒ方面	
	1942. 5.18		1942. 3.30
ＧＨＱ		ＲＡＡ	
	1945. 9.15		1945. 8.26
	1952. 4.28	ＲＫＯパテー	
ＧＨＱ/ＡＦＰＡＣ			1940. 9.26
	1945. 8.30	ＲＹ作戦	
ＧＮＰ１％			1942. 5. 8
	1987. 1.24	Ｓ攻略部隊	
ＧＮＰ１％枠			1942. 5. 8
	1985. 6.10	ＳＮ作戦	
ＩＡＥＡ			1942. 6.24
	1992. 5.25	Ｔ作戦	
	1994. 6.14		1942. 3.12
Ｉ・Ｎ・Ａ		Ｕ作戦	
	1941.12.31		1942. 1.22
Ｋ作戦(第１次)		Ｕ－２偵察機	
	1942. 3. 4		1960. 5. 1
ＭＩ作戦		Ｕ-511号	
	1942. 6. 7		1943. 2.―
	1942. 7.11	「Ｙ」作戦	
ＭＩ作戦中止			1943. 9.25
	1942. 6. 8		
ＭＩＧ-25		**あ**	
	1976. 9. 6		
	1976.11.14	愛国行進曲	
ＭＯ機動部隊			1937. 9.25
	1942. 5. 8		1937.11. 3
ＭＯ作戦		愛国第１・第２号	
	1942. 5.15		1932. 1.10
	1942. 5.18	愛国婦人会	
	1942. 6.11		1937. 7. 5
ＭＳＡ協定			1938. 6.13
	1954. 3. 8		1939.11. 5
Ｎ三式飛行船			1941. 6.10
	1926.12.25		1942. 2. 2
ＮＰＴ		愛国婦人会朝鮮本部	
	1993. 3.12		1937. 9.―
Ｐ-51		相沢三郎	
	1945. 4.12		1935. 8.12
	1945. 4.19		1936. 5. 7
	1945. 5.17	相沢事件	
	1945. 5.25		1936. 1.28
	1945. 7.28	アイタペ	
ＰＨＷ			1944. 4.22
	1945.12. 8	愛 知 県	

409

	1945. 7.28
愛馬進軍歌	
	1939. 1.―
青木書店	
	1952. 6.―
	1983. 7.―
青　　葉	
	1926. 3.31
	1927. 9.20
青葉支隊長	
	1942.10. 1
青　　森	
	1945. 7.28
あか１号	
	1933. 3.―
赤　　城	
	1927. 3.25
	1928. 4. 1
	1941.11.24
	1942. 6. 5
あ か 剤	
	1937. 9.―
赤坂離宮	
	1945. 5.24
暁に祈る	
	1940. 5.―
あ か 筒	
	1938. 5. 3
赤トンボ	
	1935.12.25
『赤とんぼ』	
	1947. 3.―
阿 賀 野	
	1942.10.31
阿川弘之	
	1965.11.―
秋　　月	
	1942. 6.13
アキャブ	
	1942. 5. 4
秋山好古	
	1930.11. 4
アクタン島	
	1942. 6. 5
『悪魔の飽食』	
	1981.11.―
朝井閑右衛門	
	1937.10.16
朝　　霞	
	1941.11. 1

あさかぜ	
	1954. 8. 2
朝香宮鳩彦王	
	1981. 4.12
朝香鳩彦	
	1981. 4.12
朝雲新聞社	
	1966. 8.―
朝　　潮	
	1937. 8.31
浅田信興	
	1927. 4.27
朝日新聞	
	1992. 1.11
朝日新聞社	
	1933. 3.―
	1933. 5.―
	1933. 9.―
	1938. 5.18
	1938. 6.27
	1939. 7. 6
	1942.12. 3
朝日世界ニュース	
	1940. 4.15
朝 日 隊	
	1944.10.20
朝日文化賞	
	1943. 1.29
浅 間 丸	
	1940. 1.21
	1942. 6.25
	1942. 8.20
浅間丸事件	
	1940. 1.21
	1940. 2. 6
葦	
	1927. 8.24
アジア女性基金	
	1995. 7.19
足　　柄	
	1929. 7.31
	1944.12.26
芦田均内閣	
	1948. 3.10
梓　　隊	
	1945. 3.11
麻生太郎内閣	
	2008. 9.24
愛　　宕	
	1932. 5.31

アダック攻撃
　　　　　　1942. 4.12
新しき土
　　　　　　1937. 3.—
厚木基地夜間飛行差し止め訴訟
　　　　　　1982.10.20
熱田みや子
　　　　　　1940. 3.28
アッツ島
　　　　　　1942. 6. 6
　　　　　　1942. 6. 8
　　　　　　1942. 6.13
　　　　　　1943. 4.18
　　　　　　1943. 5.12
アッツ島「玉砕」
　　　　　　1943. 5.30
アッツ島玉砕（藤田嗣治）
　　　　　　1943. 9. 1
アッツ島攻略
　　　　　　1942. 5. 5
アッツ島守備隊
　　　　　　1943. 5.29
アドミラルティ諸島
　　　　　　1942. 4. 5
アトラス
　　　　　　1957.12.17
阿南惟幾
　　　　　　1945. 4. 7
　　　　　　1945. 8.10
　　　　　　1945. 8.14
　　　　　　1945. 8.15
あの旗を撃て
　　　　　　1944. 2.10
ア　パ　リ
　　　　　　1941.12.10
安倍晋三内閣
　　　　　　2006. 9.26
阿部信行
　　　　　　1939. 9. 8
　　　　　　1940. 4. 1
　　　　　　1940. 4.26
　　　　　　1942. 5.20
　　　　　　1944. 7.17
阿部信行内閣
　　　　　　1939. 8.30
　　　　　　1940. 1.14
安保清種
　　　　　　1929. 7. 2
　　　　　　1930.10. 3
　　　　　　1931. 4.14

天　　城
　　　　　　1944. 8.10
奄美大島
　　　　　　1945. 3. 1
　　　　　　1953.12.24
奄美群島に関する日本国とアメリカ合衆国との間の協定
　　　　　　1953.12.24
尼リリス
　　　　　　1940. 3.28
アメリカ合衆国
　　　　　　1942. 1. 1
アメリカ軍艦載機
　　　　　　1945. 2.17
　　　　　　1945. 2.25
　　　　　　1945. 3. 1
　　　　　　1945. 5.13
　　　　　　1945. 5.24
　　　　　　1945. 7.10
アメリカ太平洋陸軍総司令部
　　　　　　1945. 8.30
天羽英二
　　　　　　1934. 4.17
天羽声明
　　　　　　1934. 4.17
　　　　　　1934. 4.29
荒木貞夫
　　　　　　1931.12.13
　　　　　　1932. 5.26
　　　　　　1933. 1.23
　　　　　　1933.10.25
　　　　　　1934. 1.23
　　　　　　1936. 3.10
　　　　　　1948.11.12
　　　　　　1958. 4. 7
　　　　　　1966.11. 2
有末精三
　　　　　　1945. 8. 8
有田・クレーギー会談
　　　　　　1939. 7.15
　　　　　　1939. 7.24
　　　　　　1939. 8.21
有田八郎
　　　　　　1939. 2.13
　　　　　　1939. 7.15
　　　　　　1940. 4.15
　　　　　　1940. 4.17
　　　　　　1940. 7.12
有馬良橘
　　　　　　1944. 5. 1

アリューシャン
    1942. 6. 7
アリューシャン攻略
    1942. 4.13
アリューシャン作戦
    1942. 4. 5
    1942. 5. 5
アリューシャン西部攻略
    1942. 4.21
アリューシャン西部要地攻略
    1942. 5. 5
蟻 輸 送
    1942. 9.26
阿 波 丸
    1945. 4. 1
阿波丸事件に基く日本国の賠償請求権放棄に関する決議
    1949. 4. 6
あを1号
    1929. 4.—
アンガウル島
    1944. 9.17
暗号解読
    1929.12.28
    1930. 7.—
    1934.12.29
    1944. 4.—
暗黒の木曜日
    1929.10.24
アンダマン
    1942. 3.23
アンダマン群島要地攻略
    1942. 2. 7
安藤紀三郎
    1943. 4.20
安東貞美
    1932. 8.29
安藤利吉
    1940. 9.26
アンボン島
    1942. 1.31
    1942. 2. 3
アン リ
    1939. 2.13
    1939.11.30
    1940. 6.19
    1940. 6.20
    1940. 8. 1
    1940. 8. 6
    1940. 8.30

い

慰 安 所
    1932. 4. 1
    1938. 1.10頃
    1942. 1.10
慰 安 婦
    1938. 2.18
    1938.11. 4
    1938.11.—
    1993. 4. 2
慰安婦関係調査結果発表に関する内閣官房長官談話
    1993. 8. 4
慰安婦業者
    1938. 3. 4
イージス護衛艦
    1993. 3.25
飯田祥二郎
    1941.11. 6
家永三郎
    1968. 2.—
硫 黄 島
    1945. 2.17
    1945. 2.19
    1945. 3.16
    1945. 3.25
硫黄島部隊の「玉砕」
    1945. 3.21
井川忠雄
    1940.12.11
    1941. 2.13
    1941. 3.17
    1941. 3.22
「生きてゐる兵隊」
    1938. 3.—
イギリス
    1942. 1. 1
イギリス・オーストラリア軍
    1942. 3.12
井桁敬治
    1944. 7. 6
池田勇人内閣(第1次)
    1960. 7.19
池田勇人内閣(第2次)
    1960.12. 8
池田勇人内閣(第3次)
    1963.12. 9
違憲・合法論

	1983.12.20		1940. 3.30
伊号第１潜水艦		維新前後の殉難者	
	1926. 3.10		1929. 4.24
伊号第９潜水艦			1933. 4.25
	1941. 2.13		1935. 4.26
伊号第15潜水艦		い　す　ゞ	
	1940. 9.30		1936.12.31
伊号第16潜水艦			1941.12.31
	1940. 3.30	出　　雲	
伊号第19潜水艦			1932. 2. 2
	1942. 9.15		1937. 8.14
伊号第24潜水艦		伊　　勢	
	1942. 6. 7		1942.12.―
伊号第51潜水艦		磯谷廉介	
	1931. 9.―		1939. 7.20
伊号第53潜水艦		遺族の親身の相談相手となるべき婦人	
	1927. 3.30		1941. 1.11
伊号第69潜水艦		磯部浅一	
	1942. 2. 9		1934.11.20
伊号第168潜水艦			1935. 7.11
	1942. 6. 7		1937. 8.19
異国の丘		磯村　年	
	1948. 8. 1		1961. 9.12
遺骨受け取り		板垣征四郎	
	1932. 6. 6		1928.10.10
イサベル島沖海戦			1929. 5.14
	1943. 2.10		1937. 6. 4
石射猪太郎			1938. 6. 3
	1942. 8.20		1938.12.20
石 垣 島			1939. 1. 6
	1945. 3. 1		1939. 8. 8
石川達三			1939. 9.12
	1938. 3.―		1940. 7.31
意志の勝利			1948.11.12
	1942. 3.―	板花義一	
石橋湛山内閣			1942.11.28
	1956.12.23	一億総懺悔	
石原莞爾			1945. 8.28
	1928.11. 3	市 ヶ 谷	
	1928.10.10		1937. 8. 2
	1929. 7. 3		1941.11. 1
	1931. 5.―		2000. 5. 8
	1937. 3. 1	市谷本村町	
	1937. 7.18		1940. 3. 8
	1937. 9.27	市川　崑	
移住朝鮮人			1956. 2.12
	1939. 7. 4	一木支隊	
石渡荘太郎			1942. 5. 5
	1944. 2.19		1942. 8.13
維新政府			1942. 8.18

	1942. 8.21
	1942. 8.25
	1942. 8.28
一木支隊第2梯団	
	1942. 8.25
	1942. 8.29
一木支隊長	
	1942. 8.20
一式貨物輸送機	
	1942. 2.—
一式機動四七ミリ砲	
	1942. 9.—
一式三七ミリ高射機関砲	
	1941.12.31
一式照空灯	
	1941.12.31
一式戦闘機(隼)	
	1941. 4.—
一式多電話機	
	1941.12.31
一式四輪乗用車	
	1941.12.31
一式四輪トラック	
	1941.12.31
一式陸上攻撃機	
	1941. 4.—
	1941. 7.27
一式六輪トラック	
	1941.12.31
1次防	
	1957. 6.14
一年現役兵制	
	1927. 4. 1
一年志願兵	
	1927.11.30
一年志願兵制	
	1927. 4. 1
一戸兵衛	
	1931. 9. 2
1府県1聯隊区制	
	1940. 7.10
	1942. 4. 1
一家ヨリ多数ノ兵役服務者ヲ出シタル場合ニ於ケル表彰ニ関スル件	
	1931.10.20
一夕会	
	1928.11.3
	1929. 5.19
『一戔五厘の旗』	
	1971.10.—

一定ノ地域ニ戒厳令中必要ノ規定ヲ適用スルノ件	
	1936. 2.27
一 等 卒	
	1931.11. 9
一 等 兵	
	1931.11. 9
一般疎開促進要綱	
	1944. 3. 3
伊藤芳男	
	1938. 2.15
犬養　毅	
	1930. 4.25
	1932. 5.15
犬養毅内閣	
	1931.12.13
井上幾太郎	
	1965. 5. 7
井上成美	
	1944. 7.24
井上良馨	
	1929. 3.22
井伏鱒二	
	1965. 1.—
今井　清	
	1937. 7. 9
今井武夫	
	1945. 8.21
今井　正	
	1953. 1. 9
今富　滋	
	1987. 7.16
今村　均	
	1941.11. 6
	1942. 3. 1
	1945. 9. 6
	1968.10. 4
イラク人道復興支援活動特別措置法改正法	
	2007. 6.27
イラン人道復興支援特別措置法	
	2003. 8. 1
衣料切符制度	
	1942. 2. 1
慰霊の日	
	1989. 4.21
岩　国	
	1945. 5.10
岩国協定	
	1941.11.16
岩国航空隊	
	1941.11.13

岩倉具栄
    1943. 5.11
岩畔機関
    1942. 4.30
岩畔豪雄
    1941. 4. 2
岩田豊雄
    1943.12. 8
岩谷憲一
    1998. 5.22
岩手靖国違憲住民訴訟
    1981. 3.16
    1991. 1.10
    1991. 9. 4
岩波書店
    1968. 2.—
    1971. 1.—
殷　汝耕
    1935.11.25
    1935.12.25
インド
    1942. 1. 1
インド国民軍
    1941.12.31
インド独立連盟大会
    1943. 7. 4
印度洋機動作戦
    1942. 3.26
インパール作戦
    1943. 8. 7
    1944. 3. 8
インパール作戦の中止
    1944. 7. 1
尹　奉吉
    1932. 4.29

う

ウィンゲート空挺兵団
    1944. 3. 5
ウィンゲート兵団
    1943. 3.24
ウィンゲート旅団
    1943. 2.14
ヴィンソン案(第2次)
    1939. 3.27
ヴィンソン案(第3次)
    1941. 9.21
ヴィンソン法(第1次)
    1934. 3.27

ヴィンソン法(第2次)
    1938. 5.17
ヴィンソン法案(第3次)
    1940. 6.14
ウェーク島
    1941.12. 8
    1941.12.23
    1942. 2.11
    1942. 6. 6
    1943. 7.25
ウェーク島空襲
    1941.12. 8
ウェーク島攻略作戦
    1941.12.10
    1941.12.11
ウェーベル
    1942. 1. 1
ウェーンライト
    1942. 5. 6
    1942. 5. 7
植田謙吉
    1939. 9. 7
    1962. 9.11
上野動物園
    1943. 9. 4
上原勇作
    1933.11. 8
上村幹男
    1941.12.29
ウェワク
    1942.12.18
ウォッチタワー作戦
    1942. 7. 2
ウォルシュ
    1940.12. 5
    1940.12.11
    1940.12.27
    1940.12.28
    1941. 1.23
    1941. 2.13
    1941. 3.17
    1941. 4. 2
    1941. 4. 5
宇垣一成
    1926. 1.30
    1929. 7. 2
    1936. 8. 5
    1937. 1.29
    1938. 5.26
    1938. 9.29

	1956. 4.30
宇垣一成内閣樹立	
	1931. 3.20
宇垣　纒	
	1945. 8.15
浮島丸	
	1945. 8.24
鵜沢総明	
	1946. 4.24
牛島　満	
	1945. 6.23
後宮　淳	
	1940. 9.26
	1956.12.26
	1973.11.24
内田信也	
	1944. 2.19
撃ちてし止まむ	
	1943. 2.23
内　南　洋	
	1937.10.30
内山小二郎	
	1945. 2.14
宇宙基本法	
	2008. 5.28
宇都宮陸軍飛行学校	
	1940.10. 1
内海　倫	
	1972. 3.10
宇野宗佑内閣	
	1989. 6. 3
海ゆかば	
	1937.10.―
梅　機　関	
	1939. 8.22
梅機関長	
	1940. 3. 1
梅沢　裕	
	1945. 5.―
梅津・何応欽協定	
	1935. 6.10
梅津美治郎	
	1939. 9.―
	1939. 9. 7
	1944. 7.18
	1945. 8.14
	1945. 9. 2
	1948.11.12
ウランの原子核分裂連鎖反応	
	1942.12. 2

瓜生外吉	
	1937.11.11
雲　王	
	1937.10.27
雲仙丸	
	1946.12. 5
雲南鉄道爆撃	
	1940. 1. 5
運命共同体	
	1983. 1.18
運輸通信省官制	
	1943.11. 1
雲　鷹	
	1941. 9. 5
運用術練習艦令	
	1934. 3.31
雲　龍	
	1944. 8. 6

え

英印軍	
	1942. 1. 7
	1943. 4. 8
	1943. 5.中旬
映　画	
	1933. 3.―
	1940.11.―
	1942.12. 3
英華軍事同盟	
	1941.12.26
映画検閲に関する覚書	
	1946. 1.28
映　画　法	
	1939. 4. 5
英国全版図内日本資産凍結	
	1941. 7.26
衛生省	
	1937. 5.14
易　幟	
	1928.12.29
恵山丸	
	1946.12. 8
エスペランス岬	
	1942.10.17
越　境	
	1931. 9.20
	1931. 9.22
エデ・カンタ	
	1940. 3.28

エニウェトク(ブラウン)環礁
　　　　　　　1944. 2.18
恵庭事件
　　　　　　　1962.12.11
　　　　　　　1967. 3.29
荏　原　区
　　　　　　　1945. 5.24
愛　媛　県
　　　　　　　1945. 7.28
愛媛玉串料公金支出住民訴訟
　　　　　　　1982. 6.28
愛媛玉串料住民訴訟
　　　　　　　1997. 4. 2
エミ石河
　　　　　　　1940. 3.28
襟　　　章
　　　　　　　1938. 6. 1
エルサルバドル
　　　　　　　1942. 1. 1
援蒋ルート
　　　　　　　1940. 7.30
　　　　　　　1942. 3.21
援蒋路禁絶
　　　　　　　1939.11.30
延線車(電信隊用)
　　　　　　　1937.12.—
戦争美術展覧会
　　　　　　　1938. 5.18
エンタープライズ
　　　　　　　1968. 1.19
　　　　　　　1983. 3.21
遠藤喜一
　　　　　　　1939.11.14

お

及川古志郎
　　　　　　　1940. 9. 5
　　　　　　　1940. 9.13
　　　　　　　1941. 7.18
　　　　　　　1941. 8. 4
　　　　　　　1941. 9.21
　　　　　　　1941.10. 1
　　　　　　　1941.10. 7
　　　　　　　1941.10. 8
　　　　　　　1941.10.12
　　　　　　　1944. 8. 2
桜　　　花
　　　　　　　1944. 8.16
　　　　　　　1944.10. 1
　　　　　　　1944.10.23
　　　　　　　1945. 3.17
　　　　　　　1945. 3.21
　　　　　　　1945. 4.12
桜花21型
　　　　　　　1945. 2.15
応急総動員計画設定
　　　　　　　1934. 5. 1
王　克敏
　　　　　　　1937.12.14
　　　　　　　1939. 9.19
　　　　　　　1940. 3.30
王　師　会
　　　　　　　1928. 2.—
欧州の天地は複雑怪奇
　　　　　　　1939. 8.28
汪　兆　銘
　　　　　　　1927. 2.21
　　　　　　　1938.12.18
　　　　　　　1938.12.28
　　　　　　　1939. 1. 1
　　　　　　　1939. 4.25
　　　　　　　1939. 5.31
　　　　　　　1939. 6.10
　　　　　　　1939. 8.22
　　　　　　　1939. 9.19
　　　　　　　1940. 1.16
　　　　　　　1940. 1.23
　　　　　　　1940. 3. 1
　　　　　　　1940. 3.12
　　　　　　　1940. 3.30
　　　　　　　1940. 4. 1
　　　　　　　1940. 4.26
　　　　　　　1942.12.20
　　　　　　　1943. 8. 1
　　　　　　　1944.11.10
汪兆銘政権
　　　　　　　1938. 6.22
　　　　　　　1942.12.21
汪兆銘政府
　　　　　　　1940. 1. 8
汪兆銘派
　　　　　　　1940. 1.22
嘔吐性ガス
　　　　　　　1937. 9.—
　　　　　　　1938. 7. 6
　　　　　　　1938. 8. 6
　　　　　　　1938.12. 2
大麻唯男
　　　　　　　1943. 4.20

417

大井成元			1926. 4.10
	1951. 7.15	オーストラリア	
大江素天			1942. 1. 1
	1932. 2.15		1942. 5.31
大岡昇平		大角岑生	
	1948. 2.—		1931.12.13
	1948.12.—		1932. 5.26
	1952.12.—		1933. 1. 9
大川周明			1933. 1.23
	1931. 3.20		1934. 7. 8
大久野島			1941. 2. 5
	1929. 5.19	大　　鷹	
大久保武雄			1941. 9. 5
	1948. 5. 1	大谷正治	
大　　阪			2005. 9.30
	1942. 4.18	大田　実	
	1945. 1. 3		1945. 6. 6
	1945. 3.13		1945. 6.11
	1945. 6. 1	大槻一郎	
大阪朝日新聞			1939.11.—
	1938.12.—	大西巨人	
大阪国防婦人会			1968.12.—
	1932. 3.18	大西瀧治郎	
	1932.12.13		1943. 6.29
大阪地区			1944.10.20
	1945. 6.15		1945. 8.16
大阪俘虜収容所		大場　栄	
	1942. 9.12		1945.12. 1
大阪陸軍幼年学校		大庭二郎	
	1940. 3. 8		1935. 2.11
	1940. 3. 9	大平正芳	
大迫尚敏			1980. 6.12
	1927. 9.20	大平正芳内閣(第1次)	
大迫尚道			1978.12. 7
	1934. 9.12	大平正芳内閣(第2次)	
大島久直			1979.11. 9
	1928. 9.28	大　　湊	
大　島　浩			1945. 7.14
	1938. 7.上旬	大宮御所	
	1939. 4.20		1945. 5.25
	1941. 2.23	大　牟　田	
	1941. 4.10		1945. 6.17
	1941. 4.16	大　　村	
	1941. 4.18		1945. 3.27
	1941. 6. 3	大山勇夫	
	1942. 5.29		1937. 8. 9
	1943. 4.—	大山事件	
	1948.11.12		1937. 8. 9
	1958. 4. 7	大　　淀	
大島義昌			1944.12.26

小笠原群島	
	1946. 1.29
小笠原諸島	
	1944. 6.15
小笠原返還協定	
	1968. 4. 5
小笠原丸	
	1945. 8.22
岡　敬　純	
	1941. 1.10
	1941.10.14
	1941.10.30
	1948.11.12
	1958. 4. 7
岡田啓介	
	1927. 4.20
	1932. 5.26
	1933. 1. 9
	1943. 8. 8
	1944. 3.14
	1944. 6. 4
	1944. 6.16
	1944. 7.17
岡田啓介内閣	
	1934. 7. 8
	1936. 2.26
緒方勝一	
	1960.12.28
緒賀恒雄	
	1992. 2.28
岡部直三郎	
	1938. 6.―
	1946.11.23
岡村寧次	
	1941.11. 3
	1945. 9. 9
	1966. 9. 2
岡本喜八	
	1959.10. 6
	1960.10.30
小川正澄	
	1982.10.20
沖縄県祖国復帰協議会	
	1960. 4.28
沖縄県民斯ク戦ヘリ	
	1945. 6. 6
沖縄航空特別攻撃	
	1945. 7.19
沖縄タイムス社	
	1950. 8.―

沖縄土地境界明確化法	
	1977. 5.18
沖縄における公用地等の暫定使用に関する法律	
	1971.12.31
沖縄返還協定	
	1971. 6.17
	1972. 3.21
沖縄方面第1次航空総攻撃	
	1945. 4. 6
	1945. 4.16
	1945. 4.28
	1945. 5.11
	1945. 5.25
	1945. 6. 3
沖縄方面第2次航空総攻撃	
	1945. 4.12
沖縄本島	
	1945. 3. 1
	1945. 3.26
奥平守男	
	1992.12.18
奥　保鞏	
	1930. 7.19
小栗孝三郎	
	1944.10.17
長田　新	
	1952. 8. 6
	1953.10. 7
小田健作	
	1943. 1.20
小　田　原	
	1945. 5.25
小田原町	
	1932. 9.20
乙型潜水艦	
	1940. 9.30
乙　事　件	
	1944. 4. 2
乙種幹部候補生	
	1933. 4.28
オ　ッ　ト	
	1940. 5.22
小野田寛郎	
	1972.10.19
	1974. 3.10
小畑英良	
	1944. 8.11
帯　　広	
	1945. 7.14
小渕恵三内閣	

419

	1998. 7.30
オランダ	
	1940. 2. 2
	1941.12.10
	1942. 1. 1
折　　襟	
	1938. 6. 1
恩給金庫法	
	1938. 4. 1
音響機雷	
	1942. 9.―

か

カールビンソン	
	1983. 3.21
海運統制令	
	1940. 2. 1
海外での災害派遣	
	1965.10. 9
階級特進制	
	1940. 9.14
外地労働者移入組合	
	1939. 7.―
海　　軍	
	1943.12. 8
海軍SN作戦部隊	
	1942. 7. 6
海軍大阪警備府	
	1941.11.12
海軍下士官卒服役条例	
	1927.11.30
海軍下士官兵服役令	
	1927.11.30
海軍下士官兵服役令廃止ノ件	
	1927.11.30
海軍鹿屋航空隊	
	1936. 4. 1
海軍機関学校	
	1928. 6.25
	1938. 4.19
	1939. 1.29
海軍機関学校令	
	1934. 6.30
	1939. 6.14
海軍木更津航空隊	
	1936. 4. 1
海軍技術会議令	
	1935. 1.30
海軍技術研究所	

	1930. 9. 9
海軍機密学校令	
	1941. 3.22
海運組合法	
	1939. 4. 5
海軍区令	
	1939.11. 1
海軍軍縮会議(第2次)	
	1927. 2.10
海軍軍備の制限及縮少に関する条約	
	1930. 4.22
	1931. 1. 1
海軍軍令部	
	1933. 9.27
海軍軍令部条例	
	1933. 9.27
海軍軍令部長	
	1933. 9.27
海軍刑法	
	1942. 2.20
海軍経理学校	
	1928. 6.25
	1932. 9.20
	1938. 4.19
	1938. 7. 1
	1939. 1.29
海軍経理学校令	
	1934. 6.30
	1939. 6.14
海軍遣独軍事視察団	
	1941. 1.16
海軍遣独軍事視察団規程	
	1941. 1.10
海軍航海学校令	
	1934. 3.31
海軍工機学校	
	1928. 6.25
海軍航空技術廠令	
	1939. 4. 1
海軍航空廠令	
	1932. 3.23
	1939. 4. 1
海軍航空隊令	
	1937. 5. 3
	1942.10.27
海軍航空隊練習部令	
	1930. 5.30
海軍航空本部	
	1927. 4. 8
海軍航空本部令	

海軍航空予備学生規則	1927. 4. 4
	1934.10.19
海軍工作学校令	1941. 3.22
海軍工廠	
	1931. 4. 6
	1936. 6.27
海軍再建研究会	1951. 1.24
海軍再建工作	1951. 1.17
海軍三式8号飛行船	1931. 3.14
海軍志願兵条例	1927.11.30
海軍志願兵令	1927.11.30
海軍志願兵令施行規則	1937. 5.18
海軍指定慰安所	1937. 3. 5
海軍省官制	1936. 5.18
海軍省軍事普及部	1938. 9.27
海軍省軍令部業務互渉規程	1933.10. 1
海軍将校分限令	1929.12.28
海軍整備科予備学生	1938. 3.29
海軍戦時編制	
	1941. 1.15
	1941. 4.10
	1942. 7.14
海軍善玉論	1965.11.—
海軍戦闘機	1942. 1.31
海 軍 葬	1944. 5. 5
海軍大学校	1932. 8.27
海軍大学校令	1926.11.29
海軍第2航空戦隊	1942. 2. 3
海軍第21航空戦隊	1942. 2. 4
海軍第22航空戦隊	1942. 1.12
海軍第4次軍備充実計画	1939. 4. 1
海軍通信学校	1939. 4. 1
海軍通信学校令	1930. 5.30
海軍特別攻撃機	1945. 8.15
海軍特別年少兵	1942. 9. 1
海軍特別陸戦隊令	1932.10. 1
海軍武官官階	1942. 7.15
海軍武官官階ノ件	1929.12.27
海軍武官任用令	1934. 3.29
海軍武官服役令	1927.11.30
海軍兵学校	
	1928. 6.25
	1932. 4.24
	1938. 4.19
	1939. 1.29
海軍兵学校,海軍機関学校及海軍経理学校生徒採用年齢ノ特例ニ関スル件	1938. 6.22
海軍兵学校令	
	1934. 6.30
	1939. 6.14
海軍防空隊	1942.12. 5
海軍砲術学校	1941. 6. 1
海軍予備学生規則	1941.10.21
海軍予備練習生規則	1934.10.19
海軍陸戦隊	
	1927. 4. 3
	1932. 1.28
	1937.10.27
	1942. 1.11
	1942. 1.24
	1942. 3. 8
	1942. 3.12
	1942. 5. 3

421

	1942. 6. 8
	1942. 7.20
	1942. 9. 3
	1942.1 .23
海軍両洋艦隊法案	
	1940. 7.19
海軍聯合航空隊令	
	1938.12.10
海軍練習航空隊	
	1930. 6. 1
	1930.10. 1
	1934. 8.17
海軍練習航空隊令	
	1930. 5.30
	1936.12. 5
戒　厳　令	
	1936. 2.27
	1936. 7.17
戒厳司令部令	
	1936. 2.27
海　　口	
	1939. 2.10
外交転換にともなう液体燃料供給対策の方針	
	1940.12.27
海上挺身戦隊	
	1944. 9.―
海上特攻出撃	
	1945. 4. 5
海上特攻隊	
	1945. 4. 7
	1945. 4. 7
海上保安庁	
	1948. 5. 1
海上保安庁朝鮮派遣掃海隊	
	1950.10. 2
海上保安庁法	
	1948. 4.27
海上輸送規制法	
	2004. 6.18
外食券制	
	1941. 4. 1
海　仁　会	
	1938.10. 3
改正PKO法	
	2001.12.14
改正歩兵操典草案	
	1937. 5. 5
「海戦」	
	1942.11.―
『海戦要務令続編(航空戦の部)草案』	

	1940. 3.20
『改　造』	
	1938. 8.―
	1942.11.―
	1944. 1.29
改造社	
	1944. 7.10
海大３型ａ	
	1927. 3.30
回　　天	
	1944. 8. 1
回天特別攻撃隊	
	1944.11. 8
	1944.12. 8
ガイドライン	
	1997. 9.23
海　南　島	
	1939. 2.10
	1939. 2.14
海南島攻略	
	1939. 1.13
	1939. 1.19
	1939. 2.13
海部俊樹内閣(第１次)	
	1989. 8.10
海部俊樹内閣(第２次)	
	1990. 2.28
改⑤計画	
	1942. 6.30
	1943. 3. 4
外　蒙　軍	
	1939. 5.12
	1939. 5.13
	1939. 5.21
海　竜　隊	
	1945. 3. 1
カイロ会談	
	1943.11.22
	1943.12. 4
カイロ宣言	
	1943.11.27
カウラ収容所	
	1944. 8. 5
何　応　欽	
	1945. 9. 9
薫空挺隊	
	1944.11.26
加　　賀	
	1928. 3.31
	1942. 6. 5

科学協議会
            1933.10. 2
化学兵器
            1938. 5.14
化学兵器禁止条約
            1997. 4.21
各 務 原
            1940. 8. 1
華　　僑
            1942. 2.21
華僑対策要綱
            1942. 2.14
核拡散防止条約
            1993. 3.12
            2003. 1.10
閣　　議
            1940. 1. 8
            1926. 8.12
            1928. 4.19
            1929. 6.18
            1929.11.21
            1929.11.26
            1930. 4. 1
            1930. 4. 8
            1930.10. 7
            1930.10.31
            1931. 9.19
            1931. 9.22
            1931. 9.23
            1931.12.13
            1932. 3.12
            1932. 7.26
            1933. 7.28
            1936. 3. 9
            1936. 4.17
            1936. 6.19
            1936.12.26
            1937. 6.29
            1937. 7. 8
            1937. 7. 9
            1937. 7.11
            1937. 7.20
            1937. 7.27
            1937. 7.28
            1937. 8. 9
            1937. 8.10
            1937. 8.13
            1937. 8.17
            1937. 8.24
            1937. 9. 2

            1937.10. 1
            1937.10.27
            1937.11.16
            1937.11.19
            1937.11.27
            1937.12.24
            1938. 1.16
            1938.12.23
            1939. 1.17
            1939. 2. 9
            1939. 3.15
            1939. 4.11
            1939. 7. 4
            1939. 8. 8
            1939. 8.25
            1939. 9.19
            1940. 1. 8
            1940. 7. 1
            1940. 7.26
            1940. 8.16
            1940. 9.27
            1940.10.22
            1940.11. 8
            1941. 6.10
            1941. 7. 1
            1941.10.14
            1941.12.10
            1942. 1. 2
            1942. 2.13
            1942. 9. 1
            1942.11.10
            1942.11.27
核装備の米軍艦・飛行機が日本に入ることを許す
　秘密の協定
            1974.10.27
学童疎開強化要綱
            1945. 3. 9
学童疎開促進要綱
            1944. 6.30
学徒勤労動員
            1944. 3. 7
学徒勤労令
            1944. 8.23
学徒戦時動員体制確立要領
            1943. 6.25
核兵器の不拡散に関する条約
            1970. 6. 8
核兵器不拡散条約
            1970. 2. 3
            1970. 6. 8

423

核持ち込み密約	
	1994. 5.―
隔離演説	
	1937.10. 5
影佐禎昭	
	1938. 2.15
	1940. 3. 1
陽　　炎	
	1939.11. 6
	1941.12. 5
加　　古	
	1926. 3.31
カ号作戦	
	1942. 8.13
鹿児島	
	1945. 4. 7
下　　士	
	1927.11.30
	1931.11. 9
香　　椎	
	1940. 4.20
下士官	
	1931.11. 9
橿原丸	
	1942. 5. 3
鹿　　島	
	1940. 4.20
鹿地　亘	
	1939.12.25
	1940. 3.29
	1941. 8.25
華人労務者内地移入に関する件	
	1942.11.27
春日丸	
	1941. 9. 5
ガス弾	
	1930.11. 8
ガスマスク	
	1937. 9.―
霞ヶ浦海軍航空隊	
	1930. 6. 1
霞ヶ浦海軍航空隊	
	1930.10. 1
	1934. 8.17
霞ケ浦航空隊	
	1939. 3.31
霞ケ浦神社	
	1926.10.23
糟谷忠男	
	1991. 1.10

葛　　城	
	1944.10.15
加瀬俊一	
	1945. 8.14
開戦準備開始	
	1941.11. 5
片岡直温	
	1927. 3.14
片山哲内閣	
	1947. 5.22
ガダルカナル島	
	1942. 6. 2
	1942. 7. 6
	1942. 8. 7
	1942. 8.13
	1942. 8.18
	1942. 8.29
	1942. 8.31
	1942. 9.26
	1942.10. 2
	1942.10.14
	1942.10.17
	1942.10.24
	1942.10.27
	1942.10.30
	1942.10.―
	1942.11.14
	1942.11.30
	1942.12. 3
	1942.12. 8
	1942.12.17
	1942.12.18
	1942.12.20
	1942.12.31
	1943. 1.10
	1943. 2. 9
ガダルカナル島全兵力撤収	
	1943. 1. 4
ガダルカナル島飛行場	
	1942. 7.16
	1942. 8. 5
	1942. 8.13
	1942. 8.20
	1942. 8.21
	1942. 9.12
	1942. 9.13
	1942.10.11
	1942.10.13
	1942.10.14
	1942.10.24

	1942.10.26		1942. 1.23
	1942.11.12	株式価格統制令	
ガダルカナル島への鼠輸送			1941. 8.30
	1942. 8.28	華北政務委員会	
	1942.10. 1		1940. 3.30
			1941. 7. 1
勝　　浦		華北労工協会	
	1941.11.28		1941. 7. 1
香月清司		釜　　石	
	1937. 7. 8		1945. 7.14
学校教練及青年訓練修了者検定規程			1945. 8. 9
	1928. 2.24	蒲　　田	
学校教練検定規程			1945. 4.15
	1935.11.30	神尾光臣	
学校卒業者使用制限令			1927. 1. 6
	1945. 3. 6	神風特別攻撃隊	
学校報国隊			1944.10.20
	1941. 8. 8	カミンボ	
学校報国団			1942.10. 1
	1941. 8. 8	亀井勝一郎	
嘉手納基地			1942. 7.23
	1968.11.19	亀井文夫	
嘉手納基地爆音訴訟			1947. 7.10
	1994. 2.24	賀屋興宣	
嘉手納爆音訴訟			1948.11.12
	1998. 5.22		1958. 4. 7
加藤紘一		『ガラスのうさぎ』	
	1985. 6.10		1977.12.―
加藤定吉		樺　　太	
	1927. 9. 5		1945. 8. 9
加藤外松		樺太庁官制	
	1941. 7.14		1943. 3.27
加藤高明		河合映画	
	1926. 1.28		1932. 3.―
加藤隼戦闘隊		河合　操	
	1944. 3. 9		1941.10.11
加藤寛治		河上徹太郎	
	1930. 6.10		1942. 7.23
	1939. 2. 9	川口支隊	
香　　取			1942. 4.10
	1940. 4.20		1942. 8.28
カ ナ ダ			1942. 8.31
	1942. 1. 1		1942. 9.12
金谷範三			1942. 9.13
	1933. 6. 6	川口支隊第2次輸送部隊	
金村支隊			1942. 8.29
	1942. 2.19	川　　崎	
鹿　　屋			1945. 4. 4
	1945. 4. 7		1945. 4.15
カビエン		川崎仮俘虜収容所	

	1942. 8.25		1985.12. 6
川崎重工業		感　　状	
	1942. 7.31		1942. 2.11
川崎造船所		艦上爆撃機	
	1926. 3.10		1942. 7.—
	1927. 7.23	【艦隊】	
	1941. 9.25	第3艦隊	
川崎八七式重爆撃機			1932. 2. 2
	1927.12.22		1937. 8.12
川崎八八式偵察機			1937. 9.19
	1928. 2.11		1938. 8.22
川島義之			1941. 4.10
	1934. 7. 8	第4艦隊	
河出書房新社			1935. 9.26
	1995. 6.—		1941.12. 8
河辺正三			1942. 2. 2
	1944. 4. 6	第5艦隊	
	1945. 8.14		1938.10.12
	1965. 3. 2	艦隊平時編制標準	
川村景明			1933. 5.20
	1926. 4.26	艦　隊　令	
官　斡　旋			1928. 3.30
	1942. 2.20		1933. 9.27
閑院宮載仁親王　→載仁（ことひと）親王		神田正種	
	1931.12.23		1931. 9.20
	1933. 1.23	乾岔子事件	
	1935. 8.14		1937. 6.19
	1940.10. 3	関　東　軍	
簡閲点呼			1928.11.3
	1927. 4. 1		1928.10.10
漢　　口			1929. 5.14
	1927. 4. 3		1929. 7. 3
	1936. 9.19		1931. 5.29
	1938.10.26		1931. 5.—
	1938.11.—		1931. 6.—
	1940.10.—		1931. 9.15
漢口攻略作戦			1931. 9.18
	1938. 6.15		1931. 9.21
	1938. 7.14		1931. 9.22
	1938. 8. 6		1931. 9.23
	1938. 8.22		1931.10. 8
	1938. 8.22		1931.11.18
	1938. 8.22		1931.12.17
	1938. 8.—		1932. 1. 3
漢口攻略を転機とする中国新中央政府樹立指導方策			1932. 1. 8
			1932. 6.16
	1938. 7.15		1933. 1. 1
関西配電			1933. 1.28
	1941. 9. 6		1933. 4.11
関西靖国「公式参拝」違憲訴訟			1933. 5. 7

	1935. 5.10	関東軍防疫給水部	
	1936. 4.17		1936. 8.11
	1937. 7.11	関東憲兵隊司令部	
	1937. 9. 9		1932. 6.28
	1937. 9.27	関東地区	
	1937.10.12		1945. 2.17
	1937.10.15		1945. 2.25
	1937.10.27		1945. 7.10
	1938. 7.14	関東地方	
	1939. 4.25		1945. 4.19
	1939. 5.13	関東地方防空大演習	
	1939. 5.30		1933. 8. 9
	1939. 6.10	関東配電	
	1939. 6.19		1941. 9. 6
	1939. 6.23	「関東防空大演習を嗤ふ」	
	1939. 6.27		1933. 8.11
	1939. 6.29	関 特 演	
	1939. 7. 6		1941. 7. 2
	1939. 7. 9	関特演関係未処理の会計措置	
	1939. 7.12		1942. 6. 9
	1939. 7.16	関特演第102号動員	
	1939. 7.20		1941. 7.16
	1939. 7.24	広　　東	
	1939. 8. 4		1938. 5.28
	1939. 8.30		1938.10.21
	1939. 9. 4	広東攻略作戦	
	1939. 9. 6		1938. 9. 7
	1939. 9. 7		1938. 9.19
	1939. 9.30		1938.10.12
	1940. 9.―	広東国民政府	
	1941. 8. 2		1926. 7. 1
	1941. 8.20	広東政府	
	1941.12. 3		1932. 1. 1
	1942. 4.14	関内作戦	
	1942. 6. 9		1933. 4.11
	1945. 8.16		1933. 5. 7
	1945. 9. 5	皖南事件	
関東軍軍歌			1941. 1. 5
	1935. 4.―	幹部候補生	
関東軍作戦準備要綱			1927.11.30
	1942. 6. 9		1933. 4.28
関東軍司令部		幹部候補生等ヨリ将校ト為リタル者ノ役種変更ニ関スル件	
	1932.10.30		
関東軍特種演習			1939.10.28
	1941. 6.26	岸壁の母	
	1941. 7. 2		1954. 9.―
関東軍特種情報機関		神 戸 村	
	1934.12.29		1941. 6. 1
関東軍防疫		関門海峡	
	1936. 8.11		1945. 3.27

427

関門地区	1945. 3.30
官吏減俸	1945. 6.19
管理通貨制	1931. 5.27
	1931.12.13

き

きい1号	1929. 4.—
	1936. 1.—
きい1号甲	1936. 1.—
きい1号乙	1936. 1.—
きい1号丙	1937.10.—
きい剤	1939. 5.13
きい2号	1933. 3.—
企画院官制	1937.10.25
企画院組織要綱	1937.10. 1
企画審議会官制	1938. 2.19
企画庁官制	1937. 5.14
気球隊	1936. 8.—
気球聯隊	1936. 8.—
	1944. 9.26
	1944.10.25
企業整備令	1942. 5.13
菊水1号作戦	1945. 4. 6
菊水2号作戦	1945. 4.12
菊水3号作戦	1945. 4.16
菊水4号作戦	1945. 4.28
菊水5号作戦	1945. 5. 4
菊水6号作戦	
菊水7号作戦	1945. 5.11
菊水8号作戦	1945. 5.24
菊水9号作戦	1945. 5.28
菊水10号作戦	1945. 6. 3
菊 水 隊	1945. 6.21
菊水部隊	1944.11. 8
菊竹六鼓(淳)	1945. 2.20
菊池 寛	1932. 5.17
	1938. 8.—
	1940.11.—
菊池慎之助	1927. 8.22
菊池武夫	1935. 2.18
きけわだつみの声	1950. 6.15
『きけわだつみのこえ』	1959.10.—
『きけわだつみのこえ(新版)』	1995.12.—
『きけわだつみのこえ(第二集)』	1963. 2.—
紀元二千六百年特別観艦式	1940.10.11
機甲軍司令部	1942. 6.24
機動部隊	1942. 4. 5
	1942. 4. 9
	1942.10.26
冀察政府	1937. 7. 8
	1937. 7. 9
	1937. 7.10
	1937. 7.11
	1937. 7.18
	1937. 7.19
冀察政務委員会	1935.12.11
岸 信介	1979. 1. 8
岸信介内閣(第1次)	

	1957. 2.25	
岸信介内閣(第2次)		1939. 7. 3
		1939. 9. 4
	1958. 6.12	1939.11.11
岸本鹿太郎		1940. 6. 4
	1942. 9. 3	1940. 9. 1
岸本鹿子治		1941.11. 3
	1931.12.—	1942.12.26
技術院官制		北支那方面軍軍律
	1942. 1.31	1937.10. 5
宜　　昌		北支那方面軍罰令
	1940. 4.10	1937.10. 5
	1940. 6.12	北朝鮮軍
	1940. 6.15	1950. 6.25
	1940. 6.16	北富士演習場
	1940. 6.17	1955. 5.10
	1941. 9.28	冀中作戦
	1941.10. 7	1939. 2. 2
宜昌作戦		吉　　林
	1940. 4.10	1931. 9.21
	1940. 5. 1	機動九〇式野砲
キスカ島		1935. 8. 9
	1942. 6. 8	【機動部隊】
	1942. 6.13	第1機動部隊
	1943. 8.15	1942. 6. 4
キスカ島攻略		第2機動部隊
	1942. 4.12	1942. 6. 4
キスカ島撤収作戦		1942. 6. 5
	1943. 5.27	冀東防共自治委員会
北　一　輝		1935.11.25
	1937. 8.14	1935.12.25
	1937. 8.19	冀東防共自治政府
北樺太石油株式会社		1935.12.25
	1926. 6. 7	1937. 7.29
北沢楽天		木戸幸一
	1943. 5. 1	1941.10.17
北支那開発株式会社		1943. 8. 8
	1938.11. 7	1945. 6. 9
北支那開発株式会社法		1948.11.12
	1938. 4.30	1958. 4. 7
北支那方面軍		冀南作戦
	1937. 8.31	1940. 6. 4
	1937.10.—	衣　　笠
	1937.11. 8	1926. 3.31
	1938. 3. 4	木下恵介
	1938. 6.—	1944.12. 7
	1938. 7. 6	1954. 9.15
	1939. 2. 2	機帆船
	1939. 5.13	1942.12.—
	1939. 6.10	岐阜陸軍飛行学校令
	1939. 6.13	1940. 8. 1

429

騎兵監部
　　　　　　　1941. 4. 9
基本国策要綱
　　　　　　　1940. 7.26
義務教育８年制
　　　　　　　1941. 3. 1
木村兵太郎
　　　　　　　1948.11.12
木村昌福
　　　　　　　1944.12.26
九一式小型水偵
　　　　　　　1931. 9.—
九一式10センチ榴弾砲
　　　　　　　1932. 5.28
九一式水上偵察機
　　　　　　　1931. 9.—
九一式戦闘機
　　　　　　　1931.12.—
九箇国条約
　　　　　　　1937.10. 6
九箇国条約会議
　　　　　　　1937.10.27
九九式艦上爆撃機
　　　　　　　1939.12.—
九九式小銃
　　　　　　　1939. 7.15
九九式双発軽爆撃機
　　　　　　　1940. 5.11
　　　　　　　1944. 7.—
9　軍　神
　　　　　　　1942. 3. 6
九五式１型練習機
　　　　　　　1935.12.25
九五式軽戦車
　　　　　　　1935.12.16
九五式潜水艦用酸素魚雷
　　　　　　　1935.12.25
九五式戦闘機
　　　　　　　1935. 9.—
九五式野砲
　　　　　　　1936. 1.14
九五式聴音機
　　　　　　　1935.12.25
九三式中間練習機
　　　　　　　1934. 1.—
九州南部
　　　　　　　1945. 5.13
九州南部飛行場
　　　　　　　1945. 5.24
宮　　城

　　　　　　　1945. 4.13
　　　　　　　1945. 5.24
　　　　　　　1945. 5.25
九七式１号艦上攻撃機
　　　　　　　1937.11.11
九七式曲射歩兵砲
　　　　　　　1937.12.—
九七式五号火焰放射機
　　　　　　　1937.12.—
九七式五センチ七戦車砲
　　　　　　　1937.12.—
九七式自動砲
　　　　　　　1937.12.—
九七式車載重機関銃
　　　　　　　1938. 2.17
九七式重爆撃機
　　　　　　　1938. 6.—
九七式司令部偵察機
　　　　　　　1937. 5.—
九七式戦闘機
　　　　　　　1937.12.—
九七式狙撃銃
　　　　　　　1937.12.—
九七式中戦車
　　　　　　　1936. 7.22
九七式植柱車
　　　　　　　1937.12.—
九七式鉄道牽引車
　　　　　　　1937.12.—
九七式手榴弾
　　　　　　　1937.12.—
九二式一〇センチ加農砲
　　　　　　　1935.10.26
九二式重機関銃
　　　　　　　1939. 8.28
九二式戦闘機
　　　　　　　1931.10.—
キューバ
　　　　　　　1942. 1. 1
九州配電
　　　　　　　1941. 9. 6
義勇兵役法
　　　　　　　1945. 6.23
九〇式艦上戦闘機
　　　　　　　1932. 4.—
九〇式３号水偵
　　　　　　　1932. 9.25
九〇式野砲
　　　　　　　1932. 5.28
九四式山砲

	1935.11. 8
九六式艦上戦闘機	
	1936.11.—
九六式軽機関銃	
	1938. 6.—
九六式高射砲索引車	
	1936.12.31
九六式一五センチ加農砲	
	1936.12.31
九六式15センチ榴弾砲	
	1937. 8.—
九六式大操舟機	
	1936.12.31
九六式中迫撃砲	
	1936.12.31
九六式無線機	
	1936.12.31
九六式陸上攻撃機	
	1936. 6.—
教育基本法	
	2006.12.22
【教育飛行師団】	
第51教育飛行師団	
	1942. 4.—
共産「インターナショナル」ニ対スル協定	
	1936.11.25
共産インターナショナルニ対スル協定ノ効力延長ニ関スル議定書	
	1941.11.25
行政協定に基く日本国政府とアメリカ合衆国政府との間の協定	
	1952. 7.26
行政査察規程	
	1943. 3.18
教導戦車旅団	
	1942. 6.24
京都師範学校	
	1939. 5.—
玉　　山	
	1942. 4.18
極東委員会	
	1945.12.27
	1946. 2.26
	1952. 4.28
極東国際軍事裁判	
	1946. 5. 3
極東国際軍事裁判所	
	1946. 1.19
	1946. 1.22
	1948.12.29

極東国際軍事裁判判決	
	1948.11.12
極東国際軍事裁判弁護団	
	1958. 4.28
極東地域連合軍統合司令部	
	1942. 1. 1
極東防衛に関するADB協定	
	1941. 4.26
極東連絡局	
	1942. 7.—
清沢　洌	
	1941. 2.26
清瀬一郎	
	1946. 4.24
機　　雷	
	1945. 5.14
	1945. 6.19
桐 工 作	
	1940. 2.21
	1940. 3. 1
	1940. 7.31
	1940. 9.19
	1940.10. 8
	1940.11.19
桐工作実施要領	
	1940. 3.17
霧　　島	
	1942.11.12
ギリシャ	
	1942. 1. 1
桐生悠々	
	1933. 8.11
ギルバート沖航空戦	
	1943.11.21
ギ ル ワ	
	1942. 9.19
義烈空挺隊	
	1945. 5.24
禁衛府官制	
	1945. 9.10
金 学 順	
	1991. 8.14
	1991.12. 6
金貨幣又ハ金地金輸出取締ニ関スル件	
	1929.11.21
銀貨幣又ハ銀地金輸出取締ニ関スル件	
	1929.11.21
錦旗革命事件	
	1931.10.17
キ ン グ	

金 載 圭	1941.12.31	グアム島攻略部隊	1941.12. 8
	1979.10.26		1941. 9.27
金鵄勲章年金令廃止ノ件		グアム・ビスマルク島作戦の陸海軍中央協定	
	1941. 6.28		1941.11. 8
錦　　州		クアラルンプール	
	1932. 1. 3		1942. 1.11
錦州攻撃演習		空襲時の敵航空機搭乗員の取扱に関する件	
	1931. 5.―		1942. 7.28
錦州爆撃		空襲の敵航空機搭乗員の処罰に関する軍律	
	1931.10. 8		1942.10.19
金属類回収令		空地分離制	
	1941. 8.30		1937.12.―
近代映画協会		空中給油実験	
	1952. 8. 6		1931. 4.28
近代の超克		空中特攻	
	1942. 7.23		1944.11.24
金の星社		空挺特攻	
	1977.12.―		1944.11.26
金本位制停止		クーパン	
	1931.12.13		1942. 2.20
キンメル		クーリッジ	
	1941.12.31		1927. 3. 8
金若ハ銀ヲ主タル材料トスル製品又ハ金若クハ銀ノ合金輸出取締方		空冷二重星型18気筒	
			1941. 8.―
	1929.11.21	クェゼリン島	
金融恐慌			1942.10.16
	1927. 3.14		1944. 2. 2
金輸出解禁		空閑　昇	
	1929.11.21		1932. 3.28
金輸出再禁止			1932. 3.―
	1931.12.13	草鹿任一	
勤労顕功章令			1945. 9. 6
	1942. 9.19	草鹿龍之介	
勤労新体制確立要綱			1952. 4.―
	1940.11. 8	衢　　州	
金ヲ主タル材料トスル製品又ハ金ノ合金輸出許可方			1942. 4.18
		衢州飛行場	
	1931.12.21		1942. 4. 1
		釧　　路	
く			1945. 7.14
		屑　　鉄	
グアテマラ			1940. 7.26
	1942. 1. 1	九　　段	
グアム島			1934. 3.10
	1941.12.10	邦　彦　王	
	1941.12.11		1929. 1.27
	1944. 7.21	久納好孚	
	1944. 8.11		1944.10.21
グアム島攻略作戦		久保井信夫	

久保田円次
　　　　　　　　　1939. 1.—
　　　　　　　　　1980. 2. 4
久保田鉄工所
　　　　　　　　　1942.12.—
熊谷陸軍飛行学校
　　　　　　　　　1935.12. 1
熊　　野
　　　　　　　　　1935. 7.28
熊　　本
　　　　　　　　　1927. 7. 1
　　　　　　　　　1939. 4. 1
久米正雄
　　　　　　　　　1938. 8.—
『雲ながるる果てに』
　　　　　　　　　1953. 6. 9
『雲ながるる果てに(増補版)』
　　　　　　　　　1995. 6.—
暮しの手帖社
　　　　　　　　　1971.10.—
蔵野今春
　　　　　　　　　1939.11.—
栗栖弘臣
　　　　　　　　　1978. 7.28
久里浜
　　　　　　　　　1939. 4. 1
　　　　　　　　　1941. 3.22
栗林忠道
　　　　　　　　　1944. 4.—
　　　　　　　　　1944. 6.26
　　　　　　　　　1945. 3.17
　　　　　　　　　1945. 3.25
厨　　川
　　　　　　　　　1939. 3. 9
クルアン
　　　　　　　　　1942. 1.25
グ ル ー
　　　　　　　　　1939.11. 4
　　　　　　　　　1941. 8.19
　　　　　　　　　1941. 9. 6
　　　　　　　　　1941. 9.20
　　　　　　　　　1941. 9.27
　　　　　　　　　1945. 5.—
来栖三郎
　　　　　　　　　1941.11. 5
　　　　　　　　　1941.11.15
　　　　　　　　　1941.11.20
　　　　　　　　　1941.11.22
　　　　　　　　　1942. 8.20
久 留 米

　　　　　　　　　1941. 7.10
久留米第一予備士官学校
　　　　　　　　　1941. 7.10
久留米第二予備士官学校
　　　　　　　　　1941. 7.10
久留米予備士官学校
　　　　　　　　　1939. 8. 2
　　　　　　　　　1941. 7.10
呉
　　　　　　　　　1945. 3.19
　　　　　　　　　1945. 5.10
クレーギー
　　　　　　　　　1939. 2.13
　　　　　　　　　1939. 7.15
　　　　　　　　　1939. 9. 8
　　　　　　　　　1940. 7.12
　　　　　　　　　1941.11.11
呉海軍工廠
　　　　　　　　　1927. 3.30
　　　　　　　　　1937.11. 4
　　　　　　　　　1940. 9.30
　　　　　　　　　1941. 2.13
呉 軍 港
　　　　　　　　　1945. 7.28
呉 工 廠
　　　　　　　　　1927. 3.25
　　　　　　　　　1935. 7.28
　　　　　　　　　1937.12.29
　　　　　　　　　1938. 7.25
　　　　　　　　　1941.12.16
「黒い雨」
　　　　　　　　　1965. 1.—
黒井悌次郎
　　　　　　　　　1937. 4.29
クロロアセトフェノン
　　　　　　　　　1929. 4.—
【軍】
第１軍
　　　　　　　　　1937. 8.31
　　　　　　　　　1939. 9. 4
　　　　　　　　　1942. 1.11
第２軍
　　　　　　　　　1937. 8.31
第６軍
　　　　　　　　　1939. 8. 4
　　　　　　　　　1939. 8.24
第１０軍
　　　　　　　　　1937.11. 5
　　　　　　　　　1937.11. 7
　　　　　　　　　1937.12.24

第１１軍			1942.10.24
	1938.11.—		1942.10.26
	1939. 9. 4		1942.10.27
	1940. 5. 1		1942.11.10
	1940. 6.12	第２１軍	
	1940. 6.15		1939. 9. 4
	1940. 6.17	第２２軍	
	1941. 9.18		1940. 2. 9
	1942. 8.27		1940. 7.30
第１３軍		第２３軍	
	1939. 9. 4		1941.12.25
第１４軍		第２５軍	
	1941.12.17		1941. 7.23
	1941.12.22		1941. 8. 8
	1941.12.23		1941.11. 8
	1942. 1. 2		1941.12. 8
	1942. 1. 3		1941.12.23
	1942. 1.19		1942. 1. 7
	1942. 1.22		1942. 1.25
	1942. 1.23		1942. 2.11
	1942. 1.29		1942. 2.15
	1942. 2. 8		1942. 2.21
	1942. 2.13	第２６軍	
	1942. 2.17		1942. 1.25
	1942. 3.27	軍　　歌	
	1942. 4. 3		1932. 2.15
	1942. 4. 9		1932. 3.10
	1942. 4.10		1933. 2.—
	1942. 4.11		1937. 9.—
	1942. 5.21		1939. 1.—
	1942. 5.22		1939.11.—
	1942. 5.25		1940. 5.—
第１５軍		軍管区制	
	1941.11. 8		1940. 7.13
	1941.12. 8	『軍艦長門の生涯』	
	1942. 3. 8		1965.11.—
	1942. 5.18	「軍艦大和」	
第１６軍			1949. 6.—
	1942. 3.上旬	軍紀犯事件	
	1942. 3. 1		1942.12.27
	1942. 3. 5	軍紀風紀粛正	
	1942. 3. 8		1938. 1. 7
	1942. 3. 9	軍機保護法	
第１７軍			1937. 8.14
	1942. 5.18	軍機保護法施行規則	
	1942. 7.11		1939.12.12
	1942. 7.16	軍教育隊令	
	1942. 8.13		1943. 3.26
	1942. 9.13	軍事援護団体	
	1942. 9.19		1937. 7.24

軍事救護法
　　　　　　　　1931. 3.30
　　　　　　　　1937. 3.31
軍事境界線
　　　　　　　　1977. 8. 1
軍事教練
　　　　　　　　1939. 3.30
軍事参議院会議
　　　　　　　　1941.11. 4
軍事扶助地方委員会
　　　　　　　　1934. 2.20
軍事扶助中央委員会
　　　　　　　　1934. 2.20
軍事扶助法
　　　　　　　　1937. 3.31
　　　　　　　　1938. 1. 1
　　　　　　　　1941. 1. 1
　　　　　　　　1943. 3.12
軍事保護院
　　　　　　　　1942. 4.—
軍事保護院官制
　　　　　　　　1939. 7.15
軍需会社法
　　　　　　　　1943.10.31
軍需工業動員法ノ適用ニ関スル法律
　　　　　　　　1937. 9.10
軍需省官制
　　　　　　　　1943.11. 1
軍需評議会規程
　　　　　　　　1937.11.24
軍需品製造工業五年計画要項
　　　　　　　　1937. 6.23
【軍司令官】
第14軍司令官
　　　　　　　　1941.11. 6
第15軍司令官
　　　　　　　　1941.11. 6
第16軍司令官
　　　　　　　　1941.11. 6
第25軍司令官
　　　　　　　　1941.11. 6
【軍司令部】
第14軍司令部
　　　　　　　　1941.11. 5
第15軍司令部
　　　　　　　　1941.11. 5
第16軍司令部
　　　　　　　　1941.11. 5
　　　　　　　　1941.11.13
第17軍司令部

　　　　　　　　1942. 5. 2
　　　　　　　　1942. 8.25
軍司令部令
　　　　　　　　1940. 7.13
軍　　神
　　　　　　　　1940.11.—
軍人遺族記章令
　　　　　　　　1931. 8. 4
軍人遺族職業補導所
　　　　　　　　1942. 4.15
軍人援護会
　　　　　　　　1938.11. 5
　　　　　　　　1939. 8. 6
　　　　　　　　1942. 4.15
軍人援護対策審議会
　　　　　　　　1940. 1.16
軍人援護対策審議会官制
　　　　　　　　1939.10.11
軍人援護に関する勅語
　　　　　　　　1938.10. 3
軍人傷痍記章令
　　　　　　　　1938. 8. 3
軍人勅諭
　　　　　　　　1932. 4.—
軍　　政
　　　　　　　　1942. 1. 4
　　　　　　　　1945. 4. 5
軍専用慰安所
　　　　　　　　1938.11.—
軍隊教育令
　　　　　　　　1927.12.22
　　　　　　　　1934. 2.16
　　　　　　　　1940. 8.20
軍隊内務書
　　　　　　　　1934. 9.28
　　　　　　　　1943. 8.12
軍隊内務令
　　　　　　　　1943. 8.12
軍　　刀
　　　　　　　　1934. 2.15
軍の外交関与
　　　　　　　　1931. 8. 4
軍備充実計画の大綱
　　　　　　　　1936.11.26
グンビ岬
　　　　　　　　1944. 1. 2
軍部大臣現役武官制
　　　　　　　　1936. 5.18
軍民離間行動
　　　　　　　　1933.12. 9

軍用機献納作品展	
	1942. 3.19
軍用犬	
	1933. 7. 7
軍用犬功労章	
	1933. 7. 7
軍容刷新計画	
	1942. 6. 9
軍用資源秘密保護法	
	1939. 3.25
軍用電気通信法	
	1934. 3.29
軍律会議	
	1942. 7.28
	1942. 8.13
軍律会議実施規定	
	1942.10.19
軍令承行令	
	1942.11. 1
軍令部	
	1933. 9.27
軍令部次長2人制	
	1944. 3. 1
軍令部総長	
	1933. 9.27
	1944. 2.21
	1944. 7.17
軍令部特務班	
	1940.12.―
軍令部令	
	1933. 9.27
『訓練』	
	1927. 9. 1

け

京漢打通作戦	
	1944. 4.17
警察予備隊	
	1952.10.15
警察予備隊令	
	1950. 8.10
警視庁検閲課	
	1939. 4.―
警備艦	
	1960.10. 1
警備府	
	1941.11. 5
	1941.11.12
	1941.12. 1

京浜地区	
	1945. 4.13
京浜南西方	
	1945. 5.17
警防団令	
	1939. 1.25
計量単位	
	1927. 9. 1
下克上	
	1929. 5.19
決戦教育措置要綱	
	1945. 3.18
決戦訓	
	1945. 4. 7
決戦非常措置要綱	
	1944. 2.25
	1945. 1.25
ケロッグ・ブリアン条約	
	1928. 8.27
	1929. 7.25
現役	
	1927. 4. 1
	1927.11.30
	1939. 3. 9
建甌	
	1942. 4.18
減刑令	
	1945.10.17
建功神社	
	1928. 7.14
建国神廟	
	1940. 7.15
研三高速研究機	
	1942.12.26
原子爆弾	
	1945. 8. 6
	1945. 8. 9
	1945. 8.10
原子爆弾の効果・広島,長崎	
	1946. 3.―
	1967.11. 9
	1968. 4.20
原子爆弾被爆者援護法	
	1994.12.16
原子爆弾被爆者の医療等に関する法律	
	1957. 3.31
肩章	
	1938. 6. 1
原水禁国民会議	
	1965. 2. 1

原水爆禁止国民会議
　　　　　　　1965. 2. 1
原水爆禁止日本協議会
　　　　　　　1955. 9.19
ケンダリー
　　　　　　　1942. 1.24
遣独潜水艦（第１次）
　　　　　　　1942. 4.22
原　　爆
　　　　　　　1975.10.31
『原爆詩集』
　　　　　　　1952. 6.―
原爆実験
　　　　　　　1945. 7.16
　　　　　　　1960. 2.13
　　　　　　　1964.10.16
原爆傷害調査委員会
　　　　　　　1947. 3.―
原爆投下
　　　　　　　1945. 6. 1
原爆ドーム
　　　　　　　1966. 7.11
原爆の子
　　　　　　　1952. 8. 6
憲　　兵
　　　　　　　1929.12.26
元　　老
　　　　　　　1940.11.24
言論，出版，集会，結社等臨時取締法
　　　　　　　1941.12.19

こ

小泉純一郎内閣（第１次）
　　　　　　　2001. 4.26
小泉純一郎内閣（第２次）
　　　　　　　2003.11.19
小泉純一郎内閣（第３次）
　　　　　　　2005. 9.21
小磯国昭
　　　　　　　1944. 7.18
　　　　　　　1945. 3.16
　　　　　　　1945. 3.21
　　　　　　　1945. 4. 2
　　　　　　　1948.11.12
　　　　　　　1950.11. 3
小磯国昭内閣
　　　　　　　1944. 7.22
　　　　　　　1945. 4. 5
小磯良平

　　　　　　　1938. 5. 8
五・一五事件
　　　　　　　1928. 2.―
　　　　　　　1932. 5.15
　　　　　　　1932. 5.17
　　　　　　　1933. 9.11
　　　　　　　1933.11. 9
興亜院官制
　　　　　　　1938.12.16
　　　　　　　1942.11. 1
興亜院連絡部官制
　　　　　　　1938.12.16
興亜奉公日
　　　　　　　1939. 8. 8
　　　　　　　1942. 1. 2
公安審査委員会設置法
　　　　　　　1952. 7.21
公安調査庁設置法
　　　　　　　1952. 7.21
興　安　丸
　　　　　　　1945. 9. 2
　　　　　　　1956.12.26
更改軍備充実計画（三号軍備）
　　　　　　　1940. 7.―
甲型海防艦
　　　　　　　1940. 6.30
甲型潜水艦
　　　　　　　1941. 2.13
黄河堤防破壊
　　　　　　　1938. 6.12
好機南方武力行使企図放棄
　　　　　　　1941. 3.22
　　　　　　　1941. 3.27
航空医学研究所
　　　　　　　1938. 8.24
【航空艦隊】
第１航空艦隊
　　　　　　　1941. 4.10
　　　　　　　1942. 4.10
第11航空艦隊
　　　　　　　1941. 1.15
　　　　　　　1941. 7.27
航空機技術委員会官制
　　　　　　　1938. 8.30
航空機乗員養成所官制
　　　　　　　1941. 4.12
航空機製造会社
　　　　　　　1942. 8.―
航空機製造事業委員会官制
　　　　　　　1938. 8.30

437

航空機製造事業法
　　　　　　　　1938. 3.30
航空基地隊制度
　　　　　　　　1942. 5.20
航空揮発油西半球以外への輸出禁止
　　　　　　　　1940. 7.31
【航空教育隊】
第1航空教育隊
　　　　　　　　1937. 6.14
第2航空教育隊
　　　　　　　　1937. 6.14
第3航空教育隊
　　　　　　　　1937. 6.14
第4航空教育隊
　　　　　　　　1937. 6.14
第5航空教育隊
　　　　　　　　1937. 6.14
航空局官制
　　　　　　　　1938. 2. 1
【航空軍】
第1航空軍
　　　　　　　　1942. 6. 6
第2航空軍
　　　　　　　　1942. 6. 6
第3航空軍
　　　　　　　　1942. 7.10
第4航空軍
　　　　　　　　1944.11. 6
航空支廠
　　　　　　　　1942. 6.—
【航空師団】
航空師団
　　　　　　　　1942. 4.—
第51航空師団
　　　　　　　　1945. 2.—
第52航空師団
　　　　　　　　1945. 2.—
第53航空師団
　　　　　　　　1945. 2.—
航空廠
　　　　　　　　1942. 6.—
【航空情報隊】
第1航空情報隊
　　　　　　　　1938. 8.—
第2航空情報隊
　　　　　　　　1938. 8.—
【航空戦隊】
第1航空戦隊
　　　　　　　　1928. 4. 1
　　　　　　　　1932. 2. 2

　　　　　　　　1941. 1.15
第5航空戦隊
　　　　　　　　1942. 4.12
第22航空戦隊
　　　　　　　　1941. 1.15
　　　　　　　　1941.11. 8
第23航空戦隊
　　　　　　　　1942. 6.13
第24航空戦隊
　　　　　　　　1941. 1.15
第25航空戦隊
　　　　　　　　1942. 6. 2
航空操縦者緊急養成
　　　　　　　　1942. 8.—
航空特攻
　　　　　　　　1943. 6.29
航空ニ関スル陸海軍中央協定
　　　　　　　　1938.12. 2
航　空　日
　　　　　　　　1941. 4. 5
航空部隊奥地進攻作戦
　　　　　　　　1941. 9.13
「航空部隊用法」
　　　　　　　　1937.11.—
航空兵操典
　　　　　　　　1934. 4.18
航空兵団
　　　　　　　　1938.12.下旬
　　　　　　　　1938.12.26
航空兵団司令部令
　　　　　　　　1936. 7.27
航空兵団長
　　　　　　　　1936. 7.27
航空兵力緊急充備
　　　　　　　　1936. 5.—
航空防空緊急充備計画
　　　　　　　　1935.12.25
航空母艦改良
　　　　　　　　1942. 6.20
航空母艦緊急増勢計画案
　　　　　　　　1942. 6.30
航空母艦発着操縦法
　　　　　　　　1927. 2.21
航空本廠
　　　　　　　　1942. 6.—
皇軍の歌
　　　　　　　　1932. 4.—
皇后(香淳皇后)
　　　　　　　　1937. 9.21
　　　　　　　　1937.11.30

皇国国策基本要綱	
	1933.10.25
工作機械製造事業法	
	1938. 3.30
公式参拝	
	1992. 2.28
高射第2師団	
	1945. 4.28
高射第3師団	
	1945. 4.28
高射第4師団	
	1945. 4.28
杭　　州	
	1937. 8.14
	1937.12.24
豪州攻略論	
	1942. 2. 6
豪州進攻作戦	
	1942. 3.中旬
杭州飛行場	
	1938. 2.21
甲種幹部候補生	
	1933. 4.28
	1942. 9. 5
甲種飛行予科練習生	
	1937. 9. 1
工場事業管理令	
	1938. 5. 4
工場事業場使用収用令	
	1939.12.29
工場事業場管理令	
	1937. 9.25
	1938. 5. 4
公職追放	
	1946. 1. 4
公職追放解除(第1次)	
	1951. 6.20
公職追放解除(第2次)	
	1951. 8. 6
厚 生 省	
	1936. 9.11
厚生省官制	
	1938. 1.11
高　宗武	
	1938. 6.22
	1940. 1.22
高等学校令	
	1943. 1.21
高等官等俸給令	
	1931. 5.27

江東地区	
	1945. 3. 9
皇 道 派	
	1931.12.13
	1934.11.20
	1935. 7.15
	1935. 8.12
	1936. 2.26
	1936. 3.10
	1936. 5.18
広　　徳	
	1937. 8.14
河野洋平	
	1993. 8. 4
後 備 役	
	1927. 4. 1
	1927.11.30
	1939. 3. 9
後備兵役	
	1941. 2.15
甲 標 的	
	1940.11.15
	1942. 5.30
甲　　府	
	1945. 3.―
降伏文書調印式	
	1945. 9. 2
光 文 社	
	1959.10.―
	1968.12.―
	1981.11.―
神　　戸	
	1945. 2. 4
	1945. 3.17
後方勤務要員養成所	
	1940. 8.―
後方勤務要員養成所設立準備事務所	
	1937.12.―
公用地法	
	1971.12.31
護 衛 艦	
	1960.10. 1
古賀峯一	
	1943. 4.21
	1944. 3.31
	1944. 5. 5
国際人道法違反処罰法	
	2004. 6.18
国際平和協力法改正法	
	1998. 6.12

439

国際連合
  1945.10.24
  1956.12.18
国際連合憲章
  1945. 6.26
国際連合平和維持活動等に対する協力に関する法律
  1992. 6.19
国際連盟
  1931. 9.21
  1931.10. 8
  1932. 2. 2
  1932.10. 1
  1933. 2.24
  1934. 9.18
  1937. 9.12
  1937. 9.28
  1937.10. 6
  1938. 5.14
国際連盟脱退
  1933. 3.27
国際連盟脱退に関し大詔渙発
  1933. 3.27
国策完遂ニ関スル件
  1941.11.18
国策研究会議
  1931. 6.11
国策の基準
  1936. 8. 7
国産第1号戦車
  1927. 2.—
国　　葬
  1940.11.24
  1943. 6. 5
「国体ニ関スル決議」
  1935. 3.23
国体明徴
  1935. 4. 6
国体明徴決議
  1935. 3.23
国防会議構成法
  1956. 7. 2
国防会議の構成等に関する法律
  1956. 7. 2
国防科学協議会
  1933.10. 2
国　防　館
  1934. 4.22
  1946. 9. 4
国防強化促進法
  1940. 7. 2
国防国家の建設方針
  1940. 7.26
国防所要兵力
  1936. 5.11
『国防の本義と其強化の提唱』
  1934.10. 1
国防婦人会
  1932.10.24
国防保安法
  1941. 3. 7
国民学校令
  1941. 3. 1
国民義勇隊組織
  1945. 4.13
国民義勇隊ノ組織ニ関スル件
  1945. 4. 2
国民勤労動員令
  1945. 3. 6
国民勤労報国協力令
  1941.11.22
国民勤労報国協力令
  1945. 3. 6
国民職業能力申告令
  1939. 1. 7
国民精神総動員委員会官制
  1939. 3.28
国民精神総動員運動
  1940. 9.27
国民精神総動員強化講演会
  1939. 4.12
国民精神総動員強化方策
  1939. 2. 9
国民精神総動員実施要綱
  1937. 8.24
国民精神総動員新展開の基本方針
  1939. 4.11
国民精神総動員中央聯盟
  1937.10.12
国民政府
  1927. 7.13
  1928. 7.19
  1928.10. 8
  1928.12.29
  1929. 6. 3
  1935. 6.11
  1935.11. 4
  1935.12.11
  1938. 3.29
  1938. 6. 9

	1938.12.28		1938.11.30
	1940.11.30		1940. 9.19
	1941.12. 9		1940.11.13
	1942.12.20		1941. 7. 2
	1945. 8.16		1941. 9. 6
国民体力法			1941.11. 5
	1940. 4. 8		1941.12. 1
国民徴用年齢引き上げ			1942.12.21
	1943.12. 3		1945. 8.10
国民徴用令			1945. 8.14
	1939. 7. 8	御前重臣会議	
	1943. 7.21		1941.11.29
	1945. 3. 6	御前における連絡会議	
国民服令			1942.12.10
	1940.11. 2	御前兵棋演習	
国民保護法			1941.11.15
	2004. 6.18	コタ・バル	
国有鉄道無賃乗車証			1943. 1.29
	1934. 2.22	小塚金七	
小　　倉			1972.10.19
	1945. 3.27	国家総動員準備機関ノ設置ニ関スル件	
護国共済組合法案			1926. 8.12
	1934. 3.10	国家総動員審議会官制	
護国神社			1938. 5. 4
	1939. 3.15	国家総動員法	
コ　コ　ダ			1938. 4. 1
	1942. 9.19		1938. 5. 4
古崎慶長			1946. 4. 1
	1983. 3. 1	国家総動員法案	
コザ事件			1938. 3.16
	1970.12.20	国家総動員法要綱に関する件	
湖　　州			1937.11.27
	1937.11.19	国旗・国歌法	
五相会議			1999. 8.13
	1933.10. 3	国共合作(第2次)	
	1933.10.25		1938.10.13
コスタリカ		国境警備要綱	
	1942. 1. 1		1939. 9.―
五　　省		国共合作(第1次)	
	1932. 4.24		1927. 7.13
戸　　籍		国共合作(第2次)	
	1937.10. 8		1937. 9.23
	1937.10.15	五藤存知	
	1938. 6. 2		1942.10.11
古関裕而		五島慶太	
	1937. 9.―		1944. 2.19
	1940. 5.―	虎頭陣地	
御前会議			1942. 1.―
	1938. 1.11	載仁親王　→閑院宮載仁親王	
	1938. 6.15		1938. 8.15

441

ゴ　　ナ
　　　　　1942. 7.20
　　　　　1942. 9.19
古仁屋
　　　　　1941.12.17
此一戦
　　　　　1933. 5.—
近衛師団
　　　　　1942. 3.12
　　　　　1942. 3.17
近衛上奏文
　　　　　1945. 2.14
近衛声明
　　　　　1938.12.22
近衛文麿
　　　　　1937. 9. 5
　　　　　1938. 1.15
　　　　　1938. 9.29
　　　　　1940.10.12
　　　　　1941. 3.22
　　　　　1941. 8. 4
　　　　　1941. 8.26
　　　　　1941. 8.28
　　　　　1941. 9. 5
　　　　　1941. 9. 6
　　　　　1941. 9.27
　　　　　1941.10. 1
　　　　　1941.10. 5
　　　　　1941.10. 7
　　　　　1941.10.12
　　　　　1941.10.14
　　　　　1944. 7.17
　　　　　1945. 2.14
　　　　　1945. 7.12
近衛文麿内閣(第1次)
　　　　　1937. 6. 4
　　　　　1939. 1. 4
近衛文麿内閣(第2次)
　　　　　1940. 7.22
　　　　　1941. 7.16
近衛文麿内閣(第3次)
　　　　　1941. 7.18
　　　　　1941.10.16
近衛メッセージ
　　　　　1941. 9. 3
小早川篤四郎
　　　　　1937. 9.—
小林一三
　　　　　1940. 8.28
　　　　　1940. 9.12
　　　　　1940. 9.27
　　　　　1940.10.17
小林躋造
　　　　　1962. 7. 4
小林秀雄
　　　　　1942. 7.23
小林正樹
　　　　　1983. 6. 4
小松製作所
　　　　　1942.12.—
五味川純平
　　　　　1956.12.26
　　　　　1965. 2.—
小山松寿
　　　　　1940. 4.26
コレヒドール島
　　　　　1941.12.23
　　　　　1942. 2.13
　　　　　1942. 3.12
　　　　　1945. 1.27
コレヒドール要塞
　　　　　1941.12.24
　　　　　1942. 3.24
　　　　　1942. 4. 9
　　　　　1942. 5. 6
　　　　　1942. 5. 7
　　　　　1942. 5. 9
五六中業
　　　　　1982. 7.23
コロンボ
　　　　　1942. 3.26
　　　　　1942. 4. 5
こんごう
　　　　　1993. 3.25
金剛号
　　　　　1933. 7. 7
金剛隊
　　　　　1944.12. 8
今後採るべき戦争指導の大綱
　　　　　1942. 3. 7
　　　　　1942. 3. 9
　　　　　1943. 9.30
　　　　　1945. 6. 8
今後の作戦指導
　　　　　1942.12.14
今後の支那事変指導方針
　　　　　1938. 6.17
今後の防衛力整備について
　　　　　1987. 1.24
混成第39旅団

	1931. 9.20		1928. 5. 3
コンテ=ヴェルデ号			1929. 4.24
	1942. 8.20		1932. 4.25
魂魄の塔		済南事件協定	
	1946. 2.27		1929. 3.28
昆　明		在日朝鮮人の北朝鮮帰還	
	1938. 6. 9		1959. 9.25

さ

		在日朝鮮人	
			1946. 4. 5
サーベル		在日米軍駐留経費負担に係る新特別協定	
	1934. 2.15		1991. 4.17
西園寺公一			2000. 9.11
	1937. 7.—		2000.12.22
西園寺公望			2001. 4. 1
	1940.11.24		2006. 1.23
在学徴集延期臨時特例		在日米軍駐留経費負担に係る特別協定	
	1943.10. 2		1987. 6. 1
在郷軍人		サイパン島	
	1927. 4. 1		1944. 6.15
	1938. 8.23		1944. 7.18
最高戦争指導会議		サイパン島同胞臣節を全うす	
	1944. 8. 4		1945. 4.—
	1945. 1.25	在米日本資産凍結	
	1945. 4.30		1941. 7.25
	1945. 8.22	在満機関統一要綱	
最期の関頭			1932. 7.26
	1937. 7.17	サイモンス	
サイゴン			1934. 5.17
	1941.12. 4	催涙ガス	
西貢（サイゴン）協定			1938. 8. 6
	1941.11. 8		1938.12. 2
サイト		催涙弾	
	1961. 2.22		1930.11.18
斎藤隆夫			1937.10.—
	1940. 2. 2	早乙女勝元	
斎藤隆夫除名			1971. 1.—
	1940. 3. 7	坂口支隊	
斎藤　博			1942. 1.11
	1934.12.29		1942. 1.25
斎藤　実		酒巻和男	
	1936. 2.26		1941.12. 8
斎藤実内閣		坂本支隊	
	1932. 5.26		1938. 4. 7
	1934. 7. 3	酒　匂	
斎藤義次			1942.10.31
	1944. 7. 6	作戦要務令	
斎藤与蔵			1938.10. 1
	1937. 8. 9	桜　会	
済南事件			1930. 9.—
			1931. 3.20

443

迫水久常		三　亜	
	1943. 8. 8		1939. 2.14
佐佐木信綱			1941.12. 4
	1932. 4.―	三一書房	
「細雪」			1965. 2.―
	1943. 1.―	三一新書	
佐世保工廠			1956.12.26
	1941. 9. 5	三塩化砒素	
	1942.10.31		1929. 4.―
雑誌執筆禁止者名簿		山海関事件	
	1941. 2.26		1933. 1. 1
佐藤栄作内閣(第1次)		3階級特進	
	1964.11. 9		1940. 9.14
佐藤栄作内閣(第2次)		三戒標語	
	1967. 2.17		1941.11. 3
佐藤栄作内閣(第3次)		三月事件	
	1970. 1.14		1931. 3.20
佐藤賢了		三月十日	
	1938. 3. 3		1933. 3.―
	1940. 9.26	産業設備営団法	
	1942.12. 5		1941.11.26
	1948.11.12		1942. 6. 3
	1956. 3.31	産業報国運動	
	1958. 4. 7		1938. 7.30
佐藤幸徳		産業報国聯盟	
	1944. 6. 1		1938. 7.30
	1944. 7. 9	三光政策	
佐藤尚武			1940. 9. 1
	1937. 4.16	珊瑚海海戦	
サボ島沖夜戦			1942. 5. 7
	1942.10.11		1942. 5. 8
座　　間		3国海軍軍縮会議	
	1937.10. 1		1927. 3. 8
サマール島		三国同盟交渉	
	1942. 5.25		1939. 8.25
鮫島重雄		三国同盟条約案	
	1928. 4.17		1940. 9.13
サモア攻略		三国同盟締結	
	1942. 4.13		1939. 8. 8
サラモア		三式艦上戦闘機	
	1942. 3. 8		1929. 4.―
	1942. 3.12	酸素魚雷	
	1943. 4.―		1939.11. 6
『サロン』		サンタクルーズ諸島	
	1949. 6.―		1942. 7. 2
サワ・サツカ		暫定総動員期間計画綱領設定ノ件	
	1940. 3.28		1933. 7.28
沢本頼雄		暫定総動員期間計画設定に関する方針	
	1941.10.30		1930. 4. 1
	1965. 6.29	山東出兵(第1次)	

	1927. 5.28
山東出兵(第 2 次)	
	1928. 4.19
山東派遣軍撤退	
	1927. 8.30
三八式歩兵銃	
	1939. 7.15
サンフランシスコ講和条約	
	1951. 9. 8
参謀次長 2 人制	
	1944. 2.21
参謀総長	
	1938. 7.21
	1938. 7.26
	1938. 8. 6
	1939. 5.13
	1939. 6.29
	1940. 2.21
	1940. 3.17
	1940. 5. 2
	1940. 7.23
	1941. 1.16
	1944. 2.21
	1944. 7.14
参謀本部	
	1940. 6.20
	1941. 8.14
	1945.10.15
参謀本部第 2 部ロシア課	
	1936. 8.—
参謀本部第 8 課伝単部	
	1941. 8.—
三無事件	
	1961.12.12

し

シードラゴン	
	1964.11.12
シーレーン保護	
	1978.11.27
自衛官合祀拒否訴訟	
	1973. 1.22
	1979. 3.22
	1982. 6. 1
	1988. 6. 1
自衛隊の海外出動を為さざることに関する決議	
	1954. 6. 2
自衛隊法	
	1954. 6. 9

士官学校事件	
	1934.11.20
	1935. 7.11
志願兵制度	
	1938. 4. 1
磁気機雷	
	1945. 3.27
	1945. 3.30
敷　島　隊	
	1944.10.20
	1944.10.25
「持久戦論」	
	1938. 5.26
時局収拾の対策試案	
	1945. 6. 9
時局処理方策の方針	
	1941. 6.10
重光　葵	
	1932. 4.29
	1937. 6.19
	1943. 4.20
	1945. 3.21
	1945. 9. 2
資源局官制	
	1927. 5.27
資源審議会	
	1938. 2.19
資源審議会官制	
	1927. 7.19
資源調査法	
	1929. 4.12
事件不拡大現地解決方針	
	1937. 7.11
事件不拡大と局地解決方針	
	1937. 7. 8
事件不拡大方針	
	1937. 7. 9
	1937. 8. 9
事件不拡大方針放棄	
	1937. 8.17
四国配電	
	1941. 9. 6
爾後国民政府ヲ対手トセス	
	1938. 1.16
爾後の戦争指導に関する件	
	1942. 2. 9
静　　岡	
	1945. 6.19
四川作戦	
	1942. 7.23

　　　　　　　　　　1942. 7.23
思想調査委員会
　　　　　　　　　　1929. 2. 2
【師団】
第1師団
　　　　　　　　　　1940. 7.10
　　　　　　　　　　1945. 8.18
　　　　　　　　　　1931. 9.21
　　　　　　　　　　1931.11.18
　　　　　　　　　　1932. 2. 5
　　　　　　　　　　1940. 7.10
　　　　　　　　　　1942. 5.23
　　　　　　　　　　1942.10. 2
　　　　　　　　　　1942.10.24
　　　　　　　　　　1942.10.26
　　　　　　　　　　1944. 8.30
第3師団
　　　　　　　　　　1928. 5. 8
　　　　　　　　　　1940. 7.10
第4師団
　　　　　　　　　　1940. 7.10
第5師団
　　　　　　　　　　1937. 7.27
　　　　　　　　　　1937. 9.25
　　　　　　　　　　1937.11. 8
　　　　　　　　　　1938. 4. 7
　　　　　　　　　　1940. 7.10
　　　　　　　　　　1940. 7.30
　　　　　　　　　　1940. 9.23
　　　　　　　　　　1940. 9.25
　　　　　　　　　　1942. 1.11
第6師団
　　　　　　　　　　1928. 4.19
　　　　　　　　　　1937. 7.27
　　　　　　　　　　1940. 7.10
第7師団
　　　　　　　　　　1940. 7.10
　　　　　　　　　　1942. 5.23
第8師団
　　　　　　　　　　1940. 7.10
第9師団
　　　　　　　　　　1932. 2. 5
　　　　　　　　　　1937. 9.11
　　　　　　　　　　1940. 7.10
　　　　　　　　　　1944. 8.―
第10師団
　　　　　　　　　　1932. 4. 5
　　　　　　　　　　1937. 7.27
　　　　　　　　　　1940. 7.10
第11師団
　　　　　　　　　　1932. 2.24
　　　　　　　　　　1940. 7.10
第12師団
　　　　　　　　　　1940. 7.10
第13師団
　　　　　　　　　　1937. 8.26
　　　　　　　　　　1937. 9.11
第14師団
　　　　　　　　　　1932. 2.24
　　　　　　　　　　1932. 4. 5
　　　　　　　　　　1940. 7.10
第15師団
　　　　　　　　　　1937. 8.26
第16師団
　　　　　　　　　　1940. 7.10
　　　　　　　　　　1941.12.17
　　　　　　　　　　1941.12.24
第17師団
　　　　　　　　　　1937. 8.26
第18師団
　　　　　　　　　　1937. 8.26
　　　　　　　　　　1942. 5. 1
第19師団
　　　　　　　　　　1938. 7.30
　　　　　　　　　　1938. 8. 6
第20師団
　　　　　　　　　　1932. 1. 3
　　　　　　　　　　1937. 7.11
　　　　　　　　　　1938. 7. 6
第21師団
　　　　　　　　　　1938. 4. 4
第22師団
　　　　　　　　　　1938. 4. 4
第23師団
　　　　　　　　　　1938. 4. 4
　　　　　　　　　　1939. 5.13
　　　　　　　　　　1939. 5.21
　　　　　　　　　　1939. 7. 2
　　　　　　　　　　1939. 7. 9
　　　　　　　　　　1939. 7.23
　　　　　　　　　　1939. 7.24
第24師団
　　　　　　　　　　1944. 8.―
第25師団
　　　　　　　　　　1940. 7.10
第26師団
　　　　　　　　　　1937. 9.30
第28師団
　　　　　　　　　　1940. 7.10
　　　　　　　　　　1944. 8.―

第32師団			1940. 7.10
	1939. 2. 7	第57師団	
第33師団			1940. 7.10
	1939. 2. 7	第58師団	
	1942. 4. 1		1942. 2. 2
	1942. 5. 4	第59師団	
第34師団			1942. 2. 2
	1939. 2. 7	第60師団	
第35師団			1942. 2. 2
	1939. 2. 7	第62師団	
第36師団			1942. 2. 2
	1939. 2. 7		1944. 8.―
第37師団		第63師団	
	1939. 2. 7		1942. 2. 2
第38師団		第64師団	
	1939. 6.30		1942. 2. 2
	1942.11.14	第65師団	
第39師団			1942. 2. 2
	1939. 6.30	第68師団	
第40師団			1942. 2. 2
	1939. 6.30	第69師団	
第41師団			1942. 2. 2
	1939. 6.30	第70師団	
第42師団			1942. 2. 2
	1943. 5.14	第72師団	
第43師団			1944. 4. 4
	1943. 5.14	第81師団	
第45師団			1944. 4. 4
	1943. 5.14	第86師団	
第46師団			1944. 4. 4
	1943. 5.14	第88師団	
第47師団			1945. 2.28
	1943. 5.14	第89師団	
第48師団			1945. 2.28
	1942. 1. 3	第100師団	
	1942. 2.19		1944. 6.15
第51師団		第101師団	
	1940. 7.10		1937. 8.26
	1942. 3. 7		1937. 9.11
	1942. 3.30	第102師団	
	1942. 4.29		1944. 6.15
	1942. 5. 8	第103師団	
	1944. 8.30		1944. 6.15
第52師団		第104師団	
	1940. 7.10		1937. 8.26
第54師団		第105師団	
	1940. 7.10		1944. 6.15
第55師団		第106師団	
	1940. 7.10		1937. 8.26
第56師団		第108師団	

師団	年月日	師団	年月日
第109師団	1937. 8.26	第147師団	1945. 2.28
第110師団	1937. 8.26	第150師団	1945. 2.28
第114師団	1944. 4.―	第151師団	1945. 2.28
第115師団	1937. 8.26	第152師団	1945. 2.28
第116師団	1944. 7.10	第153師団	1945. 2.28
第117師団	1937. 8.26	第154師団	1945. 2.28
第118師団	1944. 7.10	第155師団	1945. 2.28
第121師団	1944. 7.10	第156師団	1945. 2.28
第122師団	1945. 1.16	第157師団	1945. 2.28
第123師団	1945. 1.16	第160師団	1945. 2.28
第124師団	1945. 1.16	第201師団	1945. 4. 2
第125師団	1945. 1.16	第202師団	1945. 4. 2
第126師団	1945. 1.16	第205師団	1945. 4. 2
第127師団	1945. 1.16	第206師団	1945. 4. 2
第128師団	1945. 1.16	第212師団	1945. 4. 2
第131師団	1945. 1.16	第214師団	1945. 4. 2
第132師団	1945. 2. 1	第216師団	1945. 4. 2
第133師団	1945. 2. 1	第221師団	1945. 5.23
第140師団	1945. 2. 1	第222師団	1945. 5.23
第142師団	1945. 2.28	第224師団	1945. 5.23
第143師団	1945. 2.28	第225師団	1945. 5.23
第144師団	1945. 2.28	第229師団	1945. 5.23
第145師団	1945. 2.28	第230師団	1945. 5.23
第146師団	1945. 2.28	第231師団	1945. 5.23
		第234師団	

第303師団	1945. 5.23
第308師団	1945. 5.23
第312師団	1945. 5.23
第316師団	1945. 5.23
第320師団	1945. 5.23
第321師団	1945. 5.23
第322師団	1945. 5.23
第344師団	1945. 5.23
第351師団	1945. 5.23
第354師団	1945. 5.23
第355師団	1945. 5.23
師 団 長	1940. 7.10
七・七禁令	1940. 7. 6
輜重特務兵	1931.11. 9
輜重輸卒	1931.11. 9
実業補習学校	1935. 4. 1
幣原喜重郎	1930.11.14
幣原喜重郎内閣	1945.10. 9
	1946. 4.22
紫 電 改	1945. 1.—
	1945. 3.19
紫電21型	1945. 1.—
自動車製造事業法	1936. 5.29
シドニー	1942. 6. 7
シドニー湾特攻攻撃	1942. 5.31
品 川 区	

	1945. 5.24
支 那 国	1930.10.31
支那事変	1937. 9. 2
	1941.12.12
支那事変処理根本方針	1938. 1.11
支那事変処理要綱	1940.11.13
支那事変対処要綱	1937.10. 1
	1937.12.24
支那事変ノ為従軍シタル軍人及軍属ニ対スル租税ノ減免, 徴収猶予等ニ関スル法律	1937. 9.13
支那事変陸軍軍需動員第二次実施訓令	1938. 3.31
支那新中央政府樹立ニ関連スル処理方針	1940. 1.
支那中央政権樹立準備対策に関する事務処理	1939. 9.19
支那駐屯軍	1936. 4.17
	1937. 7. 8
	1937. 7. 9
	1937. 7.10
	1937. 7.11
	1937. 7.19
	1937. 7.21
	1937. 7.26
	1937. 7.27
	1937. 7.28
信　　濃	1942. 6.30
	1944.11.19
信濃毎日新聞	1933. 8.11
信 濃 丸	1950. 4.22
支那派遣軍	1939. 9. 4
	1939. 9.12
	1939. 9.30
	1940. 2.21
	1940. 3.17
	1940. 4.10
	1940. 5. 1
	1940. 6.12
	1940. 6.15

	1940. 6.16
	1940. 6.17
	1940. 7.23
	1940. 9.19
	1941. 9.13
	1941.12. 1
	1942. 4.16
	1942. 4.26
	1942. 4.30
	1942. 5.15
	1942. 6.24
	1942. 8.13
支那方面艦隊	
	1937.12. 1
	1940. 9.25
	1941. 7.10
	1941. 7.23
	1941.11. 5
	1941.12. 1
支那方面航空作戦陸海軍中央協定	
	1940. 5.15
支那労働者移入	
	1939. 7.―
篠 岡 村	
	1940. 3. 8
柴　五郎	
	1945.12.13
ジフェニールシアンアルシン	
	1933. 3.―
渋 谷 区	
	1945. 5.24
シベリア抑留	
	1945. 8.23
	1993.10.11
死亡報告	
	1937.10. 8
島尾敏雄	
	1949.11.―
島田啓三	
	1933. 1.―
嶋田繁太郎	
	1941.10.18
	1941.10.30
	1941.11. 1
	1942. 1. 4
	1942. 6.30
	1944. 2.21
	1944. 6. 4
	1944. 6.16
	1944. 6.26

	1944. 7.17
	1944. 8. 2
	1948.11.12
	1958. 4. 7
	1976. 6. 7
清　　水	
	1945. 7.30
占　　守	
	1940. 6.30
下関海峡	
	1945. 5.14
下村　定	
	1945. 8.23
	1945.10. 9
	1968. 3.25
社 会 省	
	1937. 5.14
奢侈品等製造販売制限規則	
	1940. 7. 6
ジャワ沖海戦	
	1942. 2. 4
ジャワ作戦	
	1942. 1. 4
ジャワ俘虜収容所	
	1942. 8.15
ジャワ島	
	1942. 3. 1
	1942. 3.上旬
	1942. 3.12
上　　海	
	1932. 1.28
	1932. 2.22
	1932.10. 1
	1936. 9.23
	1938. 1.10頃
	1941.12. 8
	1942. 1.14
上海居留民現地保護方針	
	1937. 8.10
上 海 号	
	1941.12. 1
上海事変(第1次)	
	1932. 1.28
	1932. 2. 2
上海事変(第2次)	
	1937. 8.13
上海停戦協定	
	1932. 5. 5
上海特別陸戦隊	
	1941.12. 8

上海派遣軍		終戦詔書	
	1937.11. 7		1945. 8.14
	1938. 2.14	終戦詔書玉音放送	
上海米英共同租界			1945. 8.15
	1941.12. 8	終戦連絡事務局官制	
上海陸戦隊			1945. 8.26
	1939.12.―	集団検診	
十一月事件			1940. 4. 8
	1934.11.20	一〇年式艦上戦闘機	
自由印度仮政府			1927. 2.21
	1943.10.21	周辺事態法	
十月事件			1999. 5.28
	1931.10.17		1999. 8.25
臭化ベンジル		重要機械製造事業法	
	1929. 4.―		1941. 5. 3
従軍慰安婦		重要鉱物増産法	
	1973.10.―		1938. 3.29
	1990. 6. 6	重要産業五年計画要綱	
『従軍慰安婦"声なき女"八万人の告発』			1937. 5.29
	1973.10.―	重要産業団体令	
重　　慶			1941. 8.30
	1938.12.下旬	重要産業ノ統制ニ関スル法	
	1937.11.16		1931. 4. 1
	1938. 2.18		1936. 5.28
	1938. 6. 9	重要事業場労務管理令	
	1940. 8.19		1942. 2.25
	1941. 5. 3	重要物資管理営団法	
重慶進攻爆撃			1942. 2.24
	1938.12.26	粛　　軍	
重慶・成都方面航空攻撃			1935. 8.14
	1941. 7.27	粛軍人事	
重慶政府			1936. 3.10
	1940. 3.30	「粛軍に関する意見書」	
銃後後援強化週間実施要綱			1935. 7.11
	1938. 8. 4	熟柿主義	
ジューコフ			1941. 7. 1
	1939. 6. 6	「出孤島記」	
銃後奉公会			1949.11.―
	1934. 3.10	出陣学徒壮行会	
	1939. 1.14		1943.10.21
	1941. 1.11	出征兵士を送る歌	
自由主義史観研究会			1939. 7. 7
	1995. 1.―	出版統制強化	
修正軍備充実計画案			1939. 4.―
	1939.12.20	ジュネーブ一般軍縮会議	
修正中立法			1932. 2. 2
	1939.11. 3	ジュネーブ海軍軍縮会議	
終戦工作			1927. 6.20
	1945. 5.14	ジュネーブ軍縮会議	
	1945. 6. 9		1927. 2.19

451

ジュネーブ条約	1931. 6.13
	1941.12.27
	1942. 1.29
	1942. 4.16
主要比島作戦終了	1942. 1. 3
殉国七士墓	1960. 8.16
巡潜型	1926. 3.10
隼　鷹	1942. 5. 3
傷痍軍人医療委員会官制	1939. 7.28
傷痍軍人小学校教員養成所	1939. 5.―
傷痍軍人台帳規則	1938. 8.27
傷痍軍人奉公財団	1941. 7.17
傷痍軍人保護対策審議会	1938. 1.27
傷痍軍人保護対策審議会官制	1938. 1.15
	1939.10.11
傷痍軍人療養所	1938. 5. 8
城英一郎	1943. 6.29
蔣　介　石	1926. 7. 9
	1927. 4.12
	1927. 4.18
	1927. 8.13
	1928.10. 8
	1929. 6. 3
	1936.12.12
	1937. 7.17
	1937. 8.15
	1937. 9.23
	1937.11. 6
	1937.11.21
	1937.12. 2
	1938. 3.29
	1938. 7.12
	1940. 1.16
	1940. 1.23
	1940.10.23
	1940.11.19
	1941.11.25
	1942. 2. 1
	1942. 3.21
	1942. 7. 1
蔣介石を対手とせず	1940. 7.31
翔　鶴	1941. 8. 8
	1942. 5. 8
	1944. 6.19
小学校令	1941. 3. 1
湘桂作戦	1944. 5.24
	1944. 5.27
商港警備府令	1941.11.12
招魂祭	1932. 6. 6
招魂社	1934.11.19
	1939. 3.15
招魂社創立内規ニ関スル件	1934.11.19
松根油生産事業促進方針	1945. 1.―
庄司元三	1945. 5.13
召集猶予者	1939. 8.26
情勢急迫セル場合ニ応ズル国民戦闘組織	1945. 4.13
情勢推移に伴う国防国策の大綱	1941. 6.14
情勢の進展に伴う当面の施策に関する件	1942. 1.10
情勢の推移に伴ふ帝国国策要綱	1941. 7. 1
	1941. 7. 2
情勢の推移に伴う帝国国策要綱陸海軍案	1941. 6.24
	1941. 6.26
	1941. 6.28
松　竹	1940.11.―
	1963. 4.28
	1964.12.26
昭　南	1942. 2.17
昭南島	

『少年倶楽部』
     1942. 2.15
     1930. 4.—
     1933. 1.—
少年航空兵
     1933. 4.28
傷兵院官制
     1934. 6.19
傷兵院法
     1934. 3.26
傷兵保護院官制
     1938. 4.18
祥　鳳
     1942. 1.26
     1942. 5. 7
情報委員会官制
     1936. 7. 1
     1937. 9.25
情報局官制
     1940.12. 6
昭　　和
     1926.12.25
『昭和公論』
     1931. 3. 2
昭和58年度から昭和62年度までを対象とする中期
 業務見積り
     1982. 7.23
昭和十一年勅令第十八号ノ施行ニ関スル件
     1936. 2.27
昭和十五年軍備改編要領（その一）
     1940. 3.28
昭和十五年軍備改編要領（その二）
     1940. 7.10
昭和15年度帝国海軍作戦計画
     1939.12.14
昭和15年度帝国陸軍作戦計画
     1939.12.14
昭和十五,六年を目標とする対支処理方策
     1940. 5.18
昭和13年度帝国海軍作戦計画
     1938. 9. 5
昭和13年度帝国陸軍作戦計画
     1938. 9. 5
昭和13年度物資動員計画
     1938. 1.16
自昭和十三年至同年夏季・支那事変帝国陸軍作戦
 指導要綱
     1938. 2.16
昭和17・18年度甲造船計画案
     1942. 4. 1

昭和十七年簡閲点呼ニ関スル件
     1942. 2.18
昭和17年度海軍戦時編制
     1942. 4.10
昭和十七年度艦船建造補充航空兵力増勢計画
     1941. 9.21
昭和17年度の石油配分
     1942. 3. 9
昭和十二年軍備改編要領
     1937. 6.14
昭和十二年勅令第十二号陸軍武官官等表ノ件
     1940. 9.13
昭和十二年勅令第七百二十六号ニ依ル陸軍ノ退役
 ノ将校又ハ准士官等ノ陸軍部隊編入ニ関スル件
     1937.12.22
昭和十二年度海軍補充計画
     1937. 3.20
昭和十年勅令第十九号昭和十一年勅令第十八号ノ
 施行ニ関スル件廃止ノ件
     1936. 7.17
昭和十年勅令第十八号ニ一定ノ地域ニ戒厳令中必要
 ノ規定ヲ適用スルノ件廃止ノ件
     1936. 7.17
昭和十年勅令第二十号戒厳司令部令廃止ノ件
     1936. 7.17
昭和十八年臨時徴兵検査規則
     1943.10. 2
昭和14年度海軍軍備充実計画
     1938. 9.22
昭和十四年度海軍充実計画
     1939. 3.27
昭和14年度帝国陸海軍作戦計画
     1939. 2.24
     1939. 2.27
昭和十四年度労務動員実施計画綱領
     1939. 7. 4
昭和十六年度帝国海軍戦時編制実施
     1941. 9. 1
昭和天皇
     1926.12.25
     1928.12.24
     1929. 6.27
     1931.12.17
     1932. 1. 8
     1936. 2.27
     1938. 7.20
     1938. 8.15
     1938.10. 3
     1939. 2.24
     1941. 9. 5

	1941.11.29
	1942.11. 5
	1943. 6.24
	1944.10.21
	1945. 2.14
	1945. 3. 3
	1945. 3.16
	1945. 4. 2
	1945. 6. 9
	1945. 7. 7
	1945. 8.14
	1945. 9.27
	1975.10.31
	1989. 1. 7
「昭和天皇独白録」	
	1990.12.—
昭和八年勅令第十二号ニ依ル予備役,後備役士官充用ノ件ニ関スル件	
	1933. 3. 6
昭和八年陸軍省令第六号	
	1937. 8.30
昭 和 村	
	1940. 4. 1
ジョージ=ワシントン	
	1981. 4. 9
	2008. 9.25
ショートランド	
	1942. 3.30
	1942. 8.28
	1942. 9.26
食糧管理法	
	1942. 2.21
女子勤労挺身隊	
	1943. 9.13
女子挺身勤労令	
	1944. 8.23
	1945. 3. 6
徐州会戦	
	1938. 5. 3
徐州作戦	
	1938. 4. 7
女性のためのアジア平和国民基金	
	1995. 7.19
女性のためのアジア平和友好基金	
	1995. 6.14
ジラード事件	
	1957. 1.30
白川義則	
	1927. 4.20
	1932. 4.29

	1932. 5.26
しらせ	
	1982.11.12
白　露	
	1936. 8.20
白鳥敏夫	
	1939. 4.20
	1948.11.12
しろ１号	
	1929. 4.—
新オレンジ計画(対日作戦計画)	
	1938. 2.—
新海軍再建研究会	
	1951. 4.18
新型爆弾	
	1945. 8. 7
シンガポール	
	1941.12. 8
	1942. 2.11
	1942. 2.15
	1942. 2.17
	1942. 2.21
シンガポール航空撃滅戦	
	1942. 1.12
シンガポール攻略	
	1941. 2.23
シンガポール攻略計画	
	1939. 2.24
シンガポール最後の日	
	1943. 1.29
新　京	
	1932. 2.23
	1932.10.30
『真空地帯』	
	1952. 2.—
進軍の歌	
	1937. 9.—
新　興	
	1932. 3.—
人工衛星	
	1957.10. 4
人事調停法	
	1939. 3.17
新司偵	
	1939.11.—
神州丸	
	1942. 3. 1
真珠湾	
	1941.12. 8
	1942. 3. 4

454

真珠湾攻撃
　　　　　　　　　　1941.11.15
新城正一
　　　　　　　　　　1939. 1.—
神　　職
　　　　　　　　　　1939. 8.15
『神聖喜劇』
　　　　　　　　　　1968.12.—
人造石油製造事業法
　　　　　　　　　　1937. 8.10
人造石油の生産力拡充及び利用に関する陸海軍軍
　　需工業動員協定
　　　　　　　　　　1939. 8.26
真相はこうだ
　　　　　　　　　　1945.12. 9
身体検査
　　　　　　　　　　1940. 4. 8
人体実験
　　　　　　　　　　1933. 9.—
陣 太 刀
　　　　　　　　　　1934. 2.15
新中華民国
　　　　　　　　　　1940. 3.30
第1期晋中作戦(第1期)
　　　　　　　　　　1940. 9. 1
陣中要務令
　　　　　　　　　　1938.10. 1
新 潮 社
　　　　　　　　　　1965.11.—
神　　通
　　　　　　　　　　1927. 8.24
震天制空隊
　　　　　　　　　　1944.11. 7
新藤兼人
　　　　　　　　　　1952. 8. 6
晋東作戦
　　　　　　　　　　1939. 6.10
新 東 宝
　　　　　　　　　　1957. 4.29
新南群島
　　　　　　　　　　1938.12.23
晋南粛正戦
　　　　　　　　　　1938. 7. 6
新日本建設ニ関スル詔書
　　　　　　　　　　1946. 1. 1
新婦人団体結成要綱
　　　　　　　　　　1941. 6.10
振 武 台
　　　　　　　　　　1941.11. 1
新聞紙等掲載制限令
　　　　　　　　　　1941. 1.11
新聞紙法第二十七条ニ依リ当分軍隊ノ行動其ノ他
　　軍機軍略ニ関スル事項ヲ新聞紙ニ掲載禁止ノ件
　　　　　　　　　　1937. 7.31
新聞紙法ニ依リ当分艦隊等ノ行動其ノ他軍機軍略
　　ニ関スル事項ヲ新聞紙ニ掲載禁止ノ件
　　　　　　　　　　1937. 7.31
晋北自治政府
　　　　　　　　　　1937.10.15
新 民 会
　　　　　　　　　　1940. 3. 1
震 洋 隊
　　　　　　　　　　1945. 2.15
　　　　　　　　　　1945. 3. 1
信 洋 丸
　　　　　　　　　　1947. 5.15
神雷部隊
　　　　　　　　　　1945. 3.21
新レインボー4計画
　　　　　　　　　　1940. 5.22

す

綏　　遠
　　　　　　　　　　1937.10.12
綏遠事件
　　　　　　　　　　1936.11.14
瑞　　鶴
　　　　　　　　　　1941. 9.25
彗　　星
　　　　　　　　　　1942. 7.—
水爆実験
　　　　　　　　　　1952.11. 1
　　　　　　　　　　1953. 8.12
　　　　　　　　　　1954. 3. 1
　　　　　　　　　　1957. 5.15
　　　　　　　　　　1967. 6.17
綏芬河
　　　　　　　　　　1935.10. 6
瑞　　鳳
　　　　　　　　　　1940.12.27
【水雷船隊】
第1水雷戦隊
　　　　　　　　　　1932. 2. 2
第2水雷戦隊
　　　　　　　　　　1942.10.13
枢 密 院
　　　　　　　　　　1930.10. 1
　　　　　　　　　　1940. 9.26
　　　　　　　　　　1941.12. 8

455

尾高亀蔵
　　　　　1938. 7.30
末次信正
　　　　　1944. 6.16
　　　　　1944.12.29
頭　蓋　骨
　　　　　1944. 1.18
　　　　　1944. 5.22
巣　　　鴨
　　　　　1945. 3. 4
スガモ＝プリズン
　　　　　1945.11. 1
　　　　　1951. 9. 2
　　　　　1952. 4.28
杉坂共之
　　　　　1941.12. 1
杉山　元
　　　　　1937. 2. 2
　　　　　1937. 2. 9
　　　　　1937. 4.16
　　　　　1937. 6. 4
　　　　　1937. 6.23
　　　　　1937. 7. 9
　　　　　1937. 7.16
　　　　　1937. 7.18
　　　　　1937. 7.27
　　　　　1937. 8. 7
　　　　　1937.10. 1
　　　　　1938. 1.15
　　　　　1938. 3. 3
　　　　　1938. 3.31
　　　　　1940.10. 3
　　　　　1941. 7. 7
　　　　　1941. 8. 2
　　　　　1941. 8. 9
　　　　　1941. 9. 5
　　　　　1941. 9.13
　　　　　1941. 9.25
　　　　　1941.10. 4
　　　　　1941.10. 6
　　　　　1941.10. 7
　　　　　1941.10. 8
　　　　　1941.10.23
　　　　　1941.11. 2
　　　　　1941.11. 3
　　　　　1941.11. 5
　　　　　1941.11. 8
　　　　　1941.12. 2
　　　　　1942. 1. 4
　　　　　1942. 6. 8

　　　　　1942.12.14
　　　　　1944. 7.18
　　　　　1944. 7.22
　　　　　1945. 3.21
　　　　　1945. 8.14
　　　　　1945. 9.12
助川啓四郎
　　　　　1934. 3.10
図上演習
　　　　　1941.10. 9
鈴木貫太郎内閣
　　　　　1945. 4. 7
　　　　　1945. 8.15
鈴木善幸内閣
　　　　　1980. 7.17
鈴木荘六
　　　　　1940. 2.20
鈴木孝雄
　　　　　1964. 1.29
鈴木卓爾
　　　　　1939.12.27
鈴木卓爾・今井武夫・宋子良会談
　　　　　1940. 2.21
鈴木貞一
　　　　　1941.10.12
　　　　　1948.11.12
　　　　　1958. 4. 7
鈴　　　谷
　　　　　1935. 7.28
スターク
　　　　　1941.11.25
スターク案
　　　　　1941. 9.21
スターリングラード攻防戦
　　　　　1943. 1.31
スターリング湾
　　　　　1942. 3.26
スタルケンボルグ
　　　　　1942. 3. 8
スタンレー
　　　　　1942. 9.14
スチムソン
　　　　　1932. 1. 7
　　　　　1941.11.25
　　　　　1942. 2.19
スチムソン＝ドクトリン
　　　　　1932. 1. 7
スチルウェル
　　　　　1942. 2. 1
スティムソン委員会

	1945. 6. 1		1946. 7.13
砂川基地闘争			1948. 8.27
	1955. 5. 8	聖　　断	
砂川事件			1945. 8.10
	1959. 3.30	性的慰安の施設	
	1959. 3.31		1938. 6.―
	1959.12.16	青天白日旗	
砂田重政			1928.12.29
	1942. 2. 3	成都事件	
スプートニク1号			1936. 8.24
	1957.10. 4	西南太平洋連合国軍司令官	
スマトラ			1942. 2.22
	1942. 3.12	青年学校令	
スマトラ攻略作戦			1935. 4. 1
	1942. 3.17		1939. 4.26
スメタニン		青年訓練所	
	1941. 8. 4		1935. 4. 1
スラバヤ		青年訓練所令	
	1942. 3. 8		1926. 4.20
	1942. 5. 8	生物兵器	
スラバヤ沖海戦			1932. 4. 1
	1942. 2.27	西部ニューギニア	
ス　リ　ム			1944. 5.17
	1942. 1. 7	西部防衛司令官	
スルアン島			1938.11.30
	1944.10.17	西部防衛司令部	
			1937.11.27
せ		セイヤー	
			1938.12. 5
西安事件		『世界』	
	1936.12.12		1946. 5.―
生活必需物資統制令		世界恐慌	
	1941. 4. 1		1929.10.24
青　　酸		世界情勢推移に伴ふ時局処理要綱陸海軍案	
	1938. 8.26		1940. 7.22
生産力拡充委員会		世界情勢の推移に伴ふ時局処理要綱	
	1939. 3.11		1940. 7.27
生産力拡充計画要綱		世界情勢ノ推移ニ伴フ時局処理要綱方針	
	1939. 1.17		1940. 7. 3
制式化学兵器表		世界情勢判断	
	1938. 8.26		1942. 3. 9
聖戦貫徹議員聯盟		関川秀雄	
	1940. 3.25		1950. 6.15
聖戦美術展			1953.10. 7
	1938. 5. 8	赤軍特別極東軍政治部	
	1939. 7. 6		1938. 6.30
生体解剖		石炭配給切符制	
	1945. 5.17		1938. 9.19
	1948. 3.11	石炭配給統制規則	
生体解剖事件			1938. 9.19

瀬木比呂志
                1994. 2.24
石門俘虜収容所
                1941. 8.—
石門労工教習所
                1941. 8.—
石門労工訓練所
                1941. 8.—
石　　油
                1940. 7.26
石油開発要員の徴用
                1941.10. 1
関　行男
                1944.10.20
石油業法
                1934. 3.28
石油資源開発法
                1938. 3.28
石油需給計算
                1941. 6. 5
                1941. 8. 1
石油需給見積り
                1941. 6.10
石油全製品対日輸出許可制
                1941. 6.21
石油専売法
                1943. 3.12
「せ」号航空作戦
                1942. 4.26
浙贛作戦
                1942. 4.30
                1942. 5.15
                1942. 8.27
絶対国防圏
                1943. 9.25
瀬戸口藤吉
                1937.11. 3
セ ブ 島
                1942. 4. 5
                1942. 4.10
セリヤ原油
                1942. 2.23
セレベス島
                1942. 1.11
                1942. 1.24
                1942. 2. 4
零　　戦
                1940. 5.18
                1940. 8.19
                1942. 6. 5

                1964. 1.18
船員使用等統制令
                1940.11. 9
船員徴用令
                1940.10.21
船員保険法
                1939. 4. 6
『戦艦大和の最期』
                1952. 8.—
全極東インド人代表者会議
                1942. 5.15
『戦訓報』
                1943. 6.20
全国戦没者追悼式
                1952. 5. 2
                1982. 4.13
全国民に告ぐる書
                1940. 1.23
戦後五十年問題プロジェクト従軍慰安婦問題等小
    委員会
                1994.10.—
戦　　死
                1937.10.15
戦時海運管理令
                1942. 3.25
戦時教育令
                1945. 5.22
戦時行政職権特例
                1943. 3.18
戦時行政特例法
                1943. 3.18
戦時緊急措置法
                1946. 4. 1
戦時刑事特別法
                1943. 3.13
戦時港湾荷役力緊急増強策
                1942.11.10
戦時災害保護法
                1942. 2.25
戦死者遺児の靖国神社参拝
                1939. 8. 6
戦時大本営条例
                1937.11.16
戦時中ノ官庁執務時間ニ関スル件
                1942.10.31
戦　　車
                1927. 2.—
                1929.10.—
                1961. 2.22
【戦車隊】

458

第1戦車隊
    1933. 8.—
戦車隊決死特攻隊
    1945. 4.12
戦車第3大隊
    1933. 8.—
戦車第1師団
    1942. 6.24
戦車第2師団
    1942. 6.24
戦車第3師団
    1942. 6.24
戦車第1聯隊
    1933. 8.—
戦車第2聯隊
    1933. 8.—
戦車第5聯隊
    1936.12.31
戦車第6聯隊
    1936.12.31
【戦車団】
第1戦車団
    1938. 8.12
    1939. 7.26
全軍将兵に告ぐ
    1945. 8.10
戦傷奉公杖授与規程
    1939. 5. 3
戦　陣　訓
    1941. 1. 8
潜　水　艦
    1943. 2.—
宣戦詔書案
    1941.11.27
宣戦の事務手続順序
    1941.11.27
宣戦布告
    1941.12. 8
戦争記録画
    1937.10.16
戦争経済基本方策
    1941.11.10
戦争推移に伴う対蘭印戦争指導要領
    1941.12.13
戦争遂行に伴う国論指導要綱
    1941.11.27
戦争責任
    1975.10.31
『戦争と人間』
    1965. 2.—

戦争と平和
    1947. 7.10
戦争犯罪人
    1945. 9.11
戦争保険臨時措置法
    1941.12.19
【戦隊】
第3戦隊
    1942.10.13
第5戦隊
    1942. 4.12
第6戦隊
    1942.10.11
仙　　　台
    1927. 7. 1
千田夏光
    1973.10.—
戦地軍隊ニ於ケル傷者及病者ノ状態改善ニ関スル
　千九百二十七年七月二十七日ジュネーヴ条約
    1929. 7.27
    1935. 3. 8
戦地傷病者に関する赤十字条約
    1929. 7.27
善　通　寺
    1942. 1.14
宣伝映画
    1933. 3.—
戦闘綱要
    1929. 2. 6
    1938.10. 1
宣統帝　→溥儀
    1931. 9.22
    1932. 3. 9
セント＝ジェームス宮殿における宣言
    1942. 1.13
セント＝ロー
    1944.10.25
船舶運営会
    1942. 4. 1
船舶検査活動法
    2000.12. 6
    2001. 3. 1
船舶建造計画改4線表
    1942. 4.11
船舶建造融資補給及損失補償法
    1939. 4. 5
船舶保護法
    1941. 3.17
選抜徴兵法
    1940. 9.16

戦没学生の遺書にみる15年戦争
　　　　　　　　　1963. 2.—
戦没者遺族指導要綱
　　　　　　　　　1941. 1.11
戦歿者遺族台帳
　　　　　　　　　1939. 2.22
戦歿者遺族取扱要綱
　　　　　　　　　1939. 2.22
戦没者の叙位・叙勲
　　　　　　　　　1964. 1. 7
戦没者を追悼し平和を祈念する日
　　　　　　　　　1982. 4.13
占領軍向け性的慰安施設
　　　　　　　　　1945. 8.18
占領地軍政実施に関する陸海軍中央協定
　　　　　　　　　1941.11.20
　　　　　　　　　1941.11.26
占領地軍政実施に伴う第三国権益処理要綱
　　　　　　　　　1942. 1.20
占領地採油事業の協力運営に関する陸海軍中央協定
　　　　　　　　　1942. 5.19
占領地方策実施に関する陸海軍中央協定
　　　　　　　　　1942. 1. 4
占領油田油本土還送
　　　　　　　　　1942. 4.29

そ

掃海艇派遣
　　　　　　　　　1991. 4.24
早期開戦論
　　　　　　　　　1941. 6. 5
創　元　社
　　　　　　　　　1952. 8.—
総合安全保障関係閣僚会議
　　　　　　　　　1989.12. 1
宋　子良
　　　　　　　　　1939.12.27
造船事業
　　　　　　　　　1942. 1.28
造船事業法
　　　　　　　　　1939. 4. 5
宋　哲元
　　　　　　　　　1935. 6.27
　　　　　　　　　1935.12.11
総動員基本計画綱領規定
　　　　　　　　　1930. 4. 8
総動員計画
　　　　　　　　　1937. 7.28

総動員計画設定処務要綱
　　　　　　　　　1929. 6.18
総動員物資使用収用令
　　　　　　　　　1939.12.16
総動員警備計画暫定
　　　　　　　　　1936.12.26
判任官俸給令
　　　　　　　　　1931. 5.27
象のオリ
　　　　　　　　　1995. 3. 3
蒼　　龍
　　　　　　　　　1937.12.29
　　　　　　　　　1942. 6. 5
総力戦研究所
　　　　　　　　　1940. 8.16
総力戦研究所官制
　　　　　　　　　1940.10. 1
総力戦研究所研究生
　　　　　　　　　1941. 8.27
即応予備自衛官制度
　　　　　　　　　1998. 3.26
外　南　洋
　　　　　　　　　1937.10.30
外南洋部隊
　　　　　　　　　1942.10.14
　　　　　　　　　1942.12. 8
園　御幸
　　　　　　　　　1940. 3.28
ソビエト連邦
　　　　　　　　　1942. 1. 1
空の勇士
　　　　　　　　　1939.11.—
ソ　　連
　　　　　　　　　1934. 9.18
　　　　　　　　　1945. 8. 8
ソ連の対日参戦
　　　　　　　　　1945. 2. 4
ソロモン海戦(第1次)
　　　　　　　　　1942. 8. 8
ソロモン海戦(第2次)
　　　　　　　　　1942. 8.24
ソロモン海戦(第3次)
　　　　　　　　　1942.11.12
ソロモン群島
　　　　　　　　　1942. 1.29
　　　　　　　　　1942. 2. 2
　　　　　　　　　1942. 5.15
　　　　　　　　　1942. 8.13
ソロモン諸島
　　　　　　　　　1942. 3.30

た

ダーウィン	1942. 4.25
タ　イ	1942. 1.20
	1942. 1.25
	1945. 8.16
体 当 り	1944.11.24
体当たり機	1944. 7.—
体当り攻撃	1944.10.19
体当たり部隊	1944.10.20
	1944.10.24
第1海上護衛隊	1942. 4.10
第1遣外艦隊	1932. 2. 2
第1号艦	1937. 8.21
第一次補充計画	1930.10. 7
	1931. 3.28
第1動員	1941. 7. 7
第一復員省官制	1945.12. 1
第一補充兵役	1927. 4. 1
対インド人工作	1942. 4.30
対インド声明	1942. 4. 6
大　映	1965. 3.13
大海指第1号	1941.11. 5
大海指第2号	1941.11. 5
大海指第3号	1941.11. 5
大海令第1号	1941.11. 5
大海令第2号	1941.11. 5
大海令第3号	1941.11. 5
大海令第4号	1941.11. 5
大学学部等ノ在学年限又ハ修業年限ノ昭和十六年度臨時短縮ニ関スル件	1941.10.16
大学学部等ノ在学年限又ハ修業年限ノ昭和十七年度臨時短縮ニ関スル件	1941.11. 1
大学学部等ノ在学年限又ハ修業年限ノ臨時短縮ニ関スル件	1941.10.16
大学卒業者就職難	1929. 3.—
大　学　令	1943. 1.21
対華3原則	1936. 1.21
対華処理機関設置問題	1938. 9.29
大韓民国	1948. 8.15
大韓航空機撃墜事件	1983. 9. 1
大気圏内,宇宙空間及び水中における核兵器実験を禁止する条約	1964. 6.15
大 久 丸	1946.12. 8
太　　原	1937.11. 8
太行山脈粛正作戦	1939.11.11
『大公報』	1940. 1.22
第五福竜丸	1954. 3. 1
『第三改正 海戦要務令』	1928. 6.—
第三次海軍軍備補充計画	1936. 6. 8
第3次防衛力整備計画の主要項目	1967. 3.13
第3次防衛力整備計画の大綱	1966.11.29
第3次防衛力整備計画のための所要経費について	1967. 3.13
第3潜水部隊	1941.11.11
第3船隊	

第3南遣艦隊	1932. 2. 2
対支作戦計画大綱	1942. 1. 4
対支実行策	1937. 7.29
台児庄	1937. 4.16
対支中央政権方策	1938. 4. 7
対支長期作戦指導要綱	1937.11.21
対支特別委員会	1941. 1.16
大赦令	1938. 7.26
第19路軍	1945.10.17
大場鎮	1932. 1.28
大正天皇	1937.10.15
大詔奉戴日	1926.12.25
大詔奉戴日設定ニ関スル件	1942. 1. 2
大審院	1942. 1. 2
対人地雷禁止条約	1937. 3. 5
	1998.10.28
大新民会	1999. 3. 1
大西洋憲章	1940. 3. 1
大政翼賛会	1941. 8.14
	1940. 9.27
対戦車砲	1940.10.12
対ソ特使	1942. 9.―
対中謀略	1945. 7.12
大東亜会議	1938. 7.12
大東亜長期戦争指導要綱	1943.11. 5
大東亜共同宣言	1941. 1.16

	1943.11. 6
大東亜経営大方針	1942. 1.21
大東亜省官制	1942.11. 1
大東亜省設置要綱	1942. 9. 1
大東亜新秩序	1940. 7.26
大東亜戦争	1941.12.10
	1941.12.12
大東亜戦争完遂ノ為ノ対支処理根本方針	
	1942.12.21
「大東亜戦争肯定論」	1963. 9.―
『大東亜戦争全史』	1953. 3.―
『大東亜戦争戦史叢書』	1966. 8.―
大東亜戦争第二段作戦帝国海軍作戦計画	
	1942. 4.15
大東亜戦争ニ際シ必死ノ特別攻撃ニ従事シタル海軍ノ下士官,兵等ヨリスル特務士官,准士官等ノ特殊任用ニ関スル件	
	1944.11.29
大東亜戦争ニ際シ必死ノ特別攻撃ニ従事シタル陸軍ノ下士官兵ヨリスル将校及准士官ノ補充ニ関スル件	
	1944.11.29
大東亜戦争美術展	1942.12. 3
大東島	1945. 3. 1
泰東丸	1945. 8.22
大都市ニ於ケル疎開強化要綱	1945. 3.15
第72回帝国議会開院式の勅語	1937. 9. 3
第721海軍航空隊	1944.10. 1
第722航空隊	1945. 2.15
対南方施策要綱	1941. 6. 6
第2海上護衛隊	1942. 4.10
第2次世界大戦	1939. 9. 3

第２次総動員期間計画綱領等設定ノ件
　　　　　　　　　1936.12.26
第２次防衛力整備計画
　　　　　　　　　1961. 7.18
第二次補充計画
　　　　　　　　　1934. 3.20
第二新興丸
　　　　　　　　　1945. 8.22
第二段作戦計画
　　　　　　　　　1942. 5. 5
対日講和会議
　　　　　　　　　1951. 9. 4
対日講和条約
　　　　　　　　　1951. 9. 8
対日参戦宣言書
　　　　　　　　　1945. 8. 8
対日暫定協定案
　　　　　　　　　1941.11.24
　　　　　　　　　1941.11.25
対日戦用伝単
　　　　　　　　　1942. 6.―
　　　　　　　　　1942. 7.―
対日平和条約
　　　　　　　　　1952. 4.28
対日理事会
　　　　　　　　　1946. 4. 5
　　　　　　　　　1952. 4.28
第二復員省官制
　　　　　　　　　1945.12. 1
第二補充兵役
　　　　　　　　　1927. 4. 1
　　　　　　　　　1939. 3. 9
大日本育英会
　　　　　　　　　1943.10.18
大日本育英会法
　　　　　　　　　1944. 2.17
大日本言論報国会
　　　　　　　　　1942.12.23
大日本国防婦人会
　　　　　　　　　1932.10.24
　　　　　　　　　1934. 4.10
　　　　　　　　　1937. 7. 5
　　　　　　　　　1937. 9.―
　　　　　　　　　1938. 6.13
　　　　　　　　　1941. 6.10
　　　　　　　　　1942. 2. 2
　　　　　　　　　1942. 2.12
大日本国防婦人会関西本部
　　　　　　　　　1932.12.13
大日本国防婦人会新京支部

　　　　　　　　　1934. 9. 9
大日本国防婦人会総本部
　　　　　　　　　1939.11. 5
大日本国防婦人会南京本部
　　　　　　　　　1938.12.13
大日本国防婦人会満洲本部
　　　　　　　　　1935. 5.10
大日本国防婦人会満洲地方本部
　　　　　　　　　1938. 4. 3
大日本産業報国会
　　　　　　　　　1940.11.23
大日本傷痍軍人会
　　　　　　　　　1936.12. 2
　　　　　　　　　1938. 9.26
大日本相撲協会
　　　　　　　　　1928. 5.11
大日本政治会
　　　　　　　　　1945. 3.30
大日本忠霊顕彰会
　　　　　　　　　1939. 7. 7
大日本婦人会
　　　　　　　　　1941. 6.10
　　　　　　　　　1942. 2. 2
大日本雄弁会講談社
　　　　　　　　　1939. 7. 7
大日本陸軍従軍画家協会
　　　　　　　　　1938. 6.27
大日本聯合婦人会
　　　　　　　　　1941. 6.10
　　　　　　　　　1942. 2. 2
第84警備隊
　　　　　　　　　1942. 8.8
第八路軍
　　　　　　　　　1937. 8.22
　　　　　　　　　1937. 9.25
　　　　　　　　　1940. 8.―
　　　　　　　　　1940. 9. 1
第101号作戦
　　　　　　　　　1940. 5.18
第100号動員
　　　　　　　　　1941. 7. 7
第102号作戦
　　　　　　　　　1941. 7.27
タイ・仏印国境紛争
　　　　　　　　　1941. 1.20
対仏印施策の大綱
　　　　　　　　　1940. 6.18
タイ俘虜収容所
　　　　　　　　　1942. 8.15
対米暗号解読

463

	1943. 7.—
対米英開戦名目骨子	
	1941.11.11
対米英宣戦詔書	
	1941.12. 8
対米英戦争	
	1941. 7.30
対米英通信諜報	
	1940.12.—
対米英蘭開戦決定	
	1941.12. 1
対米英蘭蔣戦争終末促進に関する腹案	
	1941.11.15
対米英蘭戦争陸海軍作戦計画	
	1941.11. 3
対米英蘭帝国陸軍作戦計画概要	
	1941.10.23
対米覚書手交時刻指令	
	1941.12. 7
対米交渉打切り通告	
	1941.12. 5
	1941.12. 6
対米交渉打切り通告文	
	1941.12. 7
対米交渉要領甲案	
	1941.11. 5
	1941.11. 7
対米交渉要領乙案	
	1941.11. 1
	1941.11.20
対米総合整理案	
	1941. 9.20
太平洋艦隊	
	1940. 5. 7
『太平洋戦争』	
	1968. 2.—
太平洋戦争開戦	
	1941.12. 8
太平洋の嵐	
	1960. 4.26
大　　鳳	
	1944. 3. 7
	1944. 6.19
台　　北	
	1938. 2.23
	1941.12. 4
大 本 営	
	1937.11.20
	1937.12. 1
	1938. 2.14

1938. 4. 7
1938. 8. 1
1938. 8.11
1938. 8.22
1938. 9.19
1938.11.30
1939. 1.19
1939. 6.29
1939. 7.20
1939. 8. 4
1939. 8. 7
1939. 8.30
1939. 9. 3
1939. 9. 6
1939. 9.16
1940. 4.10
1940. 6.16
1940. 6.26
1940. 7.26
1940. 9. 5
1940. 9.14
1940. 9.17
1940. 9.25
1940. 9.27
1940.10. 8
1941. 1.15
1941. 4.10
1941. 7.10
1941. 7.23
1941. 8. 6
1941. 9. 1
1941.11. 5
1941.12. 1
1941.12. 3
1942. 1. 4
1942. 1.12
1942. 1.15
1942. 1.29
1942. 2. 2
1942. 2. 7
1942. 2.17
1942. 3. 5
1942. 4.10
1942. 4.13
1942. 4.18
1942. 4.30
1942. 5. 2
1942. 5. 5
1942. 5. 9
1942. 5.15

　　　　　　　1942. 5.18
　　　　　　　1942. 5.19
　　　　　　　1942. 5.23
　　　　　　　1942. 6. 2
　　　　　　　1942. 6. 5
　　　　　　　1942. 6. 6
　　　　　　　1942. 6. 9
　　　　　　　1942. 6.11
　　　　　　　1942. 6.20
　　　　　　　1942. 7.10
　　　　　　　1942. 7.11
　　　　　　　1942. 7.14
　　　　　　　1942. 8.13
　　　　　　　1942. 1.22
　　　　　　　1942.10.27
　　　　　　　1942.12.―
　　　　　　　1945. 8.15
　　　　　　　1945. 8.22
　　　　　　　1945. 9.13
大本営海軍部
　　　　　　　1941. 8.19
　　　　　　　1942. 4. 3
　　　　　　　1942. 4.15
　　　　　　　1942. 6. 7
　　　　　　　1942. 6.13
　　　　　　　1945. 8.16
大本営政府懇談会
　　　　　　　1937.11.19
大本営政府連絡会議
　　　　　　　1937.11.19
　　　　　　　1937.12.14
　　　　　　　1938. 1.15
　　　　　　　1940. 7.27
　　　　　　　1941. 2. 3
　　　　　　　1941. 4.18
　　　　　　　1941. 8. 6
　　　　　　　1941. 8.26
　　　　　　　1941. 9. 3
　　　　　　　1941. 9.13
　　　　　　　1941. 9.20
　　　　　　　1941. 9.25
　　　　　　　1941.10. 4
　　　　　　　1941.10.16
　　　　　　　1941.10.23
　　　　　　　1941.11. 1
　　　　　　　1941.11.10
　　　　　　　1941.11.11
　　　　　　　1941.11.15
　　　　　　　1941.11.27
　　　　　　　1941.11.29

　　　　　　　1941.12. 6
　　　　　　　1941.12.10
　　　　　　　1941.12.13
　　　　　　　1942. 1.10
　　　　　　　1942. 1.14
　　　　　　　1942. 1.20
　　　　　　　1942. 2. 9
　　　　　　　1942. 2.14
　　　　　　　1942. 2.15
　　　　　　　1942. 2.28
　　　　　　　1942. 3. 9
　　　　　　　1942. 4. 1
　　　　　　　1942. 4.11
　　　　　　　1944. 8. 4
大本営政府連絡御前会議
　　　　　　　1942. 3. 7
大本営政府連絡懇談会
　　　　　　　1941. 5. 3
　　　　　　　1941. 5. 8
　　　　　　　1941. 5.22
　　　　　　　1941. 6.11
　　　　　　　1941. 6.12
　　　　　　　1941. 6.25
　　　　　　　1941. 6.26
　　　　　　　1941. 6.27
　　　　　　　1941. 6.28
　　　　　　　1941. 6.30
　　　　　　　1941. 7. 1
大本営陸海軍部
　　　　　　　1938.12. 2
　　　　　　　1941. 8.13
　　　　　　　1941.11. 5
　　　　　　　1941.11.26
　　　　　　　1942.12.18
大本営陸軍部
　　　　　　　1942. 3.中旬
　　　　　　　1941. 1.16
　　　　　　　1942. 4.21
　　　　　　　1942. 7.23
　　　　　　　1942.12.17
　　　　　　　1945. 8.16
　　　　　　　1937.11.24
　　　　　　　1938. 2.16
　　　　　　　1938. 9. 7
　　　　　　　1939. 1.13
　　　　　　　1942.12.31
大本営令
　　　　　　　1937.11.16
　　　　　　　1937.11.18
対満事務局官制

	1934.12.26	田　浦　町	
	1942.11. 1		1930. 5.30
泰緬鉄道		打開か破滅か　興亡の此の一戦	
	1943.10.25		1937.10.—
泰緬鉄道建設要綱		高　　　雄	
	1942. 6.20		1932. 5.31
泰緬連綴鉄道建設工事		高木積夫	
	1942. 7. 3		1992. 5.12
タイヤル族		高木俊子	
	1930.10.27		1977.12.—
『第四改正 海戦要務令』		高 砂 丸	
	1934.12.29		1945. 9.25
第 4 艦隊事件			1949. 6.27
	1935. 9.26	高品武彦	
第 4 次防衛力整備 5 か年計画			1978. 7.28
	1972. 2. 7	高田勝重	
第442戦闘部隊			1944. 5.27
	1943. 2.—	高千穂空挺隊	
平			1944.12. 6
	1945. 7.28	田中角栄内閣(第 1 次)	
対蘭印交渉			1972. 7. 7
	1940. 9.27	田中角栄内閣(第 2 次)	
対蘭印戦闘開始声明			1972.12.22
	1942. 1.12	高橋伊望	
大陸間弾道ミサイル			1941. 4.10
	1957.12.17	高橋是清	
体力手帳			1933.10.25
	1940. 4. 8		1936. 2.26
大礼特別観艦		高橋三吉	
	1928.12. 4		1966. 6.15
第 6 号飛行船		財　部　彪	
	1926.12.25		1926. 1.30
台　　　湾			1929. 7. 2
	1941.12.17		1929.11.26
	1942. 4. 1		1930.10. 3
台湾沖航空戦		拓務省官制	
	1944.10.12		1942.11. 1
	1944.10.16	竹下登内閣	
	1944.10.19		1987.11. 6
	1944.10.21	竹島領有権問題	
台　湾　軍			1954. 9.25
	1940.12.—	竹田五郎	
台湾護国神社			1981. 2.16
	1928. 7.14	竹永正治	
台湾に志願兵制度実施			1945. 5. 3
	1941. 6.20	竹山道雄	
台湾俘虜収容所			1947. 3.—
	1942. 7. 8		1956. 2.12
台湾俘虜収容所臨時編成要領		多国籍軍	
	1942. 7. 8		1991. 1.17

『他策ナカリシヲ信ゼムト欲ス』
　　　　　　　　　1994. 5.―
　タサファロング
　　　　　　　　　1942.10.14
　　　　　　　　　1942.10.17
　忠海兵器製造所
　　　　　　　　　1929. 5.19
　多田　駿
　　　　　　　　　1938. 1.15
　ただ黙殺するのみ
　　　　　　　　　1945. 7.28
　タ　弾
　　　　　　　　　1942. 5.―
　大刀洗陸軍飛行学校
　　　　　　　　　1940.10. 1
　立川陸軍航空整備学校
　　　　　　　　　1940.10.―
　立花小一郎
　　　　　　　　　1929. 2.15
　橘　　丸
　　　　　　　　　1942. 2.23
　　　　　　　　　1945. 8. 3
　龍田丸
　　　　　　　　　1941. 3.22
　ダッチハーバー
　　　　　　　　　1942. 6. 4
　　　　　　　　　1942. 6. 5
　ダッチハーバー攻撃
　　　　　　　　　1942. 4.12
　伊達秋雄
　　　　　　　　　1959. 3.30
　立　　襟
　　　　　　　　　1938. 6. 1
　建川美次
　　　　　　　　　1931. 9.15
　　　　　　　　　1940. 9.14
　館山海軍航空隊
　　　　　　　　　1930. 6. 1
　館山海軍砲術学校
　　　　　　　　　1941. 6. 1
　田中義一
　　　　　　　　　1928.12.24
　　　　　　　　　1929. 6.27
　　　　　　　　　1929. 9.29
　田中義一内閣
　　　　　　　　　1927. 4.20
　　　　　　　　　1929. 7. 2
　田中国重
　　　　　　　　　1933. 5.16
　　　　　　　　　1941. 3. 9

　田中弘太郎
　　　　　　　　　1938. 6. 5
　田中耕太郎
　　　　　　　　　1941. 2.26
　　　　　　　　　1959. 4.24
　　　　　　　　　1959.12.16
　田中新一
　　　　　　　　　1941. 8.20
　　　　　　　　　1942.10.27
　　　　　　　　　1942.12. 5
　谷口尚真
　　　　　　　　　1930. 6.10
　　　　　　　　　1941.10.30
　谷崎潤一郎
　　　　　　　　　1943. 1.―
　谷　正之
　　　　　　　　　1940. 6.19
　　　　　　　　　1940. 6.20
　玉串料公金支出
　　　　　　　　　1992. 5.12
　玉串料公金支出違憲判決
　　　　　　　　　1989. 3.17
　玉串料公金支出合憲判決
　　　　　　　　　1987. 3. 5
　黙れ事件
　　　　　　　　　1938. 3. 3
　田港朝光
　　　　　　　　　1936. 9.23
　タラカン島
　　　　　　　　　1942. 1.11
　　　　　　　　　1942. 4.29
　タラワ島
　　　　　　　　　1941.12.10
　　　　　　　　　1942. 9. 3
　　　　　　　　　1943.11.21
　短期現役兵制
　　　　　　　　　1927. 4. 1
　塘沽(タンクー)停戦協定
　　　　　　　　　1933. 5.31
　団藤重光
　　　　　　　　　1982. 9. 9
　弾道ミサイル
　　　　　　　　　1993. 5.29
　　　　　　　　　2006. 7. 5
　ダンピール海峡
　　　　　　　　　1943. 3. 3

　　　　　　　ち

　治安維持法

	1929. 3. 5
	1941. 3.10
チータム	
	1979. 1. 8
チェコスロバキア	
	1942. 1. 1
地下核実験	
	1974. 5.18
筑　摩	
	1938.11.20
斉斉哈爾(チチハル)	
	1931.11.18
	1939. 7.16
千　歳	
	1938. 7.25
千歳海軍航空隊	
	1941.10.―
千　鳥	
	1933.11.20
千鳥ヶ淵戦没者墓苑	
	1953.12.11
	1959. 3.28
稚乃宮匂子(ちのみやきんこ)	
	1940. 3.28
千　葉	
	1938. 7. 1
	1938. 8. 1
チモール島	
	1942. 2.20
チャーチル	
	1941. 8.14
	1941.11.25
	1941.12.22
	1943. 5.12
ちゃ1号	
	1938. 8.26
チャルダ	
	1941. 6.17
中央経済会議	
	1938. 2.19
『中央公論』	
	1938. 3.―
	1942.11.―
	1943. 1.―
	1944. 1.29
	1963. 9.―
中央公論社	
	1944. 7.10
中華人民共和国	
	1949.10. 1

中華人民共和国原子力潜水艦	
	2004.11.10
中華民国	
	1930.10.31
	1940. 3.30
	1940. 4. 1
中華民国新民会	
	1937.12.24
中華民国臨時政府	
	1937.12.14
	1940. 3.30
中期防衛力整備計画(昭和61年度～昭和65年度)	
	1985. 9.18
中期防衛力整備計画(平成３年度～平成７年度)について	
	1990.12.20
中期防衛力整備計画(平成８年度～平成12年度)について	
	1995.12.14
中期防衛力整備計画(平成13年度～平成17年度)について	
	2000.12.15
中期防衛力整備計画(平成３年度～平成７年度)の修正について	
	1992.12.18
中期防衛力整備計画(平成８年度～平成12年度)の見直しについて	
	1997.12.19
中　攻　隊	
	1938. 2.18
中　国	
	1942. 1. 1
中国奥地攻撃(第１次)	
	1938.12.下旬
中国奥地都市航空攻撃	
	1941. 5. 3
中国奥地への政戦略爆撃	
	1940. 5. 2
中国共産党	
	1927. 7.13
	1937. 7. 8
	1938.10.13
中国共産党軍	
	1927. 8. 1
中国共産党軍の暗号	
	1941. 2.28
中国国民政府	
	1937. 7.19
	1937.11.16
中国国民党	

	1939. 1. 1		1941. 9. 5
中国国民党軍		中 立 法	
	1937. 9.—		1935. 8.31
	1941. 9.28		1937. 5. 1
中国人の強制的「供出」		駐留軍用地特別措置法	
	1941. 7. 1		1980.11.17
中国人労働者		忠 霊 塔	
	1943. 4.—		1939. 2. 2
中国中央政権樹立準備援助			1939. 2.27
	1939. 8.22		1939. 7. 7
中国中央政府樹立			1946.11. 1
	1940. 3.12		1946.11.27
中国駐兵問題		忠 霊 廟	
	1941.10.14		1940. 7.15
中国における日本の遺棄化学兵器の廃棄に関する覚書		長　　勇	
			1945. 6.23
	1999. 7.30	鳥　　海	
中国の遺棄化学兵器廃棄			1932. 5.31
	1999. 4. 1	張　学良	
中国配電			1928. 7. 3
	1941. 9. 6		1928.12.29
忠魂肉弾三勇士			1931.10. 8
	1932. 3.—		1936.12.12
忠 魂 碑		張　家　口	
	1939. 2. 2		1939. 9. 1
	1946.11. 1	長期持久戦時体制	
	1946.11.27		1938. 6.23
中小商工業者に対する対策		長距離特攻	
	1940.10.22		1945. 3.11
中ソ不侵略条約		「超国家主義の論理と心理」	
	1937. 8.21		1946. 5.—
中等学校令		張　鼓　峰	
	1943. 1.21		1938. 7. 9
駐とん地			1938. 7.26
	1982. 4.30		1938. 7.30
駐 屯 地			1938. 8. 1
	1982. 4.30		1938. 8. 2
中部ジャワ			1938. 8. 6
	1942. 9. 5		1938. 8.11
中部ソロモン諸島		張鼓峰事件	
	1942.12.31		1938. 7. 9
中部配電			1938. 7.20
	1941. 9. 6		1938. 7.21
中部防衛司令部			1938. 8.15
	1937.11.27	張鼓峰事件処理要領	
駐満海軍部			1938. 7.14
	1938.11.14	張鼓峰事件についての日ソ停戦協定	
駐満海軍部令			1938. 8.10
	1933. 3.29	張　作　霖	
沖　　鷹			1927. 6.18

	1928. 5.30	朝鮮に兵役法施行	
	1928. 6. 4		1942. 5.10
張作霖爆殺事件		朝鮮半島の北緯38度線による分断	
	1928. 6. 4		1945. 8.10
	1928.12.24	朝鮮俘虜収容所	
	1929. 6.27		1942. 7. 5
長沙作戦		朝鮮北部	
	1941. 9.18		1945. 8. 9
長者丸		朝鮮民主主義人民共和国	
	1932. 8.27		1948. 9. 9
徴集延期			1992. 5.25
	1927. 4. 1		1993. 3.12
徴集免除			1993. 5.29
	1927. 4. 1		1994. 6.14
徴集猶予			1998. 8.31
	1927. 4. 1		1999. 3.23
長　春			2001.12.22
	1932. 2.23		2002. 9.11
朝　鮮			2006. 7. 5
	1938. 4. 1	調達実施本部	
朝鮮映画製作株式会社			1954. 7. 1
	1940. 1. 4	調 達 庁	
朝鮮映画令			1958. 8. 1
	1940. 1. 4	張　都　映	
朝鮮映画令施行規則			1961. 5.16
	1940. 1. 4	汐 文 社	
朝鮮休戦協定			1975. 5.―
	1953. 7.27	徴兵検査	
朝　鮮　軍			1927. 4. 1
	1931. 9.20	徴兵適齢臨時特例	
	1931. 9.22		1943.12.24
	1937. 7.11	徴兵猶予	
	1938. 7.14		1927. 4. 1
	1938. 7.21	徴 兵 令	
	1938. 7.26		1927. 4. 1
	1938. 8. 1	長編アニメーション	
	1938. 8.15		1943. 3.25
	1938.11.30	千代田村	
朝鮮人労働者「移入」政策			1940. 3. 8
	1942. 2.13	チラチャップ	
朝鮮人労働者募集要項			1942. 3. 8
	1939. 7. 4	陳　　介	
朝鮮人労務者活用ニ関スル方策			1937.10.30
	1942. 2.13	陳　公博	
朝鮮人労務者内地移入に関する件			1944.11.10
	1939. 7.28	鎮 守 府	
朝鮮青年特別錬成令			1941.11. 5
	1942.10. 1		1941.12. 1
朝鮮台湾俘虜収容所臨時編成要領		青　　島	
	1942. 6.10		1927. 5.28

つ

通州事件
　　　　　　　　1937. 7.29
通州の救援
　　　　　　　　1937.10.16
通信傍受所
　　　　　　　　1929.12.28
塚田　攻
　　　　　　　　1942.12.18
辻　順治
　　　　　　　　1937. 9.—
対馬丸
　　　　　　　　1944. 8.22
辻　三雄
　　　　　　　　1967. 3.29
土と兵隊
　　　　　　　　1939.12.—
「土と兵隊」
　　　　　　　　1938.11.—
ツツィラ
　　　　　　　　1941. 7.30
ツツィラ事件
　　　　　　　　1941. 7.30
円谷英二
　　　　　　　　1960. 4.26
円谷幸吉
　　　　　　　　1968. 1. 9
壺井　栄
　　　　　　　　1952. 2.—
　　　　　　　　1954. 9.15
ツラギ島
　　　　　　　　1942. 5. 3
　　　　　　　　1942. 5. 4
　　　　　　　　1942. 7. 2
　　　　　　　　1942. 8. 7
剣　崎
　　　　　　　　1942. 1.26

て

帝亜丸
　　　　　　　　1943. 9.14
ディエゴスワレス
　　　　　　　　1942. 5.31
　　　　　　　　1942. 5.30
貞家克己
　　　　　　　　1993. 2.16
帝国外交方針
　　　　　　　　1936. 8. 7
帝国軍ノ用兵綱領
　　　　　　　　1936. 6. 8
帝国国策遂行要領
　　　　　　　　1941. 9. 3
　　　　　　　　1941. 9. 5
　　　　　　　　1941. 9. 6
　　　　　　　　1941.10.23
　　　　　　　　1941.11. 1
　　　　　　　　1941.11. 4
　　　　　　　　1941.11. 5
　　　　　　　　1941.11. 7
帝国国策遂行要領陸海軍案
　　　　　　　　1941. 8.30
帝国国策遂行要領陸軍案
　　　　　　　　1941. 8.25
帝国国防ニ要スル兵力
　　　　　　　　1936. 6. 8
帝国国防方針
　　　　　　　　1936. 5.11
　　　　　　　　1936. 6. 8
帝国在郷軍人会
　　　　　　　　1927. 6. 8
　　　　　　　　1927. 9. 1
　　　　　　　　1927.10.16
　　　　　　　　1929. 5.19
　　　　　　　　1931. 3. 2
　　　　　　　　1932. 6. 5
　　　　　　　　1934. 3.10
　　　　　　　　1935. 3.16
　　　　　　　　1935. 8.27
　　　　　　　　1936. 1.11
　　　　　　　　1936.11. 3
　　　　　　　　1936. 9.24
帝国在郷軍人会規程
　　　　　　　　1936. 9.24
　　　　　　　　1938.11.29
帝国石油株式会社法
　　　　　　　　1941. 3.15
帝国必須資源
　　　　　　　　1939.10. 2
【挺進団】
第1挺進団
　　　　　　　　1942. 2.14
停戦協定
　　　　　　　　1937. 7.19
ディック・ミネ
　　　　　　　　1940. 3.28
ディルクセン
　　　　　　　　1937.11. 2

　　　　　　　　　1937.12. 2
　　　　　　　　　1937.12.14
　　　　　　　　　1937.12.22
　　　　　　　　　1938. 1.14
　　　　　　　　　1938. 1.16
荻　外　荘
　　　　　　　　　1941.10.12
敵航空機搭乗員処罰に関する軍律
　　　　　　　　　1942. 8.13
敵産管理法
　　　　　　　　　1941.12.23
「敵中横断三百里」
　　　　　　　　　1930. 4.—
鉄血勤皇隊
　　　　　　　　　1945. 3.31
鉄鋼屑鉄対日全面禁輸
　　　　　　　　　1940. 9.26
鉄鋼統制会
　　　　　　　　　1941. 4.26
鉄製不急品の回収
　　　　　　　　　1939. 2.16
『鉄の暴風現地人による沖縄戦記』
　　　　　　　　　1950. 8.—
テニアン島
　　　　　　　　　1944. 7.23
寺内寿一
　　　　　　　　　1936. 3. 9
　　　　　　　　　1936. 6.19
　　　　　　　　　1937. 1.21
　　　　　　　　　1937. 1.23
　　　　　　　　　1937. 8.31
　　　　　　　　　1941.11. 6
　　　　　　　　　1941.12. 4
　　　　　　　　　1942. 5.19
寺崎英成
　　　　　　　　　1990.12.—
デリンジャー現象
　　　　　　　　　1941. 8. 2
テルポールテン
　　　　　　　　　1942. 3. 8
テロ対策特別措置法
　　　　　　　　　2001.11. 2
　　　　　　　　　2007.11. 1
テロ対策特別措置法改正法
　　　　　　　　　2003.10.16
　　　　　　　　　2005.10.31
出羽重遠
　　　　　　　　　1930. 1.27
天津英租界問題に関する日英間仮協定
　　　　　　　　　1940. 6.12

天津租界
　　　　　　　　　1939. 6.13
天津租界封鎖問題
　　　　　　　　　1939. 7.15
　　　　　　　　　1939. 7.24
天皇機関説
　　　　　　　　　1935. 2.18
天皇機関説に対する決意
　　　　　　　　　1935. 3.16
天皇制存続
　　　　　　　　　1945. 5.—
電波警戒機甲
　　　　　　　　　1940.10.—
電波警戒機乙
　　　　　　　　　1941.10.—
電波物理研究会官制
　　　　　　　　　1941. 3. 3
天保銭徽章
　　　　　　　　　1936. 5. 1
「天保銭(陸軍大学校)制度への将校の不平」
　　　　　　　　　1931. 7.29
転免役賜金令
　　　　　　　　　1938. 7. 9
電力管理法
　　　　　　　　　1938. 4. 6

　　　　　　と

ドイツ式磁気機雷
　　　　　　　　　1942. 9.—
ドイツ式製造法イペリット
　　　　　　　　　1936. 1.—
土井晩翠
　　　　　　　　　1932. 3.10
東亜解放
　　　　　　　　　1942. 2.16
東亜新秩序
　　　　　　　　　1938.11.30
　　　　　　　　　1938.12. 5
東亜新秩序建設
　　　　　　　　　1938.12.22
東亜新秩序に関する声明
　　　　　　　　　1938.11. 3
東亜地域
　　　　　　　　　1942. 2.28
東　　映
　　　　　　　　　1980. 8.—
東海大地震
　　　　　　　　　1944.12. 7
灯火管制

	1937. 4. 5	東京俘虜収容所本所	
灯火管制規則			1942. 9.12
	1938. 4. 4	東京本場所相撲	
灯火管制強化対策要綱			1928. 5.11
	1944.12.29	東京陸軍航空学校	
倒閣運動			1937. 6.14
	1943. 8. 8	東京陸軍航空学校令	
冬季山西粛正作戦			1937.10.23
	1942. 1.11	東京ローズ	
陶　希聖			1943.11.―
	1940. 1.22	統計局官制	
道義的禁輸			1942.11. 1
	1938. 7. 1	峠　三吉	
	1940. 7. 2		1952. 6.―
東　　京		東郷茂徳	
	1942. 4.18		1939. 9. 9
	1944.11.24		1940. 7. 2
	1944.11.29		1941.11. 5
	1945. 2.19		1941.11.11
	1945. 2.25		1941.11.20
	1945. 3. 4		1941.11.22
	1945. 3. 9		1941.12. 5
	1945. 4. 2		1941.12. 8
	1945. 4. 7		1942. 1.10
	1945. 5.25		1942. 1.23
			1942. 9. 1
『東京朝日新聞』			1948.11.12
	1938.12.―	統合幕僚監部	
東京音楽学校			2006. 3.27
	1932. 4.―	統合幕僚長	
東京協定			2006. 3.27
	1941.11.10	東郷部隊	
東京裁判			1933. 9.―
	1948. 4.16	東郷平八郎	
	1948.12.23		1934. 5.30
	1983. 6. 4	東条英機	
東京裁判弁護団			1938.12. 9
	1946. 4.24		1940. 7.22
東京師範学校			1941. 1. 8
	1939. 5.―		1941. 7. 7
東京大空襲			1941. 7.18
	1971. 1.―		1941. 8. 4
東京地区			1941.10. 5
	1945. 5.24		1941.10. 6
東京都制			1941.10. 7
	1943. 6. 1		1941.10. 8
	1943. 7. 1		1941.10.12
東京南西部			1941.10.14
	1945. 4. 4		1941.10.17
東京俘虜収容所			1941.10.18
	1942. 8.25		

	1941.11. 2
	1942. 1.21
	1942. 2. 3
	1942. 2.16
	1942. 4. 6
	1942. 6.25
	1942.12. 5
	1942.12.20
	1943. 4.20
	1944. 2.21
	1944. 7.14
	1948.11.12
東条英機内閣	
	1943. 4.20
	1944. 2.19
	1944. 7.18
統帥権干犯問題	
	1930. 4.25
	1930. 6.10
統帥綱領	
	1928. 3.—
統 制 派	
	1934.11.20
	1935. 7.15
董 道寧	
	1938. 2.15
洮 南	
	1931. 6.27
東日大毎国際ニュース	
	1940. 4.15
討 匪 行	
	1933. 2.—
東部ニューギニア	
	1942. 7.20
	1942. 8.18
	1943. 4.—
	1944. 1. 2
東部防衛司令部	
	1937.11.27
東 宝	
	1942.12. 3
	1959.10. 6
	1960. 4.26
	1960.10.30
東方会議	
	1927. 6.27
東北配電	
	1941. 9. 6
同盟通信ニュース部	
	1940. 4.15

当面の戦争指導上作戦と物的国力との調整並びに国力の維持増進に関する件	
	1942.12.10
トーチ作戦	
	1942.11. 8
ドーリットル空襲	
	1942. 4.18
ドーリットル隊搭乗員	
	1942. 8.13
	1942.10.15
独伊蘇交渉案要綱	
	1941. 2. 3
独伊派遣陸軍軍事視察団	
	1940.12.下旬
	1941. 6.17
徳 王	
	1937.10.27
	1939. 9. 1
毒 ガ ス	
	1929. 4.—
	1929. 5.19
	1930.10.27
	1933. 3.—
	1933. 8. 1
	1936. 1.—
	1937.10.—
	1938. 4. 5
	1938. 5. 3
	1938.12. 2
	1941.10. 7
	1942. 6. 5
毒ガス戦	
	1933. 8. 1
	1938. 8. 6
徳川義親	
	1942. 2. 3
独屈服ノ場合ニ於ケル措置要綱	
	1945. 4.30
特 車	
	1961. 2.22
特殊慰安施設協会	
	1945. 8.26
特殊技術研究要領	
	1935. 6.—
特殊潜航艇	
	1931.12.—
	1938. 8.—
	1940. 4.—
	1940.11.15
	1941.12. 7

	1941.12. 8		1939. 1.14
	1942. 2.11	独立混成第13旅団	
	1942. 3. 6		1939. 1.14
	1942. 5.30	独立混成第14旅団	
	1942. 5.31		1939. 1.14
独ソ開戦		独立混成第15旅団	
	1941. 4.16		1939. 7.22
	1941. 4.18	独立混成第16旅団	
	1941. 6.22		1939.11. 7
独ソ不可侵条約		独立混成第17旅団	
	1939. 8.23		1939.11. 7
特定公共施設利用法		独立混成第18旅団	
	2004. 6.18		1939.11. 7
徳富蘇峰		【独立歩兵団】	
	1932. 4.—	第61独立歩兵団	
	1942. 5.26		1940. 7.10
徳 之 島		第62独立歩兵団	
	1945. 3. 1		1940. 7.10
特別攻撃隊		第62独立歩兵団	
	1942. 3. 6		1943. 5.14
	1945. 2.20	第63独立歩兵団	
特別攻撃隊潜水艦			1940. 7.10
	1941.11.18	第63独立歩兵団	
特別志願士官			1943. 5.14
	1937. 8.30	第64独立歩兵団	
	1939.10.28		1940. 7.10
徳　　山		第65独立歩兵団	
	1945. 5.10		1940. 7.10
独立愚連隊		第66独立歩兵団	
	1959.10. 6		1940. 7.10
独立愚連隊西へ		第66独立歩兵団	
	1960.10.30		1943. 5.14
【独立混成旅団】		第67独立歩兵団	
独立混成第1旅団			1940. 7.10
	1934. 3.17	第67独立歩兵団	
	1938. 8.12		1943. 5.14
	1939. 7.22	所　　沢	
独立混成第6旅団			1935. 7.30
	1939. 1.14		1937.10. 1
独立混成第7旅団			1938. 5. 7
	1939. 1.14		1939. 7. 1
独立混成第8旅団		所沢陸軍航空整備学校	
	1939. 1.14		1940.10.—
独立混成第9旅団		都市疎開実施要綱	
	1939. 1.14		1943.12.21
独立混成第10旅団		土地工作物管理使用収用令	
	1939. 1.14		1939.12.29
独立混成第11旅団		栃内曾次郎	
	1939. 1.14		1932. 7.12
独立混成第12旅団		ドッカーバンク	

475

特　攻
　　　　　　　　　1942. 9.—
　　　　　　　　　1944. 5. 27
　　　　　　　　　1945. 1. 25
特攻実施者の2階級特進
　　　　　　　　　1944. 11. 29
特　攻　隊
　　　　　　　　　1944. 11. 6
　　　　　　　　　1945. 8. 15
等々力巳吉
　　　　　　　　　1937. 9.—
利　　　根
　　　　　　　　　1938. 11. 20
土肥原賢二
　　　　　　　　　1945. 8. 14
　　　　　　　　　1948. 11. 12
土肥原・秦徳純協定
　　　　　　　　　1935. 6. 27
富永恭次
　　　　　　　　　1940. 9. 2
　　　　　　　　　1940. 9. 25
　　　　　　　　　1945. 1. 17
ドミニカ
　　　　　　　　　1942. 1. 1
友　　　鶴
　　　　　　　　　1933. 11. 20
　　　　　　　　　1934. 3. 12
友鶴事件
　　　　　　　　　1934. 3. 12
友永英夫
　　　　　　　　　1945. 5. 13
豊　　　岡
　　　　　　　　　1938. 5. 7
　　　　　　　　　1938. 12. 10
豊田副武
　　　　　　　　　1944. 5. 3
豊田貞次郎
　　　　　　　　　1941. 7. 18
　　　　　　　　　1941. 8. 4
　　　　　　　　　1941. 9. 27
　　　　　　　　　1941. 10. 12
　　　　　　　　　1941. 10. 14
　　　　　　　　　1961. 11. 21
豊　　　橋
　　　　　　　　　1927. 7. 1
　　　　　　　　　1945. 6. 19
豊橋予備士官学校
　　　　　　　　　1939. 8. 2
ドラウト
　　　　　　　　　1940. 12. 5

　　　　　　　　　1940. 12. 11
　　　　　　　　　1940. 12. 27
　　　　　　　　　1940. 12. 28
　　　　　　　　　1941. 1. 23
　　　　　　　　　1941. 2. 13
　　　　　　　　　1941. 3. 17
　　　　　　　　　1941. 4. 2
　　　　　　　　　1941. 4. 5
トラウトマン
　　　　　　　　　1937. 10. 30
　　　　　　　　　1937. 11. 6
　　　　　　　　　1937. 12. 2
　　　　　　　　　1937. 12. 26
トラウトマン工作
　　　　　　　　　1938. 1. 15
トラック島
　　　　　　　　　1944. 2. 17
度　量　衡
　　　　　　　　　1927. 9. 1
トリンコマリー
　　　　　　　　　1942. 3. 26
　　　　　　　　　1942. 4. 5
　　　　　　　　　1942. 4. 9
トルーマン
　　　　　　　　　1945. 4. 12
　　　　　　　　　1945. 5. 8
　　　　　　　　　1951. 4. 11
トンキン湾事件
　　　　　　　　　1964. 8. 2
トングー
　　　　　　　　　1942. 3. 30

な

内縁の妻
　　　　　　　　　1937. 12. 9
内閣顧問臨時設置制
　　　　　　　　　1943. 3. 18
内閣情報部官制
　　　　　　　　　1937. 9. 25
内閣審議会官制
　　　　　　　　　1935. 5. 11
内閣調査局官制
　　　　　　　　　1935. 5. 11
　　　　　　　　　1937. 5. 14
ナウル・オーシャン攻略
　　　　　　　　　1942. 5. 8
ナウル・オーシャン攻略作戦
　　　　　　　　　1942. 5. 13
　　　　　　　　　1942. 5. 15

那　珂			1945. 4.12
	1927. 8.24	中曽根康弘	
永井　隆			1979. 1. 8
	1949. 1.—	中曽根康弘内閣(第1次)	
永井松三			1982.11.27
	1935.11. 4	中曽根康弘内閣(第2次)	
中川州男			1983.12.27
	1944.11.24	中曽根康弘内閣(第3次)	
長　崎			1986. 7.22
	1945. 8. 9	永田鉄山	
長崎原爆傷害調査委員会			1935. 8.12
	1948. 7.—	永田鉄山外殺害事件	
長崎忠魂碑住民訴訟			1936. 1.28
	1982. 8. 3	永田秀次郎	
	1992.12.18		1942. 2. 3
『長崎の鐘』		中津留達雄	
	1949. 1.—		1945. 8.15
長崎三菱造船所		長　門	
	1938. 3.29		1941.10. 9
中沢啓治		長沼ナイキ事件	
	1975. 5.—		1969. 7. 7
中支那下士官候補者隊			1973. 9. 7
	1942. 5.—		1976. 8. 5
中支那派遣軍			1982. 9. 9
	1938. 2.14	永野修身	
	1938. 3. 4		1935.11. 4
	1938. 7.14		1936. 3. 9
	1938. 8.22		1941. 4. 9
中支那派遣軍報道部			1941. 7.30
	1938. 5. 8		1941. 9. 5
中支那方面軍			1941. 9.21
	1937.11. 7		1941. 9.25
	1937.11.19		1941. 9.29
	1937.11.22		1941.10. 7
	1937.11.24		1941.10. 8
	1937.12. 1		1941.10.19
	1937.12. 9		1941.11. 2
	1938. 2.14		1941.11. 3
	1938. 8. 6		1941.11. 4
中島鉄蔵			1941.11. 5
	1939. 8.30		1941.12. 2
	1939. 9. 4		1942. 6. 7
中島飛行機			1942. 6. 8
	1941. 8.—		1942. 6.30
中島飛行機工場			1942. 8.13
	1944.11.24	永野支隊	
中島飛行機武蔵野工場			1942. 5.21
	1945. 2.19		1942. 5.22
	1945. 3. 4		1942. 5.25
	1945. 4. 2	中野順三	

477

	1936. 9. 3		1944. 2. 2
中野正剛		名和又八郎	
	1943. 1. 1		1928. 1.12
	1943.10.21	南海支隊	
中村研一			1941. 9.27
	1938. 5. 8		1941.11. 8
	1943. 1.29		1941.12. 1
中村孝太郎			1941.12. 8
	1937. 2. 2		1942. 1. 4
	1937. 2. 9		1942. 2. 2
中村震太郎			1942. 3. 8
	1931. 6.27		1942. 4.18
中村輝夫			1942. 5. 9
	1974.12.18		1942. 7.20
中村光夫			1942. 8.18
	1942. 7.23		1942. 9.14
中村良三			1942. 9.19
	1945. 3. 1	南　　京	
『流れる星は生きている』			1937. 8.15
	1949. 4.―		1937.11.22
南雲忠一			1937.12. 1
	1941. 4.10		1937.12. 9
	1944. 3. 4		1937.12.13
	1944. 7. 6	南京・漢口両事件協定	
名　古　屋			1929. 5. 2
	1942. 4.18	南京空襲	
	1944.12.13		1937. 9.19
	1945. 1. 3	南京国民政府	
	1945. 2.15		1927. 4.18
	1945. 3.29	南京事件	
	1945. 4. 7		1927. 3.24
	1945. 5.14		1937.12.13
	1945. 5.17	南京政府	
	1945. 6. 9		1927. 9. 6
名古屋陸軍幼年学校			1932. 1. 1
	1940. 3. 8		1937. 8.15
名古屋陸軍幼年学校令		南京入城式	
	1940. 3. 9		1937.12.17
なだしお		南京爆撃	
	1988. 7.23		1937. 9.19
那　　智		南遣艦隊	
	1929. 7.31		1941.11. 8
那　智　号		南沙群島	
	1933. 7. 7		1938.12.23
ナッソウ湾		南　　昌	
	1943. 6.30		1937. 8.15
731部隊			1942. 8.27
	1933. 9.―	南　　進	
	1936. 8.11		1940. 6.20
ナムル島		南西方面艦隊	

	1942. 4.10
南原　繁	
	1946. 4.29
南部仏印進駐	
	1941. 6.27
	1941. 6.30
	1941. 7.10
	1941. 7.14
	1941. 7.21
	1941. 7.23
	1941. 7.28
	1941. 8. 8
南部仏印進駐部隊	
	1941. 7.10
南方開発金庫法	
	1942. 2.20
南　方　軍	
	1941.11.10
	1941.12. 1
	1941.12. 8
	1941.12.23
	1942. 1. 3
	1942. 1.22
	1942. 1.29
	1942. 2. 7
	1942. 2.13
	1942. 2.17
	1942. 3.17
	1942. 5. 5
	1942. 5.18
	1942. 6.20
	1942. 7.10
	1945. 8.15
南方軍幹部候補生隊	
	1942. 9. 5
南方軍情報所	
	1941.12. 1
南方軍総司令官	
	1941.11. 6
南方軍総司令部	
	1941.11. 5
	1941.11.13
南方経済施策要綱	
	1940. 8.16
南方作戦	
	1940. 7.26
	1941. 9. 5
南方作戦研究	
	1940.12.―
	1941. 1.16

南方作戦準備	
	1941. 9.13
南方作戦図上研究	
	1941. 8.13
南方作戦兵棋演習	
	1941. 8.14
南方作戦用伝単	
	1941. 8.―
南方作戦陸海軍中央協定	
	1941.11. 5
南方施策促進に関する件	
	1941. 6.11
	1941. 6.12
	1941. 6.14
	1941. 6.25
南方諸島及びその他の諸島に関する日本国とアメリカ合衆国との間の協定	
	1968. 4. 5
南方進攻作戦準備	
	1941. 6.10
南方占領地行政実施要領	
	1942. 1. 4
南方占領油田地区油本土還送	
	1942. 3.中旬
南方における俘虜の処理要領の件	
	1942. 5. 5
南方燃料廠	
	1942. 5.19
	1942. 5.21
南方部隊	
	1942. 2. 7
南　洋	
	1937.10.30
南洋部隊	
	1942. 4.12
南洋部隊航空部隊	
	1942. 1. 4

に

新高山登れ1208	
	1941.12. 2
ニーメラー	
	1942. 5.―
２階級特進	
	1940. 9.14
ニカラグア	
	1942. 1. 1
肉弾三勇士	
	1932. 3.―

西岡三郎		24糎列車砲	
	1926.10.23		1942. 1.—
西尾寿造		西　義一	
	1939. 9.12		1941. 4.15
	1940. 3.17	日映海外ニュース	
	1960.10.26		1940. 9.26
二式艦上偵察機		日英間通商条約廃棄	
	1942. 7.—		1941. 7.26
二式12センチ迫撃砲		日英東京会談	
	1942.12.—		1939. 7.15
二式小銃			1939. 8.21
	1942.12.—		1939. 9. 8
二式戦闘機		日独伊共同行動(単独不講和等)協定	
	1942. 2.—		1941.12.11
二式単座戦闘機鍾馗1号機		日独伊軍事協定	
	1940. 8.—		1942. 1.18
二式7センチ砲隊鏡		日独伊3国条約	
	1942.12.—		1940. 7.12
二式20ミリ高射機関砲		日独伊三国同盟	
	1942.12.—		1940. 9.13
二式複座戦闘機			1940. 9.15
	1942. 2.—		1940. 9.19
西住小次郎			1940. 9.27
	1940.11.—		1941.10. 2
西住戦車長伝		日独伊三国同盟案	
	1940.11.—		1939. 1. 6
西田　税		日独伊三国同盟条約案	
	1937. 8.14		1940. 9.26
	1937. 8.19	日独伊提携強化	
仁科芳雄			1940. 7.12
	1945. 8. 8		1940. 8. 6
西原一策		日独伊防共協定5ヵ年延長に関する議定書	
	1940. 6.26		1941.11.25
	1940. 7. 9	日独防共協定	
	1940. 9. 3		1936.11.25
	1940. 9.25		1937.11. 6
西原機関		日米安全保障条約	
	1940. 6.26		1960. 1.19
	1940. 9. 3		1960. 6.23
	1940. 9.25	日米安保条約	
西原機関長			1952. 4.28
	1940. 7. 9	日米行政協定	
2　次　防			1952. 2.28
	1961. 7.18		1952. 4.28
西村兵団		日米原則協定案	
	1940. 9.26		1941. 3.22
二十四の瞳		日米交換船	
	1954. 9.15		1942. 6.25
「二十四の瞳」			1942. 8.20
	1952. 2.—	日米交渉	

	1941. 4.16	日華通商条約	
日米交渉続行論			1928. 7.19
	1941.10. 6	日華停戦条件	
日米交渉第2次修正案			1937. 8. 7
	1941. 7.15	日韓基本条約	
日米交渉米国案			1965. 6.22
	1941. 6.21		1965.12.18
日米暫定協定草案		日 系 人	
	1941.11.中旬		1942. 3.27
日米施設区域協定		日系人に対する西海岸追放令	
	1952. 7.26		1944.12.17
日米首脳会談		日系人の拘留命令	
	1941. 8. 4		1942. 3. 2
	1941. 8. 8	日系人の忠誠度審査	
	1941. 8.17		1943. 2.―
	1941. 8.19	日系米国人強制収容	
	1941. 8.26		1942. 2.19
	1941. 8.28	日支新関係調整方針	
	1941. 8.30		1938.11.30
	1941. 9.27	日支新関係調整要綱	
	1941.10. 2		1938.11.30
日米相互防衛援助協定		日支新国交調整方針要領	
	1954. 3. 8		1940. 1. 8
日米地位協定		日 昇 丸	
	1960. 1.19		1981. 4. 9
	1960. 6.23	日支和平基礎条件	
日米通商航海条約			1941. 9.13
	1940. 1.26	日清戦争	
日米通商航海条約廃棄			1929. 4.24
	1938.12. 5	日ソ間の現勢に対し帝国の採るべき措置に関する件	
	1939. 7.28		
日米諒解案			1941. 8. 6
	1941. 4. 2	日ソ間ノモンハン事件停戦協定	
	1941. 4. 5		1939. 9. 9
	1941. 4.16		1939. 9.15
	1941. 4.18	日ソ共同宣言	
	1941. 4.19		1956.10.19
	1941. 5. 3		1956.12.12
	1941. 5.11	日ソ中立条約	
日満議定書			1940. 7. 2
	1932. 9.15		1941. 4.13
日蘭会商			1941. 8. 4
	1940. 7. 1		1942. 1.23
	1940. 9.12		1944. 9. 4
	1941. 5.22	日ソ中立条約締結	
	1941. 6.27		1941. 2. 3
日華基本条約案		日ソ中立条約の破棄	
	1940.11.13		1945. 4. 5
日　　活		日ソ通商条約	
	1956. 2.12		1939. 9. 9

日泰攻守同盟
  1941.12.10
日泰同盟条約
  1941.12.21
日泰両軍協同作戦協定
  1941.12.21
日中共同声明
  1972. 9.25
日中戦争
  1937. 7. 7
  1938. 4.24
  1938.10.17
  1939. 4.23
  1939. 9.30
  1939.10.17
  1940. 4.23
  1940.10.15
  1941. 4.23
  1941.10.15
  1942. 4.23
  1942.10.14
日中停戦協定
  1932. 5. 5
日中平和友好条約
  1978. 8.12
日　　配
  1940. 5. 5
二　等　卒
  1931.11. 9
二　等　兵
  1931.11. 9
二・二六事件
  1936. 2.26
  1936. 2.29
  1936. 7. 5
  1936. 7.12
  1937. 8.14
二百三高地
  1980. 8.—
日本映画社
  1940. 4.15
日本外務省使用の暗号機
  1940. 9.—
日本画家報国会
  1942. 3.19
日本から北緯38度以北の朝鮮人の引揚
  1947. 5.15
日本共産党
  2000.11.20
日本軍のタイ国内通過承認協定
  1941.12. 8
日本原水協
  1955. 9.19
日本国及印度間通商関係ニ関スル条約廃棄
  1941. 7.26
日本国及ビルマ間通商関係ニ関スル条約廃棄
  1941. 7.26
日本国憲法
  1946.11. 3
  1947. 5. 3
日本国タイ国間同盟条約
  1941.12.21
日本国中華民国間基本関係ニ関スル条約
  1940.11.30
日本国とアメリカ合衆国との間の安全保障条約
  1951. 9. 8
日本国とアメリカ合衆国との間の安全保障条約第三条に基く行政協定
  1952. 2.28
日本国とアメリカ合衆国との間の相互援助協定
  1954. 3. 8
日本国とアメリカ合衆国との間の相互協力及び安全保障条約
  1960. 1.19
日本国とアメリカ合衆国との間の相互協力及び安全保障条約第六条に基づく施設及び区域並びに日本国における合衆国軍隊の地位に関する協定
  1960. 1.19
日本国とアメリカ合衆国との間の相互協力及び安全保障条約
  1960. 6.23
日本国とアメリカ合衆国との間の相互協力及び安全保障条約第六条に基づく施設及び区域並びに日本国における合衆国軍隊の地位に関する協定
  1960. 6.23
日本国,ドイツ国及イタリア国間協定
  1941.12.11
日本国,独逸国及伊太利国間三国条約
  1940. 9.27
日本国独逸国間ニ締結セラレタル共産「インターナショナル」ニ対スル協定ヘノ伊太利国ノ参加ニ関スル議定書
  1937.11. 6
日本国と大韓民国との基本関係に関する条約
  1965. 6.22
  1965.12.18
日本国と中華人民共和国との間の平和友好条約
  1978. 8.12
日本国との平和条約
  1951. 9. 8

日本資産凍結	
	1941. 7.26
	1941. 7.28
日本出版配給株式会社	
	1940. 5. 5
日本出版文化協会	
	1940.12.19
日本傷痍軍人会	
	1936. 2. 2
日本人覚醒聯盟	
	1939.11.—
日本人資産凍結令	
	1941. 7.27
日本人民解放聯盟	
	1939.11.—
日本製鉄株式会社法	
	1933. 4. 6
日本戦没学生記念会	
	1950. 4.—
	1963. 2.—
日本帝国及ソヴィエト社会主義共和国聯邦間中立条約	
	1941. 4.13
日本ニュース映画	
	1940. 4.15
日本の国際連盟脱退	
	1935. 3.27
日本の再軍備	
	1950. 6.22
日本発送電株式会社法	
	1938. 4. 6
日本版画奉公会	
	1943. 5.11
日本美術及工芸統制協会	
	1943. 5.18
日本美術報国会	
	1943. 5.18
日本文学報国会	
	1942. 5.26
日本兵遺骨の持ち帰り	
	1944. 8.19
日本本土初空襲	
	1942. 4.18
日本漫画奉公会	
	1943. 5. 1
日本陸軍の歌	
	1932. 3.10
ニミッツ	
	1941.12.31
	1942. 3.17

	1942. 5. 8
	1943. 7.20
	1945. 4. 5
ニューアイルランド島	
	1942. 1.23
『ニューエイジ』	
	1952. 2.—
入営者職業保障法	
	1931. 4. 2
	1931.11. 1
ニューカレドニア攻略	
	1942. 4.13
ニューギニア	
	1942. 1.29
	1942. 2. 2
	1942. 3. 5
	1942. 7. 2
	1942.12. 8
ニューギニア作戦	
	1942.12.31
ニュージーランド	
	1942. 1. 1
ニュース映画の強制上映	
	1939. 4. 5
	1941. 1. 1
ニューブリテン島	
	1943.12.15
丹羽文雄	
	1942.11.—
『人間の条件』	
	1956.12.26
人間魚雷	
	1944. 2.26
寧　　波	
	1940.10.27

ね

ネグロス島	
	1942. 5.21
熱河省平定作戦	
	1933. 1.28
根　　室	
	1945. 7.14
根本甲子郎	
	1944.11.24
燃料局官制	
	1937. 6.10

の

農商省官制
　　　　　1943.11. 1
野口　巌
　　　　　1945. 4.16
野坂参三
　　　　　1939.11.—
能　　代
　　　　　1942.10.31
ノックス
　　　　　1941.11.25
「野火」
　　　　　1948.12.—
信時　潔
　　　　　1937.10.—
野辺重夫
　　　　　1944. 8.20
野間口兼雄
　　　　　1943.12.24
野間　宏
　　　　　1952. 2.—
野村機関
　　　　　1951. 1.24
野村吉三郎
　　　　　1932. 2. 2
　　　　　1932. 4.29
　　　　　1939.11. 4
　　　　　1939.11.30
　　　　　1940.11.27
　　　　　1941. 1.23
　　　　　1941. 3. 8
　　　　　1941. 4.16
　　　　　1941. 4.18
　　　　　1941. 4.19
　　　　　1941. 5.11
　　　　　1941. 8. 8
　　　　　1941. 8.17
　　　　　1941. 8.26
　　　　　1941. 8.28
　　　　　1941. 8.30
　　　　　1941. 9. 3
　　　　　1941.10. 2
　　　　　1941.11. 5
　　　　　1941.11. 7
　　　　　1941.11.15
　　　　　1941.11.18
　　　　　1941.11.20
　　　　　1941.11.22
　　　　　1941.11.26
　　　　　1941.12. 8
　　　　　1942. 8.20
　　　　　1951. 1.17
　　　　　1951. 1.24
　　　　　1964. 5. 8
野村俊夫
　　　　　1940. 5.—
野村直邦
　　　　　1941. 1.10
　　　　　1944. 7.17
　　　　　1973.12.12
野村芳太郎
　　　　　1963. 4.28
ノモンハン
　　　　　1939. 5.11
　　　　　1939. 5.12
　　　　　1939. 5.13
　　　　　1939. 5.28
　　　　　1939. 5.30
　　　　　1939. 6.10
　　　　　1939. 6.17
　　　　　1939. 6.18
　　　　　1939. 6.19
　　　　　1939. 6.22
　　　　　1939. 7. 3
　　　　　1939. 7. 6
　　　　　1939. 7.12
　　　　　1939. 7.24
　　　　　1939. 7.26
　　　　　1939. 8. 4
　　　　　1939. 8.20
　　　　　1939. 8.24
　　　　　1939. 8.30
　　　　　1939. 9. 3
　　　　　1939. 9. 6
　　　　　1939. 9.16
ノモンハン事件
　　　　　1939. 5.11
　　　　　1939. 9. 4
　　　　　1939. 9.30
ノモンハン事件現地停戦協定
　　　　　1939. 9.23
ノモンハン事件処理要綱
　　　　　1939. 7.20
ノモンハン事件戦訓研究委員会
　　　　　1939.10.—
ノモンハン事件の第1次捕虜交換
　　　　　1939. 9.27
ノモンハン事件の第2次捕虜交換

	1940. 4.27
ノモンハン方面国境確定	
	1940. 6. 9
ノルウェー	
	1942. 1. 1
ノルマンディ	
	1944. 6. 6

は

パーシバル	
	1942. 2.15
バー＝モウ	
	1943. 8. 1
拝啓天皇陛下様	
	1963. 4.28
ハイチ	
	1942. 1. 1
売　　店	
	1961. 2.22
配電統制会社	
	1941. 9. 6
配電統制令	
	1941. 8.30
排日取締令	
	1935. 6.11
排日暴動	
	1927. 4. 3
海防（ハイフォン）	
	1940. 9.26
海防爆撃	
	1940. 9.26
癈兵院官制	
	1934. 6.19
癈兵院法	
	1934. 3.26
バウアン	
	1941.12.23
破壊活動防止法	
	1952. 7.21
馬鹿が戦車（タンク）でやってくる	
	1964.12.26
白鴎遺族会	
	1953. 6. 9
	1995. 6.―
爆　撃　隊	
	1933. 8. 1
白　城　子	
	1939. 7. 1
白城子陸軍飛行学校	

	1939. 7. 1
爆弾三勇士	
	1932. 2.22
羽　　黒	
	1929. 7.31
馬　　公	
	1941.12. 4
函　　館	
	1945. 7.14
函館俘虜収容所	
	1942.12.26
バサブア	
	1942. 8.18
	1942.12. 8
橋本欣五郎	
	1930. 9.―
	1931.10.17
	1948.11.12
橋本　群	
	1937. 7. 9
	1937. 7.21
橋本政実	
	1944. 7.10
橋本竜太郎内閣（第1次）	
	1996. 1.11
橋本竜太郎内閣（第2次）	
	1996.11. 7
長谷川清	
	1937. 8.12
	1937. 9.19
	1970. 9. 2
バターン	
	1942. 2.13
バターン死の行進	
	1942. 4.10
	1946. 4. 3
バターン半島	
	1941.12.22
	1942. 1. 2
	1942. 1. 9
	1942. 1.19
	1942. 1.22
	1942. 1.25
	1942. 1.29
	1942. 2. 8
	1942. 2.13
	1942. 2.17
	1942. 3.27
	1942. 4. 3
	1942. 4. 9

	1942. 4.11
畑英太郎	
	1930. 5.31
はたかぜ	
	1954. 8. 2
『はだしのゲン』	
	1975. 5.—
畑　俊六	
	1939. 8.30
	1939.12.20
	1940. 1.16
	1940. 4.17
	1940. 7. 4
	1940. 7.16
	1945. 8.14
	1948.11.12
	1958. 4. 7
	1962. 5.10
羽田孜内閣	
	1994. 4.28
バタビア	
	1942. 3. 5
バタビア沖海戦	
	1942. 3. 1
パ　ダ　ン	
	1942. 3.17
破　断　界	
	1944.12. 5
八　王　子	
	1945. 5.25
八九式軽戦車	
	1929.10.—
八九式15センチ加農砲	
	1929.12.28
	1933. 4.11
八九式中戦車	
	1936. 7.22
八九式擲弾筒	
	1929.12.28
八八式軽爆撃機	
	1928. 2.11
八八式７センチ野戦高射砲	
	1934. 6.—
八八式無線機	
	1928.12.29
初　空　襲	
	1942. 1.23
バックナー	
	1945. 6.17
バッジ関連秘密漏洩事件	

	1968. 3. 2
発動機燃料・航空機用潤滑油対日輸出禁止	
	1941. 8. 1
服部卓四郎	
	1953. 3.—
初　　春	
	1933. 9.30
	1936. 8.20
バトパハ	
	1942. 1.25
鳩山一郎	
	1930. 4.25
鳩山一郎内閣(第１次)	
	1954.12.10
鳩山一郎内閣(第２次)	
	1955. 3.19
鳩山一郎内閣(第３次)	
	1955.11.22
バトレル	
	1941.12. 8
花岡事件	
	1945. 6.30
「花と兵隊」	
	1938.12.—
パ　ナ　マ	
	1942. 1. 1
花森安治	
	1971.10.—
パネー号	
	1937.12.12
馬場鍈一	
	1936. 3. 9
母　　島	
	1941.12. 4
馬場恒吾	
	1941. 2.26
浜口雄幸	
	1929.11.26
	1930.10. 7
	1930.11.14
	1931. 4.13
浜口雄幸内閣	
	1929. 7. 2
浜田国松	
	1937. 1.21
浜　　松	
	1945. 2.15
	1945. 6.17
浜松陸軍飛行学校	
	1933. 8. 1

林　敬三
　　　　　　　　1940.12. 1
　　　　　　　　1950.10. 9
林銑十郎
　　　　　　　　1931. 9.20
　　　　　　　　1934. 1.23
　　　　　　　　1934. 7. 8
　　　　　　　　1935. 7.15
　　　　　　　　1935. 8.14
　　　　　　　　1936. 3.10
　　　　　　　　1943. 2. 4
林銑十郎内閣
　　　　　　　　1937. 2. 2
　　　　　　　　1937. 5.31
林　仙之
　　　　　　　　1944. 5.31
林　房雄
　　　　　　　　1942. 7.23
　　　　　　　　1963. 9.—
隼
　　　　　　　　1941. 4.—
ハ45
　　　　　　　　1941. 8.—
原　一男
　　　　　　　　1987. 8. 1
腹切り問答
　　　　　　　　1937. 1.21
パラマウント
　　　　　　　　1940. 9.26
原　町
　　　　　　　　1934. 3.10
バリックパパン
　　　　　　　　1942. 1.24
　　　　　　　　1942. 1.25
　　　　　　　　1942. 4.29
バリ島
　　　　　　　　1942. 2.19
　　　　　　　　1942. 5. 8
バリ島沖海戦
　　　　　　　　1942. 2.19
播磨靖国「公式参拝」違憲訴訟
　　　　　　　　1985.11.28
ハ　ル
　　　　　　　　1934.12.29
　　　　　　　　1938. 7. 1
　　　　　　　　1940. 3.30
　　　　　　　　1940. 4.17
　　　　　　　　1941. 1.23
　　　　　　　　1941. 3. 8
　　　　　　　　1941. 4.16

　　　　　　　　1941. 5.11
　　　　　　　　1941. 8. 8
　　　　　　　　1941. 9.27
　　　　　　　　1941.10. 2
　　　　　　　　1941.11. 7
　　　　　　　　1941.11.18
　　　　　　　　1941.11.20
　　　　　　　　1941.11.22
　　　　　　　　1941.11.24
　　　　　　　　1941.11.25
　　　　　　　　1941.11.26
　　　　　　　　1941.12. 8
バルガス
　　　　　　　　1942. 1.23
榛　名
　　　　　　　　1928.12.4
ハル＝ノート
　　　　　　　　1941.11.中旬
　　　　　　　　1941.11.26
　　　　　　　　1941.11.27
　　　　　　　　1941.11.28
哈爾浜
　　　　　　　　1932. 2. 5
哈爾浜機関
　　　　　　　　1940. 9.—
ハル4原則
　　　　　　　　1941. 4.16
　　　　　　　　1941. 9. 6
　　　　　　　　1941.10. 2
パレンバン
　　　　　　　　1942. 2.14
ハ　ワ　イ
　　　　　　　　1940. 5. 7
　　　　　　　　1941. 3.—
ハワイ奇襲作戦
　　　　　　　　1941.10.19
ハワイ空襲
　　　　　　　　1941. 8.19
ハワイ攻略
　　　　　　　　1942. 1.中旬
ハワイ攻略作戦
　　　　　　　　1942. 4. 1
ハワイ真珠湾空襲
　　　　　　　　1941.12. 8
ハワイ特別攻撃隊
　　　　　　　　1942. 2.11
ハワイ・マレー沖海戦
　　　　　　　　1942.12. 3
阪神・淡路大震災
　　　　　　　　1995. 1.17

阪神地区
　　　　　　　　1945. 5.11
反枢軸同盟条約
　　　　　　　　1942. 1. 1
反戦同盟延安支部
　　　　　　　　1939.11.―
反戦同盟華北連合会
　　　　　　　　1939.11.―
反戦同盟重慶総部
　　　　　　　　1940. 3.29
反戦同盟西南支部
　　　　　　　　1939.12.25
反戦ビラ
　　　　　　　　1938. 5.20
万朶隊
　　　　　　　　1944.10.20
バンドン
　　　　　　　　1942. 3. 9

ひ

比　叡
　　　　　　　　1942.11.12
非核三原則
　　　　　　　　1967.12.11
非核兵器ならびに沖縄米軍基地縮小に関する決議
　　　　　　　　1971.11.24
東久邇稔彦
　　　　　　　　1990. 1.20
東久邇宮稔彦王
　　　　　　　　1990. 1.20
東久邇宮稔彦王内閣
　　　　　　　　1945. 8.17
氷　川　丸
　　　　　　　　1945.10.10
ビ　ガ　ン
　　　　　　　　1941.12.10
ビキニ環礁
　　　　　　　　1954. 3. 1
飛行機からの反射電波の捕捉
　　　　　　　　1939. 2.中・下旬
飛行機の体当り攻撃
　　　　　　　　1944. 6.19
【飛行師団】
飛行師団
　　　　　　　　1942. 4.―
第 2 飛行師団
　　　　　　　　1945. 5.―
第 6 飛行師団
　　　　　　　　1944. 8.―

第 7 飛行師団
　　　　　　　　1945. 7.―
第10飛行師団
　　　　　　　　1944. 7.―
　　　　　　　　1944.11. 7
第11飛行師団
　　　　　　　　1944. 7.―
第12飛行師団
　　　　　　　　1944. 7.―
第13飛行師団
　　　　　　　　1945. 3. 6
【飛行師団司令部】
第 6 飛行師団司令部
　　　　　　　　1942.11.28
【飛行集団】
飛行集団
　　　　　　　　1942. 4.―
第 2 飛行集団
　　　　　　　　1939. 6.23
　　　　　　　　1939. 6.27
　　　　　　　　1939. 7. 3
第 3 飛行集団
　　　　　　　　1941.11. 8
第 5 飛行集団
　　　　　　　　1941.12.12
　　　　　　　　1942. 1. 3
　　　　　　　　1942. 4.13
飛　行　場
　　　　　　　　1942.10.―
飛行第65戦隊
　　　　　　　　1937. 6.14
飛行戦隊
　　　　　　　　1937. 6.14
　　　　　　　　1937.12.―
【飛行団】
第 1 飛行団
　　　　　　　　1942. 4. 1
　　　　　　　　1942. 4.18
【飛行団司令部】
第 1 飛行団司令部
　　　　　　　　1935. 3.―
第 2 飛行団司令部
　　　　　　　　1935. 3.―
第 3 飛行団司令部
　　　　　　　　1935. 3.―
飛行予科練習生
　　　　　　　　1936.12. 5
　　　　　　　　1939. 3.31
飛行第13聯隊
　　　　　　　　1936.12.31

飛行聯隊
    1937. 6.14
    1937.12.—
ビサヤ地区要域攻略
    1942. 2.13
菱刈　隆
    1931. 5.29
    1939. 7. 7
非訟事件手続法
    1941. 3. 3
ビスマルク諸島
    1942. 7. 2
日高壮之丞
    1932. 7.24
日立地区
    1945. 7.17
必死ノ特別攻撃
    1944.11.29
比　島
    1941.12. 8
比島独立
    1942. 1.21
単冠湾
    1941.11.18
    1941.11.26
ヒトラー
    1943. 4.—
    1945. 4.30
    1945. 5. 1
火野葦平
    1938. 8.—
    1938.11.—
    1938.12.—
    1944.12. 7
檜　町
    1969. 5.31
ひめゆり学徒隊
    1945. 3.23
    1945. 6.18
ひめゆりの塔
    1946. 4. 5
ひめゆりの塔(映画)
    1953. 1. 9
ひめゆり平和祈念資料館
    1989. 6.23
101号作戦
    1940. 6. 6
百式司令部偵察機
    1939.11.—
百武源吾
    1976. 1.15
百武三郎
    1963.10.30
百武晴吉
    1942. 5. 2
百団大戦
    1940. 8.—
百団大戦第2次
    1940. 9.22
百人斬り競争
    1937.11.30
    2003. 4.28
百里基地訴訟
    1977. 2.17
日　向
    1942.12.—
飛　鷹
    1942. 5. 3
    1942. 7.31
    1944. 6.20
表敬法案
    1975. 2.17
平川浪竜
    1954. 9.—
平沼騏一郎
    1944. 7.17
    1948.11.12
平沼騏一郎内閣
    1939. 1. 6
    1939. 8.28
糜爛性ガス
    1939. 5.13
    1940. 7.23
飛龍(航空母艦)
    1939. 7. 5
    1942. 6. 5
飛龍(爆撃機)
    1942.12.27
    1944. 7.—
ビルマ援蒋ルート
    1940. 7.12
    1940. 7.18
    1940.10. 4
    1940.10.17
ビルマ独立
    1943. 8. 1
ビルマ独立義勇軍
    1942. 4. 1
    1942. 7.28
ビルマの竪琴

	1956. 2.12
「ビルマの竪琴」	
	1947. 3.—
ビルマ防衛軍	
	1942. 7.28
ビルマ方面主要作戦終了	
	1942. 5.18
ビルマ要域攻略	
	1942.1 .22
ビルマ=ルート	
	1940. 6.24
ひろしま	
	1953.10. 7
広　　島	
	1945. 8. 6
広島陸軍幼年学校	
	1936. 4. 1
広田弘毅	
	1936. 1.21
	1936. 9.11
	1937. 1.23
	1937. 8. 7
	1937.11. 2
	1937.12. 2
	1937.12.22
	1938. 1.14
	1938. 1.15
	1938. 1.16
	1944. 7.17
	1944. 9.16
	1945. 6. 3
	1948.11.12
広田弘毅内閣	
	1936. 3. 9
広田三原則	
	1935.10. 4
広田・マリク会談	
	1945. 6.29

ふ

フィジー攻略	
	1942. 4.13
フィジー・サモア作戦	
	1942. 4. 1
フィリピン	
	1941. 8.19
フィリピン沖海戦	
	1944.10.23
	1944.10.26

フィリピン共和国	
	1943.10.14
	1945. 8.17
フィリピン俘虜収容所	
	1942. 7.25
フィリピン陸軍	
	1941. 7.26
ブーゲンビル島	
	1942. 4. 5
風船爆弾作戦	
	1944. 9.26
風船爆弾攻撃	
	1944.10.25
ぶえのすあいれす丸	
	1943.11.27
フォークト	
	1928. 2.11
深川経二	
	1936. 8.24
富　嶽　隊	
	1944.10.24
ブ カ 島	
	1942. 3.30
武漢攻略作戦	
	1938.11.30
武漢国民政府	
	1927. 2.21
武漢政府	
	1927. 9. 6
溥　　儀　→宣統帝	
	1932. 3. 9
	1934. 3. 1
	1935. 4. 6
	1945. 8.18
武器禁輸三原則	
	1967. 4.21
武器禁輸撤廃	
	1939.11. 3
武器貸与法	
	1941. 3.11
ブキテマ高地	
	1942. 2.11
武器輸出三原則	
	1983. 1.14
福　　岡	
	1945. 6.19
福岡日日新聞	
	1932. 5.17
福岡俘虜収容所	
	1942.12.26

福島重雄		武　昌	
	1973. 9. 7		1938.10.26
福田良三		藤吉直四郎	
	1945. 9. 9		1931. 3.14
福田赳夫		藤原釜足	
	1979. 1. 8		1940. 3.28
福田赳夫内閣		藤原鶏太	
	1976.12.24		1940. 3.28
	2007. 9.26	藤原義江	
福田雅太郎			1933. 2.―
	1932. 6. 1	婦人自衛官	
「ふ」号作戦			1969. 1.20
	1941. 7.10	不審船	
「ふ」号作戦部隊			1999. 3.23
	1941. 7.10		2001.12.22
傅　作義			2002. 9.11
	1936.11.14	不戦条約	
ふ　じ			1928. 8.27
	1965. 7.15		1929. 7.25
	1965.11.20		1937.10. 6
藤井　斉		仏　印	
	1928. 2.―		1940. 7.26
藤江恵輔			1940. 7.30
	1969. 2.27		1940. 8. 1
藤尾正行		仏印援蒋ルート	
	1986. 9. 5		1940. 6.20
藤倉工業			1940. 6.26
	1928. 9. 4	仏印援蒋ルート禁絶監視団	
藤島　昭			1940. 7. 9
	1991. 9. 4	仏印総督	
藤田嗣治			1940. 7. 9
	1938. 9.27	仏印進攻	
	1943. 1.29		1940. 7.30
	1943. 9. 1	仏印進駐	
	1945. 4.―		1940. 6.18
	1945.10.14		1941. 7.30
藤田尚徳		復権令	
	1970. 7.23		1945.10.17
藤田まさと		福　生	
	1954. 9.―		1940.10.―
藤原てい		物資動員計画	
	1949. 4.―		1938. 1.16
伏見宮博恭王		物資統制令	
	1933. 1.23		1941.12.16
	1941. 4. 9	不凍性イペリット	
	1944. 3.14		1937.10.―
藤山愛一郎		ブ　ナ	
	1974.10.27		1942. 7.20
撫順炭坑			1942.11.19
	1932. 9.16		1943. 2. 9

吹　雪	
	1928. 8.10
部分的核実験禁止条約	
	1964. 6.15
フランス	
	1940. 1. 5
フランス式製造法イペリット	
	1929. 4.―
俘　虜	
	1942. 1.29
	1942. 7.28
俘虜管理部	
	1942. 3.31
「俘虜記」	
	1948. 2.―
	1952.12.―
俘虜給与規則	
	1942. 2.20
武力攻撃事態対処法	
	2003. 6.13
俘虜収容所	
	1942. 1.14
	1942. 9.12
俘虜収容所条例	
	1941.12.24
俘虜収容所長	
	1942. 6.25
俘虜収容所令	
	1941.12.24
俘虜情報局官制	
	1941.12.29
俘虜条約	
	1929. 7.27
	1942. 1.29
俘虜たる将校及准士官の労務に関する件	
	1942. 6. 3
俘虜取扱規則	
	1942. 4.21
俘虜取扱ニ関スル規程	
	1942. 3.31
俘虜ノ待遇ニ関スル千九百二十九年七月二十七日	
ジュネーヴ条約	
	1929. 7.27
俘虜郵便為替規則	
	1942. 2.10
プリンス=オブ=ウェールズ	
	1941.12. 2
	1941.12.10
ブルーインパルス	
	1964.10.10

古荘幹郎	
	1940. 7.21
古　鷹	
	1926. 3.31
ブルドーザー	
	1942.12.―
プレス=コード	
	1945. 9.19
フロリダ沖海戦	
	1943. 4. 7
『文学界』	
	1942. 7.23
	1948. 2.―
文化大革命	
	1966. 5.16
『文芸』	
	1949.11.―
文芸家協会	
	1942. 5.26
『文芸春秋』	
	1938.11.―
	1990.12.―
	1994. 5.―
『文体』	
	1948.12.―
分とん地	
	1982. 4.30
分　屯　地	
	1982. 4.30

へ

兵役義務者及癈兵待遇審議会官制	
	1929.11.15
米英共同宣言	
	1941. 8.14
米英蘭豪連合艦隊	
	1942. 2.27
兵　役　法	
	1927. 4. 1
	1938. 2.25
	1939. 3. 9
	1941. 2.15
	1941.10.16
	1941.11.15
	1942. 2.18
	1943. 3. 2
	1943.11. 1
	1945. 2.10
兵役法施行規則	

	1938. 8.23	米 比 軍	
兵役法施行令			1942. 5.21
	1939.11.11		1942. 5.22
丙型潜水艦		兵力量の決定について	
	1940. 3.30		1933. 1.23
兵器技術開発		平和ラッパ	
	1940. 5.19		1940. 3.28
米機動部隊		北　平	
	1942. 2.11		1937.10.12
	1942. 2.20	北平広安門事件	
	1942. 3. 4		1937. 7.26
	1942. 4.18	北　京	
	1942. 5. 4		1937.10.12
	1942.10.26		1937.12.14
	1945. 3.19	ペ グ ー	
米軍機搭乗員厳重処分			1942. 3. 7
	1942.10.19	ペスト菌	
米軍行動関連措置法			1940.10.27
	2004. 6.18	ベトナム戦争	
平 型 関			1965. 2. 7
	1937. 9.25	ベトナムに平和を！市民文化団体連合	
米　国			1965. 4.24
	1933. 1.15	ペトリオット	
	1941.12.27		1983. 6.30
米国戦略爆撃調査団		ベ 平 連	
	1945.10.24		1965. 4.24
米穀配給通帳制		ベラ海夜戦	
	1941. 4. 1		1943. 8. 6
米穀ノ応急措置ニ関スル法		ペリリュー島	
	1937. 9.10		1944. 9.15
米国の対中援助につき検討開始の覚書		ベルギー	
	1940.10.23		1942. 1. 1
平時編制		ベレンコ	
	1940. 7.10		1976. 9. 6
平津地方		ペンの戦士	
	1937. 7.28		1938. 8.―
平　成			
	1989. 1. 8	**ほ**	
幣制改革			
	1935.11. 4	保 安 隊	
平成8年度以降に係る防衛計画の大綱について			1952.10.15
	1995.11.28	保安大学校	
米政府覚書			1953. 4. 1
	1941.10. 4	保 安 庁	
兵隊やくざ			1952. 8. 1
	1965. 3.13	保安庁法	
兵　長			1952. 7.31
	1940. 9.14		1952. 8. 1
平頂山事件		防衛研修所	
	1932. 9.16		1954. 7. 1

防衛研修所戦史室	1958. 4.27
防衛施設庁	1956. 5.16
防　衛　省	1962.11. 1
防衛省設置法	2007. 1. 9
防衛司令部令	2006.12.22
防衛総司令官	1937.11.27
防衛総司令部	1942.10.19
防衛総司令部令	1941. 7. 5
防衛大学校	1941. 7. 7
	1954. 7. 1
	1957. 3.26
防　衛　庁	1954. 7. 1
	2000. 5. 8
防衛庁建設本部	1954. 7. 1
防衛庁設置法	1954. 6. 9
防衛庁本館	1969. 5.31
防衛力整備目標	1957. 6.14
防空委員会令	1937.10.23
防空監視隊令	1941.12.17
防空通信規則	1938. 1.28
防　空　法	1937. 4. 5
	1937.10. 1
「冒険ダン吉」	1933. 1.─
報国号１号	1932. 9.25
鳳　　　翔	1927. 2.21
	1928. 4. 1
房総地区	1945. 5.25
豊　　　台	

奉天幹部候補生隊	1937. 7.13
	1940. 7.20
奉天俘虜収容所	1942.12.26
奉天予備士官学校	1940. 7.20
	1941. 7.10
「報道班員の手記」	1942.11.─
砲兵団司令部	1940. 7.10
方面委員令	1936.11.14
【方面軍】	
第５方面軍	1945. 8.16
第８方面軍	1942.12. 8
法律的禁輸	1940. 7. 2
ボース(チャンドラ)	1942. 4.13
	1943. 4.28
	1943. 7. 4
	1943.10.21
	1945. 8.17
	1945. 8.18
ボース(ビハリ)	1942. 5.15
ポートブレア	1942. 3.23
ポートモレスビー	1942. 2. 3
	1942. 6. 7
	1942.10.30
	1942.10.─
	1943. 4.12
ポートモレスビー攻略	1942. 4. 1
	1942. 4.13
	1942. 4.18
	1942. 5.10
	1942. 6.13
	1942. 7.11
	1942. 7.16
	1942.11.10
ポートモレスビー攻略作戦	1942. 4.12
	1942. 5. 7

	1942. 5. 8		1940. 9.17
	1942. 5. 9		1940. 9.22
	1942. 6.11		1940. 9.23
ポートモレスビー進攻作戦			1940. 9.26
	1942. 9.23	北部仏印への平和進駐	
ホーネット			1940. 9.25
	1942.10.26	北満鉄道譲渡協定最終議定書	
ホーランジア			1935. 3.23
	1944. 4.22	北満鉄道(北支鉄道)譲渡ニ関スル議定書	
ポーランド			1935. 3.23
	1942. 1. 1	北陸配電	
北支及び中支政権関係調整要領			1941. 9. 6
	1938. 3.24	保健国策樹立	
北支指導方策			1936. 6.19
	1937. 4.16	保健社会省	
北支事変			1937. 6.15
	1937. 7.11		1937. 7. 9
	1937. 9. 2	鉾田陸軍飛行学校	
北支事変処理方針			1940.12. 1
	1937. 7.13	保科善四郎	
北支事変総動員業務委員会			1951. 1.17
	1937. 8. 1	星野直樹	
北支事変陸軍軍需動員実施要綱			1948.11.12
	1937. 8.21		1958. 4. 7
北支処理要綱(第一次)		星ヘルタ	
	1936. 1.13		1940. 3.28
北支処理要綱(第二次)		「募集」形式の連行	
	1936. 8.11		1939. 7.28
北支処理要綱(第三次)		補給支援特別措置法改正法	
	1937. 2.20		2008.12.16
北清事変		補充上ノ必要ニ依リ陸軍ノ軍隊,官衙又ハ学校ニ於ケル各兵科部士官ニ予備役又ハ後備役ノ士官充用ノ件	
	1937. 4.25		
朴 正 熙			
	1961. 5.16		1933. 2.17
	1979.10.26	ホスゲン	
北　伐			1929. 4.―
	1926. 7. 1	細川護熙内閣	
	1926. 7. 9		1993. 8. 9
	1927. 3.24	細田吉蔵	
北部軍司令部			1980. 2. 4
	1940. 7.10	北海事件	
北部スマトラ			1936. 9. 3
	1942. 3.12	北海支隊	
北部比島			1942. 5. 5
	1941.12. 8		1942. 6. 6
北部仏印攻略準備指示			1942. 6. 8
	1940. 9. 2	北海道配電	
北部仏印進駐			1941. 9. 6
	1940. 9. 5	北海道本島	
	1940. 9.14		1945. 6.25

ポツダム宣言			1941.12.25
	1945. 7.26	香港臨時俘虜収容所	
	1945. 7.28		1942. 1. 7
北方領土の日		ホンジュラス	
	1981. 1. 6		1942. 1. 1
保定幹部候補生隊		本庄　繁	
	1941. 6.11		1931. 9.21
墓　　碑			1932. 6.16
	1944. 3.―		1945.11.20
歩兵学校教導隊戦車隊		本多信寿	
	1933. 8.―		1937. 9.―
歩兵団司令部		本間雅晴	
	1940. 7.10		1941.11. 6
歩兵操典			1946. 4. 3
	1928. 1.26		
	1940. 2.20	**ま**	
歩兵第7聯隊			
	1932. 3.28	マーシャル	
ボホール島			1941. 8.19
	1942. 5.22		1941.11.25
誉			1941.12.22
	1941. 8.―	マーシャル群島	
堀内敬三			1942. 2. 1
	1932. 2.15	舞鶴軍港境域令	
堀内謙介			1939.11. 1
	1940. 7.31	舞鶴工作部	
捕　　虜			1928. 8.10
	1939. 9.30		1933.11.20
葡領チモール作戦		舞鶴工廠	
	1942. 2. 7		1942. 6.13
捕虜第1号		舞鶴鎮守府	
	1941.12. 8		1939.11. 1
捕虜取扱い法		舞鶴要港部	
	2004. 6.18		1939.11. 1
ボルネオ島		毎日新聞	
	1942. 1.25		1981. 5.18
	1945. 5. 1	前田利為	
ボルネオ俘虜収容所			1942. 9. 5
	1942. 8.15	前　　橋	
本　　郷			1941. 7.10
	1945. 3. 4	前橋予備士官学校	
本郷房太郎			1941. 7.10
	1931. 3.20	マカッサル	
香　　港			1942. 2. 9
	1940. 7.26	マカッサル攻略	
	1941.12.25		1942. 2. 4
	1942. 1.14		1942. 2. 8
香港攻略作戦		槇　智雄	
	1941.12. 8		1953. 4. 1
香港守備英軍		マキン島	

496

	1941.12.10		1941. 7.18
	1942. 8.17	マッカーサー	
	1942.10.16		1941. 7.26
	1943.11.21		1941.12.22
真崎甚三郎			1942. 2.22
	1935. 4. 6		1942. 3.12
	1935. 7.15		1942. 3.17
	1936. 3.10		1942. 4.18
	1956. 8.31		1945. 8.30
真崎甚三郎罷免問題			1951. 4.11
	1935. 7.18	マッカーサー（駐日大使）	
鱒　書　房			1974.10.27
	1953. 3.—	マッカーサー司令部	
増田幸治			1941.12.24
	1948. 8. 1	松川敏胤	
舛田利雄			1928. 3. 7
	1980. 8.—	松木直亮	
増原恵吉			1940. 5.22
	1950. 8.14	松下　哲	
	1973. 5.26		1935. 4.—
増村保造		松下　元	
	1965. 3.13		1932. 4.24
マダガスカル島		松　　島	
	1942. 5.30		1945. 7.14
	1942. 5.31	松平恒雄	
マ　ダ　ン			1934. 5.17
	1942.12.18	松平頼寿	
町田敬宇			1940. 4.26
	1939. 1.10	松野頼三	
松井石根			1979. 1. 8
	1937. 8.15	松林宗恵	
	1937.11. 7		1960. 4.26
	1948.11.12	松本俊一	
松岡・アンリ協定			1945. 3. 9
	1940. 8.30	松　　山	
松岡洋右			1945. 5.10
	1940. 8. 1	マ　ニ　ラ	
	1940. 8.30		1942. 1. 2
	1940.12. 5	マヌス島	
	1941. 1.20		1944. 3. 9
	1941. 2. 3	護れ大空	
	1941. 4.18		1933. 9.—
	1941. 5. 8	摩　　耶	
	1941. 5.22		1932. 5.31
	1941. 6. 6	マリアナ沖海戦	
	1941. 6.14		1944. 6.19
	1941. 6.27	マリアナ諸島	
	1941. 6.28		1944. 2.23
	1941. 6.30		1944. 6.11
	1941. 7.15	マ　リ　ク	

	1945. 6. 3	満洲国建国式	
① 計 画			1932. 3. 9
	1930.10. 7	満洲国執政	
	1931. 3.28		1932. 3. 9
② 計 画		満洲国ドイツ修好条約	
	1934. 3.20		1938. 5.12
② 計 画		満洲国不承認	
	1934. 4. 1		1933. 1.15
③ 計 画		満洲国防婦人会	
	1937. 3.20		1938. 4. 3
③ 計 画		満洲事変	
	1938. 5.17		1928.10.10
	1936. 6. 8		1931. 9.15
④ 計 画			1931. 9.18
	1938. 9.22		1931. 9.21
	1939. 3.27		1932. 1. 8
	1939. 4. 1		1932. 4.25
	1940. 6.14		1933. 4.25
⑤ 計 画			1933. 7. 7
	1942. 6.30		1933. 7.20
	1941. 9.21		1934. 4.25
⑥ 計 画			1935. 4.26
	1941. 9.21		1936. 4.26
マルタン			1937. 4.25
	1940. 9. 3		1938. 4.24
丸山真男			1938.10.17
	1946. 5.―		1939. 4.23
Ⓛ（まるレ）			1939.10.17
	1944. 5.―		1940. 4.23
	1944. 9.―		1940. 7.15
	1945. 1. 9		1940.10.15
マレー沖海戦			1941. 4.23
	1941.12.10		1941.10.15
マレー東岸			1942. 4.23
	1941.12. 8		1942.10.14
マレー東岸要地		満洲事変不拡大方針	
	1941.12. 8		1931. 9.19
マレー俘虜収容所		満洲帝国国防婦女会	
	1942. 8.15		1938. 4. 3
満　　洲		満洲問題解決方策大綱	
	1945. 8. 9		1931. 6.19
満洲映画協会		満鮮弔魂旅行団	
	1937. 8.21		1929. 5.19
満洲行進曲		満ソ国境紛争処理要領	
	1932. 2.15		1939. 4.25
満　洲　国		マンダイ高地	
	1932. 2.23		1942. 2.11
	1932.10. 1	マンダレー	
	1934. 3. 1		1942. 5. 1
	1945. 8.18	万宝山事件	

	1931. 7. 1
満蒙問題	
	1929. 5.19
	1931. 5.29
	1931. 5.―
	1931. 8. 4
満蒙問題解決策案	
	1931. 9.22
満蒙問題私見	
	1931. 5.―
満蒙問題処理方針要綱	
	1932. 3.12

み

ミイトキーナ	
	1942. 5. 8
	1944. 8. 3
ミイトキーナ飛行場	
	1944. 5.17
	1944. 7. 7
三　　笠	
	1926.11.12
三木武夫内閣	
	1974.12. 9
三　　隈	
	1935. 7.28
ミサイル発射	
	1998. 8.31
三島由紀夫	
	1970.11.25
無条件降伏勧告	
	1945. 5. 8
三　尻　村	
	1937.10.23
ミス・コロムビア	
	1940. 3.28
水野広徳	
	1937.10.―
	1941. 2.26
ミス・ワカナ	
	1940. 3.28
三　　田	
	1930. 9. 9
三　　鷹	
	1944.11.24
見田義雄	
	1944.11.24
ミッドウェー	
	1942. 6. 2

	1942. 6. 4
ミッドウェー海戦	
	1942. 6. 5
	1942. 6. 7
	1942. 6.20
ミッドウェー海戦敗戦	
	1942. 6. 6
ミッドウェー攻略	
	1942. 4.12
	1942. 4.13
	1942. 4.21
	1942. 5. 5
ミッドウェー作戦	
	1942. 4. 1
	1942. 4. 3
	1942. 4. 5
	1942. 5. 5
	1942. 5.29
ミッドウェー作戦中止	
	1942. 6. 7
ミッドウェー島	
	1942. 2. 9
	1942. 6. 6
ミッドウェー敗戦	
	1942. 6.30
ミッドウェー敗戦の秘匿	
	1942. 6. 5
三菱重工	
	1938. 2.10
三菱重工名古屋発動機工場	
	1944.12.13
三菱重工業横浜船渠	
	1940. 4.20
三菱長崎造船所	
	1926. 3.31
	1927. 9.20
	1938.11.20
	1942. 5. 3
	1942. 8. 5
三矢研究	
	1965. 2.10
御剣敬子	
	1940. 3.28
水　　戸	
	1940. 8. 1
みどり1号	
	1929. 4.―
みどり2号	
	1929. 4.―
水戸陸軍飛行学校令	

水上源蔵	1938. 7. 1	宮沢喜一内閣　　　1937. 7.23
	1944. 8. 3	1991.11. 5
南アフリカ		宮村素之
	1942. 1. 1	1987. 3. 5
南　樺　太		宮本三郎
	1945. 8.11	1943. 2.23
南里コンパル		1943. 4. 9
	1940. 3.28	妙　　高
南支派遣軍		1929. 7.31
	1938.11. 4	1932. 5.31
南支那方面軍		繆　　斌
	1940. 2. 9	1945. 3.16
	1940. 7.23	1945. 3.21
	1940. 9. 5	1945. 4. 2
	1940. 9.25	三好達治
	1940. 9.26	1942. 7.23
	1940. 9.27	三好　達
	1941. 1.16	1997. 4. 2
南　次郎		民 安 鎮
	1931. 4.14	1931. 6.27
	1931. 6.11	民族学協会
	1931. 8. 4	1942. 8.21
	1936. 8. 5	『民族学研究』
	1948.11.12	1942. 8.21
	1955.12. 5	民族研究所官制
南太平洋海戦		1943. 1.18
	1942.10.26	民族の祭典
南　鳥　島		1940. 6.—
	1942. 2.11	ミンダナオ島
	1942. 3. 4	1942. 5.10
南満洲鉄道		1945. 5. 2
	1945. 9.27	ミンドロ島
峰　耕一		1944.12.15
	1940. 3.28	民　　法
箕面忠魂碑慰霊祭住民訴訟		1941. 3. 3
	1983. 3. 1	
箕面忠魂碑住民訴訟		**む**
	1987. 7.16	向井忠晴
箕面忠魂碑訴訟		1940.11.12
	1982. 3.24	「麦と兵隊」
美濃部達吉		1938. 8.—
	1935. 2.18	武　　蔵
美保ヶ関事件		1938. 2.10
	1927. 8.24	1938. 3.29
宮　古　島		1942. 8. 5
	1945. 3. 1	1943. 6.24
宮崎貞夫失踪事件		無　　錫
	1937. 7.24	1937.11.19
宮崎龍介		

霧社事件	
1930.10.27	
1930.11. 8	
1930.11.18	
1932. 4.25	
牟田口廉也	
1943. 4.20	
1944. 5. 9	
陸　奥	
1943. 6. 8	
1970. 7.23	
睦　月	
1926. 3.25	
ムッソリーニ	
1943. 7.25	
1945. 5. 1	
武藤　章	
1940.12.27	
1941.10.14	
1948.11.12	
武藤能婦子	
1932.10.24	
武藤信義	
1932. 7.26	
1932.10.24	
1933. 1.28	
1933. 7.21	
棟田　博	
1963. 4.28	
無 名 会	
1928.11. 3	
無名戦没者の墓	
1953.12.11	
村井権治郎	
1944.11.24	
村上格一	
1927.11.15	
村田省蔵	
1942. 2. 3	
村中孝次	
1934.11.20	
1935. 7.11	
1937. 8.19	
村　山	
1937.10.23	
村山富市	
1995. 8.15	
村山富市内閣	
1994. 6.30	
室　蘭	

1945. 7.14	
1945. 7.15	
ムンダ	
1943. 8. 6	
め	
メイクテーラ	
1945. 3. 3	
明治神宮	
1945. 4.13	
明治天皇	
1941. 9. 6	
明治天皇と日露大戦争	
1957. 4.29	
明 倫 会	
1933. 5.16	
メーデー事件	
1952. 5. 1	
メジュロ環礁	
1944. 2. 1	
メッサーシュミットBf109E-7戦闘機	
1941. 5.―	
メナド	
1942. 1.11	
も	
蒙古聯合自治政府	
1939. 9. 1	
蒙古聯盟自治政府	
1937.10.27	
毛 沢 東	
1938. 5.26	
1976. 9. 9	
モーゲンソー	
1941.11.中旬	
最　上	
1935. 7.28	
模擬内閣	
1941. 8.27	
木 曜 会	
1928.11. 3	
桃太郎の海鷲	
1943. 3.25	
盛　岡	
1938. 8. 1	
森岡守成	
1945. 4.28	
盛岡予備士官学校	

	1939. 8. 2
	1941. 7.10
森　赳	
	1945. 8.14
森田必勝	
	1970.11.25
森村誠一	
	1981.11.―
森喜朗内閣(第1次)	
	2000. 4. 5
森喜朗内閣(第2次)	
	2000. 7. 4
モロタイ島	
	1944. 9.15
モロトフ	
	1940. 7. 2

や

八木沼丈夫	
	1933. 2.―
矢口洪一	
	1988. 6. 1
八代祐吉	
	1942. 2. 1
八代六郎	
	1930. 6.30
靖国会館	
	1946. 9. 4
靖国神社	
	1929. 4.24
	1932. 4.25
	1933. 4.25
	1934. 4.22
	1934. 4.25
	1935. 4.26
	1935. 9.20
	1936. 4.26
	1937. 4.25
	1938. 4.24
	1938.10.17
	1939. 4.23
	1939.10.17
	1940. 4.23
	1940.10.15
	1941. 4.23
	1941.10.15
	1942. 4.23
	1942.10.14
	1946. 4.29

	1946. 9. 7
靖国神社参拝違憲訴訟	
	2001.11. 1
靖国神社大祭	
	1932. 6. 6
『靖国神社忠魂史』	
	1935. 9.20
靖国神社附属遊就館ニ関スル件	
	1935.10.31
靖国神社附属遊就館令	
	1935.10.31
靖国神社法案	
	1969. 6.30
靖国神社臨時大祭	
	1934. 2.22
安田せい	
	1932. 3.18
野戦重砲兵第10聯隊	
	1936.12.31
矢田次夫	
	1981. 2.16
矢内原忠雄	
	1941. 2.26
柳川平助	
	1938.12.16
柳田元三	
	1944. 3.25
	1944. 5. 9
矢　矧	
	1942.10.31
八　幡	
	1945. 3.27
藪内喜一郎	
	1937. 9.―
山県支隊	
	1939. 5.21
	1939. 5.28
山口　永	
	1947. 4.21
山口県徳山ヲ要港ト為シ其ノ境域ヲ定ムルノ件	
	1938. 3.25
山崎達之輔	
	1943. 4.20
山崎保代	
	1943. 4.18
	1943. 5.29
山桜隊	
	1944.10.20
山下和明	
	1989. 3.17

	1940.12.下旬		1943. 6. 5
	1941. 6.17	『山本五十六』	
	1941.11. 6		1965.11.—
	1945. 4.12	山本英輔	
	1945. 9. 3		1962. 7.27
	1946. 2.23	山本権兵衛	
山下源太郎			1933.12. 9
	1931. 2.18	山本薩夫	
山下・パーシバル両司令官会見図			1947. 7.10
	1943. 4. 9	山本善雄	
山澄丸			1948. 5. 1
	1949.10. 3	山屋他人	
山田乙三			1940. 9.10
	1941. 7. 5	山脇正隆	
	1944. 7.18		1974. 4.21
	1945. 9. 5	ヤルタ会談	
	1965. 7.18		1945. 2. 4
山田洋次			
	1964.12.26	**ゆ**	
大　　和			
	1937. 8.21	夕刊発行休止	
	1937.11. 4		1944. 3. 6
	1941.12.16	結城豊太郎	
	1945. 4. 5		1937. 4.16
	1945. 4. 7	夕　　雲	
大 和 型			1941.12. 5
	1937. 3.—	友好関係ノ存続及相互ノ領土尊重ニ関スル日本国タイ国間条約	
大 和 隊			1940. 6.12
	1944.10.20		1940.12.28
山中貞則		ユーゴスラビア	
	1973. 5.29		1942. 1. 1
山中峯太郎		遊 就 館	
	1930. 4.—		1945.12. 6
山梨勝之進		ゆきゆきて，神軍	
	1929. 2. 2		1987. 8. 1
山梨半造		輸出入品等ニ関スル臨時措置ニ関スル法律	
	1944. 7. 2		1937. 9.10
山手地区			
	1945. 4.13	**よ**	
山本五十六			
	1934. 9.20	陽高事件	
	1939. 8.30		1937. 9. 9
	1941. 9.29	要 港 部	
	1941.10. 9		1941.11.12
	1941.10.19	要港部令	
	1941.11.17		1941.11.12
	1942. 2.11	徴兵合格	
	1942. 4. 1		1939.11.11
	1942. 5.21	用兵綱領	
	1943. 4.18		

	1936. 5.11	横浜事件	
ヨークタウン			1944. 1.29
	1942. 6. 7	横浜地区	
予科士官学校			1945. 5.24
	1940.10.―		1945. 5.29
予科練習生		横山大観	
	1930. 5.30		1943. 5.18
	1936.12. 5	吉岡支隊	
翼賛政治会			1939. 7. 9
	1942. 5.20	吉岡庭二郎	
	1945. 3.30		1936. 9.19
抑　留　者		吉川猛夫	
	1942. 1.29		1941. 3.―
抑留日本人送還		芳沢謙吉	
	1946. 9.27		1940.11.30
横　須　賀			1940.12.11
	1934. 3.31		1941. 1. 2
横須賀海軍航空隊			1941. 2.13
	1927. 2.21		1941. 4. 1
	1930. 6. 1		1941. 4.19
	1930.10. 1		1941. 5. 7
	1931. 4.28		1941. 5.22
	1934. 8.17		1941. 6.11
横須賀海軍砲術学校			1941. 6.14
	1941. 6. 1		1941. 6.17
横須賀航空隊			1941. 6.27
	1939. 3.31	吉田茂内閣(第1次)	
横須賀工廠			1946. 5.22
	1928. 3.31		1947. 5.20
	1929. 7.31	吉田茂内閣(第2次)	
	1932. 5.31		1948.10.15
	1933. 5. 9		1949. 2.11
	1939. 7. 5	吉田茂内閣(第3次)	
	1941. 8. 8		1949. 2.11
	1942. 1.26	吉田茂内閣(第4次)	
横須賀鎮守府第1特別陸戦隊			1952.10.30
	1942. 1.11	吉田茂内閣(第5次)	
横須賀鎮守府第3特別陸戦隊			1953. 5.21
	1942. 2.20	吉田清治	
横田喜三郎			1983. 7.―
	1941. 2.26	吉田善吾	
横田基地夜間飛行差し止め訴訟			1939. 8.30
	1981. 7.13		1940. 1.16
横　　浜			1940. 7.22
	1942. 4.18		1940. 9. 5
	1945. 4. 4		1966.11.14
横浜海軍航空隊		吉田　正	
	1941.10.―		1948. 8. 1
横浜航空隊		吉田豊彦	
	1942. 8. 8		1951. 1.10

吉田　満
　　　　　1949. 6.—
　　　　　1952. 8.—
吉野みゆき
　　　　　1940. 3.28
4次防
　　　　　1972. 2. 7
吉松茂太郎
　　　　　1935. 1. 2
吉見義明
　　　　　1992. 1.11
吉村公三郎
　　　　　1940.11.—
吉本貞一
　　　　　1941. 6.26
　　　　　1945. 9.14
四日市
　　　　　1945. 6.17
よど号事件
　　　　　1970. 3.31
米内内閣打倒
　　　　　1940. 7. 4
米内光政
　　　　　1937. 2. 2
　　　　　1937. 4.16
　　　　　1937. 6. 4
　　　　　1937. 8. 5
　　　　　1938. 1.15
　　　　　1939. 1. 6
　　　　　1941.11.29
　　　　　1944. 3.14
　　　　　1944. 6.16
　　　　　1944. 7.17
　　　　　1944. 7.22
　　　　　1945. 3.21
　　　　　1945. 4. 7
　　　　　1945. 8.17
　　　　　1945.10. 9
米内光政内閣
　　　　　1940. 1.16
　　　　　1940. 7.16
米田　俊
　　　　　1935. 4.—
予備役
　　　　　1927. 4. 1
　　　　　1927.11.30
　　　　　1939. 3. 9
予備役下士官
　　　　　1933. 4.28
予備役将校

　　　　　1927.11.30
予備役初級尉官
　　　　　1933. 4.28
予備士官学校
　　　　　1938. 8. 1
　　　　　1939. 8. 2
予防拘禁制
　　　　　1941. 3.10
読売新聞社
　　　　　1939.11.—
読売ニュース
　　　　　1940. 4.15
四式重爆撃機
　　　　　1942.12.27
　　　　　1944. 7.—
41糎榴弾砲
　　　　　1942. 1.—
四十番台師団
　　　　　1943. 5.14
4 B型
　　　　　1927. 2.21

ら

ライシャワー
　　　　　1981. 5.18
来日イタリア軍用機
　　　　　1942. 7. 3
　　　　　1942. 7.10
『ライフ』
　　　　　1944. 5.22
ラウレル
　　　　　1943.10.14
　　　　　1945. 1.21
　　　　　1945. 8.17
ラ　エ
　　　　　1942. 3. 8
ラエ・サラモア攻略
　　　　　1942. 3. 5
ラジオ
　　　　　1942. 4.29
拉　致
　　　　　2002. 9.17
拉致被害者家族帰国
　　　　　2004. 5.22
拉致被害者帰国
　　　　　2002.10.15
落下傘
　　　　　1928. 9. 4
落下傘降下

	1942. 1.11	1940.10.17
ラバウル		1940.11.30
	1942. 1.23	1941. 1. 2
	1942. 1.31	1941. 2.13
	1942. 2.11	1941. 4. 1
	1942. 2.23	1941. 4.19
	1942. 4. 9	1941. 5. 7
	1942. 5. 4	1941. 6.14
	1942. 1.23	1941. 6.17
	1942.11.28	1941. 6.27
		1940.12.11
ラバウル沖航空戦		
	1942. 2.20	蘭印無血進駐
ラバウル攻撃		1941.12.13
	1942. 1. 4	ラングーン
ラ　ビ		1942. 3. 8
	1942. 8.25	1945. 5. 3
ラモン湾		
	1941.12.24	蘭　州
藍　衣　社		1938.12.下旬
	1935. 6.10	1937.11.21
蘭　　印		ランソン
	1940. 4.15	1940. 9.25

り

	1940. 4.20	
	1940. 5.22	
	1940. 8.16	陸運統制令
	1941. 4.17	1940. 2. 1
	1941. 6.11	陸海軍基地航空部隊
	1941. 7.27	1941.12. 8
	1941. 7.28	陸海軍航空委員会
蘭　印　軍		1941. 1.10
	1942. 3. 9	陸海軍航空中央協定
蘭印現状維持声明		1938. 2.14
	1940. 4.15	1941.11. 5
	1940. 4.17	陸海軍航空部隊
蘭印交渉		1941.12. 8
	1940. 9.12	1942. 3.24
	1940.10.17	陸海軍航空本部協調委員会
	1941. 1. 2	1936. 9.11
	1941. 2.13	陸海軍石油委員会
	1941. 4. 1	1942. 6. 5
	1941. 4.19	陸海聯合演習令
	1941. 5. 7	1927. 9.12
蘭印攻略作戦		陸　　軍
	1941.12.29	1944.12. 7
蘭印石油会社		陸軍暗号学理研究会
	1940.11.12	1944. 4.―
蘭印特派大使		陸軍管区表
	1940. 8.28	1942. 4. 1
	1940. 9.12	陸軍観兵式
	1940. 9.27	1943. 1. 8

陸軍機甲整備学校	
	1941. 7.28
陸軍機甲本部令	
	1941. 4. 9
陸軍技術研究所令	
	1942.10.10
陸軍技術本部令	
	1942.10.10
陸軍気象部	
	1938. 3.—
陸軍キ七八	
	1942.12.26
陸軍教導学校令	
	1927. 7. 1
陸軍熊本幼年学校	
	1939. 4. 1
陸軍軍医学校	
	1932. 4. 1
陸軍軍需工業動員計画要領	
	1931.12.—
陸軍軍需動員計画令	
	1931.12.—
	1933. 5.24
陸軍軍需動員実施訓令	
	1937.10. 1
陸軍軍人軍属帰郷療養者給与令	
	1938. 4.23
陸軍軍人軍属著作規則	
	1937. 3.22
陸軍刑法	
	1942. 2.20
陸軍経理学校	
	1936. 3.—
陸軍工科学校令	
	1936. 7.29
陸軍航空技術学校令	
	1935. 7.30
陸軍航空技術研究所令	
	1935. 7.30
	1942.10.10
陸軍航空工廠令	
	1940. 4. 1
陸軍航空作戦綱要	
	1940. 2.26
陸軍航空士官学校令	
	1938.12.10
陸軍航空廠令	
	1935. 7.30
陸軍航空審査部令	
	1942.10.10
陸軍航空整備学校	
	1940.10.—
陸軍航空整備学校令	
	1938. 7. 1
陸軍航空総監部令	
	1938.12. 9
陸軍航空通信学校令	
	1940. 8. 1
陸軍航空通信聯隊	
	1938. 9.—
陸軍航空本部	
	1937.11.—
陸軍航空本部器材研究方針	
	1933.10.—
陸軍参謀総長	
	1939.12.20
陸軍士官学校	
	1937.10. 1
	1940.12.—
陸軍士官学校分校	
	1937. 6.14
	1937.10. 1
	1938. 5. 7
	1938.12.10
陸軍志願兵令	
	1940. 4.24
陸軍司政長官	
	1942. 2. 3
陸軍輜重兵学校	
	1941. 7.28
陸軍省官制	
	1926.10. 1
	1936. 5.18
	1936. 7.25
	1942.10.10
陸軍召集規則	
	1945. 3.29
陸軍省情報部	
	1938. 9.27
陸軍省新聞班	
	1938. 9.27
陸軍省整備局	
	1926.10. 1
陸軍省徴募課長	
	1938.11. 4
陸軍少年通信兵学校	
	1942. 4. 1
陸軍少年通信兵学校令	
	1941.11.29
陸軍諸学校幹部候補生教育令	

陸軍諸学校生徒ノ修学期間短縮ニ関スル件
   1941. 7.28
陸軍諸学校生徒ノ修学期間短縮ニ関スル件
   1937. 9. 2
陸軍諸学校生徒ノ修学期間短縮ニ関スル件中改正ノ件
   1940. 1.22
陸軍制式化学兵器表
   1938. 4. 5
陸軍戦車学校令
   1936. 7.27
陸軍仙台幼年学校
   1937. 4. 1
陸軍造兵廠令
   1942.10.10
陸軍大学校
   1936. 5. 1
   1941.11.10
   1945. 3.—
陸軍第1飛行師団
   1942. 4.—
陸軍第2飛行師団
   1942. 4.—
陸軍第3飛行師団
   1942. 4.—
陸軍第4飛行師団
   1942. 4.—
陸軍第5飛行師団
   1942. 4.—
陸軍第1飛行集団
   1942. 4.—
陸軍第3飛行集団
   1942. 1.12
陸軍第4航空軍
   1945. 2.—
陸軍特別志願兵制
   1942. 4. 1
陸軍特別志願兵令
   1938. 2.23
   1942. 2.28
陸軍特別攻撃機
   1945. 7.19
陸軍特命検閲令
   1933. 4.13
陸軍戸山学校軍楽隊
   1932. 3.10
陸軍中野学校
   1937.12.—
   1940. 8.—
陸軍習志野学校
   1933. 8. 1
陸軍習志野学校令
   1933. 4.22
陸軍燃料廠令
   1940. 8. 1
陸軍ノ諸学校令ノ特例ニ関スル件
   1937. 9. 2
「陸軍パンフレット」
   1934.10. 1
陸軍飛行学校ニ於ケル生徒教育ニ関スル件
   1933. 4.28
陸軍飛行実験部令
   1939. 7. 5
陸軍美術協会
   1938. 6.27
   1939. 7. 6
陸軍武官官等表ノ件
   1937. 2.12
   1942. 3.31
陸軍服制
   1934. 2.15
   1938. 6. 1
   1943.10.13
陸軍兵器行政本部令
   1942.10.10
陸軍兵器廠令
   1942.10.10
陸軍兵器補給廠令
   1942.10.10
陸軍平時編制
   1936.12.31
   1937. 6.14
陸軍兵等級ニ関スル件
   1931.11. 9
   1940. 9.14
陸軍兵ノ兵科部,兵種及等級表ニ関スル件
   1937. 2.12
   1937.10.30
   1939. 3.25
陸軍兵ノ名称
   1931.11. 9
陸軍防衛召集規則
   1942. 9.26
陸軍防空学校
   1938. 8. 1
陸軍防空学校令
   1938. 3.28
陸軍法務訓練所令
   1942. 3.31
陸軍補充令
   1927.11.30

```
                            1933. 4.28
                            1935. 9.12
                            1938. 3.26
陸軍幼年学校生徒ノ納金ニ関スル件
                            1940. 5.22
陸軍幼年学校(熊本)
                            1927. 3.—
陸軍幼年学校(広島)
                            1928. 3.—
陸軍幼年学校令
                            1940. 3. 9
陸軍予科士官学校
                            1937. 4. 8
                            1937. 8. 2
                            1941.11. 1
                            1939. 3. 9
陸軍予備士官学校令
                            1938. 3.26
                            1939. 8. 2
                            1940. 7.20
                            1941. 7.10
陸上攻撃機
                            1942. 2. 4
                            1942.12.20
陸上対空見張用電波探信儀1号1型
                            1941.11.28
李承晩ライン
                            1952. 1.18
リッジウエイ
                            1951. 4.11
リットン
                            1932. 2.29
リットン調査団
                            1932. 4.20
リットン報告書
                            1932.10. 1
                            1933. 2.24
リッベントロップ
                            1938. 7.上旬
                            1939. 1. 6
                            1939. 4.20
                            1940.11.26
                            1941. 2.23
                            1941. 4.10
                            1941. 6.30
                            1943. 4.—
リトヴィノフ
                            1937. 6.19
リムパック
                            1980. 2.26
```

```
琉球諸島及び大東諸島に関する日本国とアメリカ
    合衆国との間の協定
                            1971. 6.17
琉球諸島及び大東諸島に関する日本国とアメリカ
    合衆国との間の協定
                            1972. 3.21
琉球列島
                            1946. 1.29
龍　　驤
                            1933. 5. 9
                            1942. 8.24
柳 条 湖
                            1931. 9.18
柳 条 溝
                            1931. 9.18
榴　　弾
                            1930.11.18
劉　連仁
                            1958. 2. 8
                            1996. 3.25
リュシコフ
                            1938. 6.30
領 海 法
                            1977. 5. 2
梁　鴻志
                            1939. 9.19
旅順要港部令
                            1933. 4.20
【旅団】
第65旅団
                            1942. 1. 9
                            1942. 1.25
旅団司令部
                            1940. 7.10
リンガエン湾
                            1941.12.22
臨時軍事費予算
                            1937. 9.10
臨時資金調整法
                            1937. 9.10
臨時社会局ニ臨時軍事援護部ヲ置クノ件
                            1937.10.30
臨時船舶管理法
                            1937. 9.10
臨時内閣参議官制
                            1937.10.15
臨時農村負債処理法
                            1938. 4. 2
```

る

ルイサイト
　　　　　　　　1933. 3.―
ルーズベルト
　　　　　　　　1937.10. 5
　　　　　　　　1939.11. 3
　　　　　　　　1940. 7.26
　　　　　　　　1941. 1.23
　　　　　　　　1941. 3.11
　　　　　　　　1941. 7.23
　　　　　　　　1941. 7.26
　　　　　　　　1941. 8.14
　　　　　　　　1941. 8.17
　　　　　　　　1941. 8.26
　　　　　　　　1941. 8.28
　　　　　　　　1941. 9. 3
　　　　　　　　1941.11.15
　　　　　　　　1941.11.25
　　　　　　　　1941.12. 8
　　　　　　　　1941.12.22
　　　　　　　　1942. 2.19
　　　　　　　　1942. 2.22
　　　　　　　　1942. 3.21
　　　　　　　　1942. 6. 5
　　　　　　　　1942.10. 7
　　　　　　　　1943. 5.12
　　　　　　　　1945. 4.12
ルオット島
　　　　　　　　1944. 2. 2
ルクセンブルク
　　　　　　　　1942. 1. 1
ルソン島
　　　　　　　　1945. 1. 6
ルソン島中・南部地区航空撃滅戦
　　　　　　　　1941.12.12
ルンガ沖夜戦
　　　　　　　　1942.11.30

れ

礼号作戦
　　　　　　　　1944.12.26
零式艦上戦闘機
　　　　　　　　1940. 5.18
　　　　　　　　1940. 8.19
零式戦闘機
　　　　　　　　1940. 7.24
麗　　水
　　　　　　　　1942. 4.18
　　　　　　　　1942. 6.24
麗水飛行場
　　　　　　　　1942. 4. 1
レイテ島
　　　　　　　　1942. 5.25
レインボー計画
　　　　　　　　1939. 4.―
　　　　　　　　1939. 6.―
レーダー
　　　　　　　　1942. 9.―
　　　　　　　　1942.12.―
レーダー(人名)
　　　　　　　　1939.11.14
レーダー基地
　　　　　　　　1961. 2.22
レガスピー
　　　　　　　　1941.12.12
レコード
　　　　　　　　1932. 2.15
　　　　　　　　1933. 2.―
　　　　　　　　1940. 5.―
レッドパージ
　　　　　　　　1950. 7.24
レディバード号
　　　　　　　　1937.12.12
レド公路
　　　　　　　　1945. 1.27
レニ=リーフェンシュタール
　　　　　　　　1940. 6.―
レパルス
　　　　　　　　1941.12. 2
　　　　　　　　1941.12.10
聯合艦隊
　　　　　　　　1927. 8.24
　　　　　　　　1928. 4. 1
　　　　　　　　1941. 1.15
　　　　　　　　1941. 4.10
　　　　　　　　1941. 9. 1
　　　　　　　　1941.10. 9
　　　　　　　　1941.11. 5
　　　　　　　　1941.11.13
　　　　　　　　1941.12. 1
　　　　　　　　1941.12. 2
　　　　　　　　1942. 1. 4
　　　　　　　　1942. 1.22
　　　　　　　　1942. 1.29
　　　　　　　　1942. 2. 7
　　　　　　　　1942. 2. 8
　　　　　　　　1942. 3. 5

	1942. 4.12		1942. 8.27
	1942. 4.13	レンドバ島	
	1942. 5. 5		1943. 6.30
	1942. 5.10	レンネル島沖海戦	
	1942. 5.18		1943. 1.29
	1942. 5.29		
	1942. 6. 5	**ろ**	
	1942. 6. 6		
	1942. 6. 7	廊 坊 駅	
	1942. 6. 8		1937. 7.25
	1942. 6.11	労務調整令	
	1942. 6.20		1941.12. 8
	1942. 7.11		1942. 1.10
	1942. 8.13		1945. 3. 6
	1942. 8.25	労務動員実施計画による朝鮮人労働者の内地移入	
	1942.10.26	斡旋要綱	
	1942.12.20		1942. 2.20
	1945.10.10	露営の歌	
『聯合艦隊』			1937. 9.―
	1952. 4.―	六十番台師団	
聯合艦隊常置制			1942. 2. 2
	1933. 5.20	盧溝橋事件	
聯合艦隊司令長官			1937. 7. 7
	1933. 9.27	魯西作戦	
	1939. 8.30		1939. 7. 3
	1941.11.17	ロンドン海軍会議	
	1945. 1. 1		1930. 4. 1
聯合艦隊司令部		ロンドン海軍軍縮会議	
	1942. 6.13		1930. 1.21
聯合艦隊第2艦隊		ロンドン海軍軍縮会議(第2次)	
	1941.11.10		1934. 6.18
連合軍対日理事会			1934. 7.17
	1945.12.27		1934. 9.20
【聯合航空隊】			1935.10.24
第1聯合航空隊			1935.12. 9
	1938.12.10		1936. 1.15
	1941. 1.15	ロンドン海軍軍縮条約	
第2聯合航空隊			1930. 4.22
	1937. 9.19		1930. 4.25
	1938.12.10		1930. 6.10
	1941. 1.15		1930.10. 1
第4聯合航空隊			1931. 1. 1
	1941. 1.15		1931. 4. 6
連 合 国			1936.12.31
	1942. 1. 1		1937. 1. 1
連合国軍		ロンドン海軍軍縮条約(第2次)	
	1942. 1.12		1936. 3.25
連合国軍艦隊		ロンドン海軍条約潜水艦使用制限条項	
	1942. 2. 4		1936.11. 6
練 習 兵			

511

わ

若泉　敬
　　　　　　　　1994. 5.―
若槻礼次郎
　　　　　　　　1926. 1.28
　　　　　　　　1944. 7.17
若槻礼次郎内閣(第1次)
　　　　　　　　1926. 1.30
　　　　　　　　1927. 4.17
若槻礼次郎内閣(第2次)
　　　　　　　　1931. 4.14
　　　　　　　　1931.12.11
和歌山県
　　　　　　　　1945. 7.28
ワシントン海軍軍縮条約
　　　　　　　　1936.12.31
ワシントン海軍軍縮条約廃棄
　　　　　　　　1934.12.29
『私の戦争犯罪』
　　　　　　　　1983. 7.―
渡辺銀行
　　　　　　　　1927. 3.14
渡辺邦男
　　　　　　　　1957. 4.29
渡辺洸三郎
　　　　　　　　1936. 8.24
渡辺錠太郎
　　　　　　　　1935. 7.15
　　　　　　　　1935. 8.14
　　　　　　　　1936. 2.26
蕨
　　　　　　　　1927. 8.24

日本軍事史年表——昭和・平成——

2012年(平成24) 3 月10日　第 1 刷発行

編　者	吉川弘文館編集部
発行者	前　田　求　恭
発行所	株式会社　吉川弘文館

郵便番号113-0033
東京都文京区本郷 7 丁目 2 番 8 号
電話03-3813-9151（代表）
振替口座00100-5-244
http://www.yoshikawa-k.co.jp/

印刷＝東京印書館／製本＝誠製本
装幀＝伊藤滋章

Ⓒ Yoshikawa Kōbunkan 2012. Printed in Japan
ISBN978-4-642-01465-6

Ⓡ 〈日本複写権センター委託出版物〉
本書の無断複写(コピー)は，著作権法上での例外を除き，禁じられています．複写を希望される場合は，日本複写権センター(03-3401-2382)にご連絡下さい．